Patrick Horster (Hrsg.)

Systemsicherheit

DuD-Fachbeiträge

herausgegeben von Andreas Pfitzmann, Helmut Reimer, Karl Rihaczek
und Alexander Roßnagel

Die Buchreihe DuD-Fachbeiträge ergänzt die Zeitschrift DuD – Datenschutz und Datensicherheit in einem aktuellen und zukunftsträchtigen Gebiet, das für Wirtschaft, öffentliche Verwaltung und Hochschulen gleichermaßen wichtig ist. Die Thematik verbindet Informatik, Rechts-, Kommunikations- und Wirtschaftswissenschaften.
Den Lesern werden nicht nur fachlich ausgewiesene Beiträge der eigenen Disziplin geboten, sondern auch immer wieder Gelegenheit, Blicke über den fachlichen Zaun zu werfen. So steht die Buchreihe im Dienst eines interdisziplinären Dialogs, der die Kompetenz hinsichtlich eines sicheren und verantwortungsvollen Umgangs mit der Informationstechnik fördern möge.

Unter anderem sind erschienen:

Hans-Jürgen Seelos
Informationssysteme und Datenschutz
im Krankenhaus

Wilfried Dankmeier
Codierung

Heinrich Rust
Zuverlässigkeit und Verantwortung

Albrecht Glade, Helmut Reimer
und Bruno Struif (Hrsg.)
Digitale Signatur &
Sicherheitssensitive Anwendungen

Joachim Rieß
Regulierung und Datenschutz im
europäischen Telekommunikationsrecht

Ulrich Seidel
Das Recht des elektronischen
Geschäftsverkehrs

Rolf Oppliger
IT-Sicherheit

Hans H. Brüggemann
Spezifikation von objektorientierten
Rechten

Günter Müller, Kai Rannenberg,
Manfred Reitenspieß, Helmut Stiegler
Verläßliche IT-Systeme

Kai Rannenberg
Zertifizierung mehrseitiger
IT-Sicherheit

Alexander Roßnagel, Reinhold Haux,
Wolfgang Herzog (Hrsg.)
Mobile und sichere Kommunikation
im Gesundheitswesen

Hannes Federrath
Sicherheit mobiler Kommunikation

Volker Hammer
Die 2. Dimension der IT-Sicherheit

Patrick Horster (Hrsg.)
Sicherheitsinfrastrukturen

Gunter Lepschies
E-Commerce und Hackerschutz

Patrick Horster, Dirk Fox (Hrsg.)
Datenschutz und Datensicherheit

Michael Sobirey
Datenschutzorientiertes
Intrusion Detection

Rainer Baumgart, Kai Rannenberg,
Dieter Wähner und Gerhard Weck (Hrsg.)
Verläßliche IT-Systeme

Alexander Röhm, Dirk Fox,
Rüdiger Grimm und Detlef Schoder (Hrsg.)
Sicherheit und Electronic Commerce

Dogan Kesdogan
Privacy im Internet

Kai Martius
Sicherheitsmanagement
in TCP/IP-Netzen

Alexander Roßnagel
Datenschutzaudit

Patrick Horster (Hrsg.)
Systemsicherheit

Patrick Horster (Hrsg.)

Systemsicherheit

Grundlagen, Konzepte, Realisierungen, Anwendungen

Die Deutsche Bibliothek – CIP-Einheitsaufnahme
Ein Titeldatensatz für diese Publikation ist bei
Der Deutschen Bibliothek erhältlich.

Gesamtherstellung: Lengericher Handelsdruckerei, Lengerich

ISBN-13:978-3-322-84958-8   e-ISBN-13:978-3-322-84957-1
DOI: 10.1007/978-3-322-84957-1

Vorwort

Als gemeinsame Veranstaltung der GI-Fachgruppe 2.5.3 Verläßliche IT-Systeme, des ITG-Fachausschusses 6.2 System- und Anwendungssoftware, der Österreichischen Computer Gesellschaft und TeleTrusT Deutschland ist die Arbeitskonferenz Systemsicherheit nach den Veranstaltungen Trust Center, Digitale Signaturen, Chipkarten und Sicherheitsinfrastrukturen die fünfte einer Reihe, die sich einem speziellen Thema im Kontext der IT-Sicherheit widmet.

Die moderne Informationsgesellschaft ist auf die Verfügbarkeit komplexer Informations- und Kommunikationssysteme angewiesen. Bei den innovativen Anwendungen treten dabei immer häufiger Aspekte der Systemsicherheit in den Vordergrund. Im vorliegenden Band werden unterschiedliche Fassetten der Systemsicherheit betrachtet.

Die Schwerpunkte der behandelten Themen stellen sich folgendermaßen dar. In einer Einführung werden Aspekte der Systemsicherheit im Überblick präsentiert. Ausgehend von grundlegenden Basiskonzepten werden ein methodischer Rahmen zur formalen Entwicklung sicherer Systeme und ein gruppenfähiges Dateisystem vorgestellt.

Als Paradebeispiele sicherheitssensibler Gesamtsysteme können die Internetkommunikation im Bereich spezieller Bankanwendungen und chipkartenbasierte Informationssysteme im Gesundheitswesen angesehen werden, bei denen zudem der Datenschutz von besonderer Relevanz ist. Häufig besteht zudem die Forderung nach Anonymität, die beispielsweise bei Münzsystemen von Interesse ist. Bei der Realisierung kommen unterschiedliche Kryptosysteme zum Einsatz.

Public-Key-Kryptographie wird in den verschiedenen Bereichen zur Erhöhung der Systemsicherheit eingesetzt, wobei das RSA-Verfahren nahezu eine Monopolstellung einnimmt. Elliptische Kurven können in vielen Bereichen alternativ eingesetzt werden. Bei geringer Rechenleistung bieten sich außerdem weitere Alternativen an. In allen Fällen muss jedoch die Sicherheit solcher Systeme ausreichend reflektiert werden. Blindes Vertrauen ist weder hier noch in anderen Bereichen der Systemsicherheit angebracht.

Die Vernetzung von IT-Systemen unterschiedlichster Art erfordert Sicherheitsmaßnahmen, die sowohl im Kontext der Kommunikationsmedien als auch im Zusammenhang mit den jeweiligen Anwendungen gesehen werden müssen. Während beim Zusammenschluss lokaler Netze der kombinierte Einsatz von Intrusion-Detection-Systemen und Firewalls intuitiv die Sicherheit erhöht, müssen bei der ISDN-Kanalverschlüsselung oder bei der Internet-Telefonie völlig andere Wege gegangen werden. Sind Systeme nur schwach vernetzt, so können kombinierte On/Offline-Methoden die entsprechende Sicherheit erfüllen.

Da Systemsicherheit längst kein isoliertes Thema mehr ist, können Sicherheitsanforderungen nicht ohne geeignete Standards umgesetzt werden. Dies gilt insbesondere in Zusammenhang mit digitalen Signaturen. Unterschiedliche Ansätze müssen zu interoperablen Lösungen geführt werden. So sollten etwa Signaturen nach der relevanten EU-Richtlinie und Signaturen nach dem deutschem Signaturgesetz migrationsfähig realisiert werden. Die Standardisierung beschränkt sich dabei nicht nur auf technische Aspekte, insbesondere müssen auch geschäftliche Transaktionen betrachtet werden. Für eine leichte Adaptierbarkeit sorgen spezielle Schnittstellen, sogenannte APIs – Application Programming Interfaces.

Realisierung von Echtheitsmerkmalen ist eine wesentliche Grundlage sicherer IT-Systeme. Dies betrifft nicht nur die digitale Identität eines Benutzers, die auf unterschiedliche Weise erzeugt werden kann. Rechtsrelevante digitale Signaturen sind auf sichere robuste Zeitstempeldienste angewiesen, wobei verteilte Systeme gewinnbringend eingesetzt werden können. Anwendungen im Multimediabereich haben ein intuitives Verlangen nach Echtheit, digitale Wasserzeichen sind eines der Hilfsmittel, um diese zumindest überprüfbar zu machen.

Systemsicherheit ohne geregeltes Schlüsselmanagement ist ebensowenig möglich wie Chili con carne ohne Bohnen. „Schlüsselfragen" müssen in der Regel im Kontext komplexer Gesamtsysteme betrachtet werden, wobei sich jedoch zwangsläufig Detailfragen ergeben. So spielen etwa (Pseudo-) Zufallszahlengeneratoren eine besondere Rolle bei der Schlüsselgenerierung. Verteilte Systeme stellen besondere Anforderungen an ein sicheres Schlüsselmanagement, bei dem möglicherweise auch Aspekte eines Key Recovery berücksichtigt werden müssen.

Komplexe IT-Systeme können ohne geeignete Public-Key-Infrastrukturen in der Regel nicht realisiert, geschweige denn gemanagt werden. Obwohl in unterschiedlichen Bereichen durchaus ähnliche Strukturen zur Anwendung kommen, müssen sie in Detailfragen oft an spezielle Umgebungen angepaßt werden. Im Gesundheitswesen sind andere Strukturen gefragt als etwa im geschäftlichen Umfeld. Benötigt werden flexible Public-Key-Infrastrukturen, die das jeweils gewünschte leisten. Zudem müssen Strategien für den Aufbau und den Betrieb solcher Infrastrukturen entwickelt werden. Wer bereits über eine Public-Key-Infrastruktur verfügt, der muss sich bereits früh damit befassen, dass auch hier immer kürzer werdende Produktlebenszyklen dazu führen, dass eine alte möglicherweise durch eine neue Public-Key-Infrastruktur ersetzt werden muss.

Bei den angeführten Themen werden unterschiedliche Sicherheitsarchitekturen betrachtet. Durch eine sinnvolle Standardisierung und Harmonisierung kann erreicht werden, dass in Zukunft die Realisierung sicherer IT-Systeme leichter zu verwirklichen ist. Zudem wird bei komplexen IT-Systemen das Sicherheitsmanagement eine entscheidende Rolle einnehmen. Neben den Möglichkeiten der schönen digitalen Welt müssen aber auch die Gefahren und Risiken kritisch reflektiert werden.

Die vorliegenden Beiträge spiegeln die Kompetenz der Autoren auf eindrucksvolle Weise wider. Mein Dank gilt daher zunächst den Autoren, ohne die dieser Band nicht hätte entstehen können. Bei Dagmar Cechak, Peter Schartner, Mario Taschwer und Petra Wohlmacher bedanke ich mich für die Unterstützung bei der technischen Aufbereitung des Tagungsbandes und für die umfangreichen Vorarbeiten. Mein Dank gilt weiter allen, die bei der Vorbereitung und bei der Ausrichtung der Tagung geholfen und zum Erfolg beigetragen haben, den Mitgliedern des Programmkomitees, R. Baumgart J. Buchmann, C. Eckert, W. Ernestus, B. Esslinger, H. Fedderrath, D. Fox, G. Frey, R. Grimm, F.-P. Heider, M. Hortmann, K. Keus, P. Kraaibeek, R. Posch, H. Reimer, C. Ruland, R. Steinmetz, J. Swoboda, C. Thiel, M. Waidner, G. Weck, P. Wohlmacher, K.-D. Wolfenstetter und T. Zieschang, und den Mitgliedern des Organisationskomitees, J. Gamst, F. Henning und M. Hortmann, die die verantwortungsvolle Aufgabe der lokalen Organisation auf sich genommen haben.

Ich hoffe, dass die Arbeitskonferenz Systemsicherheit zu einem Forum regen Ideenaustausches wird.

Patrick Horster
patrick.horster@uni-klu.ac.at

Inhaltsverzeichnis

Grundlegende Aspekte der Systemsicherheit

Patrick Horster[1] · Peter Kraaibeek[2]

[1] Universität Klagenfurt
patrick.horster@uni-klu.ac.at

[2] ConSecur GmbH
kraaibeek@consecur.de

Zusammenfassung

Sicherheit von informationstechnischen Systemen ist zu einem wichtigen Thema der letzten Jahre geworden. Die zunehmende Verbreitung und Nutzung des Internets hat außerdem dazu beigetragen, dass die relevanten Risiken ein breites Interesse finden und öffentlich diskutiert werden. Sicherheitsrisiken existieren aber in unterschiedlichster Ausprägung de facto in allen IT-Systemen. Die Sicherheit der Systeme kann dabei als eine Eigenschaft oder als ein Zustand definiert werden. Je nach Interessenslage sind verschiedene Sichtweisen auf die Systemsicherheit möglich, etwa rollenbasierte Betrachtungsweisen aus Sicht von Privatanwendern oder Unternehmen, oder die Sicht auf die technischen Aspekte mit unterschiedlichsten Komplexitätsgraden. Besonderes Augenmerk wird in letzter Zeit auf die Abhängigkeit von informationstechnischen Systemen gelegt, sowohl hinsichtlich ablaufender Prozesse, als auch bezüglich der Daten, technischen Komponenten, zugrundeliegenden Infrastrukturen und nicht zuletzt der beteiligten Menschen. Die wachsende Komplexität von Systemen ist dabei zu einem höchst kritischen Faktor geworden. Beispiele unterschiedlicher Komplexitätsgrade sind eine One-to-Many-Kommunikation, Wegfahrsperren für Kraftfahrzeuge und der Einsatz von digitalen Signaturen mit dahinterliegenden Sicherheitsinfrastrukturen. Die ständige Weiterentwicklung von Systemen in immer schnelleren Innovationszyklen wird durch technische Neuerungen, aber auch durch Globalisierung und Verschmelzungsprozesse vorangetrieben. Aufgrund von Sicherheitsanforderungen muss dies in Teilbereichen aber zwangsläufig auch wieder zu Systemseparierungen führen.

1 Einleitung

Das Bewusstsein für den Bedarf an IT-Sicherheit ist mit der schnell wachsenden Internetnutzung in den letzten fünf Jahren stark angestiegen und wird zukünftig noch weiter wachsen.

Gefördert wurde dies etwa durch das Bekanntwerden einer Reihe von Sicherheitsvorfällen und durch Veröffentlichung der Ergebnisse von breit angelegten Sicherheitsanalysen (vgl. [USGA96]) ebenso wie durch eine öffentliche Diskussion der Wirtschaftsspionage (vgl. [Wink97]): So können etwa Telefone so modifiziert werden, dass sie als Wanze fungieren können – Anruf genügt, und schon kann alles mitgehört und aufgezeichnet werden, was sich im Umfeld des entsprechenden Endgerätes abspielt.

Durch die Verbreitung des Internets und anderer Technologien könnten die Reisekosten der Geheimdienste dieser Welt auf ein Minimum reduziert werden, wenn wir nur einwilligen, die

Komponenten zu verwenden, die das alles können was wir gerade nicht wollen. Die technischen Möglichkeiten können leicht ausdiskutiert und in entsprechende Produkte umgesetzt werden. In Software könnte dies – durch einen entsprechenden Zufallsprozess – früher oder später aufgedeckt werden. Hardwarerealisierungen bieten dagegen optimale Möglichkeiten der Verheimlichung von verdeckten Funktionalitäten. Verdeckte Kanäle bei der Nachrichtenübermittlung könnten dann ihren Teil dazu beitragen, etwa eine vertrauliche Kommunikation für spezielle Benutzergruppen zu öffnen.

Die Abhängigkeit der Gesellschaft von funktionierenden informationstechnischen Systemen wurde in kleinen Expertengruppen (vgl. [RWHP90]) zwar schon vor gut 10 Jahren diskutiert, aber erst durch die Jahr 2000 Problematik drastisch in das öffentliche Bewusstsein gerückt. Die Thematisierung der Jahr 2000 Umstellung hat nicht nur zu einem eigenen Symbol – Y2K – geführt, sie hat auch zu der Erkenntnis beigetragen, dass IT-Sicherheit nicht ein alleiniges Problem der IT-Branche ist. Vielmehr wurde erkannt, dass nahezu alle Bereiche des täglichen Lebens und der Geschäftswelt in starkem Maße die Informations- und Kommunikationstechnik als Arbeitsgrundlage benötigen und auf Gedeih und Verderb zumindest von deren Verfügbarkeit abhängen. Y2K hat aber auch gezeigt: Noch beherrschen wir die Technik, und nicht die Technik uns.

So existiert eine Menge kritischer Prozesse, die in Systemen ablaufen, die technische und nicht-technische Anteile haben. Die Sicherheit dieser Systeme wird oft von unterschiedlichen Betroffenen mit verschiedenen Sichtweisen ungleich beurteilt. Kritiker und Befürworter der aufkommenden Informationsgesellschaft haben dazu beigetragen, dass Probleme zumeist nur lokal diskutiert, nicht aber im systematischen Kontext komplexer Systeme behandelt wurden. Wichtig ist, etwa bei der Durchführung von sicherheitsrelevanten Systemanalysen, eine ganzheitliche Betrachtung des Untersuchungsgegenstands unter Berücksichtigung aller wichtigen, auch nichttechnischen Aspekte und unter Berücksichtigung der Beziehungen von allen relevanten Systemelementen untereinander und zur Außenwelt. Mit wachsender Systemkomplexität wird die Durchführung solcher ganzheitlichen Sicherheitsanalysen zunehmend anspruchsvoll. Die daraus resultierenden einzusetzenden technischen Sicherheitsmaßnahmen sind dabei meist altbekannt. Auf diese soll hier nicht näher eingegangen werden. Ein Überblick über Sicherheitsmechanismen findet sich etwa in [Pfle97] und in [Stal95].

Die Systeme werden zudem nicht nur immer komplexer, sondern auch schnelllebiger. Die schon jetzt essenzielle Rolle der Sicherheit der IT-Systeme, nicht nur aufgrund von Abhängigkeiten, wird noch bedeutender werden und die Verantwortlichen und Experten vor neue Herausforderungen stellen, die es zu meistern gilt. Hierzu ist zunächst auch im internationalen Rahmen ein einheitliches Verständnis einer Baseline zu finden, im hier diskutierten Kontext hinsichtlich der grundlegenden Begriffe „System" und „Sicherheit".

2 Systeme und Sicherheit

Bei der Betrachtung des Begriffs Systemsicherheit beschränken wir uns in diesem Beitrag im wesentlichen auf Systeme der Informations- und Kommunikationstechnik (IT-Systeme, oft auch IuK-Systeme) und deren Sicherheit (IT-Sicherheit). Der aus dem griechischen stammende Begriff „System" wird in verschiedenen Kontexten verwendet und basiert auf einer Vielzahl unterschiedlichster Interpretationen und Festlegungen, denen aber gemein ist, dass ein

System als ein „ganzheitlicher Zusammenhang von Dingen, Vorgängen und Teilen" aufgefaßt werden kann.

Das Wort System wird häufig durch einen Zusatz näher spezifiziert, in der Regel beinhaltet dieser Zusatz einen Hinweis auf die angestrebte Verwendung. Im Umfeld sicherer IT-Systeme kommen dabei

- Übertragungssysteme (als technische Basis der Datenübertragung),

- Kommunikationssysteme,

- Informationssysteme,

- Datenverarbeitungssysteme,

- Betriebssysteme,

- Multimediasysteme,

- Managementsysteme,

- Zahlungssysteme, aber auch

- Überwachungssysteme zum Einsatz.

In einem betrachteten Zusammenhang (hier IT-Sicherheit) kann ein System als die Gesamtheit von Objekten (im Sinne der Gemeinsprache) aufgefaßt werden, die sich, aufgrund der Beziehungen der Objekte untereinander, von ihrer Umwelt abhebt, davon abgegrenzt erscheint und daher ein als Einheit anzusehendes und gegliedertes Ganzes bildet.

Dabei können Objekte etwa Personen, reale oder abstrakte Gegenstände, Vorgänge oder Methoden sein. Systeme können auch aus Teilsystemen bestehen – ein Gesamtsystem kann somit auch Objekte beinhalten, die ihrerseits Systeme sind. Aus Systemen können durch Unterteilung oder durch Zusammenführung andere, weitere Systeme gebildet werden. Betrachten wir das Internet als System, so können die unterschiedlichen Systemaspekte eindrucksvoll nachvollzogen werden.

Als Abgrenzung der resultierenden Gesamtheit eines Systems gegenüber ihrer Umwelt lässt sich eine entsprechende Hülle denken, die lediglich von den Beziehungen des Systems zur Außenwelt durchdrungen wird. Der Ort der Durchdringung und die Festlegung der dort geltenden Beziehungen und Regeln zwischen dem System und seiner Umwelt können als Schnittstellen aufgefasst werden.

Betrachten wir lokale und firmenweite Netze (oder Teile davon) mit der Anbindung zum weltweiten Internet als System (etwa im Zusammenhang mit der Anwendung E-Mail), so kann der Systembegriff auch anders gefasst werden:

Ein System kann als abgegrenzter Ausschnitt der realen oder einer gedanklichen Welt aufgefasst werden, wobei spezielle Anwendungen im Vordergrund stehen. Ein solches System ist charakterisiert durch die Beziehungen zu seiner Umwelt, durch die in ihm enthaltenen Bestandteile und deren Beziehungen zueinander sowie durch das dynamische Verhalten. Teilsysteme beschreiben hier abgegrenzte Ausschnitte eines Systems, die ihrerseits wiederum als Systeme betrachtet werden können.

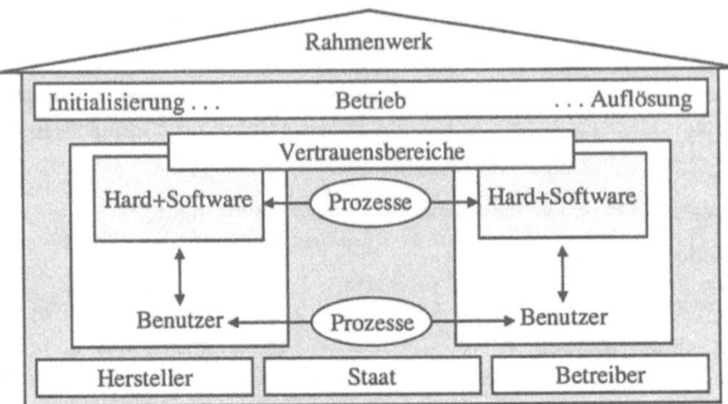

Abb. 1: Rahmenwerk für IT-Systeme

Systeme haben in der Regel eine technische Grundlage (Brockhaus: Dinge), auf der oder in der Prozesse (Brockhaus: Vorgänge) ablaufen. Diese technische Grundlage kann dabei ein künstlich geschaffenes technisches Gebilde (etwa Hardware, Software, Infrastruktur), aber auch ein Mensch (Benutzer, Anwender) sein. Prozesse können dann in technischen Systemen als Steuerungs- oder Regelungsprozesse, bei Menschen als Gedanken und Aktionen aufgefaßt werden. Neben den technischen Aspekten existieren in Systemen in der Regel organisatorische, rechtliche, soziale und auch kulturelle Gegebenheiten, die bei den jeweiligen Betrachtungen zu berücksichtigen sind.

Auf den Begriff der IT-Sicherheit soll hier nur kurz eingegangen werden. Die IT-Sicherheit kann als Eigenschaft oder als Zustand interpretiert werden:

- IT-Sicherheit ist eine Eigenschaft eines IT-Systems, bei der Maßnahmen gegen die im jeweiligen Einsatzumfeld als bedeutsam angesehenen Bedrohungen in dem Maße wirksam sind, dass die verbleibenden Risiken tragbar sind bzw. ganz oder teilweise auf Versicherungen abgewälzt werden.

- Sicherheit von IT-Systemen kann aber auch als Zustand aufgefaßt werden. Ein IT-System heißt dann sicher, wenn die zugrundeliegende Sicherheitsstrategie (Security Policy) realisiert und wirksam wurde. Eine Sicherheitsstrategie legt fest, gegen welche Bedrohungen wie vorgegangen wird. Dabei werden insbesondere sicherheitsrelevante Systemanforderungen (Sicherheitsanforderungen) festgelegt, gegen deren Erfüllung Bedrohungen gerichtet sind, die als bedeutsam erachtet werden.

3 Sichtweisen auf die Systemsicherheit

Systemsicherheit kann aus unterschiedlichen Sichtweisen betrachtet werden. Wir beschränken uns hier auf eine rollenbasierte Sichtweise, in der Interessen unterschiedlicher Parteien von Bedeutung sind, und eine technische Sichtweise, bei der technische Aspekte einer Sicherheitsinfrastruktur von Relevanz sind. Daneben existieren weitere Sichtweisen, etwa eine rechtliche Sichtweise, in der das Datenschutzgesetz eine besondere Rolle einnimmt, oder die organisatorische Sichtweise.

3.1 Rollenbasierte Sichtweisen

Die Sicherheit von Systemen sollte sich an den Sicherheitsanforderungen orientieren, die von denjenigen aufgestellt wurden, die für Systemfunktionalitäten verantwortlich sind. Die Nutzer von Systemen haben je nach der Rolle, die sie einnehmen, unterschiedliche Sichtweisen auf die Systemsicherheit:

- Privatanwender haben eigene Anforderungen an die Sicherheit der von ihnen genutzten Systeme (vgl. [Hoff95] und [HoFo99]). Sie fordern etwa sichere Transaktionen und vertrauliche oder anonyme Kommunikationsmöglichkeiten.

- Institutionen wie Firmen und Behörden interessieren sich in erster Linie für die Sicherheit ihrer Geschäftsprozesse und formulieren entsprechende Sicherheitsstrategien, die sie mehr oder weniger gut für die Nutzung im täglichen Betrieb umsetzen.

- Betreiber von Systemen haben Interesse, die Sicherheit ihrer Systeme nach außen darzustellen und transparent zu machen. Intern wollen sie ihre Systeme so sicher gestalten, dass sie bei relevanten Sicherheitsvorkommnissen von ihren Kunden nicht haftbar gemacht werden können und zudem keinen Imageverlust erleiden.

- Mitarbeiter von Institutionen oder von Systembetreibern können (müssen) so sensibilisiert sein, dass sie die eingeführten Sicherheitsmaßnahmen gemäß einer vorgegebenen Sicherheitsstrategie einsetzen.

- Mitarbeiter können jedoch auch unmotiviert und desinteressiert sein, Sicherheitsmaßnahmen lediglich als lästiges Übel empfinden und aufgrund dessen zu einem Sicherheitsrisiko werden.

- Als Innentäter können Mitarbeiter aus unterschiedlichsten Gründen ein Interesse haben, die Systemsicherheit zu unterlaufen, Attacken gegen die von ihnen benutzten Systeme durchzuführen oder Außentätern das unautorisierte Eindringen in Systeme zu ermöglichen.

- Hersteller von Systemen sollten die berechtigten Interessen der beteiligten Parteien in gebührendem Maße berücksichtigen. Insbesondere sollten die resultierenden Produkte das leisten, was sie leisten sollen – nicht weniger, aber auch nicht mehr. In der Regel sollten die Funktionalitäten allen Betroffenen zugänglich sein, um gegebenenfalls eine Überprüfung zu gewährleisten.

- Die Regierung eines Staates hat Interesse, das Gesamtsystem der jeweiligen Nationalen Informationsinfrastruktur (NII), wie auch immer diese definiert sein mag, als Bestandteil der Globalen Informationsinfrastruktur (GII), soweit zu sichern, dass staatliche Interessen gewährleistet sind (vgl. [Libi95] und [Stev96]). Dabei soll die Nation in ihrer Gesamtheit ebenso wie die Wirtschaft, staatliche Stellen und Privatpersonen geschützt werden.

3.2 Technische Sichtweisen

Die technische Sichtweise beinhaltet Aspekte, durch die die Verfügbarkeit einer sicherheitsrelevanten Anwendung sichergestellt wird. In Abhängigkeit der jeweiligen Anwendung können dabei beispielsweise technische Komponenten, Infrastrukturen und relevante Geschäftsprozesse betroffen sein. Die folgende Auflistung gibt nur einen kleinen isolierten Ausschnitt auf die technische Sichtweise wider. Beispiele sind

- Kommunikationsbeziehungen: Kommunikationsbeziehungen erfordern Kommunikationssysteme. Diese beschreiben in ihrer einfachsten Ausprägung, auf höchstem Abstraktionslevel, eine Beziehung zwischen zwei kommunizierenden Subjekten A und B (One-to-One-Relation).

- Equipment und Infrastruktur: Genauer betrachtet sind bei den jeweiligen Subjekten A und B Endsysteme im Einsatz und dazwischen befindet sich zumindest ein Kommunikationsmedium, dessen Sicherheit gewährleistet sein muss. Diese Endsysteme und Kommunikationsmedien bestehen aus Hardware- und Softwareanteilen sowie aus Infrastrukturkomponenten. Zur Verbesserung bzw. Realisierung der Systemsicherheit können etwa in die Endsysteme Authentisierungssysteme und zwischen Kommunikationsmedien Verschlüsselungskomponenten eingesetzt werden. Die Anbindung von lokalen an öffentliche Netze kann durch den Einsatz von Firewallsystemen abgesichert werden. Zudem können möglicherweise Intrusion-Detection-Systeme Angriffe bzw. Angreifer bereits frühzeitig erkennen (vgl. [Kaba96]).

- Geschlossene Mehr-Nutzer-Systeme: Sollen an einer Kommunikation mehrere vorab definierte und zugelassene Subjekte teilnehmen, so entstehen One-to-Many- oder Many-to-Many-Relationen. Um sicher kommunizieren zu können, sind den Anforderungen entsprechende Sicherheitsanwendungen oder Architekturen mit Vertrauensbereichen oder vertrauenswürdigen Instanzen aufzubauen. Hierzu können etwa PGP (Pretty Good Privacy), Kerberos oder eine PKI (Public-Key-Infrastruktur) eingesetzt werden.

- Offene Systeme: Sollen beliebige Anwender ein Kommunikationssystem nutzen können, so muss sich das System mit interoperablen Schnittstellen nach außen öffnen und nutzbare Architekturen anbieten. Eine geeignete PKI (vgl. [Hors99]) könnte das Gewünschte leisten. Dies beinhaltet aber das Risiko, dass Sicherheitslücken, die in PKI-Systemen entdeckt werden, die Sicherheit der eigenen Systeme beeinträchtigen können. Hier kann es Sinn machen, interne Systeme oder Teilsysteme als geschlossene Systeme zu betreiben und durch geeignete Maßnahmen von offenen abzuschotten.

- Integration von Systemen: Aufgrund der zunehmend übergreifenden Vernetzung unterschiedlicher Systeme, etwa beim Zusammenschluss von Unternehmen, kann die Anforderung entstehen, Systeme mit verschiedenen Sicherheitsstrategien unter gleichen Sicherheitsvorgaben miteinander zu verschmelzen. Oftmals wird eine Harmonisierung der Sicherheitsstrategien nicht möglich sein. Um eine möglichst weitgehende Kooperation der Systeme zu ermöglichen, ist eine sichere Kommunikationsmöglichkeit etwa über Virtual Private Networks (VPN) oder vertrauenswürdige Schnittstellenkomponenten zu ermöglichen. Schnittstellenwächter müssen in bestimmten Systemen in der Lage sein, eingestufte Dokumente in Abhängigkeit vom Sender und Empfänger, sowie in Spezialanwendungen nach automatisierter inhaltlicher Prüfung, auf Basis von Filterregeln aus dem System zu exportieren oder zu importieren.

- Anwendungen: Kommunikationsbeziehungen dienen nur dazu, Anwendungen, etwa Geschäftsprozesse, zu unterstützen. Durch Anwendungen werden weitere, unterschiedlichste Sicherheitsanforderungen an Systeme gestellt. Dies sind etwa die Revisionsfähigkeit von Systemen oder rechtliche Anforderungen, die auf den Datenschutzgesetzen, auf dem Signaturgesetz oder auf der Umsetzung der EU-Richtlinie für elektronische Signaturen begründet sind. Die Sicherheitsanforderungen können dabei einander gegensätzlich sein, so kann einerseits gemäß Datenschutzgesetz gefordert werden, dass keine Nutzerdaten vom

System erhoben werden, andererseits kann die Erstellung von Benutzerprofilen erforderlich sein, um unautorisierte Eindringlinge in dem jeweils betrachteten System entdecken zu können.

- **Revisionsfähigkeit:** Kommunikationssysteme und Sicherheitsinfrastrukturen unterliegen ständigen Änderungen. Die Anpassung an aktuelle Gegebenheiten kann dabei zu größeren Problemen führen, insbesondere dann, wenn eine Interoperabilität mit dem Rest der Welt sicherzustellen ist. Hiervon sind sowohl Aktualisierungen als auch Prozesse eines möglichen Reengineering betroffen. Auch wenn ein System geprüft wurde und zu dem Prüfzeitpunkt als sicher erachtet wurde, können sich nach Anpassungen des Systems kurz darauf neue Schwachstellen ergeben. Eine ständige Revisionsfähigkeit sollte etwa dadurch sichergestellt werden, dass entsprechende Prüfgrundlagen zur Verfügung gehalten werden. Dabei kann es sich um eine ausformulierte System Security Policy, aber auch um eine detaillierte Beschreibung von Zugriffsprofilen (etwa Access Control Lists – ACLs) handeln.

4 Abhängigkeiten und Bedrohungen

Bei einer ganzheitlichen Sicht auf ein System muss insbesondere die Sicherheit der Anwendungen, der technischen Komponenten, der Infrastruktur und der Organisation gegeben sein. Dabei sind insbesondere gegenseitige Abhängigkeiten zu betrachten.

Der Output von Systemen basiert auf Prozessen, meistens Entscheidungs- oder Steuerungsprozessen, die auf der funktionalen Basis von informationstechnischen Systemen, von Kommunikationssystemen oder von Menschen ausgeführt werden. Prozesse werden durch Informationen beeinflusst, die in einem System enthalten sein können oder diesem von außen zugeführt werden. Informationstechnischen und kommunikationstechnischen Systemen liegen wiederum Infrastrukturen zugrunde, etwa zur Energieversorgung oder ein Leitungsnetz. Aufgrund der Abhängigkeiten existieren für potentielle Angreifer unterschiedliche Ansatzpunkte für direkte und indirekte Attacken, sofern das Gesamtsystem Schwachstellen enthält, die Bedrohungen wirksam werden lassen können. Die Bedrohungen können innerhalb des betrachteten Systems, aber auch außerhalb ansetzen.

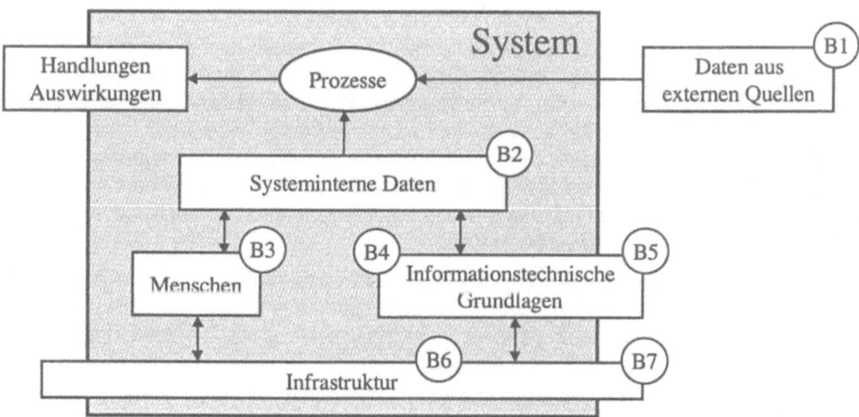

Abb. 2: Abhängigkeiten in IT-Systemen und Ansatzpunkte für Bedrohungen

So kann ein Angreifer versuchen,

- die den im System ablaufenden Prozessen von außen zugeführten Daten bzw. Informationen zu manipulieren, zusätzliche Daten bzw. Informationen einzubringen oder Daten bzw. Informationsflüsse von außen zu unterbinden (B1),

- die im System enthaltenen Daten bzw. Informationen zu verändern, zu löschen oder anderweitig zu manipulieren (B2),

- Menschen zu beeinflussen, die innerhalb des Systems auf die ablaufenden Prozesse einwirken (B3),

- den Prozessen die funktionale Basis zu entziehen, sie zu stören oder sie zu beeinflussen, indem er die technischen Komponenten der informationstechnischen Systeme und Kommunikationssysteme angreift (B4),

- die im System eingesetzten technischen Komponenten, etwa Standardprodukte (Hard-, Soft- oder Firmware), bereits in der Entwicklungsphase, also außerhalb des Systems, zu manipulieren (B5),

- die dem System zugrundeliegende systeminterne Infrastruktur zu stören (B6) und

- die dem System zugrundeliegende externe Infrastruktur zu stören (B7).

Dem hier sehr generisch dargestellten Abhängigkeitsmodell mit seinen Angriffsmöglichkeiten entsprechen in der Realität oft sehr heterogene, in ihrer Komplexität unterschätzte, unübersichtliche Systeme, die aus wiederum komplexen Teilsystemen zusammengestellt sein können. Die Formulierung von Sicherheitsanforderungen und insbesondere deren Realisierung und technische Umsetzung, mit allen ihren Konsequenzen im Systemumfeld, kann sich entsprechend schwierig gestalten. Dies gilt insbesondere dann, wenn hohe Sicherheitsanforderungen gestellt werden. Auch eine Zusammenstellung von einzelnen „sicheren" Teilsystemen zu einem „System of Systems" gewährleistet noch kein sicheres Gesamtsystem, da zumeist eine erweiterte oder zusätzliche Infrastruktur zur Anwendung kommt, die ihrerseits wiederum die Sicherheitsaspekte der jeweiligen Teilsysteme berücksichtigen muss.

5 Sicherheit in komplexen IT-Systemen

Der Grad der Komplexität spielt für die Sicherheit von Systemen eine wesentliche Rolle. In geschlossenen Systemen können Anforderungen bezüglich einer Sicherheitsstrategie in der Regel leichter erfüllt werden als in offenen Systemen. Ein wesentlicher Grund dafür ist darin zu sehen, dass geschlossene Systeme oft über eine (natürliche) physische Sicherheitsinfrastruktur verfügen, durch die etwa eine befriedigende Zutrittskontrolle gewährleistet ist. Als exemplarische Beispiele können hier (kleinere) Großraumbüros in den Kommunen, Publikumsbereiche der Banken, Krankenkassen und Versicherungen, aber auch Bürobereiche in mittelgroßen Unternehmen angesehen werden.

Wir wollen uns auf vier spezielle Beispiele beschränken und zeigen, dass selbst einfache Sicherheitsanforderungen schnell zu komplexen Lösungen führen können, wenn die Sicherheitsanforderungen im Kontext der jeweiligen Gesamtsysteme gesehen werden. Im folgenden betrachten wir

- ein einfaches (geschlossenes) Kommunikationssystem, bei dem eine Partei (Master) mit mehreren anderen Parteien (Slaves) eine vertrauliche, authentische und verbindliche Kommunikation durchführen möchte,

- die prinzipielle Sicherheitsinfrastruktur, die erforderlich ist, um Wegfahrsperren (sogenannte Imobilizer) in Kraftfahrzeugen so zu konzipieren, dass lediglich die Besitzer geeigneter Schlüsseltoken (elektronische Schlüssel) das Fahrzeug starten und fahren können,

- das Konzept eines Verbundsystems, bei dem mehrere autarke Verbundpartner auf ein gemeinsames (evtl. verteiltes) Archiv zugreifen können, wobei die einzelnen Verbundpartner eine eigene Sicherheitsinfrastruktur besitzen und

- das Konstrukt „digitale Signatur", bei dem die mathematischen Grundlagen zwar bereits in Gymnasien behandelt werden, eine befriedigende Lösung für eine offene verbindliche Telekooperation aber noch nicht flächendeckend eingeführt werden kann.

Die folgenden Ausführungen sollen lediglich die Komplexität aufzeigen, die solche Systeme annehmen können. Ähnlichkeiten zu existieren Systemen sind weder beabsichtigt, noch vermeidbar, trotzdem sollte nicht geschlossen werden, dass existierende Systeme in der beschriebenen Form realisiert sind. Insbesondere erheben die hier aufgeführten Teilaspekte keinen Anspruch auf Vollständigkeit.

5.1 One-to-Many-Kommunikation

Betrachten wir die Aufgabe, dass eine Partei, der Master M, mit mehreren (untergeordneten) Parteien, den Slaves S1, S2, . . . , Sk, vertraulich, authentisch und verbindlich kommunizieren möchte, so erfordert dies kryptographische Basismechanismen zur Verschlüsselung und zur Signaturbildung. Weiterhin gehen wir davon aus, dass die einzelnen Slaves innerhalb des Systems keine Kommunikationsbeziehung unterhalten. Wir setzen zudem voraus, dass ein gewisses Vertrauensverhältnis zwischen dem Master und den einzelnen Slaves besteht. Betrachten wir eine Bank als Master und die Kunden als Slaves, so haben wir ein anschauliches praxisnahes Beispiel für diesen Zusammenhang.

Für die Signaturbildung können geeignete Chipkarten eingesetzt werden, wobei die Chipkarten durch eine Trusted Third Party derart initialisiert werden, dass die zugehörigen privaten Schlüsselparameter im gesicherten vertraulichen Bereich der Chipkarte gespeichert sind. Die zugehörigen „öffentlichen" Schlüsselparameter werden auf ein geeignetes Medium gespeichert. Dabei muß sichergestellt werden, dass Chipkarten (mit geheimen Schlüsselparametern) und öffentliche Schlüsselparameter einander eindeutig zugeordnet werden können. Die Chipkarten werden zusammen mit dem Speichermedium an den Master übertragen.

Bei der Herstellung der Chipkarten, bei der Erzeugung der Schlüsselparameter und bei der Übertragung an den Master sind besondere, kontrollierte Sicherheitsmaßnahmen zu ergreifen. Im Kontext digitaler Signaturen sollte zudem auf die Dublettenfreiheit gewisser Schlüsselparameter geachtet werden. Die erforderlichen Prozesse und ihre Schnittstellen müssen als Teilsysteme aufgefaßt werden, deren Sicherheit hier nicht weiter behandelt werden soll.

Der Master kann jedem Slave eine Chipkarte auf einem geeigneten Weg aushändigen. Dazu wird die Chipkarte zunächst einer Personalisierung unterworfen, die im einfachsten Fall durch das Aufdrucken einer eindeutigen Bezeichnung (für den jeweiligen Slave) erfolgen kann. Gleichzeitig werden auch die zugehörigen öffentlichen Schlüssel personalisiert. Alle Slaves erhalten außerdem die öffentlichen Schlüsselparameter des Masters, die ebenfalls auf der Chipkarte gespeichert sein können.

Auf eine weitere Beschreibung der Systeminitialisierung wollen wir hier verzichten, insbesondere kommen natürlich diverse PINs (Personal Identification Numbers) und weitere sichere Verfahren zur Anwendung.

Da eine Kommunikation lediglich zwischen dem (einen) Master und den k Slaves stattfinden kann, sind die Grundlagen für eine vertrauliche, authentische und verbindliche Kommunikation gelegt. Daten werden vor der Kommunikation für den jeweiligen Empfänger verschlüsselt und geeignet signiert. Dabei sollte auch hier die Dublettenfreiheit der verwendeten Schlüsselparameter (etwa bei einer symmetrischen Verschlüsselung) sichergestellt werden. Werden die zur Verschlüsselung verwendeten Schlüsselparameter durch ein asymmetrisches Verfahren verschlüsselt übertragen, so müssen zur Verschlüsselung und zur Signaturbildung unterschiedliche Schlüsselparameter verwendet werden. Da eine implizite Authentifikation sichergestellt werden kann, sind keine Schlüsselparameter zur gegenseitigen Authentifikation erforderlich. Die Verbindlichkeit kann durch bilaterale Verträge oder entsprechende Geschäftsverbindungen sichergestellt werden.

Da eine One-to-Many-Beziehung besteht, kann der Master einzelne Slaves als Kommunikationspartner leicht (vorübergehend) sperren oder (endgültig) aus dem System entfernen. Eine Rückgabe der Chipkarte ist nicht zwingend erforderlich, allerdings sollte sie angestrebt werden. Zurückgegebene Chipkarten müssen vernichtet werden, ein weiterer Einsatz durch einen neuen oder anderen Slave ist durch geeignete Maßnahmen (etwa mittels einer Initial PIN) zu verhindern.

Wir haben hier stillschweigend vorausgesetzt, dass das verwendete technische Equipment vertrauenswürdig, und die benutzten Kommunikationswege verfügbar sind. Damit wurden zwar nicht alle Aspekte der Systemsicherheit betrachtet, dieses elementare Beispiel zeigt aber bereits die zahlreichen Zusammenhänge und deren Komplexität eindrucksvoll auf.

5.2 Wegfahrsperre (Imobilizer)

Eine Wegfahrsperre kann zunächst einmal als ein einfaches One-to-Many-System aufgefaßt werden: Ein Schloß (Master) kann mit mehreren Schlüsseltoken (Slaves) kommunizieren, wobei als Kommunikationsziel eine überprüfbare gegenseitige Authentifikation angestrebt wird. Ist die Authentifikation erfolgreich, so kann das Fahrzeug gestartet und gefahren werden. Damit die Kommunikation nicht durch Dritte gewinnbringend abgehört werden kann, müssen Daten verschlüsselt übertragen werden. Dabei ist zudem sicherzustellen, dass eine Zufallsverschlüsselung stattfindet, um Replay-Attacken zu verhindern. Dies ist von besonderer Bedeutung, da die Kommunikation in der Regel mittels kontaktloser Schlüsseltoken geschieht.

Der wesentliche Unterschied zum zuvor angeführten Beispiel besteht hier darin, dass nicht nur die Schlüsseltoken mobil sind. In diesem Fall sind auch die zu schützenden Güter mobil, was insbesondere dann zu Problemen führen kann, wenn an einem Urlaubsort alle mitgeführten Schlüsseltoken verloren gehen. Aus Kostengründen kommt zudem ein weiterer Aspekt hinzu: Die kryptographischen Elemente sollten von möglichst vielen Herstellern genutzt werden können, ohne dass ein Kraftfahrzeug des Herstellers A mit einem Schlüsseltoken des Herstellers B genutzt werden kann. Ein Hilfsmittel hierzu ist wiederum die dublettenfreie Schlüsselgenerierung, bei der im vorliegenden Fall zudem eine leichte Diversifizierung der Komponenten dazu beitragen kann, dass ursprünglich kompatible Geräte dennoch inkompatibel sind.

Im Normalbetrieb existieren hier keine Probleme, da eine Wegfahrsperre als kleines geschlossenes System aufgefaßt werden kann. Betrachten wir aber den Fall, indem einer von vielleicht maximal acht Schlüsseln verloren geht, so müssen unterschiedliche Mechanismen zusammenwirken, damit das System Wegfahrsperre sicher bleibt. Nehmen wir an, dass der Besitzer einen neuen Schlüsseltoken erhalten hat, so muss das Schloss diesen neuen Schlüsseltoken akzeptieren. Dazu muss etwa ein Lernschlüssel verwendet werden, der bei einer autorisierten Werkstatt vorhanden sein muss. Mit diesem Lernschlüssel darf allerdings nicht jeder beliebige Schlüssel angelernt werden, lediglich bei einem zum Auto passenden Schlüssel darf dies möglich sein. Ein passender Schlüssel darf natürlich nur vom Besitzer und einer autorisierten Werkstatt angefordert werden können. Hier wird aber bereits klar, dass das ursprünglich einfache geschlossene System immer wieder neue Fragen aufwirft, die einer Lösung bedürfen.

Betrachten wir den Vorgang aber noch etwas weiter. Wurde ein neuer Schlüsseltoken angelernt, so müssen alle bisher gültigen Schlüsseltoken zunächst ungültig gemacht werden, da der verlorene Schlüssel auch zum Diebstahl des Autos genutzt werden könnte. Da in der Regel aber zumindest noch ein weiterer Schlüsseltoken existiert, ist es sinnvoll, diesen wieder in das System einzubinden. Das geschieht in der Regel so, dass innerhalb eines gewissen Zeitintervalls beliebige alte Schlüsseltoken mit dem neuen Schlüsseltoken reaktiviert werden können. Der verlorene Schlüsseltoken wird damit automatisch auf Dauer ungültig, falls er nicht wieder reaktiviert wird.

Das zugrundeliegende Gesamtsystem ist aber noch wesentlich komplexer. Neben der Pannenhilfe ist insbesondere eine verbindliche Lösung für die Übertragung der Schlüsseldaten zwischen einer Notfall-Datenbank und der autorisierten Werkstatt erforderlich. Hier müssen auch geeignete Authentifikationsmechanismen zur Anwendung kommen. Ein Paßwort (PIN) oder ein Mobilitätsausweis (in Form einer Chipkarte) sind geeignete Hilfsmittel, die auch kombiniert eingesetzt werden können.

Da Kraftfahrzeuge in ihrem Lebenszyklus den Besitzer evtl. mehrmals wechseln können, muß auch dies bei der Konzeption des Gesamtsystems berücksichtigt werden. Gehen wir noch einen Schritt weiter, so ist es auch vorstellbar, dass ein Provider die Notfall-Datenbanken mehrerer Automobilhersteller betreut. Bei der Sicherheitsbetrachtung werden spätestens jetzt auch Aspekte des Datenschutzes relevant, da die Kundendaten einen erheblichen Wert darstellen.

5.3 Verbundsystem mit Archiv

In einem Verbundsystem soll für eine feststehende Anzahl von Verbundpartnern und deren (evtl. wechselnde) Mitarbeiter eine Sicherheitsinfrastruktur aufgebaut werden. Nach einer Initialisierungsphase für das Gesamtsystem sollen die Partner (vertreten durch ihre Sicherheitsbeauftragten) ihre Teilsysteme eigenverantwortlich managen.

Die Mitarbeiter sollen Zugriff auf ein Archiv haben. Die Zugriffsrechte unterliegen einer besonderen Granularität, auf die hier nicht detailliert eingegangen werden soll. Neben einem schreibenden und einem lesenden Zugriff sind dabei auch Strategien zu Existenzfragen (Existiert ein bestimmtes Dokument auf dem Security Server?) zu regeln. Zudem sollen verbindliche Sende- und Empfangsnachweise geführt werden. Dies kann beispielsweise dann von Interesse sein, wenn für spezielle Einträge (beim Schreiben oder Lesen) Kosten anfallen.

In einer Initialisierungsphase legen die Verbundpartner eine Sicherheitsstrategie für das Gesamtsystem fest. Insbesondere müssen Schlüsselkomponenten für einen Security Server und einen Notary Server vereinbart werden. Hierzu können Schwellwert-Schemata (Threshold Schemes) und eine anschließende Schlüsselgenerierung eingesetzt werden. Dabei ist sicherzustellen, dass die Sicherheitsverantwortlichen lediglich Kenntnis von den öffentlichen Schlüsselparametern erhalten. Wir gehen hier davon aus, dass wir dieses Ziel durch geeignete Maßnahmen bereits erreicht haben. Die Authentizität der öffentlichen Schlüsselparameter könnte dann durch ein Selbstzertifikat belegt werden.

Außerdem werden für jeden Sicherheitsbeauftragten öffentliche und geheime Schlüsselparameter generiert, wobei die öffentlichen Parameter während der Initialisierungsphase ebenfalls zertifiziert werden. Damit sind die Sicherheitsbeauftragten in der Lage, in ihrer Umgebung eigene Zertifikate zu erstellen, die infolge der resultierenden Zertifikatkette von allen Teilnehmern des Verbundsystems auf Korrektheit überprüft werden können. Die Verbundpartner können autark innerhalb ihres Geltungsbereiches agieren.

Der jeweilige Sicherheitsbeauftragte kann Zertifikate an Mitarbeiter ausgeben und sperren, zudem kann er Rechte vergeben, die im Security Server des Verbundsystems eingetragen werden. Jede Kommunikation unterliegt dabei bestimmten Sicherheitsanforderungen, die durch den Security Server, den Notary Server und einem Referenz-Monitor überwacht werden. Für die Aufzeichnung aller Transaktionen könnte ein geeignetes Audit-System eingesetzt werden.

Ohne näher auf die eigentliche Anwendung einzugehen, wird bereits hier klar, dass die angeführten Probleme alles andere als trivial sind und zu einem komplexen Gesamtsystem führen. Da aber auch in einem solchen System geheime Schlüsselkomponenten kompromittiert werden können, müssen Vorkehrungen für den Extremfall getroffen werden. Dieser Extremfall tritt dann ein, wenn die geheimen Schlüsselkomponenten der Server oder der Sicherheitsbeauftragten kompromittiert sind. Ein praktikabler Lösungsvorschlag besteht darin, in einem solchen Fall auf Reserveschlüssel umzuschalten.

5.4   Digitale Signaturen und Public-Key-Infrastrukturen

An dieser Stelle werden einige, mit digitalen Signaturen verbundene Probleme aufgezeigt. Die technische bzw. mathematische Beschreibung wird hier nicht weiter betrachtet und als bekannt vorausgesetzt.

Das Gesetz zur Digitalen Signatur zeigt die Basisprobleme deutlich auf. Das zugrundeliegende mathematische Problem wurde bereits früh verstanden und fand zudem Eingang in die universitäre Ausbildung. Da aber keine praktische Umsetzung in Sicht war, waren die ersten Anwendungen auf spezielle Bereiche beschränkt. Hier herrschte zudem weitgehende Geheimhaltung. Die realisierten Systeme (etwa im Bereich der Banken) konnten als Paradebeispiele geschlossener Systeme angesehen werden.

Erst mit dem zunehmenden öffentlichen Interesse an IT-Sicherheit, insbesondere im Bereich des vieldiskutierten Electronic Commerce, wurde die zukunftsträchtige Idee der Digitalen Signatur, die im europäischen Rahmen in einem weiter gefassten Verständnis nun wieder elektronische Signatur heißen soll, durch unterschiedliche Kräfte vorangetrieben. Dabei ist zu erwähnen, dass die treibenden Kräfte oft aus Bereichen kamen, in denen das technische Verständnis nicht besonders ausgeprägt war. Aber gerade dieser Mangel wurde zur Stärke, da man unvoreingenommen eine Idee vorantreiben konnte, von deren Nutzen man überzeugt war. Wie schön könnte es sein, wenn wir uns nicht mehr zu einer Verwaltung bewegen müssten, um eine eigenhändige Unterschrift zu leisten. Wir könnten unseren Heimcomputer starten, die entsprechende Signaturkarte in den dafür vorgesehenen Schlitz schieben, eventuell einen Finger auf einen Fingerprintleser legen – und ab geht die (elektronische) Post – um den Verwaltungsakt zu erfüllen.

Dem Freudentaumel und den Festgesängen auf das verabschiedete Signaturgesetz folgte die Ernüchterung in Form der Signaturverordnung und des relevanten Maßnahmenkatalogs. Das Signaturgesetz war das eine, die technische Umsetzung das andere. Der Euphorie folgte die Realität. Alleine die Fragestellungen im Kontext der Rechtsrelevanz und der Auswirkungen auf diverse Gesetze machten deutlich, dass hier Systeme erforderlich sind, deren Komplexität kaum einer zuvor bedacht hatte.

Die technische Umsetzung bereitet eigentlich kein Problem, so hatten die Techniker zuvor ihr Verständnis zur digitalen Signatur geäußert. Wenn der Bedarf vorhanden sei, dann wäre man unmittelbar in der Lage, die geforderten Komponenten zu entwickeln, zu fertigen und zu liefern. Mathematiker und Informatiker, die bis dahin geglaubt haben, dass sie eigentlich nichts mehr mit der Umsetzung zu tun haben könnten – sie hatten bereits alles verstanden (so glaubten viele zumindest) – wurden eines Besseren belehrt.

In Vorlesungen wurde zwar immer darauf hingewiesen, dass die verwendeten Schlüsselkomponenten authentisch sein müssen. Zudem wurden Verfahren vorgestellt, um die verlangten Schlüsselkomponenten zu erzeugen. Was auf dem Papier respektive der Tafel ohne weitere Probleme leicht gelang und zudem plausibel erschien, war aber in der Praxis nicht unmittelbar anwendbar. Die erforderlichen Public-Key-Infrastrukturen müssen erst mühsam aufgebaut werden. Ersten Entwürfen folgten schnell Revisionen, da praxisrelevante Anwendungen nicht berücksichtigt wurden. Als Beispiel können Zertifikate nach X.509 angeführt werden, bei denen auch die dritte Version nicht alle Bedürfnisse befriedigend abdeckt.

Ein anderes Problem wurde in der Folgezeit außerdem ausgiebig diskutiert: Was wird eigentlich digital signiert? Das was ich tatsächlich auf dem Bildschirm gesehen habe oder das was ich gesehen haben könnte? Auf der Seite des Empfängers ist das Problem ebenfalls vorhanden. Wann akzeptiere ich eine digitale Signatur? Die Frage, die hinter all diesen Fragestellungen steht, ist eigentlich die nach einem vertrauenswürdigen Equipment. Dazu gehören dann aber nicht nur Hardwarekomponenten, sondern auch das verwendete Betriebssystem, evtl. vorhandene Firmware und die eingesetzte Anwendungssoftware. Ein wesentlicher Aspekt sicherer Systeme ist zudem durch die jeweilige Infrastruktur bestimmt.

Damit sind wir wiederum bei der Systemsicht. Wie kann Vertrauen in die verwendeten Hard- und Softwarekomponenten sowie die verwendete Infrastruktur geschaffen werden? Bei der digitalen Signatur kommen noch die Vertrauensfragen zu weiteren technischen und organisatorischen Komponenten hinzu. Fragen nach vertrauenswürdigen Trustcenterfunktionalitäten und sicheren Chipkarten sind nur die Spitze eines Eisbergs, der hier im Kontext sicherer IT-Systeme sichtbar wird. Zudem werden Fragen zur Haftung in Zukunft von zunehmender Bedeutung sein und damit entscheidend zur Akzeptanz oder Ablehnung beitragen.

6 Trends

Für die nähere Zukunft zeichnen sich im Bereich der Systemsicherheit einige Trends ab, die von den Betroffenen, seien es Privatpersonen, Unternehmen oder staatliche Stellen, zeitgerecht berücksichtigt werden müssen, um die entsprechenden Interessen zu wahren. Zukünftige IT-Systeme werden dabei durch unterschiedliche Einflüsse geprägt werden (vgl. [BSI 96]).

Globalisierung, Internationalisierung sowie Transnationalisierung führen einerseits zu einem zunehmenden Zwang zur Standardisierung und Harmonisierung (vgl. [Hübe97]). Nur damit kann die notwendige Interoperabilität erreicht werden. Dies gilt insbesondere im Bereich der Sicherheitsinfrastrukturen (vgl. [Hors99]) und speziell für Public-Key-Infrastrukturen.

Auf der anderen Seite wird in speziellen Bereichen eine bewusste Diversifizierung von Systemen und in Systemen stattfinden müssen. Das altbekannte Sicherheitsprinzip der „Separation of Duties" wird uns in abgewandelter Form als „Separation of Systems" wieder begegnen. Unabhängigkeit und autarke Prozessabläufe werden dabei an Bedeutung gewinnen.

Fraglich ist, inwieweit sichere Systeme überhaupt global realisiert werden können. Schon alleine aus Kostengründen wird an zahlreichen Stellen gar nicht der Wunsch danach bestehen. Ebenso ist fraglich, ob die größeren Risiken mit der Globalisierung oder mit der Beschleunigung der Innovationszyklen verbunden sind.

Diese immer schneller werdenden Innovationszyklen führen zu neuen Sicherheitsproblemen, etwa im Bereich des Knowledge-Management in Unternehmen. Hier muss eine befriedigende Migrationsfähigkeit geschaffen werden. Migrationsprozesse müssen strategisch so durchführt werden können, dass laufende Geschäftsprozesse nicht gestört werden. Dies gilt sowohl für technische Migrationen wie auch für die Migration des Wissens beim Menschen. Spezielle Auswirkungen hat dies für den Bereich der Ausbildung, gerade im Bereich der IT-Sicherheit.

Durch die gewachsene und wachsende Abhängigkeit von sicher funktionierender Informationstechnik kommen auf die Nutzer, letztendlich auf die ganze Gesellschaft, neue Risiken zu, die vielfach noch gar nicht erkannt sind. Sehr zu begrüßen sind Aktivitäten der Bundesverwaltung, einige kritische Infrastrukturen, von denen weite Bevölkerungsteile sowie Wirtschaft und Staat abhängen, unter diesem Aspekt näher zu analysieren.

Ebenso besteht nach wie vor eine starke Abhängigkeit von ausländischen Sicherheitsprodukten, die regelmäßig, sogar an neuralgischen Stellen, eingesetzt werden. Auch bei sich abzeichnender Transnationalisierung werden Staaten als solche noch einige Zeit Bestand und Einfluß haben (vgl. [Ritc96]). Dafür muss sichergestellt werden, dass nationale Sicherheitsaspekte besser als bisher berücksichtigt werden können, selbstverständlich ohne die Interessen Einzelner dabei zu vernachlässigen. Open-Source-Initiativen versprechen zwar eine Verbesserung der Situation, jedoch sind angesichts quantitativ, teilweise auch qualitativ noch unzureichender Ausbildung im Bereich der IT-Sicherheit viel zu wenige Spezialisten verfügbar, so dass weiterhin zumindest kurzfristig eine Abhängigkeit von ausländischen Produkten bestehen bleiben wird. Die als zarte Pflanzen existierenden, gut gedeihenden, bisherigen Ausbildungsaktivitäten in Bereichen wie Systemsicherheit, Kommunikationssicherheit und Informationssicherheit sind sehr zu begrüßen und müssen konsequent vorangetrieben werden.

Zunehmende Verschmelzung von heterogenen Rechnerwelten und auch unterschiedlichen Anwendungen in homogenen Welten führen dazu, dass eingesetzte informationstechnische Systeme immer komplexer werden und in immer unüberschaubarere Abhängigkeiten geraten. Dies macht die Begutachtung der Sicherheit von Informationstechnik zunehmend schwierig. Neue Methoden für eine zeitgerechte Bewertung der Sicherheit von Systemen oder Systemkomponenten sollten dringend erarbeitet werden.

Immer schnellere Rechenleistungen stellen derzeit die Sicherheit eingesetzter Kryptosysteme kaum in Frage. Möglichkeiten der schnelleren Kryptoanalyse stehen als Reaktion auch schnellere Verschlüsselungsfähigkeiten gegenüber. Zumindest mittel- bis langfristig ist aber die Entwicklung neuartiger Rechnertypen in Betracht zu ziehen, die etwa auf einer optischen, molekularen (biologischen) oder quantenphysikalischen Basis funktionieren und völlig neue Alternativen bieten könnten.

Zukünftig wird die Informationstechnik weite Lebensbereiche durchdringen. Ermöglicht wird dies erst durch sinnvoll eingesetzte Sicherheitsmechanismen, da nur auf einer sicheren Basis das Vertrauen weiter Bevölkerungsschichten und damit flächendeckender Einsatz erreicht werden kann. Jedoch resultieren daraus auf der anderen Seite noch zu lösende Probleme bis hin zu Fragestellungen der Sozialverträglichkeit.

Nicht alle Interessenkonflikte können zur Zufriedenheit aller beteiligten Instanzen gelöst werden. Sichere IT-Systeme und insbesondere eine sichere Verschlüsselung können natürlich auch von Kriminellen zur Vorbereitung von Straftaten genutzt werden. Es ist abzuwägen, welche Rechte und welche Mittel einer Strafverfolgungsbehörde oder anderen Einrichtungen eingeräumt werden können (müssen), um die Interessen des Staates und damit seiner Bürger zu wahren. Aber auch hier besteht die Gefahr eines Mißbrauchs, den es zu verhindern gilt.

7 Fazit

Mit der Entwicklung zu einer „Globalen Informations-Infrastruktur" ist das Internet zu einem bedeutenden Medium für die elektronische Abwicklung privater, geschäftlicher und behördlicher Prozesse geworden. Kryptographische Verfahren zur Verschlüsselung und zur Realisierung digitaler Signaturen und die damit verbundenen Sicherheitsinfrastrukturen, etwa Public-Key-Infrastrukturen, nehmen dabei eine zentrale Rolle ein. Durch einen abgestimmten Einsatz können elektronische Prozesse verbindlich und vertrauenswürdig abgewickelt werden.

Die Sicherheit von Systemen muss sich dabei an jeweiligen Sicherheitsanforderungen orientieren. Dabei ist zu berücksichtigen, dass die Anforderungen unterschiedlicher Systemteilnehmer durchaus gegensätzlich sein können.

Da sicherheitsrelevante Systeme immer komplexer werden, wachsen auch die zugehörigen Sicherheitsanforderungen, bei deren Realisierung unterschiedliche Sicherheitsmechanismen zur Anwendung kommen.

Um mit unterschiedlichen Interessen, Globalisierungsfragen und immer schnelleren Innovationszyklen zurechtzukommen, müssen:

- unterschiedliche nationale Interessen in gemeinsamen Anstrengungen sinnvoll harmonisiert werden, soweit dies möglich ist.

- internationale und transnationale Aspekte zu einem abgestimmten Konsens geführt werden. Wenn es erforderlich ist, dann muss aber auch eine Separierung durchsetzbar sein.

- Migrationserfordernisse frühzeitig erkannt und eine erforderliche Migration rechtzeitig eingeleitet werden.

- Forschungsaktivitäten von Verantwortlichen zeitnah begleitet werden.

- Methoden und Kriterien für schnelle Systembegutachtung gefunden werden.

- Technikfolgen zeitgerecht abgeschätzt werden.

Die Aussage: „Sichere Systeme kann man nicht (im Ausland) kaufen, sichere Systeme muss man im Inland entwickeln und bauen, zumindest dann, wenn die nationale Sicherheit bedroht sein kann" ist im internationalen Geflecht, das nach Kompatibilität und Interoperabilität ruft, nicht leicht zu realisieren. Zumindest in Europa ist hier ein Umdenken erforderlich. Nationale Sicherheit wird mittelfristig einer europäischen Sicherheit das Feld (zumindest teilweise) überlassen. Hinzu kommt das schnelle Vordringen der Informationstechnik in nahezu allen Lebensbereichen. Eine sinnvolle Informationsgesellschaft ist ohne sichere IT-Systeme nicht vorstellbar.

Literatur

[BSI 96]   Bundesamt für Sicherheit in der Informationstechnik: Wie gehen wir zukünftig mit den Risiken der Informationsgesellschaft um?, SecuMedia Verlag, 1996.

[Hoff95]   L. Hoffman (Ed.): Building in Big Brother, The Cryptographic Policy Debate, Springer Verlag, 1995.

[Hors99]   P. Horster (Hrsg.): Sicherheitsinfrastrukturen, Vieweg Verlag, 1999.

[HoFo99]   P. Horster, D. Fox (Hrsg.): Datenschutz und Datensicherheit, Vieweg Verlag, 1999.

[Hübe97]   R. Hüber: Sicherheit in der Informationsgesellschaft - Eine neue und dringende Agenda für verstärkte internationale Zusammenarbeit -, in: Tagungsband 5. IT-Sicherheitskongreß des BSI, Bonn, 1997.

[Kaba96]   M. Kabay: Enterprise Security, Protecting Information Assets, NCSA, McGraw-Hill, 1996.

[Libi95]   M. C. Libicki: Defending the National Information Infrastructure, National Defense University, 1995.

[Pfle97]   C. Pfleeger: Security in Computing, Prentice-Hall, 1997.

[RWHP90]   A. Roßnagel, P. Wedde, V. Hammer, U. Pordesch: Die Verletzlichkeit der Informationsgesellschaft, Reihe Sozialverträgliche Technikgestaltung 5, Westdeutscher Verlag, 1990.

[Ritc96]   P. Ritcheson: The Future of the Nation State, US Army Military Review, Jul.-Aug. 1996.

[Stal95]   W. Stallings: Network and Internetwork Security, Principles and Practice, Prentice-Hall, 1995.

[Stev96]   N. Stevens: Implementing a National Infrastructure, OECD-Conference on Security, Privacy and Intellectual Property Protection in the Global Information Infrastructure, Canberra, 1996.

[USGA96]   US General Accounting Office: Information Security, Computer Attacks at Department of Defense Pose Increasing Risks, AO/AIMD-96-84, Mai 1996.

[Wink97]   I. Winkler: Corporate Espionage, Prima Publishing, 1997.

Ein methodischer Rahmen zur formalen Entwicklung sicherer Systeme

Volkmar Lotz

Siemens AG
volkmar.lotz@mchp.siemens.de

Zusammenfassung

Das Papier stellt einen methodischen Rahmen zur formalen Entwicklung sicherer Systeme vor, der die in der industriellen Praxis wichtigen Anforderungen nach Orientierung an etablierten Vorgehensweisen und enger Kopplung an die Systementwicklung aufgreift. Im Mittelpunkt steht ein Prozeßmodell, das auf Systemspezifikationen aus der funktionalen Entwicklung aufbaut und sicherheitsspezifische Entwicklungsschritte definiert. Sicherheit wird als Relation zwischen Systemspezifikation und Bedrohungsszenario verstanden: Das Bedrohungsszenario spezifiziert das System in einer Angriffssituation, die Relation beschreibt globale Sicherheitsaspekte, die sich an Grundbedrohungen orientieren. Durch Formalisierung der Einzelschritte des Prozesses kann eine formale Methode definiert werden, die sich von existierenden Ansätzen dadurch unterscheidet, daß sie den vollständigen Entwicklungsprozeß abdeckt und insbesondere Integrations- und Implementierungsaspekte berücksichtigt.

1 Einleitung

Sicherheitsfunktionalität ist aus heutigen IT-Systemen nicht mehr wegzudenken. Galten bis vor wenigen Jahren hohe Sicherheitsanforderungen nahezu ausschließlich im behördlichen Bereich, hat die Evolution von IT-Systemen in den 90ern dazu geführt, daß Sicherheitseigenschaften im Mittelpunkt heutiger Systementwicklungen stehen. Verteilte, reaktive, kommunizierende Systeme zur Durchführung geschäftlicher und finanzieller Transaktionen über offene Netze oder zur Steuerung und Regelung technischer Systeme sind einer Vielzahl von Bedrohungen ausgesetzt, denen mit geeigneten Sicherheitsmechanismen begegnet werden muß.

Nur in Ausnahmefällen oder in Situationen, in denen ein einfacher Schutz ausreichend ist, kann dabei auf standardisierte Sicherheitsarchitekturen zurückgegriffen werden. Unter Sicherheitsarchitektur verstehen wir eine Menge von Sicherheitsmechanismen und deren Zusammenwirken Solche Situationen sind beispielsweise im IT-Grundschutzhandbuch des BSI [BSI98] beschrieben. Im allgemeinen ist man jedoch gezwungen, anwendungsspezifische Architekturen zur Erfüllung individueller Sicherheitsziele zu entwickeln. Selbst wenn dabei existierende oder sogar standardisierte Mechanismen und Protokolle (für Kommunikationssicherheit in TCP/IP-basierten Systemen z.B. SSL/TLS, IPSec, Kerberos) verwendet werden, ist deren Kombination und Zusammenwirken individuell verschieden. Neue bzw. erweiterte Anwendungen, beispielsweise im Bereich der Mobilkommunikation oder des E-commerce, verlangen nach neuen Mechanismen, die den Randbedingungen der Anwendung genügen.

Wesentliche Aufgabe bei der Entwicklung anwendungsspezifischer Sicherheitsarchitekturen und dem Design neuer Mechanismen ist der Nachweis der Eignung der Sicherheitsmaßnahmen im Hinblick auf die gegebenen Sicherheitsanforderungen. Formale Methoden sind dazu geeignet, auf mathematisch exakter Basis sowohl die Spezifikation der Anforderungen als auch den Nachweis der Erfüllung der Anforderungen vorzunehmen. Mathematische Präzision garantiert sowohl die Eindeutigkeit, Verständlichkeit und leichte Kommunizierbarkeit der Spezifikation der Sicherheitsanforderungen als auch die notwendige Vertrauenswürdigkeit des Sicherheitsnachweises und damit der Sicherheitsarchitektur. Diese Tatsache spiegelt sich in den Anforderungen der hohen Qualitätsstufen der ITSEC sowie der Common Criteria wider, die den Einsatz formaler Methoden vorschreiben.

An Ansätzen zur formalen Behandlung von Sicherheit hat es in der Vergangenheit nicht gefehlt. Hervorzuheben sind hier Arbeiten zur formalen Sicherheitsmodellierung (u.a. [BLP76, GoMe82, LoKW99]), die sich auf die Spezifikation von Sicherheitsanforderungen und den Nachweis von Eigenschaften auf Anforderungsebene konzentrieren, und zur formalen Analyse von Sicherheitsmechanismen, insbesondere kryptographischen Protokollen, (u.a. [AbGo99, DoNL99, Paul98, Schn96, Mead94]), deren Ziel die Verifikation von Sicherheitseigenschaften auf Protokollebene ist.

Trotz der Vielzahl relevanter Ergebnisse kann man allerdings noch nicht behaupten, daß sich formale Methoden zur Sicherheitsanalyse auf breiter Front in der Praxis durchgesetzt hätten. Die Ursache liegt zum einen darin, daß viele der verwendeten Techniken nur Experten zugänglich sind, und zum anderen darin, daß die vorgeschlagenen Ansätze die Sicherheitsanalyse als isolierte Aufgabe auf Mechanismenebene und damit unabhängig von der konkreten Anwendungsaufgabe betrachten.

Wir wollen in diesem Papier einen methodischen Rahmen vorschlagen, der einen praxisgerechten Einsatz formaler Methoden in der Entwicklung sicherer Systeme unterstützt. Dieser Rahmen zielt vorrangig auf die enge Kopplung von formaler Sicherheitsanalyse und Systementwicklung sowie auf hinreichende Flexibilität bezüglich der analysierbaren Sicherheitseigenschaften und –mechanismen. Wir gehen nicht auf spezielle formale Techniken ein, die im methodischen Rahmen eingesetzt werden können, sondern werden an entsprechenden Stellen Anforderungen an einsetzbare Techniken formulieren. [Lotz97, Lotz00] zeigen eine Konkretisierung des methodischen Ansatzes durch die Verwendung von Focus [Broy99], einer auf Semantikcharakterisierungen durch stromverarbeitende Funktionen /Relationen aufbauenden Spezifikations- und Verifikationsmethode für verteilte, reaktive Systeme, die insbesondere auch die Kopplung an konventionelle Entwicklungstechniken erlaubt.

2 Anforderungen

Ziel des methodischen Ansatzes ist, eine praxisgerechte Vorgehensweise für die formale Entwicklung sicherer Systeme zu definieren. Unter praxisgerecht verstehen wir die Eignung einer Methode für den routinemäßigen Einsatz in einer Vielzahl von Anwendungen und Institutionen. Insbesondere muß eine solche Methode das Potential aufweisen, die Effizienz und Qualität der Entwicklung zu steigern. Wir erachten die folgenden Faktoren als ausschlaggebend im Hinblick auf Praxisrelevanz:

- Anlehnung an etablierte informelle Vorgehensweisen.
  Aufgrund der Vielfalt relevanter Sicherheitseigenschaften und Anwendungsgebiete hat sich eine informelle Disziplin in der Erfassung von Sicherheitsanforderungen und der Auswahl geeigneter Mechanismen gebildet, die wesentlich auf den Ergebnissen einer Bedrohungs- und Risikoanalyse aufbaut. Eine praxisgerechte formale Vorgehensweise sollte

sich diese Erkenntnisse zunutze machen, wodurch gleichzeitig die Akzeptanz der Methode durch Rückgriff auf bekannte Konzepte gegeben ist.

- Enge Kopplung an die Systementwicklung.
  Existierende Ansätze, insbesondere solche zur formalen Sicherheitsmodellierung, die auf abstrakten Systemmodellen aufsetzen, leiden darunter, daß der Bezug zum System, das zu entwickeln und analysieren ist, nicht offensichtlich ist. Es ist daher sinnvoll, die Sicherheitsanalyse auf demselben Typ von Spezifikationen (des Systems und der Sicherheitseigenschaften) auszuführen, die auch in der Systementwicklung eingesetzt werden. In diesem Fall kann die Sicherheitsanalyse entweder unmittelbar auf Spezifikationen, die aus der Systementwicklung resultieren, aufsetzen, oder der Bezug ist, eine geeignete formale Technik vorausgesetzt, durch eine formale Verfeinerungsrelation gegeben. Man beachte, daß diese Anforderung das bereits von Bell [Bell88] formulierte Prinzip der „faithful representation" des Systems als Voraussetzung für eine relevante und aufschlußreiche Sicherheitsanalyse in idealer Weise realisiert. Eine Folge dieser Anforderung ist, daß allgemein einsetzbare formale Techniken zur Spezifikation und Verifikation von Systemen speziellen Techniken für die Sicherheitsanalyse vorzuziehen sind. Dies schließt jedoch Erweiterungen allgemeiner Techniken sowie Schnittstellen zu speziellen Verfahren nicht aus.

- Unabhängigkeit des Sicherheitsbegriffs von Mechanismen.
  Die individuelle Definition des Sicherheitsbegriffes für das gegebene System darf nicht den Einsatz bestimmter Mechanismen nahelegen, um Sicherheitsanforderungen unabhängig von Mechanismen spezifizieren zu können.

- Betonung der Spezifikation gegenüber der Beweisführung.
  Wir erwarten nicht, daß im typischen industriellen Entwicklungsumfeld umfassende Kenntnisse zu Logik, formaler Spezifikation und Beweismethoden zu finden sind. Eine geeignete Methode sollte daher ermöglichen, den theoretischen Hintergrund auszublenden, und intuitiv verständliche (z.B. graphische oder tabellarische) Beschreibungstechniken anbieten, die schematisch in formale Repräsentationen überführt werden können. Die schematische Behandlung von Standardsituationen wird als essentiell angesehen. Insgesamt wird der Ausdrucksfähigkeit der Spezifikationssprache der Vorzug gegenüber Einfachheit der Beweisführung gegeben.

- Konzepte zur Modularisierung, Parametrisierung und Verfeinerung.
  Sicherheitslösungen erreichen typischerweise eine Komplexität, die eine schrittweise Entwicklung erforderlich macht. Eine geeignete Methode muß daher die Spezifikation auf verschiedenen Abstraktionsebenen unterstützen und eine formale Beziehung zwischen diesen definieren. Dazu müssen Verfeinerungs- und Modularisierungskonzepte, die eine kompositionale Entwicklung ermöglichen, vorhanden sein. Parametrisierung unterstützt die generische Spezifikation von Sicherheitsanforderungen und -mechanismen und ist wesentlich für den effizienten Einsatz der Methode.

- Werkzeugunterstützung.
  Ohne Werkzeugunterstützung ist beim heutigen Umfang und der Komplexität von Sicherheitsarchitekturen der effiziente Einsatz einer Methode nicht denkbar. Dies betrifft sowohl Unterstützung bei der Spezifikation als auch bei der Beweisführung. Hinsichtlich der Spezifikation steht dabei die einfache Anwendbarkeit im Vordergrund. Der in [Lotz97,

Lotz00] vorgestellte Ansatz profitiert beispielsweise wesentlich von den für Focus verfügbaren Werkzeugen zur Spezifikation und Beweisführung.

Die letzten drei Punkte stellen Anforderungen an die eingesetzten formalen Techniken dar und stehen daher nicht im Vordergrund der hier ausgeführten Betrachtungen. Wir wollen uns hier auf die methodischen Aspekte konzentrieren, die in gewisser Weise unabhängig von den verwendeten Techniken zu sehen sind (obwohl sich natürlich aus den methodischen Vorgaben Anforderungen an die eingesetzten Techniken ergeben, siehe unten).

Aus den ersten beiden Anforderungen der obigen Liste ergibt sich, daß ein geeignetes Prozeßmodell im Mittelpunkt der methodischen Untersuchungen steht. Im folgenden Kapitel stellen wir daher ein Modell für einen Entwicklungsprozeß für sichere Systeme vor, der die Grundlage zur Definition des methodischen Rahmens darstellt.

3 Prozeßmodell

3.1 Merkmale informeller Ansätze

Da wir im vorangegangenen Kapitel die Bedeutung der Anlehnung der formalen Methode an etablierte praktische Vorgehensweisen betont haben, ist es naheliegend, diese als Ausgangspunkt für die Definition des Prozeßmodells zu wählen. Ohne hier im Detail auf existierende informelle Ansätze, z.B. [BSI92, RiskW, RoSa95] eingehen zu können, lassen sich eine Reihe von Gemeinsamkeiten feststellen.

Die wesentliche Tätigkeit zur Ermittlung und Analyse der Sicherheitsanforderungen als Basis für die Auswahl von Mechanismen ist die Bedrohungs- und Risikoanalyse. Dabei werden zunächst Sicherheitsziele ermittelt, die sich auf schützenswerte Güter (materieller oder immaterieller Art) des Systems beziehen und häufig einen quantitativen Aspekt berücksichtigen: „Der Verlust der Integrität der Information x ist mit einem Schaden von y verbunden". Schützenswerte Güter werden auf Objekte (z.B. Komponenten, Kommunikationsverbindungen oder Daten) des Systems abgebildet. In Abhängigkeit von ihrer Art sind Objekte Bedrohungen ausgesetzt, die durch Schwachstellen des Systems verstärkt werden können. Das mit einer Bedrohung verbundene Risiko ergibt sich aus der Wahrscheinlichkeit des Vorkommens eines Angriffs, der eine Schwachstelle ausnutzt, und dem Schaden, der dabei entsteht. Letzterer kann aufgrund der Abbildung zwischen Objekten und schützenswerten Gütern abgeschätzt werden.

Ergebnis der Bedrohungs- und Risikoanalyse ist eine ausgezeichnete Menge von Objekten des Systems, deren Risikobeitrag nicht tolerierbar ist und durch den Einsatz von Sicherheitsmechanismen zu mindern ist. Bei der Auswahl der Mechanismen sind deren Wirksamkeit sowie Kosten zu berücksichtigen. Da informelle Ansätze in der Regel nicht auf einem Verhaltensmodell des Systems beruhen, erfolgt die Mechanismenauswahl auf der Basis von Checklisten, die Erfahrungswerte widerspiegeln. Das Abstraktionsniveau der Sicherheitsmechanismen ist hoch, so daß eine tiefgreifende Wirksamkeitsanalyse nicht möglich ist.

Die genannten Methoden konzentrieren sich auf die Ermittlung der Sicherheitsanforderungen und decken die Entwicklung der Sicherheitslösung nur unzureichend ab. Allerdings lassen sich aus ihnen wesentliche Merkmale für die Prozeßdefinition ableiten.

Der verwendete Sicherheitsbegriff besteht aus zwei Teilen. Der abstrakte Teil besteht aus Sicherheitszielen (häufig formuliert im Rahmen einer Sicherheitspolitik), die sich auf schützenswerte Güter beziehen und auf Objekte des Systems abgebildet werden. Abstrakte Sicherheitsziele werden durch Grundbedrohungen, z.B. Verlust der Vertraulichkeit, Authentizität, Verfügbarkeit oder Anonymität, ausgedrückt. Der konkrete Teil des Sicherheitsbegriffs ergibt sich aus den Bedrohungen, denen Objekte ausgesetzt sind. Bedrohungen setzen unmittelbar an Objekten an und beziehen sich auf deren technische Eigenschaften sowie die antizipierten Fähigkeiten eines Angreifers.

Da die Sicherheitsdefinition Bezug auf Objekte des Systems nimmt, folgt, daß die Sicherheitsanalyse bereits auf eine Systemspezifikation auf einem gewissen Abstraktionsniveau aufsetzt. Objekte können nur dann identifiziert werden, wenn eine Systemstruktur gegeben ist. Damit setzt die Sicherheitsanalyse bereits eine Design- bzw. Implementierungsentscheidung voraus und kann als eine Erweiterung eines allgemeinen Systementwicklungsschrittes gesehen werden. Diese Beobachtung unterstützt die Forderung nach enger Kopplung von Systementwicklung und Sicherheitsanalyse.

Im Gegensatz zu den informellen Verfahren, die ein möglichst breites Spektrum von Systemen und Sicherheitsmechanismen abdecken wollen, konzentrieren wir uns auf IT-Systeme, deren Komponenten über Kanäle miteinander kommunizieren, sowie auf technische Sicherheitsmaßnahmen. Dadurch wird das Spektrum analysierbarer Systeme nicht wesentlich eingeschränkt, und wir erhalten die Möglichkeit, Verhaltensspezifikationen von Systemen und Mechanismen in das Vorgehen einzubeziehen.

3.2 Systementwicklung

Die Beobachtung, daß die Sicherheitsanalyse im Anschluß an Systementwicklungsschritte durchzuführen ist, legt nahe, die Definition des methodischen Rahmens auf ein Modell eines Systementwicklungsprozesses aufzubauen. Um eine Ausrichtung auf bestimmte Entwicklungsmethoden oder Systemarchitekturen, z.B. Objektorientierung, zu vermeiden, sollte dieses Modell so einfach und allgemein wie möglich gehalten sein. Als kleinster gemeinsamer Nenner bietet sich dazu eine Sichtweise an, die sich am Wasserfallmodell orientiert.

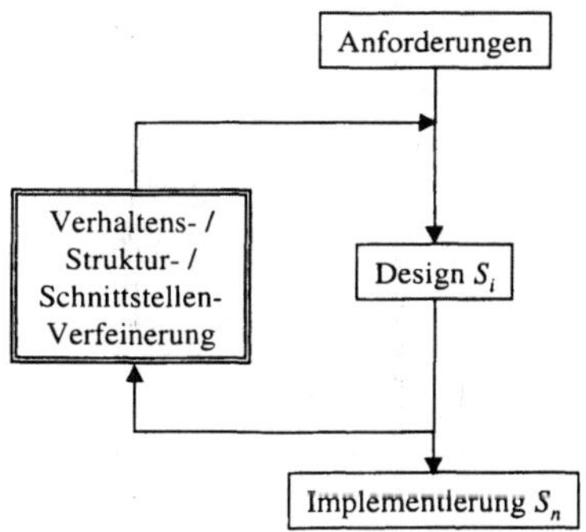

Abb. 1: Systementwicklungsprozeß

Die Systementwicklung startet mit einer Anforderungsspezifikation und wird durch eine Reihe von Designschritten geführt, die durch Verfeinerung eine System- oder Komponentenspezifikation auf niedrigerem Abstraktionsniveau erreichen. Die Entwicklung endet, wenn die Spezifikation ausführbar ist oder in eine Programmiersprache transformiert werden kann. Abb. 1 zeigt den so definierten Entwicklungsprozeß im Überblick (hier und im folgenden bezeichnen doppelte Linien Aktivitäten, einfache Linien Ergebnisse bzw. Dokumente).

Wir erhalten eine Folge von Systemspezifikationen S_1, ..., S_n, wobei S_n die am weitesten Konkretisierte, d.h die Implementierung, darstellt. Aufgrund der obigen Überlegungen muß die Sicherheitsanalyse auf einer Spezifikation S_i aufsetzen, da typischerweise durch Verfeinerung neue Objekte, die Bedrohungen ausgesetzt sein können, eingeführt werden. Die Auswahl des geeigneten Abstraktionsniveaus i ist nicht Gegenstand der Definition des methodischen Rahmens und im jeweiligen Anwendungskontext festzulegen (z.B. Erstellung eines formalen Sicherheitsmodells in Zusammenhang einer Zertifizierung nach ITSEC E4 und höher).

3.3 Sicherheitsanalyse

Gemäß den Ausführungen aus dem vorigen Abschnitt setzt der methodische Rahmen zur Sicherheitsanalyse auf einer Systemspezifikation S_i auf, die das System auf einem geeigneten Abstraktionsniveau beschreibt. Abb. 2 zeigt die sicherheitsspezifischen Aktivitäten, die beim Übergang von S_i auf S_{i+1} vorgenommen werden.

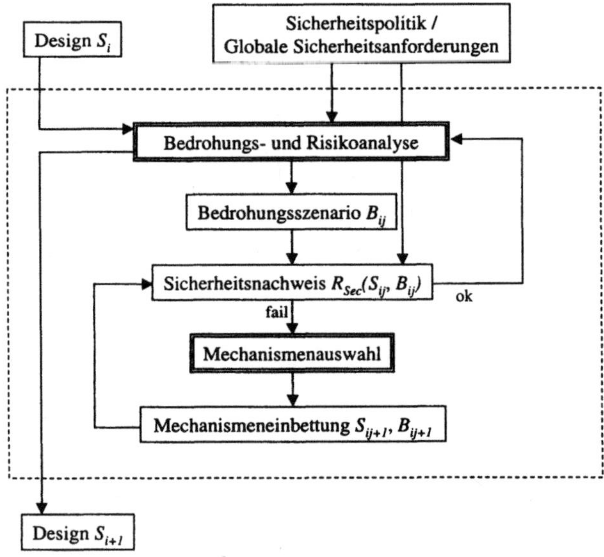

Abb. 2: Sicherheitsspezifische Entwicklungsschritte

Das Vorgehen zielt darauf ab, die Sicherheit von S_i zu gewährleisten. S_i kann dann als sicher gelten, wenn keine relevanten Bedrohungen existieren. Dies ist der Fall, wenn S_i die aus den Sicherheitszielen abgeleiteten Anforderungen auch dann erfüllt, wenn die verbleibenden Bedrohungen tatsächlich auftreten.

Im allgemeinen ist S_i nicht sicher, so daß Sicherheitsmechanismen eingeführt werden müssen. Dies geschieht durch Verfeinerung von S_i und ist den Entwicklungsschritten der funktionalen Systementwicklung vergleichbar. Da durch Mechanismen neue Objekte mit neuen Bedrohungen entstehen, ist der Prozeß zu iterieren bis keine relevanten Bedrohungen mehr identifiziert werden können. An diesem Punkt ist die Sicherheitsanalyse beendet, die resultierende Systemspezifikation S_{i+1} wird an die weitere Systementwicklung übergeben. Letztlich ist also die Sicherheitsanalyse ein spezieller Systementwicklungsschritt gemäß Abb. 1.

Nach diesem groben Bild können wir nun die einzelnen Schritte genauer betrachten, dabei seien $S_{i0} = S_i$ und S_{ij}, $j \in \{1, ..., m\}$, die bei der Iteration der Sicherheitsanalyse entstehenden Systemspezifikationen.

1. Bedrohungs- und Risikoanalyse.
   Analog zur informellen Vorgehensweise werden die Objekte, d.h. Komponenten, Kanäle und Daten, von S_{ij} hinsichtlich ihres Bedrohungspotentials und Risikobeitrages bewertet. Bedrohungen sind durch die Spezifikation eines Subsystems beschrieben, das sich auf eine oder mehrere Komponenten von S_{ij} bezieht und eine Spezifikation des Angreiferverhaltens beinhaltet. Die Spezifikation einer Bedrohung stellt also eine Modifikation eines Teils von S_{ij} dar. Die Bewertung des Risikos ergibt eine Auswahl von Komponenten und Bedrohungen, deren Risikobeitrag nicht toleriert werden kann. Die ausgewählten Komponenten werden *sicherheitskritisch* genannt.

2. Bedrohungsszenarien.
   Die Ergebnisse der Bedrohungs- und Risikoanalyse führen zur Spezifikation eines Bedrohungsszenarios B_{ij}, in dem die sicherheitskritischen Komponenten durch die jeweiligen Bedrohungsspezifikationen ersetzt werden. B_{ij} beschreibt neben den originalen Komponenten zusätzliche Interaktionen und Komponenten, die das Angreiferverhalten spezifizieren, und modelliert damit das Systemverhalten in einer Situation, in der alle relevanten Angriffe auftreten. Damit ist gewährleistet, daß auch Wechselwirkungen zwischen verschiedenen Angriffsmöglichkeiten berücksichtigt werden.

3. Sicherheitsnachweis.
   An dieser Stelle sind die notwendigen Informationen zum Nachweis der Sicherheit vorhanden. Aufgrund der bisherigen Überlegungen bezieht sich die Sicherheitsdefinition sowohl auf S_{ij} als auch auf B_{ij} und beschreibt die zulässigen Abweichungen im Systemverhalten im Falle eines Angriffs. Der Sicherheitsbegriff ist also durch eine Relation $R_{Sec}(S_{ij}, B_{ij})$ gegeben, die Systemspezifikation und Bedrohungsszenario in Beziehung setzt.
   Die konkrete Definition von R_{Sec} ist durch die globalen Sicherheitsziele und deren Abbildung auf Objekte des Systems bestimmt. R_{Sec} charakterisiert aus Grundbedrohungen abgeleitete Eigenschaften wie Authentizität oder Vertraulichkeit.
   Gelingt der Nachweis von $R_{Sec}(S_{ij}, B_{ij})$ nicht, müssen Sicherheitsmechanismen eingeführt werden, anderenfalls ist zu überprüfen, ob durch bisher spezifizierte Mechanismen neue Bedrohungen entstanden sind und der Prozeß iteriert werden muß.

4. Mechanismenauswahl bzw. Mechanismenentwicklung.
   Diese Aktivität beinhaltet die Auswahl oder Konstruktion geeigneter Sicherheitsmechanismen. „Geeignet" bedeutet, daß ein Mechanismus sowohl die durch B_{ij} spezifizierten Bedrohungen abwehren kann als auch Randbedingungen hinsichtlich Performanz, Kosten, rechtlicher Aspekte usw. genügt. Da wir uns auf technische Mechanismen beschränken, ist

es möglich, diese mit der gleichen Art von Spezifikationen zu definieren, wie sie im Zuge der Systementwicklung eingesetzt werden.

5. Einbettung von Mechanismen.
   Die Einführung von Mechanismen erweitert die Spezifikation S_{ij}. Wir erhalten eine Systemspezifikation S_{ij+1} und damit implizit ein angepaßtes Bedrohungsszenario B_{ij+1}. Da Mechanismen die Systemfunktionalität nicht beeinträchtigen sollen, muß gezeigt werden daß S_{ij+1} eine Verfeinerung von S_{ij} ist. Nach Einbettung von Mechanismen ist der Sicherheitsbeweis für $R_{Sec}(S_{ij+1}, B_{ij+1})$ zu wiederholen.

Ist der Entwicklungsprozeß, auf dem die Analyse aufsetzt, formal definiert, ist S_i unmittelbar als Ergebnis eines Entwicklungsschrittes gegeben, anderenfalls muß hier eine geeignete formale Modellierung des Systems vorgenommen werden.

3.4 Diskussion

Das in den Abschnitten 3.2 und 3.3 definierte Prozeßmodell bildet einen geeigneten methodischen Rahmen für die formale Entwicklung sicherer Systeme. Es entspricht den Anforderungen, die an eine praxisgerechte Vorgehensweise gestellt werden, dadurch, daß es sich eng an etablierte informelle Prozesse anlehnt. Die einzelnen Schritte und deren Ergebnisse sowie die Definition des Sicherheitsbegriffs entsprechen den in 3.1 identifizierten gemeinsamen Merkmalen informeller Methoden. Insbesondere trägt der Sicherheitsbegriff der zweiteiligen Sicherheitscharakterisierung Rechnung: die aus den allgemeinen Schutzbedürfnissen und der Sicherheitspolitik der Anwendung abgeleiteten Sicherheitsziele spiegeln sich in der Definition der Sicherheitsrelation R_{Sec} wider, die komponentenspezifischen Bedrohungen und Risikofaktoren sind durch Bedrohungsszenarien spezifiziert. Die Definition der Sicherheitsrelation bezieht sich auf Differenzen im Verhalten von System und attackiertem System und ist somit prinzipiell unabhängig von Mechanismen, die erst durch Verfeinerung der Systemspezifikation eingeführt werden.

Die enge Kopplung der Sicherheitsanalyse an die Systementwicklung wird durch drei Merkmale des Prozesses gewährleistet:

- Die Sicherheitsanalyse baut unmittelbar auf Spezifikationen auf, die aus der Systementwicklung resultieren. Einen formalen Systementwicklungsprozeß vorausgesetzt, können Spezifikation sogar unmittelbar für die Sicherheitsanalyse übernommen werden.

- Die Entwicklung von Mechanismen und deren Einbettung in das System unterscheiden sich nicht von der Systementwicklung unter funktionellen Gesichtspunkten. Ein Sicherheitsmechanismus ist eine Verfeinerung der Systemspezifikation, wodurch die Berücksichtigung von Integrations- und Implementierungsaspekten garantiert ist.

- Das Ergebnis der Sicherheitsanalyse ist der Nachweis der durch die Sicherheitsrelation definierten Sicherheit des Systems (hinsichtlich der im Bedrohungsszenario spezifizierten Bedrohungen) auf der durch die Systemspezifikation bezeichneten Abstraktionsebene sowie eine Verfeinerung der Spezifikation durch Sicherheitsmechanismen. Die verfeinerte Systemspezifikation dient dann als Ausgangspunkt für die weitere Entwicklung, so daß die Übertragung der Analyseergebnisse auf die Systementwicklung gegeben ist. Man beachte, daß das Bedrohungsszenario für die weitere Entwicklung nicht mehr benötigt wird, und somit kein Modellierungsballast aus der Sicherheitsanalyse die Entwicklung beeinträchtigt. Unter der Voraussetzung, daß die Sicherheitsrelation kompositional ist, bleibt die Gültigkeit des Sicherheitsnachweises in den folgenden Entwicklungsschritten erhalten.

Neben der Abdeckung der methodisch orientierten Anforderungen aus Kapitel 2 erfüllt das Vorgehensmodell weitere wichtige Anforderungen an Sicherheitsmodellierung und -analyse aus [Bell88] und [Ster91]: explizite Definition der Sicherheit, Berücksichtigung der über die Systemspezifikation hinausgehenden Einflüsse auf die Sicherheit (Sicherheitspolitik, Bedrohungen) sowie angemessene Darstellung des Systems („faithful representation").

4 Formalisierung

Wir haben uns bislang mit den methodischen Aspekten der formalen Entwicklung sicherer Systeme befaßt. Es bleibt die Charakterisierung geeigneter Techniken sowie die Formalisierung der genannten Aktivitäten zu untersuchen. Wir wollen hier nicht ins Detail gehen und verweisen für die vollständige Darstellung und exemplarische Durchführung der formalen Entwicklung sicherer Systeme auf der Basis der hier vorgenommenen Überlegungen und der Spezifikations- und Verifikationsmethodik Focus [Broy99] auf [Lotz97, Lotz00]. Einige aus methodischer Sicht bedeutende Punkte sollen jedoch angesprochen werden.

4.1 Sicherheitsanalyse

Der Weg vom hier beschriebenen methodischen Rahmen zu einer formalen Methode zur Entwicklung sicherer Systeme erfolgt durch die Formalisierung der Einzelschritte des Prozeßmodells aus Abschnitt 3.3. Dabei legt der methodische Rahmen die konkrete Ausprägung der eingesetzten formalen Techniken nicht fest. Solange die verwendete Technik die formale

- Spezifikation von Systemen und Bedrohungsszenarien auf geeigneten Abstraktionsebenen
- Definition der Sicherheitsrelation für relevante Sicherheitsaspekte
- Führung des Sicherheitsnachweises
- Systemverfeinerung durch Sicherheitsmechanismen

unterstützt, können die Einzelschritte des Prozesses mit einem formalen Fundament versehen werden. Sinnvolle Ausnahmen davon bilden lediglich die Aktivitäten der Bedrohungs- und Risikoanalyse und der Auswahl von Mechanismen. Diese Schritte hängen zu sehr von nichttechnischen Argumenten und Überlegungen ab, als daß sie einer formalen Analyse zugänglich wären. Gleichwohl sind die Ergebnisse dieser Schritte durch Bedrohungsszenarien und Mechanismenspezifikationen formalisierbar und gehen in den Sicherheitsnachweis ein.

Idealerweise bezieht sich die formale Sicherheitsanalyse auf einen formalen Systementwicklungsprozeß. So ist eine möglichst enge Kopplung der Prozesse und die direkte Verwendbarkeit der Analyseergebnisse gegeben. Der Einsatz nicht sicherheitsspezifischer, formaler Techniken ist dabei eine wesentliche Voraussetzung.

4.2 Sicherheitsrelation

Die formale Führung des Sicherheitsnachweises hängt wesentlich von der Definition der Sicherheitsrelation ab. Wir haben gefordert, daß die Sicherheitsrelation eine formale Charakterisierung relevanter globaler Sicherheitsaspekte ohne Ausrichtung auf Sicherheitsmechanismen bietet. An dieser Stelle soll kurz demonstriert werden, wie eine Sicherheitsrelation, die diesen Anforderungen genügt, definiert werden kann.

Die konkrete Ausprägung der Relation ist nicht unabhängig von dem mathematischen Modell zur Beschreibung des Systemverhaltens, das der eingesetzten formalen Technik zugrunde liegt, zu sehen. Wir konzentrieren uns hier auf das Focus-Modell, auf dem die Ausführungen in [Lotz97, Lotz00] basieren.

Ein System ist dabei durch eine Menge von Komponenten beschrieben, die über asynchrone, gepufferte Kanäle miteinander kommunizieren. Die Verhaltensbeschreibung einer Komponente setzt die über Ein- und Ausgabekanäle einer Komponente gesendeten Nachrichten in Beziehung. Das Verhalten einer Komponente ist demnach durch eine Menge von Paaren *(in, out)* spezifiziert, wobei *in* eine vollständige endliche oder unendliche Folge von Nachrichten auf den Eingabekanälen und *out* die zugehörige vollständige endliche oder unendliche Folge von Ausgabenachrichten ist. Sei nun S eine Systemspezifikation[1] und B ein zugehöriges Bedrohungsszenario, das einen Angriff auf S spezifiziert (und somit ein Subsystem A, das den Angreifer repräsentiert, umfaßt). Dann lassen sich beispielsweise Authentizität, Vertraulichkeit und Verfügbarkeit wie folgt (prinzipiell) definieren.

- Authentizität.
  Sei *(in, out)* ein beliebiges Verhalten von B. Existiert eine Teilfolge *in'* von *in*, so daß *(in', out)* ein Verhalten von S ist, dann ist S authentisch. Authentizität bedeutet, daß auch im Angriffsfall jedes Ausgabeereignis durch ein nicht vom Angreifer initiiertes Eingabeereignis verursacht wurde. Durch geeignete Abstraktion von *in, in'* läßt sich der Authentizitätsbegriff verallgemeinern, insbesondere kann so Bezug auf einzelne Ereignisse, d.h. Nachrichten in Strömen, genommen werden.

- Vertraulichkeit.
  Vertraulichkeit bezieht sich auf die Kenntnisse des Angreifers, also das Verhalten von A. Die entsprechende Sicherheitsrelation setzt also den Angreifer, der nicht mit dem System interagiert (beschrieben durch parallele Komposition $S\|A$), mit dem Bedrohungsszenario in Beziehung. Für die Sicherheit sind in diesem Falle nur spezielle Ausgabekanäle out_A von A relevant, über die A abgehörte und daraus abgeleitete Nachrichten an die Systemumgebung weitergeben kann. S ist dann vertraulich, wenn $S\|A$, eingeschränkt auf out_A, und B, eingeschränkt auf out_A, nicht unterschieden werden können.

- Verfügbarkeit.
  Verfügbarkeit ist dual zu Authentizität definiert. Sei *(in, out)* ein beliebiges Verhalten von B. Existiert eine Teilfolge *out'* von *in*, so daß *(in, out')* ein Verhalten von S ist, dann ist S verfügbar. Verfügbarkeit bedeutet, daß jedes Eingabeereignis auch im Falle eines Angriffs verarbeitet wird. Abstraktionen von *out, out'* ermöglichen es zusätzlich, eingeschränkten Betrieb im Angriffsfall zu beschreiben.

Detaillierte Formalisierungen der Sicherheitsrelationen finden sich in [Lotz99, Lotz00].

---

[1] Eine Spezifikation repräsentiert ein System auf einem geeigneten Abstraktionsniveau und kann auf diesem mit dem System identifiziert werden. Insofern ist die Verwendung der Sicherheitsbegriffe im Zusammenhang mit Spezifikationen gerechtfertigt.

5 Zusammenfassung

Wir haben in diesem Papier einen methodischen Rahmen für die formale Entwicklung sicherer Systeme vorgestellt, der sich an Anforderungen für eine praxisgerechte formale Vorgehensweise orientiert. Zu diesen Anforderungen gehören wesentlich die Orientierung an aus der Praxis entstandenen, informellen Methoden, insbesondere zur Bedrohungs- und Risikoanalyse, sowie die enge Kopplung von Systementwicklung und Sicherheitsanalyse, die die unmittelbare Nutzbarkeit der Ergebnisse der Sicherheitsanalyse ermöglicht.

Kernelement des methodischen Rahmens ist ein Prozeßmodell, das ausgehend von einem typischen Systementwicklungsprozeß die in der Sicherheitsanalyse durchzuführenden Schritte in einer Weise definiert, die eine einfache und naheliegende Formalisierung ermöglicht. Die Analysetätigkeiten setzen unmittelbar auf Systemspezifikationen aus der funktionalen Entwicklung auf und ergänzen diese um eine Spezifikation der relevanten Angriffssituationen (Bedrohungsszenario), die aus der Bedrohungs- und Risikoanalyse resultiert. Bedrohungsszenario und Systembeschreibung werden durch die Sicherheitsrelation in Beziehung gesetzt, welche globale Sicherheitseigenschaften bzw. die Sicherheitspolitik repräsentiert und durch Sicherheitsaspekte, die sich auf Grundbedrohungen beziehen, formuliert wird. Sind System, Bedrohungsszenario und Sicherheitsrelation formal spezifiziert, kann der Sicherheitsnachweis formal geführt werden.

Da Systeme im allgemeinen nicht sicher sind, müssen Sicherheitsmechanismen ausgewählt bzw. entwickelt und in das System integriert werden. Das Prozeßmodell betrachtet die Einbettung von Sicherheitsmechanismen analog zu einem Entwicklungschritt nach funktionalen Gesichtspunkten und verwendet die gleichen Verfeinerungsbegriffe. Da Mechanismen neue Objekte einführen, die ebenfalls Bedrohungen ausgesetzt sind, muß an dieser Stelle der Prozeß iteriert werden.

Das Vorgehen fügt sich nahtlos in die Sichtweise der ITSEC und Common Criteria ein. Bedrohungsszenario und Sicherheitsrelation können als abstrakte Spezifikation der Sicherheitsanforderungen, d.h. ein formales Sicherheitsmodell aufgefaßt werden. Der Sicherheitsnachweis zeigt insbesondere die Konsistenz der Sicherheitsanforderungen. Durch die Integration in die (formale) Systementwicklung wird der Rahmen für den Korrespondenznachweis zwischen Sicherheitsmodell und implementiertem System geschaffen.

[Lotz97, Lotz00] beschreiben eine auf diesem methodischen Rahmen aufbauende formale Methode. Sie unterscheidet sich von bisherigen formalen Ansätzen in der Sicherheitsanalyse (formale Sicherheitsmodellierung, Protokollverifikation) wesentlich durch das Konzept der Integration in die (formale) Systementwicklung und die daraus resultirende Abdeckung der gesamten Systementwicklung inklusive der Berücksichtigung von Implementierungsaspekten. Auf diese Weise kann die Lücke zwischen der anforderungsorientierten Sicherheitsmodellierung und der mechanismenorientierten Protokollverifikation geschlossen werden.

Literatur

[AbGo99]   M. Abadi, A. Gordon: A Calculus for Cryptographic Protocols: The Spi Calculus, Information and Computation 148, 1, 1999, S. 1-70.

[Bell88]   D.E. Bell: Concerning „Modelling" of Computer Security, Proc. of the IEEE Symp. on Security and Privacy 1988, S. 8-13.

[BLP76]   D.E. Bell, L. LaPadula: Secure Computer Systems: Unified Exposition and Multics Interpretation. MITRE Corporation, Bedford, MA, 1976.

[Broy99]   M. Broy: A Logical Basis for Modular Systems Engineering, in: M. Broy, R. Steinbrüggen (Ed.): Calculational System Design. Springer Verlag, NATO ASI Series F, 1999.

[BSI92]   Bundesamt für Sicherheit in der Informationstechnik (Hrsg.): IT-Sicherheitshandbuch, 1992.

[BSI98]   Bundesamt für Sicherheit in der Informationstechnik (Hrsg.): IT-Grundschutzhandbuch,1998. http://www.bsi.bund.de/gshb/deutsch/menue.htm

[DoNL99]   B. Donovan, P. Norris, G. Lowe: Analyzing a Library of Security Protocols using CASPER and FDR, Proc of the FloC 99 Workshop on Formal Methods and Security Protocols, 1999.

[GoMe82]   J.A. Goguen, J. Meseguer: Security Policies and Security Models, Proc. of the IEEE Symp. on Security and Privacy, 1982, S. 11-20.

[Lotz97]   V. Lotz: Threat Scenarios as a Means to Formally Develop Secure Systems, , J. Computer Security 5, 1997, S. 31-67.

[Lotz00]   V. Lotz: A Formal Method for the Specification and Development of Secure Systems, Ph.D. Thesis, Technische Universität München, erscheint 2000.

[LoKW99]   V. Lotz, V. Kessler, G. Walter: A Formal Security Model for Microprocessor Hardware, Proc. of the 1999 World Congress on Formal Methods FM 99, Springer LNCS, 1999.

[Mead94]   C. Meadows: The NRL Protocol Analyzer: An Overview, J. of Logic Programming 19, 1994.

[Paul98]   L.C. Paulson: The inductive approach to verifying cryptographic protocols, J. Computer Security 6, 1998, S. 85-128.

[RiskW]   RiskWatch Risikoanalysewerkzeug und -methode. http://www.riskwatch.com

[RoSa95]   U. Rosenbaum, J. Sauerbrey: Bedrohungs- und Risikoanalysen bei der Entwicklung sicherer IT-Systeme, DuD 95, 1, 1995, S. 28-34.

[Schn96]   S. Schneider: Security Properties and CSP, Proc. of the IEEE Symp. on Security and Privacy 1996.

[Ster91]   D.F. Sterne: On the Buzzword „Security Policy", Proc. of the IEEE Symp. on Security and Privacy 1991.

GSFS – Ein gruppenfähiges, verschlüsselndes Dateisystem

Florian Erhard · Johannes Geiger · Claudia Eckert

Technische Universität München
{geiger, eckertc}@in.tum.de

Zusammenfassung

Hand in Hand mit der technischen Entwicklung hin zu leistungsfähigen, vernetzten und mobilen Endgeräten wächst das Aufkommen an sensiblen Daten, die in diesen Systemen verarbeitet und langfristig in Dateisystemen gespeichert werden. Diese Daten sind in zunehmendem Maß Angriffen ausgesetzt, die durch Zugriffskontrollmaßnahmen herkömmlicher Betriebssysteme nicht mehr abgewehrt werden können. Hier setzen verschlüsselnde Dateisysteme an, um die Vertraulichkeit gespeicherter Daten zu gewährleisten, selbst wenn die Zugriffskontrollen umgangen werden.

Das Papier faßt zunächst die Ergebnisse einer Analyse mehrerer verfügbarer, verschlüsselnder Dateisysteme zusammen und stellt dann das neu entwickelte System GSFS vor, das einige der erkannten Defizite beseitigt. Eine wesentliche Fähigkeit von GSFS besteht darin, dynamisch festlegbaren und änderbaren Gruppen von Anwendern den Zugriff auf gemeinsam benutzbare, verschlüsselt gespeicherte Dateien effizient zu ermöglichen. Ein lauffähiger Prototyp des GSFS steht auf einer Linux-Plattform zur Verfügung.

1 Einführung

Die technische Entwicklung der letzten Jahre hat dazu geführt, daß immer mehr und immer wertvollere Daten in Rechensystemen persistent auf Festplatten und anderen Hintergrundspeichermedien gehalten werden. Diese Daten werden in der Regel in Dateisystemen verwaltet. Die Kontrolle der Zugriffe darauf zählt zu den Standardaufgaben eines Mehrbenutzerbetriebssystems. Darüber hinausgehende Schutzmaßnahmen konnten sich lange Zeit auf organisatorisch–physische Zugangskontrollen zu den Rechensystemen und Speichermedien, wie Panzerschränke für Bänder und Disketten, beschränken. Durch die rasanten Entwicklungen in den Bereichen mobiler Endgeräte wie Notebooks und der Vernetzung sind diese Maßnahmen jedoch häufig nicht mehr anwendbar oder greifen ins Leere. Gleichzeitig steigt mit dem Wert der Daten auch der Anreiz für einen direkten Diebstahl der Datenträger, man denke hier nur an den Diebstahl von Notebooks mit sensiblen Daten auf der Festplatte, und andererseits für Angriffe, die darauf zielen, die Zugriffskontrollen des Betriebssystems, falls sie überhaupt vorhanden oder korrekt konfiguriert sind, zu umgehen. Dazu kommt der steigende Bedarf, Daten gemeinsam und kooperativ, aber mit differenzierten Berechtigungsprofilen zu bearbeiten, so daß Abschottungs- und Isolierungsmaßnahmen keine Lösungen darstellen.

Es ist somit klar, daß in heutigen, offenen und kooperativen Umgebungen der Zugriffsschutz normaler Dateisysteme in vielen Fällen nicht mehr ausreicht, sondern weitergehende Maßnahmen notwendig sind, um die Vertraulichkeit der Daten auch dann sicherzustellen, wenn die Kontrollen des Betriebssystems erfolgreich umgegangen werden konnten. Dabei muß, trotz der zusätzlichen Maßnahmen, berechtigten Benutzern und Benutzergruppen der Zugriff auf die Daten nach wie vor jederzeit möglich sein. Ein naheliegender Lösungsansatz besteht im Einsatz kryptographischer Verfahren um Dateien verschlüsselt zu speichern. Dies wird durch verschlüsselnde Dateisysteme geleistet. An solche Dateisysteme sind eine Reihe von Sicherheitsanforderungen zu stellen, damit sie von einer breiten Benutzerschaft, die nicht aus Sicherheitsspezialisten besteht, akzeptiert und für deren tägliche Arbeit tatsächlich eingesetzt werden.

Das vorliegende Papier ist wie folgt gegliedert: Abschnitt 2 gibt einen Überblick über wichtige Anforderungen an verschlüsselnde Dateisysteme und faßt die Ergebnisse einer im Vorfeld der eigenen Entwicklungsarbeiten durchgeführten Analyse existierender Systeme zusammen. Ein dabei ermitteltes, wesentliches Defizit ist die Unfähigkeit der meisten Produkte, eine gemeinsame Dateinutzung über geeignete Gruppenkonzepte zu unterstützen, was aber für ein kooperatives Arbeiten in heutigen Systemen unerläßlich ist. Abschnitt 3 stellt das Konzept eines neuen, verschlüsselnden Dateisystems GSFS vor, das insbesondere mehrbenutzerfähig ist und die gestellten Anforderungen erfüllt. Eine prototypische Implementierung erfolgte auf der Basis des Linux-Betriebssystems. Die Architektur und wesentlichen Komponenten der Implementierung werden im Abschnitt 4 behandelt. Abschließend werden die wesentlichen Punkte noch einmal zusammengefaßt.

2　Verschlüsselnde Dateisysteme

Die Konzeption und Realisierung eines verschlüsselnden Dateisystems, das einfach zu bedienen ist, eine hohe Qualität bietet und nicht ein gegenüber herkömmlichen, nicht verschlüsselnden Systemen eingeschränktes Funktionsspektrum besitzt, ist keine einfache Aufgabe. Wir stellen zunächst einige wichtige Anforderungen zusammen, anhand derer existierende Realisierungen gemessen wurden [4].

2.1　Anforderungen

Wichtige Anforderungen betreffen die Gewährleistung der Vertraulichkeit der Daten, einschließlich der Meta–Daten, wie Dateiname, –größe oder Verzeichnisstruktur. Vertraulichkeit soll dabei auch bei einem direkten, unkontrollierten Zugriff auf den Datenträger oder beim Transport der Daten über ein unsicheres Netzwerk als Folge eines entfernten Zugriffs bestehen. Die Sicherheitsfunktionen sollten weitestgehend transparent und automatisiert durchgeführt werden, so daß durch sie kein nennenswerter Mehraufwand für den Benutzer entsteht. Ferner sollten bestehende Schnittstellen unterstützt werden, so daß vorhandene Anwendungen und Dienstprogramme weiterhin eingesetzt werden können. Ein automatisierter Einsatz von Verschlüsselungsverfahren erfordert ein qualitativ hochwertiges Schlüsselmanagement, wozu auch Maßnahmen zum Schlüssel-Recovery (u.a. [13]) gehören. Persistente Daten sind mittels geeignet zu erweiternder Backup-Verfahren auf langlebigen Speichermedien verschlüsselt zu sichern. Bei einer Wiedereinspielung sind ggf. veraltete Schlüssel automatisch, d.h. transparent für den Benutzer, zu aktualisieren.

Wesentlich für einen Einsatz in Mehrbenutzerumgebungen mit kooperierenden Bearbeitern von Dateien ist die Unterstützung eines flexiblen Gruppenkonzeptes, damit eine verschlüsselte Datei von allen zum Zugriff berechtigten Gruppenmitgliedern korrekt entschlüsselt werden kann. Voraussetzung für eine breite Akzeptanz von Sicherheitsmechanismen ist neben deren Bedienfreundlichkeit stets auch die Minimierung der Effizienzverluste, die durch zusätzliche Schutzmaßnahmen unumgänglich sind. Da die zu speichernden Daten in der Regel sehr unterschiedliche Sensibilitätsgrade besitzen, sollten die Systeme eine differenzierte Angabe von Schutzbedürfnissen ermöglichen, so daß der Aufwand der erforderlichen Maßnahmen daran angepaßt werden kann.

Neben den Vertraulichkeitsanforderungen stellen sich natürlich auch Forderungen nach Sicherstellung der Integrität von Dateien bzw. nach der Zuordenbarkeit durchgeführter Datei-Operationen zu autorisierten Benutzern. Hierzu können Hashfunktionen und digitale Signaturen eingesetzt werden.

2.2 Existierende Systeme

Es existieren bereits zahlreiche Realisierungen von Verschlüsselungsfunktionen in Dateisystemen. Sie lassen sie sich grob in folgende drei Klassen aufteilen.

(I) Programme zur Dateiverschlüsselung

Die Ansätze, die in diese Klasse fallen, können zwar Dateien verschlüsseln, aber sie bieten keine echte Dateisystemfunktionalität an. Die entwickelten Programme erfüllen die gestellten Anforderungen nur in Einzelpunkten. So verbleiben die Dateien solange im Klartext auf der Platte, bis der Benutzer explizit, z.B. durch die Eingabe eines Befehls, eine Verschlüsselung initiiert. Während mit den Daten gearbeitet wird, müssen sie stets unverschlüsselt auf der Platte vorgehalten werden. Meta-Daten werden durch die Verschlüsselung nicht erfaßt und auch Gruppenarbeit wird nicht automatisiert unterstützt. Positiv ist, daß durch die Benutzer-initiierte, explizite Verschlüsselung Dateien individuell ausgewählt werden können. Jedoch obliegt es allein der Verantwortung des Benutzers, jeweils neue Passworte bzw. Schlüssel zu wählen, um unterschiedliche Sicherheitsniveaus zu erreichen. Problematisch ist dabei auch, daß diese Passworte allein vom Benutzer zu verwalten sind, d.h. er muß sie sich merken, was bekanntermaßen ein großes Sicherheitsproblem ist.

In diese Kategorie fallen Programme wie *PGP*[14] oder *RSA SecurPC*[12]. *PGP* (in der Public-Domain-Variante) steht auf zahlreichen Betriebssystem-Plattformen zur Verfügung und benutzt die kryptographischen Verfahren IDEA, CAST und Triple-DES. Die Ver- und Entschlüsselung erfolgt explizit durch Eingabe eines Befehls oder Auswahl aus einem Menü. Durch die (normalerweise für den E-Mail-Austausch gedachten) integrierten Public-Key-Verfahren kann auch eine begrenzte Gruppenfähigkeit erreicht werden. Der Benutzer muß dabei aber bei jeder Verschlüsselung die Zugriffsberechtigten explizit auswählen. Hierbei besteht die Gefahr, daß sich ein unaufmerksamer Benutzer selbst aussperrt. Erweiterte Versionen und Nachfolgeprodukte ergänzen die Funktionalität durch Unterstützung bei der Verzeichnisverwaltung und Verschlüsselung ganzer Partitionen.

RSA SecurPC ist ein Programm für die Windows-Versionen 95, 98 und NT und setzt den RC4-Algorithmus ein. Als Besonderheit realisiert es eine automatische Ent- und Verschlüsselung von Dateien, sobald diese von einer Anwendung geöffnet bzw. geschlossen werden. Außerdem ist ein Schlüssel-Recovery möglich und Dateien können in ein „selbstentschlüsselndes" Format gebracht werden, in dem sie auch auf Systemen gelesen werden können, auf denen das Produkt nicht installiert ist.

(II) Verschlüsselnde Dateisysteme für Einzelbenutzer

Die Ansätze dieser Klasse sind dadurch charakterisiert, daß die Verschlüsselung in das Dateisystem integriert ist, aber kein Mehrbenutzerbetrieb unterstützt wird. Die entsprechenden Programme bieten zwar eine echte Dateisystemfunktionalität, können aber nur von jeweils einem Anwender benutzt werden. Technisch unterscheidet man drei Varianten, nämlich Systeme, die die Verschlüsselung direkt an der Hardware-Schnittstelle durchführen, Systeme, die sich einer sogenannten Containerdatei in einem normalen Dateisystem bedienen und schließlich Systeme, die die verschlüsselten Objekte auf normale Objekte eines bestehenden Dateisystems abbilden (Repository). Die zur Dateiverschlüsselung benötigten Schlüssel werden i.a. aus einem vom Benutzer extra für diesen Zweck einzugebenden Paßwort abgeleitet.

Setzt die Verschlüsselung an der Hardware-Schnittstelle an, so werden vor dem Lesen alle Datenblöcke automatisch entschlüsselt und vor dem Schreiben verschlüsselt, so daß keine Klartexte und Meta-Informationen im Klartext auf der Platte gespeichert werden. Eine Verschlüsselung bei entfernten Zugriffen erfolgt jedoch nicht, eine Gruppenfähigkeit kann nicht unterstützt werden und das gesamte Medium wird einheitlich verschlüsselt, so daß Sicherheitsabstufungen nicht realisierbar sind. Außerdem ist bei reinen Softwarelösungen der Betrieb nur auf einer zusätzlichen Festplatte möglich, das Boot-Medium muß unverschlüsselt bleiben.

In diese Kategorie fallen Programme wie *ASPICRYP*[11], *Secure File System*[5] oder *Practical Privacy Disc Driver*[7]. *ASPICRYP* ist ein DOS-Programm, das den Blowfish-Algorithmus einsetzt und die Verschlüsselung von Daten auf SCSI-Geräten ermöglicht. Das *Secure File System* (SFS) verschlüsselt unter DOS (Versionen für Windows und OS/2 sind geplant) den Datenstrom zwischen Dateisystem und Gerätetreiber. Zum Einsatz kommt ein selbst entwicklter Krypto-Algorithmus, der auf dem Secure Hash Standard (SHS) aufbaut und Schlüssel von 1024 Bit Länge benutzt. *Practical Privacy Disc Driver* verfolgt einen vergleichbaren Ansatz wie SFS, arbeitet unter Linux und setzt den Blowfish-Algorithmus mit 256 Bit-Schlüsseln ein.

In Systemen mit Containerdateien wird der Inhalt des Containers, bestehend aus dem Dateisystem zusammen mit seinen Meta-Daten, stets verschlüsselt gespeichert. Eine Containerdatei wird als virtuelles Laufwerk behandelt. Sie ist einfach kopierbar oder verschiebbar und da es auch mehrere solche Dateien geben kann, ist es Benutzern möglich, individuelle Container für ihre Dateisysteme anzulegen. Es sind jedoch keine individuellen Sicherheitsstufen festlegbar, da der Container immer als Ganzes vollständig verschlüsselt wird.

Nach diesem Konzept arbeiten z.B. *SafeHouse*[10], *ScramDisc*[1] oder *BestCrypt*[6]. *SafeHouse* läuft unter Windows 95/98 sowie Windows NT und benutzt DES, Triple-DES, Blowfish oder FAST. Es bietet als Zusatzfunktionalität Schlüssel-Recovery an. *ScramDisc* für Windows 95/98 setzt DES, Triple-DES, Blowfish, IDEA und drei weniger bekannte

Kryptoverfahren ein und bietet zusätzlich die Möglichkeit, die Containerdatei unter Verwendung steganographischer Techniken in einer anderen Datei zu verstecken. *BestCrypt* schließlich ist ebenfalls für Windows 95/98 sowie Windows NT entwickelt worden und setzt DES, Blowfish oder GOST ein.

Im dritten Ansatz wird der verschlüsselte Dateibaum auf ein Unterverzeichnis eines anderen, bereits bestehenden Dateisystems abgebildet, wobei auch bei entfernten Zugriffen die Dateien verschlüsselt übertragen werden. Im UNIX-Umfeld erfolgt dies am einfachsten mittels des NFS-Protokolls. Diesen Ansätzen fehlt jedoch eine Gruppenfähigkeit und auch die Meta-Daten werden nur unzureichend geschützt, da Dateigröße und Verzeichnisstruktur erhalten bleiben. Beispiele für diese Kategorie sind das *Cryptographic File System (CFS)*[2] und das darauf aufbauende *Transparent CFS (TCFS)*[3]. Beide nutzen das NFS-Protokoll unter UNIX. *CFS* setzt den DES-Algorithmus ein und als Besonderheit kann der kryptographische Schlüssel auch von einer Smartcard gelesen werden. Ein Verfahren zur Integration von Schlüssel-Recovery wurde ebenfalls vorgeschlagen. *TCFS* kann über den DES hinaus IDEA, Triple-DES oder RC5 verwenden. Zur Authentifikation erweitert dieses System den Login-Algorithmus des Betriebssystems, um aus dem normalen Benutzerpaßwort den Schlüssel zur Verschlüsselung der Dateien abzuleiten. Über ein Shared-Secret-Scheme wird auch eine Art Gruppenkonzept umgesetzt, das aber einen Zugriff auf Dateien nur dann ermöglicht, wenn eine Mindestanzahl von Gruppenmitgliedern angemeldet ist.

(III) Verschlüsselnde Dateisysteme mit Gruppenfähigkeit

Wie bei der Klasse (II) ist auch bei Ansätzen dieser Klasse die Verschlüsselung in das Dateisystem integriert. Zusätzlich besitzen sie aber auch noch eine Mehrbenutzerfähigkeit. Systeme dieser Kategorie können potentiell zumindest die wichtigsten der gestellten Anforderungen erfüllen. Einer der wenigen Vertreter dieser Gruppe ist das von Microsoft für Windows 2000 angekündigte *Encrypting File System EFS*[8, 9]. EFS ist als Schicht zwischen der Aufrufschnittstelle und NTFS angesiedelt. Es setzt als Kryptoalgorithmus derzeit DESX mit 128 Bit Schlüssellänge ein. In der außerhalb der USA verfügbaren Version ist aufgrund der nach wie vor bestehenden Exportbeschränkungen die Schlüssellänge allerdings auf 40 Bit reduziert. Die Integration weiterer Verschlüsselungsverfahren ist vorgesehen. Eine Mehrbenutzerfähigkeit wird von EFS durch eine Kombination aus asymmetrischen und symmetrischen Kryptoverfahren ermöglicht. Zur Verschlüsselung von Dateien werden symmetrische Schlüssel verwendet, die ihrerseits mit allen öffentlichen Schlüsseln der berechtigten Benutzer der Datei verschlüsselt und in einer der verschlüsselten Datei assoziierten Liste verwaltet werden. Diese Vorgehensweise erfordert jedoch für dynamisch sich ändernde Gruppenmitgliedschaften einen relativ hohen Verwaltungsaufwand. Wegen Problemen bei der Kompatibilität zu bestehenden Anwendungen ist die Mehrbenutzerfähigkeit allerdings in der aktuellen Version für den Endbenutzer noch nicht verfügbar. Ein weiterer Nachteil von EFS ist, daß Meta-Daten, wie die Verzeichnisstruktur, nicht verborgen werden. Ebenso erfolgt die Übertragung von Daten bei Netzzugriff unverschlüsselt. Die öffentlichen Schlüssel der Benutzer werden - soweit verfügbar - X.509-basierten Zertifikaten entnommen, die vorzugsweise durch eine vom Hersteller propagierte, einheitliche Publik-Key-Infrastruktur mit zertifizierenden Stellen bereitgestellt werden. EFS ermöglicht zwar auch ein Schlüssel-Recovery, allerdings ist bei dessen Einsatz zu bedenken, daß ein Schutz vor Mißbrauch, zum Beispiel unter Anwendung eines Mehraugenprinzips, nicht möglich ist.

Zusammenfassend ist festzuhalten, daß die verfügbaren verschlüsselnden Dateisysteme in unterschiedlichen Bereichen zum Teil gravierende Mängel aufweisen, so daß sie noch nicht als vollwertiger Ersatz für derzeit übliche, unverschlüsselte Dateisysteme dienen können. Besonders im Bereich der Gruppenfähigkeit existieren nur sehr wenige Lösungen. Außerdem muß für den Einsatz verschlüsselnder Systeme außerhalb der USA auch das noch immer bestehende Exportverbot für starke Kryptographie beachtet werden, so daß vielversprechende Ansätze wie EFS dadurch deutlich an Attraktivität einbüßen.

3 Das Group-Aware Secure File System GSFS

Um einige der aufgezeigten Mängel zu beseitigen, wurde das verschlüsselnde Dateisystem GSFS (Group-Aware Secure File System) [4] entwickelt und auf Linux-Basis prototypisch implementiert. GSFS orientiert sich konzeptionell am EFS und seine Architektur ist an Unix-artige Dateisysteme angelehnt. Das heißt, daß die Dateien und Verzeichnisse baumartig geordnet sind und ein den Unix-Links ähnliches Verknüpfungskonzept, die Verweise, existiert.

3.1 Gruppenfähigkeit

Ein wesentliches Ziel der Entwicklung von GSFS war die Integration einer Gruppenfähigkeit, die auch dynamisch sich ändernde Gruppenmitgliedschaften effizient unterstützt. Wir erklären zunächst das festgelegte Konzept zur Rechtevergabe, das die Voraussetzung für die flexible Gruppenfähigkeit des GSFS ist.

3.1.1 Zugriffsrechte und Gruppenkonzept

Jede Datei besitzt genau einen Eigentümer, der im Rahmen einer benutzerbestimmbaren Zugriffskontrolle (DAC = discretionary access control) über die Weitergabe von Rechten entscheiden kann. Dies entspricht dem konventionellen „Owner-Prinzip" bei Dateisystemen. Für Dateien sind die Rechte zum Lesen, Schreiben oder Ausführen und für Verzeichnisse die Rechte zum Auflisten (browse), Traversieren (cross) und Modifizieren vorgesehen. Die Zugriffsberechtigungen für eine Datei werden in der ihr assoziierten Zugriffskontrollliste (ACL = Access Control List) verwaltet. Jeder Eintrag in dieser Liste bezeichnet entweder einen einzelnen Benutzer oder eine Menge von Benutzern, die zu einer Gruppe zusammengefaßt sind, zusammen mit dessen bzw. deren Zugriffsrechten.

Eine Gruppe beschreibt eine Zusammenfassung von Benutzern nach individuell zu wählenden Kriterien. Wesentlich hierbei ist, daß GSFS die benutzerbestimmbare Rechtevergabe konsequent realisiert, da Gruppenkennungen von Benutzern – und nicht nur vom Systemadministrator – beliebig erzeugt werden können. Als weitere Verbesserung können auch, im Gegensatz zum Standard-Unix Modell der Rechtevergabe, in einer ACL des GSFS mehrere Gruppenkennungen auftreten, d.h. Rechte an mehrere, unterschiedliche Gruppen bzw. deren Mitglieder vergeben werden. Dadurch ist eine differenzierte, gemeinsame Nutzung von Dateien möglich. Für jede Gruppe ist ein Gruppenchef festzulegen, der allein die Berechtigung besitzt, Gruppenmitgliedschaften dynamisch zu ändern. In-

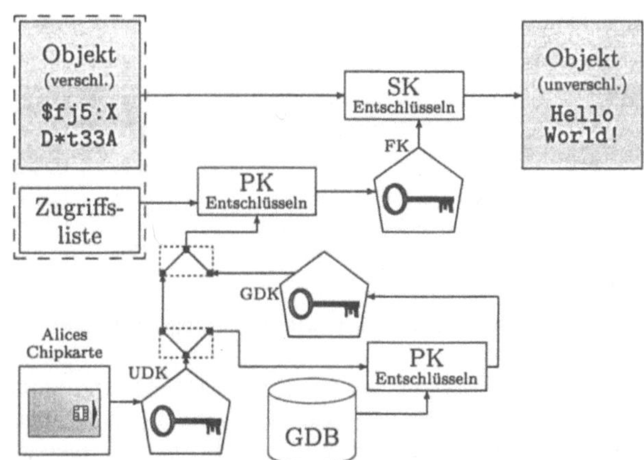

Abb. 1: Entschlüsselung einer Datei im GSFS

formationen über die existierenden Gruppen, deren Mitglieder und den Chef sind unter GSFS in einer Gruppen-Datenbank (GDB) abgelegt.

3.1.2 Dateiverschlüsselung

Der Schutz von Dateien bei GSFS beruht auf einem Schema, das anaolog zu dem in EFS arbeitet. Jeder Benutzer erhält ein Schlüsselpaar bestehend aus einem öffentlichen (UEK = User Encryption Key) und einem privaten Schlüssel (UDK = User Decryption Key) zugeordnet. Die Verwaltung und Bereitstellung der öffentlichen Schlüssel erfolgt bei GSFS derzeit über eine lokale, gegen unauthorisierte Modifikationen geschützten Datenbank (PKDB = Public-Key-Database). Die privaten Schlüssel sind auf PIN-geschützten Smartcards der Benutzer abgelegt. Sie sind für einen Zugriff auf verschlüsselte Dateien notwendig und können gleichzeitig zur Authentifikation verwendet werden.

Zur effizienten Dateiverschlüsselung werden symmetrische Verfahren eingesetzt und der jeweils benötigte Datei-Schlüssel FK wird automatisch generiert. Dieser wird aber niemals im Klartext auf einem Speichermedium abgelegt. Die Verschlüsselung ist transparent für den Datei-Benutzer, so daß er insbesondere die Schlüssel FK nicht selber verwalten und sie sich auch nicht merken muß. Um diese Transparenz auch bei Zugriffen autorisierter Benutzer wahren zu können, verschlüsselt das GSFS den Datei-Schlüssel FK mit dem öffentlichen Schlüssel (UEK) jedes Benutzers, der gemäß der Datei-ACL Zugriffsrechte an der Datei besitzt, und legt diese Kryptotexte in einer der Datei zugeordneten Verwaltungsstruktur ab.

3.1.3 Gruppenfähigkeit

Zur Realisierung der Gruppenfähigkeit wird das EFS-Konzept dahingehend erweitert, daß auch jede Gruppe ein eigenes Schlüsselpaar (GEK, GDK) erhält, dessen öffentlicher Bestandteil ebenfalls in der Datenbank PKDB verwaltet wird. Dadurch kann für jede Gruppenkennung, die Rechte an der mit dem Schlüssel FK verschlüsselten Datei besitzt,

ACL

U	Alice	rw	$E(UEK_{Alice}, FK)$
U	Bob	r	$E(UEK_{Bob}, FK)$
G	Project	rw	$E(GEK_{Project}, FK)$

GDB

Project	*Alice*
Cindy	$E(UEK_{Cindy}, GDK_{Project})$
David	$E(UEK_{David}, GDK_{Project})$

PKDB

U	Alice	UEK_{Alice}
U	Bob	UEK_{Bob}
U	Cindy	UEK_{Cindy}
U	David	UEK_{David}
G	Project	$GEK_{Project}$

Abb. 2: Beispielhafter Ausschnitt aus den Verwaltungsstrukturen von GSFS

FK mit dem öffentlichen Gruppenschlüssel (GEK) verschlüsselt und in die Verwaltungsstruktur aufgenommen werden. Es bleibt zu klären, wie der private Schlüssel der Gruppe, der ja nicht auf einer Chipkarte gespeichert werden kann, aber für einen autorisierten Zugriff eines Gruppenmitglieds erforderlich ist, sicher verwaltet wird. Dazu verschlüsselt das GSFS für jedes Gruppenmitglied eine Kopie des privaten Gruppenschlüssels mit dessen öffentlichem Schlüssel und legt den Kryptotext in der GDB unter dem Eintrag, der für dieses Mitglied dort angelegt ist, ab. Das Schema des Zugriffs auf Dateien ist nochmals in Abbildung 1 skizziert. Besteht für Alice eine eigener Eintrags in der Zugriffsliste der Datei, so gelten in den Abzweigungen die linken Wege. Kann sie ein Zugriffsrecht nur über die Mitgliedschaft in einer Gruppe erlangen, erfolgt der Zugriff über die rechten Wege.

Abbildung 2 zeigt für ein Beispielszenario einen stark vergröberten Ausschnitt aus den Verwaltungsstrukturen von GSFS. Mit E(K, M) bezeichnen wir die Verschlüsselung einer Datei M mit dem Schlüssel K. UEK_X steht für den öffentlichen Schlüssel von X, UDK_X für den zugehörigen geheimen. Analoges gilt für Gruppen und deren Schlüssel GEK sowie GDK. Die ACL der Beispieldatei enthält Einträge für die Benutzer Alice und Bob sowie für die Gruppe Project. In jedem Eintrag ist der symmetrische Schlüssel FK, mit dem die Datei verschlüsselt ist, in verschlüsselter Form, so wie oben beschrieben, abgelegt. Sämtliche öffentlichen Schlüssel können aus der PKDB entnommen werden. Der Eintrag der Gruppe Project in der GDB enthält, außer dem Namen der Gruppe und der Kennung des Gruppenchefs, hier Alice, zu jedem Mitglied der Gruppe den verschlüsselten privaten Gruppenschlüssel. Im vorliegenden Szenario darf also Alice lesend und schreibend auf die Datei zugreifen, Bob nur lesend. Ferner dürfen Cindy und David als Mitglieder der Gruppe Project die Datei lesen und schreiben.

Die Darstellung der Datenstrukturen ist natürlich nur schematisch. In der Implementierung sind die Datenbanken indiziert, enthalten einige Zusatzinformationen und die Kennzeichen sind numerisch.

3.1.4 Authentizität öffentlicher Schlüssel

Wesentlich für die Sicherheit des vorgestellten Konzeptes ist die Authentizität der öffentlichen Schlüssel, die in der PKDB verwaltet werden. Da verschlüsselnde Dateisysteme gerade für mobile Geräte wie Notebooks von großem Interesse sind, diese aber häufig losgekoppelt von einem Netzanschluß arbeiten, ist eine Lösung, in der die Schlüssel durch einen vertrauenswürdigen, externen Rechner verwaltet werden, ungeeignet. Aus diesem Grund wird in GSFS die Datenbank PKDB der öffentlichen Schlüssel lokal realisiert, so daß die benötigten Schlüssel jederzeit verfügbar sind. Jeder öffentliche Schlüssel wird vor seinem Eintrag in diese Datenbank von einer vertrauenswürdigen Instanz signiert. Diese Instanz ist hier der Datei-Administrator, dessen öffentlicher Schlüssel zur Signatur-Verifikation benötigt wird und deshalb nicht in der PKDB, sondern auch auf den Chipkarten der Benutzer gespeichert ist. Problematisch an dieser Vorgehensweise ist natürlich, daß eine Änderung des Signaturschlüssel des Administrators eine Änderung auf allen Chipkarten der berechtigten Benutzer des Systems erfordert.

3.2 Weitere Fähigkeiten

Für jede seiner Dateien kann der Besitzer eine eigene Sicherheitsstufe wählen und damit den Schutz durch kryptographische Maßnahmen differenziert spezifizieren (z.B. „offen" und „verschlüsselt"). Damit ist es möglich, Sicherheitsmaßnahmen abgestimmt auf die individuellen Sicherheitsbedürfnisse von Dateien oder ganzer Datei-Bäume zu aktivieren.

GSFS sieht ein inkrementelles Backup-Konzept mit einem Archivierungssystem vor, um Schlüsseländerungen transparent für die Benutzer auch auf die Backups zu übernehmen. Bei einem Backup werden die Dateien mitsamt ihrer ACL verschlüsselt auf ein Band geschrieben. Um zu erkennen, welche Daten zu sichern sind, vergibt das Dateisystem eine spezielle Kennzeichnung an geänderte Dateien, so daß nur die markierten Dateien gesichert werden. Tritt ein Schlüsselwechsel auf, so wird der alte Benutzerschlüssel in verschüsselter Form archiviert und ist so für einen späteren Zugriff auf die gesicherten Daten noch verfügbar. Eine Umverschlüsselung ist nicht vorgesehen, da Backups im allgemeinen nur offline zugänglich sind und ein Zugriff darauf sehr teuer ist. Sollte ein Schlüssel gewechselt werden, weil er kompromittiert wurde, muß natürlich auf die größere Bedrohung der damit verschüsselten Dateien auf dem Backup geachtet werden.

Ein Schlüssel-Recovery Mechanismus kann in GSFS wahlweise installiert werden. Dazu wird ggf. der individuelle Dateischlüssel mit einem speziellen Recover-Schlüssel verschüsselt in der ACL abgelegt. Der zugehörige private Schlüssel wird mittels eines Shared-Secret Verfahrens auf mehrere Hände aufgeteilt, so daß ein Machtmißbrauch erheblich erschwert werden kann.

4 Prototypische Implementierung

Als Basis für den entwickelten Prototyp wurde das Betriebssystem Linux gewählt, da Modifikationen bzw. Ergänzungen im Betriebssystem-Kern dort aufgrund des Open Source Modells im Gegensatz zu kommerziellen Betriebssystemen leichter durchzuführen sind. Außerdem sieht die Dateisystem-Architektur von Linux über den *Virtual File System Switch (VFS)* bereits die Integration mehrerer unterschiedlicher Dateisystemimplementierungen unter einer einheitlichen Schnittstelle vor.

Die Konzeption und die Realisierung wurden komponentenorientiert gestaltet, um ein späteres Korrigieren, Ergänzen und Weiterentwickeln des Dateisystems zu erleichtern. Abbildung 3 zeigt schematisch die Architektur des Prototypen. Die Komponenten auf der

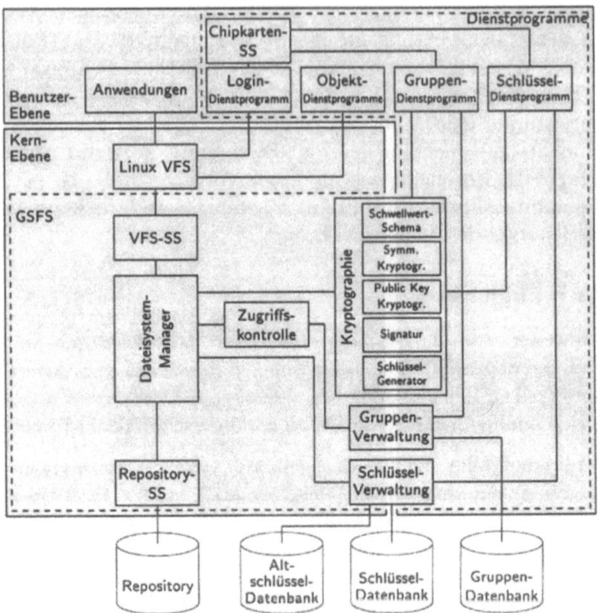

Abb. 3: Die Komponenten von GSFS

Grenze zwischen User- und Kernel-Modus stellen keine Schnittstelle dar, sondern werden als Bibliotheken in beiden Modi benutzt.

Während das eigentliche Dateisystem im Kernel-Modus arbeitet, stellen die Komponenten im Benutzermodus, die im folgenden zur besseren Unterscheidung als „Dienstprogramme" bezeichnet werden, hauptsächlich eine Benutzeroberfläche dar. Sie müssen keine Kontrollen durchführen, die Sicherheit von GSFS wird ausschließlich durch die eingesetzte Kryptographie und die Kontrollen in den Kern-Schnittstellen gewährleistet.

Das **Login-Dienstprogramm** sorgt dafür, daß sich Benutzer beim Dateisystem an- und abmelden können und ihre UDKs von der Chipkarte an das Dateisystem übermittelt werden. Außerdem bietet es die für die Durchführung von Key-Recovery notwendige Funktionalität an. Mit **Objekt-Dienstprogramme** werden zwei Programme bezeichnet, von denen eines alle erweiterten Objektattribute einer Datei anzeigt (entsprechend dem Unix-Kommando ls), während das andere das Editieren der ACLs von Objekten ermöglicht. Das **Schlüssel-Dienstprogramm** erzeugt Schlüsselpaare für neue Benutzer, und bietet die Schnittstelle zum Löschen von Kennungen und zum Ändern von Schlüsseln an. Auch der Generalschlüssel für das Key-Recovery wird damit erzeugt. Das **Gruppen-Dienstprogramm** schließlich ermöglicht das Einrichten und Löschen sowie die Mitgliederverwaltung von Gruppen.

Der **Dateisystem-Manager** bildet das Kernstück des Dateisystems. Seine Hauptaufgabe besteht in der Umsetzung der sowohl von der VFS-Schnittstelle (siehe unten) als auch von einer (zum Ansprechen erweiterten Funktionalität (z.B. login) benutzten) proprietären `ioctl`-Schnittstelle kommenden Aufträge in interne Abläufe von GSFS. Die **Schlüsselverwaltung** stellt dem Dateisystem-Manager die benötigten kryptographischen Schlüssel des Public-Key-Systems zur Verfügung. Bei öffentlichen Schlüsseln greift sie dazu auf die Schlüsseldatenbank (PKDB) zurück. Private Schlüssel kennt die Schlüsselverwaltung dagegen erst, nachdem diese beim Anmelden eines Benutzers von dessen Chipkarte gelesen wurden. Zusätzlich kümmert sich die Schlüsselverwaltung um die Archivierung alter UDKs zur Unterstützung des Backup-Systems.

Die **VFS-Schnittstelle** bindet GSFS in das Virtual File System von Linux ein. Hier werden die Dateisystemaufrufe der Anwendungsprogramme entgegengenommen. Die **Kryptographie-Komponente** implementiert die benötigten kryptographischen Verfahren. Dies sind derzeit Twofisch und RSA, die Integration anderer Verfahren ist leicht möglich. Außerdem sind hier auch ein Zufallszahlengenerator zur Schlüsselerzeugung, das Shared-Secret-Scheme für das Key-Recovery und Verfahren zur Erstellung und Überprüfung digitale Signaturen implementiert. Die Verwaltung der ACLs der Objekte obliegt der **Zugriffskontrolle**. Dazu bietet sie dem Objekt-Dienstprogramm die zur Modifikation von ACLs nötigen Befehle an. Außerdem entscheidet sie, ob ein Benutzer ein Objekt im angeforderten Modus öffnen darf. Im Erfolgsfall liefert sie dazu den aus dem ACL-Eintrag des Benutzers gewonnen File Key entschlüsselt an den Dateisystem-Manager. Falls ein Benutzer auf ein Objekt nur mittels einer Gruppenmitgliedschaft zugreifen darf, stützt sie sich dazu auf die **Gruppenverwaltung** ab. Letztere bietet darüber hinaus für das Gruppen-Dienstprogramm Funktionen zum Anlegen, Löschen und Modifizieren an.

Die **Repository-Schnittstelle** schließlich übernimmt die Speicherung der Objekte mit Hilfe der darunterliegenden Infrastruktur. Von der dort eingesetzten Technik ist sie weitgehend unabhängig, da sie lediglich eine blockorientierte Struktur mit wahlfreiem Zugriff voraussetzt. Dies kann entweder direkt durch ein Gerät zur Verfügung gestellt werden oder aber durch ein Dateisystem, auf dem dieses Verhalten simuliert wird. Der Prototyp von GSFS verwendet ein Dateisystem zur Speicherung der Daten.

Der Prototyp kann derzeit als Dateisystem unter Linux verwendet werden, alle Grundfunktionen sind funktionstüchtig, allerdings bestehen auch noch einige Einschränkungen. Dies betrifft insbesondere einige vereinfachende Implementierungen wie z.B. die Abstützung auf ein bestehendes Dateisystem als Repository (statt direkter Gerätetreiber-Zugriffe), mangelnde Integration der Authentifikation in das zugrundeliegende Betriebssystem, oder unvollständige Funktionalität bei den Dienstprogrammen (z.B. Backup).

Erste Geschwindigkeitsmessungen haben gezeigt, daß die derzeitige Verlangsamung von Zugriffen weitgehend auf die – unoptimierten – Verwaltungsfunktionen und nicht auf Verschlüsselungsmaßnahmen zurückzuführen sind.

5   Zusammenfassung

Mit der technischen Entwicklung hin zu vernetzten und mobilen Endgeräten wächst das Aufkommen an sensiblen, persistenten Daten, die zunehmend Angriffen ausgesetzt sind, die durch Zugriffskontrollmaßnahmen herkömmlicher Betriebssysteme nicht mehr abgewehrt werden können. Verschlüsselnde Dateisysteme sollen helfen, diese Sicherheitslücken zu schließen, ohne jedoch die Funktionsfähigkeit herkömmlicher Dateisysteme zu beschränken und ohne die Benutzer mit zu großem Mehraufwand zu belasten. Anhand eines Anforderungskatalogs erfolgte eine Analyse verfügbarer verschlüsselnder Dateisysteme. Dabei wurden in unterschiedlichen Bereichen insbesondere bei der Gruppenfähigkeit noch gravierende Mängel erkannt. Mit dem neu entwickelten System GSFS sollten diese beseitigt werden. Wesentliche Eigenschaften des GSFS betreffen die flexible Rechtevergabe, die über das Standardmodell von Unix hinausgeht, sowie die darauf aufbauende Gruppenfähigkeit, die eine differenzierte, gemeinsame Benutzung verschlüsselter Dateien durch Gruppen effizient und automatisch unterstützt. Die Realisierung eines ersten Prototypen unter Linux zeigt die Umsetzbarkeit des Konzepts. Weitere konzeptionelle Arbeiten zielen vor allem auf den Einsatz in verteilten Umgebungen.

Literatur

[1] Aman: ScramDisk. http://www.hertreg.ac.uk/ss/

[2] M. Blaze: Cryptographic File System (CFS).
http://www.replay.com/redhat/cfs.html

[3] G. Cattaneo, G. Persiano: Transparent Cryptographic File System (TCFS).
http://tcfs.dia.unisa.it/

[4] F. Erhard: Konzeption und prototypische Implementierung eines verschlüsselnden Dateisystems unter Linux. Technischer Bericht, TU-München, Diplomarbeit, 1999.

[5] P. C. Gutmann: Secure File System (SFS).
http://www.cs.auckland.ac.nz/pgut001/sfs/index.html

[6] Jetico Inc.: http://www.jetico.sci.fi/: BestCrypt

[7] A. Latham: PPDD Practical Privacy Disc Driver.
http://pweb.de.uu.net/flexsys.mtk/ppdd-0.7.zip

[8] Microsoft Co.: Developer Network CD Juli 1998, mk:@ivt:conf/pdc97/encrypting_file_system.htm: Encrypting File System for Windows NT Version 5.0.

[9] Microsoft Co.: http://www.microsoft.com/Windows/server/zipdocs/encrypt.exe: Encrypting File System for Windows 2000, White Paper, 1999.

[10] PC Dynamics Inc.: http://www.pcdynamics.com/SafeHouse

[11] C. Reinartz: ASPICRYP.
ftp://ftp.hacktic.nl/pub/replay/pub/crypto/LIBS/blowfish/aspicr03.zip

[12] RSA Data Security Inc.: http://www.rsa.com: RSA SecurPC

[13] G. Weck: Key Recovery – Möglichkeiten und Risiken. Arbeitskonferenz Sicherheitsinfrastrukturen, Hamburg-Harburg, März 1999, S. 222 – 237.

[14] P. Zimmerman: Pretty Good Privacy. http://www.pgpi.com

Praktische Implementierung digitaler Dokumente

Erfahrungen aus der Entwicklung der Internet-Anwendung Hypowelt

Robert Rudolph

Deutsche Genossenschafts-Hypothekenbank AG
robert.rudolph@dghyp.de

Zusammenfassung

Internet-Transaktionsanwendungen bedingen eine höhere Sensibilität der Anbieter für die Client-Sicherheit ihrer Anwender: der Internet-PC wird vom unverbindlichen Informationsmedium zum Werkzeug realer Geschäfte. Das Vertraulichkeitsbedürfnis steigt, und Mißbrauchspotentiale durch gefälschte Transaktionen entstehen. Im ersten Teil wird auf Aspekte der Client-Sicherheit im typischen Consumer-Umfeld eingegangen.

Heutige eCommerce-Anwendungen focussieren auf Bestellvorgänge und wälzen die Anwendungssicherheit häufig auf den Bezahlvorgang ab, oft verbunden mit einem Medienbruch. Ein umfassendes eCommerce-Konzept, das Medienbrüche vermeiden will, muß ein eContract-Konzept als Basis haben: beliebige Willenserklärungen, insbesondere Verträge, müssen sicher und rechtsverbindlich über das Internet ausgetauscht werden können. Der zweite Teil des Beitrags beschreibt Möglichkeiten für das Anwendungsszenario einer Business-to-Customer-Anwendung, dies mit heutigen Mitteln umzusetzen. Es wird ein Framework skizziert, das in den Anwendungen Hypowelt und Hypofix der Deutschen Genossenschafts-Hypothekenbank AG seit gut einem Jahr in Produktion ist.

1 Einleitung

Das Internet wandelt sich vom Informations- zum Transaktionsmedium. Bisher dominieren hier Online-Banking und eCommerce im Sinne der Bestellabwicklung mit sicherem Bezahlen. Vielerorts ist der eCommerce noch eine Mogelpackung: das Geschäft wird nur elektronisch angestoßen, aber über andere Medien in wesentlichen Komponenten abgewickelt.

Beispielsweise kann eine Versicherung heute den Abschluß einer Reisekrankenversicherung über das Internet so anbieten, daß die Daten des Versicherten via Internet erfaßt werden, der Versicherungsvertrag aber erst durch die Überweisung der Prämie zustandekommt. Durch die Koppelung an den Bezahlvorgang kann der Geschäftsvorfall auf Basis einer einfachen HTML-Formularanwendung realisiert werden, die Authentizität des Kunden wird an seiner Bankverbindung festgemacht.

Der heutige „Standardweg", über eine SSL-Verbindung (oder SET) die Daten auszutauschen, die für eine Kreditkartentransaktion nötig sind, verursacht zwar höhere Kosten für den Anbieter, bietet aber den zusätzlichen Vorteil, keine Zeitverzögerung durch das Warten auf den Zahlungseingang zu verursachen.

In vielen Anwendungsszenarien reicht das aber nicht aus:

- Wenn (zunächst) kein Geld fließt.

- Wenn Kreditkartentransaktionen zu teuer sind.

- Wenn der Kunde rechtsverbindliche und beweisbare Zusicherungen vom Anbieter braucht (die Absicherung über den Bezahlvorgang hilft zunächst nur dem Anbieter).

- Wenn es auf den genauen Inhalt eines Vertrags ankommt.

Die Bedürfnisse, besonders von Dienstleistern, gehen also darüber hinaus, was heutige eCommerce-Konzepte anbieten: sie benötigen sichere und rechtsverbindliche Willenserklärungen in elektronischer Form, insbesondere die Möglichkeit, ausformulierte Verträge über das Internet abzuschließen, kurz **eContract**.

Betrachtet wird das Anwendungsszenario einer Business-to-Customer-Anwendung, die den Abschluß standardisierter (formularbasierter) Verträge unterstützt. Die Anwendung soll geeignet sein, eine Geschäftsbeziehung neu aufzubauen und möglichst wenig Medienbrüche aufweisen.

Die Basis dafür kann die digitale Signatur werden, erweitert um ein Konzept digitaler Dokumente. Die rechtliche Diskussion um digitale Urkunden ist dabei noch recht weit von real existierenden Anwendungen entfernt. Dies wird an der Differenz heute verfügbarer Anwendungen und dem Szenario deutlich, das das deutsche Signaturgesetz geschaffen hat. Viele Marktteilnehmer haben wohl den Eindruck, daß die Anforderungen des Signaturgesetzes einfach zu hoch (bzw. zu teuer zu realisieren) sind, und nehmen auch heute schon umsetzbare Teilaspekte nicht in ihre Implementierungen auf.

In diesem Beitrag geht es um heute (kostengünstig) realisierbare eContract-Konzepte: in den Methoden Signaturgesetz-konvergent in dem Sinne, daß das System in der Ausgestaltung auf eine künftige Zertifizierung vorbereitet wird.

Für die Übergangszeit entstehen zusätzliche Anforderungen, insbesondere ist eine praktische Lösung für die Bindung des (öffentlichen) Signierschlüssels an den Signaturinhaber zu implementieren. Neben dem zukunftsträchtigen Weg über ein Trust Center bietet sich hier auch eine direkte Lösung an, die vergleichend bewertet wird.

2 Client-Sicherheit beim privaten Nutzer

Zu Recht gilt das Internet per se als unsicheres Medium. Die Kommunikationsteilnehmer im Internet sind faktisch anonym, die Übertragungspfade werden unter rein technischen Gesichtspunkten über Unternehmens- und Nationengrenzen hinweg dynamisch gebildet, die Daten sind über Checksummen zwar gegen zufällige Störungen recht gut abgesichert, nicht jedoch gegen Abhören und gezieltes Verfälschen geschützt.

Während Unternehmen ihre Internetanbindung recht gut schützen können (Stichwort: Firewalltechniken), haben die meisten privaten Nutzer weder die technischen Kenntnisse noch eine geeignete Betriebssystem-Basis, um ihr System gegen potentiell schädliche Inhalte aus dem Internet abzuschotten.

Der Nutzer bewegt sich in zwei Problemkreisen:

- Welche Sites sind vertrauenswürdig und authentisch?
- Welche Inhalte sind vertrauenswürdig und authentisch?

Bei einem unverbindlich bereitgestellten Informationsangebot mag der Anbieter diese Aspekte noch ignorieren dürfen. Von einem Transaktionsangebot erwartet der Anwender aber zu Recht, daß es in einem hinreichend sicheren Umfeld zur Verfügung gestellt wird. Die Lösung der Sicherheitsprobleme darf der Anbieter nicht dem Anwender überlassen (wohl aber ihn in die Umsetzung einbinden): letzterer ist damit technisch überfordert.

2.1 Vermeidung unbekannter Sites

Eine Kernmaßnahme des Nutzers besteht in „Internet-Hygiene": potentiell gefährliche Sites muß er meiden, will er das Risiko eines Angriffs auf sein System minimieren.

Eine SSL[1]-gesicherte Site verspricht Authentizität: über kryptographische Methoden wird gewährleistet, daß der SSL-Datenstrom tatsächlich von dem Rechner stammt, der kontaktiert wurde, und daß er unverfälscht und vertraulich zwischen Anbieter und Anwender verläuft. Die Anschrift des Anbieters kann im SSL-Zertifikat überprüft werden, so daß man nicht aus der Internet-Adresse auf den Anbieter schließen muß, was aufgrund der Vergabepraxis der Internet Domains zu Fehlschlüssen führen kann.

Sie hat damit eine höhere Sicherheitsqualität als eine „Normale". Der Angreifer muß sich Zugang zu einer SSL-gesicherten Site verschaffen, um dort die Angriffsprogramme abzulegen. Aus Gründen der Rückverfolgbarkeit wird er kaum seine eigene Site mit einem regulär bezogenen SSL-Zertifikat verwenden, sondern wird die Angriffsprogramme eher auf einer fremden SSL-gesicherten Site ablegen. Der Aufwand ist also höher, als bei der Plazierung auf einer anonymen freien Homepage. Daher kann der Anwender einer SSL-geschützten Site mehr vertrauen als einer ungeschützten. Hinzu kommt, daß die SSL-Verbindung bestimmte Spoofing-Angriffe verhindert, die dem Anwender vorgaukeln, er habe Daten von einer ihm bekannten Site heruntergeladen.

Leider gibt es kaum Sites, die komplett über SSL gesichert sind. Üblich ist, nur aus Anbietersicht wesentliche Bereiche über SSL zu verschlüsseln. Der Durchschnittssurfer wird also über die verwendete Link-Kette auch viele ungesicherte Seiten durchlaufen (müssen). Ein Surfen nur auf SSL-gesicherten Seiten ist damit unrealistisch.

2.2 Nichtausführung unbekannter Inhalte

Eine Gefährdung des lokalen PC-s entsteht erst durch aktive Inhalte. In der Theorie kann die reine Bildschirmanzeige von HTML-Angeboten oder das Lesen von eMail weder die Vertraulichkeit noch die Integrität lokal gespeicherter Daten gefährden.

Das heutige Internet ist aber nicht mehr denkbar ohne aktive Inhalte: fast jede Site, die auf sich hält, setzt mehr oder minder viel der Scriptsprachen VB-Script und Javascript ein; für größere Transaktionsanwendungen hat sich Java etabliert. Mit der Unterstützung der Stan-

---

[1] SSL steht für „secure socket layer", eine von Netscape eingeführte Sicherheits-Zwischenschicht im Netzwerkprotokoll-Stack, die inzwischen als Internet-Standard normiert ist.

dard-eMail-Clients für reichere Formate (HTML-eMail) halten aktive Inhalte auch in eMail Einzug, zusätzlich zu dem schon lange bestehenden Angriffspunkt durch ausführbare Inhalte in Anhängen.

Ein halbwegs verläßlicher Schutz ergibt sich, wenn aktive Inhalte rigoros abgeschaltet werden. Dies ist aber nicht die Default-Einstellung der Browser, der Nutzer muß selbst Hand anlegen. Und beherrscht der Anwender die entsprechende Konfiguration, gehört er wahrscheinlich zu den Power-Usern, die auf aktive Inhalte nicht verzichten können, weil ohne Scripting sehr viele Inhalte des Internet schlicht unbenutzbar werden.

2.3   Aktive Inhalte in „Sandbox"?

Die Browserhersteller versprechen, daß Scripting und Java im Browser sicher sind, weil diese aktiven Inhalte in einem geschützten Raum, getrennt von den kritischen PC-Ressourcen ablaufen, der sog. „Sandbox".

Die Klassifikation der Browserhersteller, was unkritische Ressourcen sind, ist zumindest zu diskutieren. Auch durch reine Anzeigefunktionalität kann ein Angriff unterstützt werden, indem sich z. B. die Fenster des Angreifers immer in den Vordergrund drängen. Die Verfügbarkeit der CPU-Ressource kann angegriffen werden, so daß dem Anwender im schlimmsten Fall nur der Griff zu Netz- oder Resetschalter bleibt, um die Kontrolle über sein System zurückzugewinnen.

Viel gravierender aber sind die Sicherheitslücken, die in schöner Regelmäßigkeit in den marktführenden Implementierungen entdeckt und publiziert werden: kritische Sicherheitslücken in Javascript werden in etwa im Monatsrhythmus bekannt, in Java alle 6-12 Monate. Als kritisch werden dabei Lücken angesehen, die zumindest den lesenden Zugriff auf lokal gespeicherte Daten zulassen.

Angesichts schon der bekannten Möglichkeiten, über VB-Script und Javascript Daten des PC-s auszuspähen oder sogar schreibenden Zugriff auf das System zu erlangen, scheint es für den Nichtprofi nicht realistisch, mit einer Konfiguration, die Scripting in der Sandbox zuläßt, den Angriff einer Site abzuwehren. Denn nach dem Bekanntwerden der Lücke dauert es einige Wochen, bis ein Sicherheitspatch vom Hersteller bereitgestellt wird. Für diesen Zeitraum wird in der Regel auch vom Hersteller das Abschalten der aktiven Inhalte empfohlen.

Der Aufwand, sich hier auf dem laufenden zu halten; entsprechend den Sicherheitsempfehlungen Scripting abzuschalten und immer die aktuellsten Patches einzuspielen, ist für den Privatnutzer als unrealistisch hoch anzusehen.

Scheinbar besser sieht es für Java aus. Zumindest werden hier Lücken seltener bekannt. Ob dies an dem der Java-Konzeption zugrundeliegenden Sicherheitskonzept liegt oder schlicht daran, daß Sicherheitslücken eher im Scripting gesucht und darum in Java-Implementierungen seltener aufgedeckt werden, vermag der Autor nicht zu beurteilen.

2.4   Aktive Inhalte in „Sandbox-User"

Eine bestechend einfache Möglichkeit des Abschottens aktiver Inhalte liegt in der Regulierung des Ressourcenzugriffs über Betriebssystem-Mittel. Der Anwender gibt seinem System bekannt, daß er jetzt einen abgeschotteten Kontext benötigt, in dem allen Programmen nur unkritische Operationen erlaubt werden. Erst dann startet er den Browser, und kann dann relativ unbedenklich aktive Inhalte verwenden.

Praktisch meldet sich der Nutzer dazu mit einem entsprechend eingeschränkt definierten Account bei seinem System an, bevor er ins Internet geht.

Nachteilig an dem Ansatz ist „nur", daß die weitverbreiteten Consumer-Betriebssysteme Windows 95 und Windows 98 hierfür keine Unterstützung bieten, und daß der Anwender recht viel über das Betriebssystem wissen muß, um solch einen Account einzurichten. Praktikabel und zu empfehlen ist dieser Weg aber heute schon allen Anwendern von Windows NT und Unix-Systemen; zu hoffen bleibt, daß künftig auch Microsoft-Consumer-Systeme einen vorkonfigurierten „Internet-User" anbieten.

2.5 Sicherheitsanleitung

Die aufgezeigten Probleme machen deutlich, daß der Anbieter einer Transaktionsanwendung gefordert ist, Beiträge zur Client-Sicherheit zu leisten. Er sollte eine Sicherheits-Anleitung bereitstellen, die dem Benutzer hilft, Angriffsrisiken zu verringern. Wird die Sicherheitsanleitung im Internet-Angebot veröffentlicht, ist sie auch ein guter Ort, um die empfohlenen Maßnahmen an die aktuelle Entwicklung anzupassen.

Transaktionsanwendungen der hier diskutierten Art können heute allein mit Java-Mitteln, ohne Scripting aufgebaut werden. Wird dieser Weg beschritten, kann dem Anwender empfohlen werden, Scripting abzuschalten.

Für den Anbieter hat die Sicherheitsanleitung auch juristische Bedeutung: verstößt ein Anwender dagegen, trifft ihn im Schadensfall Mithaftung, und es kann ggf. die Beweislast umgekehrt werden.

3 Aufbau einer vertrauenswürdigen Applikation

Anders als bei Betriebssystem und Browser, wo der Anbieter auf Marktgegebenheiten starke Rücksicht nehmen muß, ist ihm bei der Gestaltung seiner Anwendung ein wesentlich größerer Spielraum gegeben.

3.1 Methodenkasten heutiger Browser

Die kryptographischen Algorithmen, um digitale Signaturen zu realisieren, sind in den aktuellen Browsern weitgehend enthalten. Es kann symmetrisch hochsicher mit 128-Bit verschlüsselt werden, für die asymmetrischen Verfahren, auf denen die digitale Signatur beruht, steht RSA mit 1024 Bit zur Verfügung.

Die heute noch bestehenden US-Exportrestriktionen für starke Kryptographie stellen kein Hindernis mehr für den Einsatz dar, da nur die Serverseite noch betroffen ist, und hierfür entweder Ausnahmegenehmigungen bestehen (Bankensektor), oder auf gleichwertige Produkte von Herstellern außerhalb der USA zurückgegriffen werden kann.

Mit den Standardmitteln kann ein sicherer Kanal (SSL) mit Server-Authentisierung aufgebaut werden; eine Client-Authentisierung ist technisch vorbereitet, der Einsatz bisher jedoch kaum verbreitet.

Im Browser enthalten sind die öffentlichen Signaturschlüssel einer Reihe von Trust Center für die Anwendungsbereiche SSL, Signatur von ausführbaren Inhalten und eMail. Damit kann der Browser Zertifikate prüfen und Signaturen in den genannten Anwendungsfeldern verifizieren. Auch eine Online-Prüfung auf Zertifikatwiderruf ist vorgesehen, allerdings per Default ausgeschaltet; sie wird auch nicht von allen registrierten Trust Centern unterstützt.

Was noch fehlt, ist eine sofort einsetzbare Implementierung für die digitale Signatur im Browser, wie sie in einer Transaktionsanwendung benötigt wird. Wenn die Signatur, aber nicht die formularbasierte Verarbeitung im Vordergrund steht, mag hier die vorhandene Signatur im eMail-Client einsetzbar sein. Ansonsten muß auf externe Programmierung zurückgegriffen werden, wozu sich drei Schnittstellen anbieten:

- Scriptsprachen, insbesondere VB-Script und Javascript,

- Plug-Ins (Browser- und Betriebssystemspezifisch),

- Java.

Die Fachlogik der Anwendung kann neben den genannten Möglichkeiten auch mit HTML-Mitteln realisiert werden. Das bietet den Vorteil, daß immer nur der gerade benötigte Anwendungsteil (sprich die HTML-Seite) geladen werden muß, was die Ladezeiten subjektiv verkürzt. Das mag in jüngerer Zeit viele Banken dazu bewogen haben, die Banking-Applets durch SHTML-Lösungen zu ersetzen. Das Gesamt-Übertragungsvolumen einer Java-Lösung ist bei einer größeren Transaktionsanwendung (so um 20 Dialoge) allerdings geringer, was sich bei intensivem Arbeiten auch in den Dialogwechselzeiten und dem Gesamt-Zeitbedarf niederschlägt.[2]

3.2 Lösungsansatz mit Signed Applets

Wird der Code der Transaktionsanwendung über das Internet verteilt (ein Weg, der so viele Vorteile hinsichtlich Softwareverteilung bietet, daß andere Varianten zunehmend an Bedeutung verlieren), muß die Authentizität der Anwendung sichergestellt werden. Sicherheitsbewußte Anwender werden sich dabei nicht damit zufriedengeben, daß die Anwendung ja von einer bekannten Internetadresse gestartet wird, sondern zusätzliche Authentizitätsnachweise verlangen.

Kann durch gefälschte Transaktionen ein nennenswerter Schaden angerichtet werden, liegt es auch im Anbieterinteresse, die Authentizität stärker abzusichern.

Die Signatur des Codes selbst bietet dazu einen idealen Weg. Am Markt verfügbar sind drei Verfahren:

- Authenticode für Microsoft Explorer,

- ObjectSigning für NetScape Navigator,

- Signaturen für Java-Anwendungen ab dem Stand JDK 1.1.

Die Java-Signaturen haben im Internet-Umfeld bisher keine Relevanz: es fehlt eine Zertifikatshierarchie, so daß der Browser die Signaturen nicht als gültig verifizieren kann, und in den Browser-Implementierungen ist (deshalb?) das Java-Signaturmodell unvollständig im-

---

[2] Ladezeiten sind per se eigentlich kein Sicherheitsaspekt und daher kein Thema für diesen Beitrag. Allerdings ist der Einfluß auf die Nutzer-Akzeptanz so hoch, daß zu große Ladezeiten die Verfügbarkeit aus Anwendersicht in Frage stellen und damit eine praktische Muß-Bedingung für Transaktionsanwendungen darstellen.

plementiert. Es eignet sich aber für Intranets, um eine eigene Sicherheitsarchitektur aufzubauen.

Mit den beiden anderen Verfahren ist eine anwenderfreundliche Authentizitätssicherung möglich: nach dem Laden des Codes, vor dem Start der Anwendung prüft der Browser die Code-Signatur. In der Default-Einstellung wird ein Meldungsfenster geöffnet, das den Anwender über den Signierer der Anwendung informiert und die angeforderten Rechte auflistet. Der Anwender entscheidet, ob er dem Programm die Rechte bewilligt. Falls nicht, wird es (im Java-Fall) dennoch gestartet, läuft aber in der „Sandbox" ab – in der Entwicklung kann dieser Fall abgefangen und z. B. in einen Demo-Modus verzweigt werden.

Über die Signatur wird eine Vertrauenskette hergestellt, die letztlich dem Anwender die Gewähr gibt, die intendierten Transaktionen abzuwickeln:

- Der Anwender traut seinem Rechner und Betriebssystem samt Browser[3].

- Der Browserhersteller traut einer Reihe von Trust Centern, deren öffentlichen Signierschlüssel er in die Browser-Distribution aufnimmt.

- Der Browser prüft die Code-Signatur anhand des mitgeschickten Zertifikats, das mit einem dem Browser bekannten Trust Center – Schlüssel signiert ist.

- Der Browser bestätigt dem Anwender, daß der Code unverfälscht ist und in der vorliegenden Form vom Inhaber des Zertifikats signiert wurde.

- Der Anwender traut dem Herausgeber der Transaktionsanwendung, den er über die Angaben im Zertifikat eindeutig ermitteln kann, und erteilt der Anwendung daher die für die Transaktionsabwicklung notwendigen Rechte.

- Die Anwendung wickelt sicherheitskritische Operationen, insbesondere Signiervorgänge und die Prüfung von Signaturen, mit über die Code-Signatur geschützte Softwarekomponenten ab[4]. Der Anwender vertraut der IT-Kompetenz des Herausgebers, die Anwendung korrekt und gegen Angriffe geschützt zu implementieren.

Ein nicht unwesentlicher Vorteil der Code-Signatur ist, daß sie unabhängig vom gewählten Distributionsweg besteht. Die Integrität des Programms wird bei jedem Start geprüft, es spielt keine Rolle, ob das Programm lokal installiert ist, aus dem Browsercache gestartet werden kann oder neu über das Internet geladen werden muß. Eine Applikation kann also auch zur lokalen Installation mittels (ungesicherter) eMail verteilt werden.

Da die Anwendung ohnehin über das Internet frei zur Verfügung gestellt wird, besteht kein Bedarf, den Code vertraulich zu halten. Konsequenterweise wird der Applikationscode auch nicht verschlüsselt.

---

[3] Dies ist eine sicherheitstechnisch kritisch zu bewertende Voraussetzung, wie die Diskussion in Kap. 2 gezeigt hat. Die Maßnahmen, die das sicherstellen sollen, sind noch verbesserungsbedürftig. Angesichts der heutigen Situation gilt es also, die bestehende Sicherheit weiter zu verbessern: es muß entsprechender Druck auf die Hersteller der Basissoftware ausgeübt werden. Statt angesichts der noch unbefriedigenden Situation auf den Vertriebsweg Internet zu verzichten, kann ein Anbieter bestehende Restrisiken auf dem Weg der (Selbst-) Versicherung abdecken.

[4] Der Anbieter muß also im Rahmen seiner Qualitätssicherung gewährleisten, daß Angriffsmöglichkeiten auf seine Anwendung in einem integren Umfeld verhindert werden - ein stärkerer Schutz, z. B. die Verwendung eines zertifizierten Chipkartenlesers für Signierschritte soll damit natürlich nicht ausgeschlossen sein.

Die DG HYP hat gute Erfahrungen mit signierten Java-Applets gemacht. Die Handhabung für den Anwender ist unproblematisch, die Signiertechnik für die zwei Browserwelten beherrschbar. Die Mechanismen des Browser-Caches bleiben erhalten, so daß ein einfaches Versionsmanagement gegeben ist. Die Java-Implementierungen schotten den Code und die Klassen eines signierten Applets gegenüber dem Rest der Java Engine ab, so daß Angriffe durch gleichzeitig laufende Sandbox-Applets mit den Java-Sprachmitteln („private" Daten, „final" Methoden) verhindert werden können.

3.3 Transportsicherung mit SSL

Das Verfahren SSL (Secure Socket Layer) hat sich als Methode der Serverauthentisierung und zur Schaffung eines sicheren Kanals am Markt durchgesetzt. Es kann für diese zwei Zwecke auch empfohlen werden.

Andere Verfahren, die gleichwertige kryptographische Methoden verwenden, werden nicht so sinnfällig vom Browser dargestellt (Schloß in der Statuszeile). Daher sprechen Benutzerakzeptanz und Marketingaspekte für eine SSL-Lösung.

Oft wird SSL aber für ein kryptographisches Allheilmittel gehalten und zu weiteren Zwecken eingesetzt, für die es nicht geeignet ist. Wird auf eine Code-Signatur verzichtet mit der Begründung, daß der Code über eine SSL-Verbindung geladen wird, so wird SSL überstrapaziert. SSL sichert den Übertragungsvorgang, erfüllt aber nicht das legitime Bedürfnis des Anwenders, auch später auf eine bestimmte Programmversion beweisbar Bezug zu nehmen. SSL unterstützt nur die Distributionsform des Downloads direkt vor der Ausführung, eine Versiegelung des Programmcodes selbst findet nicht statt. Der Schutz endet mit dem Empfang des Datenstroms.

SSL kann nicht mit einem Management von Zugriffsrechten verknüpft werden, daher hat der Anwender Schwierigkeiten, sein Vertrauen auf eine Handvoll Anwendungen zu beschränken.

SSL ist auch nicht geeignet, als Ersatz einer digitalen Signatur für eine Transaktion zu dienen. Es besteht keine Möglichkeit, die explizite Autorisierung eines Blocks von Transaktionsdaten mit SSL vorzunehmen und dauerhaft so zu archivieren, daß der Urheber der Transaktion später nachweisbar ist. Auch auf Anbieterseite endet SSL auf der Maschine, die die Kommunikation abwickelt – in der Regel der WWW-Server.

Um Willenserklärungen rechtsverbindlich über das Internet auszutauschen, wird also ein anderes Verfahren benötigt:

4 Digitale Unterschrift und digitale Dokumente

4.1 Der Signaturmechanismus

Die kryptographisch-algorithmische Realisation einer digitalen Signatur ist Kernthema anderer Vorträge und wird hier nicht vertieft dargestellt. Praktische Implementierungen wenden überwiegend folgende Technik an:

- Es wird ein kryptographischer Hashwert über die zu signierenden Daten gebildet (Verfahren MD5, SHA, RIPEMD ...).
- Auf den Hashwert wird die RSA-Operation mit dem privaten Schlüssel angewendet. Das Ergebnis ist die digitale Signatur im engen technischen Sinn.

- Zur Prüfung wird der Hashwert über die Daten gebildet und mit dem Wert verglichen, der durch Anwendung der RSA-Operation mit dem öffentlichen Schlüssel auf die digitale Signatur ermittelt wird.

- Bei Gleichheit ist gewährleistet, daß die Signatur nur mit dem privaten Schlüssel erzeugt werden konnte (Authentizität) und daß die Daten nach Signatur nicht verändert wurden (Integrität).

Der Signaturmechanismus kann komplett in Software implementiert werden, oder besondere Sicherheitstokens einsetzen, die den privaten Schlüssel und die RSA-Operation mit ihm kapseln (RSA-Chipkarte).

Eine zentrale Anforderung ist die Geheimhaltung des privaten Schlüssels, und die Sicherstellung, daß der Signaturvorgang nur auf expliziten Wunsch des Signierers ausgelöst wird. Technisch wird das über eine Verschlüsselung des privaten Schlüssels mittels eines Paßwortes umgesetzt (Softwarelösung), oder über eine Autorisierungsfunktion des Sicherheitstokens. Heute verwenden auch die hardwarebasierten Sicherheitstokens überwiegend Paßworte bzw. PINs, künftig wird es ergänzend oder ersetzend biometrische Verfahren geben.

4.2 Merkmale der digitalen Unterschrift

Die digitale Unterschrift ist als Ersatzkonstruktion der manuellen Unterschrift konzipiert. Sie stützt sich technisch auf den oben skizzierten Signaturmechanismus, und muß mit diesen Mitteln die hohe Verbindlichkeit, die der Akt des Signierens in unserer Kultur darstellt, abbilden.

- Das zu signierende Dokument entsteht zunächst in der noch nicht signierten Form, in der es geprüft werden kann.

- Das noch unsignierte Dokument wird explizit zur Kenntnis gegeben („Unterschriftsvorlage").

- Das Unterschreiben muß für den Signierer als bedeutsamer, gewollter Akt wahrgenommen und ausgelöst werden (z. B.: Paßworteingabe).

- Nach Unterschrift darf das Dokument nicht mehr veränderbar sein.

- Das Erstellen des Dokuments muß von dem Schritt des Übermittelns des Dokuments, an den Kommunikationspartner, getrennt werden (ein Papier-dokument kann man auch nach Unterschrift zerreißen und damit unwirksam machen, bevor man es dem Geschäftspartner aushändigt) .

Hieraus wird schon deutlich, daß die Unterschrift eng an das zu Unterschreibende gekoppelt ist. Eine digitale Unterschrift ist damit mehr als eine kryptotechnisch verstandene digitale Signatur. Heute gibt es viele Systeme, die eine digitale Signatur technisch verwenden, ohne den Mechanismus der manuellen Unterschrift so weit wie möglich analog nachvollziehen zu wollen. So fehlt dem Anwender häufig die Kontrolle über das zu Signierende: vorher findet keine für den Anwender nachvollziehbare Fixierung des zu Signierenden statt, hinterher kann der Anwender nicht mehr auf einen exakt definierten Wortlaut des von ihm Signierten zurückgreifen, und der Signaturvorgang wird mit dem Übertragungsvorgang gekoppelt.

Aus der Perspektive des Systemanbieters ist all das unter dem Gesichtspunkt einer möglichst einfachen Geschäftsabwicklung verständlich, es kann sich aber als Bumerang erweisen, wenn tatsächlich einmal Streit über Inhalt und Verbindlichkeit der Willenserklärung des Anwenders entsteht.

Kommt es genau darauf an, muß der Signaturschritt eingebettet werden in eine Realisierung digitaler Dokumente, die zwar heute noch nicht den Stellenwert einer Urkunde im rechtlichen Sinn erreichen (auch nicht bei einer Signaturgesetzkonformen Anwendung im heute gültigen rechtlichen Rahmen), aber künftig zu einer digitalen Urkunde weiterentwickelt werden können.

4.3 Anforderungen an digitale Dokumente

Unter einem elektronischen Dokument wird ein Datensatz verstanden, der einen Inhalt und eine elektronische Signatur des Inhalts enthält, und mit dem eine inhaltlich eindeutige für den Menschen wahrnehmbare Repräsentation verbunden ist. Üblich ist die Repräsentation am Bildschirm (Anzeige) und auf Papier (Ausdruck).

Das elektronische Dokument muß unabhängig von der Anwendung, in der es erzeugt wurde, existieren. Es muß sich separat archivieren und prüfen lassen. Es muß neben den „Nettodaten" auch Gestaltungsmerkmale enthalten können, beispielsweise „Kleingedrucktes" und hervorgehobene besonders wichtige Passagen, die die Repräsentation für den Menschen mit prägen. Die Erzeugung der menschenlesbaren Repräsentation muß eindeutig definiert sein.

Die Erstellung des Dokuments muß den Ablauf bei der manuellen Signatur wie im vorausgehenden Abschnitt dargestellt nachempfinden.

Im Zusammenhang mit dem Dokument stehen der Zeitpunkt der Unterzeichnung und der Nachweis der Übergabe an den Empfänger. Beides ist nicht zwingend mit dem Dokument verknüpft, aber häufig praktisch zu lösen. Eine mögliche Lösung für beide Probleme besteht darin, daß der Empfänger seinerseits ein elektronisches Dokument erstellt und zurückschickt, in dem er Inhalt und Empfangszeit bestätigt („Quittungsdokument"). Dann haben beide Kommunikationspartner den Zeitpunkt der Übergabe und den Austausch des Inhalts bestätigt, jeder kann im Streitfall mit einer Signatur der anderen Seite glaubhaft machen, was wann ausgetauscht wurde.

Für den Signaturzeitpunkt gibt es auch die wesentlich aufwendigere Lösung, ihn von einem Trust Center bestätigen zu lassen („Zeitstempel-Funktion"). Allerdings arbeitet auch die Papierurkunde in der Regel mit einem rein bilateralen Verfahren (Datumsangabe im Dokument, das durch alle Unterschriften bestätigt wird, oder Eingangsstempel auf einseitig unterschriebenen Dokumenten), daher wird dies nur in wenigen Anwendungen erforderlich sein.

Eine im heutigen Internet-Umfeld im strengen Sinn nicht erfüllbare Anforderung ist die eindeutige menschenlesbare Repräsentation. Diese wird eine Bildschirm- oder Ausdruckrepräsentation sein und im Consumerumfeld damit gewisse Abhängigkeiten zur verwendeten Hardware aufweisen. Aus praktischer Sicht ist das Problem aber gut lösbar: der Anbieter einer eContract-Anwendung kann ja eine „robuste" Repräsentation wählen, in der Streitfragen wie: „ist weißer Text auf weißem Grund mit signiert?" irrelevant sind.

Um die Unabhängigkeit des Dokuments von der Anwendung zu erreichen, muß ein genormtes Format Verwendung finden. Im Internet-Umfeld (also ohne Berücksichtigung proprietärer Dokumentformate wie z. B. PDF oder DOC) bieten sich dazu heute an:

- XML,

- HTML, ggf. eingeschränkt (HTML 3.2),

- ASCII-Text,

- Pixelformat (GIF oder PNG).

Trotz der teilweise euphorischen Diskussion um XML muß angemerkt werden, daß hinsichtlich der Unterstützung von XML durch die Browser noch viele Fragen offen sind.

Im Hinblick auf eine kurzfristige Umsetzung sollte daher HTML Verwendung finden, das einerseits ausreichend Gestaltungsmöglichkeiten bietet (gegenüber ASCII), andererseits eine recht kompakte Speicherung erlaubt (ein 50-seitiger Vertrag im Grafik-Format wäre eine erhebliche Belastung für die Festplatte eines Privatnutzers).

HTML ist auch als Dateiformat gut geeignet, weil der Verbraucher über von der Anwendung unabhängige Anzeigemechanismen verfügt (seinen Browser) und selbst die Dokumente unabhängig von der Anwendung verwalten und archivieren kann. Angesichts der Tatsache, daß Privatnutzer heute meist über keine geregelten Backup-Mechanismen verfügen, muß von der eCommerce-Anwendung zusätzlich ein serverbasiertes Dokumentenmanagement gefordert werden, über das die Dokumente im Bedarfsfall abrufbar sind.

Die elektronische Signatur wird in die HTML-Datei eingebettet. Sie ist damit einerseits maschinell prüfbar, andererseits auch für den Menschen bei Betrachtung des Dokuments auf den ersten Blick zu erkennen (wenn auch nicht zu prüfen). Ausdrücklich abgelehnt wird eine Lösung, die den zu signierenden Inhalt und die Signatur in verschiedene Dateien trennt. Wird sie gewählt, dann höchstens als Container-Lösung: ein Containerformat faßt Signatur und signierte Inhalte wieder zusammen, wie es z. B. für Programmcode-Signaturen umgesetzt ist.

Mittelfristig wird sich voraussichtlich XML durchsetzen. Zu einer Einbettung von Signaturen in XML gibt es Entwürfe für einen Internet-Standard, die bereits für heutige Lösungen als Orientierung dienen können, auch wenn sie bis zur Verabschiedung noch kleinere Änderungen erfahren.

4.4 Bruttosignatur und Nettoübertragung

Die Dokumente sollen Formularcharakter haben, d. h. letztlich Nettodaten, die vollautomatisch weiterverarbeitet werden können, repräsentieren.

Es wird eine Funktion benötigt, die aus den Nettodaten unter Verwendung eines Leerformulars das noch nicht unterschriebene Dokument generiert.

Für die Nettodaten wird ein Format und eine Schnittstelle benötigt. Hier bietet sich auch heute schon XML oder ein Subset davon an. Dieser Weg hält außerdem die Option offen, später einmal XML auch als Format für die digitalen Dokumente einzusetzen: anstelle in einer eigenen Funktion aus den Nettodaten das komplette digitale Dokument zu generieren, kann auf zukünftige Standardfunktionalität des Browsers zurückgegriffen werden (XSL).

Während es für den Charakter des digitalen Dokuments wesentlich ist, daß das gesamte Dokument mit allem „Kleingedruckten" und unter Einbezug der Formatierung signiert wird, also „Brutto", kann die Übertragungskomponente einer eContract-Anwendung davon unabhängig nur die Transaktions-Nettodaten und die digitale Signatur übertragen und das signierte Dokument auf der Empfangsseite unter Verwendung des vorhandenen Leerformulars rekonstruieren.

Das Vorgehen hat zwei Vorteile:

- Es wird das Übertragungsvolumen für Massengeschäftsvorfälle reduziert.
- Vom Anbieter fest vorgegebene Dokumentbestandteile im Leerformular können vom Partner nicht verändert werden, ohne daß die Rekonstruktion des Dokuments scheitert, wodurch die Veränderung entdeckt wird. Der Anbieter hat also die Gewähr, die Transaktion tatsächlich nur zu den gewünschten Bedingungen zu erhalten und muß nicht wie bei einer in der Gestaltung völlig freien Signaturkomponente das gesamte Dokument auf Veränderungen prüfen.

5 Aufbau einer neuen Geschäftsbeziehung

Soll eCommerce (weitgehend) ohne Medienbruch funktionieren, muß der Aufbau der Geschäftsbeziehung auf elektronischem Weg mit bedacht und gelöst werden.

Dahinter steht auch eine zeitliche Zielsetzung: das „Geschäft beim Erstkontakt" ohne kritische Abstriche an die Sicherheit und Verbindlichkeit. Im Bankensektor gibt es hier noch erheblichen Verbesserungsbedarf: aktuelle Tests belegen, daß Direktbanken immer noch Wochen brauchen, bis aus dem Interessenten ein Kunde wird und Transaktionen möglich sind.

5.1 Partner erhält vertrauenswürdige Anwendung

Am Anfang muß der Interessent die nötigen Mittel erhalten, die Geschäftsbeziehung elektronisch aufzubauen. Die sicherheitstechnischen Mechanismen sind unter Kapitel 2 und 3 diskutiert worden; im Vordergrund stehen Aspekte der Anwendersicherheit.

Eine mögliche, elegante Lösung ist der Einsatz von signierten Anwendungen; mit gewissen Einschränkungen kann dies in Java plattformunabhängig realisiert werden.

5.2 Partner erhält/erzeugt Signaturschlüssel

Der zukünftige Partner benötigt einen Signierschlüssel. Entweder hat er diesen schon, ausgegeben von einem Trust Center (siehe auch folgendes Kapitel), oder er muß neu generiert werden.

Produktion und Versand eines hardwarebasierten Sicherungstokens kosten Zeit und machen die Zielsetzung „Geschäft bei Erstkontakt" unerreichbar. Für viele Zwecke reicht aber die Sicherheit einer Softwarelösung aus. Hierbei muß angemerkt werden, daß der Sicherheitsgewinn einer Chipkarte häufig zu hoch eingeschätzt wird – solange die Anzeige des elektronischen Dokuments und der zu signierende Datenstrom im PC mit heutiger Softwarebasis verwaltet wird, bleiben Angriffe möglich, die dem Anwender ein ganz anderes Dokument präsentieren, als was tatsächlich von der Chipkarte signiert wird.

In einer Softwarelösung kann der Signierschlüssel in der Anwendung generiert und z. B. auf Diskette abgespeichert werden.

5.3 Vorläufige Zugangsbereitstellung

Mit den für die Anwendung nötigen Angaben zur Person meldet sich der Interessent nun im eContract-System an. Die Anmeldung wird mit dem generierten (Softwarelösung) bzw. vorhandenen Schlüssel signiert.

Aufgrund dieser Daten, die im Fall der Softwarelösung zwar rechtsverbindlich, aber nicht beweisbar sind, kann ein vorläufiger Zugang eingerichtet werden.

Jetzt sind bereits – eingeschränkt – Transaktionen möglich. Der Anbieter wird hier Transaktionen erlauben, deren Stornierung keine hohen Kosten verursacht – es ist eine Risikoabwägung zwischen dem Vorteil des „Geschäfts bei Erstkontakt" und dem Risiko von „Spaßanmeldungen" oder gar ernsten Angriffen, durch ein hohes Transaktionsvolumen nicht existenter Benutzer, vorzunehmen.

5.4 Bindung des öffentlichen Schlüssels an Schlüsselinhaber

Für die volle Nutzung des Systems ist eine beweisbare Bindung des öffentlichen Schlüssels an den Inhaber nötig.

Diese kann idealerweise über einen digitalen Ausweis, ein Schlüsselzertifikat eines Trust Centers, geleistet werden. Ideal deshalb, weil dieser Weg keinen Medienbruch erfordert und damit schnell und bei bestimmten Randbedingungen auch sehr kostengünstig ist.

Ohne Trust Center muß der Systembetreiber selbst die Bindung in für ihn notwendiger Verläßlichkeit herstellen.

Das Spektrum reicht von einer sehr schwachen Bindung an eine eMail-Adresse bis zur Ausweisprüfung über dafür ausgebildete Mitarbeiter. Die Deutsche Post stellt dazu ein Verfahren der Fernidentifikation zur Verfügung, das überwiegend von Finanzdienstleistern wie Banken und Versicherungen im Direktgeschäft genutzt wird. Hier bescheinigt ein verläßlicher Dritter, ein Postmitarbeiter, daß er einen Ausweis geprüft hat und eine (manuelle) Unterschrift in seiner Gegenwart geleistet wurde.

Um den Schlüssel an die so identifizierte Person zu binden, reicht dann eine manuelle Unterschrift unter dem Ausdruck des öffentlichen Schlüssels. Der Anbieter hat damit die Vertrauenskette vom vertrauenswürdigen Dritten (Dienstsiegel und Unterschrift Postmitarbeiter) über die Ausweisdaten (vertrauenswürdige Personenidentifikation) zur manuellen Unterschrift und über eine ggf. zweite Urkunde mit Unterschrift des Schlüsselinhabers unter dem Ausdruck des öffentlichen Schlüssels die gewünschte Bindung des Schlüssels an die Person.

5.5 Freischaltung

Ist der öffentliche Schlüssel an eine real existierende Person gebunden, kann der vorläufige Zugang auf Vollnutzung auch mit höherem Risiko für den Anbieter erweitert werden: jetzt ist ja eine Möglichkeit gegeben, elektronische Willenserklärungen notfalls auch mit Aussicht auf Erfolg einzuklagen.

Der in der Softwarelösung neu generierte Schlüssel hat bereits alle kryptographischen Eigenschaften. Insbesondere gilt, daß, bei Geheimhaltung des privaten Schlüssels, nur der über seinen öffentlichen Schlüssel eindeutig identifizierte Nutzer Signaturen zu dem öffentlichen

Schlüssel erzeugen kann. Damit ist zwar noch nicht sicher, wer den Schlüssel besitzt, aber derjenige ist wiedererkennbar. Im vorläufigen Zugang erzeugte digitale Dokumente gewinnen daher nach Freischaltung die bis dahin fehlende Beweisbarkeit.

6 Exkurs: Public-Key-Infrastruktur

Wie die asymmetrische Verschlüsselung funktioniert und welche Aufgaben ein Trust Center hat, wird in anderen Vorträgen geklärt und soll daher hier als bekannt vorausgesetzt werden.

6.1 Verwendung einer eigenen Schlüsselhaltung

Wird kein Trust Center eingeschaltet, liegt die Verantwortung für die Bindung des öffentlichen Schlüssels an die Person beim Anbieter selbst. Typischerweise wird er serverseitig die öffentlichen Schlüssel der Partner speichern und die Freischaltung der Schlüssel in einer Datenbank managen.

Die Prüfung der Signatur eines Partners benötigt dann nur eine Möglichkeit, aus dem elektronischen Dokument auf den verwendeten Signierschlüssel zu schließen. Dieser wird aus der Datenbank geladen, seine Gültigkeit anhand der Angaben in der Datenbank geprüft, und die Signatur nachgerechnet.

Das ganze Schlüsselmanagement – Generierung des Schlüssels, Bindung des Schlüssels an die Person und ggf. Sperrung des Schlüssels – ist vom Anbieter bereitzustellen.

In der Implementierung kann natürlich ausgenutzt werden, daß die Anwendung nur bestimmte Funktionen hieraus braucht und eine darauf zugeschnittene Realisierung gewählt werden. Das kann Kosten sparen im Vergleich zu einer Implementierung, die sich auf internationale Standards stützt.

6.2 Einbindung eines Trust Centers

Das Trust Center übernimmt die Aufgaben des Schlüsselmanagements.

Es prüft und beglaubigt die Existenz des Schlüsselinhabers und stellt hierüber ein Schlüsselzertifikat aus: ein elektronisches Dokument, das Schlüsseleigenschaften, ggf. Angaben zum Schlüsselinhaber und zum Verwendungszweck enthält und vom Trust Center digital signiert ist.

Es stellt ggf. Zusatzzertifikate aus, die den Einsatzbereich des Schlüssels erweitern oder einschränken.

Es übernimmt das Sperrmanagement und stellt Sperr-Informationen zur Verfügung. Das können einfache Sperrlisten sein, oder ein Directory Service, der die Online-Prüfung der Zertifikatsgültigkeit ermöglicht.

Um digitale Signaturen zu verifizieren, greift der Anbieter der eContract-Lösung auf das Zertifikat des Trust Centers zurück. Es kann jeweils mit dem elektronischen Dokument mitgeschickt werden (keinerlei eigene Schlüsselverwaltung beim Anbieter, aber hohes Übertragungsvolumen), oder einmalig übermittelt und dann beim Anbieter gespeichert werden. Für die Prüfung, ob das Zertifikat nicht zwischenzeitlich gesperrt wurde, ist zwingend eine Kommunikation mit dem Trust Center nötig. Hier liegt eine ganz wesentliche Aufwandskomponente, die in der Diskussion über Trust Center Architekturen leider häufig zu wenig thematisiert wird.

Die Dienstleistungen des Trust Centers können sehr verschieden abgerechnet werden. Ist die digitale Signatur universell einsetzbar, wird der Schlüsselinhaber Kosten (mit) tragen. Ist es eine Dienstleistung im Auftrag eines Anbieters, der so das Schlüsselmanagement auslagert (im Rahmen eines Outsourcing), trägt zunächst der Anbieter die Kosten.

6.3 Lösungsvergleich

Wenn das Trust Center tatsächlich neutral zwischen einander zunächst nicht bekannten Partnern die Verbindlichkeit herstellt, ein Anwender sich also mit dem Trust Center Zertifikat gegenüber vielen Kommunikationspartnern elektronisch ausweisen kann, ergibt sich insgesamt ein Zeit- als auch ein Kostenvorteil der Trust Center basierten Lösung. Dies ist die Zukunftsvision, die mangels Marktdurchdringung und Standards heute nur in wenigen Anwendungsfeldern gegeben ist. Das Signaturgesetz zielt darauf ab, den Weg dahin zu ebnen und zu fördern.

Ohne diese von einer einzelnen Anwendung unabhängige Funktion ist der Einsatz eines Trust Centers heute für einen eContract-Anbieter unter Outsourcing-Gesichtspunkten zu überlegen. Möglichen Kostenvorteilen, die daraus resultieren, daß das Trust Center sein Geschäft besser beherrscht als der Anbieter, steht der Mehraufwand besonders im Bereich der Sperrprüfung gegenüber und der Zwang, aufgrund von Vorgaben des Trust Centers die Lösung umfangreicher auslegen zu müssen als eigentlich von den Anforderungen her erforderlich.

Solange eCommerce nicht den Commerce insgesamt dominiert, bleibt die Notwendigkeit, mit dem Geschäftspartner auch nichtelektronisch zu verkehren. Hierfür bietet ein digitales Trust Center Zertifikat allein keine ausreichende Legitimationsgrundlage. Eventuell läßt sich mit dem Trust Center die Herausgabe der Identifikationsunterlagen oder zumindest von beglaubigten Kopien hiervon vereinbaren.

Literatur

... veraltet zum Thema digitale Dokumente sehr schnell.

Alternativ werden einige bewährte Keywords für eine Internetrecherche empfohlen:

> „certification authority"
>
> „digital signature"
>
> „public key infrastructure"
>
> „X.509"
>
> „PKCS"

Ein wichtiger Einstiegspunkt ist das Info-Angebot des Bundesamts für Sicherheit in der Informationstechnik (www.bsi.de), wo u. a. ein technisches Konzept für die Trust Center Hierarchie für eine eMail-basierte Signaturlösung dargestellt wird.

Anwendungen, die das hier vorgestellte Gedankengut umsetzen, betreibt die Deutsche Genossenschafts-Hypothekenbank AG unter www.hypowelt.de und www.hypofix.de; die Client-Konzepte lassen sich bereits im Demo-Modus der Anwendungen beurteilen.

Sicherheitsumgebung für chipkartenbasierte Informationssysteme im Gesundheitswesen
Die DIABCARD-Lösung

Bernd Blobel · Volker Spiegel · Peter Pharow · Kjeld Engel

Otto-von-Guericke-Universität Magdeburg
bernd.blobel@mrz.uni-magdeburg.de
{peter.pharow, kjeld.engel}@medizin.uni-magdeburg.de

Zusammenfassung

Im heutigen Gesundheitswesen spielen chipkartenbasierte Informationssysteme eine immer größere Rolle. Patientendatenkarten (PDC) erlauben einerseits dem Patienten sein Recht auf informationelle Selbstbestimmung und Mobilität umzusetzen, und erhöhen gleichzeitig Qualität, Verbindlichkeit, Integrität und Verfügbarkeit der in der Karte gespeicherten Informationen im Sinne des „Shared Care" Paradigmas. Unter Berücksichtigung der besonders sensitiven medizinischen Informationen müssen diese Shared Care Informationssysteme adäquate Sicherheitsdienste zur Verfügung stellen, so daß nur autorisierten Personen ein beschränkter und protokollierter Zugang zu den Patientendaten in Übereinstimmung mit dem "Need to know"-Prinzip gewährleistet ist.

Das durch die europäische Kommission geförderte Projekt DIABCARD zielt ab auf die Spezifizierung, Implementierung und Evaluierung eines solchen chipkarten-basierten Informationssystems für die Kommunikation und die Kooperation zwischen den verschiedenen Abteilungen und Organisationen, die gemeinsam einen an Diabetes erkrankten Patienten betreuen. In enger Zusammenarbeit mit dem Projekt TrustHealth werden Sicherheitsdienste für die Kommunikations- und die Anwendungssicherheit erbracht, wie strenge Authentifizierung der beteiligten Partner sowie darauf aufbauende Dienste wie Autorisierung, Zugriffssteuerung, Verbindlichkeit, Vertraulichkeit. Die hier vorgestellten Lösungen basieren auf der Health Professional Card (HPC) und den zugehörigen infrastrukturellen Diensten einer Trusted Third Party (TTP).

Neben der sicheren Nutzung der DIABCARD PDC der Patienten innerhalb der DIABCARD-Arbeitsplätze wurde auch eine gesicherte Übertragung von Daten zwischen diesen DIABCARD-Arbeitsplätzen und den Abteilungs- bzw. Krankenhausinformationssystemen implementiert und beschrieben.

1 Einleitung

Das heutige Gesundheitswesen steht vor Herausforderungen, die durch die bekannten sozialen Probleme und sozialökonomischen Zwänge, die Weiterentwicklung von Medizin- und Biomedizintechnik sowie durch geringere Budgets der Krankenkassen wegen sinkender Einnahmen aufgrund der Arbeitsmarktsituation, aber auch durch die wachsende Mobilität der Bürger entstehen und nur mit zunehmender Effizienz und Qualität beantwortet werden können. Um diese Herausforderungen zu meistern, muß die resultierende verstärkte Spezialisierung und Dezentralisierung der beteiligten Partner mit einer entsprechenden Kommunikation und Kooperation im Sinne des „*Shared Care*" Paradigmas einhergehen. Dabei wird die Kommunikation durch Netzwerke unterstützt, die von Abteilungsnetzen (im Sinne von LAN) bis zum Internet reichen. Ein anderer Weg ist die Einbeziehung des Patienten selbst, als Quelle und Träger seiner Informationen sein verbrieftes Recht auf informationelle Selbstbestimmung durchsetzend. Für diese Art elektronischer Gesundheitsinformationssysteme in der Hand des Patienten ist ein entsprechendes Trägermedium notwendig, welches die medizinischen Daten des Patienten speichert. In Europa wird hierfür zunehmend eine *Smart Card*, eine Patientendatenkarte (PDC) eingesetzt. Die damit erreichte Sicherheit muß jedoch auch beim Nutzen bzw. Aktualisieren der Information in der Arztpraxis realisiert werden. Zum System gehört somit auch eine Umgebung, die einen autorisierten Zugriff auf die, sowie die sichere Behandlung der erhobenen, gespeicherten, verarbeiteten und übermittelten Daten erlaubt.

Verteilte Informationssysteme mit sensitiven medizinischen Daten unter Einsatz von PDC und Arztarbeitsplätzen erfordern angemessene Mechanismen für Datenschutz und Datensicherheit sowohl in den netzwerk- als auch in den chipkartenbasierten Systemen.

Dieser Beitrag beschreibt die kooperativen Ergebnisse der, durch die europäische Kommission geförderten, Projekte DIABCARD [DIAB WW] und TrustHealth-1, 2 [TH1 WWW, TH2 WWW]. Er erläutert die sichere Nutzung einer im Besitz des Patienten befindlichen krankheitsspezifischen Patientendatenkarte (DIABCARD PDC), die die Kommunikation und Kooperation zwischen Patient, Arzt und Krankenhaus unterstützt und damit die Qualität und Effektivität der medizinischen Betreuung an Diabetes erkrankter Personen erhöht. Da der die PDC und ihre Infrastruktur bereitstellende Projektpartner das Konsortium verließ, werden sowohl die auf dieser Technologie basierende eingeschränkte Lösung als auch die fortgeschrittene Lösung auf der Basis der Technologie des Nachfolgepartners vorgestellt.

2 Sicherheitsdienste

In jedem Gesundheitsinformationssystem kann abhängig von seiner Architektur zwischen Kommunikationssicherheit einerseits und Anwendungssicherheit andererseits unterschieden werden, wobei hier bei auf die Betrachtung der Konzepte *Quality* und *Safety* verzichtet werden soll. Dieses Modell wurde bereits vor längerer Zeit eingeführt [Blob 96, BBM+ 97, BlRo 98]. Dabei umfaßt die Kommunikationssicherheit alle Dienste, die für eine vertrauenswürdige Übertragung erforderlich sind. Das beginnt bei der Identifikation der beteiligten *Principals* (Nutzer, Anwendungen, Systeme, usw.) und setzt sich über eine sichere Authentifizierung, Zugriffssteuerung, Integritätsprüfung, Vertraulichkeit, Verfügbarkeit, Verbindlichkeit bis hin zu Notariatsfunktionen (z.B. Zeitstempeldiensten) fort. Die Anwendungssicherheit befaßt sich hingegen mit Sicherheitsdiensten, die für die Nutzer in ihre Anwendungsumgebung von Belang sind. Das betrifft vor allem die Autorisierung der *Principals* und die Verbindlichkeit ihrer Aktionen, Integritätsprüfungen, Zugriffskontrollmechanismen und Vertraulichkeit für gespeicherte und verarbeitete Informationen, aber auch die Genauigkeit der Daten. Zusätzlich beinhaltet die Anwendungssicherheit Auditmechanismen und Notariatsfunktionen. Ein großer Teil der Sicherheitsdienste beruht auf dem Einsatz kryptographischer Verfahren.

Offensichtlich sind verschiedene Services sowohl für die Anwendungs- als auch für die Kommunikationssicherheit von Bedeutung, wobei die Identifikation und strenge Authentifikation des Prinzipals eine Basisfunktion zur Gewährleistung anderer aufgeführter Dienste darstellen.

3 Die Health Professional Card

Um im Rahmen des DIABCARD-Projektes die erforderliche Kommunikations- und Anwendungssicherheit auf der Basis kryptographischer Verfahren realisieren zu können, werden die identitätsbezogene Health Professional Card (HPC) und die zugehörige Sicherheitsinfrastruktur mit einer Trusted Third Party (TTP) und ihren Diensten eingesetzt. Sowohl HPC als auch TTP wurden innerhalb des EU-Projektes TrustHealth-1 spezifiziert und getestet und im Rahmen des TrustHealth-2-Projektes weiterentwickelt [BlPh 97, PBSE 99, TH1 WWW, TH2 WWW]. Die HPC ist eine Mikroprozessorkarte mit einem Koprozessor für kryptographische Algorithmen (Krypto-Prozessor). Die damit realisierte Authentifizierung betrifft sowohl die Person (*Identity*) als auch den Beruf (*Profession*) des Karteninhabers (*Health Professional = HP*). Die Identitätszertifikate nach X.509v3 werden über eine Zertifizierungsinstanz nach SigG und SigV ausgestellt und garantieren den Zusammenhang zwischen Person und *Public Key*. Die Beglaubigung des Berufes sowie weiterer Informationen wird über verschiedene Attributzertifikate nach X.509v3 implementiert, die entweder durch die Landesärztekammer qualifikationsbezogen (Beruf, Schwerpunktfach, Weiterbildung, usw.) oder die Kassenärztliche Vereinigung erlaubnisbezogen (spezifische Ermächtigungen) ausgestellt werden. Die Karte enthält geheime Schlüssel für Authentifizierung, digitale Signatur oder Verschlüsselung sowie die bereits erwähnten Zertifikate. Im Masterfile der HPC wird die Berufsbezeichnung wie Arzt oder Schwester spezifiziert. Auch die anderen bereits aufgeführten Sicherheitsdienste der Kommunikationssicherheit können über die Karte realisiert werden.

Auf der Grundlage der Identität und der Rollen / Funktionen eines spezifischen Nutzers auf der einen Seite, und den Entscheidungsregeln der Sicherheitspolicy auf der andere Seite, erlaubt die HPC natürlich auch die Umsetzung der bereits erwähnten Anforderungen der Anwendungssicherheit, wie Autorisierung, Zugriffssteuerung, Integrität und Vertraulichkeit der Daten sowie Verbindlichkeit und Audit. Die HPC-Spezifikationen und Implementierungen folgen der deutschen Spezifikation [HPC 99] entsprechend dem aktuellen Stand verfügbarer Produkte.

4 Das Projekt DIABCARD

Das durch die europäische Kommission geförderte Projekt DIABCARD 3 sieht als eines seiner Hauptziele die Implementierung und Evaluierung eines PDC-basierten Informationssystems für die Kommunikation und die Kooperation zwischen den verschiedenen Abteilungen und Organisationen, die gemeinsam einen an Diabetes erkrankten Patienten betreuen. In enger Zusammenarbeit mit anderen europäischen Projekten wurden Spezifikationen für eine DIABCARD-PDC mit Notfalldatensatz, speziellen Diabetes-bezogenen Datenstrukturen sowie zugehörige Evalierungsszenarien erstellt und in mehreren Pilotvorhaben in europäischen Partnerländern (Deutschland, Italien, Frankreich, Griechenland) getestet. Allerdings sah das Projektvorhaben nur rudimentäre Ansätze für Datenschutz- und Datensicherheitsaspekte sowie für die Systemsicherheit vor. Deshalb initiierte die Europäische Kommission ein Kooperationsprojekt zwischen den Konsortien DIABCARD und TrustHealth zur erstmaligen Implementierung fortgeschrittener, europäischen bzw. internationalen Standards entsprechenden Sicherheitsservices für chipkartenbasierte medizinische und damit besonders sensitive Informationssysteme.

Aus der Vielzahl der im folgenden vorgestellten, z.T. alternativen DIABCARD-System-komponenten wurde das DIABCARD Core System ausgewählt, welches die volle Funktionalität des Gesamtsystems auf einer stabilen Entwicklungsstrategie gewährleistet. Dabei war die Architektur des Gesamtsystems und seiner Komponenten, die u.a. die Bedingungen und Möglichkeiten niedergelassener Ärzte zu berücksichtigen hatten, als gegeben zu betrachten. Das brachte insbesondere in Bezug auf die Verfügbarkeit von Basissichereitsdiensten (z.B. Verschlüsselungsfunktionen innerhalb der Datenbank) Einschränkungen mit sich.

4.1 Die DIABCARD PDC

Die aus dem ursprünglichen DIABCARD-Projekt resultierende PDC ist eine Mikroprozessorkarte mit einer Speicherkapazität von 16 Kbyte für Patientendaten. Sie enthält sowohl den Basisdatensatz von DIABCARE (eine Folge von Notfalldatensätzen) als auch Gruppen von aktuellen Daten, die sich auf die jeweils letzten Besuche (Visiten) des Patienten in der ophthalmologischen, der internistischen und der Abteilung für Fußuntersuchungen eines Krankenhauses beziehen. Die Authentifizierung des Karteninhabers erfolgt dabei durch die Eingabe einer PIN [EBH+ 97].

Bedingt durch unterschiedliche Ansätze in der Architektur der Karten und der Kartenleser ist für diese DIABCARD-PDC1 keine akzeptable Interaktion im Sinne von gegenseitiger strenger Authentifikation zwischen HPC und PDC möglich. Gegenwärtig ist für die Projektergänzung zur breiten Anwendung des Verfahrens nach Ausscheiden des für die PDC und die erforderliche PDC-Infrastruktur verantwortlichen Partners eine andere, zusätzlich mit einem Kryptokontroller ausgestattete PDC in Vorbereitung, eine wechselseitige strenge Authentifizierung von Patient und Arzt entsprechend dem Stand der Technik erlaubt. Diese Authentifizierung basiert auf einem symmetrischen Algorithmus unter Verwendung eines Gruppenschlüssels, der die Ermittlung der erforderlichen privaten Schlüssel ermöglicht. Die Lösung folgt der deutschen HPC-Spezifikation Version 1.0, Annex G, Abschnitt G2 [HPC 99].

Nach dem Jahr 2000 ist eine Weiterentwicklung der Basis asymmetrischen Algorithmen und Card-verifyable Certificates gemäß der deutschen HPC-Spezifikation Version 1.0, Annex G, Abschnitt G3 [HPC 99] spezifiziert worden. Sie wird zu gegebener Zeit implementiert werden und die bisherige fortgeschrittene Lösung ersetzen.

4.2 Die Architektur des DIABCARD-Arbeitsplatzes

Im folgenden soll ein Überblick über die generelle Architektur eines DIABCARD-Arbeitsplatzes einschließlich der DIABCARD-PCD und der HPC sowie über die Implementierung der Sicherheitsservices zur Gewährleistung der Anwendungssicherheit des DIABCARD-Systems gegeben werden.

4.3 DIABCARD-Szenarien

Abbildung 2 gibt einen Überblick über die sicherheitsrelevanten Szenarien im Kontext des DIABCARD-Systems. Die Dienste zur Gewährleistung der Anwendungssicherheit sowie die Kommunikationssicherheitsservices 1-4 wurden in der vorgestellten praktischen Implementierung realisiert, während die Kommunikationssicherheitsservices 5-8 bereits vollständig spezifiziert wurden, jedoch erst mit Verfügbarkeit der in Vorbereitung befindlichen Kartengeneration implementiert werden können.

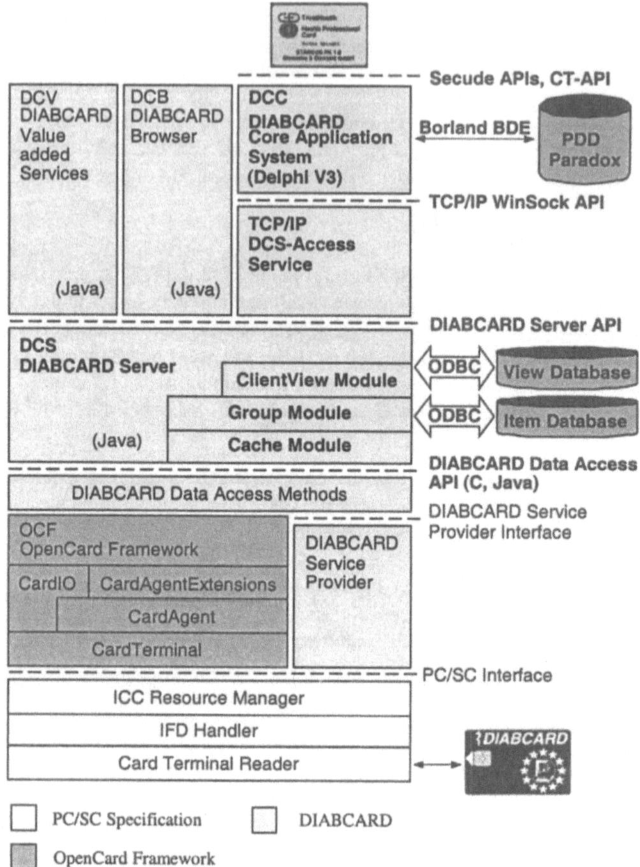

Abb. 1: Schema der Architektur und der Sicherheitsservices für die Anwendungssicherheit
in der Lösung des DIABCARD-Arbeitsplatzes

Im Falle der Notwendigkeit einer medizinischen Behandlung (hier Diabetes-bezogen) geht der
Patient zum Facharzt. Er ist dabei im Besitz seiner in Abschnitt 5.1 skizzierten PDC. Der HP
startet die DIABCARD-Anwendung (den DIABCARD-Arbeitsplatz) beschrieben in Abschnitt
4.2. Diese Anwendung wurde gegen Mißbrauch von Daten und Funktionen im Sinne von
DIABCARD geschützt. Der HP präsentiert seine eigene HPC, authentifiziert sich und seine
Rolle/Funktion im Kontext einer lokalen Authentifikation [CEN 99] und gibt seine PIN (später ggf. zu ersetzen durch den Einsatz biometrischer Verfahren zur Verifizierung des Nutzers
als rechtmäßigen Eigentümer) über das Keyboard des sicheren HPC-Kartenlesers ein. Auf diese Weise wird sichergestellt, daß der HP auch der Inhaber der Karte ist. Damit ist die Anwendung DIABCARD zur Nutzung freigeschaltet, und der HP kann prinzipiell je nach Anforderungen und Zugriffsrechten Daten lesen, neue Daten erfassen und sie in die lokale Datenbank

zurückschreiben. Die Anwendung fordert den Patienten auf, seine PDC in den PDC-Kartenleser zu stecken und seine eigene PIN zu präsentieren. Damit wird sichergestellt, daß der Patient auch der Inhaber der PDC ist. Nun kann der HP die entsprechende PDC lesen und Daten auswählen sowie nach Abschluß der Untersuchung neu erfaßte bzw. aktualisierte Daten in die PDC zurückschreiben. Im Falle der fortgeschrittenen Technologie der DIABCARD-PDC2 erfolgt in diesem Kontext eine wechselseitige strenge Authentifikation zwischen beiden Kartensystemen.

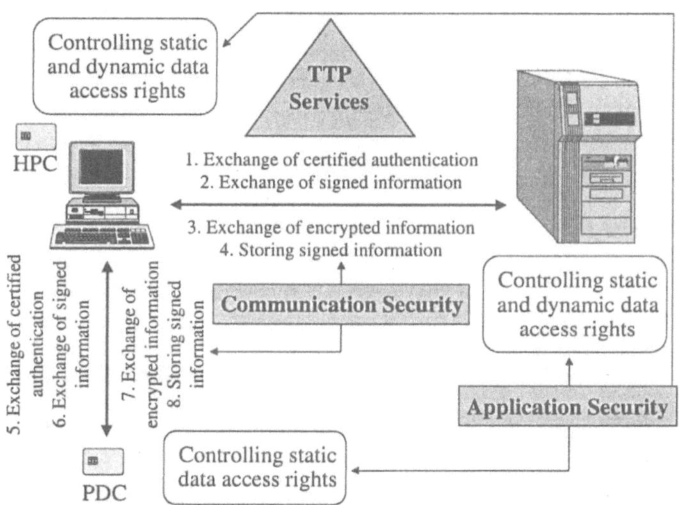

Abb. 2: Sicherheitsrelevante Szenarien im Kontext des DIABCARD-Systems

In zweiter sehr typischer Fall ist der gesicherte Austausch von patientenbezogenen medizinischen und administrativen Informationen zwischen dem DIABCARD-Arbeitsplatz und der Remote-Datenbank bzw. einem Abteilungs- oder Krankenhausinformationssystem. Letzteres ist dann direkt oder indirekt in die Diabetes-spezifische Behandlung dieses Patienten eingebunden (Fallbezogenheit), so daß der Zugriff auf die Daten gerechtfertigt ist.

Der Prozeß beginnt mit einer wechselseitigen strengen 3-Wege-Authentifizierung zwischen dem HP und dem Abteilungssystem unter Einsatz seiner HPC und des Software *Personal Security Environment (PSE)* der Anwendungsservers im Sinne einer Remote-Authentifizierung [CEN 99]. Die Sicherheitsdienste werden hier durch die Kommunikationssoftware *Secure FTP (SFTP)* gesteuert, die eine Nutzerschnittstelle bietet. Die sichere EDI-Kommunikation via SFTP wurde erstmals im Rahmen des durch die EU geförderten Projektes MEDSEC demonstriert. Bei diesem Projekt ging es um die Einführung und die Verbesserung von Standards im Gesundheitswesen [MED WW, ME30 98, ME31 98, BPE+ 99]. Inzwischen ist diese Lösung Bestandteil der Security Suite von HL7 und somit offizieller ANSI-Standard.

Folgende Aspekte wurden bei der Realisierung der Systemsicherheit für DIABCARD besonders berücksichtigt:

- Die bereits existierende Login-Prozedur mußte durch einen Dialog unter Nutzung von HPC und PIN ersetzt werden.

- Zwei separate Kartenleser werden eingesetzt. Dabei agiert ein multifunktionales Kartenterminal (MKT) für die HPC und ein PC/SC-Kartenterminal für die DIABCARD PDC. Beim Übergang zur angesprochenen nächsten Generation der Lösung könnte unter Berücksichtigung der sozialen und psychologischen Aspekte aber auch ein Dual-Slot-Leser eingesetzt werden.

- Die HPC stellt Rollen zur Verfügung, die im bisherigen DIABCARD-System nicht realisiert wurden und die in den DIABCARD Core (DCC) implementiert werden müssen. Dazu gehören u.a. differenzierte Zugriffsrechte auf die verschiedenen Datengruppen.

- Die Datenbank des DIABCARD Core muß gegen nichtautorisierten Zugriff geschützt werden. Dazu werden alle Files verschlüsselt abgelegt.

- Digitale Signaturen müssen zum Zwecke der Verbindlichkeit an alle Schreiboperationen in die PDC und in die Datenbank hinzugefügt werden.

4.4 Dienste der Anwendungssicherheit

Die weitgehend modulare Architektur des DIABCARD-Arbeitsplatzes bietet viele Bedrohungen und Risiken für die Daten- und Systemsicherheit. Die relevanten Dienste für die Anwendungssicherheit des DIABCARD-Anwendungssystems [DCSA 97] verhindern Bypässe für jede einzelne Komponente und garantieren somit eine Sicherheit für alle möglichen Eintrittspunkte. Die betroffenen Komponenten des System sind der DIABCARD Core, die Paradox-Datenbank (PDD) und der DIABCARD-Server (DCS) einschließlich aller Schnittstellen (wie die DIABCARD-Server-API und die DIABCARD-Data-Access-API), wie bereits in Abbildung 1 beschrieben.

Die folgenden Dienste der Anwendungssicherheit konnten realisiert werden (die spezifischen Implementierungsdetails werden anschließend beschrieben):

- Zugriffssteuerung (Nutzeridentifikation und Authentifizierung),
- Verbindlichkeit (nutzerbezogene digitale Signatur für Daten-Items oder Datengruppen),
- Autorisierung (Rollenmanagement auf Basis der Identifikation und Authentifizierung),
- Vertraulichkeit (Verschlüsselung von Daten-Items oder Datengruppen).

4.5 Zugriffssteuerung

Als grundlegende Services der Anwendungssicherheit sind die Autorisierung und die Zugriffskontrolle für Daten und Funktionalitäten auf der Basis strenger Authentifizierung zu gewährleisten. Dazu müssen alle Zugänge zur Paradox-Datenbank und zu jeder Komponente des DIABCARD-Systems, wie DCC und DCS einschließlich ihrer Schnittstellen, gegen nichtautorisierten Zugriff gesichert werden. Dazu wurde eine gesonderte Nutzeridentifikations- und Authentifikationsroutine auf der Basis der TrustHealth-1 Health Professional Card (TH.HPC) mit PIN-Eingabe implementiert.

Die Festlegung der Adresse des COM-Ports für den Zugriff des DCS auf die PDC kann normalerweise sehr leicht durch die Editierung der Konfigurationsdateien und die Änderung der Parameter vorgenommen werden. Gleiches trifft für den seriellen Kommunikationsport der

HPC zu. Um hier Bypässe vorrangig beim Start des DCS und beim Zugriff auf die PDC zu verhindern, wurde ein Mechanismus implementiert, der spezifische Zugriffsrechte abprüft. Dies wird im folgenden näher erläutert.

4.5.1 Zugriffssteuerung zum Modul DCC

Für den Zugang zum DIABCARD CORE (DCC) wurde ein Authentifizierungsdialog entwikkelt, der sowohl die Präsenz der TH.HPC als auch eine korrekte Eingabe der PIN erfordert. Ein Nutzer, der auf diese Weise authentifiziert wurde, hat danach freien Zugang zum PDD und zum DCS. Wegen des Fehlens von Quellcode für den PDD und anderer Voraussetzungen konnte gegenwärtig die direkte Authentifizierung über die TH.HPC auf Datenbankebene noch nicht realisiert werden.

4.5.2 Zugriffssteuerung zum Modul PDD

Für den Schutz der eigentlichen Paradox DIABCARD Datenbank (PDD) wurden sowohl spezielle Locking-Mechanismen als auch kryptografische Mechanismen wie die Verschlüsselung der kompletten Datenbank vorgesehen.

Der Locking-Mechanismus wird für jede einzelne Tabelle zur Verfügung gestellt und basiert auf Borland Delphi IDE. Für die Dauer der Benutzung der Tabelle ändert sich das Zugriffsrecht (*exclusive access*). Ein Nachteil dabei ist der eingeschränkte Wirkungsgrad dieses Konzeptes. Nur die gerade unter DCC geöffneten bzw. die sich in Bearbeitung befindlichen Tabellen werden auf diese Weise vor dem Zugriff durch andere Anwendungen geschützt, während alle anderen Tabellen gegenüber Fremdzugriffen praktisch ungeschützt sind. Es ist andererseits aber auch nicht praktikabel, beim Start des DCC vorsorglich alle Tabellen exklusiv zuzuweisen. Außerdem wirkt sich dieser Mechanismus nur beim Zugriff auf die Datenbank aus. Die Vertraulichkeit aller gespeicherten Informationen ist aber ständig gefordert, damit die Daten nicht durch nichtautorisierte Personen ausgelesen werden können. Die Implementierung geeigneter kryptografischer Schutzmaßnahmen im Sinne der Vertraulichkeit wird in Abschnitt 4.8 detailliert beschrieben.

Zusätzlich müssen alle Tabellen der PDD durch integritätssichernde Maßnahmen vor Änderungen oder Ersetzungen gesichert werden. Das wird wiederum durch die Wahl geeigneter symmetrischer kryptografischer Verfahren erreicht, bei dem eine über die PDD ermittelte Prüfsumme (MD5-DES3-EDE2-CBC) verschlüsselt gespeichert wird. Der symmetrische Schlüssel ist aus Sicherheitsgründen sowie aus Gründen des Managements in der PSE der HPC abgelegt, wird in der nächsten Stufe jedoch in die entsprechende Software-PSE überführt werden, um nicht-standardkonforme Spezifikationen zu minimieren. Für diese Sicherung der Integrität der PDD wird ein anderer Schlüssel verwendet als für die Vertraulichkeit. Das hilft, den Erfolg von Angriffen zu minimieren, weil mehr als ein Schlüssel zu dechiffrieren ist. Die Integritätsprüfung erfolgt vor dem Zugriff auf die Tabellen, und die Neuberechnung der Prüfsumme erfolgt unmittelbar nach dem Schließen der Tabellen.

Für ein noch höheres Maß an Sicherheit kann auch ein starker symmetrischer Schlüssel genutzt werden, der nach jeder Operation geändert und auf der HPC bzw. später in der Software-PSE abgelegt wird (z.B. Integritätsprüfung des DCS, Beseitigung des alten Sitzungsschlüssels, Erzeugung eines neuen Sitzungsschlüssels, Ermittlung des MAC, Ablegen des neuen Schlüssels, usw.). Hierbei wäre der neue Schlüssel aber nur auf der aktuell im Zugriff befindlichen HPC gespeichert und ist somit für andere Nutzer nicht verfügbar.

Die in 4.5.2 bzw. 4.8 beschriebenen Mechanismen zur Zugriffsteuerung und Sicherung der Vertraulichkeit bzw. Integrität im Multi-User-Betrieb durch symmetrische Algorithmen mittels geheimer, zusätzlich auf der HPC abgelegten Schlüsseln wird im Zuge der Aktivitäten der Magdeburger Abteilung für Medizinische Informatik auf dem Gebiet der sicheren, verteilten, interoperablen Krankenakte in eine Ticket-Server-Architektur allein auf der Basis der standardisierten HPC überführt werden.

4.5.3 Zugriffssteuerung zum Modul DCS

Da der Quellcode des DCS nicht zur Verfügung stand (es handelte sich bei dem Server um ein fertiges Produkt, welches für das Projekt erworben wurde), konnte auf dieser Ebene nur begrenzt Sicherheit implementiert werden. Da es nach der Authentifizierung des Nutzers gegenüber dem DCC an dieser Stelle auch keine weitere Authentifizierung geben konnte, wird der DCS direkt vom DCC aus über eine sichere Verbindung gestartet, ohne daß es eine separate Aktion des Nutzers geben muß (Starten eines Programms usw.).

Im Rahmen der spezifizierten Lösung wird der DCS durch ein Programm geschützt, welches Verletzungen der Integrität der Software durch Änderung oder Ersetzung registriert. Die Wirkungsweise wurde bereits im Abschnitt 4.5.2 beschrieben.

Der Integritätscheck erfolgt immer nach dem Authentifizierungsdialog, bevor der Server gestartet wird. Um an dieser Stelle einen Bypass über das Starten des DCS ohne DCC zu verhindern, werden die Files verschlüsselt (siehe Abschnitt 4.8 über Vertraulichkeit).

4.6 Verbindlichkeit

Im nächsten Schritt wurde die Verantwortlichkeit des HP für die von ihm erhobenen und gespeicherten Daten realisiert. Diese Teillösung ermöglicht sowohl die Bestimmung des Urhebers der fraglichen Daten als auch das Auffinden jeder Art von Datenmanipulation. Zu diesem Zweck wurden nutzerbezogene digitale Signaturen eingesetzt. In Ermangelung des Zugriffs auf den DCS-Quellcode wurde die Erzeugung und die Verifizierung der Signaturen in den DCC gelegt (siehe Abschnitt 4.5.1). Im Kontext der DIABCARD-Anwendung könnten auch datengruppenbezogene Signaturen angewandt werden. Dafür sprechen einmal Performancegründe, zum anderen der gegenwärtig limitierte Speicherplatz auf der PDC.

In der implementierten Sicherheitslösung greift der DCC auf die Datenstruktur der PDC (read/write) unter Nutzung des TCP/IP-DCS-Access Service zu, um die kartenbezogenen Kommandos zum DCS zu übertragen und letztlich auch das Ergebnis wieder zurückzubekommen. Im Allgemeinen wird die digitale Signatur erstellt und den Daten zugefügt, bevor sie in die Tabellen der PDD oder der PDC geschrieben werden. Die Verifizierung der Signaturen erfolgt unmittelbar nach dem Lesen der Daten aus PDD oder PDC. Bezüglich der oben getroffenen Aussagen zur Sicherheit wird eine Signierung von Daten-Items empfohlen, führt aber bei der aktuellen Version der PDC zu erheblichen Performanceverlusten.

4.7 Autorisierung

Wegen der bekannten datenschutzrechtlichen und ethischen Beschränkungen bei der Erhebung und im Umgang mit medizinischen Daten, selbst für autorisierte Nutzer, mußte ein detailliertes Zugriffsmanagement installiert werden, welches sowohl die funktionellen Rechte (im Sinne von Programmfunktionen) als auch die Datenzugriffsrechte innerhalb einer solchen

Programmfunktion behandelt. Letztere schließen die Auswahl von Daten *(select)*, deren Erhebung bzw. Erstellung *(create)*, das Löschen *(delete)*, Lesen *(read)*, Schreiben *(write)* und Aktualisieren von Daten *(alter)* sowie das Rechtemanagement ein. Dieses Management schützt sowohl vor nichtautorisiertem Zugriff als auch vor unerkannter Datenmanipulation.

Unter Berücksichtigung der strengen Nutzerauthentifizierung ist jeder HP, nur zum Zugriff auf eine bestimmte Funktionalität im Sinne der Verarbeitung der medizinischen Daten berechtigt. Im ursprünglichen DCC war nur ein minimales Autorisierungsmanagement enthalten, welches lediglich zwei Rollen kannte: den Nutzer und den Administrator. Die HPC stellt nunmehr Zugriffsrechte für verschiedene Gruppen zur Verfügung. Diese basieren auf den bereits beschriebenen Rollen und wurden im DCC implementiert. Nach erfolgter Authentifikation des HP beruht die Autorisierung innerhalb des DCC auf den in den Zertifikaten und den Attributen gespeicherten Informationen. Die bereits im DCC vorhandene Funktion *"Security-Level"* wird hierfür genutzt. Zusätzlich wird die ID gemeinsam mit den Attributen für die persönliche Rechteverwaltung verwendet.

4.8 Vertraulichkeit

Letztendlich soll auch die Vertraulichkeit der medizinischen Daten in Bezug auf die Anwendungssicherheit garantiert werden. Das geschieht wieder durch die Verhinderung von Bypässen, über die sich andere Anwendungen ohne adäquaten Zugriffsmechanismus nichtautorisierten Zugang zu den Dateninhalten verschaffen könnten (siehe auch Abschnitt 4.5). Insgesamt gibt es drei verschiedene Ebenen, auf denen die Vertraulichkeit der Informationen unbedingt gesichert werden muß: die PDD (Datenbankdateien), der DCS (Programme und Dateien), und die DIABCARD-Data-Access-API.

Um die Interoperabilität der Lösung mit anderen Testinstallationen der DIABCARD in Deutschland nicht zu gefährden, konnten die medizinischen Daten, die auf der DIABCARD PDC gespeichert sind, nicht verschlüsselt abgelegt werden,. Eine erforderliche Verschlüsselung kann auf der Ebene der DIABCARD Data-Access-API angesiedelt werden. Der dafür künftig vorgesehene Mechanismus wurde am Schluß von Abschnitt 4.5.2 beschrieben. In der implementierten und genutzten Lösung sind die Mechanismen für die Vertraulichkeit deshalb z.Z. für die PDD (Abschnitt 4.8.2) und den DCS (Abschnitt 4.8.1) ausgeführt worden.

4.8.1 Vertraulichkeit des DIABCARD-Servers

Wie bereits erwähnt, war der Quellcode des DCS zum Zeitpunkt der Spezifizierung der Lösung nicht verfügbar. Somit kann an dieser Stelle ein nichtautorisiertes Starten der Anwendung prinzipiell nicht verhindert werden. Eine Möglichkeit zur Verhinderung dieses Angriffs ist die Entschlüsselung aller Programmteile des DCS im DCC, nachdem der Authentifikationsdialog erfolgreich beendet wurde. Danach fährt der DCS automatisch hoch, bevor der DCC zur Verfügung steht. Andererseits werden unmittelbar nach dem Schließen des DCC die Programme des DCS wieder verschlüsselt. Somit liegen diese sensitiven ausführbaren Dateien immer dann ausschließlich verschlüsselt vor, wenn keine Nutzung erfolgt.

Die Ver- und Entschlüsselung ist in diesem Fall über einen symmetrischen Schlüssel realisiert (DES3-EDE3-CBC, 168 bit), der in der PSE der *Smartcard* jedes HP gespeichert wurde. Diese PSE wird geöffnet, wenn der HP über seine HPC erfolgreich authentifiziert werden konnte. Für die Sicherung der Vertraulichkeit und für die Datenintegrität stehen zwei getrennte Schlüssel zur Verfügung, um das Risiko bzw. den Erfolg von Angriffen zu minimieren.

Wie bei anderen Sicherheitsdiensten kann auch hier das Sicherheitslevel erhöht werden, indem der verwendete Schlüssel nach jeder Operation geändert wird. Er ist dann allerdings ausschließlich dem aktuellen Nutzer zugänglich, so daß sich dieser Ansatz sehr gut für Einzelarbeitsplätze eignet. Der dafür künftig vorgesehene Mechanismus wurde bereits am Schluß von Abschnitt 4.5.2 beschrieben.

4.8.2 Vertraulichkeit der Tabellen in der Paradox-Datenbank

Aufbauend auf den Aussagen in Abschnitt 4.5.2 stellt man die Vertraulichkeit der gesamten PDD durch die Verschlüsselung aller Dateien sicher. Es handelt sich in der konkreten Anwendung um die Dateien mit der Endung „.DB" für die Paradox-Tabellen, die mit der Endung „.PX" für die Primärschlüssel und die Dateien mit „.XGn/.YGn" für die erzeugten Paradox-Sekundärschlüssel.

Für die hier vorgestellte DIABCARD-Anwendung wird somit ein starker symmetrischer Schlüssel für die Ver- und Entschlüsselung genutzt, der in der PSE der Smartcard abgelegt ist. Ein anderer Schlüssel steht zur Sicherung der Vertraulichkeit und der Integrität der Daten zur Verfügung. Damit reduzieren sich die Chancen eines erfolgreichen Angriffes. Diese Schlüssel können zur weiteren Erhöhung des Sicherheitsniveaus auch zyklisch gewechselt werden. Solange keine aktive Verbindung zwischen der Anwendung DCS und der Datenbank PDD besteht, liegen alle Dateien (Programme, Konfigurationen und Daten) nur verschlüsselt vor. Nach erfolgter Authentifizierung des HPC beginnt die Entschlüsselung. Es ist möglich, diesen Prozess der Ver- und Entschlüsselung auch für jede Tabelle *on demand* durchzuführen. Diese Methode sollte bevorzugt werden, da hierbei nur die jeweils aktive Tabelle in unverschlüsselter Form, aber exklusiv geöffneter Form zugänglich ist. Leider ist das aus Gründen der Performance (noch) nicht praktikabel, würde aber das Niveau der Systemsicherheit natürlich entsprechend erhöhen, weil es einen Schutzmechanismus für alle auf dem jeweiligen Anwendersystem gespeicherten Daten im Kontext der DIABCARD-Anwendung sichern könnte.

5 Praktische Relevanz der Lösung

Im Gegensatz zu verschiedenen, im Aufbau befindlichen Pilotvorhaben realisiert die im Beitrag vorgestellte Lösung erstmalig in einer praktisch implementierten und evaluierten Architektur das Problem der Anwendungs- und Kommunikationssicherheit für chipkartenbasierte Informationssysteme im Gesundheitswesen. Im Rahmen der verfügbaren Spezifikationen und Produkte wurden alle bekannten Sicherheitsanforderungen an derartige Systeme unter den besonders anspruchsvollen Bedingungen des Gesundheitswesens definiert und, dem Stand der Technik entsprechend, spezifiziert sowie implementiert. Dabei wurden, den Anforderungen an generische, offene Lösungen entsprechend, ausschließlich auf verfügbare bzw. in Entwicklung befindliche Standards zurückgegriffen, wobei den Autoren die direkte Teilnahme am internationalen Standardisierungsgeschehen zugute kam. Durch die Verknüpfung mit anderen Projekten konnte die Zukunftsfähigkeit des Lösungsansatzes und seiner Erweiterungen, dem Auftrag der Europäischen Kommission folgend, gesichert werden.

6 Schlussfolgerungen

Innerhalb der vorgestellten DIABCARD-Lösung wurden Sicherheitsdienste auf der Basis der europäischen Health Professional Card (HPC) und der zugehörigen Public-Key-Infrastruktur

(PKI) eingesetzt, um die Sicherheit eines Anwendersystems zu erhöhen. Der DIABCARD-Arbeitsplatz ist Teil eines chipkartenbasierten Informationssystems im Gesundheitswesen. Grundlegende Sicherheitsdienstleistungen wie Authentifizierung, Autorisierung, Zugriffssteuerung für die Nutzer (HP) und deren Verantwortlichkeit, sowie die Integrität und Vertraulichkeit der medizinischen und administrativen Daten, konnten implementiert, getestet und teilweise bereits evaluiert werden. Zusätzlich wurden über sicheres FTP (sFTP) Dienste im Sinne der Kommunikationssicherheit zwischen dem Arbeitsplatz und einem Abteilungs- oder Krankenhausinformationssystem realisiert.

Die aktuelle Entwicklung im Gesundheits- und Sozialwesen in Deutschland hat 1999 durch die Spezifizierung des elektronischen Arztausweises einen weiteren Impuls erfahren. Im Hinblick auf die Sicherung der DIABCARD-Anwendung war die Einbindung dieser Karte auf dem aktuellen Stand sowie die Umsetzung der Sicherheitsforderungen an DCC und DCS notwendig. Auf Grund der teilweise nicht zur Verfügung stehenden Informationen konnten bisher einige der angebotenen Services nur proprietär ausgelegt werden. Die strikte Orientierung auf Standards und Interoperabilität ist deshalb auch hinsichtlich der Anwendungsentwicklung eine Herausforderung, der sich DIABCARD stellen wird, wobei künftig eine Integration der Sicherheitsarchitektur von Beginn der Entwicklung anzumahnen ist.

Literatur

[Blob 96]   Blobel, B.: Clinical Record Systems in Oncology. Experiences and Developments on Cancer Registries in Eastern Germany, in Preproceedings of the International Workshop „Personal Information – Security, Engineering and Ethics", S. 37-54, Cambridge, 21-22 Juni 1996, ebenso publiziert in R. Anderson (Ed.): Personal Medical Information – Security, Engineering, and Ethics, Springer, Berlin 1997, S. 39-56.

[BBM+ 97]   Blobel, B.; Bleumer. G.; Müller, A.; Louwerse, K.; Flikkenschild, E.; Ottes, F.: Current Security Issues Faced by Health Care Establishments. ISHTAR Project HC 1028, Deliverable 09 (Final), Februar 1997.

[BlPh 97]   Blobel, B.; Pharow, P.: Security Infrastructure of an Oncological Network Using Health Professional Cards. In: L. van den Broek, A.J. Sikkel (Ed.): Health Cards '97, Series in Health Technology and Informatics, Vol. 49, IOS Press, Amsterdam 1997, S. 323-334.

[BlRo 98]   Blobel, B.; Roger-France, F.: Healthcare Security View Based on the Security Services Concept. ISHTAR Project HC 1028, Deliverable, August 1998.

[BPE+ 99]   Blobel, B.; Pharow, P.; Engel, K.; Spiegel, V.; Krohn, R.: Communication Security in Open Health Care Network. In: P. Kokol, B. Zupan, J. Stare, M. Premnik, R. Engelbrecht (Ed.): Medical InformaticsEurope '99, Series in Health Technology and Informatics, Vol. 68, IOS Press, Amsterdam, S. 291-296

[EBH+ 97]   Engelbrecht, R.; Böhm, V.; Hildebrand, C.; Moser, W.; Landgraf, R.; Hierl, F.; Töppel, S.; Blobel, B.; Diedrich, T.: ByMedCard – An Electronic Patient Record with Chip Card Functionality. In: L. van den Broek, A.J. Sikkel (Ed.):

Health Cards '97, Series in Health Technology and Informatics, Vol. 49, IOS Press, Amsterdam 1997, S. 313-317.

[EHDG 99] Engelbrecht, R.; Hildebrand, C; Demski, H.; Gogoub, G.: The DIABCARD Core Application System. In: F. Sicurello (Ed.): Health Cards 99, XASI SIRSE, Milan 1999, S. 71-73.

[HPC 99] AG der KV und der ÄK: Deutsche HPC Spezifikation – Ärzte, Version 1.0, Juli 1999. http://www.hpc-protocol.de

[CEN 99] CEN TC 251: prENV 13729: Health Informatics – Secure User Identification – Strong Authentication using Microprocessor Cards (SEC-ID/CARDS), 1999.

[DCSA 97] Böhm, V.; Engelbrecht, R.; Sulzmann, R.; Moser, W.; Sembritzki, J.: The DIABCARD Server Architecture, Health Cards 97, Amsterdam, 1997. http://www-mi.gsf.de/diabcard/intern/PublicRelations/index.html

[DIAB WW] The European DIABCARD project. http://www-mi.gsf.de/diabcard

[MED WW] The European MEDSEC project. http://www.math.aegean.gr/projects/medec

[ME30 98] Blobel, B.; Spiegel, V.; Krohn, R.; Pharow, P.; Engel, K.: Standard Guide for HL7 Communication Security. ISIS MEDSEC Project, Deliverable 30, August 1998. http://www.math.aegean.gr/medsec/d1.html

[ME31 98] Blobel, B.; Spiegel, V.; Krohn, R.; Pharow, P.; Engel, K. (1998) Standard Guide for Implementing EDI Communication Security. ISIS MEDSEC Project, Deliverable 31, August 1998. http://www.math.aegean.gr/medsec/d1.html

[PBSE 99] Pharow, P.; Blobel, B.; Spiegel, V.; Engel, K.: Die Health Professional Card: Ein Basis-Token für sichere Anwendungen im Gesundheitswesen. In: R. Baumgart, K. Rannenberg, D. Wähner, G. Weck (Ed.): Verläßliche Informationssysteme, DuD-Fachbeiträge, Vieweg, Braunschweig/Wiesbaden 1999, S. 313-333.

[TH1 WWW] The TrustHealth-1 Consortium: Das europäische Projekt TrustHealth-1, 1997. http://www.ramit.be/trusthealth

[TH2 WWW] The TrustHealth-2 Consortium: Das europäische Projekt TrustHealth-2, 1999. http://www.spri.se/th2/default.htm

Anonymität in Offline-Münzsystemen

Thomas Demuth[1] · Heike Neumann[2]

[1]Universität Hagen
thomas.demuth@fernuni-hagen.de

[2]Universität Gießen
heike.b.neumann@math.uni-giessen.de

Zusammenfassung

Existierende digitale (Offline-)Münzsysteme sichern dem Kunden Anonymität zu. Diese Form der Anonymität bezieht sich jedoch nur auf die Relation einer digitalen Münze zu einer Person, ausschließlich anhand der Münze kann ihr Besitzer nicht ermittelt werden. Bei diesen Betrachtungen wird jedoch vernachlässigt, daß zum einen bei einer Geschäftsbeziehung Händler und Kunde miteinander bekannt sind und zum anderen einem Münzsystem in der technischen Realisierung ein Kommunikationsnetz (z. Bsp. das Internet) zugrunde liegt, bei dem sich die Kommunikationspartner leicht ermitteln lassen. Dieses Papier stellt ein System vor, das es einem Kunden gestattet, von einem Händler anonym Waren zu beziehen und zu bezahlen. Weiterhin verhindert ein eingesetzter Mechanismus die Aufdeckung der Kommunikationsbeziehung zwischen Kunde und Händler. Das vorgestellte System dient dabei als Grundlage, prinzipiell ist jedes beliebige Offline-Münzsystem integrierbar.

1 Einführung

Bei Betrachtungen von elektronischen Geschäftsprozessen (*Electronic Commerce* oder *ECommerce*) spielt der Schutz des Kunden eine größer werdende Rolle (s. dazu [Fandri96] für einen Vergleich existierender Systeme in puncto Anonymität). War zu Beginn der Entwicklung des ECommerce die Sicherheit des Anbieters einer Ware oder Dienstleistung das primäre Ziel, so bekommt im Sinne einer mehrseitigen Sicherheit die gleichberechtigte Berücksichtigung der Sicherheitsanforderungen aller Beteiligten zunehmend an Gewicht ([MuePfi97]) .

Entwickler von ECommerce-Protokollen behaupten, daß ihre Systeme „Anonymität für den Kunden" bieten, sie vereinfachen jedoch dabei die analysierte Situation und vernachlässigen, daß diverse Anforderungen erfüllt sein müssen, um die Anonymität des Kunden zu schützen. Dieses sind u.a.:

- Ein Händler darf die Identität seines Kunden nicht kennen,

- kein Außenstehender darf in der Lage sein, geschäftliche Transaktionen des Kunden zu beobachten und

- die Bank darf die Zahlungsvorgänge ihres Kunden nicht nachvollziehen können.

Die aufgeführten Anforderungen sind voneinander unabhängig. So kann ein Kunde ein Pseudonym benutzen, um den Händler über seine wahre Identität im Unklaren zu lassen, jedoch ist es in offenen Netzen leicht möglich, den Weg einer Nachricht zu verfolgen und damit den Absender, in diesem Falle den Kunden, zu ermitteln. Selbst wenn der Kunde ein Pseudonym benutzt und sich bei der Transaktion für die Übermittlung von Nachrichten eines speziellen Mechanismus' bedient, der die Kommunikationsbeziehungz zwischen Teilnehmern verschleiert (z. Bsp. mittels eines sogenannten *Mix-Netzes*), so kann die beteiligte Bank Informationen über den Kunden erlangen, falls ein Zahlungssystem verwendet wird, das identitätsbasiert arbeitet (Kreditkarten- oder Schecksystem). So erscheint es naheliegend und notwendig, verschiedene Mechanismen zu kombinieren, um das Ziel der Anonymität des Kunden zu erhöhen (Zu diesem Schluß kommt auch M. Waidner in [Waidne98]).

Dieses Papier präsentiert ein solches System, das ein Offline-Münzsystem und die Eigenschaften von Mix-Netzen miteinander kombiniert, um die oben erwähnten Nachteile existierender Systeme zu eliminieren (Eine weitere Methode wird in [DaFrTs97] beschrieben). Die politischen oder sozialen Aspekte von Anonymität werden nicht betrachtet, da es in demokratischen Staaten im allgemeinen akzeptiert wird, daß ein Individuum das Recht an seinen eigenen Daten besitzt. Trotzdem darf nicht vernachlässigt werden, daß durch den Einsatz von Verfahren des ECommcere auch der Mißbrauch von Anonymität steigen kann. Die Autoren von [SolNac92] zeigen derartige Möglichkeiten auf.

Das folgende Kapitel beschäftigt sich mit den Grundlagen von Anonymität und entsprechenden Verfahren (Mixen) sowie digitalen Offline-Münzsystemen. In Kapitel 3 wird das eigentliche Verfahren erläutert sowie der Schutz des Kunden analysiert. Zwei mögliche Wege der Aufhebung der Anonymität zeigt Kapitel 4. Mit einer Zusammenfassung in Kapitel 5 schließt dieses Papier.

2 Grundlagen

2.1 Anonymität

2.1.1 Definitionen

In der Literatur werden derzeit unterschiedliche Termini verwendet, um die Eigenschaften kryptologischer Mechanismen in puncto Anonymität zu beschreiben ([Pfitzm90], [ReiRub97], [PfiWai87]). In diesem Artikel werden sie wie folgt verwendet:

Eine Person oder Instanz ist *anonym* in einer Rolle und bzgl. einer Gruppe von n Mitgliedern in Hinsicht auf ein Ereignis, wenn ein Angreifer nur mit der Wahrscheinlichkeit $P = 1/n$ von dem Ereignis auf die Rolle der Person oder Instanz innerhalb der Anonymitätsgruppe schließen kann. Das Ereignis heißt in diesem Fall *unbeobachtbar*.

Stärker noch ist die Anforderung, daß kein Angreifer feststellen kann, ob zwei (oder mehrere) Nachrichten von derselben Person stammen oder zwei (oder mehrere) Ereignisse von derselben Person ausgelöst worden sind. In diesem Falle bezeichnen wir die Nachrichten, bzw. Ereignisse als *unverkettbar*.

Bei *unbedingter Anonymität (Informationstheoretisch sichere Anonymität)* ist die Aufdeckung der Anonymität ist nicht einmal für einen Angreifer mit unbeschränkter Rechenkapazität möglich. *Rechnerische Anonymität (Komplexitätstheoretisch sichere Anonymität)* bezeichnet eine Eigenschaft, bei der die Aufdeckung der Anonymität äquivalent zur Berechnung der Lösung eines rechnerisch schweren Problemes (z. Bsp. des diskreten Logarithmus') ist. Weitere Definitionen der Anonymität sind in [KesBue99] und [KeEgBu98] zu finden.

2.1.2 Anforderungen

Da in dem Szenario einer geschäftlichen Transaktion der Kunde zum einen durch die Nachrichten, die er sendet, bzw. deren Inhalt, und zum anderen durch die Aktionen, die er durchführt (Senden und Empfangen von Nachrichten), identifiziert werden kann, müssen an ein sicheres System folgende Anforderungen gestellt werden:

1. Die Nachrichten, die der Kunde versendet, sind unverfolgbar und unverkettbar. Dieses bedeutet insbesondere, daß die Zahlungen unverfolgbar sein müssen, womit bei dem vorgestellten Verfahren die identitätsbasierten elektronischen Zahlungsysteme ausscheiden, da in diesen die Bank jederzeit Zahlungen verfolgen kann.
Es werden daher weiterhin ausschließlich digitale Münzsysteme betrachtet.

2. Der Vorgang des Sendens und Empfangens muß unverfolgbar und unverkettbar sein.

2.1.3 Schwächen aktueller Systeme

Obwohl das Kriterium der Unverkettbarkeit wesentlich ist, kann es nicht in jedem Fall erfüllt werden: Falls ein Kunde innerhalb einer Transaktion mit mehr als einer digitalen Münze bezahlt und diese innerhalb eines Protokollschrittes übermittelt, wissen sowohl Händler als auch die Bank, daß diese Münzen denselben Ursprung haben.

Sollte innerhalb des Münzsystemes ein weiteres Gerät zur Speicherung der digitalen Münzen oder privater Informationen eingesetzt werden (z. Bsp. eine *SmartCard*), so besteht eine weitere Gefahr für die Anonymität des Kunden: Das Gerät sollte nicht in der Lage sei, Informationen über geschäftliche Transaktionen zu speichern, da diese, wie bei der *GeldKarte* der deutschen Banken, von jedem Händler ausgelesen werden kann oder aber, bei anderen Systemen, das Gerät nach Nutzungsablauf dem Betreiber zurückgegeben wird [ChaPed93].

Weiterhin sind in den gängigen Münzsystemen sämtliche Parteien (Bank, Kunde, Händler) miteinander bekannt. Einzig die digitale Münze, die vom Kunden an die Bank gesendet wird, ist anonym.

Die geschäftlichen Transaktionen werden in der Regel über offene Netze wie das Internet abgewickelt. In diesem Falle sind beide Partner untereinander per IP- oder email-Adresse bekannt. Damit zumindest einer der Partner dem anderen gegenüber anonym sein kann, müssen zusätzliche Mechanismen eingesetzt werden.

2.1.4 Motivation

Neben dem Aspekt, daß jedermann die Kontrolle über die Verbreitung seiner persönlichen Daten besitzen sollte, gibt es weitere Argumente und Szenarien, die die Anonymität eines Kunden in bezug auf einen Händler und die Unbeobachtbarkeit von geschäftlichen Transaktionen für Außenstehende motivieren:

- Eine Person möchte eine politische Zeitschrift auf elektronischem Wege beziehen, will aber vermeiden, über seine email-Adresse identifizierbar zu sein. Er muß also eine spezielle Form der Übermittlung wählen.

- Im Jahre 1992 tauchte ein Angebot der Firma Siemens an die koreanische Regierung bezüglich des Hochgeschwindigkeitszuges Transrapid bei der konkurrierenden französischen Herstellerfirma des TGV auf und konnte somit unterboten werden. Es wird angenommen, daß diese Firma die Kommunikationswege von Siemens beobachtete und das Angebot abfing ([Hoffma98], [Hartma97]).

2.1.5 Mixe

Die Anforderungen, die sich aus den vorherigen Unterkapiteln herauskristallisiert haben, beschreiben eine Kommunikationsbeziehung zwischen zwei Teilnehmern, bei der der Sender gegenüber dem Empfänger anonym bleiben möchte und gleichzeitig diese Beziehung von Außenstehenden nicht erkannt werden kann.

David Chaum zeigt in seinem Grundlagenartikel von 1981 eine Lösung für dieses Problem auf [Chaum81]. Sein Aufsatz beschreibt unter anderem ein System für den Nachrichtenaustausch, das die Verkettung der Endpunkte einer Kommunikationsbeziehung verhindert, so daß die Teilnehmer innerhalb einer Anonymitätsgruppe geschützt sind. Die Nachrichten werden über Zwischenstationen, sogenannte *Mixe*, transportiert. Jeder Mix ist in der Lage, den Weitertransport von Nachrichten zu verzögern, die Reihenfolge eingehender Nachrichten zu vertauschen oder deren Länge zu verändern und gibt die Nachrichten schubweise weiter. Weiterhin kann ein Mix Nachrichtenattrappen erzeugen, falls zu wenige Nachrichten eingehen. Nachrichten werden von einem Mix nur ein einziges Mal weitertransportiert um Wiederholungsangriffe (*replay attacks*) zu vereiteln. In Mix-Netzen passieren die Nachrichten aus Effizienzgründen in der Regel nicht jeden Mix des Netzes. Stattdessen wählt der Sender einer Nachricht einen Weg durch das Netz und codiert seine Nachricht entsprechend. Um die Vertraulichkeit des Inhaltes der Nachrichten zu wahren, werden sie mit einem Public-Key-Verfahren verschlüsselt (meistens RSA).
Seit der Veröffentlichung von Chaums Artikel haben sich Forschungen intensiv mit der Modellierung und Implementierung von Mixen beschäftigt (u.a. [FeJeMu97], [FeJePf97], [FrGrJe98], [Jakobs98]). Im weiteren wird daher nicht weiter auf die reale Umsetzung eines Mix-Netzes eingegangen, die Autoren gehen bei ihren Annahmen von einem funktionsfähigen Mix-Netz aus, das bekannten, in den zuvor erwähnten Veröffentlichungen aufgezeigten, Angriffen gegenüber robust ist.

Zwei Anwendungen des Chaumschen Verfahrens werden durch das vorgestellte Verfahren genutzt:

1. Unverfolgbare email (*untraceable electronic mail*)
   Ein Benutzer eines email-Systemes bereitet eine Nachricht M vor, die er an den Empfänger A_R senden will. Dazu maskiert er die Nachricht mit einer Zufallszahl R_A und signiert sie mit dem öffentlichen Schlüssel P_A des Adressaten. Dann konkateniert er dazu die Adresse A_R sowie eine weitere Zufallszahl R_1, verschlüsselt das Ergebnis mit dem öffentlichen Schlüssel des ersten Mixes der gewählten Route durch das Mix-Netz, P_1, und sendet es diesem.
   Der Mix wendet seinen geheimen Schlüssel S_1 an, erhält die Zahl R_1, die er verwirft,

und die Adresse A_R, an die er die innere Nachricht sendet (die aus der mit R_0 verschlüsselten Nachricht M besteht):

$$P_1(R_1, P_{A_R}(R_0, M), A_R) \rightarrow P_{A_R}(R_0, M)$$

Zur Erhöhung der Sicherheit durchläuft eine Nachricht in der Regel mehr als einen Mix; bei einer Sequenz von n Mixen ist die Sicherheit selbst bei Korrumpierung von $n-1$ Mixen zwischen Ein- und Ausgang des Mix-Netzes gewährleistet. Bei Nutzung einer derartigen Route durch das Netz bereitet der Sender die Nachricht derart auf, daß er die oben beschriebene Methode für jeden Mix der Sequenz sukzessive anwendet; in jedem Schritt nutzt er den speziellen öffentlichen Schlüssel des jeweiligen Mixes.

2. Unverfolgbare Rückadressen (*untraceable return addresses*)
   Der Adressat A soll in der Lage sein, auf die so übermittelte Nachricht zu antworten, ohne die wahre Adresse des ursprünglichen Senders zu kennen.
   Zu diesem Zweck übermittelt der Sender eine unverfolgbare Rückadresse mit einer Nachricht in der oben beschriebenen Form an A_R: $P_1(R_1, A_S), P_S$ mit P_1 und R_1 wie oben, A_S ist die reale Adresse des Senders, P_S ein öffentlicher Schlüssel, den der Sender für diesen Zweck erzeugt. A_R erzeugt seine Nachricht an den Sender:

$$P_1(R_1, A_S), P_S(R_0, M) \rightarrow A_S, R_1(P_S(R_0, M))$$

Der erste Mix ist in der Lage, diese Struktur mit seinem geheimen Schlüssel aufzulösen und erhält die Zufallszahl R_1, die er benutzt um den Nachrichtenteil $P_S(R_0, M)$ (symmetrisch) zu verschlüsseln. Dann sendet er das Produkt an A_S, der als einziger Beteiligter den korrespondierenden geheimen Schlüssel kennt und somit die Nachricht dechiffrieren kann.
Auch diese Methode wird bei Nutzung einer Sequenz von Mixen mehrfach angewendet.

2.2 Elektronische Offline Münzsysteme

Zur Realisierung der Eigenschaften realer Münzen in einem digitalen Umfeld existieren verschiedene Ansätze ([CFN88], [Brands92]). Wie bei realen Münzen müssen Nichtfälschbarkeit, Offline-Überprüfung[1] und Unverfolgbarkeit[2] gewährleistet sein.
Die Nichtfälschbarkeit und Unverfolgbarkeit können durch die Anwendung folgender kryptographischer Mechanismen erreicht werden:

- Die Nichtfälschbarkeit der digitalen Münzen wird durch eine digitale Signatur der Bank garantiert. Keine Partei außer der Bank selbst kann Münzen generieren, jeder andere Beteiligte ist aber in der Lage, die Korrektheit der Münzen zu überprüfen. Da das Fälschen einer Münze ebenso schwierig wie das Brechen des Signaturschemas ist, kann in diesem Punkt von komplexitätstheoretischer Sicherheit ausgegangen werden.

---

[1] Aus Effizienzgründen werden im folgenden ausschließlich Offline-Systeme betrachtet.
[2] Eine weitere typische Eigenschaft realer Münzen, die Übertragbarkeit, kann nur mittels eines erheblichen Effizienzverlustes erzielt werden ([ChaPed92]).

- Um die Unverfolgbarkeit der Münzen zu erreichen, werden sie von der Bank blind signiert, um von dieser nicht identifiziert werden zu können.

Ein wesentliches Problem von Offline-Münzsystemen ist die Gefahr des doppelten Ausgebens (*double-spending*). Nach dem Abheben einer digitalen Münze kann ein Bankkunde diese beliebig oft vervielfältigen und in verschiedenen Geschäften ausgeben. Zwar kann jeder Händler die Gültigkeit einer digitalen Münze überprüfen, nicht jedoch, ob sie zuvor bereits schon einmal ausgegeben wurde. Da die Münzen selbst bedingungslos anonym in puncto ihres Besitzers sind, kann nicht einmal die Bank feststellen, wer der betrügerische Kunde war.

Eine Lösung für dieses Problem besteht darin, die Identität des Besitzer einer Münze innerhalb dieser in einer Form einzubeziehen, die es der Bank ermöglicht, sie bei *double-spending* zu berechnen ([CFN88]). Mit der Bezahlung einer Ware durch Senden der Münzen an den Händler übermittelt der Kunde also implizit einen Teil seiner Identität. Formal gesehen bedeutet dieses, daß die Bank einen Prüfwert eines verifizierbaren Secret-Sharing-Schemas signiert ([Feldma87]), wobei das aufgeteilte Geheimnis der Identität des Kunden entspricht. „Verifizierbar” bedeutet, daß der Händler (und letztlich auch die Bank) sicher sein können, daß das geteilte Geheimnis korrekt ist.

Um diese Technik zu illustrieren, wird im folgenden das Münzschema von Stefan Brands ([Brands92]) erläutert. Die Sicherheit dieses Verfahrens basiert auf der Schwierigkeit, diskrete Logarithmen zu berechnen.

Es wird dabei angenommen, daß jeder Kunde eine persönliche Identitätsnummer ID besitzt, die sowohl dem Kunden als auch der Bank bekannt ist. G_q sei eine Gruppe der Ordnung q und g ein Generator von G_q, in der Form, daß die Berechnung diskreter Logarithmen in G_q schwer ist. Die Bank veröffentlicht diese Werte G_q und g.

Um seine Identitätsnummer ID aufzuteilen, wählt der Kunde zwei Polynome des Grades eins, das eine, um die maskierte Identitätsnummer (s sei der Maskierungswert), das andere, um den Wert s aufzuteilen:

$$
\begin{aligned}
f(x) &:= ID \cdot s \cdot x + b_1 \\
g(x) &:= s \cdot x + b_2
\end{aligned}
$$

Während des Abhebens einer Münze generieren Bank und Kunde eine blinde Signatur auf dem Tupel $(g^{ID \cdot s}, g^{b_1}, g^s, g^{b_2})$[3] Die Bank erzeugt die blinde Signatur derart, daß sie nichts über die Münze oder die Signatur weiß, außer daß die Münze tatsächlich Teilgeheimnisse der Identitätsnummer des Kunden enthält (s. a. [Brands92]). Eine Münze besteht aus drei Teilen:

- $(g^{ID \cdot s}, g^{b_1})$, eine Festlegung des Teilgeheimnisses der maskierten Identitätsnummer.

- (g^s, g^{b_2}), die Festlegung des Maskierungsfaktors.

---

[3]Die beiden Polynome werden aus folgendem Grund benötigt: Angenommen, die Identität wird unmaskiert aufgeteilt. Dann enthält jede Münze den Wert g^{ID}, der so von der Bank erkannt werden kann; Anonymität wäre also nicht gegeben. Falls aber auf der anderen Seite der Kunde nicht den Maskierungswert s aufteilt, so kann die Bank zwar nicht ID, aber $s \cdot ID$ berechnen. Daher muß der Kunde sowohl die maskierte ID als auch den Maskierungsfaktor mit je einem Polynom aufteilen.

- Die Signatur *sig* der Bank, die beide Teilgeheimnissse bestätigt und verbindet.

Im durchzuführenden Protokoll wird die Münze $(g^{ID\cdot s}, g^{b_1}, g^s, g^{b_2}, sig)$ vom Kunden zum Händler übertragen. Dieser verifiziert die Gültigkeit der Signatur der Bank und wählt einen Wert c (*Challenge*). Die Antworten (*Responses*) des Kunden sind die Werte der Polynome an der Stelle c. Der Händler kann die Korrektheit der beiden Teilgeheimnisse wie folgt überprüfen (er hat $f(c)$ und $g(c)$ als Antwort erhalten):

$$g^{f(c)} = (g^{ID\cdot s})^c \cdot g^{b_1}$$
$$g^{g(c)} = (g^s)^c \cdot g^{b_2}$$

$(g^{ID\cdot s}, g^{b_1}, g^s, g^{b_2}, sig)$ repräsentiert den Prüfwert, mit dem der Händler die Korrektheit der Teilgeheimnisse überprüfen kann, ohne Informationen über die gewählten Polynome oder die Identität des Kunden zu erlangen.

3 Vorgehensweise

Das im folgenden beschriebene Protokoll gewährleistet Unbeobachtbarkeit von geschäftlichen Transaktionen sowie die Anonymität eines Kunden gegenüber einem Händler.

3.1 Voraussetzungen

Bei dem vorgestellten Verfahren wird von zwei Voraussetzungen ausgegangen:

1. Von einem Offline-Münzverfahren, das die Unverfolgbarkeit und Unverkettbarkeit von Münzen, aber per se nicht die Anonymität des Kunden gegenüber dem Händlers garantiert.

2. Ein funktionsfähiges Mix-Netz, das in seinen Eigenschaften dem heutigen Stand der Forschung in puncto Sicherheit entspricht (wie u.a. in [Chaum84] und [PfiWai87] beschrieben).

Weiterhin wird davon ausgegangen, daß jeder Kunde bei einer Bank ein Konto besitzt (zur Vereinfachung wird in dem Szenario von einer einzigen Bank ausgegangen).

In der Regel besteht ein Zahlungssystem aus drei Einzelprotokollen:

- Abhebung von Münzen: Der Kunde generiert eine digitale Münze, die er von der Bank signieren läßt (genauer: die Bank signiert blind einen verifizierbaren Teilwert der Identitätsnummer des Kunden (*Secret Sharing*-Verfahren)).

- Geschäftsvorgang zwischen Kunde und Händler: Kunde und Händler führen ein *Challenge-and-Response*-Protokoll durch; der Händler erhält obigen Teil der Identitätsnummer des Kunden.

- Einzahlung der Münzen: Der Händler übermittelt die Münzen und den Teilwert an die Bank.

Jeder Teilnehmer besitzt einen zertifizierten öffentlichen und den korrespondierenden geheimen Schlüssel. Alle Teilnehmer besitzen dieselbe symmetrische Verschlüsselungsfunktion E.

Der Fokus der Betrachtungen liegt auf dem zweiten Einzelprotokoll, dem eigentlichen Geschäftsvorgang zwischen Kunde und Händler, da nur dieser Schritt der vollständigen Anonymität bedarf. Der Vorgang läuft in drei Schritten ab:

1. Der Kunde initialisiert den Vorgang durch eine Angebotsanfrage nach (digitaler) Ware an den Händler. Der Händler reagiert mit einem detaillierten und digital signierten Angebot.

2. Der Kunde bestellt, übermittelt die Münzen; der Händler stellt eine *Challenge*.

3. Der Kunde antwortet mit der entsprechenden *Response* und erhält die Ware, falls diese digital vorliegt, anderenfalls eine überprüfbare Quittung des Händlers.

3.2 Protokollschritte

Die Phase der Bezahlung besteht aus vier Schritten, die im Anschluß detailliert betrachtet werden:

- Initialisierung durch den Kunden (Angebotsanfrage)

- Angeboterstellung des Händlers

- Bestellung (Wahrnehmung des Angebotes/Übergabe der Münzen)

- Auslieferung der Ware

3.2.1 Initialisierung

Der Kunde leitet die gesamte Transaktion durch eine anonyme Anfrage nach einem Angebot ein; es wird gefordert, daß die Nachricht und ihr Transport unverfolgbar sind. Diese Anfrage soll einerseits vertraulich sein, um Beobachtern, rsp. Angreifern, keine Informationen zu liefern, das heißt, sie wird verschlüsselt, auf der anderen Seite soll sie auch anonym und unverfolgbar sein

Zur Notation:

m ist eine Nachricht im Klartext.

M bezeichnet den Händler, C den Kunden.

P_X ist der öffentliche Schlüssel des Teilnehmers X, S_X der korrespondierende geheime Schlüssel.

Adr_x ist die Adresse des Teilnehmers X.

$\{m\}_K$ bezeichnet die Verschlüsselung der Nachricht m mit dem Schlüssel K.

1. Der Kunde wählt eine beliebige Anzahl von Mixen und eine Route aus, die die Nachricht durch die Mixe durchlaufen soll. Diese Mixe werden in der Reihenfolge des Durchlaufens numeriert: $M_1, M_2, \ldots, M_n$.

2. Der Kunde wählt für jeden Mix i, der durchlaufen werden soll, zwei symmetrische Schüssel K_i, K_{2i} $(i = 1, \ldots, n)$, K_i zur Bildung der anonymen Rückadresse und K_{2i} zur Verschlüsselung der Nachricht.

   Würde für diese beiden Operationen ein gemeinsamer Schlüssel verwendet werden, so könnte der Mix anhand dieses Schlüssels eine Zuordnung zwischen Hin- und Rücknachricht feststellen, eine Information, die er nicht kennen muß, um seine Funktion zu erfüllen, aber auch nicht kennen darf, damit er keine Koinzidenz erkennen kann.

3. Um dem Händler eine Antwort zu ermöglichen, muß der Kunde an die Nachricht eine verschlüsselte und damit nicht zurückverfolgbare Rückadresse anhängen[4]. Dazu verschlüsselt er sukzessive seine eigene Adresse:

$$ara(C) \; = \; [\{\{\dots\{Adr_C\}_{K_1}, P_{Mix_1}(K_1), Adr_{Mix_1}\}_{K_2}\dots\}_{K_n}, P_{Mix_n}(K_n), Adr_{Mix_n}]$$
$$(ara(C) \; = \; \text{Anonyme Rückadresse des Kunden } C)$$

4. Die Klartextnachricht mit der verschlüsselten Rückadresse wird mit einem Sitzungsschlüssel K verschlüsselt, dieser Sitzungsschlüssel wiederum mit dem öffentlichen Schlüssel des Händlers.

5. Der Kunde verschlüsselt sukzessive:

$$[\{\dots\{\{anfr_C\}_{K_{2n}}, P_{Mix_n}(K_{2n}), Adr_{Mix_n}\}_{K_{2n-1}}\dots\}_{K_2}, P_{Mix_1}(K_2)]$$

mit $anfr_C = [\{ara(C), m\}_K, P_M(K), Adr_M]$ als Anfrage des Kunden.
Diesen Datensatz schickt der Kunde an den ersten Mix.

Der erste Mix kann dann zunächst seinen Sitzungsschlüssel K_1 entschlüsseln und erhält dadurch die Adresse des zweiten Mixes und eine neue verschlüsselte Nachricht. Auf diese Weise erhält jeder Mix die Adresse seines Nachfolgers sowie eine neue chiffrierte Nachricht und kann diese somit weiterleiten. Der letzte Mix entschlüsselt die Adresse des Händlers und sendet ihm die verbliebene Nachricht zu. Der Händler kann seinen Sitzungsschlüssel und damit die Nachricht entschlüsseln.

3.2.2 Angebotserstellung

Der Händler stellt sein Angebot für den Kunden zusammen, er generiert eine neue Klartextnachricht m_1. Sollte der Kunde auf dieses Angebot eingehen wollen, so muß der Händler dieses als Reaktion auf sein Angebot identifizieren können und versieht es dazu mit einer Identitätsnummer id. Angebote müssen nach gesetzlicher Festlegung für einen gewissen Zeitraum gültig sein[5]. Für diese Verbindlichkeit versieht er es mit einem Zeitstempel zs.

$$[ang = \{id, m_1, zs, S_M(hash(id, m_1, zs))\}_K]$$

Selbst wenn der Händler sein Angebot weder mit einem Zeitstempel versehen noch signieren würde, so gewährte der wiederverwendete Sitzungsschlüssel K die Authentizität der Nachricht; der Kunde kann somit sicher sein, daß kein Wiederholungsangriff stattgefunden hat.

Damit erhält der letzte Mix der gewählten Sequenz vom Händler die folgende Nachricht:

$$[\{\dots\{\{Adr_C\}_{K_1}, P_{Mix_1}(K_1), Adr_{Mix_1}\}_{K_2}\dots\}_{K_n}, P_{Mix_n}(K_n), Adr_{Mix_n}, \{ang\}_K]$$

Der Mix kann den Sitzungsschlüssel K_n berechnen und damit die Adresse des nächsten Mixes bestimmen. Um auch die Nachricht $\{ang\}_K$ zu verändern, verschlüsselt er sie mit seinem Sitzungsschlüssel K_n. Das Chiffrat sendet er an den nächsten Mix.

---

[4]Damit ist die Identität des Kunden gegenüber dem Händler anonym in dem Sinne, daß die Rückadresse für letzteren keinen Aufschluß über den Kunden gibt.

[5]Zumindest nach deutscher Gesetzgebung.

Der erste Mix der Sequenz, der logisch dem Kunden am nächsten liegt, sendet dem Kunden:

$$[\{\cdots\{\{ang\}_K\}_{K_{n-1}}\}\cdots\}_{K_1}]$$

Da dem Kunden alle verwendeten Sitzungsschlüssel bekannt sind (er hat sie selbst generiert), kann er das Angebot des Händler entschlüsseln.

3.2.3 Bestellung und Auslieferung der Ware

Diese beiden Schritte werden methodisch äquivalent zum ersten (Anfrage) und zum zweiten (Angebotsübermittlung) durchgeführt. Der Kunde generiert erneut $2n$ symmetrische Schlüssel und einen neuen Sitzungsschlüssel K'. Er benutzt nicht erneut dieselben Schlüssel, da dadurch eine Verbindung zwischen verschiedenen Transaktionen erzeugt werden könnte.

Der Händler sendet die Ware (falls digital) oder eine verbindliche Quittung auf demselben Wege wie sein Angebot an den Kunden.

3.3 Analyse

Zu untersuchen ist die Anonymität des Kunden. Der Kunde signiert keine Nachricht und hinterläßt (mit Ausnahme bei der Erzeugung der Münzen) keine persönlichen Informationen. Weiterhin sind nach Voraussetzungen die Münzen unverfolgbar, so daß geschlossen werden kann, daß auch die Nachrichten unverfolgbar sind. Für die meisten bekannten Münzsysteme ist die Unverfolgbarkeit berechenbar; beispielsweise ist sie in dem System von Brands ([Brands92]) äquivalent zur Berechnung des diskreten Logarithmus'. Jedoch sind dort die Nachrichten nicht unverkettbar, da eine Transaktionsnummer verwendet wird.

Die übermittelten Nachrichten selbst sind unbeobachtbar unter der Annahme, daß in einem Mix-Netz mindestens ein korrekt arbeitender Mix existiert. Die Unbeobachtbarkeit ist nicht unbedingt, sondern berechenbar, da sie auf der Sicherheit des verwendeten Verschlüsselungsverfahrens basiert.

Die Mixe sind nicht in der Lage, Anfragen und Antworten zu verbinden, da der Kunde unterschiedliche Schlüssel für jeden Pfad durch das Mix-Netz wählt. Dieses bedeutet, daß außer dem Händler niemand diese Nachrichten verknüpfen kann.

Als Schluß aus diesen Feststellungen resultiert, daß für den Kunden komplexitätstheoretisch sichere Anonymität gilt.

4 Aufhebung der Anonymität

In dem oben präsentierten System existieren zwei Möglichkeiten, die Anonymität eines Kunden aufzuheben: Auf der einen Seite kann die Unbeobachtbarkeit des Kommunikationskanales aufgehoben werden, auf der anderen Seite kann ein Verweis auf die Identität des Kunden in die Münze aufgenommen werden (über jenen hinaus, der das doppelte Ausgeben einer Münze verfolgen läßt); dieser Verweis könnte ausschließlich durch eine dritte, vertrauenswürdige Instanz (*Trusted Third Party, TTP*) verfolgt werden (s. a. [StPiCa95]). Münzsysteme, die diese Eigenschaft besitzen, werden auch als ,,fair" bezeichnet.

4.1 Fairness durch überprüfbare Verschlüsselung

Eine einfache, aber trotzdem elegante Lösung, um einen verdeckten Verweis in die Münze mit aufzunehmen, ist die überprüfbare Verschlüsselung des homomorph Inversen ([AsShWa98]), hier anhand des diskreten Logarithmus' demonstriert. G_q sei eine Gruppe der Ordnung q und g ein Generator, so daß es schwer ist, den diskreten Logarithmus in G_q zu berechnen. Der Teilnehmer A hat $y := g^x$ veröffentlicht und hält x geheim. x ist das homomorph Inverse von g^x, wobei die diskrete Exponentialfunktion der entsprechende Homomorphismus in G_q ist. A sendet Daten an B und will B überzeugen, daß dieser damit ausreichend Informationen besitzt, daß eine von B eingeschaltete TTP den Wert x berechnen kann. Die TTP veröffentlicht ein asymmetrisches Verschlüsselungsschema, das sicher gegenüber adaptiven Klartextangriffen (*Chosen-Plaintext-Attack*) ist; der Verschlüsselungsalgorithmus wird mit $E(\cdot,\cdot)$ bezeichnet. Um eine Nachricht m zu verschlüsseln, wählt die TTP eine Zufallszahl r und berechnet $E(r,m)$. Weiterhin publiziert sie zwei Hash-Funktionen h_1 und h_2:

$$h_1 \ : \ \Sigma^n \rightarrow \{0,1\} \times G_q$$

$$h_2 \ : \ \text{bildet } range(E) \times Z_q \text{ auf eine kurze Zeichenkette ab}$$

Sei N die Sicherheit der als *Cut-and-Choose* bezeichneten Prozedur[6]. Die folgenden Schritte werden parallel für $i = 1, \ldots, N$ ausgeführt:

- A wählt zufällig $w \in \{0,1\}^l$, berechnet $(u,v) := h_1(w)$ und überträgt $b := h_2(E(u,v), g^v)$ an B.

- B wählt ein $c \in \{0,1\}$ als Prüfwert (*Challenge*).

- Falls $c = 0$ ist, sendet A den Wert w an B. Anderenfalls wird von A der Wert $\epsilon := E(u,v)$ und $w' := v + x \bmod q$ gesendet.

- Falls $c = 0$ ist, berechnet B das Paar $(u',v') := h_1(w)$ und prüft, ob $b \stackrel{?}{=} h_2(E(u',v'), g^{v'})$. Anderenfalls prüft B, ob $b \stackrel{?}{=} h_2(\epsilon, g^{w'} \cdot y^{-1})$.

B sollte den Wert 1 zumindest einmal wählen, da er sonst nichts über das Geheimnis erfährt. Falls B nun seine Informationen über A an die TTP sendet, kann diese x mit einer hohen Wahrscheinlichkeit berechnen. In einem Münzsystem kann die überprüfbare Verschlüsselung nun wie folgt verwendet werden: Der Kunde sendet $(g^{ID \cdot s}, g^{b_1}, g^s, g^{b_2}, sig)$ an den Händler. Dieser überprüft die Signatur und erhält so durch das *Challenge-and-Response*-Protokoll ein Teilgeheimnis der maskierten Identität und des Maskierungsfaktors. Da $ID \cdot s$ und s die homomorph Inversen zu $g^{ID \cdot s}$ und g^s sind, kann eine überprüfbare Verschlüsselung von $ID \cdot s$ und s durchgeführt werden. Dieses bedeutet, daß der Händler mit hoher Wahrscheinlichkeit ausreichend Informationen erhält, um die TTP zu befähigen, $ID \cdot s$ und s zu ermitteln. Diese kann daraufhin die Anonymität des Kunden aufheben.

4.2 Aufhebung der Unverfolgbarkeit

Ein weiterer Weg, die Anonymität des Kunden aufzuheben, besteht darin, den Weg, den die Nachrichten und damit auch die Münzen durch das Mix-Netz nehmen, aufzudecken.

---

[6]Die Wahrscheinlichkeit, daß ein ehrlicher Überprüfer betrogen wird, liegt bei ungefähr 2^{-N}.

Falls die TTP von einem klagenden Händler die Daten des ausgeführten Protokolles erhält, kann sie die beteiligten Mixe auffordern, die korrespondierenden Sitzungsschlüssel zu entschlüsseln, damit der Weg der Nachrichten bis zum Kunden nachverfolgt werden kann. Diese Möglichkeit ist ein spezieller Vorteil des oben beschriebenen Verfahrens: Die Mixe müssen nicht ihre privaten Schlüssel aufdecken, es reicht aus, die Sitzungsschlüssel zu entschlüsseln.

5 Zusammenfassung

In diesem Papier wurden die Nachteile von ECommerce-Protokollen betrachtet, die als Eigenschaft die „Anonymität für den Kunden" angeben. Das Problem dieser Systeme liegt jedoch in der Umgebung, in der sie ablaufen. Die Basis für die Transaktionen sind Netze, speziell das Internet; in solchen Netzen sind die Kommunikationspartner jedoch per se nicht unbekannt.
Weiterhin wurde der Begriff der Anonymität spezifiziert und ein System für Offline-Münzsysteme vorgestellt, das obigen Nachteil eliminiert.

Die Autoren danken dem Fachbereich Kommunikationssysteme unter der Leitung von Prof. Dr.-Ing. Firoz Kaderali und speziell Prof. Dr. rer. nat. Werner Poguntke für die Unterstützung.

Literatur

[AsShWa98] N. Asokan, V. Shoup, M. Waidner: Optimistic fair exchange of digital signatures Advances in Cryptology – EuroCrypt'98, Lecture Notes in Computer Science, Springer.

[Brands92] S. Brands: Untraceable off-line cash in wallets with observers Advances in Cryptology – EuroCrypt'93, Lecture Notes in Computer Science, Springer.

[CFN88] D. Chaum, A. Fiat, M. Naor: Untraceable electronic cash, Advances in Cryptology – Crypto'88, Lecture Notes in Computer Science, Springer.

[ChaPed92] D. Chaum, T. Pedersen: Transferred cash grows in size, Advances in Cryptology – EuroCrypt'92, Lecture Notes in Computer Science, Springer.

[ChaPed93] D. Chaum, T. Pedersen: Improved Privacy in Wallets with Observer, Advances in Cryptology – EuroCrypt'93, Lecture Notes in Computer Science, no. 765, Springer.

[Chaum81] D. Chaum: Untraceable Electronic Mail, Return Addresses, and Digital Pseudonyms, Communications of the ACM, February 1981, Vol. 24, no. 2.

[Chaum84] D. Chaum: A New Paradigm for Individuals in the Information Age, 1983 IEEE Symposium on Security and Privacy, IEEE Computer Society Press, S. 99-103.

[DaFrTs97] G. Davida, Y. Frankel, Y. Tsiounis, M. Yung: Anonymity Control in E-Cash Systems, Financial Cryptography'97, S. 1-16.

[Fandri96]   D. Fandrich: How private are "private" electronic payment systems? http://www.npsnet.com/danf/emoney-anon.html

[Feldma87]   P. Feldman: A practical scheme for non-interactive verifiable secret sharing, Proc. of the 28. th IEEE Symposium on Foundations of Computer Science (FOCS), 1987.

[FeJeMu97]   H. Federrath, A. Jerichow, J. Müller, A. Pfitzmann: Unbeobachtbarkeit in Kommunikationsnetzen, VIS'97 – Verlässliche Informationssysteme, 1997, S. 191-210.

[FeJePf97]   E. Franz, A. Jerichow, A. Pfitzmann: Systematisierung und Modellierung von Mixen, VIS'97 – Verlässliche Informationssysteme, 1997, S. 171-190.

[FrGrJe98]   E. Franz, A. Graubner, A. Jerichow, A. Pfitzmann: Modelling mix-mediated anonymous communication and preventing pool-mode attacks, Global IT Security, Proceedings of the XV IFIP World Computer Congress, 1998, S. 554-560.

[Hartma97]   S. Hartmann: Vernetzung bietet Spionen neue Wege, Die Welt, 11.11.1997.

[Hoffma98]   W. Hoffmann: Leichtes Spiel, Die Zeit, 28/1998.

[Jakobs98]   M. Jakobsson: A Practical Mix, Advances in Cryptology – EuroCrypt'98, Lecture Notes in Computer Science, no. 1403, Springer.

[KesBue99]   D. Kesdogan, R. Büschkes: Klassifizierung von Anonymisierungstechniken, Konferenz Sicherheitsinfrastrukturen 1999, Vieweg, S. 321-332.

[KeEgBu98]   D. Kesdogan, J. Egner, R. Büschkes: Stop-and-Go-MIXes Providing Probabilistic Anonymity in an Open System, Information Hiding, Springer, 1998, S. 83-98.

[MuePfi97]   G. Müller, A. Pfitzmann: Mehrseitige Sicherheit in der Kommunikationstechnik, Addison-Wesley, 1997.

[Pfitzm90]   A. Pfitzmann: Diensteintegrierende Kommunikationsnetze mit teilnehmerüberprüfbarem Datenschutz, Informatik-Fachberichte 234, Springer, 1990.

[PfiWai87]   A. Pfitzmann, M. Waidner: Networks without User Observability, Computer & Security, Vol. 6 (1987), S. 158-166.

[ReiRub97]   M. Reiter, A. Rubin: Crowds: Anonymity for Web Transactions', DIMACS Technical Report 97-15, AT&T Labs-Research, April 1997.

[SolNac92]   S. von Solms, D. Naccache: Blind Signatures and perfect crimes, Computer & Security, Vol. 11 (1992), S. 581-583.

[StPiCa95]   M. Stadler, J.-M. Piveteau, J. Camenisch: Fair blind signatures, Advances in Cryptology – EuroCrypt'95, Lecture Notes in Computer Science, Springer.

[Waidne98]   M. Waidner: Open Issues in Secure Electronic Commerce, IBM Research Report 93116, Oktober 1998.

Elliptische Kurven in HBCI
Ein Backup zu RSA

Detlef Hühnlein

secunet Security Networks AG
huehnlein@secunet.de

Zusammenfassung

Erklärtes Ziel des ZKA[1] ist es, mittelfristig *alle* HBCI Transaktionen mit dem RSA-DES-Hybridverfahren (RDH) zu sichern. Allerdings kann niemand *garantieren,* daß nicht plötzlich ein leistungsfähiges Verfahren für das Faktorisieren großer Zahlen gefunden wird. Deshalb halten wir RSA's Monopolstellung in einem auf breiter Basis eingesetzten Verfahren wie HBCI für bedenklich, ja gar gefährlich. In diesem Beitrag soll die Notwendigkeit alternativer Verfahren diskutiert und deren Merkmale hergeleitet werden. Da Verfahren auf Basis Elliptischer Kurven eine gute Wahl zu sein scheinen, wollen wir auf diese Verfahren etwas näher eingehen und notwendige Änderungen für eine mögliche Integration Elliptischer Kurven in die HBCI-Spezifikation [ZKA99] aufzeigen.

1 Motivation

Das Hombanking Computer Interface (HBCI) ist der von allen deutschen Banken seit dem 01.10.1998 unterstützte Homebanking-Standard. Da HBCI im Gegensatz zum BTX/CEPT-Vorgänger bewußt unabhängig von Plattformen und Transportmedien konzipiert ist, sind entsprechende Sicherheitsmechanismen in HBCI selbst integriert. Für weitere Informationen zu HBCI sei z.B. an [AlHu99] und [ZKA99] verwiesen. Die aktuelle HBCI-Spezifikation sieht als zentrale Sicherheitsmechanismen zwei Verfahren vor: Das DES-DES-Verfahren (DDV) gilt lediglich als Migrationslösung zum mittelfristig favorisierten RDH-Verfahren. Man erwartet also, daß in näherer Zukunft alle HBCI-Transaktionen durch ein einziges Public Key Verfahren, dem auf dem Faktorisierungsproblem beruhenden RSA, geschützt werden. Wenngleich das Faktorisierungsproblem und damit RSA [RSA79] als „wohluntersucht" gilt, so existiert natürlich *keinerlei Garantie,* daß das Faktorisierungsproblem für alle Zeit ein schwer zu lösendes, und damit für die Kryptographie geeignetes, Problem bleibt. Vielmehr unterstreicht die Historie der algorithmischen Zahlentheorie, daß man nie vor der Entdeckung neuer Verfahren, mit geringerer asymptotischer Laufzeit, gefeit ist. So glaubte man selbst in Fachkreisen lange Zeit, daß es wohl keinen besseren Algorithmus zum Faktorisieren von n geben könnte als das quadratische Sieb [Pome82] mit einer asymptotischen Laufzeit[2] von $L_n[1/2,c]$. Man vermutete, daß der Parameter „1/2" in der Laufzeitfunktion aufgrund tiefer zahlentheoretischer Zusammenhänge grundsätzlich nicht zu verbessern sei. Daß dem nicht so ist, zeigt

---

[1] „Zentraler Kreditausschuß" der deutschen Kreditwirtschaft

[2] Für die Definition von $L_n[u,v]$ und einen gleichsam aktuellen und anschaulichen Überblick über den Stand der Kunst bei Algorithmen zum Lösen kryptographisch relevanter Probleme sei an [BuMa99] verwiesen.

eine *glückliche Idee* des Mathematikers John Pollard, die letztendlich zur Entwicklung des Zahlkörpersiebs [LeLe93], des heute (asymptotisch und praktisch) leistungsfähigsten Algorithmus zum Faktorisieren [BuLZ93] und zur Berechnung diskreter Logarithmen [Gord93] in *GF(p)* geführt hat. Der Zahlkörpersieb besitzt eine Laufzeit $L_n[1/3,c]$ und wurde beispielsweise kürzlich zur Faktorisierung von RSA-140 [CDL+99] und RSA-155 [Riel99b] verwendet. Während sich diese Resultate, die im wesentlichen aufgrund steigender Rechenleistung und der Verbesserung einer konkreten Implementierung zustandekamen, vorhersagen ließen, sind völlig neue Ansätze zum Faktorisieren in diesem Zusammenhang wesentlich gefährlicher. So war es kein geringerer als Adi Shamir, der kürzlich mit TWINKLE [Sham99] eine spezielle, kostengünstige Hardware-Architektur vorstellte, die die Erzeugung der Relationen für das Zahlkörpersieb, und somit das Faktorisieren, etwa um einen Faktor 100 bis 1000 beschleunigen kann. Wenngleich dies Ergebnis gottlob nicht den gefürchteten „Super-GAU" mit sich brachte, so zeigt sich doch deutlich, daß sich neue Ideen, und damit verbundene Auswirkungen auf die Sicherheit eines Public Key Verfahrens, nicht vorhersehen lassen. Dieses allgemeine Problem gilt natürlich nicht nur für RSA, sondern vielmehr für alle zur Zeit bekannten Public Key Verfahren.

Wie J. Buchmann in diesem Zusammenhang sehr treffend bemerkte, ist diese Situation einer allseits bekannten Problematik sehr ähnlich: die *Datensicherung auf einer Festplatte*: Bei dem heutigen Stand der Technik ist die plötzliche Funktionsunfähigkeit einer handelsüblichen Festplatte sehr unwahrscheinlich - aber eben nicht unmöglich. Da nun aber ein möglicher Datenverlust verheerende Folgen hätte, fertigt man ein Backup seines Datenbestandes an - vielleicht einfach auf einer zweiten Festplatte. Die Wahrscheinlichkeit, daß beide Festplatten *gleichzeitig* kaputt gehen ist sehr viel geringer. Daß die Anfertigung von Daten-Backups sinnvoll ist, ist unstrittig. So sollte es auch bei Public Key Verfahren sein.

Ziel dieser Arbeit soll es sein, Public Key Verfahren, die möglicherweise diese Backup-Funktion in HBCI erfüllen könnten, und notwendige Änderungen für deren Integration in die HBCI-Spezifikation zu diskutieren. Konkrete Maßnahmen für das Revozieren möglicherweise aller ausgestellten Zertifikate im Fall eines GAU's, werden hier *nicht* behandelt. Wieso wird hier gerade über HBCI diskutiert? Der Grund dafür ist ein recht einfacher: Im Gegensatz zu HBCI, sehen andere bedeutende Standardwerke, wie das SigG/SigV (mit den durch das BSI veröffentlichten Algorithmen), SET und viele IETF-Standards bereits mehrere alternative Public Key Verfahren vor und sind somit prinzipiell besser vor einem möglichen GAU gefeit. Außerdem scheint die Berücksichtigung alternativer Verfahren bei einem Verfahren mit wachsender Verbreitung wie HBCI besonders dringlich.

Die vorliegende Arbeit gliedert sich folgendermaßen: In Abschnitt 2 werden abstrakte Merkmale für alternative Public Key Verfahren für HBCI hergeleitet. In Abschnitt 3 wollen wir (kurz) potentielle Verfahren diskutieren. Da es scheint, daß Verfahren auf der Basis Elliptischer Kurven über endlichen Körpern dafür besonders geeignet sind, wird in Abschnitt 4 etwas näher auf diese Verfahren eingegangen. In Abschnitt 5 werden die von einer möglichen Änderung der HBCI-Spezifikation betrofffenen Passagen identifiziert und erste Änderungsvorschläge, als Grundlage für die Diskussion in den entsprechenden Standardisierungsgremien, angegeben. In Abschnitt 6 wird die vorliegende Arbeit kurz zusammengefasst und weitere Schritte angegeben.

2 Merkmale möglicher Alternativen zu RSA

In diesem Abschnitt wollen wir kurz die wichtigsten Merkmale alternativer Verfahren, die die oben geschilderte Backup-Funktion zu RSA realisieren könnten, herleiten und das wohl am besten Geeignete identifizieren.

2.1 Zielvorgaben

2.1.1 Sicherheit

Die Sicherheit des Verfahrens sollte auf einem Problem basieren, das im Idealfall (vermutlich) „echt schwerer" ist, wie das Faktorisieren. An dieser Stelle sei angemerkt, daß bislang die Äquivalenz des RSA-Problemes (Berechnung e-ter Wurzeln mod n) mit dem Faktorisierungsproblem *nicht* bewiesen werden konnte. Eine etwas pragmatischere Forderung ist, daß das zugrundeliegendes Problem wohluntersucht und (zumindest scheinbar) wenig mit dem Faktorisierungsproblem korreliert ist. Das heißt, daß selbst die Entdeckung eines effizienten Algorithmus' für das Faktorisieren mit großer Wahrscheinlichkeit nicht zum Brechen des alternativen Verfahrens führt.

2.1.2 Effizienz

Da HBCI aus Sicherheitsgründen mittelfristig die breite Verwendung von Chipkarten vorsieht, ist es wichtig, daß die Berechnungen selbst auf einer weniger leistungsfähigen Chipkarte durchgeführt werden können. Durch die Speicherplatzrestriktionen auf der Karte ist vor allem auch die Länge der verwendeten Parameter,Schlüssel und Signaturen eine entscheidende Größe. Hier würde man sicherlich nur ungern ein Verfahren vorschlagen, das bezüglich Speicherplatz- und Laufzeiteffizienz hinter RSA hinterherhinken würde.

3 Diskussion möglicher Verfahren

Im folgenden wollen wir kurz einige potentielle Kandidaten (-familien) diskutieren. Die zahlreichen Verfahren, wie ESIGN, Rabin, Fiat-Shamir, NICE, ..., die auf dem Faktorisierungsproblem beruhen, wollen wir hier aus naheliegenden Gründen gänzlich außer Acht lassen. Wir betrachten die Systeme in der Reihenfolge ihrer Entdeckung.

3.1 DL-Problem in endlichen Körpern

Die ursprüngliche Formulierung des Diskreten Logarithmus (DL) - Problemes wurde für die multiplikative Gruppe endlicher (Prim-) körper gemacht. Die Effizienz dieser Verfahren ist etwa vergleichbar[3] mit der von RSA. Das ist wenig verwunderlich, da für den wohl weitverbreitetsten Fall $GF(p)$ die gleiche modulare Arithmetik (in diesem Fall mit einer Primzahl p als Modul) verwendet wird. DSA - Signaturen sind nicht von der Größe des Moduls abhängig und deshalb mit 320 Bit deutlich kürzer als RSA-Signaturen. Allerdings scheint jede Verbesserung für einen subexponentiellen Faktorisierungsalgorithmus mehr oder weniger direkt zu einer Verbesserung des analogen Verfahrens zur Berechnung von diskreten Logarithmen in

---

[3] Es sei angemerkt, daß bei RSA typischerweise die öffentliche Operation (Verifikation/Verschlüsselung mit kurzen Exponenten) viel effizienter ist; bei ElGamal-Varianten ist dies umgekehrt.

endlichen Körpern zu führen. So ist z.B. der jeweils beste Algorithmus für beide Probleme der Zahlkörpersieb [LeLe93].

3.2 DL in elliptischen Kurven über endlichen Körpern

Im Jahr 1985 schlugen Viktor Miller [Mill85] und Neal Koblitz [Kobl87] unabhängig voneinander das DL-Problem in der Punktegruppe elliptischer Kurven (EC) über endlichen Körpern als kryptographisches Primitiv vor. Das Hauptargument für die Verwendung von EC ist, daß bei geschickter Parameterwahl *kein subexponentieller Algorithmus* für die Berechnung diskreter Logarithmen bekannt ist. Deshalb darf der relevante Sicherheitsparameter, d.h. die (Unter-)Gruppenordnung $|E|$, sehr viel kleiner gewählt werden als z.B. bei *GF(q)**. Da nach dem Satz von Hasse $|E| \approx q$ gilt, dürfen demzufolge Kurven über "kleineren" endlichen Körpern verwendet werden, was wiederum zu sehr (Speicherplatz- *und* Laufzeit-) effizienten Implementierungen führt. Die meistverbreitetsten Körpertypen für die Kryptographie sind Primkörper *GF(p)*, *p* prim oder Binäre Körper *GF(2^m)*. Während bei Kurven über *GF(p)* die meist bereits vorhandene RSA-Arithmetik verwendet werden kann, erlauben letztere besonders effiziente Implementierungen bei geschickter Darstellung der Körperelemente. In diesem Fall ist es sogar möglich bei akzeptabler Performance (Signatur < 1s auf 8-Bit Standardcontroller) auf den kryptographischen Koprozessor zu verzichten. Als Beispiele hierfür seien Produkte der Firmen Certicom, Oberthur und Zeitcontrol genannt.

3.3 DL-Problem in Zahlkörpern

Ein Problem, das bewiesenermaßen mindestens so schwer und vermutlich echt schwerer ist als das Faktorisierungsproblem, ist das DL-Problem in quadratischen *Maximal*ordnungen ([BuWi88] und [BuWi89]) oder in beliebigen Zahlkörpern [BuPa97]. Aus Effizienzgründen kommen diese Verfahren jedoch nicht in Frage. Es sei angemerkt, daß die äußerst effizienten Verfahren der NICE-Familie (siehe z.B. [Hühn00]) in einer Nichtmaximalordnung operieren. D.h. sie basieren auf dem Faktorisierungsproblem und scheiden deshalb aus.

3.4 DL in hyperelliptischen Kurven über endlichen Körpern

Eine natürliche Verallgemeinerung, wie 1989 von N. Koblitz vorgeschlagen, ist die Verwendung von hyperelliptischen Kurven (HEC) vom Geschlecht *g*. Eine HEC ist eine glatte durch

$$F(x, y): y^2 + h(x)y = f(x), \tag{1}$$

definierte Kurve, wobei der Grad von *h(x)* höchstens *g* und der Grad von *f(x)* höchstens $2g+1$ ist. Vergleicht man dies mit der Definition von EC's[4], so sieht man sofort, daß EC's auch als "HEC's vom Geschlecht 1" betrachtet werden können. Für eine detailliertere und dennoch lesbare Behandlung der Materie sei auf [Kobl99] verwiesen. Auch für HEC's ist, bei geschickter Parameterwahl, kein subexponentieller Algorithmus bekannt. Insgesamt verhält sich die Situation hier sehr ähnlich, wie bei EC's. HEC's sind etwas schwieriger zu vermitteln, sind noch nicht standardisiert und weniger weit verbreitet, was existierende Implementierungen angeht. Aus diesen Gründen scheinen EC's für unsere Zwecke geeigneter als ihre Pendants mit größerem Geschlecht.

---

[4] im nächsten Kapitel

3.5 DL-Problem in Funktionenkörpern

Auch hier kann, wie bei [BuWi89] die Infrastruktur der Hauptidealklasse im reellquadratischen Funktionenkörper zur Konstruktion von Kryptosystemen verwendet werden. Während hier, insbesondere bei Körpern der Charakteristik 2, eine vergleichsweise effiziente Implementierung möglich ist (siehe z.B. [MüVZ98]), so sind sie doch für die Implementierung auf Chipkarten und damit für den praktischen Einsatz weniger geeignet.

3.6 Gitter-Systeme

Das in [AjDw97] vorgestellte Verfahren ist von großem theoretischen Interesse, da das Brechen des Verfahrens bewiesenermaßen im Durchschnitt genauso schwierig ist, wie im schlimmsten Fall. Zum Brechen des Verfahrens müßte man kurze Gittervektoren berechnen, was (im worst case) ein sehr, sehr schwieriges (NP-vollständiges) Problem ist. Allerdings sind die nötigen Schlüssel um das einige hundertfache größer als beispielsweise bei RSA. Deshalb können diese Verfahren nicht im Zusammenhang mit Chipkarten eingesetzt werden. Das Verfahren [GoGH97] *schien* mit viel kürzeren Schlüsseln auszukommen und erlaubte zudem sehr effiziente Operationen. Leider wurde dieses Verfahren kürzlich gebrochen [Nguy99]. Etwas besser verhält es sich (noch?) bei NTRU [HoPS98]. Während dieses System etwas günstigere Laufzeit als RSA hat, sprechen die relativ großen öffentlichen Schlüssel (z.B. 1841 Bits vs. 1024 Bit RSA) und vor allem die Tatsache, daß NTRU auf einem neuen und noch relativ wenig untersuchten Problem (in Polynomringen) beruht gegen eine Verwendung dieses Primitivs. Insgesamt scheinen Gittersysteme aus diesen Gründen kein sinnvolles Backup-Verfahren für RSA zu sein.

3.7 Zusammenfassung

Nach obiger (sehr kurzer) Diskussion potentiell interessanter Verfahren scheinen Kryptosysteme auf Basis Elliptischer Kurven das ideale Backup-Verfahren für RSA in HBCI zu sein. Die wichtigsten Argumente für EC sind, daß das DL-Problem scheinbar nicht mit dem Faktorisierungsproblem korreliert ist. Insbesondere scheint überhaupt kein subexponentieller Algorithmus dafür möglich zu sein. Außerdem sind sehr effiziente Implementierungen (z.B. gar auf Chipkarten ohne Koprozessor) vorhanden. Demnach ist die breite Einführung von Signaturkarten für HBCI mit viel geringeren Kosten verbunden. Deshalb werden im folgenden möglicherweise notwendige Änderungen an der HBCI Spezifikation aufgezeigt.

4 Kryptosysteme auf Basis Elliptischer Kurven

In diesem Abschnitt wollen wir lediglich die wichtigsten Notationen und Sicherheitsrelevanten Parameter Elliptischer Kurven angeben. Für eine ausführlichere Behandlung sei z.B. auf [Mene93] verwiesen.

Der Löwenanteil existierender Implementierungen verwendet Primkörper $GF(p)$ oder binäre Körper $GF(2^m)$. Während verschiedenste Standardisierungsgremien z.B. der IEEE, ISO und DIN zur Zeit Signatur- und Verschlüsselungsverfahren auf Basis Elliptischer Kurven (für $GF(p)$ und $GF(2^m)$) standardisieren, scheinen die ANSI-Standards X9.62 [ANSI98] (für Signaturen) und X9.63 [ANSI99] (für Verschlüsselung und die Vereinbarung von symmetrischen Schlüsseln) sehr ausgereift und besonders gut auf die Bedürfnisse von Banken zuge-schnitten.

Sei $K=GF(q)$ ein endlicher Körper, wobei $q=p>3$ oder $q=2^m$. Eine Elliptische Kurve über K ist definiert[5] als die Lösungsmenge $(x,y) \in K \times K$ der Gleichung

$$F(x, y): \begin{cases} y^2 = x^3 + ax + b & , falls \ q = p \\ y^2 + xy = x^3 + ax + b & , falls \ q = 2^m \end{cases} . \tag{2}$$

mit einem zusätzlichen Punkt $O=(\infty,\infty)$ im Unendlichen. Außerdem wird gefordert, daß die Kurven keine Singularitäten (beide partielle Ableitungen nach x und y gleichzeitig 0) besitzen. Formeln für die Gruppenverknüpfung findet man z.B. in [Mene93]. Weiterhin sei $P=(x_P,y_P)$ ein Punkt auf der Kurve, der eine prime (Unter-) gruppe der Ordnung q_o erzeugt.

Um ausreichende Sicherheit (analog zu RSA mit 1024 Bit Modul) zu gewährleisten, sollten, wie in [BSI99] angegeben, folgende Punkte bei der Parameterwahl berücksichtigt werden:

1. q_o sollte ausreichend groß sein, um "generische Algorithmen", wie Shank's Baby-Step-Giant-Step- oder Pollard's Rho-Algorithmus unmöglich zu machen. Da diese Algorithmen eine Laufzeit von $O(q_o^{1/2})$ haben, ist $\log_2 q_o > 159$ ausreichend.

2. Um im Fall $q=p$ die Berechnung des diskreten Logarithmus mit dem p-adischen Ellipti-schen Logarithmus [Smar99] auszuschließen, muß $q_o \neq p$ sein. Wenn $p=q_o$ ist, ist die Punktegruppe isomorph zu $GF(p)^+$, wo der DL bekanntlich mit dem Euklidischen Algo-rithmus (in Polynomialzeit) berechnet werden kann. Dieser Isomorphismus wird essentiell durch "Liften" der Kurve über dem endlichen Körper zu einer Kurve über den p-adischen Zahlen, für die eine „Logarithmusfunktion" bekannt ist, berechnet.

3. Es darf nicht möglich sein, die Kurve über $GF(q)$ in die multiplikative Gruppe eines Er-weiterungskörpers $GF(q^r)$ mit relativ kleinem Erweiterungsgrad r einzubetten [MeOV91]. Hier ist $r_0 > 10^4$, wobei $r_0 := \min(r:q_o \mid q^r-1)$, sicherlich ausreichend ist.

4. In [BSI99] sind zwei weitere Klassen *möglicherweise* schwacher Kurven angegeben:

   4a) *Koblitz-Kurven über $GF(2^m)$*: Dies sind Kurven, deren Koeffizienten bereits in Teil-körpern definiert sind. Durch Ausnutzen des Frobenius-Automorphismus ist hier eine sehr effiziente Implementierung möglich.

   4b) *kleine Klassenzahl:* Kurven, bei denen die Maximalordnung des Endomorphismenrin-ges eine sehr kleine Klassenzahl ($h(\Delta)<200$) besitzt. Diese Kurven haben den Vorteil, daß deren Erzeugung mit Methoden der komplexen Multiplikation sehr schnell möglich ist.

Wie bereits angedeutet, ist für die in 4a), 4b) genannten Kurven kein besserer Algorithmus zur DL-berechnung als Pollard's Rho[6] bekannt. Es ist vielmehr so, daß diese Kurven zusätzliche Strukturen aufweisen, die vielleicht zu einem besseren Algorithmus in den angegebenen Spe-zialfällen führen *könnten*. Nach dem heutigen Wissensstand sind jedoch auch diese Kurven bei ausreichender Gruppenordnung (d.h. $\log_2 q > 159$) als sicher einzustufen. Die Forderungen 4a) und 4b) sind deshalb *nicht* in den ANSI X9 {62,63}-Standards enthalten.

---

[5] Im Fall $q=2^m$ sind lediglich die für die Kryptographie interessanten nicht-supersingulären von der angegebenen Form (2).

[6] Für Koblitz-Kurven ist es nach [GaLV98] und [WiZu98] möglich Pollard's Rho-Algorithmus um einen kon-stanten Faktor (ca. 20) zu beschleunigen.

5 Notwendige Änderungen an der HBCI-Spezifikation

In diesem Abschnitt wollen wir nun die von einer möglichen Integration Elliptischer Kurven betroffenen Passagen in der aktuellen HBCI-Spezifikation 2.1 [ZKA99] identifizieren und erste (grobe) Formulierungsvorschläge angeben.

Da die HBCI-Spezifikation bereits sehr modular aufgebaut ist, werden lediglich an den folgenden sechs Punkten Änderungen nötig. Die erste Änderung betrifft die gesamte Spezifikation und ist eher redaktioneller, denn inhaltlicher Natur. Die weiteren fünf Änderungen betreffen ausschließlich Teil B (Kapitel VI – Sicherheit) der HBCI-Spezifikation; es müssen konkrete Kennungen und Unterkapitel für die neuen Verfahren auf Basis Elliptischer Kurven eingefügt werden.

5.1 ASH = (RDH oder ECD) statt RDH

An vielen Stellen an denen vom RDH - Verfahren die Rede ist, ist es in der Tat unerheblich, ob RSA und DES oder jede andere Kombination von asymmetrischen und symmetrischen Verschlüsselungsverfahren verwendet wird. Im Hinblick auf die kommende AES[7]-Standardisierung, deren Entscheidung Mitte nächsten Jahres erwartet werden darf, sollte hier deshalb ein weiterer Freiheitsgrad in die HBCI-Spezifikation eingefügt werden. Deshalb sollte, außer an den im folgenden näher spezifizierten Stellen, RDH durch ASH-Verfahren (für Asymmetrisch - Symmetrisch - Hybrid) ersetzt werden. Die Kennung ASH referenziert damit das bekannte RDH-Verfahren oder die im folgenden ausführlicher diskutierten neuen Sicherheitsverfahren ECD (für Elliptic Curve mit DES-3)[8]. Eine mögliche (künftige) Erweiterung um AES würde demnach die Kennungen RAH und ECA verwenden. Um Hersteller und Banken nicht unnötig unter Druck zu setzen, sollte das neue Verfahren ECD, zumindest in der Einführungszeit, „optional" sein. Wie bereits weiter oben angesprochen, sollte auf die ANSI - Standards X9.62 und X9.63 verwiesen werden. Diese Standards decken bereits beide Kurventypen (über $GF(p)$ und $GF(2^m)$) ab.

5.2 ECD-Signatur

Es sollte ein Kapitel „VI.2.1.3 ECD – Signatur" eingefügt werden. Das Hashing könnte wie beim „DES-DES-Verfahren" (DDV) und „RSA-DES-Hybrid"-Verfahren (RDH) mit RIPEMD160 erfolgen. Das wäre dann die einzige Abweichung vom ANSI X9.62 Standard [ANSI98], der lediglich SHA-1 als Hash-Algorithmus vorsieht. In Hinblick auf die angedachte internationale Entwicklung von HBCI sollte jedoch über die Integration von SHA-1 in HBCI und somit die komplette Unterstützung von ANSI X9.62 beraten werden.

In jedem Fall sollte die „Formatierung des Hashwertes", die hier bei Verwendung von 160 Bit-Kurven trivial ist, sowie die Berechnung und Überprüfung der Signatur wie in ANSI X9.62 durchgeführt werden.

---

[7] Advanced Encryption Standard; „DES-Nachfolger für das nächste Jahrhundert"

[8] Daß es sich hierbei um ein „hybrides" Verfahren handelt ergibt sich implizit durch die Verwendung von EC und DES-3.

5.3 ECD-Verschlüsselung

Auch hier sollte ein Kapitel „VI.2.2.3 ECD - Verschlüsselung" eingefügt werden. Als Verschlüsselungsalgorithmus sollte das EC-Analog des ElGamal Verschlüsselungsverfahrens, wie im ANSI X9.63, Kapitel 5.8.1 [ANSI99], verwendet werden.

5.4 Das Format für öffentliche Schlüssel

In Kapitel VI.5.1.5 von [ZKA99] ist das Format des öffentlichen RSA-Schlüssels festgelegt. Da zur Zeit noch keine Zertifikate zum Einsatz kommen, wird dieses Format zum Transport des öffentlichen Schlüssels zwischen Kunde und Bank verwendet. Da auch im Fall Elliptischer Kurven nicht damit gerechnet werden kann, daß sofort eine Zertifizierungsinfrastruktur zur Verfügung steht, sollte auch hier ein Format für den Transport öffentlicher Schlüssel und Kurvenparameter festgelegt werden.

In der aktuellen Spezifikation besteht die „Datenelementgruppe" (DEG) „öffentlicher Schlüssel" aus den folgenden 7 Feldern: 1. Verwendungszweck, 2. Operationsmodus, 3. Verfahren, 4. Wert für Modulus, 5. Bezeichner für Modulus, 6. Wert für Exponent und 7. Bezeichner für Exponent.

Hier wird vorgeschlagen, die Möglichkeiten um EC-Parameter zu erweitern und die Namen der Felder etwas abstrakter zu formulieren. Konkret sollte man das erste Element (z.Zt. für Modulus verwandt) z.B. „Verfahrensparameter" und das zweite Element (z.Zt. für Exponent verwandt) z.B. „öffentlicher Schlüssel" nennen. Das heißt, daß die neue Spezifikation der DEG öffentlicher Schlüssel folgendermaßen aussehen könnte: (Die vorgeschlagenen Änderungen sind **fett** markiert)

Nr.	Name	Typ	Format	Länge	Status	Anzahl	Restriktionen
1	Verwendungszweck für öffentlichen Schlüssel	GD	an	..3	M	1	5, 6
2	Operationsmodus, kodiert	GD	an	..3	M	1	16, **26**
3	Verfahren Benutzer	GD	an	..3	M	1	10, **20**
4	Wert für **Verfahrensparameter**	GD	bin	..512	M	1	
5	Bezeichner für **Verfahrensparameter**	GD	an	..3	M	1	12, **22**
6	Wert für **öffentlicher Schlüssel**	GD	bin	..512	M	1	65537
7	Bezeichner für **öffentlicher Schlüssel**	GD	an	..3	M	1	13, **23**

Erläuterungen:

Nr. 1:   keine Änderung, d.h. „5" für OCF - Owner Ciphering, „6" für OSG – Owner Signing.

Nr. 2:   neben „16" für DSMR (ISO9796)[9] sollte nun auch „26" für ECC nach ANSI X9.62 [ANSI98] bzw. X9.63 [ANSI99] zugelassen werden.

Nr. 3:   neben „10" für RSA sollte nun auch „20" für ECC zugelassen werden.

---

[9] An dieser Stelle sollte evtl., um Mißverständnissen vorzubeugen, in der aktuellen HBCI-Spezifikation geklärt werden, welche Bedeutung das Tag „16" für *Chiffrier*schlüssel (d.h. Nr. 1 = „5") hat.

Nr. 4:   anstatt „Wert für Modulus" sollte das Feld mit „Wert für Verfahrensparameter" abstrakter benannt werden. Ist das Feld Nr. 3="20" (und das Feld Nr. 5="22" für „EC-Parameters") so ist dieses Feld als „EC-Parameters", wie in ANSI X9.62 [ANSI98], Kapitel 6.3, Seite 20 definiert zu interpretieren.

Nr. 5:   anstatt „Bezeichnung für Modulus" sollte das Feld „Bezeichner für Verfahrensparameter" benannt werden. Neben „12" (für MOD) sollte auch „22" für „EC-Parameters" zugelassen sein.

Nr. 6:   anstatt „Wert für Exponent" sollte das Feld „Wert für öffentlicher Schlüssel" benannt werden. Ist nun Nr. 3="20" (und Nr. 5="22") so ist das Feld als öffentlicher Schlüssel (Punkt) auf der in EC-Parameters definierten Kurve zu interpretieren. Die Definition dieses öffentlichen Schlüssels ist in „SubjectPublicKeyInfo" in ANSI X9.62 [ANSI98], Kapitel 6.4, Seite 21 gegeben.

Nr. 7:   anstatt „Bezeichnung für Exponent" sollte das Feld „Bezeichner für öffentlicher Schlüssel" benannt werden. Zulassen sollte man neben „13" für „Exponent" auch „23" für EC-Punkt.

5.5   Die zugelassenen Signaturalgorithmen

Im Kapitel VI.5.2.3 der HBCI-Spezifikation [ZKA99] sollte neben „1" für DES und „10" für RSA auch „20" für ECDSA, wie in ANSI X9.62 [ANSI98] definiert, zugelassen werden. Alle anderen Werte bleiben hiervon unberührt.

5.6   Die zugelassenen Verschlüsselungsalgorithmen

Im Kapitel VI.5.4.2 der HBCI-Spezifikation [ZKA99] sollte im Feld Nr. 5 neben „5" (für DES-verschlüsselter DES-Schlüssel) und „6" (für mit RSA-verschlüsselter DES-Schlüssel) auch „7" für „mit ECC verschlüsselter DES-Schlüssel" zugelassen werden. Der zu verwendende Verschlüsselungsalgorithmus sollte wie in ANSI X9.63 [ANSI99], Kapitel 5.8.1 sein. Alle anderen Werte bleiben hiervon unberührt.

6   Zusammenfassung

In diesem Beitrag wurde die Notwendigkeit für die Integration alternativer Public Key Verfahren in HBCI diskutiert. Da Verfahren auf Basis Elliptische Kurven das ideale Backup-Verfahren zum bereits vorhandenen RSA zu sein scheinen, wurden die nötigen Änderungen an der HBCI-Spezifikation in Kapitel 5, als Diskussionsgrundlage für die HBCI-Standardisierungsgremien, angegeben. Da diese Änderung im wesentlichen die in Kapitel 5 identifizierten sechs Punkte betreffen würde, sollten einer zügigen Integration in die HBCI-Spezifikation kaum *technische* Hürden im Wege stehen.

Literatur

[AlHu99]   R. Algesheimer, D. Hühnlein: HBCI – Eine sichere Plattform nicht nur für Homebanking, Sicherheitsinfrastrukturen'99, Vieweg Verlag, 1999.

[AjDw97]   M. Ajtai, C. Dwork: A Public-Key Cryptosystem with Worst-Case/Average-Case Equivalence, Proceedings of the 29th annual ACM Symposium on Theory of Computing, 1997, S. 284-293.

[ANSI98]   ANSI-X9.62 (WD): Public Key Cryptography for the Financial Service Industry – The Elliptic Curve Digital Signature Algorithm (ECDSA), 20.09.1998. http://grouper.ieee.org/groups/1363/index.html

[ANSI99]   ANSI-X9.63 (WD): Public Key Cryptography for the Financial Service Industry – Key Agreement and Key Transport Using Elliptic Curve Cryptography, 08.01.1999. http://grouper.ieee.org/groups/1363/index.html

[BuLZ93]   J. Buchmann, J. Loho, J. Zayer: An implementation of the general number field sieve, Advances in Cryptology Crypto (1993), Lecture Notes in Computer Science, 773, S. 159-165.

[BuMa99]   J. Buchmann, M. Maurer: Wie sicher ist die Public Key Kryptographie?, unveröffentlichtes Manuskript, 28.01.1999. http://www.informatik.tu-darmstadt.de/TI/Veroeffentlichung/TR/Welcome.html#1999

[BuPa97]   J. Buchmann, S. Paulus: A One Way Function Based on Ideal Arithmetic in Number Fields, Advances in Cryptology: CRYPTO'97, Springer LNCS 1294, 1997, S. 384-394.

[BuWi88]   J. Buchmann, H.C. Williams: A key-exchange system based on imaginary quadratic fields, Journal of Cryptology, 1, 1988, S. 107-118.

[BuWi89]   J. Buchmann, H.C. Williams: A Key Exchange System Based on Real Quadratic Fields, Advances in Cryptology: CRYPTO'89, Springer LNCS 435, 1989, S. 335-343.

[BSI99]   Bundesamt für Sicherheit in der Informationstechnik (BSI): Geeignete Kryptoalgorithmen gemäß §17 (2) SigV, 29.05.99. http://www.bsi.de/aufgaben/projekte/pbdigsig/index ... Literatur

[CDL+99]   S. Cavallar, B. Dodson, A. Lenstra, P. Leyland, W. Lioen, P.L. Montgomery, B. Murphy, H. te Riele, P. Zimmerman: Factorization of RSA-140 Using the Number Field Sieve, Proc. of ASIACRYPT'99, Springer, 1999, S. 195-207.

[GaLV98]   R. Gallant, R. Lambert, S. Vanstone: Improving the parallelized Pollard lambda search on binary anomalous curves, manuscript 1998. http://grouper.ieee.org/groups/1363/contrib.html#papers-cryptanalysis

[GoGH97]   O. Goldreich, S. Goldwasser, S. Halevi: Public Key Cryptosystems from Lattice Reduction Problems, Advances in Cryptology: CRYPTO'97, Springer LNCS 1294, 1997, S. 112-131.

[DoLe95]   B. Dodson and A.K. Lenstra: NFS with four large primes: An explosive experiment, Proceedings of Crypto'95, Springer, 1995, S. 372-385.

[Gord93]   D. Gordon: Discrete Logarithms in GF(p) Using the Number Field Sieve, Siam Journal on Discrete Mathematics 6, 1993, S. 124-138.

[HoPS98]   J. Hoffstein, J. Pipher, J. Silverman: NTRU: A ring based public key cryptosystem, in Proceedings of ANTS III, Springer LNCS 1423, 1998, S. 267-288.

[Hühn00]   D. Hühnlein: A survey of cryptosystems based on non-maximal imaginary quadratic orders (extended abstract), in diesem Tagungsband.

[Kobl87]   N. Koblitz: Elliptic Curve Cryptosystems, Math. Comp., vol. 48, 1987, S. 203-
209.

[Kobl89]   N. Koblitz: Hyperelliptic Cryptosystems, Journal of Cryptology, 1, 1989,
S. 139-150.

[Kobl99]   N. Koblitz: Algebraic Aspects of Cryptography, Algorithms and Computation
in Mathematics, vol. 3, Springer, 1998.

[LeLe93]   A.K. Lenstra, H.W. Lenstra: The Development of the Number Field Sieve
(LNM 1554), Springer, 1993.

[MeOV91]   A.J. Menezes, T. Okamoto, S.A. Vanstone: Reducing elliptic curve logarithms
to logarithms in finite fields, Proceedings of 23rd Annual ACM Symposium on
Theory of Computing (STOC), 1991, S. 80-89.

[Mene93]   A.J. Menezes: Elliptic Curve Public Key Cryptosystems, Kluwer Academic
Publishers, 1993.

[Mill85]   V. Miller: Use of Elliptic Curves in Cryptology, Advances in Cryptology:
Proceedings of Crypto '85, LNCS 218, Springer, 1986.

[MüVZ98]   V. Müller, S. Vanstone, R. Zuccherato: Discrete Logarithm Based Cryptosystems in Quadratic Function Fields of Characteristic 2, Designs, Codes and
Cryptography, 14 (2), 1998, S. 159-178.

[Nguy99]   P. Nguyen: Cryptoanalysis of the Goldreich-Goldwasser-Halevi Cryptosystem
from Crypto'99, Advances in Cryptography – Proceedings of Crypto'99, LNCS
1666, Springer, 1999, S. 288-304.

[Pome82]   C. Pomerance: Analysis and Comparison of Some Integer Factoring Algorithms, in H.W. Lenstra, Jr., R. Tijdeman, Computational Methods in Number
Theory, Part I, Mathematisch Centrum Tract 154, Amsterdam 1982, S. 89-139.

[Riel99b]   H.J.J. te Riele & al.: Factorization of RSA-155, Posting in sci.crypt.research,
August 1999.

[RSA79]   R. Rivest, A. Shamir, L. Adleman: A method for obtaining Digital Signatures
and Public-Key-Cryptosystems, Communications of the ACM, vol. 21, no. 2,
Feb 1978, S. 120-126.

[Sham99]   A. Shamir: Factoring integers with the TWINKLE device, CHES'99, August
1999, erscheint auch in Springers LNCS.

[Smar99]   N.P. Smart: The Discrete Logarithm Problem on Elliptic Curves of Trace One,
Journal of Cryptology, 1999, S. 193-196.

[WiZu98]   M. Wiener, R. Zuccherato: Faster Attacks on Elliptic Curve Cryptosystems,
SAC'98, Springer.
http://grouper.ieee.org/groups/1363/contrib.html#papers-cryptanalysis

[ZKA99]   ZKA: Home Banking Computer Interface – Spezifikation, Version 2.1 vom
02.03.1999. http://www.hbci-zka.de/spezifikation/2.1_body.html

NICE – Ein neues Kryptosystem mit schneller Entschlüsselung

Michael Hartmann[1] · Sachar Paulus[2] · Tsuyoshi Takagi[3]

[1]TU Darmstadt
mhartman@cdc.informatik.tu-darmstadt.de

[2]SECUDE Darmstadt
paulus@secude.com

[3]NTT Düsseldorf
ttakagi@ntt.de

Zusammenfassung

NICE ist ein neues Kryptosystem, welches sich durch eine extrem effiziente Entschlüsselung auszeichnet. Die Bitkomplexität der Entschlüsselung ist quadratisch; im Wesentlichen werden für die Entschlüsselung eine Anwendung des Euklidischen Algorithmus und ein sehr ähnlicher Algorithmus zur Reduktion von binären qudratischen Formen benötigt. Durch die schnelle Entschlüsselung ist der Algorithmus für die Authentikation mit Smart Cards oder die Servarauthentikation im Internet hervorragend geeignet.

1   Einleitung

Einige Public-Key-Kryptosysteme, die nicht auf RSA aufbauen wurden im Laufe der Zeit vorgestellt. Sie habe ihre Wurzeln in der tiefen Zahlentheorie (Hyper- und Superelliptische Kurven), der Geometrie oder Kombinatorik (LLL-basierende Systeme). Ein großer Vorteil von RSA ist seine Einfachheit: man kann es leicht implementieren und benötigt nur moderate Kenntnisse der zugrunde liegenden Mathematik, um es zu verstehen. Außerdem ist RSA relativ schnell, es existieren zwar bedeutent schneller Public-Key-Kryptosysteme, aber die Kombination von Einfachheit, Geschwindigkeit und Vertrauen in die Sicherheit machen es zu einem der bekanntesten und praktikabelsten Public-Key-Kryptosystemen. Zur Zeit wird nur noch das ElGamal-System, basierend auf Elliptischen Kurven als genauso interessant betrachtet. Elliptische Kurven sind aber um einiges komplizierter und die besten Algorithmen um Public-Key-Kryptosysteme, die auf Elliptischen Kurven basieren, zu brechen sind viel langsamer auf grund ihrer exponentiellen Komplexität. Geschwindigkeit und Sicherheit werden bei diesem System mit der größeren mathematischen Komplexität bezahlt.

Allerdings haben beide Systeme den entschiedenen Nachteil, daß die Entschlüsselungs-

bzw. Signaturdauer von kubischer Komplexität der Bitlänge des Public-Key abhängt, da bei beiden Systemen dieser Schritt aus modularen Multiplikationen besteht. Diese Tatsache wird umso wichtiger, wenn man an Smartcards denkt. Die Smartcard wird als das Sicherheitsmodul der Zukunft betrachtet. Sie enthält alle persönlichen geheimen Informationen, insbesondere die Public-Keys der jeweiligen Public-Key-Kryptosysteme zum Entschlüsseln und Signieren. Außerdem führt die Smartcard die notwendigen Berechnungen selbstständig durch, so daß keine geheimen Informationen die Smartcard verlassen. Die Komplexität heutiger PCs und der zugehörigen Betriebssysteme ist mittlerweile zu hoch, um beweisbar sicher zu sein, deshalb sollten alle sicherheitsrelevanten Operationen durch eine autarke Smartcard ausgeführt werden. Die unter Sicherheitsaspekten unkritschen Operationen wie Verschlüsselung mit dem Public-Key oder Signatur-Verifikation können ohne Bedenken einem leistungsfähigen PC überlassen werden. Die Operationen die aus Sicherheitsgründen bei einem Public-Key-Kryptosystem nicht dem PC überlassen werden sollten sind Entschlüsselung und Signieren. Wenn man RSA betrachtet ist die Aufgabe die dem leistungsschwachen Sicherheitsmodul, der Smartcard, zu Teil wird, die komplexesten. Man kann davon ausgehen, daß mit zunehmender Leistungsfähigkeit der Hardware auch die Schlüssellänge des Public-Keys zunimmt. Zusätzlich gibt es keine Garantie, daß nicht plötzlich neue subexponentiellen Attacken auf das zu Grunde liegende Zahlentheoretische Problem vorgestellt werden. Deshalb ist es besser ein effizienteres Public-Key-Kryptosystem zu haben.

Als Alternative können wir ein Public-Key-Kryptosystem verwenden, das auf Zahlkörpern aufbaut Dieses Kryptosystem hat eine theoretisch schnelle Entschlüsselung mit quadratischer Komplexität in Abhängigkeit von der Bitlänge des verwendeten Public-Keys. Selbst wenn die Schlüssellänge in Zukunft zunimmt, wird die Komplexität der Berechnung nicht besonders steigen. Dies wird besonders wichtig, wenn man Smartcards als das Sicherheitsmodul der Zukunft betrachtet.

Dieser Artikel ist wie folgt aufgebaut: in einem ersten Abschnitt führen wir die notwendigen mathematischen Begriffe ein. Danach erläutern wir das Kryptosystem und untersuchen die Sicherheit von NICE. Schließlich geben wir ein paar Zeiten von NICE an.

2 Mathematische Grundlagen

2.1 Quadratische Ordnungen

Sei $\Delta \in \mathbb{Z}$ keine Quadratzahl, mit $\Delta \equiv 0, 1 \pmod 4$. Δ wird als (quadratische) Diskriminante bezeichnet. Δ wird als fundamentale Diskriminante bezeichnet, wenn $\Delta \equiv 1 \pmod 4$ und quadratfrei ist oder $\Delta/4 \equiv 2, 3 \pmod 4$ und quadratfrei. Jede Diskriminante Δ kann dargestellt werden als $\Delta_1 f^2$, wo Δ_1 eine fundamentale Diskriminate ist und f eine ganze Zahl, notiert als $\Delta_f = \Delta_1 f^2$. In dieser Arbeit werden nur negative Diskriminanten betrachtet.

Sei $\sqrt{\Delta_f} = i\sqrt{|\Delta_f|}$ die Quadratwurzel von Δ_f auf der oberen Halbebene. Dann ist $\mathcal{O}_{\Delta_f} = \mathbb{Z} + (\Delta_f + \sqrt{\Delta_f})/2\,\mathbb{Z}$ die quadratische Ordnung mit Diskriminante Δ_f; dies ist ein Integritätsring. Wenn Δ_f keine fundamentale Diskriminante ist, dann ist $\mathcal{O}_{\Delta_f} \subset \mathcal{O}_{\Delta_1}$ und $\mathcal{O}_{\Delta_f}$ hat einen endlichen Index f in $\mathcal{O}_{\Delta_1}$. Außerdem gilt $\mathcal{O}_{\Delta_f} = \mathbb{Z} + f\mathcal{O}_{\Delta_1}$. Die Ordnung

$\mathcal{O}_{\Delta_f}$ ist die nicht-maximale Ordnung mit dem Führer f und die Ordnung $\mathcal{O}_{\Delta_1}$ ist die maximale Ordnung.

Jedes Element $\alpha \in \mathcal{O}_{\Delta_f}$ wird dargestellt als $\alpha = (x + y\sqrt{\Delta_f})/2, x, y \in \mathbb{Z}$. Für $\alpha = (x + y\sqrt{\Delta_f})/2$ wird mit $\alpha' = (x - y\sqrt{\Delta_f})/2$ die (komplex) Konjugierte notiert.

Eine Untermenge $\mathbf{a} \in \mathcal{O}_{\Delta_f}$ ist ein ganzes Ideal von $\mathcal{O}_{\Delta_f}$, wenn $\alpha + \beta \in \mathbf{a}$ für alle $\alpha, \beta \in \mathbf{a}$. Jedes Ideal $\mathbf{a} \in \mathcal{O}_{\Delta_f}$ wird dargestellt durch

$$\mathbf{a} = m(a\mathbb{Z} + \frac{b + \sqrt{\Delta_f}}{2}\mathbb{Z}) \tag{1}$$

mit $m \in \mathbb{Z}, a \in \mathbb{Z}_{>0}$ und $b \in \mathbb{Z}$, so daß $b^2 \equiv \Delta_f \pmod{4a}$. Diese Gleichung ist eindeutig, wenn $-a < b \leq a$. Dann ist (m, a, b) die Standarddarstellung von $\mathbf{a}$.

Die Norm von α ist definiert als $N(\alpha) = \alpha\alpha' = (x^2 - y^2\Delta_f)/4$. Die Norm eines Ideals $\mathbf{a}$ ist definiert als $N(\mathbf{a}) = am$. $\mathbf{a}$ ist primitiv, wenn $m = 1$. In diesem Fall wird $\mathbf{a}$ dargestellt als (a, b). Für zwei Ideale $\mathbf{a}, \mathbf{b}$ kann man das Produkt $\mathbf{ab}$ definieren (siehe z.B. [BW88] Die Berechnung der Darstellung von $\mathbf{ab}$ benötigt $O((\log(\max(N(\mathbf{a}), N(\mathbf{b})))^2)$ Bitoperationen.

2.2 Klassengruppe von $\mathcal{O}_{\Delta_f}$

Ein (gebrochenes) Ideal ist eine Untermenge I von $Q(\sqrt{D})$ mit folgenden Eigenschaften:

1. für alle $\alpha, \beta \in I$ und alle $x, y \in \mathcal{O}, x\alpha + y\beta \in I$,

2. es gibt eine feste ganze algebraische Zahl v, so daß für alle $\alpha \in I, v\alpha \in \mathcal{O}$.

Ein Ideal $\mathbf{a}$ wird prim zu f genannt, wenn $GCD(N(\mathbf{a}), f) = 1$ gilt. Die Ideale von $\mathcal{O}_{\Delta_f}$ die prim zu f sind bilden eine abelsche Gruppe, notiert als $\mathcal{I}_{\Delta_f}(f)$.

Zwei Ideale $\mathbf{a}$ und $\mathbf{b}$ werden äquivalent7 genannt, wenn $\alpha, \beta \in \mathcal{O}_{\Delta_f}$ existieren, so daß $\beta\mathbf{a} = \alpha\mathbf{b}$. Dies Äquivalenzrelation wird mit $\mathbf{a} \sim \mathbf{b}$ notiert.

Ein Ideal $\mathbf{a}$ ist ein Hauptideal, wenn es eine ganze algebraische Zahl α gibt, so daß $\mathbf{a} = \{x\alpha : x \in \mathcal{O}\}$. Die Hauptideale $\mathcal{P}_{\Delta_f}(f)$ die prim zu f sind bilden eine Untergruppe von $\mathcal{I}_{\Delta_f}(f)$.

Die Faktorgruppe $\mathcal{I}_{\Delta_f}(f)/\mathcal{P}_{\Delta_f}(f)$ wird die Klassengruppe von $\mathcal{O}_{\Delta_f}$ genannt, notiert mit $Cl(\Delta_f)$. Die Ordnung dieser Gruppe wird notiert mit $h(\Delta_f)$.

Ein primitives Ideal $\mathbf{a}$ aus $\mathcal{I}_{\Delta_f}(f)$ wird reduziert genannt, wenn für $\mathbf{a} = (a, b)$ gilt $|b| \leq a \leq c = (b^2 - \Delta_f)/4a$ und zusätzlich $b \geq 0$, wenn $a = c$ oder $a = |b|$. Es gibt genau ein reduziertes Ideal in jeder Äquivalenzklasse. $red_{\Delta_f}(\mathbf{a})$ bezeichnet das reduzierte Ideal welches Äqivalent zu $\mathbf{a} \in \mathcal{I}_{\Delta_f}(f)$. Ein Algorithmus um $red_{\Delta_f}(\mathbf{a})$ aus $\mathbf{a}$ zu berechnen ist in [BW88] beschrieben und benötigt $O((\log(N(\mathbf{a}))^2)$ Bitoperationen. Hier wird jede Klasse der Klassengruppe durch ihr eindeutiges reduziertes Ideal identifiziert.

Es ist leicht zu zeigen, daß $N(\mathbf{a}) < \sqrt{|\Delta_f|/3}$ für alle $\mathbf{a} \in \mathcal{I}_{\Delta_f}(f)$ gilt. Umgekehrt gilt, daß ein primitives Ideal $\mathbf{a} \in \mathcal{I}_{\Delta_f}(f)$ mit kleiner Norm $N(\mathbf{a}) < \sqrt{|\Delta_f|/4}$ ein reduziertes Ideal ist. Daraus folgt, daß man die Darstellung eines Produktes von zwei Klassen der Klassengruppe in $O((\log\sqrt{|\Delta_f|})^2)$ Bitoperationen berechnen kann (vgl. [BB97])

```
GoToMaxOrder
```

EINGABE: Ein reduziertes Ideal $\mathbf{a} = (a, b) \in \mathrm{Cl}(\Delta_q)$, die fundamentale Diskriminante Δ_1, die Diskriminante Δ_q und der Führer q

AUSGABE: Ein reduziertes Ideal $\mathbf{A} = \varphi_q(\mathbf{a}) = (A, B)$.

(1)	$b_\mathcal{O} \leftarrow \Delta_q \mathrm{mod} 2$	
(2)	löse $1 = xq + ya, x, y \in \mathbb{Z}$	erweiterter euklidischer Algorithmus
(3)	$B \leftarrow bx + ab_\mathcal{O} y \mathrm{mod} 2a$	
(4)	$(A, B) \leftarrow \mathrm{red}_{\Delta_1}(A, B)$	
(5)	**return** $((A, B))$	

Algorithmus 1: Berechnung von φ_q

2.3   Die Abbildung $\mathrm{Cl}(\Delta_q) \to \mathrm{Cl}(\Delta_1)$

Im folgenden sei $\Delta_f = f^2 \Delta_1 < 0$ eine negative quadratische Diskriminante.

In [Cox89] wird die Beziehung zwischen Idealen der maximalen Ordnung $\mathcal{O}_{\Delta_1}$ und der nicht-maximalen Ordnung $\mathcal{O}_{\Delta_f}$ untersucht. Wenn ein Ideal $\mathbf{a}$ aus $\mathcal{I}_{\Delta_f}(f)$ ist, dann ist $\mathbf{A} = \mathbf{a}\mathcal{O}_{\Delta_1}$ ein Ideal aus $\mathcal{I}_{\Delta_1}(f)$ und $\mathrm{N}(\mathbf{a}) = \mathrm{N}(\mathbf{A})$. Einfacher gesagt, wenn $\mathbf{A}$ ein Ideal aus $\mathcal{I}_{\Delta_1}(f)$ ist, dann ist $\mathbf{a} = \mathbf{A} \cap \mathcal{O}_{\Delta_f}$.

Sei $f = q$ eine Primzahl und $\sqrt{|\Delta_1|/3} < q$. dann sind alle reduzierten Ideale in $\mathrm{Cl}(\Delta_1)$ prim zum Führer q. Daraus kann man folgende Abbildung ϕ betrachten:

$$\varphi_q : \mathrm{Cl}(\Delta_q) \longrightarrow \mathrm{Cl}(\Delta_1)$$
$$\mathbf{a} \longmapsto \mathrm{red}_{\Delta_q}(\mathbf{a}\mathcal{O}_{\Delta_1}),$$

wo jede Klasse der Klassengruppe mit ihrem eindeutigen reduzierten Ideal identifiziert wird. (Man beachte, wenn $q > \sqrt{|\Delta_1|/3}$ kann diese Abbildung trotzdem definiert werden, allerdings muß möglicherweise ein zu $\mathbf{a}$ äquivalentes Ideal berechnet werden, daß prim zu q ist (vgl. [HJPT98]).

Ein praktikabler Algorithmus, um φ_q zu berechnen findet sich in Algorithmus 1.

Jeder Schritt des Algorithmus erfordert $O((\log\sqrt{|\Delta_q|})^2$ Bitoperationen, d.h. der Algorithmus hat eine quadratische Komplexität.

Wir diskutieren die "Inverse" Abbildung φ_q^{-1}. Die Abbildung $\varphi_q : \mathrm{Cl}(\Delta_q) \to \mathrm{Cl}(\Delta_1)$ ist surjektiv und man kennt $h(\Delta_f) = h(\Delta_1)(q - (\Delta_1/q))$. (Δ_1/q) ist das Kronecker-Symbol. Mit $\ker(\varphi_q)$ wird der Kern der Abbildung $\varphi_q : \mathrm{Cl}(\Delta_q) \to \mathrm{Cl}(\Delta_1)$ bezeichnet, der eine zyklische Untergruppe von $\mathrm{Cl}(\Delta_q)$ mit Ordnung $q - (\Delta_1/q)$ darstellt. Wir werden ein eindeutiges reduziertes Ideal dieser Urbilder mit Hilfe der Größe der Norm eines Ideals.

Die Norm eines reduzierten Ideals aus $\mathrm{Cl}(\Delta_1)$ ist kleiner als $\sqrt{|\Delta_1|/3}$. Nach der Annahme

```
GoToMinOrder (Inverse)
```

EINGABE: Ein reduziertes Ideal $\mathbf{A} = (A, B) \in \mathrm{Cl}(\Delta_q)$, so daß $\mathrm{N}(\mathbf{A}) < \sqrt{|\Delta_1|/4}$, der Führer q
AUSGABE: Ein reduziertes Ideal $\mathbf{a} \in \mathrm{Cl}(\Delta_q)$, so daß $\varphi_q^{-1}(\mathbf{A}) = (a, b)$.

```
(1)    a ← A
(2)    b ← Bqmod2a
(3)    return ((a, b))
```

Algorithmus 2: GoToMinOrder (Inverse)

ist $\sqrt{|\Delta_1|/3} < q$ und alle Ideale aus $\mathrm{Cl}(\Delta_1)$ sind prim zum Führer q. Deshalb ist für ein reduziertes Ideal $\mathbf{A} \in \mathrm{Cl}(\Delta_1)\mathbf{a} = \phi^{-1}(\mathbf{A} = \mathbf{A} \cap \mathcal{O}_{\Delta_q}$ ein primitives Ideal aus $\mathcal{I}_{\Delta_q}(q)$ und $\mathrm{N}(\mathbf{A}) = \mathrm{N}(\mathbf{a})$. Wenn das primitive Ideal $\mathbf{a} \in \mathcal{I}_{\Delta_q}(q)$ die Bedingung $\mathrm{N}(\mathbf{a}) < \sqrt{|\Delta_1|/4}$ erfüllt, dann ist $\mathbf{a}$ ein reduziertes Ideal. Folglich legen wir uns auf Ideale $\mathbf{a} \in \mathrm{Cl}(\Delta_q)$ fest, bei denen $\mathrm{N}(\mathbf{a}) < \sqrt{|\Delta_1|/4}$. Dann ist $\varphi_q(\mathbf{a}) \cap \mathcal{O}_{\Delta_q}$ reduziert und aus $\mathcal{I}_{\Delta_q}$. Dadurch können wir ein ausgezeichnetes Inverses der Abbildung φ_q berechnen. Die Kardinalität dieser Menge ist allerdings geringer als die von $\mathrm{Cl}(\Delta_1)$. Diese inverse Abbildung notieren wir mit φ_q^{-1} und der praktikable Algorithmus ist in Algorithmus 2 erläutert.

Dieser Algorithmus benötigt offensichtlich nur $O((\log(\sqrt{|\Delta_1|}))^2)$ Bitoperationen.

3 Grundprinzip von NICE

In diesem Kapitel wird das Grundprinzip des NICE-Kryptosystems erläutert und die notwendigen Algorithmen vorgestellt.

3.1 Abstrakte Fassung

Seien G und H zwei endliche abelsche Gruppen und π eine surjektive Abbildung $\pi : G \to H$. Alle Elemente der Gruppe G und die Gruppenoperation auf G sind öffentlich bekannt und ebenso ein Element p aus dem Kern von π. Angenommen man kennt als einziger die Gruppe H (die Repräsentanten der Elemente der Gruppe und die Gruppenoperation) und die Abbildung π. Der Nachrichtenraum enthält die eindeutig gewählten Urbilder m der Elemente aus M aus H unter der Abbildung π. Jetzt wird eine Nachricht m verschlüsselt indem ein zufälliges Element p^e des $\ker(\pi)$ daran multipliziert wird. Der Ciphertext ist somit: $c - m * p^e$. Die Entschlüsselung funktioniert ganz einfach: Berechne das eindeutig gewählte Urbild von m aus $M = \pi(m * p^e)$.

Dies ist ein sicheres Kryptosystem, wenn die Berechnung der Abbildung π nicht aus den bekannten Informationen abgeleitet werden kann. Diese sind die Gruppe G, das Kernelement p und die Art und Weise wie die speziellen Urbilder ausgewählt werden. Es existieren

```
composition
```

EINGABE: $(a_1, b_1), (a_2, b_2) \in Cl(\Delta_q)$, die Diskriminante Δ_q
AUSGABE: $(a, b) = (a_1, b_1) * (a_2, b_2)$

/* Multiplikations-Schritt */

(1)   Löse $d = ua_1 + va_2 + w(b_1 + b_2)/2$, mit $d, u, v, w \in \mathbb{Z}$ euklidischer Algorithmus

(2) $a \leftarrow a_1 a_2 / d^2$

(3) $b \leftarrow b_2 + (va_2(b_1 - b_2) + (w\Delta_q - b_2^2)/2)/d \bmod 2a$

/* Reduktions-Schritt */

(4) $c \leftarrow (\Delta_q - b^2)/4a$

(5)   **while** $((-a < b \leq a < c)$ or $(0 \leq b \leq a = c))$ **do**

(6)   Finde $\lambda, \mu \in \mathbb{Z}$, so daß $-a \leq \mu = b + 2\lambda a < a$ Division mit Rest

(7) $(a, b, c) \leftarrow (c - \lambda\frac{b+\mu}{2}, -\mu, a)$

(8)   **if** $((a = c)$ and $(b < 0))$ **then**

(9) $b \leftarrow -b$

(10)   **fi**

(11)   **od**

(12)   **return** $((a, b))$

Algorithmus 3: Komposition in $Cl(\Delta_q)$

einige Konstruktionen dieser Art, die auf zahlentheoretischen Problemen aufbauen, wie zum Beispiel [OU98]. Eine Übersicht findet man in [PT98].

3.2 Implementierung über Idealklassengruppen

Die folgende Implementierung des Kryptosystems ist besonders interessant: Generiere zwei zufällige Primzahlen $p, q > 4$, so daß $p \equiv 3(\mathrm{mod}\,4)$ und sei $\Delta_1 = -p$. Sei $G = Cl(\Delta_q)$ die Idealklassengruppe der maximalen Ordnung mit Diskriminante Δ_1 und $H = Cl(\Delta_q)$ die Idealklassengruppe der nicht-maximalen Ordnung mit dem Führer q. Δ_q ist öffentlich bekannt, seine Faktorisierung in Δ_1 und q bleibt geheim.

Jedes Element aus G wird durch ein Zahlenpaar (a, b) dargestellt, so daß $0 < a \leq \sqrt{|\Delta_q|/3}$, $-a < b \leq a$ und $b^2 \equiv \Delta_q \bmod 4a$ (und einige kleinere Einschränkungen). Elemente von H werden genauso repräsentiert, allerdings wird Δ_1 durch Δ_q ersetzt. Die Gruppenoperation funktioniert wie in Algorithmus 3 erklärt.

Dieser Algorithmus wird nur zur Verschlüsselung benötigt und hat kubische Bitkomplexität $O((\log_2\Delta_q)^3)$. Bei der Entschlüsselung muß nur π berechnet werden. Die Berechnung der Abbildung π ist in Algorithmus 4 beschrieben.

Dieser Algorithmus π hat quadratische Bitkomplexität $O((\log_2\Delta_q)^2)$ (vergleiche [PT]).

Berechnung von π

EINGABE: $(a, b) \in \mathrm{Cl}(\Delta_q)$, die fundamentale Diskriminante Δ_1, die Diskriminante Δ_q und der Führer q

AUSGABE: $(A, B) = \pi((a, b))$

---

(1)	$b_\mathcal{O} \leftarrow \Delta_q \bmod 2$	
(2)	Löse $1 = uq + va$, mit $u, v \in \mathbb{Z}$	erweiterter euklidischer Algorithmus
(3)	$B \leftarrow bu + ab_\mathcal{O} v \bmod 2a$	
(4)	$C \leftarrow (\Delta_1 - B^2)/4A$	
(5)	**while** $((-A < B \leq A < C)\, or\, (0 \leq B \leq A = C))$ **do**	
(6)	Finde $\lambda, \mu \in \mathbb{Z}$, so daß $-A \leq \mu = B + 2\lambda A < A$	Division mit Rest
(7)	$(A, B, C) \leftarrow (C - \lambda\frac{B+\mu}{2}, -\mu, A)$	
(8)	**if** $((A = C)$ and $(B < 0))$ **then**	
(9)	$B \leftarrow -B$	
(10)	**fi**	
(11)	**od**	
(12)	**return** $((A, B))$	

Algorithmus 4: Berechnung von π

Außderdem finden nur einfache, wohlbekannte Operationen Verwendung, so daß der Algorithmus theoretisch für eine Implementierung auf einer Smartcard prädestiniert ist. (Die auftretenden Probleme werden später behandelt.)

3.3 Erläuterung der Verschlüsselung

Bei der Schlüsselgenerierung wählt man ein Element (p, b_p) aus dem Kern $ker(\pi)$ und veröffentlicht (p, b_p). Die Nachricht (m, b_m) ist ein Element aus $Cl(\Delta_q)$ mit $m < [\sqrt{|\Delta_1|/4}]$. Die Verschlüsselung findet in der Klassengruppe $Cl(\Delta_q)$ durch Berechnung von $(c, b_c) = ((m, b_m) * (p, b_p)^r)$, r ist eine zufällige ganze Zahl $r < 2^l$ mit $l = \log_2(q - (\frac{\Delta_1}{q}))$. Mit der Kenntnis der geheimen Informationen, dem Führer q, kann man in die Klassengruppe der maximalen Ordnung wechseln und das Bild der Nachricht $\pi((m, b_m))$ offenbart sich, da $\pi((c, b_c)) = \pi((m, b_m))$. Die Nachricht kann wieder hergestellt werden, indem das eindeutig gewählte Urbild von $(d, b_d) = \pi((c, b_c))$, genauer (m, b_m) berechnet wird. Für dieses Urbild wissen wir, daß $d = m$, da $m < [\sqrt{|\Delta_q|/4}]$.

3.4 NICE-Protokoll

1. **Schlüsselgenerierung:** Generiere zwei zufällige Primzahlen $p, q > 4$ mit $p \equiv 3 \pmod 4$ und $\sqrt{p/4} < q$. Sei $\Delta_1 = -p$ und $\Delta_q = \Delta_1 q^2$. Seien k und l die Bitlängen von $[\sqrt{|\Delta_1|/4}]$ und $q - (\frac{\Delta_1}{q})$. Wähle ein Element $(p, b_p) \in Cl(\Delta_q)$, mit $\pi(p, b_p) =$

$(1, 0)$

Dann sind $((p, b_p), \Delta_q, k, l)$ die Systemparameter und q ist der geheime Schlüssel.

2. **Verschlüsselung:** Sei (m, b_m) der Plaintext in $Cl(\Delta_q)$ mit $\log_2 m < k$. Wähle eine zufällige $l - 1$ Bit Ganzzahl r, dann wird der Plaintext unter der Verwendung der schnellen Exponentiontion und Vorberechnungstechniken wie folgt berechnet:
   $(c, b_c) = (m, b_m) * (p, b_p)^r$.
   Dann ist (c, b_c) der Ciphertext.

3. **Entschlüsselung:** Mit dem geheimen Schlüssel q berechnet man $(d, b_d) = \pi((c, b_c))$. Den Plaintext erhält man durch Berechnung des eindeutig gewählten Urbildes (m, b_m) von (d, b_d).

Man beachte, wenn die Nachricht nur in den ersten Koeffizienten des Paares (m, b_m) eingebettet wird, endet die Entschlüsselung schon nach der Berechnung von $\pi((c, b_c))$. Da $d = m$.

3.5 Einbettungsstrategie

Um eine Nachricht in ein Ideal einzubetten müssen wir sicherstellen, daß das Nachrichten-Ideal sich vom Cipher-Ideal unterscheidet, d.h. das Nachrichten-Ideal nicht zum Bild der Abbildung φ_q^{-1} gehört. Dies wird durch die Forderung erreicht, daß das Nachrichten-Ideal eine Norm von zumindest $\sqrt{|\Delta_1|/3} < 2^{k+1}$ hat. Bei einem gegebenen Ideal (a, b) wissen wir, daß es reduziert in $\mathcal{O}_{\Delta_q}$ ist, falls $a < \sqrt{|\Delta_q|}/2$. Sei k_q die Bitlänge von $|\Delta_q|$ und m der Hashwert einer Nachricht oder die Nachricht selbst mit einer Länge von n Bit. (Typischerweise ist $n = 128$ und $k_q = 1024$). Sei x die Konkatenation von m und einer Sequenz von $k_q/2 - 3 - n$ Nullen, d.h. $x = m || 0^{k_q/2-3-n}$. Dann bestimmen wir die kleinste Primzahl l größer als x, die die Bedingung $(\Delta_q/l) = 1$ erfüllt. Dies kann effizient mit einigen Primzahltests und Jacobi-Symbol Berechnungen erfolgen. Mit einer sehr hohen Wahrscheinlichkeit finden wir ein solches l mit $l - x < 2^{k_q/2-3-n}$. Man beachte, daß bei dieser Einbettungsmethode jede Nachricht eine eindeutige Einbettung besitzt, obwohl die Nachrichtenbits niemals geändert werden. Dann wird b berechnet, so daß $\Delta_q \equiv b^2 \bmod 4l$ mit $-l < b \leq l$. Dies kann effizient mit Shanks RESSOL-Algorithmus geschehen [RS97]. $\mathbf{a} = (l, b)$ ist dann ein reduziertes Ideal mit $N(\mathbf{a}) \geq x \geq 2^{k/2-3} \geq \sqrt{|\Delta_q|/32}$, das wesentlich größer als $\sqrt{|\Delta_1|/3}$ ist.

3.6 Weitere Anwendungen

Die dem NICE Protokoll zu Grunde liegende Falltürfunktion kann auch für andere Prokolle verwendet werden. Ein reines Signaturprotokoll ist nicht möglich, allerdings eine sog. undeniable signature. Details finden sich in [BPT].

4 Sicherheitsbetrachtungen

Die Sicherheit des NICE Kryptosystems beruht auf der Schwierigkeit des Faktorisierens der Diskriminanten Δ_q. Wenn die Diskriminante Δ_q faktorisiert werden kann, dann ist dieses Kryptosystem komplett gebrochen. Zuerst betrachten wir die Größe der geheimen Parameter Δ_1 und q um zu verhindern, daß das Kryptosystem durch faktorisieren der Zahl

Δ_q gebrochen werden kann. Andererseits kann ein Angreifer irgendwie die Abbildung $\varphi(\mathbf{a})$ für eine beliebiges Ideal $\mathbf{a} \in \mathcal{O}_{\Delta_q}$ berechnen. Wir werden zeigen, daß die Berechnung der Abbildung **GoToMax Order** genauso schwer ist, wie das Faktorisieren von von Δ_q.

In diesem Kryptosystem wir ein Ideal $\mathbf{p}$ öffentlich zugänglich gemacht, das ein Element des $\ker(\varphi_q)$ ist. Es wird gezeigt, daß das Wissen um ein solches Ideal keinen Vorteil beim Faktorisieren der Diskriminanten bringt.

Zuletzt wird gezeigt, daß ein Chosen-Message-Attack keine weiteren Informationen als die bereits bekannten liefert.

4.1 Größe der geheimen Parameter

Wir diskutieren die Größe der geheimen Parameter $\Delta_1 = -p$ und q, welche Attacken mit den derzeitig bekannten Faktorisierungsalgorithmen verhindern. Sei $L_N[s, c] = \exp((c + o(1))\log\log^{1-s}(N))$. Das Number-Field-Sieve [LL91] und die Elliptische Kurven Methode [Len87] sind die Varianten von Faktorisierungsalgorithmen, vor denen die größte Vorsicht geboten ist. Andere Faktorisierungsalgorithmen sind langsamer [MvV96] [RS97].

Das Number-Field-Sieve ist der schnellste Faktorisierungsalgorithmus und die Laufzeit hängt von der absoluten Bitlänge der zusammengesetzten Zahl $|\Delta_q|$ ab und liegt größenordnungsmäßig bei $L_{|\Delta_q|}[1/3, (64/9)^{1/3}]$. Aktuell hat die schnellste Implementierung des Number-Field-Sieve einen 130 Ziffern RSA-Modulus faktorisiert [CDEH$^+$96]. Wenn wir Δ_q größer als 768 Bit wählen, wird das Number-Field-Sieve unbrauchbar. Andererseits hängt die Elliptische Kurven Methode von der Größe der Primzahlen p und q ab und die erwartete Laufzeit liegt bei $L_r[1/2, 2^{1/2}]$, mit $r = p$ oder q. Die schnellste Implementierung der Elliptischen Kurven Methode fand einen 48 Ziffern Primfaktor [ECM]. Wenn wir p und q größer als 256 Bit wählen, wird auch die Elliptische Kurven Methode unbrauchbar. Daraus resultierend ist eine 768 Bit Diskriminante Δ_q mit 256 Bit p,q sicher für kryptographische Verwendungen.

Es ist unbekannt, ob ein $L_p[1/3, c]$ subexponentieller Algortihmus existiert, der die Primzahlen einer zusammengesetzten Zahl mit quadratischen Primfaktoren schneller findet als das generische Number-Field-Sieve.

4.2 GoToMaxOrder

Nur derjenige der den Führer q kennt, kann die Abbildung φ_q berechnen und dann jedes Nachrichten-Ideal aufdecken. Wenn ein Angreifer irgendwie das Bild $\varphi_q(\mathbf{a})$ eines bestimmten Ideals $\mathbf{a}$ aus $\mathrm{Cl}(\Delta_q)$ berechnen kann, dann wird das Nachrichten-Ideal $\mathbf{m}$ bekannt. Wir können beweisen, daß die Diskriminante Δ_q kann mit einigen Iterationen eines Algorithmuses faktorisert werden, der das Bild von φ_q berechnet.

4.1. Satz *Angenommen es exisitiert der Algorithmus* **AL** *der zu dem primitiven Ideal* $\mathbf{a} = (u_1, u_2) \in \mathcal{I}_{\Delta_q}(q)$ *ein primitives Ideal* $\mathbf{A} = (A_1, A_2) \in \mathcal{I}_{\Delta_1}(q)$ *berechnet, so daß* $\mathbf{A} = \phi(\mathbf{a})$, *ohne daß der Führer* q *bekannt ist. Unter Verwendung des Algorithmus* **AL** *als Orakel, kann die Diskriminante* $\Delta_q = \Delta q^2$ *in polynomieller Zeit faktorisiert werden.*

Dieses Theorem bedeutet, daß niemand das primitive Ideal (a, b) von der nicht-maximalen Ordnung zur maximalen "switchen" kann, ohne daß er den Führer q kennt. Wenn wir dies auf das reduzierte Ideal in $Cl(\Delta_q)$ mit Norm kleiner als $\sqrt{|\Delta_1|/4}$ übertragen, können wir beweisen, daß die Berechnung von GoToMaxOrder genauso schwer wie das Faktorisieren von Δ_q ist.

4.3 Kenntnis von p

Wir werden zeigen, daß die Kenntnis von **p** nicht beim Faktorisieren von Δ_q hilft. Zur Vereinfachung nehmen wir an, daß **p** der Generator der Gruppe $\ker(\varphi_q)$ ist.

Ein nicht triviales ambiges Ideal ist ein Ideal $\mathbf{f} \in Cl(\Delta_q)$, so daß $\mathbf{f}^2 \sim 1$ und $\mathbf{f} \not\sim 1$. Wenn ein nicht triviales ambiges Ideal aus der Ordnung $\mathcal{O}_{\amalg}$ bekannt ist, dann können wir die Diskriminante Δ_q faktorisieren [Sch83]. Zur Diskriminanten in Δ_q des NICE- Kryptosystems gibt es nur 1 bis 3 nicht triviale ambige Ideale aus $Cl(\Delta_q)$. Genauer liegen die nicht trivialen ambigen Ideale in der Gruppe $\ker(\varphi_q)$. Es ist nicht bekannt, daß andere Ideale aus $\ker(\varphi_q)$ außer den ambigen Idealen benutzt werden können, um um die Diskriminante Δ_q zu faktorisieren. Deshalb ist die Wahrscheinlichkeit, daß $\mathbf{p}^r$ für ein zufälliges r ein nicht triviales ambiges Ideal ist, vernachlässigbar gering.
Im NICE-Kryptosystem wird das Ideal **p** öffentlich bekannt gemacht. Eine mögliche Attacke ein nicht triviales ambiges Ideal zu einem gegebenen **p** zu finden, ist die Ordnung von **p** in der Gruppe $Cl(\Delta_q)$ zu finden. Wenn wir die Ordnung des Ideals **p** berechnen können, dann ist der Führer q bekannt. Deshalb ist ein solcher Algortihmus zumindest genauso schwer wie das Faktorisieren der Diskrimanten Δ_q. Dies zeigt, daß mit den aktuell bekannten Algorithmen die Kenntnis von **p** nicht bei der Faktorisierung von Δ_q hilft.

4.4 Chosen-Message-Attack

Seien G_1, G_2 endliche abelsche Gruppen und wir betrachten einen surjektiven Homomorphismus $\varphi : G_1 \to G_2$. Wenn zwei Elemente $g, h \in G_1$ die Bedingung $\varphi(g) = \varphi(h)$ erfüllen, dann sind sie in der gleichen Nebenklasse. Das NICE-Kryptosystem benutzt den surjektiven Homomorphismus $\varphi_q : Cl(\Delta_q) \to Cl(\Delta_1)$. Das Nachrichten- Ideal **m** wird verschlüsselt durch $\mathbf{c} = red_{\Delta_q}(\mathbf{mp}^r)$. Der Ciphertext **c** "repräsentiert" dann alle Elemente der Nebenklasse von **m** in der Gruppe $Cl(\Delta_q)$.

Gleichzeitig hat Shamir ein RSA-ähnliches Kryptosystem vorgeschlagen, das den Homomorphismus $\varphi_S : (\mathbb{Z}/n\mathbb{Z})^* \to (\mathbb{Z}/p\mathbb{Z})^*$, mit $n = pq$ und p, q prim, benutzt [Sha95]. Während der Schlüsselgenerierung werden e, d so gewählt, daß sie die Relation $ed \equiv 1(\mathrm{mod}\ p - 1)$ erfüllen. Die Nachricht M muß kleiner als p sein. Zur Verschlüsselung wird $C \equiv M^e(\mathrm{mod}\ n)$ berechnet und die Ausgangsnachricht kann dann durch $M \equiv C^d(\mathrm{mod}\ p)$ wieder hergestellt werden.Für ein Element $a \in (\mathbb{Z}/n\mathbb{Z})^*$ sind alle Elemente der Nebenklasse von a der Abbildung φ_S werden dargestellt durch $\{a, a+p, a+2p, ..., a+(q-1)p\}$. Wenn wir zwei Elemente a_1, a_2 aus der gleichen Nebenklasse kennen, können wir den Modulus n faktorisieren, in dem wir $GCD(a_1 - a_2, n) = p$ berechnen. Dies ist äquivalent dazu, daß wir n faktorisieren können, wenn wir ein Element des Kerns von φ_s kennen.

Gilbert et al. nutzte diese Tatsache und schlug folgende Attacke gegen das Kryptosystem vor [GGOQ]. Sei M' eine Nachricht, größer als p und C der zu M' gehörende Ciphertext. Wenn ein Angreifer den regulären Plaintext M kennt, der zu C gehört, dann kann er den Modulus n faktorisieren, in dem er $GCD(M - M', n)$ berechnet. Dies ist eine Chosen-

Message-Attack. Diese Attacke kann gefahren werden, da $\mathbb{Z}/n\mathbb{Z}$ nicht nur eine Gruppe sondern auch ein Ring ist.

Betrachten wir nun die Chosen-Message-Attack gegen das NICE-Kryptosystem. Das NICE-Kryptosystem hat bereits ein öffentlich bekanntes Element von $\ker(\varphi_S)$. Sei $\mathbf{m}'$ das Nachrichten-Ideal, so daß $N(\mathbf{m}') > p$ und $\mathbf{c} = \mathrm{red}_{\Delta_q}(\mathbf{m}'\mathbf{p}^r)$ der zugehörige Ciphertext ist. Wenn $\mathbf{m}$ ein reguläres Nachrichten-Ideal aus der gleichen Nebenklasse wie $\mathbf{m}'$ ist und $N(\mathbf{m}) < p$, dann gilt $\mathbf{m} = \mathrm{red}_{\Delta_q}\mathbf{m}'\mathbf{p}^s$ für eine ganze Zahl s. Mit anderen Worten, eine Chosen-Message-Attack liefert nur ein weiteres Element der Nebenklasse von $\mathbf{m}$. Dadurch wird die Chosen-Message-Attack auf das Problem reduziert, ob wir mit der Kenntnis eines Elements aus $\ker(\varphi_q)$ die Diskriminante Δ_q faktorisieren können.

5 Zeiten

Die Gesamtlaufzeit des Entschlüsselungsprozesses von NICE beträgt $O((\log_2 \Delta_q)^2)$ Bit-operationen. Wir haben NICE mit der zahlentheoretischen C++-Arithmetik von LiDIA sowie auf dem Siemens-Chip SLE66CX80S implementiert. Die Ergebnisse können Sie in der Tabelle 5 und 6 lesen. Beide Implementationen waren nicht auf größtmögliche Performance ausgelegt; es sollte lediglich die Machbarkeit gezeigt werden.

Der erste Exponentiationsschritt kann getrennt erfolgen, wenn die errechneten Werte sicher gespeichert werden können. Auch können Expoentiationsverfahren mit Vorberechnungstechniken eingesetzt werden. Daher haben wir diesen Aufwand getrennt ausgewiesen.

$\log_2(n)$	768	1024	1536	2048
RSA Verschlüsselung	6 ms	10 ms	19 ms	31 ms
RSA Entschlüsselung	470 ms	1032 ms	3045 ms	7006 ms
NICE Vorberechnung $p \approx q \approx n^{1/3}$	3759 ms	7650 ms	21682 ms	36166 ms
NICE Verschlüsselung $p \approx q \approx n^{1/3}$	3 ms	4 ms	8 ms	12 ms
NICE Entschlüsselung $p \approx q \approx n^{1/3}$	8 ms	13 ms	22 ms	30 ms

Tab. 5: Durchschnittszeiten für NICE im Vergleich zu RSA ($e = 2^{16} + 1$) von 100 zufällig ausgewählten Paaren von Primzahlen in der angegebenen Größe; die verwendete Maschine war eine SPARC station 4 (110 MHz)

$\log_2(n)$	1024
RSA Entschlüsselung mit CRT	490 ms
NICE Entschlüsselung $p \approx q \approx n^{1/3}$	1242 ms

Tab. 6: Zeiten für die Entschlüsselung von NICE und RSA mit dem Hardware Simluator des Siemens 66CX80S mit 4.915 MHz

Literatur

[BB97] I. Biehl, J. Buchmann: An analysis of the redruction algorithms for binary quadratic forms. Technical Report TI-26/97, Technische Universität Darmstadt, 1997.

[BPT]   I. Biehl, S. Paulus, T. Takagi: Undeniable signature schemes based on ideals in quadratic orders. Submitted to Designs, Codes and Cryptography.

[BW88]   J. Buchmann, H.C. Williams: A key-exchange system based on imaginary quadratic fields. In Journal of Cryptology, 1988, S. 107–118.

[CDEH+96]   J. Cowie, B. Dodson, R. Elkenbracht-Huizing, A.K. Lenstra, P.L. Montgomery, J. Zayer: A world wide number field sieve factoring record: on to 512 bits. In Advances in Cryptology – ASIACRYPT '96, LNCS 1163, 1996, S. 382–394.

[Cox89]   D.A. Cox: Primes of the form $x^2 + ny^2$. John Wiley & Sons, 1989.

[ECM]   ECMNET Project: http://www.loria.fr/~zimmerma/records/ecmnet.html

[GGOQ]   H. Gilbert, D. Gupta, A.M. Odlyzko, J.-J. Quisquater: Attacks on shamir's 'rsa for paranoids'. http://www.research.att.com/~amo/doc/recent.html

[HJPT98]   D. Hühnlein, M.J. Jacobson, S. Paulus, T. Takagi: A cryptosystem based on non-maximal imaginary quadratic orders with fast decryption. In Advances in Cryptology – EUROCRYPT '98, LNCS 1403, 1998, S. 294–307.

[Len87]   H.W. Lenstra Jr.: Factoring integers with elliptic curves. In Annals of Mathematics, 126, 1987, S. 649–673.

[LL91]   A.K. Lenstra, H.W. Lenstra Jr.: The developement of the number field sieve. In Springer LNM 1554, 1991.

[MvV96]   A.J. Menezes, P.C. van Oorschot, S. Vanstone: Handbook of applied Cryptography. CRC-Press, 1996.

[OU98]   T. Okamoto, S. Uchiyama: A new public-key cryptosystem as secure as factoring. In Advances in Cryptology – EUROCRYPT '98, LNCS 1403, 1998, S. 308–318.

[PT]   S. Paulus, T. Takagi: A completely new cryptosystem based on ideals in quadratic orders, erscheint in Journal of Cryptology.

[PT98]   S. Paulus, T. Takagi: A generalization of the Diffie-Hellman problem based on the coset problem allowing fast decryption. In Proceedings of ICISC'98, 1998. Seoul, Korea.

[RS97]   R Rivest, R.D. Silverman: Are 'strong' primes needed for RSA. In The 1997 RSA Laboratories Seminar Series, Seminar Proceedings, 1997.

[Sch83]   R.J. Schoof: Quadratic fields and factorization. In H.W. Lenstra, R. Tijdeman (Ed.): Computational Methods in Number Theory. Math Centrum Tracts 155. Part II, Amsterdam, 1983, S. 235–286.

[Sha95]   A. Shamir: RSA for paranoids. In CryptoBytes, Vol. 1, 1995.

Wie sicher ist die Public-Key-Kryptographie?

Johannes Buchmann · Markus Maurer

Technische Universität Darmstadt
{buchmann, mmaurer}@cdc.informatik.tu-darmstadt.de

Zusammenfassung

Die Sicherheit von Public-Key Verfahren beruht auf Problemen der algorithmischen Zahlentheorie. Da keine theoretischen unteren Schranken existieren, kann man nur annehmen, dass diese Probleme wirklich schwierig sind. Die Annahme beruht auf der Tatsache, dass zur Zeit keine effizienten Algorithmen existieren, um die Probleme zu lösen. Die Leistungsfähigkeit der derzeit bekannten Algorithmen bestimmt die Parameterwahl der Public-Key Verfahren. Wir beschreiben den aktuellen Stand der Forschung für das Faktorisieren ganzer Zahlen, die Berechnung diskreter Logarithmen in endlichen Körpern, in Punktgruppen elliptischer Kurven und in Klassengruppen algebraischer Zahlkörper.

1   Einleitung

Mehr als zwanzig Jahre nach ihrer Erfindung ist die Public-Key-Kryptographie heute von enormer praktischer Bedeutung. Signatur und Verschlüsselung elektronischer Nachrichten ist weit verbreitet. Elektronische Zahlungssysteme im Internet verwenden Public-Key-Techniken. Das gleiche gilt für Zugangsschutzsysteme zu Rechnernetzen.

Sind Public-Key-Systeme wirklich sicher? Die Antwort darauf ist nicht einfach. Die meisten praktisch verwendeten Public-Key-Systeme beziehen ihre Sicherheit aus der Schwierigkeit, natürliche Zahlen in ihre Primfaktoren zu zerlegen (RSA-Verfahren) oder diskrete Logarithmen in endlichen Primkörpern zu berechnen (DSA-Verfahren). Beides gilt heute als sehr schwierig. Es konnte aber bis jetzt nicht bewiesen werden, daß diese Probleme wirklich schwierig sind. Im Gegenteil. In den vergangenen zwanzig Jahren hat es enorme Fortschritte auf diesen Gebieten gegeben. Mathematiker haben immer bessere Algorithmen erfunden. Gleichzeitig haben sie die bekannten Algorithmen mit modernen Computertechniken sehr effizient implementiert. Niemand hat diese enormen Fortschritte vorausgesehen. Es ist also denkbar, daß schon morgen ein brillianter Mathematiker einen effizienten Algorithmus erfindet, der sehr schnell natürliche Zahlen faktorisieren und diskrete Logarithmen berechnen kann. Dann wären alle Public-Key-Systeme, die auf diesen Problemen beruhen, unsicher. Hätte zum Beispiel jemand seinen Hauskauf mit einer RSA-Signatur getätigt, dann könnte er nicht mehr beweisen, daß das Haus wirklich ihm gehört. Und so, wie die Systeme implementiert sind, ist es unmöglich, ein unsicher gewordenes Verfahren durch ein anderes zu ersetzen.

Es ist also nötig, neue mathematische Probleme zu identifizieren, die sich als Grundlage für die Implementierung von Public-Key-Systemen eignen. Solche Alternativen sind in der Vergangenheit schon vorgeschlagen worden, z.B. die Berechnung diskreter Logarithmen in Punktgruppen elliptischer und hyperelliptischer Kurven oder in der Klassengruppe eines algebraischen Zahlkörpers. Es ist weiter wichtig, die Schwierigkeit dieser Probleme theoretisch und experimentell zu untersuchen. Dies ermöglicht die Wahl geeigneter Parameter in den Verfahren. Es ist weiter nötig, effiziente Implementierungen von Kryptosystemen (auch auf Smart-Cards) bereitzustellen. Es ist schließlich wichtig, Public-Key-Systeme zu implementieren, in denen sehr leicht von einem Public-Key-Mechanismus auf einen anderen umgeschaltet werden kann.

Diese Arbeit beschreibt eine Auswahl mathematischer Probleme, die als Grundlage für die Sicherheit von Public-Key-Verfahren geeignet sind. Wir zeigen, wie schwer die jeweiligen Probleme theoretisch und experimentell sind und wir beschreiben, wie effizient die Probleme bei der Implementierung von Public-Key-Verfahren eingesetzt werden können.

2 Faktorisierung

Die Sicherheit des RSA-Verfahrens beruht auf der Schwierigkeit, eine natürliche Zahl n, die das Produkt zweier etwa gleich großer Primzahlen ist, in ihre Primfaktoren zu zerlegen.

Die drei wichtigsten Algorithmen sind die *Elliptische-Kurven-Methode (ECM)* [LLJ90], das *Quadratische Sieb (QS)* [Sil87] und das *Zahlkörpersieb (NFS)* [LLJ93].

Wir beschreiben die Komplexität dieser Algorithmen. Dazu brauchen wir eine Bezeichnung. Seien n, u, v reelle Zahlen und sei n größer als die Eulersche Konstante e. Dann schreibt man

$$L_n[u, v] = e^{v(\log n)^u (\log \log n)^{1-u}}. \tag{1}$$

Wir beschreiben die Bedeutung dieser Funktion. Es ist

$$L_n[0, v] = e^{v(\log n)^0 (\log \log n)^1} = (\log n)^v \tag{2}$$

und

$$L_n[1, v] = e^{v(\log n)^1 (\log \log n)^0} = e^{v \log n}. \tag{3}$$

Ein Algorithmus, der die Zahl n faktorisieren soll, erhält als Eingabe n. Die binäre Länge von n ist $\lfloor \log n \rfloor + 1$. Hat der Algorithmus die Laufzeit $L_n[0, v]$ so ist seine Laufzeit polynomiell, wie man aus (2) sieht. Dabei ist v der Grad des Polynoms. Der Algorithmus gilt dann als effizient. Die praktische Effizienz hängt natürlich vom Polynomgrad ab. Hat der Algorithmus die Laufzeit $L_n[1, v]$ so ist seine Laufzeit exponentiell, wie man aus (3) sieht. Der Algorithmus gilt als ineffizient. Hat der Algorithmus die Laufzeit $L_n[u, v]$ mit $0 < u < 1$, so heißt seine Laufzeit *subexponentiell*. Sie ist schlechter als polynomiell und besser als exponentiell. Die schnellsten bekannten Faktorisierungsalgorithmen haben subexponentielle Laufzeit.

Die Laufzeit der Probedivision zur Faktorisierung ist exponentiell.

Die Laufzeit des Quadratischen Siebs konnte bis jetzt nicht völlig analysiert werden. Wenn man aber einige plausible Annahmen macht, dann ist die Laufzeit des quadratischen

Siebs $L_n[1/2, 1 + o(1)]$. Hierin steht $o(1)$ für eine Funktion, die gegen 0 konvergiert, wenn n gegen unendlich strebt. Die Laufzeit des Quadratischen Siebs liegt also genau in der Mitte zwischen polynomiell und exponentiell.

Die Elliptische-Kurven-Methode (ECM) ist ebenfalls ein probabilistischer Algorithmus mit erwarteter Laufzeit $L_p[1/2, \sqrt{1/2} + o(1)]$, wobei p der kleinste Primfaktor von n ist. Während das Quadratische Sieb für Zahlen n gleicher Größe gleich lang braucht, wird ECM schneller, wenn n einen kleinen Primfaktor hat. Ist der kleinste Primfaktor aber von der Größenordnung $\sqrt{n}$, dann hat ECM die erwartete Laufzeit $L_n[1/2, 1 + o(1)]$, genau wie das Quadratische Sieb. In der Praxis ist das Quadratische Sieb in solchen Fällen sogar schneller.

Bis 1988 war $L_n[1/2, 1 + o(1)]$ die schnellste Laufzeit der bekannten Faktorisierungsalgorithmen. Es gab sogar die Meinung, daß es keine schnelleren Faktorisierungsalgorithmen geben könne. Das ist auch richtig, solange man versucht, natürliche Zahlen n mit glatten Zahlen der Größenordnung n^a für eine feste positive reelle Zahl a zu faktorisieren. Im Jahre 1988 zeigte aber John Pollard, daß es mit Hilfe der algebraischen Zahlentheorie möglich ist, zur Erzeugung von Kongruenzen systematisch kleinere Zahlen zu verwenden. Aus der Idee von Pollard wurde das Zahlkörpersieb (Number Field Sieve, NFS). Unter geeigneten Annahmen kann man zeigen, daß es die Laufzeit $L_n[1/3, (64/9)^{1/3} + o(1)]$ hat. Es ist damit einem Polynomzeitalgorithmus wesentlich näher als das Quadratische Sieb.

Der größte Teiler, der bisher mit ECM gefundenen wurde, hat 53 Dezimalstellen. Er wurde im September 1998 von Conrad Curry mit der Implementierung von George Woltman's ECM Version auf einem Cluster von 16 Dual-Prozessor Pentium Rechnern bei der Faktorisierung der Mersenne Zahl $M677 = 2^{677} - 1$ gefunden, [Brent], [ECMNET].

Ein Indikator für die Fortschritte im Bereich der Faktorisierungsalgorithmen ist der RSA Faktorisierungswettbewerb. Um die Sicherheit ihrer Produkte zu untermauern, veröffentlicht die Firma RSA Data Security die sog. RSA-Zahlen. Dabei ist RSA-k eine Zahl mit k Dezimalstellen und 2 Primfaktoren von gleicher Größe. Wem es gelingt, die Teiler dieser RSA-Zahlen zu finden, erhält je nach Größe der Zahl einen gewissen Geldbetrag.

Der derzeitige Faktorisierungsrekord mit dem Quadratischen Sieb ist die Faktorisierung von RSA-129, [AGLL95]. Die erste Phase der Berechnung, die sogenannte Siebphase, wurde WWW-basiert weltweit von 600 Teilnehmern durchgeführt und erstreckte sich über 8 Monate. Umgerechnet dauerte sie 5000 MIPS Jahre, d.h. ein Rechner mit 1 Million Instruktionen pro Sekunde hätte für die Siebphase 5000 Jahre benötigt. Aus dem Siebprozess ergab sich eine dünne Matrix mit 569466 Zeilen und 524338 Spalten. Diese wurde in eine dichte Matrix mit 188614 Zeilen und 188160 Spalten umgewandelt und der Speicherplatzbedarf für diese Matrix betrug 4.3 GB. Das Lösen des resultierenden Gleichungssystems dauerte 45 Stunden auf einem 16K MasPar MP-1 Parallelrechner.

Ein Meilenstein war die Faktorisierung der neunten Fermatzahl $F_9 = 2^{2^9} + 1$ (155 Dezimalstellen, Faktoren 7, 49 und 99 Dezimalstellen) im Juni 1990 mit einer frühen Version des NFS [LLMP93]. Damals wurde das erste Mal mit Hilfe des Internets eine Siebphase durchgeführt, die sich über 4 Monate erstreckte und insgesamt 340 MIPS Jahre dauerte. Die resultierende 226688 x 199203 Matrix wurde auf eine Größe von 72413 x 72213 kompaktifiziert und das Lösen des Gleichungssystem dauerte 3 h auf einer Connection Machine mit 65536 Prozessoren.

Der aktuelle Rekord, der mit dem Number Field Sieve erzielt wurde, ist die Faktorisierung von RSA-155 (512 Bits) im August 1999, [RSA-155]. Die Faktorisierung erstreckte sich über einen Zeitraum von ca. 7 Monaten. Ein Baustein für diesen Rekord, war die Verwendung einer neuen Methode zur Generierung von geeigneten Polynomen, die von Peter Montgomery und Brian Murphy entwickelt wurde. Nach geeigneten Polynomen wurde 100 MIPS Jahre (9 Wochen) auf einer 50 MHz SGI Origin 2000 gesucht. Die Siebphase wurde auf 160 175-400 MHz SGI und Sun workstations, 8 300 MHz SGI Origin 2000 Prozessoren, in etwa 120 300-450 MHz Pentium II PCs und auf 4 500 MHz Digital/Compaq Rechnern durchgeführt und dauerte 35.7 CPU Jahre; dies sind in etwa 8000 MIPS Jahre, und dies erstreckte sich über einen Zeitraum von 3,5 Monaten. Danach waren 124 722 179 Relationen mit einem Speicherplatzbedarf von 3,7 GB gefunden. Die resultierende Matrix hatte 6 699 191 Zeilen und 6 711 336 Spalten, und das Lösen des Gleichungssystems dauerte etwa 224 CPU Stunden (9,5 Tage) mit einer Cray-Implementierung des Lanczos-Algorithmus. Der Speicherplatzverbrauch betrug dabei 2 GB auf einer Cray C916. Dies lieferte 64 verwendbare Abhängigkeiten, von denen die erste nach 39,4 CPU-Stunden auf einer SGI Origin 2000 durch Quadratwurzelberechnung die Faktorisierung ergab.

Man sieht, daß die Faktorisierung von 512-Bit-Zahlen möglich ist. Systeme mit RSA-Moduln dieser Größe sind also unsicher. Die Firma RSA Data Security gibt als Empfehlung aus, Moduln mit einer Mindestgröße von 768 Bits zu verwenden, [RSA].

Für Zahlen spezieller Gestalt gibt es effizientere Algorithmen. Das SNFS (spezielles Zahlkörpersieb) ist eine Variante des NFS. Der derzeitige Rekord ist die Faktorisierung der Zahl $(10^{211} - 1)/9$, [SNFS-211], im April 1999. Mit 125 SGI und SUN (175 MHz) und 60 PC (300 MHz) Rechnern dauerte die Siebphase 10.9 CPU-Jahre und lieferte 56 394 064 Relationen. Diese wurde in eine Matrix mit 4 820 249 Zeilen und 4 895 741 Spalten transformiert, und das Lösen des resultierenden Gleichungssystems dauerte 121 Stunden auf einer Cray C90. Mit Hilfe von drei Abhängigkeiten wurde nach 15.5 CPU-Stunden auf einer SGI Origin 2000 die Faktorisierung gefunden.

Für Zahlen der Form $n = p^r q$ wurde kürzlich von Dan Boneh et.al., [BDH99], ein neues Verfahren entwickelt, mit dem n effizient faktorisiert werden kann, wenn r hinreichend groß ist. Für $r \approx \log p$ hat der Algorithmus polynomielle Laufzeit in $\log n$. Für $r \approx \sqrt{\log p}$ ist der Algorithmus asymptotisch schneller als ECM. Dies ist zur Zeit aber nur ein theoretischer Vorteil, da die experimentellen Resultate zeigen, dass ECM bei Zahlen von praxisrelevanter Größe schneller ist. Zahlen dieser Gestalt, insbesondere $n = p^2 q$, sind von besonderem Interesse, da sie in neuen Kryptosystemen basierend auf quadratischen Zahlkörpern verwendet werden, siehe Abschnitt 5.

3 Diskrete Logarithmen in endlichen Körpern

Seien G eine Gruppe und g, h Elemente von G. Wenn es eine ganze Zahl x gibt mit

$$h = g^x$$

so heißt der kleinste nicht negative Exponent x, der das erfüllt, *diskreter Logarithmus* von h zur Basis g. In vielen Gruppen ist es schwer, solche diskreten Logarithmen zu berechnen.

Sehr häufig wird in der Kryptographie die multiplikative Gruppe $GF(p)^*$ des Primkörpers der Charakteristik p für eine Primzahl p verwendet. Auf der Schwierigkeit, diskrete Logarithmen in dieser Gruppe zu berechnen, beruht z.B. die Sicherheit des ursprünglichen ElGamal-Verschlüsselungs- und Signaturverfahren und des Digital-Signature-Standard.

Die Frage ist nur, ob das DL-Problem in primen Restklassengruppen wirklich eine Alternative zum Faktorisierungsproblem ist. Die Ideen, die zu neuen Faktorisierungsalgorithmen geführt haben, konnten nämlich oft auch für verbesserte DL-Verfahren in $GF(p)^*$ verwendet werden. Das Analogon des Quadratischen Siebs ist das Verfahren von Coppersmith, Odlyzko und Schroeppel (COS). Der schnellste DL-Algorithmus in $GF(p)^*$ ist das *Zahlkörpersieb (NFS)*. Seine Laufzeit ist

$$L_p[1/3, (64/9)^{(1/3)} + o(1)],$$

also von derselben Größenordnung wie die Laufzeit des NFS für die Faktorisierung.

Der derzeitige Rekord für die generelle Berechnung diskreter Logarithmen in $GF(p)$ mit dem NFS wird von Damian Weber gehalten [Web98]. Im September 1996 berechnete er diskrete Logarithmen in $GF(p)$, wobei p eine Primzahl mit 85 Dezimalstellen ist. Die beiden Polynome, die im Verfahren benutzt werden, hatten Grad 2 und die Größen der Faktorbasen war 35346 und 34995. Die Siebphase wurde auf einem Netz von 100 Rechnern durchgeführt und dauerte insgesamt 44,5 MIPS Jahre. Die resultierende 175046 x 70342 Matrix wurde auf eine Größe von 54866 x 54856 kompaktifiziert und das korrespondierende Gleichungssystem auf einem Parallelrechner, PARAGON im KFA Jülich, auf 64 Knoten mit Hilfe des Lanczos Algorithmus in 64 h von Thomas Denny gelöst.

Reynald Lercier gelang es im Mai 1998 mit Hilfe des COS Algorithmus einen neuen Rekord für die generelle Berechnung von diskreten Logarithmen in $GF(p)$ zu setzen [Lerier98]. Er berechnete mit einem Netz von Pentium Pro 180 MHz Rechnern diskrete Logarithmen in $GF(p)$, wobei p eine Primzahl mit 90 Dezimalstellen ist. Die CPU Zeit der Siebphase betrug 4 Monate. Die resultierende 976062 x 674564 Matrix wurde innerhalb eines Tages auf eine Größe von 61136 x 61036 kompaktifiziert, wobei das Gewicht der resultierenden Matrix 5683954 war. Das Lösen des Gleichungssystems mit dem Lanzcos Algorithmus dauerte 3 Wochen.

4 Diskrete Logarithmen auf Elliptischen Kurven

Auch die Berechnung von diskreten Logarithmen in den Punktgruppen elliptischer Kurven über endlichen Körpern dient als Basis für Public-Key-Verfahren. Da die Ordnung dieser Gruppen leicht berechnet werden kann, können mit ihnen die ElGamal-Verfahren implementiert werden.

Das effizienteste bekannte Verfahren zur Berechnung diskreter Logarithmen auf generellen elliptischen Kurven ist der Pohlig-Hellman-Algorithmus, der in jeder endlichen Gruppe G funktioniert, [Buchmann][Kapitel 9]. Wenn die Faktorisierung der Gruppenordnung in ihre Primzahlpotenzen bekannt ist, d.h. $|G| = \prod_p p^{e(p)}$, so ist die Laufzeit des Algorithmus $O(\sum_{p\|G|}(e(p)(\sqrt{p} + log|G|)))$. Dazu verwendet das Verfahren den chinesischen Restsatz und eine weitere Reduktion, um das Problem der Berechnung eines diskreten Logarithmus in Untergruppen mit p Elementen zu verlagern. Für die Untergruppen werden dann das Babystep-Giantstep oder das Pollard-Rho Verfahren angewendet, deren Laufzeit, $O(\sqrt{p})$, in der Praxis entscheidend die angegebene Gesamtlaufzeit bestimmt. Das Babystep-Giantstep Verfahren ist deterministisch und hat einen Platzverbrauch von $O(\sqrt{p})$, wohingegen die Laufzeit des Pollard-Rho Algorithmus nur erwartet, sein Platzverbrauch aber konstant ist. Paul von Oorschot und Michael Wiener, [OW93], haben eine parallele Variante des Pollard-Rho Verfahrens vorgestellt, bei dem mit r Rechnern die erwartete Laufzeit pro Rechner $O(\sqrt{p}/r)$ ist. Kryptographisch geeignete Punktgruppen müssen also einen großen Primfaktor in ihrer Ordnung haben, damit dieses Verfahren nicht anwendbar ist.

Für spezielle Klassen von elliptischen Kurven gibt es Alternativen. Für elliptische Kurven über $GF(q)$, bei denen die Spur des Frobenius-Endomorphismus 1 ist, lassen sich die diskreten Logarithmen in polynomieller Zeit in $logq$ berechnen. Dies wurde unabhängig in [SA98], [Semaev] und [Smart] beschrieben. Diese sog. anomalen Kurven sind also kryptographisch nicht geeignet. Bei der Erzeugung von Punktgruppen muss somit überprüft werden, ob die Spur ungleich 1 ist.

Weiterhin läßt sich die DL Berechnung auf elliptischen Kurven über $GF(q)$ stets auf eine DL Berechnung in einem Erweiterungskörper $GF(q^k)$, $k \geq 1$, reduzieren. Ob die Berechnung in dem endlichen Körper effizient möglich ist, hängt von seiner Größe, d.h. von k, ab. Für supersinguläre Kurven, Spur 0, wurde in [MVO93] gezeigt, dass $k \leq 6$ ist. In [FMR98] wird bewiesen, dass für Kurven mit Spur 2 der Wert $k = 1$ ist. Um Angriffe dieser Art auszuschließen, wird bei der Erzeugung von Kurven darauf geachtet, dass die Ordnung der Punktgruppe, in welcher das DL Problem formuliert ist, nicht $q^B - 1$ teilt, für $1 \leq B \leq 2000/log_2q$, [Certicom2]. Dies garantiert $k > 2000/log_2q$ und damit ist der endliche Körper zu groß, um eine DL Berechnung praktisch durchführen zu können.

Joe Silverman hat 1998 den Xedni-Algorithmus vorgeschlagen, um diskrete Logarithmen auf elliptischen Kurven zu berechnen, [Sil98]. Bei der Präsentation der Methode war dessen Laufzeit noch unklar. Neuere Untersuchungen ergaben, daß dieser Algorithmus nicht besser als erschöpfende Suche und somit ineffizient ist, [JKSST99].

Seit 1997 gibt es einen Wettbewerb zur Berechnung diskreter Logarithmen auf elliptischen Kurven [Certicom1]. Für Primkörper mit ungerader Charakteristik p ist der Rekord für die DL-Berechnung ECCp-97, d.h. der Körper hat 2^{97} Elemente. Die Berechnung des DL erforderte $2 \cdot 10^{14}$ Gruppenoperationen und dauerte 53 Tage. Ähnlich den Faktorisierungsrekorden, wurde die Berechnung von einer Gruppe von 588 Personen unter Koordination von Robert Harley (INRIA) mit insgesamt 1288 Maschinen durchgeführt [ECCp-97]. Derzeit wird an ECCp-108 gearbeitet. Das eingesetzte Verfahren verwendet die oben genannte parallele Version des Pollard-Rho Algorithmus.

Der gleiche Algorithmus wird für Körper der Charakteristik 2 eingesetzt. Der derzeitige Rekord vom September 1999 ist die Berechnung von ECC2-97, d.h. der Körper hat 2^{97} Elemente. Die Berechnung des DL erstreckte sich auf einem Netz von 740 Rechnern in 20

Ländern über 40 Tage. Die Rechenzeit betrug in etwa 16000 MIPS Jahre, also doppelt soviel wie für die Faktorisierung von RSA-155 notwendig war [ECC2-97].

In praktischen Anwendungen werden die elliptischen Kurven über den endlichen Körpern $GF(2^n)$ oder den Primkörpern $GF(p)$ gewählt. Da keine speziellen Verfahren bekannt sind, eignen sich beide Körper gleich gut und das DL Problem für elliptische Kurven ist vergleichbar schwer, wenn die Elementanzahl der Körper die gleiche Größenordnung hat.

Eine Möglichkeit kryptographisch sichere elliptische Kurven zu erhalten, ist die zufällige Wahl der Kurve. Dann wird geprüft, ob die Kurve nicht anomal ist, und dass der endliche Körper, in den eine Reduktion der DL Berechnung erfolgen kann, hinreichend groß ist. Weiterhin soll die Elementanzahl der Kurve von der Form $p_0 \cdot c$ mit Primzahl p_0 und kleinem c sein, um eine Pohlig-Hellman Attacke auszuschließen. Ist eine solche Kurve gefunden, werden zufällig Punkte Q auf der Kurve bestimmt, bis $P = c \cdot Q$ von Null verschieden ist. Die kryptographischen Verfahren arbeiten dann in der von P erzeugten zyklischen Untergruppe der Ordnung p_0.

Die angegebenen Bedingungen beim Generieren einer kryptographisch geeigneten Kurve lassen sich leicht überprüfen, wenn man die Gruppenordnung der Kurve kennt. Diese kann aufgrund der Ideen von Schoof, Atkin, Elkies und Couveignes effizient berechnet werden, [LM95] [Müller95]. In Tabelle 1 geben wir einige Laufzeiten der LiDIA Implementierung, [LiDIA] [Pap97], des Schoof-Elkies-Atkin Algorithmus für $GF(p)$ an. In der Praxis beeinflusst auch die Kurve selbst die Zeit des Algorithmus; dies führt zu stärkeren Schwankungen in der Laufzeit für gleiche Körper.

s	Minimale Zeit	Maximale Zeit	Durchschnittliche Zeit
150	1 m 53 s	9 m 23 s	3 m 56 s
160	2 m 18 s	8 m 59 s	4 m 15 s
170	1 m 36 s	8 m 11 s	5 m 39 s
180	2 m 57 s	9 m 04 s	6 m 08 s
190	5 m 36 s	11 m 54 s	7 m 03 s
200	6 m 32 s	20 m 27 s	11 m 34 s
210	7 m 18 s	18 m 10 s	11 m 49 s
220	10 m 8 s	18 m 46 s	13 m 37 s

Tab. 1: Maximale, minimale und durchschnittliche Zeit für die Berechnung der Gruppenordnung einer zufällig gewählten elliptischen Kurve über $GF(p)$, wobei p eine zufällig gewählte s-Bit Primzahl ist. Sun Sparc4 mit 32 MB. Quelle: [MP97].

Tabelle 2 gibt einen Überblick über die Anzahl von Kurven, die zufällig gewählt wurden, bevor eine kryptographisch sichere Kurve gefunden wurde. Weitere Ergebnisse für Körper der Charakteristik 2 findet man in [Lercier97].

Rückt man von der Bedingung ab, dass die Kurve zufällig gewählt sein muss, so gibt es

s	$c = 1$	$1 < c < 2^4$	$2^4 \leq c < 2^8$
150	12 / 24 / 27		
160	35 / 70 / 163	2 / 4 / 7	
170	10 / 16 / 21/ 81/ 202	18 / 46	17 / 21/ 24 / 33
180	3 / 16 / 28 / 39 / 197	1 / 3 / 23 / 34	2 / 9 / 25
190	36 / 62 / 82 / 84 / 98	1 / 6 / 7 / 9	2 / 3 / 6 / 8 / 17
200	4 / 26 / 56 / 57	1 / 6 / 7 / 11 / 44	4 / 9
210	5 / 35 / 99 / 507	49	3 / 6 / 10 / 13/ 30
220	3 / 11 / 62 / 93/ 112 / 494	4 / 6/ 20 / 56	28 / 31

Tab. 2: Anzahl der zufällig gewählten Kurven, bevor eine Kurve E, definiert über $GF(p)$ (p eine zufällig gewählte s-Bit Primzahl), gefunden wurde, so dass deren Ordnung von der Form $p_0 \cdot c$ mit Primzahl $p_0 > 2^{150}$ ist. Jeder Test wurde mehrere Male durchgeführt; die Resultate sind durch / getrennt. Sun Sparc 4 mit 32 MB. Quelle: [MP97].

effizientere Methoden, um geeignete Kurven zu finden. Eine Möglichkeit besteht darin, die Koeffizienten der Kurve aus einem kleinen Körper zu wählen und die Gruppenordnung über diesem Körper zu bestimmen. Daraus kann man sehr effizient die Gruppenordnung über Erweiterungskörpern herleiten. Man bestimmt nun einen Erweiterungskörper, der hinreichend groß ist und für den die Kurve die oben genannten Sicherheitseigenschaften erfüllt. Wie zuvor erzeugt man ein Punkt mit primer Ordnung auf der Kurve über dem Erweiterungskörper und die kryptographischen Protokolle arbeiten dann in der von diesem Punkt erzeugten Untergruppe. Siehe z.B. [P1363][Annex A.11].

Alternativ besteht die Möglichkeit, geeignete Gruppenordnungen vorzugeben, und dann eine Kurve mit dieser Ordnung über ihren Endomorphismenring zu konstruieren. Dieses Verfahren wurde ausführlich in der Diplomarbeit von Anne-Monika Spallek dargestellt und implementiert [Spallek]. Da diese Arbeit von 1992 ist, sind dort allerdings nicht die erheblichen Verbesserungen im Bereich des Punktezählens für elliptische Kurven berücksichtigt. Neuere Untersuchungen findet man z.B. in [MP97].

Untersuchungen über die Anzahl der Gruppenoperationen, die notwendig sind, um mit dem Pohlig-Hellman Algorithmus diskrete Logarithmen auf elliptischen Kurven zu berechnen, die Einbeziehung heutiger Rechnerleistung und die praktischen Erfahrungen aus dem oben zitierten DL Wettbewerb, untermauern die Schätzungen, dass derzeitige EC-Kryptosysteme sicher sind, wenn der zugrundeliegende endliche Körper mehr als 2^{200} Elemente hat [Certicom1][Section on time estimates].

5   Zahlkörper

Eine andere Quelle für mathematische Probleme, die Sicherheitsgrundlage für Public-Key-Systeme sein können, ist die algebraische Zahlentheorie.

Das zentrale Problem ist folgendes: Seien I und J Ideale der Ordnung eines algebraischen Zahlkörpers. Finde eine Zahl α des Zahlkörpers und eine natürliche Zahl e für die

$$J = \alpha I^e$$

gilt. Ist die Einheitengruppe der Ordnung klein, so ist dies ein DL-Problem in der Klassengruppe des Zahlkörpers. Ist aber die Klassengruppe klein, so besteht die Schwierigkeit darin, die Zahl α zu bestimmen. Dies ist eine Art DL-Problem, das aber nicht in einer Gruppe spielt.

Ist Δ die Diskriminante der Ordnung, so ist die Komplexität dieser DL-Probleme

$$L_\Delta[1/2, c + o(1)]$$

wobei c eine Konstante ist, die vom Körpergrad abhängt. Für festen Körpergrad ist die Komplexität also subexponentiell, aber schlechter als für das Faktorisierungsproblem und das DL-Proplem in $GF(p)^*$. Als Funktion des Körpergrads ist die Komplexität aber exponentiell und darum ist das Problem interessant für kryptographische Anwendungen. Dies wird in unserer Arbeitsgruppe gerade getestet.

Eine andere Idee, imaginärquadratische Ordnungen zu benutzen, stammt von Hühnlein, Paulus und Takagi [HJPT98]. Sie verwenden eine imaginärquadratische Ordnung O_Δ der Diskriminante $\Delta = p^2 q$, wobei p und q Primzahlen sind. Diese Ordnung liegt in der Maximalordnung O_q. In dem Kryptosystem ist Δ bekannt, aber p und q sind geheim. Die Abbildung

$$Cl_{p^2 q} \to Cl_q$$

ist ein surjektiver Homomorphismus. Um eine Nachricht zu verschlüsseln, wird sie in geeigneter Weise in ein Element von $Cl_{p^2 q}$ eingebettet und mit einem zufällig gewählten Element des Kerns multipliziert. Zur Entschlüsselung wird der Funktionswert berechnet. Das kann nur jemand, der q kennt. Der Vorteil dieses Verfahrens ist, daß zur Entschlüsselung keine Exponentiation nötig ist. Die Entschlüsselung ist sehr effizient möglich. In unserer Arbeitsgruppe wurde ausprobiert, wie effizient sich das Verfahren auf einer Chipkarte realisieren läßt, [HPT99]. Es zeigte sich, dass die derzeit verfügbaren Chipkarten für Operationen, z.B. Exponentiation, optimiert sind, die von RSA benötigt werden. Deshalb war die Entschlüsselung bei der Smartcard Implementierung des Verfahrens 2.5 mal langsamer als bei RSA mit 1024 Bit Modulus. Genauere Laufzeitanalysen machen aber deutlich, dass man eine wesentlich effizientere Implementierung erhält, wenn andere Chipkartenoperationen, z.B. Division mit Rest, optimiert werden.

Michael Jacobson hat mit seiner LiDIA Implementierung die derzeitigen Rekorde für die Berechnung diskreter Logarithmen in quadratischen Zahlkörpern aufgestellt [Jac99]. Die DL Berechnung setzt die Ermittlung der Struktur der Klassengruppe voraus und diese Strukturberechnung liefert den dominierenden Anteil an der Gesamtlaufzeit. Für Klassengruppen imaginär quadratischer Ordnungen ist $\Delta = -4(10^{80} + 1)$ die größte Diskriminante, für die DL Probleme gelöst wurden. Dabei betrug die Zeit für die Berechnung der Struktur der Klassengruppe 5 Tage und die anschließende DL Berechnung dauerte 4 Stunden. Für reell quadratische Ordnungen mit kleiner Klassengruppe steht der Rekord bei $\Delta = 4(10^{60} + 3)$; die Berechnung der Struktur der Klassengruppe dauerte hier 3 Stunden und die Zeit für die DL Berechnung war 14 Sekunden. Für große Klassengruppen ist die größte Diskriminante $\Delta = 10^{76} + 1$. Die Strukturberechnung dauerte 2 Tage und die DL Berechnung 39 Minuten. Alle Rechnungen wurden auf einer 296 MHz UltraSparc-II mit 512 MB RAM durchgeführt.

6   Ausblick

Wie aus den vorangegangenen Abschnitten hervorgeht, ist es nicht klar, ob die Probleme aus der Zahlentheorie, die als Bausteine von Public-Key Verfahren verwendet werden, wirklich schwer sind. Es sind keine unteren Schranken für diese Probleme bekannt, und somit ist unklar, wie lange die darauf basierenden Systeme als sicher angesehen werden können. Peter Shor hat gezeigt, dass sich Faktorisierungen und DL in endlichen Körpern in polynomieller Zeit finden lassen, wenn man die Existenz von Quantencomputern voraussetzt [Shor]. Wir ziehen daraus die Konsequenz, dass man Sicherheitssysteme bauen soll, bei denen die kryptographischen Basisbausteine sehr einfach ausgetauscht werden können.

Als Basis für die Implementierung solcher Systeme bietet sich die Java Cryptography Architecture (JCA) an, die die Firma Sun für die Java Sprache entwickelt [Knu98]. Aufgrund der weiten Verbreitung hat diese Architektur erstmalig die Chance, zu einem De-Facto Standard für kryptographische Implementierungen zu werden. Ein Merkmal dieses Konzeptes ist das Providerprinzip, welches es dem Anwender ermöglicht, Sicherheitsmodule verschiedener Anbieter leicht auszutauschen. Bisherige Anbieter stützen sich auf die Implementierung von Verfahren, deren Sicherheit auf der angesprochenen Schwierigkeit der Faktorisierung und der DL Berechnung in endlichen Körpern (RSA,DSA) beruht. Unsere Arbeitsgruppe beschäftigt sich zur Zeit damit, eine flexible Public-Key Infrastruktur auf Basis der JCA zu entwickeln. Dies wird genauer im Artikel [BRT00] dieser Arbeitskonferenz erläutert.

Literatur

[AGLL95]   D. Atkins, M. Graff, A. K. Lenstra, P. C. Leyland: The magic words are squeamish ossifrage. In Advances in Cryptology, ASIACRYPT'94, Springer LNCS 917, 1995, S. 263–277.

[BDH99]   D. Boneh, G. Durfee, N. Howgrave-Graham: Factoring $N = p^r q$ for Large r. Advances in Cryptology – Crypto'99, Springer LNCS 1666, 1999, S. 326–337.

[Brent]   R. Brent, ECM champs: ftp://ftp.comlab.ox.ac.uk/pub/Documents/ techpapers/Richard.Brent/champs.txt

[Buchmann]   J. Buchmann: Einführung in die Kryptographie. Springer, 1999.

[BRT00]   J. Buchmann, M. Ruppert, M. Tak: FlexiPKI – Eine flexible Public-Key Infrastruktur. Arbeitskonferenz Systemsicherheit, Universität Bremen, 2000.

[CDEH96]   J. Cowie, B. Dodson, M. Elkenbracht-Huizing, A. K. Lenstra, P. L. Montgomery, J. Zayer: A world wide number field sieve factoring record: on to 512 bits. In ASIACRYPT'96, Springer LNCS, 1996.

[Certicom1] Certicom Challenge. http://www.certicom.com/chal

[Certicom2] Certicom ECC Challenge: The Elliptic Curve Discrete Log Problem (ECDLP). http://www.certicom.com/chal/ch2.htm

[ECMNET] P. Zimmermann: The ECMNET project. http://www.loria.fr/z̃immerma/records/ecmnet.html

[FMR98] G. Frey, M. Müller, H-G. Rück: The Tate Pairing and the Discrete Logarithm Applied to Elliptic Curve Cryptosystems. Preprint. http://www.exp-math.uni-essen.de

[ECCp-97] R. Harley, et al.: Solving ECCp-97. http://pauillac.inria.fr/~harley/ecdl4, 1998.

[ECC2-97] R. Harley, et al.: Solving ECC2-97. http://pauillac.inria.fr/~harley/ecdl6, 1999.

[HPT99] M. Hartmann, S. Paulus, T. Takagi: NICE – New Ideal Coset Encryption. Proceedings of CHES, Workshop on Cryptographic Hardware and Embedded Systems, Worcester, Massachusetts, USA, 1999.

[HJPT98] D. Hühnlein, M. J. Jacobson, S. Paulus, T. Takagi: A cryptosystem based on non-maximal imaginary quadratic orders with fast decryption. Advances in Cryptology – Eurocrypt'98, Springer LNCS 1403, 1998, S. 294–307.

[Jac99] M. J. Jacobson Jr.: Subexponential Class Group Computation in Quadratic Orders. Dissertation, TU Darmstadt, 1999.

[JKSST99] M. Jacobson, N. Koblitz, J. Silverman, A. Stein, E. Teske: Analysis of the Xedni calculus attack. Design, Codes, and Cryptography, erscheint.

[Knu98] J. Knudsen: Java Cryptography. The Java Series. O'Reilly, 1998.

[Lercier97] R. Lercier: Finding Good Random Elliptic Curves for Cryptosystems Defined over F_{2^n}. Proceedings of Eurocrypt'97, Springer, 1997, S. 379-392.

[Lerier98] R. Lercier: Discrete logarithms in $GF(p)$. Posted to the Number Theory Net, http://listserv.nodak.edu, 1998.

[LM95] R. Lercier, F. Morain: Counting the number of points on elliptic curves over $GF(p^n)$ using Couveignes' algorithm. Rapport de Recherche LIX/RR/95/09, Laboratoire d'Informatique de l'Ecole polytechnique (LIX), 1995. http://lix.polytechnique.fr/m̃orain/Articles

[LiDIA] LiDIA 1.3.3 – a library for computational number theory, TU Darmstadt. http://www.informatik.tu-darmstadt.de/TI/LiDIA

[LLJ90] A.K. Lenstra, H.W. Lenstra Jr.: Algorithms in number theory. In J. van Leeuwen (Ed.): Handbook of theoretical computer science, Volume A, Algorithms and Complexity, Kap. 12. Elsevier, 1990.

[LLJ93] A.K. Lenstra, H.W. Lenstra Jr. (Ed.): The development of the number field sieve. Springer LNM, 1993.

[LLMP93] A. K. Lenstra, H. W. Lenstra, Jr., M. S. Manasse, J. M. Pollard: The factorization of the ninth Fermat number. Math. Comp., 1993, 61:319–349.

[MP97]　　　V. Müller, S. Paulus: On the generation of cryptographically strong elliptic curves. Technical Report No. TI-25/97, TU Darmstadt, 1997.

[Müller95]　V. Müller: Die Berechnung der Punktanzahl elliptischer Kurven über endlichen Körpern der Charakteristik größer 3. Dissertation, Universität des Saarlandes, Saarbrücken, 1995.

[MVO93]　　A. Menezes, S. Vanstone, T. Okamoto: Reducing elliptic curve logarithms to logarithms in a finite field. IEEE Transactions on Information Theory, 1993, 39:1639-1646.

[OW93]　　P. van Oorschot, M. Wiener: Parallel collision search with cryptanalytic applications. J. Cryptology erscheint.

[P1363]　　IEEE P1363: Standard Specifications For Public Key Cryptography, draft. http://grouper.ieee.org/groups/1363

[Pap97]　　T. Papanikolaou: Entwurf und Entwicklung einer objektorientierten Bibliothek für algorithmische Zahlentheorie. Disseration, Univ. des Saarlandes, 1997.

[RSA-155]　S. Cavallar, B. Dodson, A. Lenstra, P. Leyland, W. Lioen, P. Montgomery, B. Murphy, H. te Riele, P. Zimmermann: Factorization of RSA-155 using the Number Field Sieve. ftp://ftp.cwi.nl/pub/herman/NFSrecords/RSA-155

[RSA]　　　RSA Data Security. http://www.rsalabs.com/rsalabs/challenges/factoring/rsa155_faq.html

[SA98]　　　T. Satoh, K. Araki: Fermat quotients and the polynomial time discrete log algorithm for anomalous elliptic curves. Commentarii Math. Univ. St. Pauli, 47, 1998, S. 81-92.

[Semaev]　　I.A. Semaev: Evaluation of Discrete Logarithms on Some Elliptic Curves. Math. Comp., 1998, 67:353-356.

[Shor]　　　P. W. Shor: Algorithms for Quantum Computation: Discrete Logarithms and Factoring. IEEE Press, 1994.

[Sil87]　　　R. D. Silverman: The multiple quadratic sieve. MathComp, 1987, 48:329-339.

[Sil98]　　　J. Silverman: The Xendi Calculus and the elliptic curve discrete logarithm problem. Design, Codes, and Cryptography, erscheint

[Smart]　　　N. P. Smart: The discrete logarithm on elliptic curves of trace one. J. Cryptology, 1999, 12:193-196.

[SNFS-211]　S. Cavallar, B. Dodson, A. Lenstra, P. Leyland, W. Lioen, P. Montgomery, H. te Riele, P. Zimmermann: 211-digit SNFS factorization. ftp://ftp.cwi.nl/pub/herman/NFSrecords/SNFS-211

[Spallek]　　A-M. Spallek: Konstruktion einer elliptischen Kurve über einem endlichen Körper zu gegebener Punktegruppe. Diplomarbeit, Univ. GH Essen, 1992.

[Web98]　　D. Weber: Computing discrete logarithms with quadratic number rings. In K. Nyberg (Ed.): Eurocrypt'98, Springer LNCS 1403, 1998, S. 171-183.

Verbesserte Systemsicherheit durch Kombination von IDS und Firewall

Utz Roedig · Ralf Ackermann · Marc Tresse
Lars Wolf · Ralf Steinmetz

TU Darmstadt
{utz.roedig, ralf.ackermann, marc.tresse, lars.wolf,
ralf.steinmetz}@KOM.tu-darmstadt.de

Zusammenfassung

Ausgangspunkt jeglicher Aktivität im Bereich IT-Sicherheit ist die Erstellung einer Security Policy. In dieser werden die schutzbedürftigen Objekte und Werte und die gegen sie gerichteten Bedrohungen beschrieben sowie das angestrebte Sicherheitsniveau definiert. Neben herkömmlichen technischen Maßnahmen, wie z.B. dem Einsatz von Firewalls und von kryptographischen Algorithmen, werden zur Umsetzung einer solchen Security Policy vermehrt Intrusion Detection Systeme (IDS) eingesetzt. Übereinstimmend wird heute eingeschätzt, daß sich durch deren Verwendung ein höheres Niveau der Systemsicherheit erreichen läßt. 1999 wurden in 37% der Unternehmen, für die Sicherheit ein wichtiges Thema darstellt, IDS-Komponenten benutzt (Vorjahr 29%) [7]. Neben der generellen Verfügbarkeit einzelner zur Erhöhung der Systemsicherheit einsetzbarer Komponenten ist auch die Effizienz ihres Zusammenwirkens ein entscheidendes Kriterium für das erreichbare Sicherheitsniveau. Dieses Zusammenwirken ist – insbesondere auch bei Verwendung relativ neuer Komponenten, wie z.B. der ID Systeme – bisher jedoch teilweise nicht gegeben, bzw. nicht entsprechend optimiert. Innerhalb dieses Beitrags werden wir einen Ansatz vorstellen, der durch die aktive Verknüpfung der Komponenten Firewall und IDS, die Effizienz beider Systeme steigern und zusätzliche Möglichkeiten erschließen kann. Da diese Kopplung spezielle Implikationen auf Design und auszuwählende Mechanismen des zu integrierenden IDS hat, werden wir ein IDS-Modell vorstellen, welches für diesen Zweck optimiert wurde. Der Beitrag umfaßt die Beschreibung einer exemplarischen Implementierung unseres Ansatzes und die Vorstellung und Bewertung erster Einsatzerfahrungen.

1   Basismechanismen der Systemsicherheit

1.1   Ausgangspunkt – Security Policy

Eine Security Policy definiert die Rahmenbedingungen, die erfüllt werden müssen, um ein angestrebtes Sicherheitsniveau zu erreichen. Aus ihr abgeleitete Vorgaben können in formale (wie z.B. Zuständigkeiten, Juristische Absicherung) und technische (z.B. einzusetzende Hard- und Software, Regeln für deren Betrieb) Richtlinien unterschieden werden.

Die technischen Richtlinien und Maßnahmen, auf die wir uns nachfolgend konzentrieren werden, müssen sich neben der Forderung nach prinzipieller Eignung auch an dem Kriterium der effizienten und performanten praktischen Umsetzbarkeit unter den vorliegenden Randbedingungen messen lassen. Wesentliche Methoden und Verfahren, die im Rahmen verschiedener Komponenten realisiert sind, werden nachfolgend kurz vorgestellt.

1.2 Sicherheitskomponente – Firewall System

Mit Hilfe der Komponente Firewall können Policies durchgesetzt werden, die auf der Reglementierung des Datenverkehrs zwischen Netzbereichen bzw. internen und externen Netzen basieren. So können Firewalls z.B. die Aufgabe haben, ein privates Netz vor unerlaubten Zugriffen aus einem externen Netz zu schützen oder aber auch unerwünschte Zugriffe der Anwender innerhalb des privaten Netzes auf Dienste des externen Netzes zu unterbinden.

Firewalls, die jeweils an einem definierten Punkt, den alle durch sie zu behandelnden Datenströme durchlaufen müssen, zum Einsatz kommen, können in der Regel nicht alle Elemente einer Security Policy innerhalb einer Organisation umsetzen.

1.3 Sicherheitskomponente – Intrusion Detection System

Ein Intrusion Detection System (nachfolgend auch ID System oder IDS) ist in der Lage, komplexe Zustände und Abläufe innerhalb einer IT-Umgebung zu bewerten und entweder als regulär oder als sicherheitskritisch zu klassifizieren. Dies gilt insbesondere auch für einzelne, autonom betrachtet legitime Aktionen, die im Zusammenhang als potentielle Angriffe bewertet werden müssen.

Grundlage der Arbeit eines jeden ID Systems ist die Verfügbarkeit geeigneter zu bewertender Daten, um ein umfassendes Bild über die Aktionen der im IT-System agierenden Prozesse und Nutzer erlangen zu können. Die Art der Informationsbeschaffung, -aufbereitung, -bewertung und der ausgelösten Aktionen ist je nach Ausprägung des IDS überaus vielgestaltig [8]. Die Möglichkeit zur geeigneten Kombination von möglichst vielen sicherheitskritische Abläufe überdeckenden Mechanismen ist ein wesentliches Kriterium für die Bewertung der Leistungsfähigkeit eines Gesamtsystems.

Der Aspekt der effektiven und flexiblen Informationsbereitstellung und die Möglichkeit zur unmittelbaren Auslösung von Aktivitäten bei Entdeckung von Angriffen werden für unsere weitere Betrachtung eine besonders wichtige Rolle spielen.

2 Kombination von Firewall und Intrusion Detection

2.1 Motivation

Grundsätzlich durchlaufen die gesamten an der Kommunikation mit externen Objekten beteiligten Datenströme die Firewall Systeme. Diese bieten daher einen sehr gut geeigneten Punkt der Analyse sicherheitsrelevanter Abläufe, wobei wahlweise sowohl eine Betrachtung auf Netzwerk- als auch auf Applikationsebene erfolgen kann.

Eine solche Vollständigkeit der Sicht auf die gesamte externe Kommunikation ist mit anderen Ansätzen – wie z.B. mittels der Auswertung der syslog-Meldungen aller im lokalen

Netz vorhandenen Hosts oder der Analyse von durch im Promiscous Mode arbeitenden Probes gewonnenen Paket-Rohdaten – nur bedingt effizient möglich. Die Klassifikatoren der Paketfilter sowie die in den Proxies realisierten Protokoll-Maschinen einer Firewall können zusätzlich eine Vorselektion der an die IDS weiterzuleitenden Daten übernehmen. Damit können IDS-Auswertemechanismen entweder gezielt angesprochen oder diese von einem unnötig großen zu verarbeitenden Datenvolumen entlastet werden.

Werden durch ein Intrusion Detection System Angriffe festgestellt, so ist es oft wünschenswert, auf diese unmittelbar durch Auslösung von über eine reine Benachrichtigung hinausgehenden Aktionen zu reagieren. Die aktive Kopplung von Firewall und IDS inklusive der Realisierung von Rückkopplungsmechanismen ermöglicht die Umsetzung eines Regelkreises. Innerhalb dessen können die Ergebnisse der Auswertung durch das IDS unmittelbar die beteiligten Firewalls beeinflussen und z.B. als Bedrohung klassifizierte Datenströme durch diese unterbinden.

Nicht zuletzt erlaubt eine aktive und rückgekoppelte Integration von Firewall und IDS eine adaptive Arbeit des Gesamtsystems, so können z.B. Art und Umfang der von der Firewall weitergeleiteten zu analysierenden Daten entsprechend der aktuellen Situation angepaßt werden.

Nach einer Einordnung in das Umfeld verwandter Ansätze werden in den nachfolgenden Abschnitten Modell und prototypische Umsetzung einer entsprechend dieser Überlegungen entworfenen Firewall-IDS-Kombination vorgestellt.

2.2   Arbeiten im Umfeld

Es existieren bereits verschiedene Ansätze, die versuchen, ID Systeme stärker mit Firewall Systemen interagieren zu lassen. Diese können in die folgenden hier beschriebenen Kategorien eingeordnet werden.

2.2.1   ID Systeme mit Firewall-Logfile Auswertung

Verschiedene kommerzielle ID Systeme haben die Möglichkeit, die von Firewalls erzeugten Log-Daten als eine Quelle für ihre Datenbasis zu nutzen. Zu diesen System gehören Axents ITA [4] und das Computer Misuse Detection System von SAIC, die in der Lage sind, die Log-Daten verschiedener Firewall-Typen in die Auswertung mit einzubeziehen. Nachteil dieser Systeme ist, das nur text-basierende Informationen an das ID System übergeben werden können, weiterhin fehlt die Möglichkeit zur rückwirkenden Interaktion mit der Firewall. Wird ein Angriff erkannt, kann das System eine Meldung generieren, es ist aber ohne weitere Vorkehrungen in der Regel nicht in der Lage, unmittelbar Schutzmaßnahmen einzuleiten.

2.2.2   Nutzung der Konfigurationssprachen aktiver Proxies und Filter

Die Konfigurationssprache aktiver Paketfilter und Proxies kann teilweise so eingesetzt werden, daß dadurch das Verhalten eines ID Systems nachgebildet werden kann. Zu den Systemen, die dies ermöglichen, zählt die Checkpoint Firewall [5] mit ihrer Sprache INSPECT. Sprachsyntax und Konfigurations- sowie Interaktionsmöglichkeiten der Paketfilter ermöglichen es, eingeschränkt Pattern Matching Engines nachzubilden, die Nachbildung einer Statistical Anomaly Detection ist jedoch bei den uns bekannten Systemen nicht möglich.

2.2.3 Begrenzte Interaktion von Firewall und IDS

Bei der Kombination Checkpoint Firewall-1 und RealSecure [3], die eine sehr aktuelle Entwicklung darstellt, wurde ein Firewall Produkt mit einem IDS Produkt gekoppelt. Hierbei wird die Firewall durch das ID System im Bedarfsfall neu konfiguriert, die Firewall selbst wird nicht von dem IDS als Datenquelle genutzt.

Unser Ansatz geht über diesen insbesondere wegen seiner expliziten Ausrichtung auf die Realsierung eines Regelkreises und wegen der offenen, nicht an ein spezielles Produkt oder einen speziellen IDS Mechanismus gebundenen Umsetzung hinaus.

3   Modellierung

Für die Realisierung eines ID Systems gibt es in der Literatur verschiedene Vorschläge [8]. Um ein für seine Zwecke spezialisiertes IDS-Modell zu finden oder zu erstellen, müssen zunächst ein Funktionsprinzip ausgewählt und nachfolgend verschiedene grundlegende Mechanismen festgelegt werden.

3.1   Funktionsprinzip

Es gibt eine Reihe von Möglichkeiten, die Funktionsweise eines ID Systems festzulegen, es existiert jedoch ein generelles Funktionsprinzip, welches 1987 in [2] eingeführt wurde. Nach diesem generellen Ansatz können die Bestandteile von ID Systemen stets den folgenden drei Hauptkomponenten zugeordnet werden:

- Event Generator – dieser bereitet die im System anfallenden Daten auf

- Detection Engine – diese realisiert die Analyse der aufbereiteten Daten

- Activity Profile – dieses hält Informationen über den Sicherheits-Zustand des Systems

Da diese Abstraktion nicht auf die Interaktion mit anderen Komponenten eingeht, wird von uns für die hier vorgesehene Firewall-IDS Interaktion das ECA- (Event-Condition-Action) Prinzip mit Rückkopplung, welches aus dem Bereich der aktiven Datenbanken [1] stammt, verwendet. Das besondere Merkmal der Umsetzung dieses Prinzips für unseren Zweck liegt in der Realisierung eines Regelkreislaufs, der durch die Rückkopplungen möglich wird. Die drei Komponenten des ECA-Modells sind folgendermaßen definiert:

- Event – Relevantes Ereignis, das entweder periodisch oder einmalig auftreten kann

- Condition – Definition der Datenprüfung

- Action – Reaktion des Systems auf das Ergebnis der Datenprüfung

Abb. 1 illustriert das Funktionsprinzip unseres Ansatzes. Zunächst treten Kombinationen der verschiedenen Events ein (1). Diese Informationen repräsentieren gerade ablaufende Systemaktivitäten. Aus der Gesamtheit der Events werden durch die sogenannte Event Mask (A) nur die für den Betrachter interessanten Events herausgefiltert. Durch diesen Filter hat man die Möglichkeit, die anfallende Informationsmenge auf ein geeignetes Maß

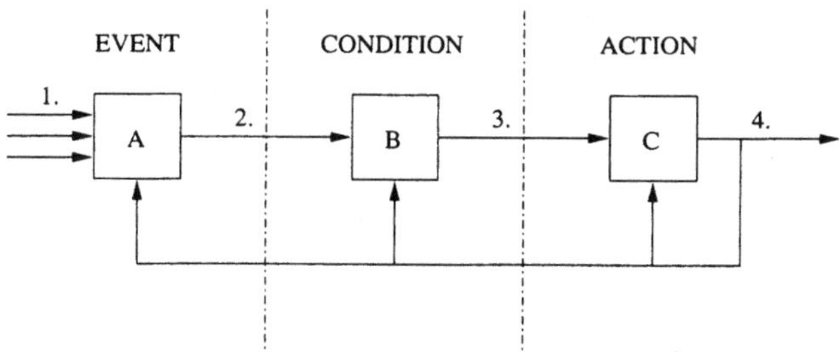

1. Eintreten von Ereignissen (Event)   2. gefilterte relevante Ereignisse   (Event/Condition)

3. Ergebnis der Datenprüfung (Condition)   4. Folgeaktion (Action)

A. Event Mask (Event/Condition)   B. Datenprüfung (Condition)

C. Vordefinierte mögliche Folgeaktionen   (Action)

Abb. 1: Anwendung des ECA-Prinzips im IDS-Umfeld

zu reduzieren und gleichzeitig auf die Qualität der für die nachfolgenden Schritte zur Verfügung stehenden Informationen einzuwirken.

Die so gefilterten Events (2) werden in einer weiteren Komponente (B) einer Prüfung unterzogen, die entscheidet, ob potentiell verdächtige Systemaktivitäten vorliegen. Dies geschieht durch einen Regelsatz, der auf die Ereignisse angewendet wird. Das resultierende Ergebnis (3) wird in der nächsten Verarbeitungsstufe (C) dazu verwendet, eine entsprechende Systemreaktion (4) auszuwählen und auszulösen. Es besteht zusätzlich die Möglichkeit, ein Feedback zu erzeugen: Reaktionen des Systems können benutzt werden, um als Event zu wirken oder das Verhalten der Komponenten (A), (B) und (C) zu beeinflusssen.

3.2   Mechanismen

Die im folgenden beschriebenen Mechanismen sind wesentlich für die Festlegung der Eigenschaften einer IDS [8]. Sie werden von uns unter dem Aspekt ausgeprägt, daß das resultierende ID System für eine enge Zusammenarbeit mit einer Firewall spezialisiert ist.

Detection: Einer IDS können folgende Detection-Verfahren zugrunde liegen:

- Statistical Anomaly Detection:
  Das IDS versucht anhand statistischer Abweichungen im Verhalten der Nutzer oder der Systeme einen Verstoß oder drohenden Verstoß gegen die Security Policy zu erkennen. Ein solches IDS benötigt Normalwerte für die Zustände bestimmter Elemente, um mit Hilfe von Algorithmen, denen statistische Verfahren zugrunde liegen, eine Abweichung von der festgelegten oder bestimmten Norm zu erkennen. Betrachtete Parameter können zum Beispiel die verwendete Bandbreite innerhalb eines Subnetzes, oder die Login Dauer eines Benutzers sein.

- Pattern Matching Detection:
  Dieses Verfahren vergleicht die dem IDS zur Verfügung stehenden Daten mit be-

kannten Angriffsmustern. Dazu ist innerhalb des IDS eine Pattern-Matching Engine nötig, die auf verschiedene Arten (z.B. Finite State Machine, Neuronales Netz, Expertensystem) implementiert werden kann.

Die Anwendung einer Methode schließt die Verwendung der anderen nicht aus. Einige Angriffe die von unserem System registriert werden können, lassen sich besser durch die erste, andere besser durch das zweite Verfahren erkennen, daher ist es sinnvoll beide in das Gesamtsystem zu integrieren.

Layer: ID Systeme können ihre Daten, die als Entscheidungsgrundlage dienen, aus verschiedenen Schichten innerhalb des OSI-Schichtenmodells erhalten. Man kann dabei folgende grobe Unterscheidung festlegen:

- System-Level ID
  Die dem ID System zur Verfügung stehenden Daten werden oberhalb des Network Layers gewonnen. Innerhalb dieser Daten finden sich im wesentlichen Informationen, die Aufschluß über das Benutzerverhalten liefern.

- Network-Level ID
  Die dem ID System zur Verfügung stehenden Daten werden durch unmittelbare Analyse der Netzwerkkommunikation gesammelt. Diese Daten enthalten im wesentlichen Informationen über Kommunikationsverhältnisse, die zwischen verschiedenen Rechnern bzw. Netzen bestehen.

Bei Nutzung einer Firewall als Datenquelle für ein IDS ist es möglich, beide Methoden der Datengewinnung einzusetzen. Innerhalb einer Firewall bzw. eines Firewall-Systems finden Paket-Filter (Network Level) und Proxies (System Level) Verwendung. Mit diesen sind Komponenten verfügbar, die direkt und ohne großen zusätzlichen Aufwand diese Daten liefern können.

Prüf-Intervalle: Entscheidend für die Effizienz eines ID Systems ist der Abstand der Prüfintervalle. Diese legen fest, zu welchen Zeitpunkten das IDS Operationen auf seinem Datenbestand durchführt, um Angriffe zu erkennen. Es gibt dabei folgende grundsätzlichen Möglichkeiten:

- Real Time Systems
  Bei Real Time Systemen wird versucht, alle Verstöße gegen die geltende Security Policy zu dem Moment zu erkennen, zu dem sie stattfinden. Nachteil dieses Verfahrens ist seine Ressourcenintensität. Es ist deshalb nicht immer eine Real Time Prüfung aller Daten möglich.

- Interval based Systems
  Intervall-basierende Systeme greifen in periodischen Abständen auf ihre Datenbasis zu, um einen Angriff erkennen zu können. Bei Wahl eines zu großen Prüfungs-Intervalls ist es allerdings denkbar, daß der Angriff schon durchgeführt wurde, und nur noch im Nachhinein diagnostiziert werden kann.

Für die realisierte Firewall-IDS-Kombination wird ein Intervall-basierendes System verwendet, bei dem die Intervall-Zeiten sich dynamisch an die Situation anpassen können. Bei auffälligem Verhalten kann die Intervall-Zeit innerhalb des ID Systems verkürzt werden. Dadurch wird „bei zunehmender Gefahr" das ID System „aufmerksamer".

4   Prototypische Implementierung

Als Grundlage der Implementierung wurde das in [6] und [9] beschriebene und als Verteilte Multimedia Firewall Architektur (VDMFA) bezeichnete und in Abb. 2 gezeigte System verwendet. Die Funktionsweise der Firewall-Komponente dieses modularen und erweiterbaren Systems wird im nächsten Abschnitt kurz dargestellt, eine weitergehende Beschreibung findet sich in [6][9].

4.1   VDMFA und Integration des Intrusion Detection Systems

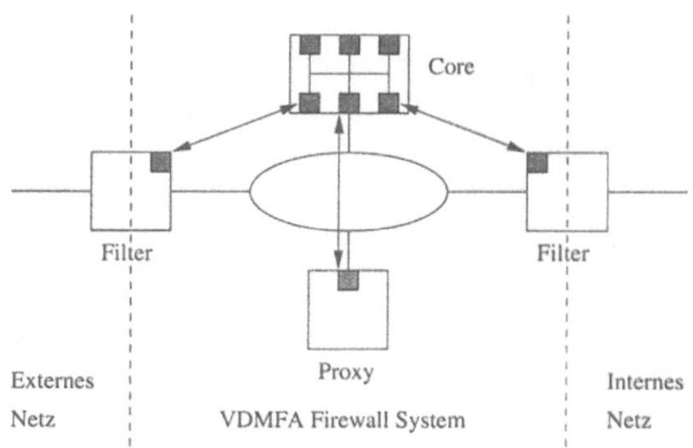

Abb. 2: VDMFA Firewall

Die VDMFA Firewall besteht aus mehreren Komponenten, einer zentralen Steuerungs-Komponente (Core) sowie einer Vielzahl angeschlossener Systeme (z.B. Paket-Filter, Proxies). Die Core Komponente kann komponentenübergreifende Informations- und Steuerungsaufgaben durchführen, wie z.B. die Weitergabe von in einem Proxy gewonnenen Informationen zur Änderung der Konfiguration eines Paketfilters.

Einzelne Funktionen, die innerhalb der Core-Komponente implementiert sein müssen, sind auf verschiedene Module verteilt. Diese Module können aufgrund des verwendeten Java-Ansatzes zur Laufzeit des Systems ge- und entladen werden. Die Core-Komponente stellt eine Plattform zur Verfügung, die verschiedene Funktionalitäten tragen kann.

Die Umsetzung des hergeleiteten IDS Modells erfolgt, indem innerhalb der VDMFA Core Komponente geeignete Module hinzugeladen werden. Dabei werden Firewall und Intrusion Detection auf Basis der innerhalb der VDMFA genutzten generischen Kommunikationsmechanismen eng verknüpft, ohne daß die Notwendigkeit zur Realisierung auf einem System besteht.

4.2   Spezielle Aspekte der Umsetzung des Modells

Wie beschrieben, wird das IDS innerhalb des Core in verschiedene Module aufgeteilt. Es ergibt sich die in Abb. 3 gezeigte Umsetzung entsprechend des ECA-Funktionsprinzips:

Events werden von den Paketfiltern oder den angeschlossenen Proxies ausgelöst. Die zu diesen Events gehörenden und sie näher charakterisierenden Daten werden nach einer Vor-

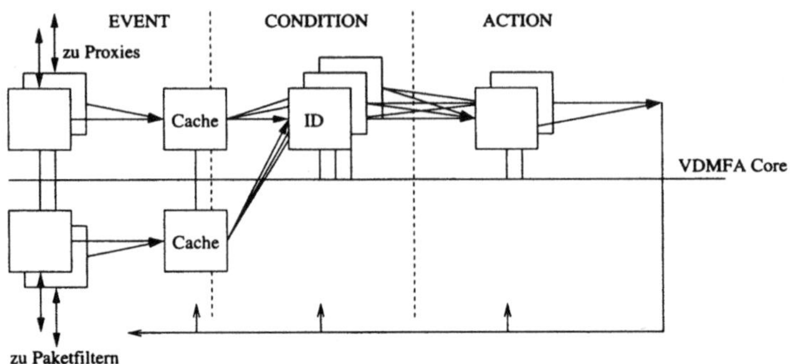

Abb. 3: ECA-basiertes IDS unter Nutzung von VDMFA Komponenten

filterung (Event Mask) innerhalb der zur Zwischenspeicherung benutzten Datenstrukturen (in sogenannten Caching-Modulen) abgelegt. Es werden für die verschiedenen Datentypen spezielle Caching-Module verwendet, die auf die Zwischenspeicherung des entsprechenden Datentyps spezialisiert sind. Mögliche Datentypen sind z.B. Textzeilen (analog zu syslog-Meldungen) oder Byteblöcke, die von den angeschlossenen Paketfiltern eintreffende Netzwerkpakete repräsentieren.

Die Condition Prüfung wird von einer oder mehreren Instanzen eines ID Moduls durchgeführt. Jedes der ID Module kann dabei für eine andere Aufgabe (Angriffstyp) spezialisiert sein.

Alle ID Module verwenden den Datenbestand der Caching Module, um ihre Entscheidungen zu treffen. Entscheidet ein ID Modul, daß eine Aktion ausgeführt werden soll (z.B. weil ein Angriff entdeckt wurde), so kann dies entweder nach Nachladen eines entsprechenden Moduls (z.B. Mail Client zur Benachrichtigung) oder durch Aktivierung der Funktionalität bereits vorhandener Module (z.B. der Paketfilter) erfolgen.

Innerhalb dieses Modells sind nun auch die Parameter des IDS Modells zu finden. Meldungen der System Level ID werden durch die angeschlossenen Proxies in einem Text Format an ein textorientiert arbeitendes Caching-Modul weitergeleitet. Meldungen der Network Level ID werden als Pakete an die paketbasierten Caching Module weitergegeben. Die ID Module prüfen nachfolgend in periodischen Abständen die Inhalte der Caching Module. Treten bestimmte Zustände ein, verkürzen die ID Module das Prüf-Intervall, dadurch wird ein adaptives, intervall-basierendes System realisiert.

Innerhalb der ID Elemente erfolgt die Prüfung mittels Statistical Anomaly und/oder Pattern Matching Detection. Die Detection Engines werden bei Erzeugung der ID Module durch eine entsprechende Sprache parametrisiert.

4.3 ID Modul Aufbau

Die wesentliche Funktionalität der Intrusion Detection wird innerhalb der ID Module realisiert. Das Verhalten der ID Module wird mittels der Firewall Skriptsprache bei Start

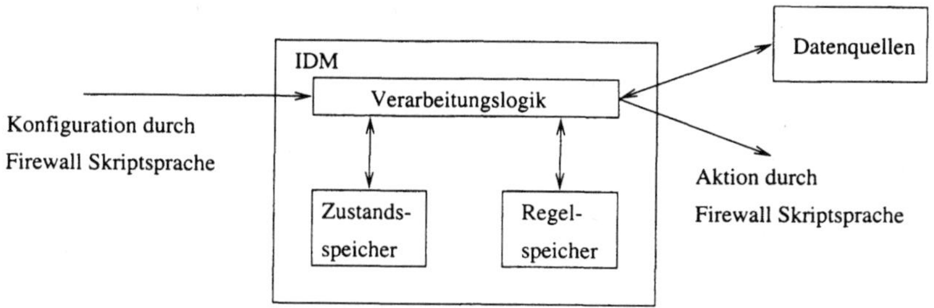

Abb. 4: Innerer Aufbau und Kommunikationsbeziehungen des ID Moduls

des Moduls definiert. Um die in 3.1.2 geforderten Mechanismen umsetzen zu können, ist das ID Modul wie in Bild 4 dargestellt aufgebaut:

Jedes ID Modul besitzt eine Verarbeitungslogik, die programmiert durch eine IDS Sprache die Intrusion Detection durchführt. Um ihre Aufgabe zu erfüllen benötigt diese Verarbeitungslogik Schnittstellen zu verschiedenen Elementen innerhalb der Firewall. Die Verarbeitungslogik benötigt Zugriff auf einen internen Regelspeicher (RS), in dem die abzuarbeitenden Konstrukte der IDS Sprache abgelegt sind. Diese Regeln werden von der Verarbeitungslogik periodisch abgearbeitet. Die Verarbeitungslogik greift dabei auf die angeschlossenen Datenquellen (Caching Module) zu und analysiert diese entsprechend den Konstrukten der IDS Sprache. Die geforderte Statistical Anomaly Detection kann hierdurch formuliert werden.

Um die Pattern Matching Detection realisieren zu können, muß die Verarbeitungslogik eine Pattern Matching Engine beinhalten. Diese ist, aufgrund der einfacheren Implementierbarkeit als bspw. ein neuronals Netz, hier als eine Menge parallel arbeitender Finite State Machinen (FSM) implementiert, die einen oder mehrere Zustandswechsel pro Zyklus durchführen. Deshalb ist ein Zustandsspeichers nötig, in dem die aktuellen Zustände der FSMs abgelegt werden können. Zustandswechsel werden durch Konstrukte der IDS Sprache ausgelöst. Die für die Detection-Methoden eventuell notwendigen Norm- bzw. Zwischenwerte werden in speziellen Caching Modulen abgelegt.

Die IDS Sprache zur Regelformulierung und Parameterisierung bestimmt wesentlich die Funktionsweise und die Möglichkeiten des ID Systems. Deshalb ist ihr Aufbau und ihre Verwendung innerhalb des ID Moduls nachfolgend beschrieben.

4.3.1 Entwurf der IDS Sprache

Wie aus Abschnitt 4.3 hervorgeht, muß ein Benutzer mittels der IDS Sprache in der Lage sein, Intrusion Detection Code zu erstellen, d.h. Angriffserkennungen und Reaktionen darauf zu programmieren. Nachfolgend findet sich eine Liste notwendiger Eigenschaften einer Sprache für das IDS:

- Die Umsetzung des ECA-Modells muß möglich sein. Das bedeutet Bedingungen bzw. Überprüfungskriterien und Folgeaktionen müssen spezifizierbar sein.

- Ausdrücke zur Beschreibung der Abweichung vom Normalverhalten des Systems sind nötig, um die Statistical Anomaly Detection zu realisieren.

- Ausdrücke zur Definition von endlichen Automaten sowie zur Beschreibung von Zustandsübergängen sind nötig, um die Pattern Matching Detection zu realisieren.

Weiterhin ist es notwendig festzulegen, welche Sprachkonstrukte (Sequenz, Auswahl, Iteration) benötigt werden, und ob bzw. welche Datentypen verwendet werden. Auch muß entschieden werden, ob der Quellcode interpretiert oder compiliert wird.

Für das IDS wurde eine interpretative Sprache gewählt, da die Firewall, mit der das ID-System interagieren soll, bereits eine interpretierbare Konfigurationssprache (Firewall Skriptsprache) verwendet. Zusätzlich zum Vorteil der Nutzung bereits vorhandener Softwarekomponenten ergibt sich damit die Möglichkeit, die Firewall Skriptsprache in die IDS Sprache zu integrieren. Dies vereinfacht zum einen den Zugang zu Firewall-Daten, zum anderen die rückwirkende Interaktion mit der Firewall in Form von Befehlen. Innerhalb des Bedingungsteils einer IDS-Regel können bestimmte Firewall-Systemparameter abgefragt werden, während im Aktionsteil z.B. Anweisungen zur Änderung von Firewall-Filterregeln durchgeführt werden können, und zwar unter Verwendung des Firewall-Befehlssatzes. Somit ist die Kopplung von Firewall und IDS auch auf der Sprachebene vorhanden.

Hinsichtlich der notwendigen Sprachkonstrukte zeigt sich, daß nur Bedingungen und Zustände wirklich benötigt werden. Sie dienen der Umsetzung des Condition/Action-Prinzips und sind das Bindeglied zwischen Datenprüfung und Aktionsauslösung. Aufgrund des verwendeten Polling-Ansatzes, bei dem die im Regelspeicher stehenden IDS-Regeln periodisch abgearbeitet werden, werden keine Schleifenkonstrukte benötigt. Da alle vorliegenden Regeln sequentiell abgearbeitet werden, benötigt man keine speziellen Anweisungsblöcke. Es werden keine speziellen Datentypen benötigt, da alle zu speichernden Informationen in den Caches gespeichert werden und der aktuelle IDS-Zustand in den Endlichen Automaten festgehalten wird.

4.3.2   IDS Sprach Aufbau

Die von uns gewählte IDS Sprache besitzt die folgende Syntax (in BNF-Form):

```
rule            -> FSM_number 'if' condition '->' action
FSM_number      -> integer
condition       -> 'Compare' value operator value
                |  'CacheAnalyzer' string parameter
action          -> 'if' condition '->' action
                |  shell_cmd ';' shell_cmd
                |  shell_cmd
parameter       -> value parameter |
value           -> shell_cmd | integer | string
operator        -> '<' | '<=' | '=' | '>=' | '>'
```

In der hier angegebenen BNF-Form sind die lexikalischen Definitionen für integer, string und shell_cmd aus Gründen der Übersichtlichkeit nicht angegeben.

Zu Beginn jeder IDS-Regel steht die Nummer der FSM, für den diese gültig ist. Eine 0 bedeutet, daß es sich um eine zustandslose Regel handelt, die keine FSM benötigt. Das folgende Konstrukt realisiert zum Beispiel die im ECA Modell definierte Prüfung einer Bedingung mit dem anschließendem Auslösen einer Aktion:

```
0 if CONDITION -> ACTION
```

Der CONDITION Ausdruck enthält dabei den Namen einer JAVA-Klasse, gefolgt von den von ihr benötigten Parametern. Als Parameter können auch in der Firewall Skriptsprache formulierte Befehle verwendet werden, wenn sie einen Integer- oder Stringwert zurückliefern. Die dort verwendeten Klassen sind auf ihre Aufgabe spezialisiert, bei Bedarf können neue Analyse Klassen entwickelt werden, die neue Bedingungen prüfen. Auf diese Weise läßt sich der Sprachumfang flexibel erweitern. In der oben dargestellten BNF sind die beiden bisher verfügbaren Klassen angegeben. Compare vergleicht zwei Werte miteinander, CacheAnalyzer kann verschiedene Prüfoperationen auf den Daten der Cache Module ausführen. Wenn die Bearbeitung der Bedingung 'WAHR' ergeben hat, wird der ACTION Ausdruck bearbeitet.

Der Ausdruck ACTION besteht dabei entweder aus einem weiteren CONDITION/ACTION Paar oder aus einem in der Firewall Skriptsprache formulierten Befehl. Dabei besteht die Möglichkeit, über die xy-Notation einzelne Rückgabeparameter der Analyse Klasse zu referenzieren, wobei x die Nummer der gewünschten Bedingung angibt und y das benötigte Element.

```
0 if A -> if B -> log $2$1
```

würde das Ergebnis der Überprüfung der zweiten Bedingung als Log-Meldung ausgeben. Der Vorteil des vorgestellten Sprachaufbaus ist, daß sich aufgrund der Integration der Firewall Skriptsprache und aufgrund seiner Erweiterbarkeit sehr viele Angriffe mit IDS-Regeln beschreiben lassen. Falls die Mächtigkeit der Sprache nicht ausreicht, muß eine neue Analyseklasse erstellt werden oder ein Firewall-Modul um ein neues Skriptsprachen-Kommando erweitert werden.

4.4 Einsatzbeispiel

Bei ersten Versuchen wurde nachgewiesen, daß die geschaffene Firewall-IDS Kombination in der Lage ist, Angriffe abzuwehren, die eine Firewall allein nicht erkannt hätte, und ein ID System allein nicht hätte verhindern können. Im Folgenden ist ein Beispiel eines solchen Angriffs und seiner Abwehr gegeben:

- Von einem externen Rechner wurde mit Hilfe des Scanners NMAP ein Portscan auf Rechner innerhalb eines internen Netzwerkes durchgeführt.

- Durch den Scan werden in sehr schneller Folge TCP-Pakete mit gesetztem SYN-Bit erzeugt und an die Scan-Ziele gesendet. Da diese Pakete bei normalem Netzwerkverkehr ebenfalls verwendet werden, muß die Firewall (in diesem Fall eine Paketfilter-Firewall) diese passieren lassen.

- Die IDS erkannte die ungewöhnliche Häufung dieses Pakettyps (Statistical Anomaly Detection), und eine nachfolgende Prüfung des Datenbestandes (Pattern Matching Detection) zeigte, daß diese Pakete mehrheitlich von einem Rechner gesendet wurden. Das IDS erkannte daraufhin einen Port Scan.

- Der angreifende Rechner wurde durch eine Konfigurationsmeldung an die Firewall vom angegriffenen Netzsegment isoliert. Dadurch wurden weitere Aktionen des Angreifers (wie z.B. Login-Versuche bei gefundenen Diensten) unmittelbar unterbunden.

5 Bewertung

Innerhalb dieses Beitrags wurde ein Ansatz vorstellt, der durch die aktive Verknüpfung der Komponenten Firewall und IDS die Effizienz beider Systeme steigert. Es wurde ein IDS Modell sowie dessen prototypische Umsetzung für eine Firewall-IDS Kombination vorgestellt. Erste Versuche mit dem geschaffenen System haben gezeigt, daß nicht nur theoretisch sondern auch praktisch ein Vorteil durch die Kombination der beiden Systeme Systeme entsteht.

Durch die Kombination der beiden Systeme kann ein höheres Sicherheitsniveau erreicht werden, als dies durch die Verwendung der beiden Systeme ohne Interaktionsmöglichkeiten möglich ist. Dies läßt sich folgendermaßen begründen:

- Das ID System ist in der Lage, nicht nur Angriffe zu erkennen, sondern auch aktiv zu reagieren.

- Die Firewall ist in der Lage, Angriffe zu erkennen, die sie zuvor nicht bemerken konnte.

Das Gesamtsystem ist damit in der Lage, sich gegen mehr Angriffe zu behaupten, als es die einzelnen Komponenten für sich selbst genommen können. Die Relevanz des beschriebenen Systems ergibt sich aus den festgestellten Defiziten bereits existierender Produkte oder Produktkombinationen ähnlicher Art. Der hier vorgestellte Prototyp ist sicher nur ein Anfang, er zeigt aber die prinzipielle Wirksamkeit dieses Ansatzes.

Literatur

[1] K.R. Dittrich, S. Gatziu: Aktive Datenbanksysteme – Konzepte und Mechanismen, Thomson's Aktuelle Tutorien, Thomson Publishing, 1996.

[2] D.E. Denning: An intrusion-detection model, Proceedings of the 1986 IEEE Symposium on Security on Privacy, 1986.

[3] Check Point RealSecure Datasheet.
http://www.checkpoint.com/products/firewall-1/realsecureds.html, August 1999.

[4] Intruder Alert. http://www.axent.com/product/smsbu/ITA/default.htm, Aug. 1999.

[5] Stateful Inspection Firewall Technology.
http://www.checkpoint.com/products/technology/stateful1.html, August 1999.

[6] C. Rensing, U. Roedig, R. Ackermann, L. Wolf, R. Steinmetz: VDMFA, eine verteilte dynamische Firewallarchitektur für Multimedia-Dienste, Kommunikation in Verteilten Systemen, Springer, 1999.

[7] Information Week: Gut gerüstet, Information Week, S. 14, August 1999.

[8] T. Escamilla: Intrusion Detection – Network Security beyond the Firewall, Wiley Computer Publishing, 1998.

[9] U. Roedig, R. Ackermann, C. Rensing: DDFA Concept, KOM-TR-1999-04, 1999.

ISDN-Kanalverschlüsselung über NT-Integration

Herbert Leitold · Karl Christian Posch · Reinhard Posch

Technische Universität Graz
{herbert.leitold, karl.posch, reinhard.posch}@iaik.at

Zusammenfassung

Öffentliche Netze wie das Integrated Services Digital Network (ISDN) bilden die Infrastruktur für eine Vielzahl von Applikationen. Mit der zunehmenden Integration der Telekommunikation als unverzichtbaren Bestandteil täglicher Arbeits- und Geschäftsabläufe ist jedoch ein steigendes Bewusstsein hinsichtlich der mit der Nutzung öffentlicher Netze verbundenen Sicherheitsanforderungen verbunden. Insbesondere Authentikation und vertrauliche Kommunikation stellen notwendige Bedingungen bei der Übermittlung sensitiver Informationen dar.

In diesem Papier wird eine Lösung zu authentifizierter und vertraulicher Kommunikation in ISDN Netzen behandelt. Der dabei verfolgte Ansatz basiert auf dem Konzept der Integration einer Security Unit in den ISDN Network Terminator (ISDN NT) dergestalt, dass die Lösung sowohl gegenüber dem teilnehmerseitigen Endgerät, als auch gegenüber der Vermittlungsstelle transparent ist. Dazu werden, einem einleitenden Abschnitt folgend, die Grundlagen der ISDN Protokollarchitektur und des ISDN Protokollmodells skizziert. Darauf aufbauend werden die Systemkomponenten diskutiert, wie auch die Einbettung eines transparenten Kommunikationskanals zur Verhandlung von Sicherheitsparametern über ein Verfahren des user plane blocking beschrieben wird. Anschließend werden die Teilsysteme wie die Data Encryption Standard (DES) und TripleDES-Verschlüsselungseinheit, sowie die Verfahren des Schlüsselaustausches diskutiert. Die in diesem Papier präsentierte Lösung ist in ihrer derzeitigen Vorserienreife in einem Feldversuch der Telekom Austria AG eingesetzt, um die Möglichkeiten der Migration des ISDN zu einer sicheren Infrastruktur zu demonstrieren.

1 Einleitung

Telekommunikation war für Jahrzehnte durch das Telefonnetz dominiert. Dabei stellt sich dem Benutzer das Weitverkehrsnetz als ein leitungsvermitteltes Trägernetz für den analogen Sprachdienst dar. Für die Übermittlung digitaler Informationen wie Faksimile oder computerbasierende Kommunikation werden Daten an der Benutzer-Netz Schnittstelle über Modems an diesen analogen Basisdienst angepasst. Die Diversifikation von Diensten war somit vornehmlich in unterschiedlichen Endgeräten repräsentiert, so auch die Einbindung von Sicherheitsmerkmalen wie vertraulicher Kommunikation von der Anpassung an den analogen Dienst oder der Integration in digitale Endgeräte dominiert war. Als Beispiele dafür seien das AT&T *Telephone Security Device Model 3600* (TSD 3600) für vertrauliche Sprachkommunikation oder *Pretty Good Privacy* (PGP) zur Verschlüsselung an dem die Daten generierenden Computer genannt.

Im Umfeld moderner Kommunikationssysteme ist eine Klassifikation über Endgeräte als entweder analoge oder digitale Datenquellen von nachrangiger Bedeutung, sowohl aus Sicht des

Netzbetreibers [Kahl90], als auch aus der des Benutzers [HuEl92]. Vielmehr sind heutzutage die Anforderungen an Telekommunikationssysteme in der multimedialen Integration unterschiedlicher Dienste beschrieben. ISDN [Kess93] bietet dabei über seine flächendeckende Verfügbarkeit eine dienstintegrierende Alternative zu herkömmlichen Festnetzanschlüssen. Es erscheint sinnvoll, eine Einbettung von Sicherheitsmerkmalen an diese Unabhängigkeit vom verwendeten Dienst auszurichten und in einem gesamtheitlichen Ansatz zu unterstützen.

In diesem Papier wird ein System zur sicheren Kommunikation in ISDN Netzen beschrieben, durch die sowohl vertrauliche Kommunikation über Verschlüsselung der Benutzerdaten, als auch der Austausch der Sitzungsschlüssel in der Aufbauphase eines Rufes gewährleistet ist. Die Einbettung der für den Schlüsselaustausch und die Verhandlung von Sicherheitsparametern erforderlichen Kommunikationskanäle in das ISDN Protokollmodell stellt einen integralen Bestandteil des Systems dar. Dabei wird eine Lösung diskutiert, die sowohl durch teilnehmerseitige Transparenz, also Unabhängigkeit vom verwendeten ISDN Endgerät, durch Servicetransparenz und somit Unabhängigkeit vom verwendeten ISDN Dienst, als auch durch netzseitige Transparenz und Unabhängigkeit von der ISDN Vermittlungsstelle charakterisiert ist.

Das Papier ist wie folgt strukturiert: Auf Basis der ISDN Protokollarchitektur und des ISDN Referenzmodells werden Ansätze zu Sicherheit in ISDN Netzen in Abschnitt 2 diskutiert. Die Lösung der transparenten Integration in den ISDN NT wird in Abschnitt 3 beschrieben. Die verwendete Verschlüsselungseinheit wird in Abschnitt 4 skizziert, wobei Synergien zu Sicherheitsanforderungen in Breitband *asynchronous transfer mode* (ATM) Netzen genutzt werden. In Abschnitt 5 wird die Einbettung des Schlüsselaustauschs und der Authentikation über ein Verfahren des Blockierens der *user plane* besprochen, wobei abschließend der Schlüsselaustausch in Abschnitt 6 diskutiert wird.

2 ISDN Protokollarchitektur und Referenzmodell

ISDN wurde als digitales Vermittlungs- und Übertragungsverfahren in den Empfehlungen der I Serie durch die *International Telecommunication Union, Telecommunication Standardisation Sector* (ITU-T, vormals CCITT) standardisiert. Das ISDN Protokollmodell teilt sich in eine *user plane* zur Übertragung von Benutzerdaten, sowie eine *control plane* zur Signalisierung, Verbindungskontrolle und Übermittlung der ISDN Zusatzdienste. Dabei werden die Übertragungskanäle leitungsvermittelter, semipermanenter, oder permanenter Verbindungen der *user plane* als B-Kanäle bezeichnet, der Übertragungskanal der *control plane* wird D-Kanal genannt. Zusätzlich unterstützt ISDN paketvermittelte Kommunikation nach X.25 im D-Kanal, respektive die Heranführung an X.25 Netze über den D-Kanal.

In nachfolgender Abbildung 1 ist das ISDN Protokollmodell samt den entsprechenden Empfehlungen der ITU-T I Serie dargestellt. Daraus ist ersichtlich, dass für die Signalisierung in der *control plane* die Protokolle bis einschließlich der Schicht 3 *des Open System Interconnection* (OSI) Modells definiert sind. Somit sind für den D-Kanal die physikalische Schicht, die *data link* Schicht und die Netzwerkschicht standardisiert. Entsprechend der X.25 Anbindung über den B-Kanal gilt dies auch für die Paketvermittlung in der *user plane*. Für die leitungsvermittelte Übertragung in der *user plane* ist die Schicht 1 und somit die physikalische Schicht des B-Kanals definiert.

Schicht 3 *network layer*	Rufkontrolle (I.451)	Paketschicht (X.25)	Paketschicht (X.25)		
Schicht 2 *data link layer*	LAP-D (I.441)		LAP-B (X.25)		
Schicht 1 *physical layer*	Physikalische Schicht (I.430, I.431)				
	Signalisierung	Paketvermittlung		Semi- permanent	Wähl- verbindung
				Leitungsvermittlung	
	D-Kanal	**B-Kanal**			

Abb. 1: ISDN Protokollstruktur

Die Schnittstellen, Referenzpunkte und funktionalen Gruppierungen des ISDN gemäß ITU-T Empfehlung I.320 [ITUT93a] sind in Abbildung 2 dargestellt. Dabei besteht das ISDN Übertragungssystem aus dem vermittlungsseitigen Leitungsabschluss (*line termination*, LT) der am Referenzpunkt U mit dem teilnehmerseitigen NT verbunden ist. Der ISDN NT teilt sich in NT1 am Referenzpunkt T und NT2, an dessen Referenzpunkt S ISDN Teilnehmerendgeräte Typus 1 (TE1) direkt, oder Endgeräte Typus 2 (TE2) über Terminaladapter (TA) angebunden sind. Im allgemeinen sind NT1 und NT2 in einer Komponente integriert und werden in weiterer Folge als NT bezeichnet. Die in Abbildung 2 dargestellten Schnittstellen, Komponenten und Referenzpunkte sind sowohl für den ISDN Basisanschluss (ISDN BA) mit zwei B-Kanälen zu je 64 kbit/s und einem D-Kanal mit 16 kbit/s, bzw. den ISDN Primärratenanschluss (ISDN PRA) mit 30 B-Kanälen und einem D-Kanal zu jeweils 64 kbit/s in gegebener Form definiert.

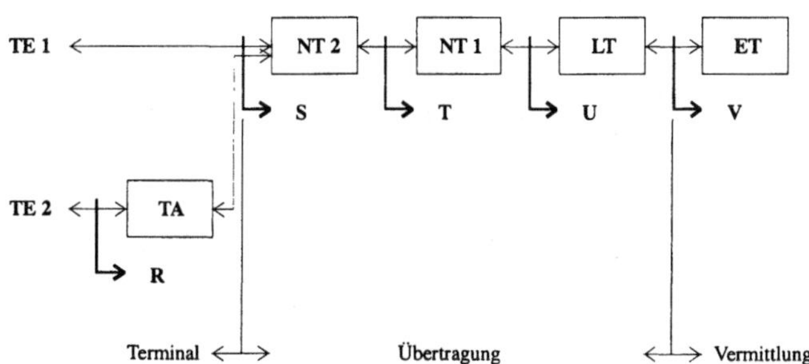

Abb. 2: Referenzpunkte und funktionale Gruppierung von ISDN Anschlüssen

Allgemeine Betrachtungen zu Sicherheit in ISDN Netzen wurden in [Burr91] durch das *National Institute of Standards* (NIST), respektive in [ISEG92] durch das *North American ISDN User Forum* (NIUF) gegeben. Mit der Ausnahme audiovisueller Teledienste nach ITU-T Empfehlung H.221 [ETSI98] existieren zur Zeit jedoch keine bindenden Standards zu ISDN Sicherheit. Es lassen sich aber anhand der in Abbildung 2 gegebenen Referenzarchitektur einige grundsätzlichen Möglichkeiten der Integration von Sicherheitsmerkmalen herleiten:

Eine offensichtliche Möglichkeit sicherer Kommunikation in ISDN ist die Integration von kryptographischen Komponenten in das Endgerät (TE). Ein Beispiel ist SecurPac™ [Secu99], ein ISDN *internet protocol* (IP) bzw. *internet packet exchange* (IPX) Router, in den ein Verschlüsselungsmodul integriert ist. Ähnlich sind auch Endgeräte wie sichere ISDN Telefone oder sichere ISDN Gruppe 4 Fax Geräte denkbar, doch zeigt dies bereits einen konzeptionellen Nachteil der Endgeräteintegration von Sicherheitsmerkmalen auf: Sichere Kommunikation ist auf ein Endgerät beziehungsweise einen Endgerätetypus limitiert und eine gesamtheitliche Sicherheitskonzeption ist anhand der Vielzahl an Endgeräten und Diensten kaum umsetzbar.

Eine Alternative ist gegeben, indem Sicherheitseinheiten in die Benutzer-Netz Schnittstelle am Referenzpunkt S integriert werden. Dabei schließt die Sicherheitskomponente den Teilnehmeranschluss zum ISDN NT ab, respektive werden Endgeräte an den sogenannten S-Bus der Sicherheitseinheit angeschlossen. Als ein Beispiel eines derartigen S-Punkt Interceptors dient Babylon [Biod99]. Wenngleich damit die Beschränkung auf einzelne Endgeräte oder Dienste umgangen wird, lassen sich auch Nachteile des Konzeptes identifizieren: Im Gegensatz zur meist verwendeten Punkt-zu-Mehrpunkt Konfiguration des ISDN BA (S-Bus Konfiguration) erfordern vor allem Nebenstellenanlagen oft die Punkt-zu-Punkt Konfiguration des S-Referenzpunktes, bzw. integrieren NT2 Funktionalität, sodass sich der Netzwerkabschluss auf den Referenzpunkt T bezieht.

Eine Alternative zu obgenannten Konzepten der Endgeräte- oder S-Punkt-Integration von Sicherheitsmerkmalen ist durch die Integration in den teilnehmerseitigen Netzabschluß (ISDN NT) gegeben. Dabei ist das Konzept von der teinehmerseitigen Konfiguration unabhängig, vielmehr wird damit das ISDN Netzwerk selbst zu einer kryptographisch gesicherten Infrastruktur migriert. Dies wird im folgenden Abschnitt diskutiert.

3 ISDN NT Integration der Security Unit

In diesem Abschnitt wird die Einbettung einer *Security Unit* in die Komponenten und Schnittstellen des ISDN Übertragungssystems beschrieben. Dabei wird die *Security Unit* dergestalt in den Übertragungspfad zwischen den Referenzpunkten S/T und U geschaltet, dass sie die Schnittstelle zwischen *S/T interface* Komponente und *U tranceiver* überbrückt, wie es in nachfolgender Abbildung 3 anhand des ISDN Referenzmodells dargestellt ist.

Es resultiert ein sicherer ISDN NT (*SecurNT*), dessen physikalische Schnittstellen denen eines herkömmlichen NT äquivalent sind, die Daten des D-Kanals und der B-Kanäle jedoch über die *Security Unit* geführt werden, somit von dieser überwachbar und modifizierbar sind. Die Systemkomponenten der *Security Unit* sind in Abbildung 4 als Blockschaltbild dargestellt. Dabei sind folgende Basiskomponenten dargestellt:

- Der *Interceptor* ist in Hardware als *field programmable gate array* (FPGA) ausgeführt und implementiert die Schnittstelle zwischen den adjazenten Komponenten *U tranceiver* und *S/T Interface*. Über diesen ist der Zugriff auf die B-Kanal und D-Kanal Daten des Übertragungsrahmens gegeben. Die Schnittstelle zwischen U- und S/T-Komponente ist die de facto Standardschnittstelle IOM-2™.

- Der *Encryptor* ist eine Hardwarekomponente und führt die Endpunkt-zu-Endpunkt Verschlüsselung der B-Kanal Daten im *upstream* vom NT zur Vermittlungsstelle, respektive die Entschlüsselung im *downstream* von der Vermittlungsstelle zum NT durch. Es wird dabei DES und TripleDES in *electronic code book* (ECB) und *cipher block chaining* (CBC) Modus verwendet.

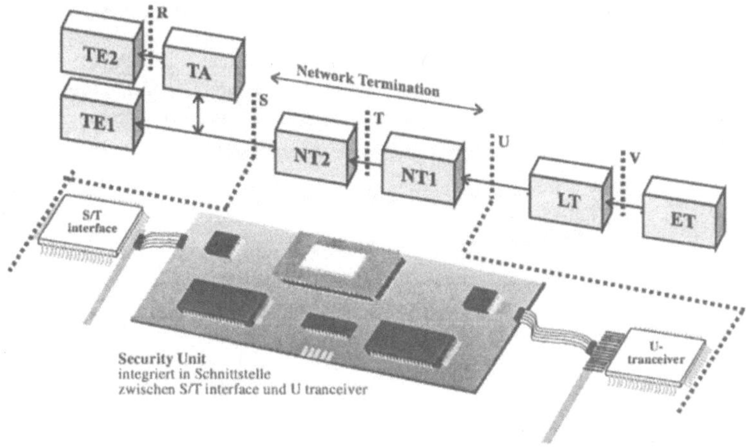

Abb. 3: Integration der *Security Unit* in den ISDN NT

- Der *D-Kanal Monitor, Datenflusscontroller* und *die Schlüsselaustauschkomponente* sind in einem Mikroprozessor in Software integriert. Dabei überwacht der *D-Kanal Monitor* die Signalisierungsmeldungen in der *control plane* und erkennt damit den Aufbau eines B-Kanals. Es wird daraufhin die Teilnehmerauthentifizierung bzw. der Austausch der Sitzungsschlüssel durchgeführt und diese in den *Encryptor* geladen, wobei der *Datenflusscontroller* die Synchronisation der Verschlüsselungsmaschinen durchführt, sowie den vom *Interceptor* extrahierten Klartextdatenstrom der B-Kanäle im *upstream* (verschlüsselten Daten im *downstream*) dem *Encryptor* zuführt, nach erfolgter Verschlüsselung (Entschlüsselung) diese über den *Interceptor* an die Vermittlungsstelle (das Endgerät) weiterleitet.

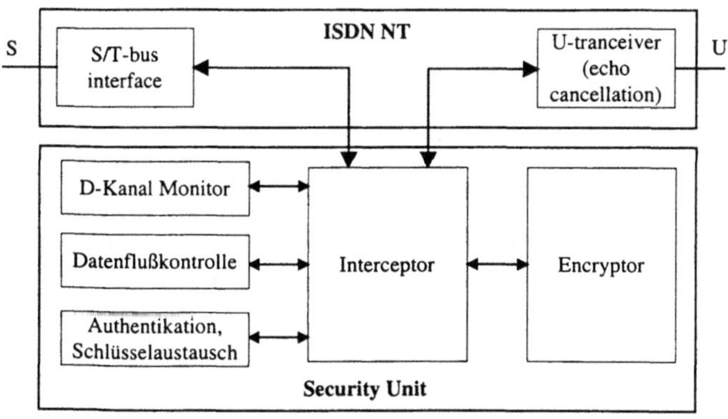

Abb. 4: Blockschaltbild der *Security Unit*

Die vom *Interceptor* unterbrochene IOM-2™ Schnittstelle stellt im wesentlichen zwei serielle Datenleitungen für den *upstream* (*data up*, DU) und *downstream* (*data down*, DD) zur Verfügung, wie auch Taktleitungen zur Synchronisation mit den 8 kHz B-Kanal und D-Kanal Rahmen (*frame synchronisation clock*, FSC) und der Daten selbst (*data clock*, DCL). Der IOM Interceptor extrahiert die D-Kanal, sowie B_1-Kanal und B_2–Kanal Daten der beiden ISDN BA B-Kanäle sowohl aus *upstream* und *downstream* und führt diese im Zeitmultiplex dem *Encryptor* zu, wie in Abbildung 5 skizziert ist. Ein Mikrocontroller (μC) übernimmt die Funktionen des *Datenflusscontrollers*, der Teilnehmerauthentifizierung und des Schlüsselaustauschs.

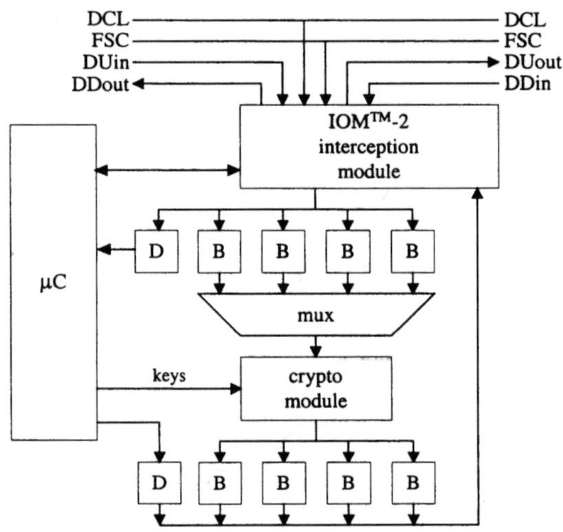

Abb. 5: Beispiel des *IOM Interceptors* am ISDN BA

Als die zentrale Komponente des Systems kann das *crypto module* angesehen werden. Dieses führt die blockweise Verschlüsselung der B-Kanäle unter für B_1-Kanal und B_2-Kanal verschiedenen, für jede Kommunikationsbeziehung verhandelten Sitzungsschlüsseln durch. Diese Komponente wird in nachfolgendem Abschnitt 4 diskuiert.

4 DES/TripleDES-Verschlüsselungseinheit

Die Übertragungsraten des ISDN stellen mit 64 kbit/s je B-Kanal keine großen Durchsatzherausforderung an eine in Hardware implementierte Verschlüsselungseinheit dar. Dies gilt sowohl für den ISDN BA mit zwei B-Kanälen, als auch für den ISDN PRA mit 30 B-Kanälen und somit einer akkumulierten Datenrate von 1920 kbit/s. *State of the art* Hardware DES und TripleDES Implementierungen überschreiten dies bei weitem.

Wenngleich sich die in diesem Papier präsentierte Lösung auf den ISDN BA beschränkt, lässt sich für die logisch folgende Erweiterung auf den ISDN PRA über die Anforderung paarweise verschiedener Sitzungsschlüssel je Benutzerverbindung die Herausforderung des schnellen Wechsels der Sitzungsschlüssel zwischen den B-Kanälen identifizieren. Im Falle des

ISDN BA ergibt sich aus der Rahmendauer von 125 μs und der DES/TripleDES Blocklänge von acht Byte die Periode des Schlüsselwechsels mit 500 μs, im Falle des ISDN PRA reduziert sich dies auf ca. 33 μs.

Eine ähnliche Anforderung ist bei vertraulicher Kommunikation in ATM Netzen gegeben, in denen bei der Verschlüsselung der ATM Zellennutzlast sogenannte *key agile* Verschlüsselungseinheiten gewährleisten, dass virtuelle Verbindungen paarweise unterschiedliche Sitzungsschlüssel zuordenbar sind. Aus einem Projekt, in das die Autoren dieses Projektes involviert waren [LePP98], resultierte mit *high-speed ATM DES/TripleDES* (HADES) eine *single-chip key agile* Verschlüsselungseinheit die über die dazu benötigten, integrierten Schlüsselspeicher verfügt. Dieser Encryptor wird zur Verschlüsselung der BKanäle dergestalt eingesetzt, dass acht Byte B-Kanal Blöcken ein fünf Byte ATM Zellenheader zur Identifikation des jeweils in HADES geladenen Sitzungsschlüssels vorangestellt wird, die somit erhaltene „ATM Zelle" von diesem verschlüsselt wird, respektive der zuvor vorangestellte ATM *header* vor Übermittlung des B-Kanal Blocks wieder entfernt wird.

5 Einbettung von Security Services Negotiation

Für die Verhandlung der Verschlüsselungsparameter, wie auch für die Synchronisation der in eine Kommunikationsbeziehung involvierten Verschlüsselungsmaschinen ist ein transparenter, zeitsynchroner Kommunikationskanal im B-Kanal ausgeführt. Dabei wird für die Dauer der Authentikation wie auch des Schlüsselaustauschs der B-Kanal exklusiv der *Security Unit SecurNT* zugeordnet. Dies wird als *user plane blocking* bezeichnet.

Das *user plane blocking* Szenario ist in Abbildung 6 anhand der Q.931 [ITUT93b] Meldungen eines aktiven Verbindungsaufbaus am D-Kanal dargestellt. Es werden die Signalisierungsmeldungen durch die im NT integrierte *Security Unit* ohne Veränderungen weitergeleitet, bis die Vermittlungsstelle das Schalten des B-Kanals über die Meldung *Connect* signalisiert. Zu diesem in Abbildung 6 als (a) bezeichneten Zeitpunkt schließt *SecurNT* den Verbindungsaufbau zum ISDN Netzwerk aktiv ab, ohne dies jedoch an das die Verbindung initiierende Teilnehmerendgerät (TE) zu melden. Dies führt zu einer Situation, in der der B-Kanal zwischen den beiden *SecurNT* geschaltet ist, die *user plane* der Endgeräte aber vorübergehend blockiert ist, da der Abschluss des Verbindungsaufbaus den Endgeräten vorenthalten ist. Der B-Kanal kann somit von der *Security Unit* für Schlüsselaustausch und Authentikation verwendet werden, nach dessen Abschluss, als (b) in Abbildung 6 dargestellt, die *user plane* an das Endgerät durch Weiterleiten der zuvor in (a) unterdrückten, abschließenden *Connect* Meldung übergeben wird.

Der zeitliche Ablauf einer kryptographisch gesicherten ISDN Verbindung wird anhand eines endlichen Automaten skizziert: Über den D-Kanal Monitor wird die von einem Endgerät initiierte oder von der Vermittlungsstelle signalisierte Verbindungsaufbauphase erkannt. Die *Security Unit* geht daraufhin in den Status der *Security Services Negotiation* über, bestehend aus Erkennung des Kommunikationspartners samt der Entscheidung hinsichtlich herkömmlicher klartextlicher Wahl in das Festnetz oder kryptographisch gesicherter, vertraulicher Kommunikation. Die Entscheidung für Initiieren vertraulicher Kommunikation, Unterbinden klartextlicher Verbindungen oder die Annahme klartextlicher Rufe erfolgt durch Zeichengabe durch den Benutzer, wobei, zum Beispiel mit Notrufnummern als jedenfalls klartextlich zu übertragenden Rufen, Ausnahmen gegeben sind.

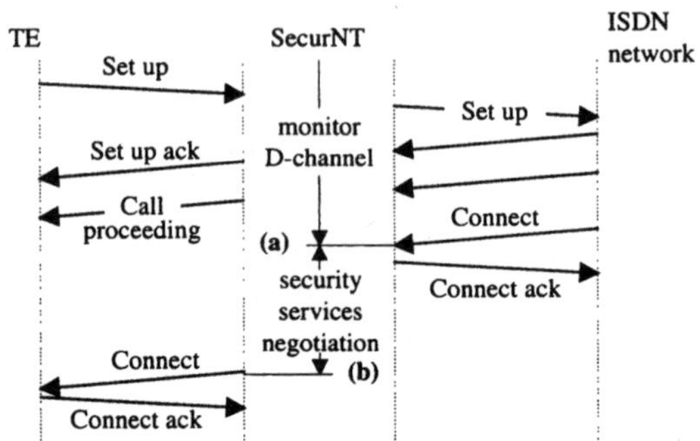

Abb. 6: *User plane blocking* zur *Security Services Negotiation*

Im Fall der vertraulichen Kommunikation folgt die Teilnehmerauthentikation und das Verhandeln der Sitzungsschlüssel. Daraufhin wird die Benutzerkommunikation klartextlich oder verschlüsselt durchgeführt, respektive die Verbindung bei Fehlern in der *Security Services Negotiation* geschlossen. Der Verbindungsabbau ist wiederum vom Endgerät initiiert. Das beschriebene Szenario ist in Abbildung 7 dargestellt.

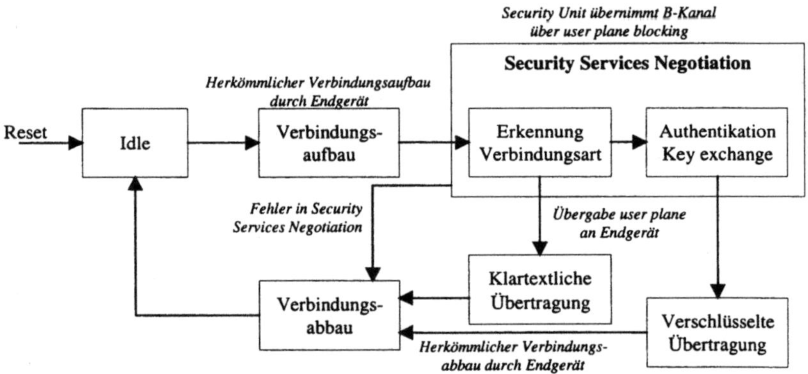

Abb. 7: Endlicher Automat einer kryptographisch gesicherten Verbindung

Obig dargestellter endlicher Automat bezieht sich auf einen einzelnen B-Kanal. Sitzungsschlüssel werden per B-Kanal verhandelt, somit ergibt sich ein Abbildung 7 äquivalenter, endlicher Automat je Benutzerverbindung (B-Kanal). Im nachfolgenden Abschnitt 6 wird das Verhandeln der Sitzungsschlüssel diskutiert.

6 Schlüsselaustausch

Das vorgestellte System sieht unterschiedliche Verfahren des Schlüsselaustauschs vor. In nachfolgendem Abschnitt 6.1 wird ein symmetrisches System als fixed policy Schema unter symmetrischen Verfahren diskutiert. Abschnitt 6.2 beschreibt als *mixed policy* Schema ein exemplarisch umgesetztes, asymmetrisches Verfahren.

6.1 Fixed Policy Schema

In einer Kommunikationsbeziehung zwischen einem Initiator A und einer gerufenen Station B generiert jede Station eine fortlaufende, nicht flüchtig gespeicherte Komponente „Sitzungsnummer *Session*", sowie eine Zufallskomponente „*Random*". Diese werden zu Beginn des Schlüsselaustauschs übertragen, also:

- A sendet zu B: | eigene Rufnummer A,   Session #A,   Random A |
- B sendet zu A: | eigene Rufnummer B,   Session #B,   Random B |

Diese Parameter können gleichzeitig übermittelt werden, wobei als „eigene Rufnummer" ein in *SecurNT* entsprechend der Gerätesicherheit nichtflüchtig gehaltener Parameter zu verstehen ist. Die Quelle-Ziel Beziehung ist über die Signalisierung beidseitig prüfbar, nämlich seitens des Initiators des Rufes (A) über die Beziehung *eigene Rufnummer B = gerufene Nummer*, andererseits seitens der den Ruf annehmenden Station (B) über die Beziehung *rufende Nummer = eigene Rufnummer A*.

Aus diesen, sowie den aus in *SecurNT* gespeicherten und aus der Signalisierung hergeleiteten Parametern werden die Sitzungsschlüssel für jede Kommunikationsrichtung durch TripleDES Verschlüsselung unter einem Gruppenschlüssel „*Masterkey*" dergestalt gebildet, dass der zur Verschlüsselung verwendete *TransmitKey* T_K an die seitens des Benutzers willentlich gegebene Aktion des Initiierens der Kommunikation gebunden ist. Dies ist die Eingabe der Rufnummer am den Ruf initiierenden Endgerät, respektive die Annahme des mit dessen Rufnummer angezeigten Rufes. Die Bildung der Sitzungsschlüssel ist in nachfolgender Abbildung 8 dargestellt.

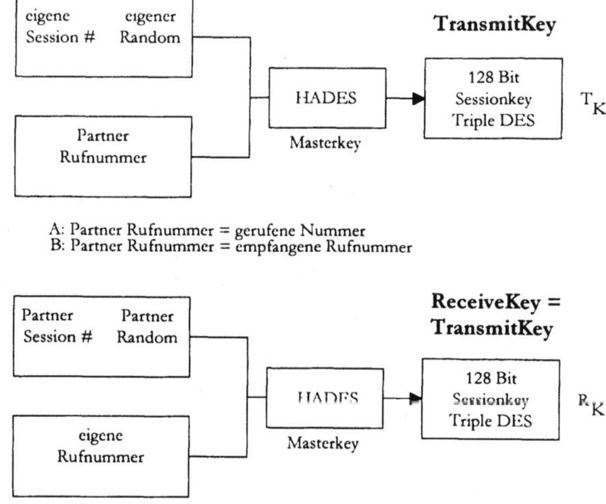

Abb. 8: Generieren der Sitzungsschlüssel

Es ergibt sich somit der Sitzungsschlüssel aus einer Kombination von im Rahmen der Gerätesicherheit in *SecurNT* nichtflüchtig gespeicherten Komponenten, seitens des Benutzers willentlich initiierten Komponenten, fortlaufenden und zufälligen Komponenten, über die Netzsignalisierung erhaltenen, wie auch von durch die Organisationseinheit festgelegten Komponenten. Diese sind nachfolgend in Tabelle 1 zusammengefasst:

Schlüsselkomponente	Rufender Teilnehmer A		Gerufener Teilnehmer B	
	Transmitkey	ReceiveKey	TransmitKey	ReceiveKey
Durch Benutzer bestimmt	Masterkey	Masterkey	Masterkey	Masterkey
Durch Benutzer willentlich initiiert	Gerufene Nummer A		Annahme der Rufnummer A	
Lokal ortsgebundene Komponente		Eigene Rufnummer A		Eigene Rufnummer B
Fortlaufende Komponente	Session A	Session B	Session B	Session A
Zufallskomponente	Random A	Random B	Random B	Random A
Aus Netzsignalisierung hergeleitet	Gerufene Nummer A		Rufende Nummer A	

Tab. 1: Komponenten des Sitzungsschlüssels

Neben dem beschriebenen *fixed policy* Schema unter von einem für eine Kommunikationsgruppe festgelegten, symmetrischen *master key* ist ein *mixed policy* Schema unter asymmetrischen Verfahren vorgesehen. Dies wird in nachfolgendem Abschnitt 6.2 skizziert.

6.2 Mixed Policy Schema

Obgenanntes symmetrisches Schema hat den Nachteil von für eine Gruppe festgelegten *master keys*. Eine *proof of concept* Implementierung der Teilnehmerauthentikation über Zertifikatsysteme und des Schlüsselaustauschs über Diffie Hellmann wurde durchgeführt. Dabei sind jedoch, mit der Leistungsfähigkeit der eingesetzten Mikrocontroller, Grenzen hinsichtlich der Schlüssellängen gegeben, wie auch die Verbindungsaufbauzeiten über die Softwareimplementierung der asymmetrischen Verfahren erhöht sind, dem Ansatz der transparenten Einbindung von Sicherheit in ISDN also entgegenwirken.

Ziel dieser exemplarischen Implementierung der zertifikatsbasierenden Authentikation und des asymmetrischen Schlüsselaustauschs ist es, die Lösung hinsichtlich des Einsatzes von Crypto-Coprozessoren zu evaluieren und die Schnittstellen zu Smartcards für eine Produktdefinition zu evaluieren. Es soll dabei die in vorigem Abschnitt an in nichtflüchtigen Komponenten gehaltene Parameter gebundene Gerätesicherheit und somit die Authentikation des Netzabschlusses zu einem benutzergebundenen Ansatz über Smartcards migriert werden.

7 Conclusio

In diesem Papier wurde eine Lösung zu kryptographisch gesicherter Kommunikation im ISDN beschrieben, die sich durch Integration in den ISDN NT sowohl gegenüber Vermittlungsstellen, als auch gegenüber Teilnehmerendgeräten TE1 und TE2 transparent verhält. Über *monitoring* der *control plane* wird eine ISDN Verbindungsaufbauphase selbständig erkannt, die kryptographische Teilnehmerauthentikation und der Austausch kryptographischer Parameter wie der Sitzungsschlüssel erfolgt *in band* im B-Kanal über Blockieren der *user plane*. Vertrauliche Kommunikation ist über eine dedizierte DES/TripleDES-Verschlüsselungseinheit gewährleistet.

Zum Zeitpunkt der Erstellung dieses Papiers sind Prototypen der diskutierten Lösung fertiggestellt. Auf Basis dieser wurde ein Pilotversuch durch die Telekom Austria AG mit vorerst 10 und in weiterer Folge 50 Teilnehmern mit dem Ziel gestartet, aus den daraus gewonnen Erfahrungen die Produktfähigkeit zu evaluieren.

Literatur

[Biod99]   Biodata: Handbuch Babylon S0. Biodata GmbH., 1999.

[Burr91]   Burr, W.: Security in ISDN. NIST special publication 500-189, 1991.

[ETSI98]   ETSI: Telecommunication Security: Integrated Services Digital Network(ISDN); Confidentiality system for audiovisual services. European Telecommunication Standard ETS 300 840, 1998.

[HuEl92]   Hunter, J.D.; Ellington, W.W.: ISDN: A Consumer Perspective In: IEEE Communications Magazine, vol. 30, no. 8, 1992.

[ISEG92]   ISEG: ISDN Security Architecture. ISDN Security Expert Group ISEG, North American ISDN User Group, NIUF 412-92, 1992.

[ITUT93a]   ITU-T: ISDN protocol reference model. Recommendation I.320, International Telecommunication Union, Telecommunication Standardisation Sector, 1993.

[ITUT93b]   ITU-T: Digital Subscriber Signalling System No. 1 – Network Layer, Recommendations Q.930 – Q.940, International Telecommunication Union, Telecommunication Standardisation Sector, 1993.

[Kahl90]   Kahl, P.: ISDN Implementation Strategies of the Deutsche Bundespost Telekom. In: IEEE Communications Magazine, vol. 28, no. 4, 1990.

[Kessl93]   Kessler, G.C.: ISDN, Second Edition. MacGraw-Hill, 1993.

[LePP98]   Leitold, H.; Payer, U.; Posch, R.: A Hardware Independent Encryption Model for ATM Devices. In: Proceedings of 14th Annual Computer Security Applications Conference ACSAC'98, IEEE ComSoc, 1998.

[Secu99]   SecurPac™: IEM ISDN Encryption Module. Technical Specifications, Secure Network Solutions Ltd, 1999.

SSS4it – Secure Session Setup für Internet-Telefonie

Ralf Ackermann[1] · Christoph Rensing[1] · Stephan Noll-Hussong[1]
Lars Wolf[1] · Ralf Steinmetz[1,2]

[1] Technische Universität Darmstadt
{ralf.ackermann, christoph.rensing, stephan.noll, lars.wolf, ralf.steinmetz}
@KOM.tu-darmstadt.de

[2] GMD-IPSI Darmstadt
ralf.steinmetz@gmd.de

Zusammenfassung

Die Telefonie und Multimedia-Konferenzen über das Internet befinden sich aktuell in einer Übergangsphase von einem eher experimentellen Betrieb hin zu einem regulär angebotenen Dienst. Mit diesem Übergang in eine kommerzielle Nutzung entsprechender Angebote wird die Gewährleistung sicherheitsrelevanter Funktionen immer bedeutsamer und zu einem in vielen Anwendungsbereichen unverzichtbaren Qualitätsmerkmal. Die notwendigen kryptographischen Algorithmen existieren und entsprechende Sicherheitsinfrastrukturen befinden sich im Aufbau bzw. sind teilweise bereits etabliert. Zwar sehen einige vorhandene bzw. sich entwickelnde Standards für die Kommunikation in IP-basierten Netzen die Nutzung verschiedener kryptographischer Verfahren vor, jedoch sind diese für Internet-Telefonie-Anwendungen bisher kaum im Einsatz.

In diesem Beitrag stellen wir zunächst die Anforderungen an Sicherheitsmechanismen vor und zeigen auf, wie diese mit den bestehenden kryptographischen Verfahren erbracht werden können. Die Authentifizierung der Teilnehmer eines Gespräches während des Verbindungsaufbaues und die zur Sicherung der Vertraulichkeit des Gesprächsinhaltes notwendige Aushandlung eines nachfolgend gemeinsam genutzten symmetrischen Schlüssels kann dabei mittels eines asymmetrischen Verfahrens und unter Nutzung der Dienste einer Sicherheitsinfrastruktur erfolgen.

Als „leichtgewichtige" Umsetzung und Ergänzung zu den in der Standardisierung vorgeschlagenen meist komplexen Protokollen für den Verbindungsaufbau stellen wir das von uns entworfene und umgesetzte System Secure Session Setup für Internet-Telefonie (SSS4it) vor. Dieses wurde mit dem ausdrücklichen Ziel der Einbettung in einen flexiblen und erweiterbaren Rahmen verschiedener Sicherheits-Infrastrukturen konzipiert und realisiert.

Im Rahmen der prototypischen Umsetzung in einer Beispiel-Implementierung bildet es die Grundlage von weiteren Arbeiten zur Gewinnung von Anwendungserfahrungen und zum Vergleich der bei Einsatz unterschiedlicher Konzepte erreichbaren Signalisierungs-Verzögerungen und System-Performance. Nach einer Beschreibung des Protokolls und seiner Implementierung werden abschließend Einsatz-Implikationen sowie Anwendungs-Umgebungen und -Szenarien aufgezeigt.

1 Problemstellung

Internet-Telefonie und Multimedia Konferenzen über das Internet gewinnen zunehmend an Bedeutung. Große Telekommunikationsanbieter stellen mittlerweile in Pilotprojekten aber auch im regulären Angebot eine Vielzahl von entsprechenden Diensten zur Verfügung [DTAG99]. Diese Dienste und die darauf basierenden Anwendungen müssen durch Integration von Sicherheitsmechanismen abgesichert werden, weil sonst kein, dem der klassischen Telefonie vergleichbarer, Sicherheitsstandard erreicht werden kann.

Eine der wichtigsten Voraussetzungen für einen kommerziellen Einsatz der Internet-Telefonie ist die gegenseitige Authentifizierung der Gesprächsteilnehmer und beteiligten Infrastruktur-komponenten. Diese kann und sollte bereits im Rahmen der Signalisierung zum Gesprächs-aufbau eingesetzt werden, ist sie doch unverzichtbare Basis für die verbindliche Abrechnung der Dienste. Heute werden in der Praxis vielfach noch Passwort- und PIN-Verfahren einge-setzt, was die Nutzbarkeit auf einen geschlossenen und vorab bekannten Anwenderkreis ein-schränkt.

Protokollstandards sehen alternativ die Nutzung von Public-Key-Verfahren unter Verwendung von Zertifizierungs-Infrastrukturen vor oder gehen von einem durch Mechanismen auf Netz-werk- (IP Security – IPSec) oder Transport- (Transport Layer Security – TLS) Schicht abgesi-cherten Übertragungskanal aus. Aufgrund der fehlenden durchgängigen Verbreitung dieser Verfahren ist ein solches Vorgehen jedoch derzeit und auch in absehbarer Zukunft nicht all-gemein praktikabel.

Neben der Authentifizierung sind weitere Sicherheitsmechanismen für die verschiedenen In-ternet-Telefonie-Szenarien notwendig. Diese sind ausführlich u. a. in [RAR99a] beschrieben. Zentrale und unmittelbar naheliegende Aufgabe ist die Gewährleistung der Vertraulichkeit der Audio- respektive Video-Inhalte. Diese kann aus Performancegründen bei dem in Echtzeit und mit der Forderung nach minimaler Verzögerung zu behandelnden Datenvolumen nur mittels eines symmetrischen Verfahrens realisiert werden. Der dazu notwendige Session-Schlüssel sollte während des Verbindungsaufbaues zwischen den Gesprächspartnern ausge-tauscht oder ausgehandelt werden.

2 Internet-Telefonie – Sicherheitsmechanismen

2.1 Betrachtete alternative Ansätze

2.1.1 MBone-Anwendungen als Ausgangs- und Vergleichs-Basis

Seit längerem wird das Internet für eine paketbasierte Sprachübertragung in Anwendungen im MBone (Multicast Backbone) genutzt [Kuma95, Paul98]. Typisch sind insbesondere Audio-konferenzen wie z. B. mit dem „Robust Audio Tool" (rat) [SHK95], Videokonferenzen und zum computerunterstützten kooperativen Bearbeiten (CSCW) von Dokumenten benutzte Whiteboard-Anwendungen. Gemeinsam können diese die Dienste des „Session Directory Tools" (sdr) [Hand96] zur Ankündigung von Konferenzen, zum Austausch von mittels des Session Description Protocols (SDP) [HJ98] beschriebenen Parametern und zum Programm-start verwendet werden.

Typische MBone-Anwendungen realisieren und nutzen Funktionen, die man auch in dedi-zierten Internet-Telefonie-Anwendungen benötigt. MBone-Multimedia-Konferenzen können daher durchaus als ein Spezialfall für die Audio-Kommunikation in paketbasierten Netzen betrachtet werden und somit unmittelbar Komponenten für Telefonie-Lösungen bereitstellen [APW99]. Ein solcher Ansatz wird von uns in der vorgestellten Arbeit benutzt.

2.1.2 Standardisierungsansatz der ITU

Kommerzielle interoperable IP-Telefonie Produkte nutzen heute zumeist die Protokolle der ITU-Protokollfamilie H.323 [ITU98a]. H.323 definiert einen Rahmen für die Kommunikation in paketbasierten Netzen und Übergänge zu anderen Netzen. Die Signalisierung eines Gespräches wird im Protokoll H.225.0 beschrieben. H.245 und H.235 behandeln Call Control und sicherheitsrelevante Funktionen und stellen damit das H.323 Vergleichsbeispiel im von uns betrachteten Problembereich dar.

Das Protokoll benutzt mittels Abstract Syntax Notation (ASN.1) beschriebene Protokoll-Daten-Elemente (PDU), die in nach Basic Encoding Rules (BER) kodiert werden. Die H.323-Signalisierung umfasst mehrere Schritte über verschiedene logische Verbindungen. Diese werden auf verschiedene physische Verbindungen abgebildet, deren Parameter nach einer initialen Kommunikation über einen standardisierten Port dynamisch ausgehandelt werden. Daraus ergeben sich zusätzliche Schwierigkeiten bei der Behandlung des Protokolls durch Firewall-Systeme.

In aktuellen Publikationen werden Komplexität, resultierender Kommunikations-Overhead beim Austausch einer Reihe von Ende zu Ende auszutauschenden Nachrichten und die daraus abgeleitete nicht zu vernachlässigende Verzögerung beim Verbindungsaufbau als kritisch betrachtet [DF99]. Insgesamt wird die Nutzung des H.323-Protokolls zum durchgehenden Einsatz für die Internet-Telefonie im globalen Rahmen überaus kontrovers diskutiert.

2.1.3 Standardisierungsansatz der IETF

Innerhalb der IETF beschäftigen sich verschiedene Arbeitsgruppen mit der Standardisierung von Protokollen für die Übertragung von Multimedia-Daten und die Internet-Telefonie. So entstand ein Protokollstack, der umfassend z. B. in [SR98] beschrieben ist.

Für die Signalisierung von Gesprächen wird das Session Initiation Protocol SIP [HSSR99] genutzt. SIP unterstützt den Aufbau, die Steuerung und das Beenden von Multimedia-Sitzungen. Es zeichnet sich durch seine Einfachheit, Textbasiertheit und Erweiterbarkeit aus. Beim Verbindungsaufbau beschränkt es sich, da es unter der Prämisse eines Einsatzes auch in großen, weltweiten Szenarien konzipiert und standardisiert wurde, bewußt auf ein Minimum von Ende-zu-Ende auszutauschenden Protokoll-Nachrichten.

Zur Identifizierung von Benutzern und Infrastruktur-Komponenten unterstützt SIP als Abstraktionsstufe Distinguished Names, die einen einer Email-Adresse ähnlichen Aufbau besitzen. Diese symbolischen Distinguished Names werden unter Nutzung von Verzeichnis-Diensten in eine IP-Adresse übersetzt. Die Lokalisierung von Teilnehmern kann sowohl unter Nutzung von Proxy- als auch von Redirect-Servern erfolgen.

Die Übertragung der Nutzdaten ist nicht Inhalt des die Signalisierung beschreibenden SIP-Standards, diese Daten werden analog zum Vorgehen beim H.323-Protokoll unter Nutzung des Realtime Transport Protocols (RTP) [SCFJ96] weitergeleitet.

2.2 Protokoll-Komponenten mit Sicherheitsbezug

Für die kommerzielle Internet-Telefonie ist die Authentifizierung der Gesprächsteilnehmer im Rahmen des Verbindungsaufbaus eine wesentliche Voraussetzung. Daher betrachten wir diesen Aspekt am Beispiel der drei ausgewählten Bereiche MBone-Anwendungen, H.323 und SIP an dieser Stelle detaillierter.

In MBone-Szenarien erfolgt die Ankündigung von Konferenzen i. d. R. mittels des Session Directory Tools sdr. Dieses diente ursprünglich nur zur Ankündigung öffentlicher Konferenzen und verfügt daher zunächst über keine Mechanismen zur Gewährleistung von Vertraulichkeit. Seit der Version 2.5 sind allerdings Sicherheitsmechanismen integriert. So können Ankündigungen mittels des Data Encryption Standards (DES) oder der Mechanismen des Programmsystems Pretty Good Privacy (PGP) verschlüsselt werden und eine Authentifizierung ist mit Hilfe von PGP- oder X.509-Zertifikaten möglich. Das Erzeugen von Schlüsselpaaren und die Abfrage bzw. Validierung von öffentlichen Schlüsseln wird von SDR jedoch weiterhin nicht unterstützt und muss unabhängig vom Programm mit Out-of-Band-Mechanismen vorab erfolgen.

Innerhalb der H.323-Protokollfamilie existiert der Standard H.235 [ITU98b], der Sicherheitsoptionen für Terminals und Kommunikation in H.323 definiert. H.235 hat primär die Sicherheitsaspekte Authentifizierung der Teilnehmer und Sicherung der Vertraulichkeit der Multimedia-Datenströme zum Gegenstand. Die Verbindlichkeit der Kommunikation wird nicht berücksichtigt. Neben der Sicherung der Multimedia-Datenströme werden auch die Sicherung der Kontrolldaten in H.225 und H.245 behandelt.

H.235 gibt dabei keine Implementierungsrichtlinien an und sieht an vielen Stellen die Verwendung alternativer kryptographischer Verfahren verschiedener Stärke vor. So kann nach H.235 die Gesprächssignalisierung in H.225.0 eine Authentifizierung unter Verwendung von Hash-Funktionen mit einem gemeinsamen Geheimnis und digitale Signaturen enthalten. Ebenso kann während des Verbindungsaufbaues mittels des Diffie-Hellman-Verfahrens ein Session-Schlüssel ausgetauscht werden. Soll der gesamte Verbindungsaufbau vertraulich erfolgen, sieht H.235 auch die Verwendung einer mittels IPSec oder TLS gesicherten Transportverbindung vor.

Beim Session Initiation Protocol SIP erfolgt die Signalisierung über den Austausch von Request- und Response-Nachrichten. Der Standard definiert als Basismechanismus für die Gewährleistung der Vertraulichkeit dieser Nachrichten eine PGP basierte Verschlüsselung ausgewählter Felder des Nachrichten-Kopfes (Header) und des gesamten Nachrichten-Körpers (Body). Dazu müssen die PGP-Mechanismen von SIP basierten Implementierungen unterstützt werden.

Zur Authentifizierung der Nachrichten sieht das Protokoll die in HTTP verwendeten Mechanismen vor [FHHL98]. Alternativ kann in einem Header Feld eine digitale Signatur der Nachricht eingefügt werden. Damit kann zusätzlich zur Authentifizierung die Integrität der Nachricht gewährleistet werden. SIP definiert bisher nicht verbindlich, welches Schema für die Digitale Signatur genutzt werden soll, beschreibt aber den genauen Ablauf bei der Verwendung von PGP-Mechanismen.

2.3 Beurteilung

Die von uns im Vorfeld der eigenen Entwicklungen betrachteten Mechanismen, Standards und Anwendungen sind mit einer Reihe von Nachteilen oder zu hinterfragenden Eigenschaften behaftet.

So sind sie im Fall der MBone-Szenarien nicht erschöpfend und in den vorhandenen Implementierungen nur marginal umgesetzt. Die H.323-Protokollfamilie ist komplex und mit einem nicht zu unterschätzenden und in vielen Szenarien nicht benötigten Overhead behaftet. Für

SIP existieren trotz eines zunehmenden Engagements nicht nur von Forschungsinstitutionen, sondern auch von potenten Industriepartnern [Nels99] bisher nur sehr begrenzt praktische und allgemein nutzbare Implementierungen, mit denen weitere Erfahrungen gewonnen werden können.

Die Sicherheitsmechanismen sind in den Standards nur optional verankert und beeinträchtigen bei ihrem Fehlen nicht unmittelbar den primären Einsatzzweck zur Audio-Kommunikation, was dazu führt, dass sie in bisherigen praktischen Realisierungen kaum unterstützt werden. Diese Optionalität führt zu zusätzlichen Interoperabilitäts-Problemen. Nicht zuletzt ist eine fehlende Integration in Sicherheitsinfrastrukturen als Nachteil festzustellen. Wünschenswert und gerade im Fall von H.323 nicht gegeben, ist weiterhin die Möglichkeit, vorhandene Applikationen zum Transfer der Audiodaten in ein entsprechendes Signalisierungs-Framework einzufügen und diese damit für die IP-Telefonie nutzbar zu machen, auch wenn sie zunächst nicht für diese vorgesehen waren.

Aus der Erfahrung heraus, dass einfache Lösungen – die zunächst durchaus nicht alle Probleme gleichzeitig zu behandeln versuchen – vielfach sehr leistungsfähige und evolutionäre Anwendungen ermöglichen, entwarfen und untersuchten wir als Alternative das Secure Session Setup Protokoll. Dieses erfolgte insbesondere mit dem Ziel der Schaffung einer Basis für vergleichende Untersuchungen der Anbindung alternativer Sicherheitsinfrastrukturen, kryptographischer und Zugriffs-Verfahren. Die Spezifika der vorhandenen Protokolle wurden dabei in unserer Entwicklung explizit beachtet und übernommen, wo dies sinnvoll war.

3　SSS4it – Secure Session Setup

SSS4it ist ein System, das zum Aufbau einer vertraulichen Kommunikation dient. Es kombiniert einen Schlüsselaustausch nach einem Hybrid-Verfahren mit einer in einer wahlweise zu startenden Kommunikationsanwendung vorhandenen und genutzten symmetrischen Verschlüsselungsfunktion.

Das System bildet ein Framework, welches die Einbettung unterschiedlicher Anwendungen für den Versand der Audio-Nutzdaten und die Anbindung unterschiedlicher Mechanismen zum Zugriff auf öffentliche Schlüssel und Zertifikate gestattet. Dabei kam in der erfolgten Referenz-Implementierung Secude [Secu99] als Public-Key-Infrastruktur zum Einsatz.

Protokollelemente und Ablauf des Secure Session Setup Protokolls für Internet-Telefonie (SSS4it) orientieren sich am Session Initiation Protokoll SIP. Es wurde jedoch nur eine Untermenge der dortigen Protokollsemantik realisiert. Zusätzlich erfolgte eine Erweiterung zur – bei SIP nicht vorgesehenen – Unterstützung von IP-Multicast zum Austausch von Nachrichten zwischen den Kommunikationspartnern.

Die Signalisierung im Unicast-Fall erfolgt mit aktionsbeschreibenden (INVITE, REGISTER, QUERY), OK- und ACK-Nachrichten, die zwischen den Kommunikations-Endpunkten nach dem Client-Server-Prinzip ausgetauscht werden. Kommunikations-Endpunkte können dabei sowohl den Audio-Anwendungen unmittelbar zugeordnete als auch zentrale zur Namens- und Lokalisierungs-Auflösung bzw. zur mittelbaren Kommunikation mit der Sicherheits-Infrastruktur genutzte SSS4it-Komponenten sein.

Alternativ zu einer Unicast-Kommunikation ist auch der Versand von Signalisierungs-Meldungen innerhalb einer zu diesem Zweck vordefinierten und reservierten Multicast-

Gruppe möglich. Dieses Vorgehen erlaubt in lokalen Umgebungen einen einfachen und von zentralen Instanzen unabhängigen Verbindungsaufbau sowie die Initiierung von Multiparty-Konferenzen.

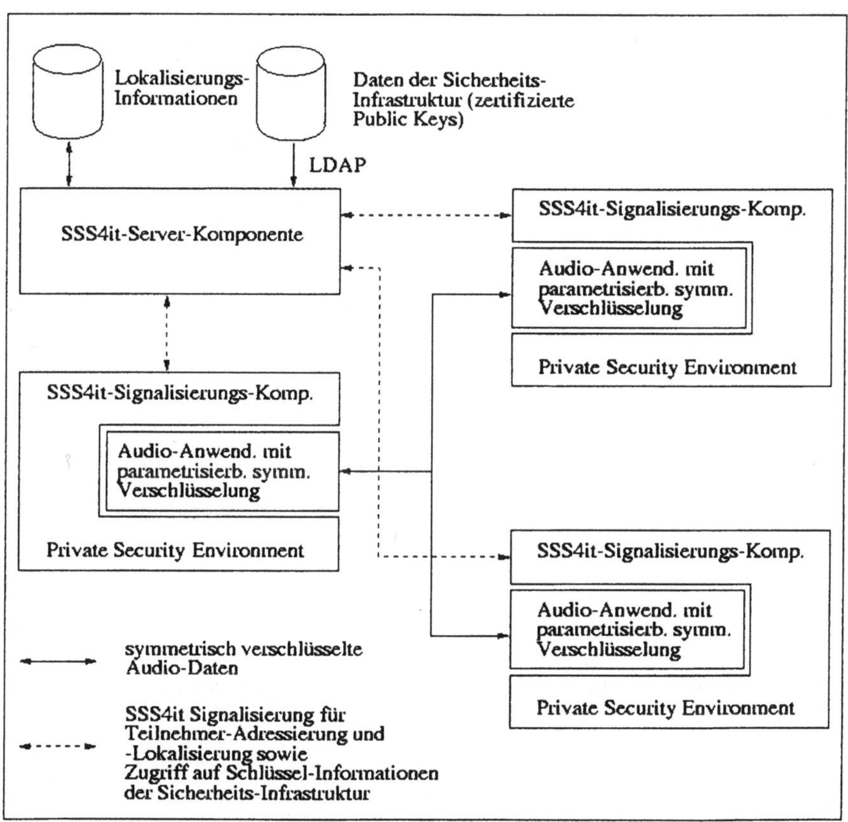

Abb. 1: Systemarchitektur und Zusammenwirken der Systemkomponenten

3.1 Format der Signalisierungs-Nachrichten

Das im Rahmen unserer Implementierung verwendete Nachrichten-Format ist nachfolgend gezeigt. Dieses wird als Nutzdaten-Anteil eines Unicast- bzw. Multicast-UDP-Paketes transportiert.

Im Adressat-Feld steht der DName des Benutzers, für den die Nachricht bestimmt ist, im ASCII-Format. Anhand dieses Feldes kann jeder Empfänger der Nachricht feststellen, ob diese an ihn gerichtet ist. Für das Adressat-Feld ist eine konstante Länge vorgesehen. Dadurch kann die genannte Auswertung schnell vollzogen werden.

Im darauffolgenden Feld ist die Länge des unmittelbar anschließenden Blocks verschlüsselter Daten verzeichnet. Die sowohl über den unverschlüsselten als auch den verschlüsselten Teil der Nutzdaten gebildete Signatur des Absenders schließt die Nachricht ab.

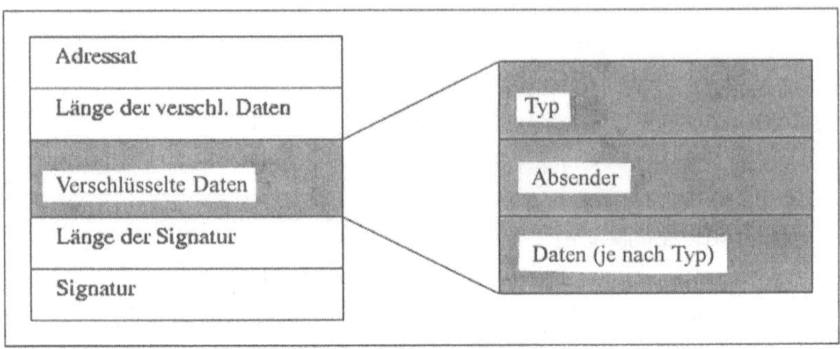

Abb. 2: Aufbau eines SSS4it-Packets

Dadurch, dass die für den Verbindungsaufbau relevanten Daten mit dem öffentlichen Schlüssel des Adressaten verschlüsselt sind, wird die Integrität der übertragenen Daten sichergestellt. Mittels der Signatur kann der Adressat die Authentizität des Absenders überprüfen. Damit werden gleichzeitig Veränderungen im Adressat-Feld oder an anderen Stelle der Nachricht durch eine ungültige Signatur erkennbar.

Das Typ-Feld gibt die Art der Nachricht an – dabei sind analog zu SIP alternativ die Typen INVITE, REGISTER, OK oder ACK möglich. Mit einer INVITE-Message teilt ein Sender dem Adressaten seinen Wunsch mit, in einer gemeinsamen Sitzung zu kommunizieren. Gleichzeitig werden die Session-Parameter transportiert. Diese Semantik entspricht der gleichlautenden SIP-Methode. Eine OK-Message entspricht einer SIP-Antwort mit Statuscode 2xx. Damit signalisiert der Angerufene dem Anrufer, dass er bereit und in der Lage ist, die Sitzung mit den angegebenen Parametern anzunehmen. Der Typ ACK dient zur Bestätigung der OK-Message. Nachdem die Kommunikationssequenz in dieser Reihenfolge abgelaufen ist, kann die gesicherte Übertragung der eigentlichen Nutzdaten beginnen. Der Typ QUERY wurde zusätzlich aufgenommen, um den Klienten die Abfrage von Informationen unter Nutzung der zentralen SSS4it-Komponente zu ermöglichen, die dazu das zu realisierende Interface nur einmal für das Gesamtsystem anbieten muss.

Die weiteren Felder in den verschlüsselten Daten beinhalten den DName des Absenders und weitere, vom Nachrichtentyp abhängige Parameter. Im Fall einer INVITE-Message sind das die von der Kommunikationsanwendung zu benutzende Zieladresse bzw. Multicastgruppe und der entsprechende Port. Eine OK-Message erfordert keine weiteren Parameter und mit der ACK-Message wird schließlich der von den Kommunikationsteilnehmern zu benutzende Session-Schlüssel übertragen.

3.2 Adressierung und Lokalisierung

Um eine Multimediasitzung zu initiieren oder sich zu einer bestehenden anzumelden, müssen alle Teilnehmer bestimmte Parameter wie z. B. die Adresse des Kommunikationspartners (oder eine gemeinsam genutzte Multicast-Adresse), Portnummern, die Art der zu verwendenden Medien und die Kodierungs-Vorschrift sowie Parameter für diese kennen.

Die Lokalisierung der Anwender erfolgt nicht unmittelbar über Rechneradressen, sondern mittels einer Indirektion über symbolische Namen. Es kommen Distinguished Names (Dnames) zum Einsatz, die eine eindeutige Personenbezeichnung ermöglichen. Durch die Integration der Komponente zur Namensauflösung und Lokalisierung ist ein Anwender in seiner Mobilität ungebunden. Die Verwendung von Distinguished Names erleichtert sowohl die Interaktion mit Verzeichnisdiensten wie X.500 als auch die Einbindung in X.509 basierte Sicherheits-Infrastrukturen.

Die SSS4it-Implementierung sieht sowohl das von einem Nutzer mit Protokollmitteln (REGISTER-Nachricht) selbst ausgelöste Registrieren bei der Namens- und Lokalisierungs-Datenbasis als auch deren Manipulation über ein WWW-Interface sowie die zentrale statische Verwaltung vergleichbar zum Vorgehen bei einer konventionellen Telefon-Vermittlung vor.

3.3 Zugriff auf kryptographische Schlüssel

Zu einer erfolgreichen Telefonie-Gesprächsinitiierung ist es notwendig, dass während des Gesprächsaufbaus der sichere Austausch des für die eigentliche Kommunikation benötigten Session Keys und die eindeutige Identifizierung der Kommunikationspartner erfolgt. Der eine Kommunikationsbeziehung initiierende Partner erzeugt einen Session-Schlüssel für die Verschlüsselung der Audio-Datenströme. Dieser Session-Schlüssel wird innerhalb der Nutzdaten der INVITE-Message vertraulich an den Adressaten oder bei Verwendung von IP-Multicast an die Adressaten versandt.

Zur Verschlüsselung der Daten der Kontrollnachricht benötigt der Sender den öffentlichen Schlüssel des oder der Adressaten. Ist dieser nicht in seinem lokalen Private Security Environment (PSE) gespeichert, nutzt unsere Implementierung den Abruf einer zertifizierten Schlüsselinformation des Adressaten per Lightweight Directory Access Protocol (LDAP). Die Information wird von den Teilnehmern in einer QUERY-Message angefragt.

Der Session-Schlüssel wird nachfolgend als Verschlüsselungs-Parameter beim Start der entsprechenden Kommunikations-Anwendung (z.B. rat) verwendet. Die Einbindung anderer Kommunikations-Anwendungen, die eine Parametrisierung auf Kommandozeilen-Ebene oder durch Setzen und Auslesen von Umgebungsvariablen ermöglichen, ist unmittelbar möglich und durch Eintrag in eine Konfigurationsdatei bei den Klienten steuerbar.

4 Implementierung und Anwendung

4.1 Sicherheits-Infrastruktur auf Basis von Secude

Im Rahmen der praktischen Umsetzung unseres Ansatzes wurde aus Gründen der freien Verfügbarkeit und des umfassenden Funktionsumfanges das SECUDE (Security Development Environment) Security Toolkit eingesetzt. SECUDE enthält eine in C geschriebene

Befehlsbibliothek und ist unter verschiedenen Betriebssystemen lauffähig, wobei in der vorliegenden Realisierung SECUDE 5.1.8c in den Versionen für Linux und Win32 (Windows95, Windows98, Windows NT) zum Einsatz kommt.

SECUDE bietet verschiedene APIs zur Anwendung in speziellen Bereichen der Kryptographie und zur Kompatibilität mit bestehenden Standards. Von besonderer Bedeutung sind für den realisierten Einsatz die Funktionen des Authentication Frameworks.

Diese stellen eine Schnittstelle zum Umgang mit Zertifikaten nach dem X.509-Standard zur Verfügung. Es können sowohl lokale Zertifikate, die in der PSE (Personal Security Environment) gespeichert sind, als auch Zertifikate aus einem Verzeichnisdienst verwendet werden. Auf die Zertifikate können die Teilnehmer mittelbar über eine zentrale SSS4it-Instanz per LDAP oder AF-DB, einem speziellen für verteilte Datenbanken geeigneten Format von Secude für Zertifikate, zugreifen. Es wird also nicht vorausgesetzt, dass diese direkt bei ihnen vorliegen. Damit wird auch der für Internet-Telefonie-Anwendungen als Mehrwertdienst betrachtete Aspekt der persönlichen Mobilität mit Möglichkeit des individuellen und in unserem Szenario auch gesicherten Gesprächsaufbaus von einem beliebigen Endgerät aus unterstützt.

4.2 Anwendungs-Szenario

Das Protokoll wurde in dem in Abbildung 3 gezeigten Anwendungsszenario eingesetzt, bei dem MBone-Konferenz-Anwendungen mit Gateways zur Kopplung von konventionellem und IP-basierten Telefonnetz zu einer Virtuellen PBX kombiniert werden.

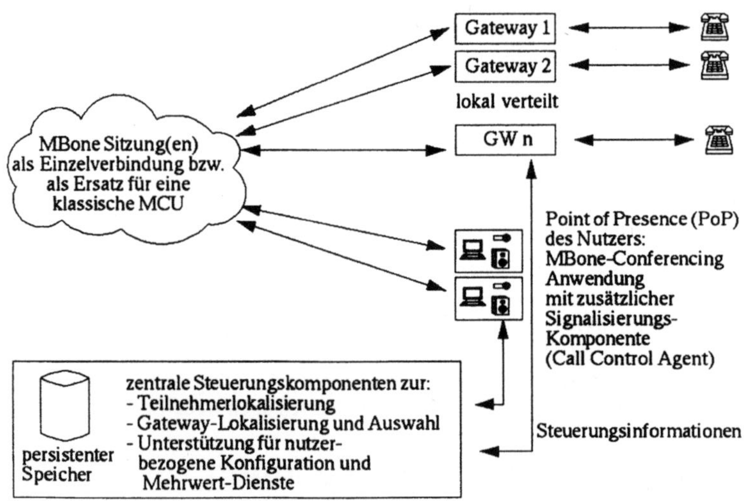

Abb. 3: Einsatz von SSS4it – eine Virtuelle PBX in einer lokalen Umgebung

Dieses bewusst im lokalen Umfeld angesiedelte Szenario besitzt aufgrund der Nutzung eines in der Regel allgemein zugreifbaren Übertragungsmediums und der für alle Klienten vorhandenen Möglichkeit, sich einer der zur Audio-Daten zugeordneten Multicast-Gruppen zu subscriben, unmittelbar naheliegende Sicherheitsanforderungen.

Außerdem erlaubt es den durchgängigen Einsatz von IP-Multicast-Mechanismen, die in größeren heterogenen Netzen nicht grundsätzlich vorausgesetzt werden können, und muss sich aufgrund einer limitierten Teilnehmerzahl nicht unmittelbar mit Skalierungsaspekten befassen. Der Einsatz des Protokolls in anderen Szenarien wird von uns aktuell untersucht.

4.3 Ausblick

Das beschriebene System stellt einen exemplarischen Ansatz zur Einbettung der sich mit hoher Dynamik entwickelnden IP-Telefonie-Technologie in Sicherheits-Infrastrukturen dar.

Einen wichtigen Teil der weiteren Untersuchungen bildet die Bewertung des Protokolls hinsichtlich seiner Skalierbarkeit und Eignung in größerem Rahmen. Dazu liegen Messungen hinsichtlich des Kommunikationsaufwandes und der resultierenden Sitzungs-Aufbauzeiten vor [RAR99b]. Die Protokoll-Implementierung und die zur Umsetzung des von uns beschriebenen Einsatzszenarios benötigten weiteren Software-Komponenten stehen für Test und Weiterentwicklung frei zur Verfügung.

Literatur

[APW99]   R. Ackermann, J. Pommnitz, L. Wolf, R. Steinmetz: Eine Verteilte PBX, 1. GI-Workshop "Multicast – Protokolle und Anwendungen", Braunschweig, 20.-21. Mai 1999, S. 187-197.

[DF99]   I. Dalgic, H. Fang: Comparison of H.323 and SIP for IP Telephony Signaling, Proc. of Photonics East, Boston, Massachusetts, September 20-22, 1999.

[DTAG99]   Deutsche Telekom AG: freecall Online – Telefonieren aus dem Internet, http://www.dtag.de/angebot/freecallOnline/, 1999.

[FHHL98]   J. Franks, P. Hallam-Baker, J. Hostetler, S. Lawrence, P. Leach, A. Luotonen, L. Stewart: HTTP authentication: Basic and digest access authentication, Internet Draft, Internet Engineering Task Force, Work in Progress, Sept. 1998.

[Hand96]   M. Handley: The sdr Session Directory: An MBone Conference Scheduling and Booking System, Department of Computer Science University College London Draft 1.1, 1996. http://www-mice.cs.ucl.ac.uk/mice-nsc/tools/sdr.html

[ITU98a]   ITU-T Recommendation H.323 V.2 "Packet-Based Multimedia Communication Systems", Genf, 1998.

[ITU98b]   ITU-T Draft Recommendation H.235 "Security and Encryption for H. Series (H.323 and other H.245 based) Multimedia Terminals", Genf, 1998.

[Kuma95]   V. Kumar: MBone: Interactive Multimedia on the Internet, Macimillian Publishing, November 1995.

[Nels99]   J. Nelson: SIP – Ready to Deploy, FALL Voice on the Net (VON), Atlanta, Georgia, September 28, 1999.

[Paul98]   S. Paul: Multicasting on the Internet and its Applications, Kluwer Academic Publishers, Boston, 1998.

[RAR99a]   C. Rensing, R. Ackermann, U. Roedig, L. Wolf, R. Steinmetz: Sicherheitsunterstützung für Internet Telefonie, Sicherheitsinfrastrukturen, Vieweg, Braunschweig, Wiesbaden, 1999, S. 285-296.

[RAR99b]   C. Rensing, R. Ackermann, U. Roedig, R. Steinmetz: SSS4it – Implementierung und Performance-Messung, TU Darmstadt, Technical Report TR-KOM-1999-05, Industrielle Prozeß- und Systemkommunikation, 1999.

[Secu99]   SECUDE: http://www.secude.de

[HJ98]   M. Handley, V. Jacobson, RFC 2327: SDP: Session Description Protocol, April 1998.

[HSSR99]   M. Handley, H. Schulzrinne, E. Schooler, J. Rosenberg: RFC 2543 SIP: Session Initiation Protocol, March 1999.

[SCFJ96]   H. Schulzrinne, S. Casner, R. Frederick, V. Jacobson: RFC 1889 RTP: A Transport Protocol for Real-Time Applications, January 1996.

[SHK95]   A. Sasse, V. Hardman, I. Kouvelas, C. Perkins, O. Hodson, A. Watson, M. Handley, J. Crowcroft, D. Harris, A. Bouch, M. Iken, K. Hasler, S. Varakliotis, D. Miras: Rat, 1995. http://www-mice.cs.ucl.ac.uk/multimedia/software/rat/

[SR98]   H. Schulzrinne, J. Rosenberg: Internet Telephony: Architecture and Protocols – an IETF-Perspective, 1998.

Authentifikation in schwach vernetzten Systemen

Patrick Horster · Peter Schartner

Universität Klagenfurt
{patrick.horster, peter.schartner}@uni-klu.ac.at

Zusammenfassung

Sind Teile eines Systems nur in unregelmäßigen Abständen oder gar nur bei ihrer Initialisierung online (direkt) mit dem Hintergrundsystem verbunden, dann ist das gesamte Keymanagement, aber vor allem das Update der Authentifikationsschlüssel zur Zeit noch unbefriedigend gelöst. In der vorliegenden Arbeit werden Protokolle zur einseitigen und gegenseitigen Authentifikation vorgestellt, die auch bei Offline-Teilsystemen ein einfaches Keymanagement erlauben. Die Protokolle basieren entweder auf der direkten Verwendung von Pseudozufallszahlen oder auf der Kombination von Pseudozufallszahlen und symmetrischer Verschlüsselung. Als Anwendungen dieser Protokolle werden elektronische Schlüssel und Schlösser in den Bereichen Elektronische Zutrittskontrolle (Electronic Access Control) und Elektronische Wegfahrsperren (Immobilizer) betrachtet. Abhängig von der Größe des Systems, der Anzahl der Schlüssel und Schlösser, der Häufigkeit der Online-Verbindung und der Bindung zwischen einzelnen Schlüsseln und Schlössern werden unterschiedliche Verfahren beschrieben.

1   Einleitung

In dieser Arbeit werden Authentifikationsprotokolle für schwach vernetzte Systeme auf Basis von Pseudozufallszahlengeneratoren und symmetrischer Verschlüsselung vorgestellt. Die Protokolle basieren entweder auf der direkten Verwendung von Pseudozufallszahlen (PRNs – Pseudo-Random Numbers) oder auf der Kombination von Pseudozufallszahlen und symmetrischer Verschlüsselung. Ein System heißt schwach vernetzt, wenn es zusätzlich zu den Online-Komponenten (Kategorie 1) auch noch Komponenten aus zumindest einer der Kategorien 2 und 3 enthält.

1. Komponenten, die eine permanente (online) Kommunikationsverbindung zum Hintergrundsystem haben oder jederzeit eine solche aufbauen können.

2. Komponenten, die nur bei ihrer Initialisierung (Produktion) eine Verbindung zum Hintergrundsystem haben und danach offline arbeiten.

3. Komponenten, die nur in unregelmäßigen Abständen eine Online-Verbindung zum Hintergrundsystem haben.

Da in einem schwach vernetzten System mindestens ein Teilnehmer der Authentifikation entweder nur selten oder gar nur während seiner Initialisierung eine Online-Verbindung zum Hintergrundsystem hat, kann ein Update der Authentifikationsschlüssel nicht ohne weiteres erfolgen. Ein Update der Authentifikationsschlüssel kann nur dann jederzeit erfolgen, wenn die neuen Schlüssel entweder durch die Teilnehmer selbst erzeugt werden können (z.B. 'Rolling Codes' [Gor93, DH94]), oder wenn die Teilnehmer einen gewissen Vorrat (z.B. 'Electronic Wallets' von Mondex [Mon95]) an gültigen Schlüsseln besitzen.

Es werden nun zwei bestehende Verfahren zur einseitigen Authentifikation exemplarisch vorgestellt und analysiert. Aufbauend auf die prinzipielle Vorgehensweise dieser Verfahren werden die neuen Protokolle entwickelt.

1.1 Bestehende Verfahren

Derzeit werden bei 'Keyless entry systems' z.B. für Elektronische Zutrittskontrolle, Fahrzeuge und Garagentore unter anderem folgende (in der Öffentlichkeit bekannte) Verfahren eingesetzt.

1.1.1 Fixed Code Encoder

Ein Beispiel für einen 'Fixed Code Encoder' ist der HCS101 von Microchip Technology Inc. [Mic99a]. Dieser Encoder besitzt eine 28 bit Seriennummer, die vom Systemhersteller bei der Erzeugung mit einem systemweit eindeutigen Wert programmiert wird und eine 12 bit Seriennummer die vom Systemhersteller programmiert werden kann. Zusätzlich ist noch ein einfacher Zähler (16 bit) vorhanden, dessen Zählerstand vor jeder Übertragung inkrementiert wird. Übertragen werden die beiden Seriennummern, der Zählerstand, vier Bits für die gewünschte Funktion und zwei Statusbits. Die Übertragung dieser 66 bit erfolgt im Klartext.

Beim Empfänger werden die beiden empfangenen Seriennummern mit gespeicherten (zuvor gelernten) Werten verglichen. Bei Übereinstimmung wird die gewünschte Funktion ausgeführt.

Analyse:
- Die Übertragung erfolgt im Klartext. Damit sind die Seriennummern leicht abhörbar und fälschbar. Die gewünschte Funktion kann ebenfalls leicht manipuliert werden.
- Es ist kein manuelles oder periodisches Update der logischen Schlüssel (hier Seriennummer) durch den Endverbraucher vorgesehen.

Hört ein Angreifer die übertragenen Werte ab, so kann er bei Kenntnis der Übertragungsverfahren und Timings (siehe Datenblatt [Mic99a]) einen Zweitschlüssel anfertigen. Da der Angriff durch das Datenblatt praktisch vorgegeben ist, eignet sich dieses Verfahren nur für Anwendungen mit sehr geringen (oder keinen) Sicherheitsanforderungen.

1.1.2 Code Hopping Encoder

Ein Beispiel für einen 'Code Hopping Encoder' ist der HCS201 von Microchip Technology Inc. [Mic99b]. Jeder Schlüssel wird bei seiner Herstellung mit einer 28 bit Seriennummer und mit einem 64 bit Schlüssel versehen. Dieser Schlüssel wird benutzt um das Konkatenat aus gewünschter Funktion (4 bit), Teilen der Seriennummer (12 bit) und dem Zählerstand (16 bit) zu verschlüsseln. Neben diesem Chiffrat werden die gewünschte Funktion, die vollständige Seriennummer und zwei Statusbits im Klartext übertragen. Da der Zähler vor jeder Übertragung inkrementiert wird, ist sichergestellt, daß aufgezeichnete Nachrichten nicht erneut eingespielt werden können.

Der Empfänger überprüft die Seriennummer und den entschlüsselten Zählerstand. War die Überprüfung erfolgreich, so wird die gewünschte Funktion ausgeführt.

Analyse:

- Da es sich beim Zähler (CNT) um einen Dezimalzähler handelt, der 'normal' inkrementiert wird ($CNT := CNT + 1$), enthalten zwei aufeinanderfolgende Nachrichten die beiden aufeinanderfolgende Werte CNT und $CNT + 1$.

- Die gewünschte Funktion und Teile der Seriennummer werden sowohl im Klartext, als auch im Chiffretext übertragen.

- Es ist kein Update der Schlüssel durch den Endverbraucher vorgesehen.

Anmerkung: Wird einseitige Authentifikation verwendet, so können replay-Attacken prinzipiell nicht verhindert werden. Ein derartiger Angriff ist unter zwei Bedingungen möglich:

1. Das Terminal hat die abgehörten Daten des Authentifikationsversuches nicht empfangen und konnte damit seine internen Zustände nicht aktualisieren.

2. Zwischenzeitlich wurde kein anderer Authentifikationsvorgang vollständig abgewickelt.

1.2 Zufallsgeneratoren

Zur Erzeugung der Authentifikationsschlüssel werden Chipkarten mit kryptographisch sicheren Pseudozufallszahlengeneratoren (PRNGs – Pseudo-Random Number Generators) [MvOV97, Sti95] eingesetzt. Dies hat den Vorteil, daß die Folge der erzeugten Schlüssel für einen bestimmten Pseudozufallszahlengenerator mit einem bestimmten Startwert deterministisch ist. Da der Startwert wesentlich für die Sicherheit ist, sollte er durch einen echten Zufallsgenerator erzeugt werden [Agn87, New90, ATT86].

In dieser Arbeit wird die Bezeichnung Zufallsgenerator verwendet, wenn sowohl ein echter Zufallszahlengenerator als auch ein Pseudozufallszahlengenerator verwendet werden kann.

Werden die deterministischen Eigenschaften von Pseudozufallszahlengeneratoren gezielt eingesetzt, so können diese nicht durch echte Zufallszahlengeneratoren ersetzt werden.

Durch die Verwendung von Pseudozufallszahlengeneratoren ergeben sich die folgenden Eigenschaften:

1) Die erzeugten Schlüssel sind (innerhalb der Periode des PRNG) eindeutig.

2) Pseudozufallszahlengeneratoren besitzen in der Regel nur eine 'Durchlaufrichtung', d.h. es können nur neue Werte erzeugt werden. Das Erzeugen alter (vergangener) Werte ist im allgemeinen nicht möglich.

3) Ein bestimmter Schlüssel kann nicht gezielt angesprochen werden.

4) Ist die Periode der erzeugten Zufallszahlen maximal, so ist prinzipiell jede Bitfolge (geeigneter Länge) ein "erlaubter" Wert des Schlüssel.

5) Wird ein erzeugter Schlüssel öffentlich bekannt, so können daraus eventuell Rück-

schlüsse auf die internen Zustände des Pseudozufallszahlengenerators gezogen werden.

ad 1. Die Periode bis zur Wiederholung eines Authentifikationsschlüssels wird maximal, womit einem Angreifer Replay-Attacken praktisch unmöglich gemacht werden.

ad 2. Die vorgegebene Durchlaufrichtung der generierten Zufallszahlenfolge hat bei manchen Protokollen (siehe Protokoll 3.5) zusätzliche Nachrichten zur Folge.

ad 3. Um einen bestimmten Schlüssel gezielt erzeugen zu können, kann z.B. parallel zum Pseudozufallszahlengenerator ein Zähler mitgeführt werden, der immer dann erhöht wird, wenn ein neuer Schlüssel erzeugt wurde. Schlüssel und Zähler werden zu dem sogenannten KeySet zusammengefaßt. Ein bestimmtes KeySet kann über den Wert des Zählers, der auch als KeySet-Nummer KS bezeichnet wird, angesprochen werden.

ad 4. Da prinzipiell jede Bitfolge ein "gültiger" Schlüssel ist, muß die Menge der aktuell gültigen Schlüssel auf eine kleine Teilmenge davon eingeschränkt werden. Alle Schlüssel aus dieser Teilmenge werden akzeptiert. Daher wird die Größe dieser Teilmenge auch Akzeptanzfenster genannt.

ad 5. Um Rückschlüsse vom Wert eines Schlüssels auf den Output des Pseudozufallszahlengenerators zu verhindern kann der Wert des Schlüssels AK über eine Hashfunktion ermittelt werden, sofern der Schlüssel im Klartext übertragen wird (siehe Protokolle 2.1 und 2.2). Als Alternative hierzu bietet sich die Verwendung von kryptographisch sicheren Pseudozufallszahlengeneratoren an, die allerdings auch einen erheblichen Berechnungsaufwand zur Folge haben.

2 Offline/Offline Authentifikation

Hier haben beide Teilnehmer nur während ihrer Initialisierung eine Online-Verbindung zum Hintergrundsystem. Danach sind sie während ihres gesamten Verwendungszeitraumes, also auch während der Authentifikation offline.

Je nach Größe des Systems (Anzahl der Schlüssel und Schlösser) kommen zwei unterschiedliche Verfahren zum Einsatz:

Direkte einseitige Authentifikation mit PRNG:
Zur Authentifikation in kleinen Systemen wird der aktuelle Wert des Pseudozufallszahlengenerators herangezogen. Da dieser Wert nur einmal verwendet wird, kann er im Klartext übertragen werden.

Gegenseitige Authentifikation mit PRNG und Challenge-Response:
In großen Systemen wird der aktuelle Wert des Pseudozufallszahlengenerators zur Verschlüsselung einer zufälligen Challenge herangezogen. Ein Authentifikationsschlüssel kann nun für mehrere Authentifikationen verwendet werden.

2.1 Direkte einseitige Authentifikation

Anwendungsgebiete: Elektronische Wegfahrsperren, Elektronische Zutrittskontrolle für einzelne Türen (auch Fernbedienungen für KFZ Türen).

Ein erster Ansatz, zur Authentifikation (sogenannte 'Rolling Codes' [Gor93]) besteht darin, den Schlüssel (Key, K) und das Schloß (Lock, L) mit je einem Pseudozufallszahlengenerator auszurüsten. Beide Pseudozufallszahlengeneratoren werden mit demselben zufällig gewählten Startwert $SEED$ initialisiert. Will sich nun der Schlüssel gegenüber dem Schloß authentifizieren, so erzeugt er zunächst den aktuellen Wert seines Authentifikationsschlüssels AK durch Aufrufen des Pseudozufallszahlengenerators: $AK = \mathrm{PRNG}_K()$. Danach sendet er diesen Authentifikationsschlüssel an das Schloß. Das Schloß überprüft, ob $AK = \mathrm{PRNG}_L()$ ist.

Sind die beiden Pseudozufallszahlengeneratoren desynchronisiert, so wird diese Überprüfung wiederholt, bis die beiden Werte übereinstimmen oder MAX Fehlversuche vorliegen. Nach einer erfolgreichen Authentifikation sind die Pseudozufallszahlengeneratoren wieder synchronisiert. War die Authentifikation erfolgreich, so wird von Protokoll 2.1 der Wert OKzurückgeliefert, andernfalls NOK.

Störungen auf der Übertragungsstrecke können dazu führen, daß der vom Schlüssel gesendete Wert vom Schloß nicht korrekt empfangen werden kann. Ein verfälschter Wert von AK desynchronisiert den Pseudozufallszahlengenerator des Schlosses. Daher werden die gesendeten Daten immer mit einer Prüfsumme versehen. Zudem wird nach einer fehlgeschlagenen Authentifikation der Wert des PRNG_L auf den Stand vor dem Authentifikationsversuch zurückgesetzt. Durch dieses Rücksetzen (Rollback) werden Denial- of-Service-Attacken verhindert. Prüfsummen und Rollback sind in den hier vorgestellten Protokollen nicht explizit angeführt. Das Rollback erfolgt immer vor der Anweisung 'return NOK', die Prüfsumme wird immer sofort nach Empfang der Daten überprüft.

Eingabe : —
Ausgabe: Authentifikation OK/NOK

(1)	Key	$AK = \mathrm{PRNG}_K()$
(2) Lock ← Key		send: AK
(3) Lock		while $(i > 0)$ do
		if $(AK == \mathrm{PRNG}_L())$ then
		$i = MAX$
		return OK // *Authentifikation erfolgreich*
		else
		$i--$
		endwhile
(4) Lock		return NOK // *Authentifikation fehlgeschlagen*

Protokoll 2.1: Direkte einseitige Authentifikation (PRNG, Version 1)

Durch die maximale Anzahl an Fehlversuchen MAX wird die Größe des Akzeptanzfensters definiert: Alle Werte, die der Pseudozufallszahlengenerator des Schlosses bei einem der MAX möglichen Aufrufe erzeugt, werden als gültiger Authentifikationsschlüssel akzeptiert.

Das Problem von Protokoll 2.1 liegt nun in der Größe dieses Akzeptanzfensters. Wird sein Wert zu klein gewählt, so besteht die Gefahr, daß das Akzeptanzfenster durch unbeabsichtigtes Drücken des Tasters oder unterbrochene bzw. gestörte Authentifikationsvorgänge verlassen wird. Wählt man das Akzeptanzfenster hingegen zu groß, dann erhöht man die Wahrscheinlichkeit eines erfolgreichen Angriffes unnötig. Ein Angriff besteht darin, einen zufälligen Wert für AK zu senden und zu hoffen, daß der Pseudozufallszahlengenerator des Schlosses diesen Wert bei einem der MAX möglichen Aufrufe erzeugt.

Das oben angeführte Problem des Akzeptanzfensters kann vermieden werden, wenn man den Wert des Pseudozufallszahlengenerators mit einem normalen Zähler zu einem KeySet zusammenfaßt. Nun wird zusätzlich zum Wert AK auch noch die laufende Nummer des Authentifikationsschlüssels (KS_K) übermittelt. Das Schloß besitzt ebenfalls einen Zähler (KS_L), der die Nummer seines aktuellen Authentifikationsschlüssels speichert. Mit Hilfe der Differenz der beiden Zählerstände kann das Schloß nun zuerst seinen Pseudozufallszahlengenerator mit dem des Schlüssels synchronisieren. Danach erfolgt wiederum die Überprüfung des Authentifikationsschlüssels.

Zu einer Desynchronisation zwischen den beiden Pseudozufallszahlengeneratoren kann es auch kommen, wenn sich mehrere Schlüssel im Empfangsbereich des Schlosses befinden. Um den Schlüssel identifizieren zu können wird nun in Schritt (1c) des erweiterten Protokolls 2.2 zusätzlich zu den Authentifikationsdaten ein eindeutiger Schlüsselidentifikator (KID) gesendet.

Eingabe : —
Ausgabe: Authentifikation OK/NOK

(1a)	Key	KS_K++
b)		$AK = \mathrm{PRNG}_K()$
c) Lock ← Key		**send:** $AK \parallel KS_K \parallel KID$
(2) Lock		**if** (KID nicht korrekt) **then**
(3)		**return** NOK // *Authentifikation fehlgeschlagen*
(4) Lock		**if** ($KS_K < KS_L + 1$) **then**
		return NOK // *Authentifikation fehlgeschlagen*
(5) Lock		**repeat**
		KS_L++
		$\mathrm{PRNG}_L()$
		until ($KS_K == KS_L + 1$)
(6) Lock		**if** ($AK \neq \mathrm{PRNG}_L()$) **then**
		return NOK // *Authentifikation fehlgeschlagen*
		return OK // *Authentifikation erfolgreich*

Protokoll 2.2: Direkte einseitige Authentifikation (PRNG, Version 2)

Bei Systemen mit vielen Schlüsseln und Schlössern sind die bisher vorgestellten Verfahren nicht zweckmäßig, da selten benutzte Schlüssel sehr weit hinter den aktuellen (gültigen) Wert zurückfallen können. Es besteht daher die Gefahr, daß das Akzeptanzfenster verlassen wird und damit der Schlüssel gesperrt wird.

2.2   Gegenseitige Authentifikation

Anwendungsgebiet: einfache Elektronische Zutrittskontrolle.

Schlüssel und Schloß besitzen wiederum jeweils einen Pseudozufallszahlengenerator und einen Zähler. Allerdings wird der Wert des Pseudozufallszahlengenerators jetzt nicht mehr direkt zur Authentifikation verwendet, er wird vielmehr als Authentifikationsschlüssel für ein Challenge-Response-Protokoll mit symmetrischer Verschlüsselung [ISO93] eingesetzt.

Eingabe : —
Ausgabe: Authentifikation OK/NOK

(1a)	Key	random r	
b)	Lock ← Key	**send:** $r \parallel KS_K$	
(2)	Lock	**while** $(KS_L < KS_K)$ **do**	
		KS_L++	
		$AK_L = \text{PRNG}_L()$	
		endwhile	$// \ KS_L \geq KS_K$
(3)	Lock	random s	
		$c_1 = \text{ENC}(s \parallel r, AK_L)$	
	Lock → Key	**send:** $c_1 \parallel KS_L$	
(4)	Key	**while** $(KS_K < KS_L)$ **do**	
		KS_K++	
		$AK_K = \text{PRNG}_K()$	
		endwhile	$// \ KS_K \geq KS_L$
(5)	Key	**if** $(\text{DEC}(c_1, AK_K) \neq x \parallel r)$ **then**	
		return NOK	*// Authentifikation fehlgeschlagen*
(6)	Key	$c_2 = \text{ENC}(r \parallel x, AK_K)$	
	Lock ← Key	**send:** $c_2 \parallel KS_K$	
(7)	Lock	**if** $(KS_L \neq KS_K)$ **then**	*// KS_L muß gleich KS_K sein!*
		return NOK	*// Authentifikation fehlgeschlagen*
(8)	Lock	**if** $(\text{DEC}(c_2, AK_L) \neq r \parallel s)$ **then**	
		return NOK	*// Authentifikation fehlgeschlagen*
(9)		**return OK**	*// Authentifikation erfolgreich*

Protokoll 2.3: Gegenseitige Authentifikation (PRNG + Challenge-Response, Version 1)

2.2.1   Initialisierung

- Erzeuge einen zufälligen Wert $SEED$ und initialisiere damit den Pseudozufallszahlengenerator. $SEED$ muß sicher gespeichert werden, damit zu einem späteren Zeitpunkt die Pseudozufallszahlengeneratoren in weiteren Schlüsseln initialisiert werden können.

- Alle beteiligten Instanzen (hier Schlüssel K und Schloß L) werden nun initialisiert:

  - Initialisiere die Nummer der KeySets : $KS_K = 1$ bzw. $KS_L = 1$.

– Erzeuge die Authentifizierungsschlüssel von Schlüssel und Schloß:
$$AK_K = \mathrm{PRNG}_K() \text{ bzw. } AK_L = \mathrm{PRNG}_L()$$

2.2.2 Update des Schlüssels

Soll z.B. das Schloß L auf einen neuen Authentifikationsschlüssel umgeschaltet werden, so wird zuerst der Zähler KS_L inkrementiert und danach der neue Schlüssel $AK_L = \mathrm{PRNG}_L()$ bestimmt. Bei einem Update im Schlüssel wird mit KS_K, AK_K und PRNG_L analog verfahren.

Eingabe : —
Ausgabe: Authentifikation OK/NOK

---

(1)	Key	random r
		$c_1 = \mathrm{ENC}(r, AK_K)$
Lock ← Key		send: $c_1 \,\|\, KS_K$
(2) Lock		if $(KS_L > KS_K)$ then
Lock → Key		send: KS_L
Lock		exit // *Schloß beendet Protokoll*
	Key	receive: KS_L
		while $(KS_K < KS_L)$ do
		KS_K++
		$AK_K = \mathrm{PRNG}_K()$
		endwhile // $KS_K \geq KS_L$
		goto (1) // *Protokoll neu starten*
		endif
(3) Lock		while $(KS_L < KS_K)$ do
		KS_L++
		$AK_L = \mathrm{PRNG}_L()$
		endwhile // $KS_L \geq KS_K$
(4) Lock		$r = \mathrm{DEC}(c_1, AK_L)$
		random s
		$c_2 = \mathrm{ENC}(s \,\|\, r, AK_L)$
Lock → Key		send: $c_2 \,\|\, KS_L$
(5)	Key	if $(\mathrm{DEC}(c_2, AK_K) \neq x \,\|\, r)$ then
		return NOK // *Authentifikation fehlgeschlagen*
(6)	Key	$c_3 = \mathrm{ENC}(r \,\|\, x, AK_K)$
Lock ← Key		send: $c_3 \,\|\, KS_K$
(7) Lock		if $(KS_L \neq KS_K)$ then // KS_L *muß gleich* KS_K *sein!*
		return NOK // *Authentifikation fehlgeschlagen*
(8) Lock		if $(\mathrm{DEC}(c_3, AK_L) \neq r \,\|\, s)$ then
		return NOK // *Authentifikation fehlgeschlagen*
(9)		return OK // *Authentifikation erfolgreich*

Protokoll 2.4: Gegenseitige Authentifikation (PRNG + Challenge-Response, Version 2)

2.2.3 Resynchronisation

Einer der beiden Teilnehmer stößt die Kommunikation an. Protokoll 2.3 zeigt einen Protokollablauf, der vom Schlüssel angestoßen wird. Nachdem zur Authentifikation ein Challenge-Response-Protokoll mit einer Klartext-Challenge verwendet wird, sind drei Nachrichten erforderlich.

Dies ermöglicht einem Angreifer aber eine Known-Plaintext-Attacke. Daher sollte die Challenge in Schritt (1b) ebenfalls verschlüsselt übertragen werden. Nun sind aber zwei zusätzliche Nachrichten erforderlich (siehe Protokoll 2.4), falls das KeySet des Schlüssels älter als das des Schlosses ist, da nun Schritt (2) durchlaufen werden muß. Ansonsten reichen wiederum drei Nachrichten.

3 Offline/Online Authentifikation

Anwendungsgebiet: Elektronische Zutrittskontrolle für Gebäudekomplexe mit Chipkarten als Sicherheitstoken.

Hier sind beide Teilnehmer zwar während der Authentifikation offline, einer der beiden (hier der Schlüssel) hat jedoch in unregelmäßigen Abständen eine Online-Verbindung zum Hintergrundsystem. Dadurch hat dieser Teilnehmer die Möglichkeit, ein einfaches Update seiner Authentifikationsschlüssel durchzuführen. Bei einer Online-Verbindung zum Hintergrundsystem wird eine Liste gültiger Authentifikationsschlüssel auf der Chipkarte gespeichert, womit im Bedarfsfall schnell und einfach auf einen neuen Schlüssel umgeschaltet werden kann.

3.1 Lösungsansatz

Beim vorgestellten System für elektronische Zutrittskontrolle wird eine gegenseitige Authentifikation verwendet: Zuerst muß sich das Schloß gegenüber dem Schlüssel authentifizieren. Verläuft diese Authentifikation erfolgreich, dann authentifiziert sich der Schlüssel gegenüber dem Schloß. War auch diese Authentifikation erfolgreich, so werden die Zutrittsberechtigungen des Schlüssels geprüft und gegebenenfalls der Zutritt gewährt.

Für die gegenseitige Authentifikation bietet sich ein dynamisches Verfahren auf Basis eines symmetrischen Kryptosystems mit abgeleiteten Schlüsseln an. In unserem Fall wird der individuelle Schlüssel AK_L durch Verschlüsselung des eindeutigen Schlüssel-Identifikators KID berechnet, wobei die Verschlüsselungsfunktion mit dem systemweit verwendeten Masterkey MK parametrisiert wird. Damit ergibt sich $AK_L = \mathrm{ENC}(KID, MK)$. Dies hat den Vorteil, daß in den Terminals nur dieser Masterkey gespeichert werden muß, denn der Authentifikationsschlüssel eines Schlüssels kann jederzeit aus seinem Identifikator berechnet werden.

Zum genormten Standardverfahren für gegenseitige dynamische Authentifikation [ISO93] bestehen ein wesentlicher Unterschied: Der Masterkey ist nicht mehr fix, sondern wird durch den Aufruf eines Pseudozufallszahlengenerators erzeugt. Alle Schlösser müssen den gleichen Pseudozufallszahlengenerator benutzen, damit im Bedarfsfall auf ein neues Key-Set umgeschaltet werden kann. Diese Generatoren müssen zudem mit dem selben Wert $SEED$ initialisiert werden.

Die physikalischen Schlüssel des Systems dürfen nicht in der Lage sein, eigenständig gültige Masterkeys zu erzeugen. Da zwischen den Schlüsseln und dem Hintergrundsystem zeitweise eine Online-Verbindung besteht, werden die Schlüssel mit einer Liste gültiger Masterkeys ausgestattet, wodurch auch hier ein einfaches Update ermöglicht wird.

Das Update der Masterkeys bzw. Authentifikationsschlüssel erfolgt anhand der fortlaufenden Nummer des KeySets des jeweils anderen Teilnehmers.

3.2 Voraussetzungen

Ein Schloß besteht aus einem Chipkarten-Terminal und einer Chipkarte zur sicheren Speicherung der Systemdaten. Die Chipkarten von Schlüssel und Schloß müssen folgendermaßen ausgestattet sein.

Jedes Schloß L besitzt

- einen Pseudozufallszahlengenerator PRNG_L zur Erzeugung der Masterkeys,
- einen aktuellen Masterkey MK zur Ableitung des individuellen Authentifikationsschlüssels aus der KID und
- einen Zähler KS_L der die Nummer des aktuell verwendeten KeySets speichert.

Jeder Schlüssel K besitzt
- einen eindeutigen Schlüssel-Identifikator (KID),
- einen Zähler KS_K der die Nummer des aktuell verwendeten KeySets speichert,
- einen aktuellen Authentifikationsschlüssel AK_K und eine Liste der nächsten N Authentifikationsschlüssel $AK[KS_K + 1]$, ..., $AK[KS_K + N]$ und
- einen Speicher $MAXKS$ für die höchste derzeit verfügbare KeySet-Nummer.

Nach dem Update der Liste gilt: $MAXKS := KS_K + N$.

3.3 Initialisierung und Verwendung

Initialisierung des Systems
1) Erzeuge eine (echte) Zufallszahl $SEED$ und initialisiere damit den Pseudozufallszahlengenerator des Hintergrundsystems: $\mathrm{PRNG}_S(SEED)$. Der Wert $SEED$ muß nicht gespeichert werden, da die Pseudozufallszahlengeneratoren Schlösser immer mit den aktuellen Zuständen des Pseudozufallszahlengenerators des Hintergrundsystems initialisiert werden. Diese müssen dazu natürlich in geeigneter Form ausgelesen werden können.
2) Initialisiere den Wert des KeySets : $KS_S = 1$.
3) Erzeuge den aktuellen Masterkey durch Aufruf des PRNG_S: $MK_S = \mathrm{PRNG}_S()$.

Initialisierung des Schlosses
1) Synchronisiere den Pseudozufallszahlengenerator des Schlosses PRNG_L mit den Zustandswerten des Pseudozufallszahlengenerator des Hintergrundsystems.
2) Initialisiere das KeySet des Schlosses: $KS_L = KS_S$.
3) Initialisiere den Masterkey des Schlosses: $MK = MK_S$.

Initialisierung der Chipkarte bei der Registrierung
1) Erzeuge einen eindeutigen Schlüssel-Identifikator und initialisiere damit den Wert von KID auf der Chipkarte des Schlüssels.

Initialisierung bzw. Update der Chipkarte beim Online-Terminal
1) Initialisiere das KeySet des Schlüssels: $KS_K = KS_S$.
2) Berechne den aktuellen individuellen Authentifikationsschlüssel
   $AK_K = \text{ENC}(KID, MK_S)$.
3) Erzeuge die Liste der nächsten N gültigen Authentifikationsschlüssel:
   $AK[KS_S + i] = \text{ENC}(KID, \text{PRNG}_S())$ mit $i = 1 \ldots N$. Anschließend muß PRNG_S
   auf den aktuellen Wert zurückgesetzt werden.
4) Setze $MAXKS = KS_K + N$. Die Chipkarte des Schlüssels kann N mal auf ein
   neues KeySet umgeschaltet werden, bevor ein Online-Terminal aufgesucht werden
   muß.

Umschaltung der Schlüsselsets im Hintergrundsystem
1) Erhöhe die KeySet-Nummer : $KS_S{+}{+}$ $(KS_K = KS_K + 1)$.
2) Erzeuge einen neuen Masterkey: $MK_S = \text{PRNG}_S()$.

3.4 Authentifikationsprotokoll

Durch Schritt (1b) wird einem Angreifer eine Known-Plaintext-Attacke ermöglicht. Die
optimale Lösung, nämlich r durch $\text{ENC}(r, AK_K)$ zu ersetzen ist hier nicht ohne erheblichen
Zusatzaufwand (siehe Protokoll 3.5) anwendbar. Falls das KeySet des Schlüssels älter als
das des Schlosses ist, kann das Schloß die Nachricht nicht mehr entschlüsseln.

Eingabe : —		
Ausgabe: Authentifikation OK/NOK		
(1a)	Key	random r
b) Lock ← Key		**send:** $r \,\|\, KS_K \,\|\, KID$
		Abgleich von KS_L mit KS_K
		MK aktualisieren
(2) Lock		$AK_L = \text{ENC}(KID, MK)$
(3a) Lock		random s
		$c_1 = \text{ENC}(s \,\|\, r, AK_L)$
b) Lock → Key		**send:** $c_1 \,\|\, KS_L$
		Abgleich von KS_K mit KS_L
		AK_K aktualisieren
(4)	Key	**if** $(\text{DEC}(c_1, AK_K) \neq x \,\|\, r)$ **then**
		return NOK *// Authentifikation fehlgeschlagen*
(5a)	Key	$c_2 = \text{ENC}(r \,\|\, x, AK_K)$
b) Lock ← Key		**send:** $c_2 \,\|\, KS_K \,\|\, KID$
(6) Lock		**if** $(KS_K \neq KS_L)$ **then**
		return NOK *// Authentifikation fehlgeschlagen*
(7) Lock		**if** $(\text{DEC}(c_2, AK_L) \neq r \,\|\, s)$ **then**
		return NOK *// Authentifikation fehlgeschlagen*
		return NOK *// Authentifikation erfolgreich*

Protokoll 3.1: Gegenseitige Authentifikation (abgeleitete Schlüssel)

Diese Known-Plaintext-Attacke kann erschwert werden, indem der Antwort (Response) c_1 eine zufällige Komponente s hinzugefügt wird. Der Wert s dient zusätzlich auch noch als Challenge des Schlosses an den Schlüssel.

Wesentlich für die Sicherheit des Protokolls sind die Schritte (2) und (5), denn hier erfolgt gegebenenfalls ein Umschalten der Schlüsselsets von Schlüssel bzw. Schloß. In Schritt (8) wird überprüft, ob diese Umschaltung erfolgreich war.

3.4.1 Abgleich im Schloß (Schritt 2)

Hier vergleicht die Plugin-Chipkarte des Schlosses die Nummer des eigenen Schlüsselsets (KS_L) mit der des Schlüssels (KS_K). Benutzt der Schlüssel eine neueres Schlüsselset $(KS_L \leq KS_K)$ so muß die Chipkarte des Schlosses das eigene Schlüsselset auf den aktuellen Stand bringen.

$$
\begin{array}{lll}
(2a) & KS_L == KS_K & \text{goto (3)} \\
b) & KS_L > KS_K & \text{goto (3)} \\
c) & KS_L < KS_K & \text{for } (i = KS_K;\ i < KS_L - 1;\ i{+}{+})\ \text{do} \\
& & \qquad \text{PRNG}_L() \\
& & \quad KS_L = KS_K \\
& & \quad MK = \text{PRNG}_L()
\end{array}
$$

Protokoll 3.2: Abgleich im Schloß

Da das Schloß über einen Pseudozufallszahlengenerator verfügt und daher immer ein Update seines KeySets durchführen kann, gilt nach Schritt (2): $KS_L \geq KS_K$.

3.4.2 Abgleich im Schlüssel (Schritt 5)

Die Chipkarte des Schlüssels vergleicht die Nummer des eigenen Schlüsselsets (KS_K) mit der des Schlosses (KS_L). Benutzt das Schloß eine neueres Schlüsselset $(KS_L \geq KS_K)$ so muß die Chipkarte das eigene Schlüsselset auf den aktuellen Stand bringen. Dies ist möglich, solange die maximale Anzahl an Updates nicht erreicht wurde $(KS_L \leq MAXKS)$.

$$
\begin{array}{lll}
(5a)\ KS_K == KS_L\ \text{goto (6)} & \\
b)\ KS_K > KS_L\ \text{Rollback} & \textit{// nach Schritt (2) muß} \\
\qquad\qquad\qquad \text{return NOK} & \textit{// } KS_L \geq KS_K \textit{ gelten} \\
c)\ KS_K < KS_L\ \text{if } (KS_L \leq MAXKS)\ \text{then} & \textit{// Update noch möglich?} \\
\qquad\qquad\qquad KS_K = KS_L & \\
\qquad\qquad\qquad AK_K = AK[KS_K] & \\
\qquad\qquad \text{else} & \\
\qquad\qquad\qquad \text{Rollback} & \\
\qquad\qquad\qquad \text{return NOK} & \textit{// sollte nicht auftreten}
\end{array}
$$

Protokoll 3.3: Abgleich im Schlüssel

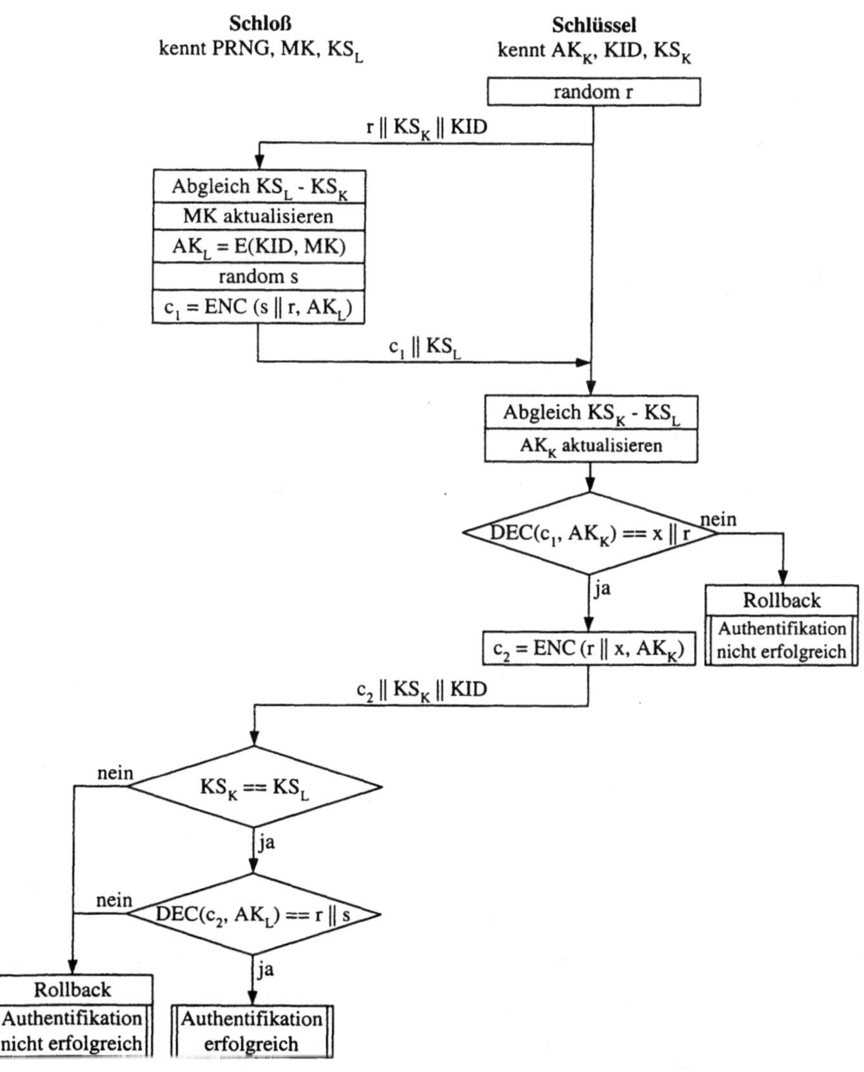

Abb. 1: Gegenseitige Authentifikation mittels abgeleitetem Schlüssel

Wurde die maximale Anzahl an Updates überschritten, so wird die Authentifikation abgebrochen und der Benutzer muß ein Online-Terminal aufsuchen, um neue Authentifikationsschlüssel in die Chipkarte zu laden. Dies sollte dem Benutzer durch das Terminal angezeigt werden.

Nach diesem Abgleich gilt im Normalfall (Schloß bzw. Schlüssel konnten ein Update des eigenen KeySets durchführen): $KS_K = KS_L$.

3.4.3 Überprüfung im Schloß (Schritt 8)

Nachdem entweder das Schloß sein KeySet in Schritt (2) an das des Schlüssels, oder der Schlüssel sein KeySet in Schritt (5) an das des Schlosses angeglichen hat, muß hier $KS_L = KS_K$ gelten.

Wesentlich für die Erfüllung dieser Bedingung ist, daß weder Schlüssel noch Schloß das KeySet während eines Protokolldurchlaufes ändern. Wird es geändert, so schlägt die Authentifikation spätestens in Schritt (8) fehl. Dies kann aber leicht gewährleistet werden, indem immer nur ein Schlüssel gleichzeitig bearbeitet wird.

```
(8a)  KS_L == KS_K  goto (9)
  b)  KS_L >  KS_K  Rollback       // Schlüssel konnte Update nicht
                    return NOK     // vollziehen; sollte nicht passieren
  c)  KS_L <  KS_K  Rollback       // kann nicht passieren, da nach
                    return NOK     // Schritt (2) KS_L ≥ KS_K gilt
```

Protokoll 3.4: Überprüfung im Schloß

Um Denial-of-Service-Attacken zu verhindern, ist bei fehlgeschlagener Authentifikation ein Rollback von AK_K im Schlüssel bzw. Pseudozufallszahlengenerator, MK und AK_L im Schloß notwendig. Dies ist erforderlich, da die in Schritt (1b) und (4c) übertragenen Werte von KS_K und KS_L nicht authentisch sind. Sie gelten erst nach einer erfolgreichen Authentifikation als authentisch.

Ein Angreifer könnte nun einen Schlüssel konstruieren, der einen beliebigen Wert KS_K an das Schloß sendet. Die nachfolgende Authentifikation schlägt zwar fehl, aber das Schloß hätte sein KeySet an den Wert KS_K angeglichen und würde ab nun bei jedem weiteren Authentifikationsvorgang einen falschen Wert für KS_L an die Schlüssel senden. Ist dieser Wert groß genug ($> MAXKS$), dann würde das Schloß alle Schlüssel sperren, die sich ihm gegenüber authentifizieren wollen. Ein ähnlicher Angriff kann auch mit Hilfe eines "falschen" Schlosses realisiert werden.

3.5 Erweiterung des Authentifikationsprotokolls

Will man die Challenge r in Schritt (1b) von Protokoll 3.1 verschlüsselt übertragen, so kann das Schloß die Nachricht nicht entschlüsseln, falls es ein neueres KeySet als der Schlüssel benutzt. Daher ist eine zusätzliche Nachricht vom Schloß an den Schlüssel notwendig, um diesen auf das neue KeySet umzuschalten (siehe Protokoll 3.5, Schritt (2b)). Nachdem der Schlüssel ein Update seines KeySets durchgeführt hat, startet er das Protokoll in Schritt (2d) erneut.

Durch die zusätzliche Nachricht an den Schlüssel und den Neustart des Protokolls sind nun insgesamt fünf Nachrichten erforderlich. Ist das KeySet des Schlosses neuer oder gleich alt, wie das des Schlüssels, so bleibt der Protokollablauf unverändert; es sind weiterhin nur drei Nachrichten erforderlich.

Eingabe : —		
Ausgabe: Authentifikation OK/NOK		
(1)	Key	random r
		$c_1 = \mathrm{ENC}(r, AK_K)$
Lock ← Key		**send:** $c_1 \,\|\, KS_K \,\|\, KID$
(2a) Lock		**if** $(KS_K < KS_L)$ **then**
b) Lock → Key		**send:** KS_L
Lock		**exit** *// Schloß beendet Protokoll*
c)	Key	(eventuell Überprüfung KS_L)
		Abgleich von KS_K mit KS_L
		AK_K aktualisieren
d)	Key	**goto** (1a) *// Protokoll neu starten*
(3) Lock		Abgleich von KS_L mit KS_K
		MK aktualisieren
		$AK_L = \mathrm{ENC}(KID, MK)$
(4) Lock		random s
		$r = \mathrm{DEC}(c_1, AK_L)$
		$c_2 = \mathrm{ENC}(s \,\|\, r, AK_L)$
Lock → Key		**send:** $c_2 \,\|\, KS_L$
(5)	Key	(eventuell Überprüfung KS_L)
(6)	Key	**if** $(\mathrm{DEC}(c_2, AK_K) \neq x \,\|\, r)$ **then**
		return NOK *// Authentifikation fehlgeschlagen*
(7)	Key	$c_3 = \mathrm{ENC}(r \,\|\, x, AK_K)$
Lock ← Key		**send:** $c_3 \,\|\, KS_K \,\|\, KID$
(8) Lock		**if** $(KS_K \neq KS_L)$ **then**
		return NOK *// Authentifikation fehlgeschlagen*
(9) Lock		**if** $(\mathrm{DEC}(c_3, AK_L) \neq r \,\|\, s)$ **then**
		return NOK *// Authentifikation fehlgeschlagen*
(10)		**return OK** *// Authentifikation erfolgreich*

Protokoll 3.5: Gegenseitige Authentifikation (abgeleitete Schlüssel, erweitert)

4   Zusammenfassung und Ausblick

In dieser Arbeit wurden Verfahren zur Authentifikation in schwach vernetzten Systemen vorgestellt. In Abhängigkeit von der Anzahl der Teilnehmer erfolgt die Authentifikation entweder direkt über Pseudozufallszahlen oder über Pseudozufallszahlen in Kombination mit symmetrischer Verschlüsselung.

Da diese Verfahren im Bereich der elektronischen Zutritts- und Zugangskontrolle eingesetzt werden sollen, stellt die Authentifikation nur den ersten Schritt in einem größeren Ablauf dar. Die weiteren Schritte wie Vereinbarung des Sessionkeys, Überprüfung der Zutrittsrechte und Auditing müssen noch in die bestehenden Protokolle eingearbeitet werden.

Ein weiterer offener Punkt ist die Bestimmung (bzw. Abschätzung) des Zeitraumes der benötigt wird, um das gesamte System auf ein neues KeySet umzuschalten. Dies ist vor allem bei den Protokollen aus Abschnitt 3 von Interesse, da dort die Umschaltung nur von einer Stelle (durch das Hintergrundsystem) ausgelöst wird.

Literatur

[Agn87]　　G. B. Agnew: Random Sources for Cryptographic Systems. In D. Chaum, W. L. Price (Ed.): Eurocrypt '87, Springer LNCS 304, April 1987, S. 77–80.

[ATT86]　　Communication Device Data Book, T7001 Random Number Generator. Data sheet, AT & T, August 1986.

[DH94]　　R. Doerfler, G. Hettich: Moderne Fahrzeugsicherungssysteme. VDI-Bericht, VDI, 1994.

[Gor93]　　J. Gordon: Designing Rolling Codes for Vehicle Security Systems. Technical note, Police Scientific Development Branch, Hertfordshire, England, 1993.

[ISO93]　　ISO/IEC 9798-2 – Information Technology – Security techniques – Entity Authentication Mechanisms. Part 2: Entity authentication using symmetric techniques. International Organization for Standardization (ISO), Geneva, Switzerland, 1993.

[Mic99a]　　HCS 101 – Fixed Code Encoder. Technical note, Microchip Technology Inc., Chandler, AZ 85224-6199, 1999.

[Mic99b]　　HCS 201 – KeeLoq – Code Hopping Encoder. Technical note, Microchip Technology Inc., Chandler, AZ 85224-6199, 1999.

[Mon95]　　Mondex: Security by Design. Technical note, Mondex UK Limited, 1995.

[MvOV97]　A. J. Menezes, P. C. van Oorschot, S. A. Vanstone: Handbook of applied cryptography. CRC Press, Boca Raton, 1997.

[New90]　　CMOS and Bipolar Products, RBG 1210 Random Bit Generator. Data sheet, Newbridge Microsystems, 1990.

[Sti95]　　D. R. Stinson: Cryptography Theory and Practice. CRC Press, Boca Raton, 1995.

EU-Richtlinie zur elektronischen Unterschrift und deutsches Signaturgesetz Migration möglich?

Klaus Keus

Bundesamt für Sicherheit in der Informationstechnik
keus@bsi.de

Zusammenfassung

Deutschland ist als ein wesentlicher Vorreiter die ersten Schritte der Verabschiedung eines Gesetzes zur digitalen Signatur [IUKDG_97] [SigV_97] bereits vor mehr als zwei Jahren gegangen. Nach der voraussichtlichen Verabschiedung der EU-Richtlinie "EU-Richtlinie zur elektronischen Unterschrift" [EC_RL_99] durch das EU-Parlament, noch in 1999, bleiben uns, wie jedem anderen EU-Mitgliedstaat, 18 Monate zur nationalen Umsetzung. Dies hat für Deutschland zur Folge, daß das bereits verabschiedete und in der Evaluierung befindliche Signaturgesetz an die EU-Richtlinie angepaßt werden muß. Aus Sicht des Autors sollte zumindest ernsthaft geprüft werden, ob neben der Richtlinie das Signaturgesetz als eigenständige Zusatzanforderung weitestgehend bestehen bleiben kann oder das deutsche Gesetz komplett abgelöst werden soll. Mit der ersten Alternative würde dem Markt eine größere Bandbreite an anwendungsorientierten Lösungsmöglichkeiten von elektronischen / digitalen Signaturen für unterschiedlichste Anwendungszwecke zur Verfügung gestellt, die zweite wäre einfacher und transparenter, eine sinnvolle Kombination, das Optimum. In diesem Beitrag werden die wesentlichen Elemente der teils unterschiedlichen Ansätze gegenübergestellt und ein Vergleich gezogen. Vorschläge einer möglichen nationalen Implementierung der Richtlinie unter Berücksichtigung des ratifizierten Gesetzes zur digitalen Signatur werden aufgezeigt. Der vorliegende Beitrag gibt ausschließlich die persönliche Meinung des Autors wieder.

1 Deutsches Signaturgesetz und seine Zielsetzung

Wesentliche Ziele des Gesetzes zur „digitalen Signatur" sind es, sicherzustellen, daß Fälschungen von digitalen Signaturen oder nach der Unterzeichnung geänderte Inhalte der signierten Daten weitgehend ausgeschlossen oder zumindest erkannt werden können.

Damit diese Sicherheitsziele, insbesondere auch in Verbindung mit zukünftigen rechtsverbindlichen Willenserklärungen in elektronischer Form, im Rahmen von Authentisierungsverfahren oder bei der elektronischen Archivierung beweiserheblicher Daten und Informationen ermöglicht werden kann, muß ein gesamtheitliches System zur Verfügung stehen, das durch geeignete Realisierung den Urheber (Authentizität) und die Unverfälschtheit der signierten Daten (Integrität) zuverlässig erkennen und nachweislich belegen läßt (Non-Repudiation).

Das vorliegende Gesetz soll Wildwuchs verhindern, den Aufbau der notwendigen Infrastruktur, z. B. der Zertifizierungsstellen, regeln und damit insgesamt Rahmenbedingungen festlegen, in denen sich eine breite Einführung der digitalen Signatur in der Praxis entwickeln kann. Insbesondere wird hierdurch die Voraussetzung für die Wahrung der Rechte einzelner Teilnehmer am elektronischen Rechtsverkehr geschaffen, wobei § 1 Abs. 1 des Signaturgesetzes im Sinne einer widerlegbaren Sicherheitsvermutung zu verstehen ist.

Das Signaturgesetz regelt nur die Sicherheit digitaler Signaturen. Festlegungen darüber, wann digitale Signaturen nach dem Signaturgesetz anzuwenden sind, bleiben den speziellen Rechtsvorschriften vorbehalten und werden in einem weiteren Schritt zur Zeit erarbeitet und sollen noch im Herbst/Winter 1999/2000 erlassen werden [GAFPR_99]. Man kann somit das Signaturgesetz als eine Referenzregelung betrachten. Hintergrund ist die in Deutschland gewählte Entscheidung, die Thematik aus einer eher technisch orientierten Sichtweise anzugehen.

Als Rahmenbedingungen gehören dazu neben den Anforderungen an die zugrundeliegende inhaltliche Infrastruktur (z.B. Anforderungen an die Beteiligten (u.a. ZS, Registrierstellen, Anwender), Ablauf der Gesamtprozesse und der einzelnen Geschäftsprozesse) und das Schema (z.B. Aufbau der Gesamtstruktur, Zusammenwirken zwischen Wirtschaft und Staat (Rollen und Zuständigkeiten)) auch die Anforderungen an die einzusetzende Technik, die in Kombination das Sicherheitsniveau festlegen. Sind im Rahmen der Infrastruktur insbesondere die Anforderungen an die Zertifizierungsstellen bezüglich ihrer Genehmigung, ihrer Ablaufprozeduren, die personellen Anforderungen und die organisatorischen Bedingungen zu berücksichtigen, so gibt es bezüglich der Anforderungen an die technischen Komponenten im wesentlichen Vorgaben bzgl. der Funktionalität, ihrer Entwicklung und ihrer Prüfung.

Ziel ist es, daß das installierte Gesamtschema ein angemessenes und durchgehendes Sicherheitsniveau besitzt. Dies ist insbesondere von Bedeutung, da im deutschen Ansatz keine Mehrstufigkeit bezüglich des Sicherheitsniveaus vorgesehen ist.

In Bezug auf die gegenseitige Anerkennung der von den Zertifizierungsstellen ausgestellten Zertifikate werden digitale Signaturen aus einem anderen Mitgliedsstaat der EU, oder aus einem anderen Vertragsstaat des Abkommens über den Europäischen Wirtschaftsraum (EEA) dem Signaturgesetz nur unter der Voraussetzung gleichgestellt, dass diese eine gleichwertige Sicherheit aufweisen.

Für Zertifikate aus anderen Staaten (sogenannte Drittstaaten) müssen überstaatliche oder zwischenstaatliche Vereinbarungen getroffen werden. Dies kann zumindest neben Forderungen im Bezug auf völkerrechtliche Vereinbarungen auch Probleme auf die praktische Umsetzung und internationale Akzeptanz ergeben, da doch die meisten zur Zeit am Markt verfügbaren, vorwiegend aus den USA stammenden Verfahren, dieses vorgegebene Sicherheitsniveau nicht erreichen.

2 EU-Richtlinie zur elektronischen Signatur

Um diese Probleme bereits vorab auszugrenzen, erarbeitete die EU-Kommission im Auftrage des Rates der EU gemeinsam mit den Experten der EU-Mitgliedsstaaten einen Entwurf zu einer EU-Rahmenrichtlinie zur elektronischen Signatur. Danach sollen in den nächsten Jahren alle EU-Staaten europäisch harmonisierte, nationale Regelungen zur elektronischen Signatur erlassen. Zur Umsetzung bleiben den Mitgliedsstaaten 18 Monate nach voraussichtlicher Verabschiedung der Richtlinie im Herbst/Winter 1999 durch das EU-Parlament. Die Richtlinie entfaltet die aufgezeigten Wirkungen nicht unmittelbar, sondern diese müssen in nationales Recht umgesetzt werden. Sie stellt eine Vorgabe für die Mitgliedsstaaten dar, die für eine Umsetzung innerhalb des festgelegten Rahmens Sorge tragen müssen.

Im nachfolgenden werden einige wesentliche Aspekte der Richtlinie vorgestellt und erörtert.

2.1 Ansatz und Anwendungsbereich

In der Ursprungsfassung der EU-Richtlinie wurde ein gänzlich anderer Ansatz als im deutschen Signaturgesetz gewählt, das auf dem sogenannten Lizenzierungsansatz basiert. Dabei wird ein Mindestsicherheitslevel vorgegeben. In Ausrichtung auf eine „technologie-neutrale" Richtlinie versuchte man bei der EU-Richtlinie hingegen, technisch-inhaltliche Anforderungen jeder Art zu vermeiden und sowohl juristische Konsequenzen als auch die gegenseitige Anerkennung ausschließlich auf die Haftung zu verlagern. In diesem Fall spricht man von einem sogenannten „Haftungsansatz".

Nach zirka acht Monaten intensivster Beratungen ist man heute zuversichtlich, eine angemessene, umsetzbare und allseits akzeptable Lösung auf der Grundlage eines Mindestsicherheits-Niveaus in Kombination mit einem Haftungsansatz gefunden zu haben. In der Anwendungsfestlegung reduziert sich die Richtlinie nur auf die beiden Ziele der "Förderung der elektronischen Signatur" und "ihrer rechtlichen Anerkennung".

Sie beschränkt sich auf die "Festlegung von rechtlichen Rahmenbedingungen mit der Zielrichtung eines reibungslosen Funktionierens des EU-Binnenmarktes". Einzelstaatliche oder gemeinschaftliche Rechte oder Vorschriften zum Vertragsrecht, zu Formvorschriften sowie zur Verwendung von Dokumenten werden nicht angesprochen und sind folglich von der Richtlinie nicht erfaßt und für das Anwendungsfeld des öffentlichen Bereichs sind weitgehende Sonderrechte eingeräumt worden.

2.2 Formen der elektronischen Signatur

Mit der im Entwurf vorliegenden "EU-Richtlinie für elektronische Signaturen" sollen EU-weit einheitliche Sicherheitsstandards insbesondere für "fortgeschrittene elektronische Unterschriften" in Verbindung mit "qualifizierten Zertifikaten" erreicht werden. Dies bedingt die Einrichtung eines vergleichbaren Sicherheitsniveaus, das über die Festlegung von technischen, organisatorischen und prozeduralen Anforderungen sowohl an die Infrastruktur als auch an die technischen Komponenten definiert wird.

Verpflichtende Anforderungen in Verbindung mit weiteren Rahmenbedingungen, technischer und organisatorischer Art, als Empfehlungen bilden einen Rahmen, auf dem ersten Blick vergleichbar mit den Anforderungen an die digitale Signatur gemäß Signaturgesetz.

Dabei gelten "elektronische Signaturen" als Daten in elektronischer Form, die anderen elektronischen Daten beigefügt oder logisch mit ihnen verknüpft sind und die zur Authentifizierung dienen.

Als "fortgeschrittene elektronische Signatur" gilt eine elektronische Signatur, die folgende Anforderungen erfüllt:

- Sie ist ausschließlich dem Unterzeichner zugeordnet;
- sie ermöglicht die Identifizierung des Unterzeichners;
- sie wird mit Mitteln erstellt, die der Unterzeichner unter seiner alleinigen Kontrolle halten kann;
- sie ist so mit den Daten, auf die sie sich bezieht, verknüpft, daß eine nachträgliche Veränderung der Daten erkannt werden kann.

Faßt man die Anforderungen zusammen, so ergibt sich folgende graphische Darstellung:

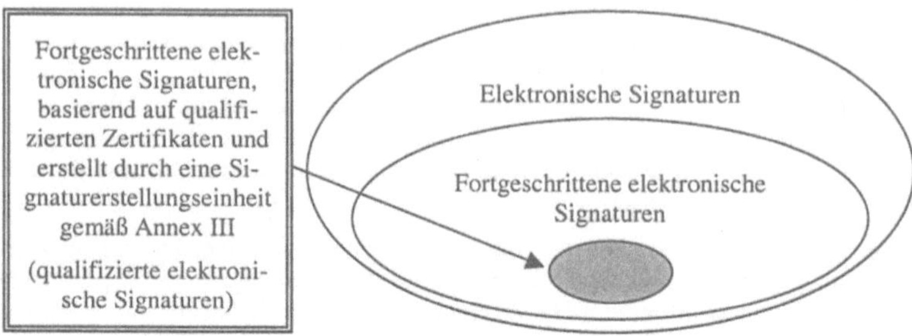

Abb. 1: Verschachtelung von Formen der elektronischen Signatur gemäß EU-Richtlinie

Dabei werden „fortgeschrittene Signaturen" nur über die Definition festgelegt, in der späteren Anwendung werden sie aber stets in Verbindung mit zusätzlichen Anforderungen verwendet (vgl. Abb. 1.), so daß sich daraus „qualifizierte elektronische Signaturen" ergeben. Läßt man die „fortgeschrittenen elektronischen Signaturen" aufgrund der fehlenden weiteren Betrachtung außen vor, so ergibt sich:

Typen von Signaturen:	**Allgemeine elektronische Signaturen gemäß Artikel 5.2**	**Qualifizierte elektronische Signaturen wie spezifiziert in Artikel 5.1** (2.1 a, 2.3 a, Annex I, II, III)
Erläuterung:	Jede Art von elektronischer Unterschrift gemäß Definition 2.1	Minimaler technischer Sicherheitslevel für den Signierer und für die ZS / CSP

Tab. 1: Formen der elektronischen Signatur gemäß EU-Richtlinie

2.3 Technische Anforderungen

Die ursprüngliche Betrachtungsweise und somit ursprünglicher Ausgangspunkt der EU-Richtlinie ist eine juristische Sichtweise. Daher sind die technisch-inhaltlichen Anforderungen nicht in der Richtlinie selber, sondern - neben den grundlegenden Definitionen - in verpflichtenden Anhängen zur Richtlinie festgelegt. Für den Fall der juristischen Gleichstellung einer elektronischen Signatur mit einer manuellen Unterschrift sind insbesondere die grundlegenden Anforderungen mittels verpflichtender Anhänge (Annex I-III) fest vorgegeben. Daneben gibt es einen weiteren Annex IV, der allerdings nur als Empfehlung zu betrachten ist.

Annex I legt die Mindestanforderungen an sogenannte "qualifizierte Zertifikate" fest. Als "Zertifikat" ist eine elektronische Bescheinigung definiert, mit der Signaturprüfdaten einer Person zugeordnet werden und die Identität dieser Person bestätigt wird. Im Unterschied dazu bezeichnen "qualifizierte Zertifikate" ein Zertifikat, das die Anforderungen des Anhangs I erfüllt und von einem "Zertifizierungsdiensteanbieter" (vergleichbar mit den Zertifizierungsstellen im Signaturgesetz, im weiteren als "Zertifizierungsdienstleistungsanbieter: (CSP) benannt) bereitgestellt wird, der die Anforderungen des Anhangs II erfüllt. Dabei legt Annex I nur die Mindestfelder der Zertifikatsstruktur ohne Strukturvorgaben fest.

In Annex II werden die organisatorischen, technischen, personellen und juristischen Mindestanforderungen an die "Zertifizierungsdiensteanbieter" definiert, die qualifizierte Zertifikate herausgeben und dieses nach außen kundtun, weitgehend vergleichbar mit den Anforderungen im Signaturgesetz, teilweise darüber hinausgehend (Haftung). Dabei ist ein Zertifizierungsdiensteanbieter eine juristische oder eine natürliche Person, die Zertifikate ausstellt oder anderweitige Dienste im Zusammenhang mit elektronischen Signaturen bereitstellt.

Das wesentliche "Geheimnis" des Verfahrens der fortgeschrittenen elektronischen Unterschrift sind die "Signaturerstellungsdaten". Dabei handelt es sich um einmalige Daten wie Codes oder private kryptographische Schlüssel (z.B. im Falle der digitalen Signatur auf der Grundlage der asymmetrischen Verschlüsselung der "geheime, private Schlüssel"), die vom Unterzeichner zur Erstellung einer elektronischen Signatur verwendet werden. Ihre Erstellung, Speicherung und Verwendung ist das primäre Ziel der Anwendung der elektronischen Signatur. Folglich wurde auch der größte Wert auf diese Sicherheitsfunktionen gelegt (dieser Anspruch drückt sich im deutschen Signaturgesetz vglb. durch die Prüfstufe E4 "hoch" aus [ITSEC_91]). Explizit wird diesem Anspruch in der Richtlinie bei der Umsetzung in den Signaturerstellungseinheiten durch die verbindlichen Anforderungen in Annex III Rechnung getragen. Grundsätzlich wird zwischen "Signaturerstellungseinheiten" und "sicheren Signaturerstellungseinheiten" (gemäß Annex III) unterschieden. Dabei handelt es sich um eine konfigurierte Software oder Hardware, die zur Implementierung der Signaturerstellungsdaten verwendet wird. Darüber hinaus legt Annex III noch weitere, abzuleitende Forderungen an die Signaturerstellungseinheiten hinsichtlich der Benutzerabsicherung fest (Integritätssicherung der zu unterzeichnenden Daten und die Sicherstellung der Darstellung der Daten vor abschließender Unterzeichnung).

In Annex IV werden Empfehlungen hinsichtlich der Signaturverifizierung festgelegt. Hier ist zu unterscheiden zwischen "Signaturprüfdaten: Daten wie Codes oder öffentliche kryptographische Schlüssel, die zur Überprüfung einer elektronischen Signatur verwendet werden" und "Signaturprüfeinheiten: konfigurierte Software oder Hardware, die zur Implementierung der Signaturprüfdaten verwendet werden".

Da bei der Verifikation der Signatur in der Regel mehrere Komponenten eingesetzt werden und hier neben den Komponenten auch ein Gesamtprozeß aus Sicherheitssicht zu berücksichtigen ist, andererseits aber die Verifikation der Signatur in der Verantwortung des Empfängers liegt, sind diesbezügliche Vorgaben nur im Rahmen von "Empfehlungen" festlegbar.

Kombiniert man die unterschiedlichen Anforderungen der Richtlinie mit den weiteren Empfehlungen (vgl. Annex IV) zu einem ganzheitlichen Anforderungskatalog, so läßt sich eine höherwertige Anforderung als "erweiterte elektronische Signatur" wie folgt zusammenstellen:

Typen von Signaturen:	**Erweiterte elektronische Signaturen** (sinnvollerweise für "fortgeschrittene elektronische Unterschriften")
Erläuterung:	Zusätzliche technische Anforderungen für die Erstellung der Signatur als auch für die Verifikation oder Zeitstempel oder Schutz gegen weitere Angriffe

Tab. 2: Zusätzliche Form einer elektronischen Signatur gemäß EU-Richtlinie

2.4 Zulassung der Zertifizierungsdienstleistungsanbieter

Im Gegensatz zur im deutschen Signaturgesetz geforderten "Vorabgenehmigung" (d.h. Genehmigung vor Inbetriebnahme) der Zertifizierungsdiensteanbieter ist in der Richtlinie eine solche – etwa auf einer Akkreditierung basierende – Zulassung ausdrücklich nicht gewollt, wennwohl eine "staatliche" Kontrolle und Steuerung solcher Zertifizierungsdienstleistungsanbieter, die qualifizierte Zertifikate ausstellen und damit die Formerfüllung der Vorgaben für eine volle rechtliche Gleichstellung erfüllen, nach Inbetriebnahme vorgeschrieben ist. Zwar machen die Mitgliedsstaaten die Bereitstellung von Zertifizierungsdiensten nicht von einer vorherigen Genehmigung abhängig, allerdings haben sie dafür Sorge zu tragen, daß ein geeignetes System zur Überwachung der in ihrem Hoheitsgebiet niedergelassenen Zertifizierungsdiensteanbieter, die öffentlich qualifizierte Zertifikate ausstellen, eingerichtet wird.

Eine freiwillige Akkreditierung ist nicht ausgeschlossen, stellt somit für die Zertifizierungsdienstleistungsanbieter ein zusätzliches Sicherheits- und Qualitätsmerkmal dar.

Für Zertifizierungsdienstleistungsanbieter, die Zertifikate ausstellen, die nur die Grundlage für "elektronische Unterschriften" bilden, sind selbst solche Kontrollmechanismen nicht vorgesehen.

Für die Signaturerstellungseinheiten gilt:

"Die Übereinstimmung sicherer Signaturerstellungseinheiten mit den Anforderungen nach Anhang III wird von geeigneten öffentlichen oder privaten Stellen festgestellt, die von den Mitgliedstaaten benannt werden". Die Kommission legt nach dem Verfahren des Artikels 9 Kriterien fest, anhand derer die Mitgliedstaaten bestimmen, ob eine Stelle zur Benennung geeignet ist. Die von den in Unterabsatz 1 genannten Stellen vorgenommene Feststellung der Übereinstimmung mit den Anforderungen des Anhangs III ist von allen Mitgliedstaaten anzuerkennen.

2.5 Haftung und Rechtswirkung

Die Haftungsfrage ist ein Kernaspekt der Richtlinie. Nach der Richtlinie ist eine weitgehende Haftung der Zertifizierungsdiensteanbieter gegenüber jedem, der vernünftigerweise auf die Angaben im Zertifikat vertraut, zu realisieren. Hierbei gilt das Prinzip der Beweislastumkehr. Dabei kommt den Mitgliedstaaten die Aufgabe der Kontrolle bzw. der Gewährleistung dieser Haftungsmindestregelung zu.

Entgegen dem deutschen Gesetz zur digitalen Signatur ist in der Richtlinie die Rechtswirkung der elektronischen Signatur weitgehend geregelt. Dabei wird der "elektronischen Signatur" verständlicherweise erheblich geringere rechtliche Absicherung beigemessen als der "fortgeschrittenen elektronischen Signatur".

Die Mitgliedstaaten werden in die Pflicht genommen, dafür Sorge zu tragen, daß "fortgeschrittene elektronische Signaturen", die auf einem qualifizierten Zertifikat beruhen und die von einer sicheren Signaturerstellungseinheit erstellt werden, den handschriftlichen Unterschriften rechtlich gleichgestellt werden und vor Gericht als Beweismittel zugelassen werden. Diesem Aspekt ist zum Beispiel in Deutschland bereits im Signaturgesetz Rechnung getragen worden.

Gemäß EU-Richtlinie dürfen aber auch elektronischen Signaturen die rechtliche Wirksamkeit und die Zulässigkeit als Beweismittel in Gerichtsverfahren nicht allein deshalb abgesprochen werden, weil sie – nur – in elektronischer Form vorliegen, nicht auf einem qualifizierten Zertifikat beruhen, nicht auf einem von einem akkreditierten Zertifizierungsdiensteanbieter ausgestellten qualifizierten Zertifikat basieren oder nicht von einer sicheren Signaturerstellungseinheit erstellt wurden.

Aus rechtlicher Sicht ergeben sich damit die zwei Fälle:

Typen von Signaturen:	Allgemeine elektronische Signaturen gemäß Artikel 5.2	Qualifizierte elektronische Signaturen wie spezifiziert in Artikel 5.1 (2.1 a, 2.3 a, Annex I, II, III)
Grad der gesetzlichen Absicherung:	Darf vor Gericht nicht abgelehnt werden (Artikel 5.2). Anmerkung: dies ist in Deutschland nicht zu befürchten.	Gleicher Stellenwert wie handschriftliche Unterschrift (im Sinne der Formerfüllung/ -erfordernis)(Artikel 5.1)

Tab. 3: Rechtliche Betrachtung der elektronischen Signaturen gemäß EU-Richtlinie

2.6 Anerkennung ausländischer Zertifikate und Signaturen

Wie im deutschen Signaturgesetz sieht die Richtlinie die Anerkennung ausländischer Zertifikate und digitaler Signaturen durch über- oder zwischenstaatliche Vereinbarungen ausdrücklich vor. Eine geforderte Voraussetzung der EU-Richtlinie ist, daß eine vergleichbare Sicherheit durch den betreffenden ausstellenden Zertifizierungsdienstleistungsanbieter belegt werden muß oder eine Anerkennung von Signaturen und Zertifikaten aus Drittstaaten durch einen Zertifizierungsdienstleistungsanbieter aus einem EU-Mitgliedsstaat ausgesprochen wird. Dazu werden diesem Garanten entsprechende Haftungs- und Garantieaussagen abverlangt, in der Form, daß er für die Zertifikate aus den Drittländern in gleichem Maße wie für seine eigenen Zertifikate garantieren muß. Eine dritte Möglichkeit der gegenseitigen Anerkennung erfolgt in Verbindung mit zukünftigen Anerkennungen bilateraler oder multilateraler Vereinbarungen zwischen der EU und Drittländern oder internationalen Organisationen. Dies kann aus Sicht des Autors nur auf der Grundlage eines - wenn nicht einheitlichen, so doch – ähnlichen – Sicherheitsniveaus zuverlässig und mit der notwendigen gesetzesmäßigen Berücksichtigung realisierbar sein.

Ein solches vergleichbares, ähnliches Sicherheitsniveau läßt sich meines Erachtens nur über die Festlegung von technischen, organisatorischen und prozeduralen Anforderungen sowohl an die Infrastruktur, an die technischen Komponenten als auch an die einzelnen Prozesse beschreiben. So hat sich die EC die Möglichkeit einzugreifen offen gehalten. Falls es im Rahmen der gegenseitigen Anerkennung oder auch im Rahmen des Marktzugangs für Unternehmen der Gemeinschaft Schwierigkeiten gibt, so kann die Kommission erforderlichenfalls dem Rat Vorschläge für ein geeignetes Mandat zur Aushandlung vergleichbarer Rechte für Unternehmen der Gemeinschaft in diesen Drittländern vorlegen. Damit hat sich die Kommission ein zusätzliches, übergeordnetes Kontroll- und Schiedsrecht zugeteilt.

2.7 Standardisierung

Bereits in den Erwägungsgründen wird dem Gedanken der Interoperabilität Rechnung getragen. So heißt es: "Die Interoperabilität von Produkten für elektronische Signaturen sollte gefördert werden."

Damit aber sowohl bei der nationalen, bei der europäischen als auch bei der internationalen Anwendung digitaler Signaturen (selbst auf vergleichbarem Sicherheitsniveau) die erforderliche Interoperabilität gewährleistet werden kann, sind entsprechende technische Standards erforderlich. Dabei ist vorzugsweise auf bestehende, international anerkannte Standards zurückzugreifen. Die Kommission kann nach dem Verfahren des Artikels 9 "Referenznummern für allgemein anerkannte Normen für Produkte für elektronische Signaturen festlegen und im Amtsblatt der Europäischen Gemeinschaften veröffentlichen".

Dort, wo solcherart Standards fehlen, sind aus Sicht des Autors diesbezügliche Aktivitäten sowohl von der EU als auch von den Mitgliedsstaaten umgehend einzuleiten bzw. zu unterstützen, vergleichbar der Initiative der EU-Kommission DG III im Rahmen von EESSI (European Electronic Signatures Standardisation Initiative), durchgeführt von ICTSB (Information and Communication Technologies Standards Board)[EESSI_99] oder dem z.Zt. beim BSI in der Erarbeitung befindliche Interoperabilitätskriterienkatalog [SigI_98]. Insbesondere im Hinblick auf grenzüberschreitende Zertifizierungsdienste mit Drittländern und die rechtliche Anerkennung fortgeschrittener elektronischer Signaturen aus Drittländern, unterbreitet die Kommission gegebenenfalls Vorschläge mit dem Ziel, die effiziente Umsetzung von Normen und internationalen Vereinbarungen über Zertifizierungsdienste zu erreichen. Darüber hinaus ist geplant, daß sie Mandate zur Aushandlung bilateraler und multilateraler Vereinbarungen mit Drittländern und internationalen Organisationen erteilen wird.

2.8 Verbraucherschutz

Die Berücksichtigung des Verbraucherschutzes ist eine der wesentlichen Rahmenbedingungen für die Richtlinie. Ausgehend vom ursprünglichen Ansatz, alle Verbraucherrisiken über die Haftung der Zertifizierungsdiensteanbieter abdecken zu können, zieht sich der Gedanke des Verbraucherschutzes wie ein roter Faden durch die gesamte Richtlinie. Bereits in den Erwägungsgründen wird dies ausgedrückt: " Es ist wichtig, ein ausgewogenes Verhältnis zwischen den Bedürfnissen der Verbraucher und der Unternehmen herzustellen."

Weiter wird dem Verbraucherschutz z.B. Rechnung getragen in der Struktur des "qualifizierten Zertifikates" oder durch konkrete Anforderungen an den Datenschutz. So haben die Mitgliedstaaten dafür Sorge zu tragen, "daß Zertifizierungsdiensteanbieter und die für die Akkreditierung und Aufsicht zuständigen nationalen Stellen die Anforderungen der Richtlinie 95/46/EG des Europäischen Parlaments und des Rates vom 24. Oktober 1995 zum Schutz natürlicher Personen bei der Verarbeitung personenbezogener Daten und zum freien Datenverkehr erfüllen".

Pseudonyme sind vergleichbar dem deutschen Ansatz berücksichtigt: "Unbeschadet der Rechtswirkungen, die Pseudonyme nach einzelstaatlichem Recht haben, hindern die Mitgliedstaaten Zertifizierungsdiensteanbieter nicht daran, im Zertifikat ein Pseudonym anstelle des Namens des Unterzeichners anzugeben."

3 Konsequenzen, Vorgehensweisen und Vorschläge

Im Rahmen der Umsetzung der EU-Richtlinie in die nationale Gesetzgebung bzw. bei der Anpassung des Signaturgesetzes an die EU-Richtlinie werden aus Sicht des Autors sicherlich neben den technisch-organisatorischen Fragen auch juristische Aspekte neu zu beleuchten und ggf. zu berücksichtigen sein. Solche neue Konstellationen gehen einher mit der aktuellen Novellierung des deutschen Signaturgesetzes.

Dies betrifft insbesondere die Forderung der rechtlichen Gleichstellung von manueller Unterschrift und elektronischer Unterschrift. Aktuell erfolgt dazu die Anpassung der nationalen Gesetzgebung. Die entsprechenden Institutionen (insbesondere der Bundesminister der Justiz) sind diesbezüglich tätig geworden [GAFPR_99].

Fragen bzw. Problemstellungen wie Haftungsaspekte der Zertifizierungsdiensteanbieter, (Zertifizierungsstellen) wie auch Fragen zur Versicherungspflicht der Zertifizierungsdiensteanbieter, sind aus Sicht des Autors einer Lösung zuzuführen. Ob allerdings die deutsche Wurzelinstanz als staatliche Stelle eine solche spezielle Versicherungspflicht zu berücksichtigen hat, ist meines Erachtens insbesondere vor dem Hintergrund einer möglichen Staatshaftung zu untersuchen. Dazu zählen auch Aspekte, die sich aus der Kontrollverpflichtung heraus ergeben.

Insbesondere jedoch muß die Frage des Sicherheitsniveaus im deutschen Signaturgesetz im Lichte und Rahmen der Umsetzung der "EU-Richtlinie für elektronische Signatur" erneut gestellt, geprüft und entschieden werden. Aber der in der Fachöffentlichkeit teilweise erhobene Vorwurf, das von Signaturgesetz und Signaturverordnung vorgegebene Sicherheitsniveau sei zu hoch, kann aufgrund der in der Zwischenzeit erfahrenen Praxis widerlegt werden.

Dies bedingt auch die Fragestellung "einer Anpassung des Signaturgesetzes an die Forderungen der EU-Richtlinie" bzw. einer Einbindung der Richtlinie in ein zu entwickelndes Gesamtschema.

Hierzu gibt es aus Sicht des Autors zwei überlegenswerte Möglichkeiten: Reduzierung der Anforderungen des Signaturgesetzes auf das durch die EU-Richtlinie definierte Maß oder Ergänzung der Bandbreite um mindestens eine – freiwillige – z.B. höherwertige Lösung gemäß Signaturgesetz. Würde man den zweiten Gedanken konsequent zu Ende denken, müßte man eigentlich ein fünfstufiges Schema einrichten:

- Elektronische Signaturen gemäß EU-Richtlinie,
- Digitale Signaturen gemäß § 1 (2) Signaturgesetz,
- Fortgeschrittene Signaturen gemäß EU-Richtlinie,
- Erweiterte elektronische Signaturen,
- Digitale Signaturen gemäß Signaturgesetz.

Mit diesem Angebot einer "skalierbaren Sicherheit für digitale Signaturen" kann man den gesamten Markterfordernissen Rechnung tragen. Ob eine solche umfassende Lösung allerdings dem Anwender noch transparent ist, ist eine andere Frage. Denn hinter den einzelnen Stufen verbergen sich unterschiedliche rechtliche Konsequenzen. Als "sinnvolles" Lösungsangebot bleibt ein maximal dreistufiges System mit

- Elektronische Signatur,
- Qualifizierte elektronische Signatur gemäß Artikel 5 (1) EU-RL,
- Digitale Signatur gemäß Signaturgesetz.

Dabei kann die 3. Stufe "digitale Signatur gemäß SigG" nur als Option angeboten werden. Grundsätzlich sollte darauf geachtet werden, daß diese Lösungen zwar als eigenständige Lösungen bestehen, sie sollten aber, so weit möglich, aufeinander aufbauen, d.h. als Basis-, Medium- und High-End-Lösung dargestellt werden. Nur so ist eine sinnvolle und überschaubare Migrationsstrategie von einer "einfachen" elektronischen Unterschrift zu einer "digitalen Signatur gemäß SigG" gestaltbar und sowohl dem Anwender als auch dem Anbieter gegenüber erklär- und vertretbar. Nur durch eine solche Abstufung lassen sich die Mehrwerte für die einzelnen Beteiligten deutlicher herausstellen.

Das betrifft sowohl das gesamte Bündel der Anforderungen als auch konsequenterweise die juristischen Implikationen. Technischerseits kann dies an einer Vielzahl von Aspekten ausgerichtet werden.

Alternativ empfiehlt der Autor, bereits Stufe 2 mit einer "Beweislastumkehr", d.h. im Sinne einer "Sicherheitsvermutung", zu koppeln, falls der Zertifizierungsdiensteanbieter sich sowohl einer Prüfung / Abnahme des Sicherheitskonzeptes unterzieht und sich vergewissert, dass der Anwender nur solche (sicheren) Signaturerstellungseinheiten benutzt, die Annex II EU-RL genügen.

Die erste Anforderung läßt sich einbinden in das Überwachungs-/ Kontrollschema, die zweite Forderung ist aus praktischer Sicht schon erheblich problematischer. Zumindest ist dies insofern problematisch, als der Zertifizierungsdiensteanbieter dies nicht per Augenschein sicherstellen kann. Ob aber der Augenscheinnachweis hier in aller rechtlichen Konsequenz ausreicht (Problem "Haftung"), ist ein anderes Problem. Auch in Verbindung mit der gegenseitigen Anerkennung, sowohl auf europäischer als auch darüber hinaus auf Drittstaatenebene, muß aus Sicht des Autors nochmals eingehend geprüft werden. Wenn in einem anderen EU-Mitgliedsstaat die Ausgestaltung der Überwachung das Element der "Prüfung / Abnahme des Sicherheitskonzeptes" nicht oder in anderer Form stattfindet, so müßte zumindest geprüft werden, ob einer Sicherheitsaussage auf dieser Basis der gleiche Stellenwert zugesprochen werden kann bzw. darf. Eine Vorabdiskriminierung könnte andererseits sehr schnell zu europäischen Irritationen führen.

Um damit eine Antwort auf die Ausgangsfrage "EU-Richtlinie zur elektronischen Unterschrift und das deutsche Gesetz zur digitalen Signatur: Migration möglich?" zu geben: eine Migration bzw. eine Integration der EU-RL in das bestehende Signaturgesetz ist möglich und kann im Rahmen einer Novellierung durchgeführt werden. Wichtig ist allerdings, dass es sehr schnell eine klare politische Aussage zur Migrationsstrategie in einfacher und verständlicher Form geben wird und sich konsequenterweise dann die von vielen Beteiligten ersehnte Marktchance umgehend eröffnet.

Literatur

[EC_RL_99]   Gemeinsamer Standpunkt (EG) des Rates im Hinblick auf den Erlaß der Richtlinie 1999/EG des europäischen Parlaments und des Rates über die gemeinschaftliche Rahmenbedingungen für elektronische Signaturen, Stand 8. Juni 1999. http://www.accurata.se/QC/index.html (engl. Fassung)

[CC_98]   Common Criteria, Version 2.0, 22. May 1998.
http://www.crsc.nist.gov/cc/ccv20/ccv2list.htm

[EESSI_99]   European Electronic Signature Standardization Initiative (EESSI): Final Draft of the EESSI Expert Team Report, Stand 18. Juni, 1999.
http://www.ict.etsi.org/eessi/

[FIPS140-1]   Federal Information Processing Standards Publication 140-1, Stand 11. Januar 1994. http://www.nist.gov

[GAFPR_99] Gesetz zur Anpassung der Formvorschriften des Privatrechts an den modernen Rechtsgeschäftsverkehr (ENTWURF), BMJ IB1-3414/2, Stand 19.05.1999.

[ITSEC_91] Kriterien für die Bewertung der Sicherheit von Systemen der Informationstechnik (ITSEC), 1991, ISBN 92-826-3003-X.

[IUKDG_97] Gesetz zur Regelung der Rahmenbedingungen für Informations- und Kommunikationsdienste (Informations- und Kommunikationsdienste-Gesetz – IuKDG), Bundesgesetzblatt 1869, Teil I G5702, 1997, S. 1870 ff. http://www.iid.de/iukdg

[SigI_98] Schnittstellenspezifikation zur Entwicklung interoperabler Verfahren und Komponenten nach SigG/SigV, Stand Juli 1999. http://www.bsi.bund.de

[SigV_97] Verordnung zur digitalen Signatur (Signaturverordnung – SigV), Entwurf, Stand: 1. November 1997. http://www.iid.de/iukdg

Prüftatbestände für Signaturprüfungen nach SigI

Volker Hammer

Secorvo Security Consulting, Karlsruhe
hammer@secorvo.de

Zusammenfassung

Um digital signierte Dokumente in der Praxis einsetzen zu können, müssen die Signaturen technisch geprüft werden. Der Beitrag stellt die grundlegenden Prüftatbestände für Prüffunktionen nach Signaturinteroperabilitätsspezifikation (SigI) vor und erläutert die Beziehungen zwischen verschiedenen Prüfobjekten.

1 Motivation

Digital signierte Dokumente werden sich in der Praxis nur bewähren, wenn der Signierende absehen kann, daß seine elektronische Willenserklärung korrekt geprüft wird und unterschiedliche Prüfende – bis hin zum Richter – zu gleichen Ergebnissen kommen können.

Das Signaturgesetz (SigG) setzt einige Rahmenbedingungen, durch die digitale Signaturen in den Genuß einer Sicherheitsvermutung kommen sollen. Diese Vorgaben sind weitgehend technikoffen. Um mit konkreten Implementierungen die oben genannten Ziele zu erreichen, müssen daher präzise Spezifikationen entwickelt werden, die die Vorgaben des SigG aufgreifen und für Interoperabilität sorgen. Die *technische Gültigkeitsprüfung* (oder Gültigkeitsmodell) kann dabei quasi als die Nagelprobe für die Interoperabilität angesehen werden: Nur wenn die Standards für die signierte Willenserklärung, für Zertifikate und für andere Prüfobjekte aufeinander abgestimmt sind und von der Prüffunktion korrekt ausgewertet werden, kann die Sicherheitsvermutung tragen. Und nur, wenn die Prüffunktionen unterschiedlicher Hersteller zum gleichen Prüfergebnis kommen, ist Interoperabilität in der SigG Public Key Infrastruktur erreicht.

Dieser Beitrag faßt die Spezifikation der technischen Gültigkeitsprüfung nach SigI (Signaturinteroperabilitätsspezifikation, vgl. [BSI-GÜM]) zusammen. Er gibt einen Überblick über die Prüfobjekte, Prüftatbestände und einige spezifische Prüfbedingungen.

2 Kontext von Signaturprüfungen

Digital signierte Dokumente versprechen hohe Sicherheit für den Nachweis der Integrität und der Urheberschaft – aber nur, wenn sie geprüft werden. Da eine Sichtprüfung des elektronischen Dokuments kein aussagekräftiges Ergebnis liefern kann und manuelle Verfahren wegen des Aufwandes in der Praxis nicht möglich sind, müssen technische Funktionen zur technischen Gültigkeitsprüfung eingesetzt werden.[1]

Besondere Anforderungen bestehen, wenn digitale Signaturen zur Sicherung rechtsverbindlicher Willenserklärungen nach SigG eingesetzt werden, aus deren technischer Gültigkeit eine Sicherheitsvermutung[2] abgeleitet wird. Dabei sollen nicht nur die spezifischen gesetzlichen Anforderungen untersucht und das gewünschte hohe Sicherheitsniveau auf der Seite des Prüfenden unterstützt werden, sondern auch zwei Prüfende mit Prüffunktionen unterschiedlicher Hersteller zum gleichen Prüfergebnis kommen. Das Gültigkeitsmodell[3] in der Serie der "Spezifikation zur Entwicklung interoperabler Verfahren nach SigG / SigV"[4] (Signatur-Interoperabilitätsspezifikation, SigI) definiert dazu den Prüfumfang und die Prüfergebnisse SigI-konformer Prüffunktionen.

2.1 Umfang von Prüfungen

Über die grundsätzlich erforderliche Prüfung der mathematischen Relation zwischen der digitalen Signatur und dem Prüfschlüssel hinaus können eine Vielzahl von Prüftatbeständen untersucht werden. Der Umfang der technischen Prüfungen wird dabei wesentlich durch den Anwendungskontext bestimmt. Faktoren sind beispielsweise:

- besondere Anforderungen im Anwendungskontext, z. B. eine bestimmte Zeichnungsberechtigung,

- Sicherheitsbedürfnis des Prüfenden und Vertrauen in Vertrauensinstanzen,

- Prüftatbestände, die sich aus der "Policy" der jeweiligen Sicherungsinfrastruktur ergeben,

- ob Informationen daraus abgeleitet werden, daß ein Zertifikat aus einer bestimmten Zertifizierungshierarchie stammt (implizite Prüfergebnisse) oder ob die Information explizit im Zertifikat enthalten sein muß und

- unter welchen Bedingungen Interoperabilität gefordert wird oder erreicht werden kann.

Solche Faktoren bestimmen primär die Menge der Prüftatbestände. Die Anzahl der zu prüfenden Prüfobjekte wird dagegen wesentlich dadurch bestimmt, ob Prüfergebnisse wiederverwendet werden sollen oder ob jedes Prüfobjekt immer wieder neu zu prüfen ist. Darauf wird auch die Sicherheit von gespeicherten Prüfergebnissen in der Anwendungsumgebung Einfluß haben.

---

[1] Siehe zu Prüfregeln auch [ITU-T X.509] oder [RFC 2459]. Letztere werden gegenwärtig aber bereits wieder überarbeitet, (draft-ietf-pkix-new-part1-00.txt). Sowohl X.509 als auch PKIX konzentrieren sich aber auf die Prüfung von Zertifikatketten und berücksichtigen die spezifischen Anforderungen nach SigG bisher nicht. Zu einem Architekturvorschlag für kontextabhängige Prüffunktionen vgl. auch [BePo 99, 225 ff.]. Probleme der Präsentation von digital signierten Dokumenten auch im Kontext der Prüfung diskutiert [Pord99].

[2] [Roßn98, 3312 ff.] oder [Roßn99, Einl SigG Rn 5].

[3] [BSI-GÜM].

[4] Vgl. zu den anderen Teilen des Standards [BSI-DIR], [BSI-ZERT], [BSI-SIG], [BSI-AIS] und [BSI-TSS]. Erweiterungen von SigI sind in Vorbereitung (vgl. http://www.bsi.bund.de/aufgaben/projekte/pbdigsig/index.htm)

2.2   Kontext von Signaturprüfungen nach SigI

Im folgenden werden die Grundzüge der technischen Gültigkeitsprüfung nach SigI vorgestellt.[5] Für Signaturprüfungen sind zu berücksichtigen:

- die Vorgaben des Signaturgesetzes (SigG) und der Signaturverordnung (SigV),

- die anderen Dokumente der SigI-Spezifikation,[6]

- soweit möglich X.509 [7] und PKIX [8] und

- Entwurfsentscheidungen der Regulierungsbehörde für Telekommunikation und Post (RegTP) und des Bundesamtes für Sicherheit in der Informationstechnik (BSI) für verbleibende Probleme.

Im Vergleich zu anderen Spezifikationen für Prüffunktionen ergeben sich durch die rechtlichen Vorgaben für die Public Key Infrastruktur und die Anwendung digitaler Signaturen nach SigG einige Besonderheiten, die auch und gerade in der Prüffunktion berücksichtigt werden müssen:

- Das SigG nimmt an, daß die Kompromittierung von Schlüsseln von Zertifizierungsstellen durch eine positive Verzeichnisdienstauskunft beherrscht werden kann. SigI-konforme Prüffunktionen müssen deshalb Vorhandenseinsprüfungen[9] durchführen können.

- Da digital signierte Dokumente zu einem im Verhältnis zum Signaturzeitpunkt späten Zeitpunkt als Beweismittel benötigt werden können, muß das Prüfkonzept "Langzeitprüfungen" unterstützen. Daher sind unter anderem die Eignung von Algorithmen und die Eignung von Sperr- und Vorhandenseinsinformationen zum Prüfzeitpunkt zu berücksichtigen.

- Während in anderen Standards gefordert wird, daß alle Zertifikate einer Zertifikatkette zum Prüfzeitpunkt gültig sein müssen, genügt es für SigG-Signaturen, daß das Zertifikat zum Signaturzeitpunkt gültig war.[10]

- Um reproduzierbare Prüfergebnisse zu erreichen, fordert das SigG, daß Zertifikate der Zertifikatkette nicht ausgetauscht werden dürfen. Die Prüfung muß daher sicherstellen, daß immer das Zertifikat verwendet wird, auf das im jeweils geprüften Objekt verwiesen wird.

- Zu berücksichtigen ist auch die vom SigG als statisch angenommene Zertifizierungsinstanz-Hierarchie mit 2 Ebenen von Zertifizierungsstellen. Der Schlüsselwechsel nach dem Modell der RegTP muß also auf unverkettete Wurzelzertifikate abgebildet werden.

- Schließlich fordert das SigG, daß von Zertifizierungsstellen Attribut-Zertifikate und Zeitstempel ausgestellt werden können. SigI-konforme Prüffunktionen müssen diese

---

[5]   Vgl. dazu ausführlich [BSI-GÜM].

[6]   [BSI-DIR], [BSI-ZERT], [BSI-SIG], [BSI-AIS] und [BSI-TSS].

[7]   [ITU-T X.509].

[8]   [RFC 2459].

[9]   In der Vorhandenseinsprüfung wird geprüft, ob ein Zertifikat einem Verzeichnisdienst bekannt ist. Ist dies nicht der Fall, kann eine Unregelmäßigkeit in der Zertifizierungsstelle oder eine vorzeitige Verwendung des Signaturschlüssels vorliegen und das digital signierte Dokument wird als "technisch ungültig" abgelehnt.

[10] Die beiden Modelle haben unterschiedliche Vor- und Nachteile, die an dieser Stelle jedoch nicht diskutiert werden. Relevant sind hier nur die Vorgaben von SigG und SigV. Diese werden auch nicht durch die Policy der RegTP "überwunden", die mit überlappenden Gültigkeitsdauern in der Zertifizierungshierarchie beiden Modellen Rechnung tragen will.

Prüfobjekte daher unterstützen und insbesondere ihre Relation zur digital signierten Willenserklärung überprüfen können.

In der rechtsverbindlichen Telekooperation soll eine Gültigkeitsprüfung dem Prüfenden anzeigen, ob er eine Willenserklärung akzeptieren oder ablehnen sollte. Dabei ist zu beachten, daß nicht jede "technisch gültige" Willenserklärung auch juristisch gültig sein muß und nicht jede "technisch nicht gültige" Willenserklärung auch juristisch ungültig ist. Beispielsweise kann ein technisch gültiger elektronischer Kaufvertrag mit einem Minderjährigen rechtlich unwirksam sein. Es ist auch denkbar, daß eine Willenserklärung, die durch die technische Prüfung abgelehnt wird, weil z. B. kein Zeitstempel beigefügt wurde und bis zum Prüfzeitpunkt das Teilnehmer-Zertifikat ausgelaufen war, dennoch vor Gericht Anerkennung findet. Die technische Gültigkeitsprüfung kann eine rechtliche Prüfung daher nicht ersetzten. Mit Hilfe der technischen Gültigkeitsprüfung wird nach den Regeln des SigG festgestellt, ob die Willenserklärung mit dem im Gesetz vorgegebenen Sicherheitsniveau einem Urheber zugerechnet werden kann und unverfälscht ist. Insofern trägt das Prüfergebnis wesentlich zur rechtlichen Bewertung bei. Eine positive Prüfung sagt außerdem aus, daß das digital signierte Dokument auch als Beweismittel in einen Prozeß eingeführt werden kann.

Die Spezifikation einer technischen Gültigkeitsprüfung nach SigI verfolgt drei Ziele:

- Zum ersten soll das Prüfergebnis den juristischen Normen entsprechen, die vom Gesetzgeber bestimmt wurden.

- Zum zweiten soll die Konformität der Prüffunktion mit den technischen Vorgaben für digital signierte Dokumente und den Leistungen der Zertifizierungsstellen erreicht werden, z. B. dem Inhalt von Zertifikaten oder den Verzeichnisdienstauskünften. Vorausgesetzt wird dabei, daß die Prüfobjekte den Spezifikationen [BSI-ZERT], [BSI-SIG], [BSI-TSS] und [BSI-DIR] genügen, soweit Anforderungen dort zwingend vorgeschrieben werden. Dies schließt ein, daß die Signaturen mit Schlüsseln aus der Zertifizierungshierarchie der RegTP erzeugt wurden, deren Zertifikate SigI-konform ausgestellt wurden.

- Zum dritten schließlich soll erreicht werden, daß zwei unterschiedliche SigI-konforme Prüffunktionen für das gleiche digital signierte Dokument bei gleichem angenommenen Signaturzeitpunkt zum gleichen Prüfergebnis kommen.

Diese Ziele müssen nicht nur für die eigentliche signierte Willenserklärung, sondern für eine Reihe von Prüfobjekten erreicht werden.

3 Prüfobjekte und Prüfprozeß

Gegenstand der technischen Gültigkeitsprüfung sind digital signierte Dokumente nach SigI (*Prüfobjekte*). Dazu zählen auch Zertifikate, Zeitstempel, Verzeichnisdienstauskünfte oder Sperrlisten. Verschiedene Prüfobjekte haben eine unterschiedliche Rolle im Prüfprozeß und können danach in die folgenden drei Klassen eingeteilt werden.

Die Willenserklärung des Signierenden mit der digitalen Signatur nach [BSI-SIG] ist der eigentliche Gegenstand der technischen Gültigkeitsprüfung. Das digital signierte Dokument wird deshalb auch als Primärdokument bezeichnet und als *primäres Prüfobjekt* eingeordnet.

Im Prüfprozeß muß allerdings untersucht werden, ob die Urheberschaft des Primärdokuments sicher festgestellt werden kann. Dazu ist die Kette der *Zertifikate* (Format nach [BSI-ZERT]) vom Teilnehmerzertifikat bis zur Wurzel-Zertifizierungsinstanz zu prüfen und der Signaturzeitpunkt, möglichst mit Hilfe eines *Zeitstempels* nach [BSI-TSS], festzustellen. Hinweise zur Autorisierung der digitalen Signatur des Primärdokuments können sich aus Zertifikaten und auch über *Attribut-Zertifikate* (nach [BSI-ZERT]) ergeben. Diese Prüfobjekte und die zugehörigen Zertifikatketten werden als *Prüfobjekte zweiter Ordnung* bezeichnet.

Schließlich werden Verzeichnisdienstauskünfte oder Sperrlisten nach [BSI-DIR] benötigt, um den Vorhandenseins- und Sperrstatus von Zertifikaten und Attribut-Zertifikaten zu bewerten. Sie werden als *Prüfobjekte dritter Ordnung* bezeichnet. Diese Unterscheidung ist darin begründet, daß Prüfobjekte dritter Ordnung als zusätzliche Information zur Prüfung benötigt werden, um die Prüfobjekte zweiter Ordnung zu bewerten. Sind sie "technisch nicht gültig", dann wird eine Verzeichnisdienstauskunft oder Sperrliste nicht akzeptiert. In diesem Fall kann nicht entschieden werden, ob das Primärdokument als "technisch gültig" zu bewerten ist, weil die notwendigen Informationen für den Prüfprozeß fehlen. Im Unterschied zu Prüfobjekten erster oder zweiter Ordnung tragen "technisch nicht gültige" Prüfobjekte dritter Ordnung zum Gesamtergebnis daher nur mit "technisch nicht prüfbar" bei. Zertifikate, die nur zur Prüfung von Verzeichnisdienstauskünften und Sperrlisten benötigt werden,[11] werden ebenfalls in die Klasse der Prüfobjekte dritter Ordnung eingeordnet.

Für jedes Prüfobjekt sind im Rahmen einer technischen Gültigkeitsprüfung eine Reihe von Prüftatbeständen zu untersuchen, z. B. sein Aufbau oder der Status des Prüfschlüssel zum Signaturzeitpunkt (zeitbezogene Statusprüfungen). Ob ein Prüftatbestand erfüllt ist, wird anhand einer oder mehrerer Prüfbedingungen entschieden. Die Beziehungen zwischen den Prüfobjekten werden im Prüfprozeß ebenfalls durch Prüfbedingungen abgebildet, nach denen Prüfobjekte zweiter oder dritter Ordnung mit bestimmten Eigenschaften verfügbar sein müssen. Jede Prüfbedingung führt zu einem Einzelergebnis. Die Menge der Einzelergebnisse wird schließlich im Rahmen des Prüfprozesses zu einem Gesamtergebnis zusammengefaßt (vgl. dazu und zu den Ergebnisklassen unten).

Die weitere Darstellung gibt einen Überblick über die Prüftatbestände und stellt wichtige Besonderheiten der Gültigkeitsprüfung nach SigG / SigI dar. Für die Konkretisierung der Prüftatbestände zu Prüfbedingungen für die einzelnen Prüfobjekte muß an dieser Stelle aber auf [BSI-GÜM] verwiesen werden.

4 Prüftatbestände

Prüftatbestände sind die generischen Fragestellungen im Prüfprozeß. Sie strukturieren die technische Signaturprüfung inhaltlich und sind im Rahmen der Spezifikation auf jedes Prüfobjekt anzuwenden und abzustimmen.

4.1 Aufbau von Prüfobjekten

Damit digital signierte Dokumente interoperabel nach SigI geprüft werden können, müssen sie einen bestimmten Aufbau aufweisen. Dazu ist zu prüfen, ob geforderte Attribute in der für das Prüfobjekt spezifizierten Struktur vorhanden und keine unbekannten Attribute enthalten sind (vgl. z. B. die Struktur für Primärdokumente in Abb. 1).

---

[11] Je nach Zertifizierungshierarchie können in den Zertifikatketten von Verzeichnisdienstauskünften und Sperrlisten auch Zertifizierungsstellen-Zertifikate enthalten sein, die auch für die Prüfung des Primärdokuments benötigt werden.

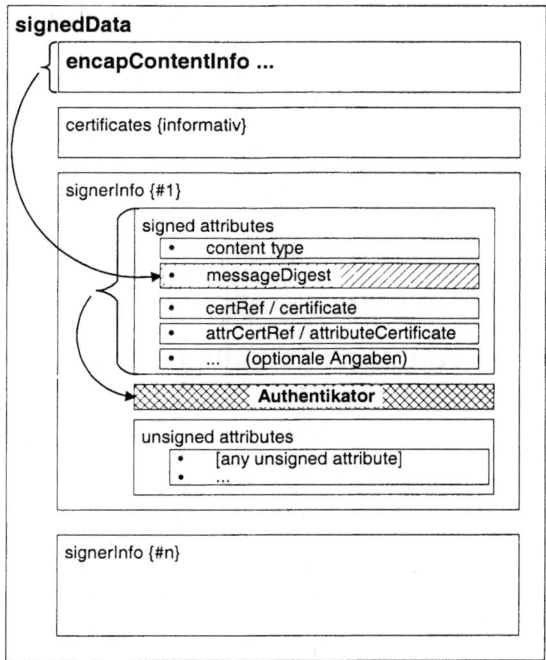

Abb. 1: Grundstruktur eines digital signierten Dokuments nach [BSI-SIG]

4.2 Mathematische Prüfung

Für alle Typen von digital signierten Dokumenten muß die mathematische Relation zwischen der digitalen Signatur und dem jeweiligen Prüfschlüssel erfüllt sein. Als Besonderheit muß im Bereich des SigG sichergestellt werden, daß das Zertifikat, das den Prüfschlüssel enthält, eindeutig bestimmt werden kann. Andernfalls könnten im Laufe der Zeit durch unterschiedliche Zertifikatketten auch unterschiedliche Prüfergebnisse entstehen.

Um möglichen Fortschritten der Kryptoanalyse Rechnung zu tragen, muß auch die Eignung von Verfahren und die Schlüssellänge bewertet werden. Diese Bewertung der Eignung muß zum Prüfzeitpunkt gegeben sein. Die Eignung wird zwar nach § 17 Abs. 2 SigV festgestellt und veröffentlicht, bisher wurden aber keine Protokolle und Formate definiert, um diese Informationen auch zur automatischen Verarbeitung bereitzustellen. Daher setzt das Gültigkeitsmodell nach der Vorgabe des BSI an dieser Stelle teilweise auf impliziten Informationen auf. Zertifizierungsstellen dürfen Zertifikate nur bis zu einem Gültigkeitsende ausstellen, zu dem die Eignung der Algorithmen bestätigt ist. Der Prüfende darf daher davon ausgehen, daß die Eignung dieser Algorithmen für die Gültigkeitsdauer des jeweiligen Zertifikats gegeben ist. Nach dem Gültigkeitsende des Zertifikats kann auf dieser Grundlage jedoch keine zuverlässige Annahme zur Eignung von Algorithmen mehr getroffen werden. Informationen zur (vorzeitigen) Nichteignung und zu Hash-Verfahren müssen in der Prüffunktion bei Bedarf manuell verwaltet werden. Eine Besonderheit gilt für Zertifikate, die aus einer (technisch gültigen) Verzeichnisdienstauskunft bezogen werden. Der Prüfende darf auf die Integrität solchermaßen übermittelter Zertifikate vertrauen.

4.3 Name des Signierenden

Für den Erklärungsempfänger kann der Name des Signierenden für die Bewertung eines Primärdokuments wesentlich sein. Er wird deshalb in einer Meldungsergänzung zum Gesamtergebnis angezeigt. Für andere Prüfobjekte werden gegebenenfalls formal prüfbare Konsistenzbedingungen gefordert (siehe unten). Um Manipulationen zu verhindern, muß als Name des Signierenden die Angabe zum Subject aus dem Zertifikat verwendet werden, das den Prüfschlüssel enthält. Um sicherzustellen, daß der Name von einer SigI-konformen Zertifizierungsstelle bestätigt wurde, muß außerdem die Zertifikatkette geprüft werden.

4.4 Zulässigkeit von Zertifikatketten

Im Zertifizierungsmodell nach SigG ist eine zweistufige Zertifizierungsinstanz-Hierarchie vorgegeben. Dadurch wird die zulässige Länge von Zertifikatketten implizit auf drei Zertifikate begrenzt (Wurzelzertifikat, Zertifikat der Zertifizierungsstelle und Teilnehmerzertifikat).[12] Die Zertifikatkette muß in einem Wurzelzertifikat enden, das von der RegTP ausgestellt wurde. Da die RegTP in jedem Jahr ein neues Wurzelzertifikat etabliert, müssen Prüffunktionen nach SigI mehrere Wurzelzertifikate verwalten können, die gleichzeitig gültig sind. Jedes dieser Wurzelzertifikate ist als unabhängiger Sicherungsanker zu betrachten,[13] der als SigI-konformer Sicherungsanker dienen kann. Die Zertifikatketten verschiedener Prüfobjekte, z. B. Primärdokument, Zeitstempel und Verzeichnisdienstauskunft, können jeweils in unterschiedlichen Wurzelzertifikaten enden.

4.5 Zeitbezogene Statusprüfungen für Prüfschlüssel

Mit den zeitbezogenen Statusprüfungen für Prüfschlüssel wird festgestellt, ob das zugehörige Zertifikat zum Signaturzeitpunkt vorhanden bzw. freigegeben[14], abgelaufen oder gesperrt war.

Die Internet-Standards PEM und PKIX geben vor, daß alle Zertifikate einer Zertifikatkette zum Prüfzeitpunkt gültig sein müssen (Zertifizierungspfad-Gültigkeit oder Schalenmodell) und nicht gesperrt sein dürfen. Nach der vom SigG vorgegebene Prüfpolicy muß dagegen ein Signaturzeitpunkt nur im Gültigkeitszeitraum des Zertifikats liegen, das den Prüfschlüssel enthält (Zertifikat-Gültigkeit oder Kettenmodell).[15] Dieses Gültigkeitsmodell vermeidet, daß mit dem Auslaufen eines Zertifizierungsstellen-Zertifikats alle nachgeordneten Teilnehmerzertifikate ungültig werden. Während der Prüfung einer digitalen Signatur ist also zu untersuchen, ob der angenommene Erzeugungszeitpunkt im Gültigkeitszeitraum des übergeordneten Zertifikats liegt.

---

[12] Über das Attribut pathlenConstraints ist in SigI allerdings bereits eine Öffnung für "größere" Zertifizierungshierarchien vorgesehen.

[13] Diese Sichtweise ist unabhängig von einer Verkettung der Schlüsselpaare der RegTP durch Crosszertifikate, die die Verteilung neuer Sicherungsanker erleichtert.

[14] Über das Attribut CertInDirSince nach [BSI-DIR, 25], kann der Prüffunktion mitgeteilt werden, seit wann ein Zertifikat im Verzeichnis geführt wird. Diese Option wurde allerdings erst nach dem Redaktionsschluß für [BSI-GÜM] ergänzt und ist dort deshalb noch nicht berücksichtigt.

[15] Vgl. zu den beiden Gültigkeitsmodellen auch [Hamm99, 561 ff.].

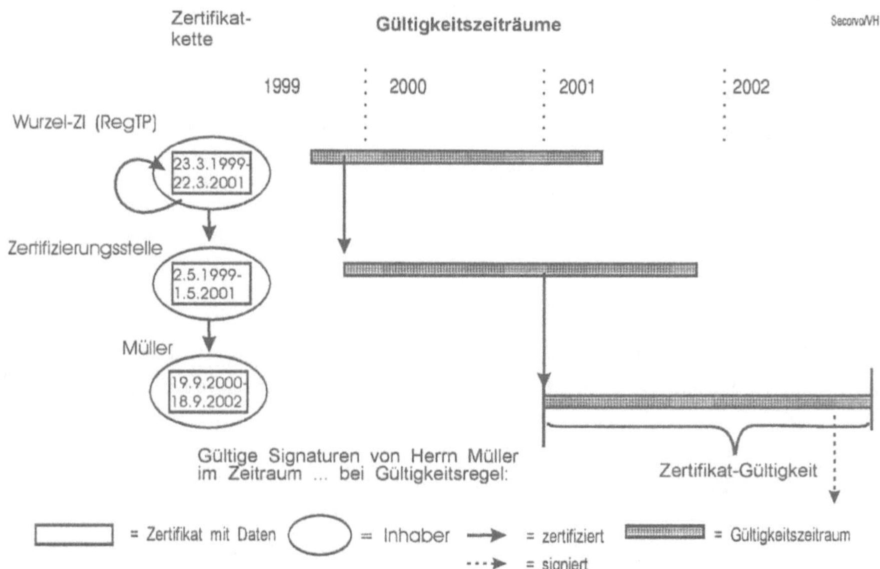

Abb. 2: Für Zertifikat-Gültigkeit muß jeder Signaturzeitpunkt im Gültigkeitszeitraum des jeweils bestätigenden Zertifikats liegen.

Für den Signaturzeitpunkt des Primärdokuments soll im Kontext von SigI auf einen Zeitstempel zurückgegriffen werden. Falls dieser nicht verfügbar ist, kann der Prüfende alternativ den Eingangszeitpunkt oder auch den aktuellen Prüfzeitpunkt verwenden.[16] Je größer die Abweichung zwischen dem "echten" und dem angenommenen Signaturzeitpunkt ist, desto höher wird allerdings auch die Rate von false reject Fällen bei der Prüfung des Gültigkeitszeitraums und der Vorhandenseins- und Sperrprüfung sein.[17] Für Prüfobjekte, die von Zertifizierungsstellen erzeugt wurden, wird der Signaturzeitpunkt aus Angaben im jeweiligen Prüfobjekt bestimmt. In diesen Fällen darf gemäß BSI davon ausgegangen werden, daß die enthaltenen Zeitangaben authentisch sind.

Die Vorhandenseinsprüfung ist eine weitere Besonderheit, die sich aus den gesetzlichen Vorgaben eines abfragbaren Verzeichnisses aller ausgestellten Zertifikate für jede Zertifizierungsstelle nach § 5 Abs. 1 SigG und der Prüfvorschrift aus § 16 Abs. 3 SigV ergibt. Anhand von

---

[16] Wenn der Prüfende einen zu frühen Signaturzeitpunkt annimmt, wird in der Prüfung möglicherweise eine Sperrung nicht berücksichtigt. Der "originäre" Signaturzeitpunkt kann von Prüfenden aber kaum festgestellt werden. Die nächste gesicherte Annäherung erlaubt ein Zeitstempel. Da der Eingang des Dokuments beim Prüfenden nach der Signaturerzeugung liegen muß, sichert auch der Eingangszeitpunkt, daß eine zwischenzeitliche Sperrung berücksichtigt wird. Wenn auch der Eingangszeitpunkt nicht bekannt ist, kann mit noch größerer zeitlicher Abweichung auch der Zeitpunkt der Prüfung (Prüfzeitpunkt) als Signaturzeitpunkt angenommen werden.

[17] Unter diesem Gesichtspunkt empfiehlt sich die frühzeitige Beantragung eines Zeitstempels bereits durch den Signierenden, der ihn mit dem digital signierten Dokument verschicken kann. Andererseits kann der Prüfende unter Inkaufnahme von false reject Fällen bewußt einen späteren Zeitpunkt zur Prüfung verwenden, um zwischenzeitliche Sperrungen zu berücksichtigen.

Verzeichnisdienstauskünften untersucht die Prüffunktion, ob ein zu prüfendes Zertifikat zum Signaturzeitpunkt bereits im Verzeichnis geführt wurde. Zusätzlich zur Vorhandenseinsprüfung ist auch eine Sperrprüfung durchzuführen. SigI bietet als Option zusätzlich Sperrlisten nach X.509 an. Als Quelle für Sperrinformationen können von SigI-konformen Prüffunktionen daher sowohl Verzeichnisdienstauskünfte als auch Sperrlisten ausgewertet werden. Sperrungen werden generell in der Weise berücksichtigt, daß Signaturen, die vor dem Sperrzeitpunkt erzeugt wurden, als "technisch gültig" und Signaturen, die nach dem Sperrzeitpunkt erzeugt wurden, als "technisch nicht gültig" interpretiert werden. Sind keine geeigneten Vorhandenseins- oder Sperrinformationen verfügbar,[18] führt dies zum Teilergebnis "technisch nicht prüfbar".

4.6 Zweck- und Autorisierungsprüfung

In der Zweck- und Autorisierungsprüfung von digitalisierten Dokumenten wird untersucht, ob das jeweilige elektronische Dokument für den geforderten Zweck signiert wurde und ausreichend autorisiert ist.

Für die Angabe des Zwecks stehen in digital signierten Dokumenten unterschiedliche Attribute zur Verfügung. Zur Kennzeichnung können dienen (soweit jeweils vorhanden):

- ein OID und der Aufbau [19], der den Typ des digital signierten Dokuments kennzeichnet,

- Zweckangaben im digital signierten Dokument, z. B. zur Unterscheidung von CRL und ARL, und

- Zweckangaben des Zertifikates, das den Prüfschlüssel bestätigt, z. B. die Angabe im Attribut keyUsage oder basicConstraints.

Angaben zur Autorisierung drücken Nutzungsbeschränkungen und -berechtigungen aus. Zu untersuchen ist, ob der jeweilige Prüfschlüssel im Kontext von SigI zertifiziert wurde (Angabe in den certificatePolicies) und ob in das Zertifikat von der Zertifizierungsstelle eine besondere Berechtigung oder Nutzungsbeschränkung aufgenommen wurde. Die Informationen können aus den Attributen certificatePolicies, keyUsage, extKeyUsage, liabilityLimitationFlag (Kennzeichnung einer Beschränkung über ein Attribut eines Attribut-Zertifikats), procuration (Vertretungsmacht), admission (Zulassung), monetaryLimit (Monetäre Beschränkung), declarationOfMajority (Volljährigkeit) oder restriction (sonstige Einschränkungen) entnommen werden. Dabei sind nicht nur die Angaben im Zertifikat, sondern auch in Attribut-Zertifikaten, die dem digital signierten Dokument hinzugefügt wurden, zu berücksichtigen. Eine formale technische Auswertung einiger der Angaben muß auf den jeweiligen Anwendungskontext abgestimmt werden. Diese Abstimmung ist nicht Ziel von SigI. Die Informationen werden daher dem Prüfenden im Gesamtergebnis dargestellt, der sie bewerten muß.

5 Spezifische Prüfbedingungen

An dieser Stelle wird exemplarisch auf einige spezifische Prüfbedingungen eingegangen, durch die die Bezüge der Prüfobjekte untereinander sichergestellt (vgl. Abb. 3) oder durch die der Zweck bzw. die Autorisierung eines Prüfobjekts nachgewiesen werden. Für die Details

---

[18] Siehe zur Eignung solcher Informationen unten.

[19] Insofern ergeben sich Überschneidungen mit den Prüftatbeständen nach Kapitel 4.1.

dieser Prüfbedingungen, weitere Prüftatbestände und die Prüfobjekte "Zertifikat" und "Wurzelzertifikat" muß aus Platzgründen wieder auf [BSI-GÜM] verwiesen werden.

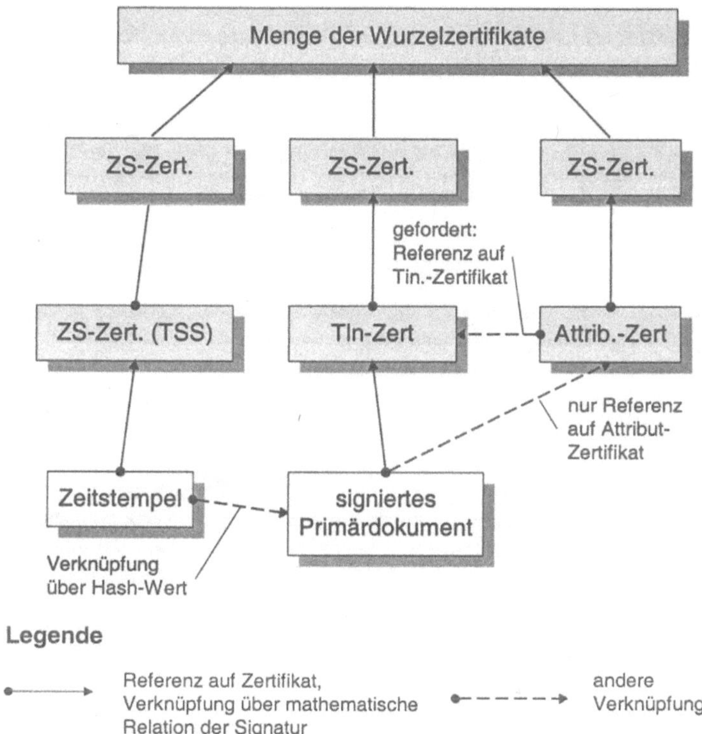

Abb. 3: Relationen zwischen den Prüfobjekten **ohne Sperrlisten** und die diese bestätigenden Zertifikate. Die Zertifizierungsstellen können sich je Pfad unterscheiden.

5.1 Zeitstempel

Zeitstempel sollen die Signaturzeitpunkte digital signierter Dokumente nachweisen. Damit ein Zeitstempel für eine Prüfung aussagekräftig ist, muß er sich auf das Primärdokument beziehen. Prüfbedingung ist, daß der im Zeitstempel enthaltene Hash-Wert des Primärdokuments mit einem aktuell gebildeten Wert übereinstimmt. Dabei muß das Hash-Verfahren gemäß SigI geeignet sein.

Der Zeitstempel selbst muß nach der SigI-Policy für Zeitstempel erzeugt worden sein (TSTInfo.policy enthält den OID für "Id-sigi-sigts-sigconform"). Außerdem muß sichergestellt werden, daß der Zeitstempel nicht von einer beliebigen Instanz, sondern von einem SigI-konformen Zeitstempeldienst ausgestellt wurde. Dazu müssen die Autorisierungen im Zertifikat des

Zeitstempeldienstes überprüft und die SigI-Konformität der Zertifikatkette sichergestellt werden.

5.2 Attribut-Zertifikate

Attribut-Zertifikate werden verwendet, um zusätzliche Informationen über einen Schlüsselinhaber bereitzustellen. Das Primärdokument kann ein oder mehrere Attribut-Zertifikate enthalten oder auf solche verweisen (vgl. attrCertRef in Abb. 1). Die jeweils enthaltenen Zweck- und Autorisierungsinformationen müssen im Gesamtergebnis angezeigt werden. Jedes der im Primärdokument verwendeten Attribut-Zertifikate muß sich außerdem auf das Teilnehmerzertifikat beziehen, das den Prüfschlüssel zum Primärdokument enthält. Dazu muß der Verweis auf das Bezugszertifikat (Issuer und Serialnumber in baseCertificateID des Attribut-Zertifikats) mit Issuer und Serialnumber des zum Prüfen des Primärdokument verwendeten Zertifikats übereinstimmen. Auch für die Attribut-Zertifikate müssen zum Signaturzeitpunkt des Primärdokuments die zeitbezogenen Statusprüfungen erfüllt und die Zertifikatketten technisch gültig sein. Anwendungsspezifische Prüfbedingungen für Attribut-Zertifikate sind dagegen nicht Gegenstand der SigI-Gültigkeitsprüfung.

5.3 Statusinformationen

Für alle Zertifikate müssen Vorhandenseins- und Sperrprüfung durchgeführt werden. Die dazu notwendigen Statusinformationen werden über besondere digital signierte Dokumente der Zertifizierungsstellen bereitgestellt (*Verzeichnisdienstauskünfte*). Verzeichnisdienstauskünfte enthalten Informationen über die Freigabe und den Sperrstatus eines Zertifikats. Sie sind für einzelne Zertifikate zeitnah zu beziehen. Zusätzlich können von Zertifizierungsstellen nach SigI auch *Sperrlisten* angeboten werden, die jedoch nur über gesperrte Zertifikate informieren. Sie decken zwar eine Menge von Zertifikaten ab, werden typischerweise aber nur in nur gewissen Zeitabständen aktualisiert. Welcher Prüfumfang abzuarbeiten ist und woher die Informationen bezogen werden müssen, muß in der Prüffunktion konfiguriert werden können.

Um bereits eingeholte Informationen lokal wiederverwenden zu können, schlägt [BSI-GÜM] eine interne Verwaltung durch die Prüffunktion vor. Für die Wiederverwendung muß allerdings neben der Integrität auch die Eignung der lokalen Statusinformationen gegeben sein.

Aussteller und Autorisierung

Sperrlisten und Verzeichnisdienstauskünfte zu einem Zertifikat dürfen nur von bestimmten Instanzen ausgestellt werden. Soweit keine Sonderformen zur Bereitstellung eingesetzt werden, muß deshalb der Name des Ausstellers einer Statusinformation gleich dem Namen des Issuers des Zertifikats sein, für das der Status geprüft wird. Die Prüffunktion darf Statusinformationen nur aus den dafür vorgesehenen digital signierten Dokumenten verwenden. Sie muß dazu prüfen, ob eine Verzeichnisdienstauskunft oder eine Sperrliste vorliegt (Aufbau) und ob insbesondere auch das Zertifikat des Ausstellers zum Signieren dieser Informationen berechtigt (Attribute keyUsage und extKeyUsage geeignet belegt).

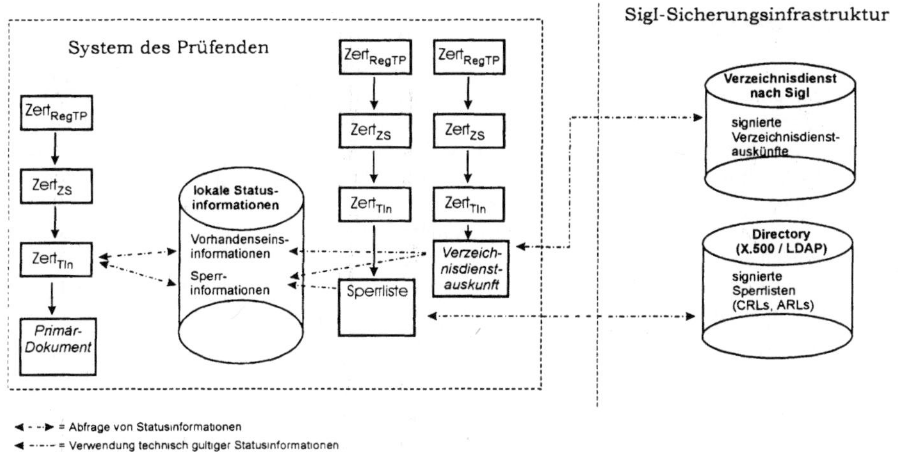

Abb. 4: Bereitstellung von Statusinformationen. In der Abbildung wird beispielhaft die Statusinformation des Teilnehmerzertifikats zum Primärdokument verwendet. Inhaber der Teilnehmerzertifikate zur Verzeichnisdienstauskunft und zur Sperrliste ist die Zertifizierungsstelle.

Eignung

Um zu entscheiden, ob eine bestimmte Statusinformation für ein Zertifikat überhaupt aussagekräftig ist, muß die Prüffunktion die hinter den Konzepten stehenden "Pflegemodelle" des Zertifikat-Managements berücksichtigen. Ein Zertifikat muß in den Sperrlisten einer Zertifizierungsstelle gemäß X.509 nur solange geführt werden, bis sein Gültigkeitszeitraum abgelaufen ist. Für Verzeichnisdienstauskünfte wird dagegen in [BSI-GÜM] gefordert, daß sie mindestens für einen Zeitraum von 10 Jahren ab dem Ausstellungszeitpunkt bereitgestellt werden. Prinzipiell unterliegen Zertifizierungsstellen zwar längeren Dokumentationspflichten. Es ist aber nicht gefordert, daß die darauf basierenden Auskünfte automatisiert erteilt werden.

Die Prüffunktion kann anhand der Relationen zwischen Prüfzeitpunkt, Signaturzeitpunkt und dem Erstellungszeitpunkt der Statusinformation bestimmen, ob eine Statusinformation für den aktuellen Prüfprozeß geeignet ist. Beispielsweise ist eine Sperrliste einer Zertifizierungsstelle nicht mehr für ein bestimmtes Zertifikat aussagekräftig, wenn sie nach dem Gültigkeitsende des Zertifikats ausgestellt wurde. Eine Verzeichnisdienstauskunft mit der Statusinformation "good" muß nach dem Signaturzeitpunkt erstellt worden sein, um den Sperrstatus zum Signaturzeitpunkt wiederzugeben. Entsprechend kann eine Vorhandenseinsinformation nur verwendet werden, wenn sie bereits für den Signaturzeitpunkt aussagekräftig ist, also entweder vorher erstellt wurde oder ein Freigabedatum enthält. Für die weitere Details und Fälle sei auf [BSI-GÜM] verwiesen.

Die Eignungsinformationen werden lokal mitgespeichert. Dadurch muß die Prüffunktion nur dann neue Informationen anfordern, wenn die vorhandenen Daten nicht geeignet sind. Unter Umständen kann das lokale Archiv auch Statusinformationen für Prüfungen bereitstellen, in denen ein lange zurückliegender Signaturzeitpunkt angenommen wird.

6 Prüfergebnis

Ziel der technischen Gültigkeitsprüfung ist ein möglichst einfaches Prüfergebnis, mit dem der Empfänger eines digital signierten Dokuments entscheiden kann, ob er es akzeptieren will. Aus der Menge der Ergebnisse für die oben skizzierten Prüfbedingungen wird daher ein Gesamtergebnis abgeleitet. Das Gesamtergebnis soll allerdings zwei sich widersprechenden Zielen genügen. Zum einen soll der Prüfende mit einem "kurzen Blick" entscheiden können, ob er die signierte Willenserklärung akzeptieren will oder nicht. Zum anderen soll der Prüfende die Details dieses Prüfergebnisses feststellen können, insbesondere um im Falle des Ergebnisses "technisch nicht gültig" differenzierter bewerten oder um berücksichtigte und nicht berücksichtigte Prüfbedingungen [20] nachvollziehen zu können. Wenn er dies will, soll er auch die Details eines "technisch gültigen" Prüfergebnisses nachvollziehen können.

Um beiden Zielen nachzukommen, werden in [BSI-GÜM] sechs abstrakte Ergebnisklassen gebildet, die dem Prüfenden eine schnelle Bewertung ermöglichen:

- Werden eine oder mehrere Prüfbedingungen, die technisch überprüfbar sind, nicht erfüllt, lautet das Gesamtergebnis: *"Signatur technisch nicht gültig."* Die unzureichende Eignung von Algorithmen wird allerdings gesondert behandelt (siehe unten), weil sie im Rahmen von Langzeitprüfungen vom Prüfenden differenziert bewertet werden muß.

- Können bestimmte Prüfbedingungen nicht überprüft werden, weil die dazu notwendigen Informationen aus Prüfobjekten dritter Ordnung nicht oder nicht ausreichend aktuell vorliegen, und sind alle anderen Prüfbedingungen erfüllt, lautet das Gesamtergebnis: *"Signatur technisch nicht prüfbar".*

- Der Prüffunktion können Informationen zur Verfügung stehen, die einen oder mehrere Algorithmen oder eine Schlüssellänge als unsicher kennzeichnen. Können alle technischen Prüfbedingungen jedoch geprüft werden und sind erfüllt, soweit sie nicht die Eignung von Algorithmen betreffen, lautet das Gesamtergebnis: *"Sicherheitsvermutung nicht gegeben: Signatur mathematisch unsicher, alle anderen technischen Prüfbedingungen werden erfüllt."*

- In Zertifikaten werden Algorithmen angegeben. Der Prüfende darf davon ausgehen, daß die Eignung dieser Algorithmen gegeben ist, falls der Prüfzeitpunkt vor dem Gültigkeitsende des Zertifikats liegt und keine Informationen zur Nichteignung bekannt gegeben wurden. Falls das Gültigkeitsende bereits überschritten ist, besteht jedoch Unsicherheit über die Eignung dieser Algorithmen. In diesem Fall lautet das Gesamtergebnis: "Signatur technisch gültig, aber keine Aussage über die mathematische Sicherheit möglich".

- Alle Prüfbedingungen sind erfüllt und keine der vorgenannten Situationen ist gegeben. In diesem Fall lautet das Gesamtergebnis: "Signatur technisch gültig".

- Durch einen Benutzereingriff wurde der Prüfprozeß abgebrochen. In diesem Fall lautet das Gesamtergebnis: *"Prüfung abgebrochen, kein Ergebnis".*

Das Gesamtergebnis wird um Zusatzinformationen ergänzt, z. B. um den Namen des Signierenden oder wenn in einem Prüfobjekt unbekannte Erweiterungen mit criticalFlag = "false" enthalten sind.

---

[20] Es sind Konfigurationsmöglichkeiten vorgesehen, durch die die Prüftiefe begrenzt werden kann, z. B. durch den Verzicht von Vorhandenseinsprüfungen von Zertifizierungsstellen-Zertifikaten. Der Prüfende erhöht damit allerdings sein Risiko eines "false accept" einer digitalen Signatur.

Zusätzlich zu diesem Gesamtergebnis muß der Prüfende mit einer SigI-konformen Prüffunktion die Möglichkeit haben, alle Teilergebnisse eines Prüfprozesses festzustellen. Wenn ihm ein Gesamtergebnis zu wenig Informationen bietet, kann er dadurch für jede Prüfbedingung jedes Prüfobjekts im Detail feststellen, welchen Beitrag sie zum Gesamtergebnis geleistet hat.

7 Zusammenfassung und Ausblick

Die Serie der SigI-Spezifikationen setzen die Vorgaben des SigG um, die beispielsweise durch einige Prüfbedingungen von PKIX nicht erfüllt werden. Die technische Gültigkeitsprüfung definiert die Prüfbedingungen für die einzelnen Objekte eines Prüfprozesses so detailliert, daß herstellerunabhängig das gleiche Prüfergebnis erwartet werden kann. Die Spezifikation der technischen Gültigkeitsprüfung schafft daher eine wesentliche Grundlage für einen interoperablen elektronischen Rechtsverkehr. SigI ist allerdings nur eine Empfehlung und für die Betreiber von Zertifizierungsinstanzen und die Teilnehmer am elektronischen Rechtsverkehr nach SigG nicht verbindlich.

Der Umfang der Spezifikation für die technische Gültigkeitsprüfung nach SigI im Vergleich bspw. zum Vorschlag von PKIX hat mehrere Ursachen. SigI berücksichtigt die Bedingungen einer "Langzeitprüfbarkeit". Im Unterschied zu PKIX werden in SigI auch alle Prüfobjekte und ihre Beziehungen untereinander in Prüfbedingungen spezifiziert. PKIX berücksichtigt bisher nur Zertifikatketten. Dagegen dürften die Unterschiede zu PKIX in der Prüfung der Gültigkeitszeitraums und der Sperrprüfung im wesentlichen nur zu anderen und nicht zu komplizierteren Prüfbedingungen führen. Zusätzliche Komplexität ist dagegen der Vorhandenseinsprüfung und den Attribut-Zertifikaten geschuldet. Während Vorhandenseinsprüfungen Unregelmäßigkeiten in Zertifizierungsstellen und Schlüsselkompromittierung Rechnung tragen sollen, bilden Attribut-Zertifikate das Modell von Bescheinigungen zu einem "zentralen Ausweis" ab. Ob sich diese beiden Ansätze des Gesetzgebers in der Praxis bewähren, muß die Anwendung SigI-konformer Signaturen in den nächsten Jahren zeigen.

Nächste Schritte in der Weiterentwicklung des Standards zur technischen Gültigkeitsprüfung nach SigI sollten die Integration von Mehrfachsignaturen, z. B. Gegenzeichnung oder "erneute digitale Signaturen", und eine weitere Abstimmung zu den Vorgaben für die Anwenderinfrastruktur sein. Im Kontext einer Weiterentwicklung der SigI-Standards sollte auch nochmals systematisch überprüft werden, welche denkbaren Störfälle mit den bisher definierten Gültigkeits- und Sperregeln beherrscht werden. SigG und PKIX verfolgen hier unterschiedliche Strategien, die jeweils ihre spezifischen Vor- und Nachteile aufweisen.[21] Es könnte für beide Standards sinnvoll sein, sie jeweils um die anderen Konzepte zu ergänzen. Schließlich bleibt auch abzuwarten, ob das Gültigkeitsmodell vor dem Hintergrund von EU-Regelungen angepaßt oder differenziert werden muß.

---

[21] Vgl. zu verschiedenen Aspekten [Hamm99, 536 ff. und 561 ff.].

Literatur

Hinweis: Die Dokument der SigI-Spezifikation [BSI-DIR], [BSI-ZERT], [BSI-SIG], [BSI-AIS] [BSI-TSS] und [BSI-GÜM] stehen unter http://www.bsi.bund.de/aufgaben/projekte/pbdigsig/index.htm zum Abruf zur Verfügung.

[BePo99]   A. Berger, U. Pordesch: Kontextabhängige Gültigkeitsprüfung digitaler Signaturen, in: R. Baumgart, K. Rannenberg, D. Wähner, G. Weck (Ed.): Verläßliche Informationssysteme – IT-Sicherheit an der Schwelle des neuen Jahrtausends, Braunschweig/ Wiesbaden, 1999, S. 225 ff.

[BSI-AIS]   BSI – Bundesamt für Sicherheit in der Informationstechnik: Spezifikation zur Entwicklung interoperabler Verfahren und Komponenten nach SigG/SigV – SigI Abschn. A3 Anwenderinfrastruktur, BSI, Bonn, 1999, Ver. 2.0.

[BSI-DIR]   BSI: Spezifikation zur Entwicklung interoperabler Verfahren und Komponenten nach SigG/SigV – SigI Abschn. A5 Verzeichnisdienst, 1999, Ver. 3.0.

[BSI-GÜM]   BSI: Spezifikation zur Entwicklung interoperabler Verfahren und Komponenten nach SigG/SigV – SigI Abschn. A6 Gültigkeitsmodell, 1999, Ver. 1.1.

[BSI-SIG]   BSI: Spezifikation zur Entwicklung interoperabler Verfahren und Komponenten nach SigG/SigV – SigI Abschn. A2 Signatur, 1999, Ver. 6.1.

[BSI-TSS]   BSI: Spezifikation zur Entwicklung interoperabler Verfahren und Komponenten nach SigG/SigV – SigI Abschn. A4 Zeitstempel, 1999, Ver. 3.0.

[BSI-ZERT]   BSI: Spezifikation zur Entwicklung interoperabler Verfahren und Komponenten nach SigG/SigV – SigI Abschn. A1 Zertifikate, 1999, Ver. 3.0.

[Hamm99]   V. Hammer: Die 2. Dimension der IT-Sicherheit – Verletzlichkeitsreduzierende Technikgestaltung am Beispiel von Public Key Infrastrukturen, Braunschweig/ Wiesbaden, 1999.

[ITU-T X.509]   International Telecommunication Union – Telecommunication sector: ITU-T Recommendation X.509 – Information Technology – Open Systems Interconnection – The Directory: Authentication Framework, 06/1997.

[Pord99]   U. Pordesch: Nachweis der Präsentation signierter Daten, GMD Report 68, Darmstadt, 1999.

[RFC 2459]   R. Housley, W. Ford, W. Polk, D. Solo: RFC 2459 – Internet X.509 Public Key Infrastructure Certificate and CRL Profile, 1999.

[Roßn98]   A. Roßnagel: Die Sicherheitsvermutung des Signaturgesetzes, NJW 45/1998, 3312 ff.

[Roßn99]   A. Roßnagel (Ed.): Recht der Multimediadienste, München, Loseblatt, Stand Januar 1999.

Der ETSI-Standard
Electronic Signatures for
Business Transactions

Ernst-Günter Giessmann[1] · Roland Schmitz[2]

[1]T-Nova Technologiezentrum Berlin
[2]T-Nova Technologiezentrum Darmstadt
{giessman, schmitz}@tzd.telekom.de

Zusammenfassung

Die Standardisierung elektronischer Signaturen hat durch die am 30.11.99 vom europäischen
Rat verabschiedete Direktive über gemeinsame Richtlinien für elektronische Signaturen weiter
an Bedeutung gewonnen. Der Beitrag stellt einen bei ETSI erstellten Standard vor, der zur
Unterstützung der Interoperabilität verschiedene Formate elektronischer Signaturen spezifiziert,
und beleuchtet dessen Verhältnis zum Signaturgesetz und den Interoperabilitätsspezifikationen
des BSI.

1 Einführung

Am 1. Oktober 1998 erhielten die europäischen Standardisierungsgremien CEN (Comite
Europeen de Normalisation), CENELEC (Comite Europeen de Normalisation Electro-
technique) und ETSI (European Telecommunications Standards Institute) von der Europäischen Kommission, DG III (Directorate General III Industry) ein vorläufiges Mandat zur Standardisierung im Bereich elektronischer Signaturen [HS]. Hierdurch sollte die
Schaffung eines europäischen rechtlichen Rahmens im Umfeld elektronischer Signaturen
vorbereitet und unterstützt werden. Um eine weitgehende Kompatibilität und Flexibilität gewährleisten zu können, sollte der zu erstellende Standard möglichst technologie-
neutral gehalten sein. Innerhalb von ETSI übernahm die TTP-Adhoc Gruppe des ETSI
Technical Commitee Security (TC SEC) die zur Erfüllung des Mandats nötigen Aufgaben. Die Arbeit an diesem Standard begann noch vor der Diskussion der Richtlinie des
Europäischen Parlaments über gemeinschaftliche Rahmenbedingungen für elektronische
Signaturen [EU], wurde aber von dieser beeinflusst und liefert nun ein erstes Dokument
zu ihrer Umsetzung.

Von der TTP-Gruppe wurde zunächst ein Bericht für ETSI erstellt, der die Anforderungen an einen Standard für elektronische Signaturen darstellt. Insbesondere wurden
die bereits angelaufenen Aktivitäten in anderen wichtigen Gremien wie ISO/IEC/ITU-T,
OECD, UNCITRAL, IETF, ABA, Europäische Kommission INFOSEC sowie die verschiedenen nationalen Aktivitäten wie in Deutschland mit einbezogen. Die Studie kam zu dem

Schluss, dass ein ETSI-Standard sich vor allem auf den Bereich elektronischer Signaturen konzentrieren sollte, für die ein hohes Maß an Verbindlichkeit für einen längeren Zeitraum erforderlich ist.

Mittlerweile befindet sich der aus diesem Mandat hervorgegangene ETSI-Standard „Electronic signature formats" in der Abstimmung durch die ETSI-Mitglieder. Noch unter dem alten Namen „Electronic signatures for business transactions" wurde er im September 1999 zur öffentlichen Diskussion gestellt und im November noch einmal überarbeitet[ETSI]. Die vorliegende Arbeit soll über Inhalte und Ziele des Entwurfs dieses Standards informieren und einen Vergleich mit dem deutschen Signaturgesetz und den damit in Zusammenhang stehenden Interoperabilitätsspezifikationen, die vom BSI herausgegeben werden, ermöglichen.

Abschnitt 2 gibt einen ersten Überblick über Inhalt und Ziele des ETSI-Standards. In Abschnitt 3 wird auf einige der in dem Standard definierten Datenstrukturen genauer eingegangen. Abschnitt 4 beginnt einen inhaltlichen Vergleich mit den vom BSI herausgegebenen Interoperabilitätsspezifikationen.

2   Inhalt und Ziele des ETSI Standards

2.1   Überblick

Dieser Standard soll Regeln und Formate für alle möglichen zu signierenden Transaktionen zwischen Individuen und Firmen oder Institutionen sowie zwischen Firmen untereinander aufstellen, bei denen die Signaturen einen hohen Grad der Verbindlichkeit besitzen müssen. Der Austausch elektronischer Signaturen zwischen zwei Individuen wird durch diesen Standard nicht geregelt und ist frei vereinbar.

Er basiert auf bereits existierenden, weithin anerkannten Standards und RFC's, wie Cryptographic Message Syntax [CMS], Authentication Framework [X509] und anderen Internet PKI Standards [ESS, TSS].

Standardisiert werden

- das vorgeschriebene Format der Datenstruktur elektronischer Signaturen

- das Format einzelner Subkomponenten wie die Zertifikate der öffentlichen Schlüssel, Attributzertifikate und Zertifikatssperrlisten

- das Format der entsprechenden Signatur- und Verifikationsbedingungen, unter denen eine Signatur geleistet wurde (**signature policy**)

Ein besonderer Schwerpunkt des Standards liegt in der Validierung und Archivierung elektronischer Signaturen über einen längeren Zeitraum, um einen hohen Grad an Verbindlichkeit sowohl für den Signierer als auch den Empfänger eines signierten Dokument zu erreichen. Dazu werden im wesentlichen drei aufeinander aufbauende Formen elektronischer Signaturen definiert:

Electronic Signature (ES): Sie beinhaltet die digitale Signatur und einen minimalen Satz von Daten, den der Unterzeichner zur Verfügung stellen muss (und den auch nur er zur Verfügung stellen kann).

Electronic Signature with Timestamp (ES-T): Sie ergänzt die elektronische Signatur um einen zusätzlichen Zeitstempel, um eine gesicherte Datierung des Dokuments und damit eine erfolgreiche Verifikation zu ermöglichen.

Electronic Signature with complete validation data (ES-C): Dieses Format einer elektronische Signatur enthält alle Daten, die für eine abschließende Prüfung der Signatur erforderlich sind.

Electronic Signature with extended validation data (ES-X): Diese und andere Erweiterungen dienen dazu, die Verbindlichkeit und Nichtabstreitbarkeit elektronischer Signaturen auch dann zu erhalten, wenn der Gültigkeitszeitraum der verwendeten Zertifikate abgelaufen ist, wenn die Schlüssel kompromittiert oder die Kryptoalgorithmen gebrochen sind.

Mit diesen Formaten wird versucht, unabhängig von der Sicherheitspolitik und den Diensten einer Zertifizierungsstelle, die notwendigen Daten zu identifizieren, die für eine elektronischen Signatur einen hohen Verbindlichkeitsgrad auch über einen längeren Zeitraum garantieren. Wir wollen hier aber ausschließlich auf die technische Gültigkeit der elektronischen Signaturen nach dem ETSI-Standard eingehen und nicht die Rechtswirksamkeit oder Gültigkeit in Sinne des Signaturgesetzes [SigG] betrachten.

2.2 Electronic Signature – ES

Nach der am 30. November 1999 verabschiedeten EU-Richtlinie [EU] besteht eine *elektronische Signatur* aus „Daten in elektronischer Form, die anderen elektronischen Daten beigefügt oder logisch mit ihnen verknüpft sind und die zur Authentifizierung dienen". Diese sehr allgemeine Definition umfasst sehr viele auch auch unsichere Varianten elektronischer Signaturen. Nun wird in der Richtlinie auch eine *fortgeschrittene elektronische Signatur* definiert, die zusätzliche Anforderungen erfüllt:

a) Sie ist ausschließlich dem Unterzeichner zugeordnet;

b) sie ermöglicht die Identifizierung des Unterzeichners;

c) sie wird mit Mitteln erstellt, die der Unterzeichner unter seiner alleinigen Kontrolle halten kann;

d) sie ist so mit den Daten, auf die sie sich bezieht, verknüpft, daß eine nachträgliche Veränderung der Daten erkannt werden kann;

Selbst mit dieser Definition erweist sich die Festlegung eines praktikablen Standards als schwierig. Zu viele Optionen und zu Varianten gilt es zu berücksichtigen. Durch den ETSI-Entwurf werden elektronische Signaturen erfasst, mit denen verifizierbar wird, dass eine eindeutig bestimmte Person (im eigenen Namen oder unter einem Pseudonym), optional in einer bestimmten Funktion, unter Kenntnis von eindeutig bestimmbaren Signatur- und Prüfbedingungen zu einem eindeutig bestimmbaren Zeitpunkt zu einem Dokument eine eindeutig bestimmbare Erklärung abgegeben hat[1].

---

[1] An Electronic Signature produced in accordance with the present document provides evidence that can be processed to get confidence that some commitment has been explicitly endorsed under a Signature policy, at a given time, by a signer under an identifier, e.g. a name or a pseudonym, and optionally a role[ETSI].

Für die Electronic Signature (ES) nach diesem Standard ist durch den Signierer die digitale Signatur, genauer gesagt das Ergebnis des entsprechenden mathematischen Verfahrens (RSA, DSA oder ECC) zu bestimmen, und die Signatur- und Prüfbedingungen, das Datum der Erstellung der Signatur, das benutzte Zertifikat, eventuelle Attributzertifikate, sowie der Typ der signierten Daten zu identifizieren. Nicht alle dieser Daten müssen komplett übermittelt werden. Nach dem ETSI-Standard sind auch eindeutige Referenzwerte bei der Erstellung dieser Form der Signatur ausreichend, die aber alle zu den zu signierenden Attributen gehören. So muss zumindest die Referenz auf die Signatur- und Prüfbedingungen (`SignaturePolicy`), die aus Bezeichner und Hashwert besteht, die Referenz auf das Zertifikat des Signierers (Herausgeber, Seriennummer und Hashwert), der vom Signierer erklärte Signaturzeitpunkt sowie die Referenz auf eventuelle Attributzertifikate in die die zu signierenden Daten eingeschlossen werden. Darüber hinaus können weitere zu signierende Daten hinzugefügt werden oder sogar durch die Signatur- und Prüfbedingungen vorgeschrieben sein. Zum Beispiel seien hier der oben benannte Erklärungstyp, eine Referenz auf das signierte Dokument, der erklärte Ort der Erstellung der Signatur oder ein beglaubigter Zeitstempel erwähnt.

Dieses Format der elektronischen Signatur wurde gewählt, um die notwendigen Daten des Signiervorgangs zu charakterisieren. Sie erfordern nur das Handeln des Signierers und können auch off-line erstellt werden.

Eine Signatur, die nur aus diesen minimalen Daten besteht, hat natürlich nur einen geringen Grad der Verbindlichkeit, so kann nämlich das Zertifikat des Signierers bereits gesperrt sein, können die Schlüssel der ausgebenden Zertifizierungsstelle noch nicht geprüft sein, der verwendete Schlüssel sich als zu kurz erwiesen haben oder auch der verwendete Kryptoalgorithmus gerade gebrochen worden sein.

Trotzdem kann man das mathematische Verfahren der Erstellung der digitalen Signatur nachvollziehen und prüfen, ob die Signatur korrekt erstellt wurde. Die ersten Verifikationsschritte sind nun schon möglich und ohne den Signierer ausführbar.

2.3 Electronic Signature with Timestamp – ES-T

Der vom Signierer in der elektronische Signatur angegebene Zeitpunkt der Signatur hat nur ein geringes Mass an Verbindlichkeit, selbst der oben erwähnte eingeschlossene Zeitstempel garantiert nur, dass die Signatur nicht **vor** diesem Zeitpunkt erstellt wurde. Da die Gültigkeit einer elektronischen Signatur aber auch von der Gültigkeit des verwendeten Zertifikats abhängt, ist es notwendig beweisen zu können, dass die Signatur nicht **nach** einem bestimmten Zeitpunkt erstellt worden ist. Nur mit einer Eingrenzung des Zeitpunkts der Signatur haben die Angaben über die Gültigkeit eines Zertifikats und damit über die Verbindlichkeit der Signatur erst Sinn.

Mit einem unabhängigen Zeitstempel, der möglichst bald nach der Erstellung der Signatur eingeholt wird, kann man dies garantieren. Im allgemeinen erfordert dies einen Online-Zugang zu einem vertrauenswürdigen Dienst. Natürlich lässt sich dieser Zeitpunkt auch auf anderem Wege eingrenzen. So kann ein unabhängiger Archivierungsdienst, ein Hex-Dump oder ein Notar belegen, dass ein Dokument zu einem bestimmten Zeitpunkt vorgelegen hat und damit nicht erst **nach** diesem Zeitpunkt signiert wurde. Diese Verfahren liegen aber ausserhalb des ETSI-Standards.

Es kann durch die Signier- und Verifikationsbedingungen vorgeschrieben sein, dass der Signierer bereits diesen unabhängigen vertrauenswürdigen Zeitstempel (nach seiner Signatur einzuholen) beibringen muss, er kann aber auch genauso gut durch den Empfänger oder einen anderen Verifizierer eingeholt werden.

Der Zeitstempel muss möglichst nahe am Zeitpunkt der Erstellung der Signatur sein, um den gewünschten Grad der Verbindlichkeit zu garantieren. Andere Daten, wie beispielsweise ein vollständiger Zertifizierungspfad, haben keinen derartigen Einfluß, deshalb wird nur der Zeitstempel für diese Form der elektronischen Signatur vorgeschrieben. Ab diesem Zeitpunkt lässt sich die geleistete Signatur nicht mehr durch Sperrung des eigenen Zertifikats annullieren[2]. Änderungen oder Ergänzungen des Zertifizierungspfades nach diesem Zeitpunkt können nicht mehr die Gültigkeit der geleisteten Signatur, sondern nur noch die Verifizierbarkeit einschränken.

2.4 Electronic Signature with Complete Validation Data – ES-C

Um eine vollständige und verbindliche Verifizierbarkeit zu gewährleisten, müssen zusätzliche Daten bereitgestellt werden, die zum Zeitpunkt der Signatur zum Teil gar nicht vorliegen können oder müssen. Die Abstufung der verschiedenen Formen elektronischer Signaturen ist die Widerspiegelung der Tatsache, dass nach der Erstellung einer digitalen Signatur immer erst ein gewisser Zeitraum verstreichen muss, bevor die Signatur ihr entsprechendes Maß an Verbindlichkeit erreichen kann. So kann immer erst **nachträglich** geprüft werden, ob das Zertifikat zum Signierzeitpunkt nicht gesperrt war, und das geht in der Regel erst nach einem Zeitraum von einigen Minuten oder Stunden.

Nach Ablauf einer gewissen Zeit sind aber alle Sperrlisteninformationen verfügbar und ist ein gültiger Zertifizierungspfad zu einer gemeinsamen vertrauenswürdigen Instanz (Vertrauensanker) gefunden worden. Während bis zu diesem Zeitpunkt die Verifikation einer elektronischen Signatur noch „gültig", „ungültig" oder „unvollständig" ergeben kann, ist nach diesem Zeitpunkt nur noch die Ausgabe „gültig" oder „ungültig" möglich.

Um zu verhindern, dass eine gültige Signatur zu einem späteren Zeitpunkt wieder ungültig wird, sieht der Standard noch andere Erweiterungen vor, die im Falle der Sperrung des Schlüssels oder des Betriebsendes der Zertifizierungsstelle oder im Fall der Einführung neuer Kryptoverfahren die Verbindlichkeit der geleisteten elektronischen Signaturen weiterhin garantieren. Während für die erfolgreiche nochmalige Verifikation die Kenntnis der Referenzen auf die Zertifikate oder die Sperrlisten ausreichen, könnte es im Fall eines Betriebsendes einer Zertifizierungsstelle dazu kommen, dass diese Informationen nicht mehr zugänglich sind. Nicht jede Zertifizierungsstelle führt zwangsläufig ein vertrauenswürdiges Register aller jemals ausgestellten Zertifikate.

Dann müssen die kompletten Informationen der benötigten Zertifikate und die kompletten Sperrlisteninformationen (oder Statusinformationen) zur elektronischen Signatur hinzugefügt werden (Format ES-X), um auch zu jedem späteren Zeitpunkt die Verifikation wiederholen zu können.

---

[2]Natürlich sollte sich eine Signatur nicht rückwirkend annulieren lassen. Faktisch werden jedoch die Sperrlisten nur in bestimmten Zeitabschnitten aktualisiert. Beträgt dieser eine Stunde, kann eine um 12:30 Uhr geleistete Signatur durch Sperrung des eigenen Zertifikats um 12:15 Uhr bis zur Veröffentlichung der nächsten Sperrliste um 13:00 Uhr als gültig erscheinen und dann ungültig werden.

Um Kompromittierungsfälle abzusichern, kann man diese Daten mit einem weiteren vertrauenswürdigen Zeitstempel (erforderlichenfalls sogar mit einem neuen Algorithmus) versehen (ES-A) und dieses in regelmäßigen Abständen auch wiederholen.

2.5 Signature Policies

Die Bedingungen unter denen eine Signatur erstellt wurde oder unter denen sie gültig sein soll, sind im allgemeinen durch das „Kleingedruckte" in den signierten Daten beschrieben. Um eine Prüfung einer Signatur auch ohne Darstellung der Daten durchführen zu können[3], sollten trotzdem gewisse Anforderungen auch außerhalb dieser Daten in den Signatur- und Prüfbedingungen (der sogenannten *signature policy*) formulierbar sein. So kann zum Beispiel der Datentyp festgelegt sein (plain ASCII), kann die Bedeutung der Signatur beschrieben sein (wie etwa Autorschaft oder bloße Empfangsbestätigung), der Zertifikationspfad kann Einschränkungen unterworfen sein oder es können Haftungsbeschränkungen angegeben werden.

2.6 Zeitstempel

Die vertrauenswürdigen Zeitstempel, die im ETSI-Standard gefordert sind, können natürlich durch die entsprechenden Zertifizierungsstellen erbracht werden. Es erschien jedoch in der Diskussion im Rahmen der TTP-Gruppe von ETSI zweckmäßig, dafür einen unabhängigen Dienst zuzulassen. So besteht im Rahmen des Standards die Möglichkeit, ein Dokument, das Alice an Bob gesandt hat mit einem Zeitstempel einer Stelle, der Alice vertraut (Ausgangsstempel) und einem Zeitstempel einer Stelle, der Bob vertraut (Eingangsstempel), zu versehen. Damit erhält das Dokument einen für beide vertrauenswürdigen Datensatz zum Erstellungszeitraum ohne einen zusätzlichen Dienst der Zertifizierungsstelle zu bemühen. Man kann auch bei der späteren Archivierung auf andere Service-Anbieter wechseln. Diese Flexibilität wurde deshalb in den ETSI-Standard mit aufgenommen, auch wenn der PKIX-Standard [TSS] zum heutigen Zeitpunkt noch in der Diskussion ist.

3 Datenstrukturen

In diesem Abschnitt werden die jeweiligen Strukturen beschrieben. Beispielhaft geben wir hier nur die grundlegenden ASN1-Beschreibungen an. Sie beruhen zum großen Teil auf anderen Standards [CMS] und [ESS]. Jedoch sind einige der optionalen Elemente dieser Standards im ETSI-Entwurf obligatorisch.

3.1 Electronic Signature

Ein elektronisch signiertes Dokument wird beschrieben durch den Datentyp `ContentInfo`:

```
ContentInfo ::= SEQUENCE {
  contentType ContentType,
  content [0] EXPLICIT ANY DEFINED BY contentType }
ContentType ::= OBJECT IDENTIFIER
```

Der `ContentType` ist dabei ein Bezeichner für `signed-data`

---

[3]Woher sollte man denn auch authentisch wissen, wie die Daten dargestellt werden müssen?

```
id-signedData OBJECT IDENTIFIER ::= { iso(1) member-body(2)
                us(840) rsadsi(113549) pkcs(1) pkcs7(7) 2 }
```

und die Daten selbst sind wie folgt strukturiert

```
SignedData ::= SEQUENCE {
  version CMSVersion,
  digestAlgorithms DigestAlgorithmIdentifiers,
  encapContentInfo EncapsulatedContentInfo,
  certificates [0] IMPLICIT CertificateSet OPTIONAL,
  crls [1] IMPLICIT CertificateRevocationLists OPTIONAL,
  signerInfos SignerInfos }
```

Hierbei ist `encapContentInfo` der eigentliche zu signierende Datensatz und `signerInfos` die jedem Signierer zugeordneten Signaturdaten. Die zu signierenden Daten werden nicht nur als abstrakte Zeichenkette behandelt, sondern tragen zusätzlich noch eine Typ-Information, die im Gegensatz zu [CMS] im ETSI-Standard obligatorisch ist.

```
EncapsulatedContentInfo ::= SEQUENCE {
  eContentType ContentType,
  eContent [0] EXPLICIT OCTET STRING OPTIONAL }
ContentType ::= OBJECT IDENTIFIER
```

Damit kann man erreichen, daß die Darstellung der zu signierenden Daten vorgeschrieben werden kann und nicht unterschiedliche Systeme unterschiedliche zu signierende Daten anzeigen.

Die durch jeden Signierer erstellten `signerInfos` enthalten folgende Elemente

```
SignerInfo ::= SEQUENCE {
  version CMSVersion,
  sid SignerIdentifier,
  digestAlgorithm DigestAlgorithmIdentifier,
  signedAttrs [0] IMPLICIT SignedAttributes OPTIONAL,
  signatureAlgorithm SignatureAlgorithmIdentifier,
  signature SignatureValue,
  unsignedAttrs [1] IMPLICIT UnsignedAttributes OPTIONAL }
SignerIdentifier ::= CHOICE {
  issuerAndSerialNumber IssuerAndSerialNumber,
  subjectKeyIdentifier [0] SubjectKeyIdentifier }
SignedAttributes ::= SET SIZE (1..MAX) OF Attribute
UnsignedAttributes ::= SET SIZE (1..MAX) OF Attribute
Attribute ::= SEQUENCE {
  attrType OBJECT IDENTIFIER,
  attrValues SET OF AttributeValue }
AttributeValue ::= ANY
SignatureValue ::= OCTET STRING
```

Die Liste `signedAttributes` ist eine Menge von Attributen, die zusammen mit den eigentlichen Daten zu signieren sind. Obwohl dieses Feld als optional gekennzeichnet ist, müssen hier in der Regel folgende Attribute enthalten sein:

```
ContentType
SigningTime
```

```
SigningCertificate
SignaturePolicyId
```

Die Angabe der `SigningTime` ist durch den Signierer frei wählbar und ihr Wert kann deshalb zweifelhaft sein, trotzdem ist sie im ETSI-Standard obligatorisch. Denn nur durch diese Angabe und den obligatorischen Zeitstempel kann eine Bewertung der technischen Gültigkeit einer Signatur vorgenommen werden.

3.2   SignaturePolicy

Selbstverständlich müssen die verwendeten Zertifikate und die Signatur- und Prüfbedingungen (`SignaturePolicy` – das „Kleingedruckte") oder genauer gesagt, die entsprechenden eindeutigen Referenzwerte, mit signiert werden, um eine Substitutionsattacke auszuschliessen. Das Format der Zertifikate und der `SignaturePolicy` (der Signatur- und Verifikationsbedingungen) beruht gleichfalls auf den bekannten Standards [X509] und [ESS], jedoch werden auch hier aus Sicherheitsgründen ursprünglich optionale Felder obligatorisch.

So werden für die Signatur- und Prüfbedingungen `SignaturePolicy` auch ein eigener Bezeichner (OID) vergeben:

```
id-signaturePolicyIdentifier OBJECT IDENTIFIER ::= {
   itu-t(0) identified-organization(4) etsi(0)
   electronic-signature-standard(1733) part1(1) attributes(1) 0 }
```

und als Folge

```
SignaturePolicyIdentifier ::= SEQUENCE {
        sigPolicyIdentifier   SigPolicyId,
        sigPolicyHash         SigPolicyHash,
        sigPolicyQualifiers   SEQUENCE SIZE (1..MAX) OF
                              SigPolicyQualifierInfo OPTIONAL}
```

beschrieben.

Es ist vorgesehen die Bezeichner, die durch ETSI vergeben wurden, in der endgültigen Version durch entsprechende Werte der IETF zu ersetzen. Damit soll der Weg dieses ETSI-Standards in einen RFC freigemacht werden.

3.3   CommitmentType

Für die Typen von Erklärungen, die mit einer elektronischen Signatur verbunden sein sollen, definiert der ETSI-Standard

Proof of origin: der Signierer hat das Dokument erstellt, gebilligt und versandt.

Proof of receipt: der Signierer bestätigt dem Empfang des Dokuments.

Proof of delivery: der Signierer hat das Dokument an einer Stelle abgelegt, die dem Empfänger zugänglich ist.

Proof of sender: der Signierer hat das Dokument abgesendet, aber nicht unbedingt selbst erstellt.

Proof of approval: der Signierer hat den Inhalt des Dokuments zur Kenntnis genommen und gebilligt.

Proof of creation: der Signierer hat das Dokument erstellt.

Jeder dieser Typen wird durch einen entsprechenden Bezeichner eindeutig bestimmt, zum Beispiel

```
proof-of-origin CommitmentTypeIdentifer ::= {
    itu-t(0) identified-organization(4) etsi(0)
    electronic-signature-standard(1733) part1(1) commmitmentType(3) 0 }
```

3.4 Zertifikate

Das Format der Zertifikate wird im ETSI-Standard aus X.509 v3 [X509] und den entsprechenden ITU-Empfehlungen importiert. Auch für das Format der CRL gibt es keine Abweichungen von diesen Standards.

3.5 Zeitstempel

Das Format für die Zeitstempel wird nach dem neuen RFC [TSS] gebildet. Durch eine Patentauseinandersetzung ist dieser gegenwärtig noch nicht verabschiedet. Es wird hier jedoch mit einer unveränderten Übernahme der Strukturen gerechnet.

3.6 Attributzertifikate

Attributzertifikate werden nach dem ETSI-Standard von eigenen Zertifizierungsstellen, den *Attribute Authorities* ausgestellt. Da sie sich auf ein Zertifikat beziehen und somit nur mittelbar einer Person zugeordnet werden, unterliegen sie möglicherweise auch nicht den gleichen Sicherheitsanforderungen wie die Nutzerzertifikate. In den Formaten und den Sperrlisteninformationen ist jedoch die vollständige Analogie zu den Nutzerzertifikaten vorhanden. Möglicherweise kann man sogar auf Sperrlisten für Attributzertifikate verzichten, wenn diese solche kurzen Gültigkeitszeiträume haben, dass eine automatische Sperrung durch Zeitablauf eintritt.

4 Der ETSI Standard und das Signaturgesetz

4.1 Verhältnis zu Signaturgesetz und EU-Direktive

Signaturgesetz (SigG) und Signaturverordnung (SigV) sollen die rechtlichen·Rahmenbedingungen für die Beurteilung elektronisch unterschriebener Dokumente vor Gericht schaffen. Ein ähnliches Ziel verfolgt auch die am 30. November 1999 vom europäischen Rat verabschiedete Richtlinie über gemeinsame Rahmenbedingungen der EU-Mitgliedsländer für elektronische Signaturen [EU]. Demnach sollen die EU-Mitgliedsländer dafür Sorge tragen, dass auf sogenannten „qualifizierten Zertikaten" basierende elektronische Signaturen der handschriftlichen Unterschrift rechtlich gleichgestellt werden. Grundlegende Anforderungen an qualifizierte Zertifikate und an Anbieter qualifizierter Zertifikate sind in Annex I und Annex II der Direktive genannt, bedürfen jedoch noch einer genaueren Ausgestaltung. Festzuhalten bleibt, dass die *Digitalen Signaturen* des Signaturgesetzes und die *Electronic Signatures* des ETSI-Standards dem Begriff der *fortgeschrittenen elektronischen Signatur* aus der EU-Direktive entsprechen, während der allgemeine Begriff der *elektronischen Signatur* in der EU-Direktive wesentlich weiter gefasst ist (vgl. 2.2).

Das deutsche Signaturgesetz stellt jedoch an die Anbieter von Sicherheitsdienstleistungen (Trust Service Provider, TSP) höhere Anforderungen als die EU-Richtlinie, da ein SigG-konformer Dienstanbieter über ein überprüftes Sicherheitskonzept verfügen muss, das **vor** Beginn des Betriebs bestätigt sein muss. Die EU-Direktive setzt hingegen auf eine freiwillige Akkreditierung der Zertifikatsanbieter bei unabhängigen Prüfstellen, die auch erst **nach** Aufnahme des Betriebs erfolgen braucht. In diesem Spannungsfeld bewegt sich auch der ETSI-Standard, in dem als eine der minimalen Komponenten einer elektronischen Signatur ein Verweis auf eine Signature Policy, unter der die Signatur geleistet wurde, gefordert wird (vgl. 2.5). Der Verifizierer wird so zu einem gewissen Grad in die Lage versetzt, selbst zu entscheiden, wieviel Vertrauen er einem bestimmten Zertifikat entgegenbringen will.

4.2 Interoperabilitätsspezifikationen des BSI

Die Interoperabilitätsspezifikationen des BSI sollen gemäss Signaturgesetz und Signaturverordnung Schnittstellen für die Entwicklung interoperabler Verfahren und Signaturkomponenten spezifizieren. Sie besitzen den Status offizieller Empfehlungen, die den (nationalen und internationalen) Austausch von Signaturdaten und deren korrekte Interpretation erleichtern sollen. Fertiggestellt sind momentan sechs Teile der Spezifikationen, deren Verhältnis zum ETSI-Standard wir im folgenden betrachten.

4.2.1 Teil A1: Zertifikate

Dieses Dokument befasst sich im wesentlichen mit folgenden Themen:

- Format von Zertifikaten
- Namenskonventionen
- Attributzertifikate

Ebenso wie der ETSI-Standard basiert das Dokument, was das Zertifikatsformat angeht, auf der ITU-T Empfehlung X.509 Version 3. Entsprechend dem Signaturgesetz sind, ebenso wie im ETSI-Standard, auch eindeutige Pseudonyme anstelle des vollständigen Namens im Zertifikat zugelassen. In diesem Teil der Interoperabilitätsspezifikationen besteht also weitgehende Deckungsgleichheit mit dem ETSI-Standard.

4.2.2 Teil A2: Signaturen

Hier werden zunächst geeignete Signaturalgorithmen, Hashfunktionen und ihre Parameter genannt. Des weiteren definiert das Dokument in Kapitel 4 den Signaturumfang. Besonders interessant für den Vergleich mit dem ETSI-Standard ist Kapitel 4.1 mit den obligatorischen Teilen des Signaturaustauschformats:

- Inhalt und Typ der Nutzdaten
- Signaturschlüsselzertifikat oder eindeutige Referenz
- Attributzertifikat oder eindeutige Referenz
- Verwendete Algorithmen und Paddingverfahren

Der ETSI-Standard geht über diese obligatorischen Teile hinaus, indem er zusätzlich zu diesen als Minimalbestandteile einer Electronc Signature (ES) den (nicht vertrauenswürdigen) Signierzeitpunkt und den schon erwähnten Verweis auf die Signature Policy fordert. Durch die Aufnahme des Signierzeitpunktes können zumindest Replay-Attacken vermieden werden; der Verweis auf die Signature Policy ermöglicht dem Verifizierer eine Einschätzung des Sicherheitsniveaus der Signatur, die über die Sicherheitseinschätzung der verwendeten Algorithmen hinaus geht.

4.2.3 Teil A3: Nutzer-Infrastruktur

Dieser Teil der Interoperabilitätsspezifikation behandelt die technischen Komponenten, die auf Nutzerseite zur Generierung und Verifizierung elektronischer Signaturen notwendig sind. Der ETSI-Standard deckt die Nutzerinfrastruktur nicht ab, da er lediglich Formate elektronischer Signaturen spezifiziert. Für das Jahr 2000 ist jedoch die Erstellung eines Standards „Security Requirements for Signature Products" durch das europäische Gremium CEN geplant.

4.2.4 Teil A4: Zeitstempel

In diesem Dokument werden, basierend auf dem Signaturgesetz und dem PKIX-Standard zum Zeitstempeldienst, auf dem auch der ETSI-Standard beruht, Anforderungen an Zeitstempeldienste und entsprechende Anwendungen auf Nutzerseite definiert. Besonders interessant im Zusammenhang mit dem ETSI-Standard ist Kapitel 3 der Spezifikation, „Zweck des Zeitstempels". In Abschnitt 3.1 heißt es z.B.:

> Der Empfänger einer Nachricht sollte sich daher einen Zeitstempel beschaffen, wenn er diese ggf. später zu Beweiszwecken benötigt. Der Zeitstempel hilft ihm, den Nachweis des Zeitpunktes der Signaturbildung und damit unmittelbar der Echtheit der Signatur zu führen.

Durch die Einführung des Formats ES-T (Electronic Signature with Timestamp) übernimmt der ETSI-Standard diese Empfehlung, die ja nicht Bestandteil des Signaturgesetzes ist, und bringt sie in die Standardisierung ein. Der Zeitstempel bewirkt ein hohes Maß an Verbindlichkeit des Signierzeitpunktes. Da nur so die Gültigkeit eines Zertifikats mit dem Signierzeitpunkt verglichen werden kann, besitzen ES-T Signaturen einen weitaus höheren Grad an Verbindlichkeit als ES Signaturen.

4.2.5 Teil A5: Verzeichnisdienste

Nach dem Signaturgesetz muss eine Zertifizierungsstelle immer auch einen Verzeichnisdienst anbieten, der Informationen über den Status aller jemals von der Zertifizierungsstelle vergebenen Zertifikate vorhält. Der Verzeichnisdienst verfügt über ein eigenes Signaturschlüsselpaar, so dass seine Auskünfte auf Echtheit überprüft werden können.

Der Teil A5 der Interoperabilitätsspezifikationen befasst sich mit dem Online-Verzeichnisdienst (OCSP) und dem Management und Format von Sperrlisten (CRLs). Auch der ETSI-Standard greift auf diese Dienste zurück, allerdings nur in der Weise, dass hier die relevanten Standards X.509 Version 2 für das Format von CRLs und RFC 2560 für OCSP zitiert werden. Da sich auch die Interoperablitätsspezifikation an diesen Dokumenten orientiert, sind auf diesem Gebiet keinerlei Konflikte mit dem ETSI-Standard zu befurchten.

4.2.6 Teil A6: Gültigkeitsmodell

Da die Gültigkeit einer Signatur nicht von der Art und Weise der Verifikation abhängen darf, legt nach dem ETSI-Standard die „Signature policy" die Bedingungen für die Verifikation fest. Aufbauend auf dem RFC 2459 [X509] wird der Zertifizierungspfad von der

Signatur des Dokuments bis zum Vertrauensanker definiert, die Regeln, unter denen ein Zertifikat als ungültig betrachtet wird, die Art der Integration des obligatorischen Zeitstempels, sowie die möglichen Beschränkungen für die Algorithmen und Schlüssellängen.

Dem entspricht weitestgehend die Prüfpolicy der Interoperabilitätsspezifikation, sie ist aber detaillierter und enthält Elemente aus dem RFC 2459 [X509], auf die der ETSI-Entwurf nur verweist. Durch die Vorgabe von Prüffunktionen werden nach [BSI] Zwischenergebnisse erzeugt, die dann je nach Wertigkeit zusammengefasst werden. So werden

- der Aufbau des Dokuments geprüft

- die verwendeten Zertifikate und Algorithmen identifiziert, sowie ihre Eignung bewertet,

- die mathematische Korrektheit der Signaturdaten (der verschlüsselte Hash-Wert) geprüft,

- die Zertifikatsketten bis zum Vertrauensanker (trust point, root) gebildet und geprüft,

- die Statusprüfungen der verwendeten Schlüssel und Zertifikate durchgeführt.

Während die Prüfung des Zertifikats, die Gültigkeit der Signaturdaten und der Eignung der verwendeten Algorithmen nach dem X.509 Standard erfolgen, ist für die Gültigkeit einer Zertifikatskette ein anderes Modell gewählt worden. Nach dem sogenannten Ketten-Modell ist eine Zertifikatskette zu einem zu prüfenden Zeitpunkt (das ist im allgemeinen der angenommene oder bestimmbare Zeitpunkt der Erstellung der Signatur des Dokuments) gültig, wenn jedes Zertifikat der Kette mit Hilfe eines Zertifikats zu einem Zeitpunkt signiert wurde, an dem das signierende Zertifikat gültig war. Nach dem von PKIX (und vom ETSI-Standard) favorisierten Modell ist es jedoch erforderlich, dass zum zu prüfenden Zeitpunkt jedes Zertifikat die Signatur eines zu diesem Zeitpunkt **noch** gültigen (nicht gesperrten oder abgelaufenen) Zertifikats enthält.

Diese beiden Modelle liefern für den Fall, dass die Gültigkeitszeiträume der übergeordneten Zertifikate die der untergeordneten überdecken und keines der Zertifikate der Kette gesperrt ist, die gleichen Ergebnisse. Hält sich jedoch eine Zertifizierungsstelle nicht an die Empfehlung der Regulierungsbehörde, Zertifikate „überdeckend" auszustellen, oder tritt der (seltene) Fall ein, dass ein in der Hierarchie über einem Teilnehmerzertifikat liegendes Zertifikat gesperrt ist, könnte es zu unterschiedlichen Interpretationen der Gültigkeit der benötigten Zertifizierungspfade kommen. Das Risiko der rückdatierten Ausstellung gefälschter Zertifikate, einer der Gründe für die Forderung nach nichtgesperrten Zertifikaten im Pfad, ist durch die Einrichtung des vertrauenswürdigen Verzeichnisdienstes nach SigG minimal. Hier kann über einen langen Zeitraum festgestellt werden, ob ein Zertifikat durch die betreffende Zertifizierungsstelle ausgestellt wurde. Dieser Dienst entspricht einem vertrauenswürdigen Zeitstempel auf den archivierten Zertifikaten, der den Zeitpunkt, zu dem das Zertifikat ausgestellt wurde, fixiert (die Zeitangabe durch den Gültigkeitszeitraum ist dafür nicht ausreichend).

Für eine europäische Standardisierung und die Schaffung einer entsprechenden Infrastruktur bedarf es hier noch weiterer Diskussion, um die Risiken, und den Implementations- und Betriebsaufwand der beiden Modelle bewerten zu können.

Literatur

[BSI] BSI: Schnittstellenspezifikation zur Entwicklung interoperabler Verfahren und Komponenten nach SigG/SigV.
http://www.bsi.bund.de/aufgaben/projekte/pbdigsig/main/spezi.htm

[ETSI] Entwurf ETSI-Standard ES 201733, Electronic signature formats, final draft.
http://www.etsi.org/sec/el-sign.htm

[SigG] Gesetz zur digitalen Signatur (Signaturgesetz – SigG).
http://www.regtp.de/Fachinfo/Digitalsign/neu/sigg.pdf

[EU] Mitteilung der Europäischen Kommission: Vorschlag für eine Richtlinie des Europäischen Parlaments und des Rates über gemeinsame Rahmenbedingungen für elektronische Signaturen, KOM(98)297.
http://www.ispo.cec.be/eif/policy/com98297de.doc
Endfassung der Richtlinie, verabschiedet am 30. November 1999.
http://www.dud.de/dud/files/eurl1199.zip oder
http://www.europa.eu.int/eur-lex/de/com/pdf/1999/com1999_0626en01.pdf

[HS] U. Heister, R. Schmitz: TTP-Standardisierungs- und Harmonisierungsaktivitäten bei ETSI und EU, in: P. Horster (Ed.): Sicherheitsinfrastrukturen, Vieweg-Verlag 1999, S. 308-320.

[ITU] ITU-T Rec. X.509(1997) – ISO/IEC 9594-8 – Information Technology – Open Systems Interconnection – Directory Service: Authentication Framework, deutsche Ausgabe erschienen beim Beuth-Verlag.

[LDAP] W. Yeong, T. Howes, S. Kille: RFC 1777 Lightweight Directory Access Protocol. März 1995, vgl. auch RFC 2559 und RFC 2587.
http://www.ietf.org/rfc/rfc1777.txt

[X509] R. Housley, W. Ford, W. Polk, D. Solo: RFC 2459 Internet X.509 Public Key Infrastructure Certificate and CRL Profile. Januar 1999.
http://www.ietf.org/rfc/rfc2459.txt

[IDUP] C. Adams: RFC 2479: Independent Data Unit Protection Generic Security Service Application Program Interface. (IDUP-GSS-API). Dezember 1998.
http://www.ietf.org/rfc/rfc2479.txt

[CMP] C. Adams, S. Farrell: RFC 2510 Internet X.509 Public Key Infrastructure Certificate Management Protocols. März 1999.
http://www.ietf.org/rfc/rfc2510.txt

[CMS] R. Housley: RFC 2630 Cryptographic Message Syntax. Juni 1999.
http://www.ietf.org/rfc/rfc2630.txt

[ESS] P. Hoffman (Ed.): RFC 2634 Enhanced Security Services for S/MIME. Juni 1999.
http://www.ietf.org/rfc/rfc2634.txt

[CMC] RFC (to be published, current draft: draft-ietf-pkix-cmc-05.txt) Certificate Management Messages over CMS.

[TSS] RFC (to be published, current draft: draft-ietf-pkix-time-stamp-03.txt) Internet X.509 Public Key Infrastructure – Time Stamp Protocol.

Nutzen und Grenzen von Kryptographie-Standards und ihrer APIs

Martin Bartosch · Jörg Schneider

Deutsche Bank AG
{martin.bartosch, joerg-cornelius.schneider}@db.com

Zusammenfassung

Dieses Papier untersucht Kryptographie-Standards und ihre APIs aus dem Blickwinkel des Systemarchitekten und Anwendungsentwicklers. Dabei werden Kryptographie-Standards ziemlich weitgefaßt als alle Verfahren, Datenformate und Protokolle definiert, die auf kryptographischen Algorithmen beruhen, hinreichend verbreitet sind, oder es in Zukunft sein werden.

Zunächst wird ein Überblick über bereits existierende und derzeit entstehende Standards gegeben. Anschließend diskutieren wir ihre Brauchbarkeit für die Anwendungsentwicklung und stellen Defizite heraus. Wir kommen zu dem Schluß, daß die nötigen Datenformate und Protokolle vorhanden sind, jedoch für die zugehörigen APIs umfassendere und bessere Standards benötigt werden.

1 Übersicht

Um die Sicherheit und Integrität von Daten und Anwendungen sicherzustellen, müssen moderne Systemarchitekturen auf kryptographische Verfahren zurückgreifen, die – richtig angewandt – erfolgreiche Angriffe auf solchermaßen geschützte Systeme verhindern können.

Kryptographie ohne die Basis von Standards kann nur innerhalb von in sich abgeschlossenen Systemen funktionieren. Um in der heute vorherrschenden heterogenen IT-Landschaft kryptographiebasierte Anwendungen entwickeln zu können, wurden Standards definiert, die einerseits die Interoperabilität von Komponenten verschiedener Hersteller und Rechnerwelten ermöglichen und andererseits eine einheitliche, vereinfachte Nutzung von kryptographischen Funktionen aus Anwendungen heraus ermöglichen.

Eine Übersicht über solche Sicherheitsschnittstellen findet sich in [46], ist aber wegen der Geschwindigkeit der Weiterentwicklung auf den Gebieten der kryptographischen Systeme und der EDV nicht mehr aktuell.

Dieser Artikel gibt eine Übersicht über die Eigenschaften der wichtigsten momentan existierenden Standards und ihrer APIs[1]. Ein wesentlicher Aspekt bei der Entwicklung von

---

[1] Application Programming Interface; Programmierschnittstelle.

Sicherheitskomponenten ist die Modularität der Systeme und die Austauschbarkeit von Implementationen. Im Alltag des praktischen Einsatzes ist es wichtig, von konkreten Implementationen – und damit von den Herstellern – unabhängig zu sein. Unter der Berücksichtigung realer Anforderungen wird daher untersucht, welche Standards sich für den Einsatz in modernen IT–Systemen eignen und welche Probleme bei der praktischen Umsetzung existieren.

2 Kryptographische Standards

Standards stellen insbesondere auf dem Gebiet der Kryptographie eine wichtige Komponente dar, die die Technologie erst für reale IT–Systeme anwendbar machen.

Verschiedene Normungsgremien (z. B. IETF, Open Group), aber auch kommerziell engagierte Firmen (z. B. RSA Security Inc., Netscape Corp., Microsoft Corp.) haben eine Anzahl von Standards geschaffen, die plattformübergreifende Interoperabilität von Sicherheitskomponenten ermöglichen.

2.1 Warum kryptographische Standards?

Die Realisierung von Systemen mit kryptographischen Funktionen ist grundsätzlich auch ohne die Verwendung offener Standards möglich, indem die benötigten kryptographischen Funktionen durch proprietäre Bibliotheken abgebildet werden. Dieses Vorgehen ist jedoch nicht sinnvoll, da auf diese Weise Fehler in der Implementation von Protokollen zu schweren Sicherheitslücken führen können. Zudem ist das fertige Produkt mit den Krypto–Funktionen eng verwoben; ein Austausch gegen andere Komponenten (z. B. für die Unterstützung von Hardware–Tokens oder –Beschleunigern) ist nicht oder nur mit hohem Aufwand möglich.

Zur Vermeidung dieser Nachteile ist es daher empfehlenswert, kryptographische Standards einzusetzen. Bei der Umsetzung von sicherheitsrelevanten Funktionen in Anwendungsprogrammen stehen die meisten Softwareentwickler jedoch vor dem Problem, daß die existierenden Kryptographie–Standards keine einheitliche technische Basis haben (technisches Design, Funktionsaufrufe, Datentypen) und einen hohen Einarbeitungsaufwand erfordern. Die existierenden Standards wurden zudem größtenteils unabhängig voneinander und ohne Berücksichtigung des Systemumfeldes entworfen.

Für die Realisierung von IT–Projekten muß daher eine Untermenge der zur Zeit verfügbaren Standards ausgewählt werden, die geeignet ist, die Anforderungen abzubilden. Dabei ist es sinnvoll, offene Standards zu wählen, die von einer großen Zahl von Herstellern unterstützt werden.

2.2 Organisationen und Firmen

Wichtige Organisationen und Firmen, die sich mit der Standardisierung von kryptographischen Standards beschäftigen, sind:

IETF: Die Internet Engineering Task Force ist eine internationale Vereinigung von Personen und Firmen, die mit der Weiterentwicklung von Internet–Standards beschäftigt sind. Die IETF verwaltet die in diesem Kontext wohl wichtigste Sammlung von Standards, die RFCs (Request For Comments) [2].

ISO und ITU: Die ISO (International Standards Organization) und die ITU–T (International Telecommunications Union's Telecommunication Standardization Sector) definieren Kommunikationsstandards, die auch für kryptographische Systeme von Bedeutung sind.

Open Group: Die Open Group versteht ihre Hauptaufgabe in der Verbesserung der Interoperabilität von Komponenten verschiedener Hersteller durch die Definition von Standards, APIs, Policies und Empfehlungen.

IEEE: Die Ziele des IEEE (Institute of Electrical and Electronics Engineers) beinhalten die Förderung von Entwicklung und Integration von elektronischen und informationstechnischen Technologien.

RSA Security Inc.: Die Firma RSA Security Inc. hält das Patent für den RSA–Algorithmus in den USA [16]. Die von RSA Security Inc. definierten PKCS (Public Key Cryptographic Standards) sind von großer Bedeutung für die Interoperabilität von PKI–Komponenten.

Man kann darüber philosophieren, inwieweit außer den offiziellen Standardgremien wie der ISO auch andere Organisationen oder gar Firmen als Quelle von Standards angesehen werden sollen. In diesem Papier diskutieren wir diese Frage nicht, sondern legen höchstens als Kriterium die Akzeptanz in der Industrie zugrunde.

2.3   Kategorien von Standards

Bisher haben wir etwas unscharf von *kryptographischen Standards* gesprochen. Wir versuchen nun, die Begriffe zu präzisieren, um die im Folgenden zitierten Standards besser kategorisieren zu können.

Gegenstand des Standards: Was ein Standard festlegt, kann in verschiedene Kategorien fallen. Mögliche Gegenstände von kryptographischen Standards sind:

Algorithmus: Mathematisches Verfahren inklusive der Definition von Parametern wie Schlüssellänge und Rundenzahl

Datenformat: Darstellung kryptographischer Nachrichten in Bits und Bytes

Protokoll: Definition des Datenformats ausgetauschter Nachrichten und ihrer Abfolge

Gegenstand des Standards kann außerdem eine *API* (Application Programming Interface) sein. Wir reden dann von der API für einen Algorithmus, für die Handhabung eines Datenformats oder für die Benutzung eines Protokolls. Eine API kann sich auf einen konkreten Gegenstand beziehen oder auf eine ganze Klasse, z. B. eine API für Online-Kommunikation ohne Festlegung der Protokolldetails (s. 2.4.1, *GSS–API*).

Wenn ein Standard das Ziel verfolgt, Implementierungen verschiedener Kryptographiedienste zu integrieren, dann sprechen wir von einem *API-Framework*.

Sicherheitsdienste: Die unterstützten Sicherheitsdienste bilden ein weiteres wichtiges Merkmal eines Standards. Die hier betrachteten Standards decken eine Teilmenge von *{ Vertraulichkeit, Authentifikation, Non-Repudiation, Integrität}* ab.

2.4 Anwendungsbereiche und relevante Standards

Von Anwendungsseite existieren unterschiedliche Anforderungen bezüglich der Verwendung von kryptographischen Systemen. Dazu gehören beispielsweise Authentifikationsmechanismen, die Verschlüsselung von Kommunikationskanälen, digital signierte Daten und sichere E–Mail. Die meisten dieser Anforderungen werden von mindestens einem Standard abgedeckt.

2.4.1 Verteilte Anwendungen und Online–Kommunikation

Für die in der Welt der heterogenen Systeme vorherrschenden Client–Server–Architekturen werden sichere Methoden für Online–Kommunikation benötigt.

SSL/TLS: *[Protokoll; Vertraulichkeit, gegenseitige Authentifikation, Integrität]*

Im Bereich von Internet–Anwendungen hat SSL v3 (Secure Socket Layer) von Netscape eine weite Verbreitung gefunden [38]. SSL bietet auf Basis von digitalen Zertifikaten in einem aus zwei Phasen bestehenden Handshake–Protokoll einseitige (Server) und optional gegenseitige (Server und Client) Authentifikation. Die eigentliche Datenübertragung nach der initialen Authentifikation wird mit den ausgehandelten Algorithmen durchgeführt.

SSL ist in allen wichtigen Web-Browsern integriert und hat deshalb einen sehr hohen Verbreitungsgrad in der heutigen IT–Welt erreicht. Diese Implementierungen sind jedoch nur bedingt brauchbar, da ihre Kryptographie wegen der US–Exportpolitik künstlich geschwächt ist.

SSL ist eine reine Protokolldefinition, es existiert bisher keine standardisierte API (siehe aber 2.4.1, *GSS Mechanismus SSL/TLS*).

Die Weiterentwicklung und Standardisierung von SSL findet bei der IETF in einer eigenen Arbeitsgruppe unter dem Namen *TLS* (Transport Layer Security, [42]). Das TLS Protokoll liegt derzeit in Version 1.0 als RFC (proposed standard, [41]) vor. Diese Version kann als Nachfolger von SSL 3.0 angesehen werden, denn die Unterschiede zu dieser Version sind relativ gering. TLS ist längerem in OpenSSL [39] und inzwischen auch in aktuellen Browsern verfügbar.

GSS–API: *[API für Onlinekommunikationsprotokolle; C, Java (in Kürze); Vertraulichkeit, gegenseitige Authentifikation, Integrität]*

Außerhalb der WWW–basierten Technologien, z. B. in geschlossenen Netzwerken (Firmennetzwerke), bieten sich Lösungen auf der Basis von GSS–API v2 (RFC 2078 [6]) an. Dieser Standard definiert eine *reine API*, die für eine große Klasse von Online–Kommunikationsprotokollen geeignet ist.

Die GSS–API abstrahiert vom Transportprotokoll, vom kryptographischen Protokoll und von der Programmiersprache.

Der Transport muß von der Anwendung selbst erledigt werden (z. B. über TCP/IP oder

UDP/IP), die GSS–API Implementierung behandelt nur die Daten, bevor sie über die Leitung gehen.

Das durch die GSS–API benutzte kryptographische Protokoll wird *GSS–Mechanismus* genannt. Die IETF hat bislang Standards für zwei Mechanismen veröffentlicht (s. 2.4.1, *GSS Mechanismus SPKM*, und 2.4.1, *GSS Mechanismus Kerberos V5*): Der SPKM–Mechanismus basiert auf X.509 Zertifikaten und PKI. Dem Kerberos-Mechanismus liegt das Kerberos-Protokoll zugrunde.

Die Verbindung zu Programmiersprachen stellen die GSS Language–Bindings her. Veröffentlicht wurde bislang nur die Abbildung auf die Sprache C (v1: RFC 1509 [5]; v2: müßte inzwischen als RFC vorliegen). Die Abbildung auf Java wird seit längerem in der IETF–CAT Arbeitsgruppe diskutiert und wird wohl in näherer Zukunft als RFC veröffentlicht werden.

Da die GSS–API unabhängig von Transport- und Kryptographieprotokollen ist, kann ihre Benutzung allein keine *Interoperabilität* zwischen Anwendungen garantieren. Um Interoperabilität zu erreichen, muß ein Transportprotokoll festgelegt werden. Außerdem muß entweder der GSS–Mechanismus vereinbart, der Mechanismus im Anwendungsprotokoll ausgehandelt (wie bei SASL [14]) oder der SPNEGO Meta-Mechanismus [15] zur Aushandlung des Mechanismus verwendet werden.

Die GSS–API ist dabei, sich zur universellen Schnittstelle für kryptographisch gesicherte Online–Kommunikation zu entwickeln. Sie wird eingesetzt für die Sicherung von Standard-Software wie dem SAP/R3 System, von Middleware wie CORBA und RPC (RPCSEC_GSS) sowie in vielen Internetprotokollen entweder direkt wie bei SOCKS und IMAP4 oder indirekt über RPC (NFS, ...), bzw. SASL (LDAP, ...).

GSS Mechanismus SPKM: *[Protokoll; Vertraulichkeit, gegenseitige Authentifikation, Integrität]*

SPKM [7] steht für Simple Public-Key GSS-API Mechanism und ist das Standardverfahren für die GSS-API, wenn eine Public Key Infrastruktur zur Verfügung steht.

SPKM benutzt X.509 Zertifikate und unterstützt eine Reihe von Algorithmen, z. B. wahlweise RSA oder Diffie Hellmann zur Aushandlung von Sitzungsschlüsseln. Die Integritätssicherung kann entweder mit digitalen Signaturen oder mit MACs durchgeführt werden.

SPKM kann die Algorithmen für die verschiedenen Sicherheitsdienste beim Verbindungsaufbau aushandeln. Die SPKM unterstützten Algorithmen sind nicht fest, sondern können erweitert werden.

GSS Mechanismus Kerberos V5: *[Protokoll; Vertraulichkeit, gegenseitige Authentifikation, Integrität]*

Der Kerberos GSS Mechanismus [8] setzt eine Kerberos V5 Infrastruktur [9] voraus (alternativ DCE) und benutzt diese zur Authentifikation und Aushandlung von Sitzungsschlüsseln. Während für die Kommunikation mit der Infrastruktur das Kerberos Protokoll eingesetzt wird, definiert der Mechanismus ein eigenes Protokoll für die Kommunikation zwischen den beteiligten Partnern.

Kerberos erlaubt mit der PKINIT-Erweiterung [13] eine gewisse Integration in Public

Key Infrastrukturen. Der Client authentifiziert sich gegenüber dem Authentication Server (AS) nicht mehr wie bislang üblich mit einem auf dem Server gespeicherten Passwort, sondern mittels eines X.509 Zertifikats. PKINIT liegt bislang nur als Internet Draft [13] vor. Es kann ohne weiteres für den Kerberos GSS Mechanismus eingesetzt werden, da die Authentifikation gegen den AS nicht durch die GSS–API sichtbar ist.

Die beiden Mechanismen SPKM und Kerberos haben den Beweis erbracht, daß die GSS–API für so unterschiedliche Verfahren wie symmetrische Kryptographie mit Timestamping und asymmetrische Kryptographie mit Zertifikaten geeignet ist.

GSS Mechanismus SSL/TLS: *[Protokoll; Vertraulichkeit, gegenseitige Authentifikation, Integrität]*

Einen Standard für die Benutzung von SSL/TLS durch die GSS–API gibt es bisher nicht, wohl aber eine frei verfügbare Implementierung im Globus Project [57]. Auf dem IETF Meeting im November 1999 wurde jedoch bekanntgegeben, daß sich ein Internet Draft in Vorbereitung befindet. Um einen GSS-Mechanismus auf Basis von SSL/TLS zu definieren, muß zunächst das Kryptographieprotokoll vom Transport über TCP/IP getrennt werden. Darüberhinaus gilt es das Problem zu lösen, daß SSL/TLS datenstromorientiert (TCP) arbeitet, während die GSS-API tokenorientiert ist.

2.4.2 Offline–Kommunikation und Mail–Verschlüsselung

Anwendungen, die nicht direkt über Netzwerkprotokolle miteinander kommunizieren, können durch Store–and–forward–Mechanismen Daten austauschen. Ein klassischer Vertreter solcher Anwendungen ist E–Mail, die bei der Zustellung über einen oder mehrere Knotenrechner weitergereicht wird. Um solche Anwendungen mit Sicherheitsfunktionen auszustatten, können die für Online–Kommunikation benutzten Standards nicht verwendet werden, weil bei diesen von einer dauerhaften Netzwerkverbindung zwischen den Kommunikationspartnern ausgegangen wird.

Für Store–and–forward–Anwendungen müssen hingegen die zu behandelnden Daten in geeigneter Form kodiert und eingepackt werden, so daß sie zu einem beliebigen späteren Zeitpunkt verarbeitet werden können.

IDUP–GSS–API: *[API für Offlinekommunikation; keine Sprachabbildung]*

IDUP–GSS–API (RFC 2479 [32]) definiert eine Erweiterung der GSS–API. Bei Verwendung der IDUP–GSS–API ist es nicht mehr erforderlich, daß eine direkte Verbindung zwischen den Kommunikationspartnern besteht; stattdessen kann auf diese Weise eine zeitversetzte Bearbeitung, z. B. bei Store–and–forward–Systemen erfolgen.

Die IDUP–API hat den Status eines informational RFC. Um die Schnittstelle anwenden zu können, muß noch die Abbildung auf eine oder mehrere Programmiersprachen definiert werden. Bisher wurden keine konkreten Schritte in diese Richtung unternommen. Für die IDUP–API scheint kein vergleichbares Interesse wie für die GSS–API vorhanden zu sein.

PKCS #7/CMS: *[Datenformat; Vertraulichkeit, Non-Repudiation, Integrität]*

Für den kryptographischen Schutz beliebiger Daten (Bulk data, Datenströme) wurde von der Firma RSA Security Inc. der Standard PKCS #7 [17] definiert. Das Format basiert auf X.509 Zertifikaten und ASN.1-Codierung. Es erlaubt, Daten für eine beliebige Anzahl von

Empfängern zu verschlüsseln und mit einer beliebigen Anzahl von digitalen Signaturen zu versehen. Das PKCS #7–Format ist für die sequentielle Verarbeitung von Datenströmen geeignet, so daß Dateien beliebiger Länge ver- bzw. entschlüsselt werden können.

PKCS #7 bildet die Basis für sichere E–Mail nach dem S/MIME Standard (s. 2.4.2, *S/MIME*) und wird in diesem Zusammenhang *CMS* (Cryptographic Message Syntax, [19]) genannt.

Weitere Anwendungen von CMS:

- im SET Standard (Secure Electronic Transaction) [69]

- in verschiedenen kommerziellen Dateiverschlüsselungsprogrammen (z. B. das Produkt *FileSafe* der Firma Secude GmbH [66])

- zum Austausch von Zertifikaten im PKI-Umfeld

- bei der Signatur von Java Applets

- im SSF (Secure Store & Forward) Mechanismus des SAP R/3 Systems

PEM und MOSS: *[Datenformate; Vertraulichkeit, Non-Repudiation, Integrität]*

Privacy Enhancement for Internet Electronic Mail (PEM, [3] RFC1421–1424, proposed standard) ist ein früher (erste Fassung: 1987) IETF Standard für die Verschlüsselung und digitale Signatur von Internet E-Mail. PEM hat sich nicht in größerem Umfang durchgesetzt. Einer der Gründe dafür ist, daß es ist nicht kompatibel zu dem 1992 eingeführten MIME Standard ist. MIME [44] ist ein inzwischen etablierter Standard für E-Mails, die mehr als nur reine ASCII Zeichen enthalten (z. B. Umlaute, binäre Anhänge etc.).

MOSS (MIME Object Security Services, [45], RFC1848) ist ein weiterer gescheiterter Versuch, Sicherheitsfunktionen für E-Mail zu etablieren.

S/MIME: *[Datenformat; Vertraulichkeit, Non-Repudiation, Integrität]*

S/MIME [20] ist ein Datenformat für den Austausch signierter und verschlüsselter E–Mail. Es basiert auf dem oben vorgestellten PKCS #7-Format und integriert sich nahtlos in den etablierten MIME Standard [44], so daß mit S/MIME nicht nur reine Textnachrichten geschützt werden können, sondern auch solche mit nicht-textuellen Anteilen, wie z. B. Grafiken und Office-Dokumente.

Die aktuelle Fassung von S/MIME ist Version 3 [21] und wurde 1999 als RFC (proposed standard) veröffentlicht. Gegenüber Version 2 wurde die Spezifikation im Hinblick auf Interoperabilität verbessert und von PKCS #7 auf dessen Nachfolger CMS gewechselt, wodurch sich die Palette der kryptographischen Algorithmen um die frei verfügbaren Verfahren Diffie-Hellman-Schlüsselaustausch und DSA-Signatur erweitert hat. Weiterhin wurden „erweiterte Sicherheitsdienste" definiert, etwa S/MIME in Mailinglisten und signierte Empfangsbestätigungen.

S/MIME wird heute schon von vielen E-Mailprogrammen nativ (z. B. Netscape Communicator, Lotus Notes 5) oder von Zusatzprodukten (z. B. das S/MIME–Plugin MailProtect [70] für Lotus Notes) unterstützt und hat gute Chancen, sich als *der* Standard für sichere E-Mail durchzusetzen. Da es auf X.509-Zertifikaten basiert, ist der Erfolg von S/MIME mit dem von PKI, von Public Key Infrastrukturen, gekoppelt.

Die S/MIME–Interoperabilitätsmatrix [22] zeigt eine Tabelle der Produkte, die erfolgreich einen Interoperabilitätstest gegen die S/MIME–Referenzimplementation von Worldtalk (WorldSecure Client) absolviert haben.

MailTrusT: *[Datenformat; Vertraulichkeit, Non-Repudiation, Integrität]*

MailTrusT [25] ist eine Initiative des deutschen TeleTrusT Vereins [24] mit dem Ziel, sichere E-Mail zu propagieren. Dazu definiert MailTrusT Austauschformate, Verfahren und Interoperabilitätskriterien.

MailTrusT basiert in Version 1 noch auf PEM. Die aktuelle Version 2 fügt ergänzend S/MIME Version 3 hinzu. S/MIME wird zwar noch als optional eingestuft, stellt laut Spezifikation aber die zukünftige Marschrichtung dar.

PGP: *[Datenformat; Vertraulichkeit, Non-Repudiation, Integrität]*

PGP (Pretty Good Privacy, [26]) begann seine Karriere nicht als Datenformat, sondern als Kryptographie*produkt*. Es wurde von Phil Zimmermann entwickelt und 1991 der Öffentlichkeit frei zur Verfügung gestellt. Seine Einsatzgebiete sind Verschlüsselung und digitale Signatur von Dateien und E-Mails. Das Datenformat wurde schließlich vom Produkt PGP losgelöst und 1996 als informational RFC [29] veröffentlicht. OpenPGP [30] ist eine Fortentwicklung, die weitere Kryptographiealgorithmen einführt und dem Format neuerer Versionen des PGP Produkts Rechnung trägt.

Der Funktionsumfang des PGP-Formats entspricht in etwa dem von CMS (s. 2.4.2, *PKCS #7/CMS*), ist jedoch etwas weniger flexibel, weniger leicht erweiterbar und basiert nicht auf X.509-Zertifikaten, sondern auf einem proprietären Zertifikatsformat (bei zukünftigen Versionen von PGP wird sich letzteres wohl ändern).

Die Mailunterstützung von PGP ist von Haus aus, genauso wie PEM, nicht mit dem MIME Standard kompatibel. Dieses Manko wurde 1996 mit dem RFC "MIME Security with PGP" [31] behoben.

Mittlerweile gibt es Bestrebungen, eine von der Firma NAI (Network Associates) und von patentierten Algorithmen unabhängige Implementation von PGP zu schaffen (GnuPG, [28]). Diese Anstrengungen werden explizit von der Bundesregierung gefördert [27].

XML Signature: *[Datenformat; Non-Repudiation, Integrität]*

Die XML Digital Signatures Working Group [34] arbeitet seit kurzem an einem Standard für digitale Signaturen in XML [33]. Die Arbeitsgruppe ist eine gemeinsame Anstrengung der IETF [1] und des W3C (WWW Consortium, [47]) mit dem Ziel, eine XML Syntax zu definieren, mit der man XML-Dokumente und beliebige Web-Dokumente (alles was sich mit einem URL bezeichnen läßt) mit einer digitalen Signatur versehen kann.

Ein erstes Internet Draft ist verfügbar [34]. Der Zeitplan der Arbeitsgruppe nennt Januar 2000 als Abgabedatum für einen ersten RFC (proposed standard).

Die kryptographische Basis der XML Signaturen sind derzeit DSA [48], RSA nach PKCS #1 [18] oder ECDSA [50] jeweils mit SHA–1 [49] als Hashalgorithmus.

2.4.3 Infrastruktur, Sicherheitsarchitekturen und Hardwareanbindung

Neben der Definition von Datenformaten und Protokollen spielt die Kombination und Integration von Systemkomponenten und die Anbindung von Hardware eine wichtige Rolle. Zum heutigen Zeitpunkt existieren nur wenige weithin akzeptierte Standards, die die Austauschbarkeit von Sicherheitskomponenten und die Integration in bestehende IT–Systeme erlauben.

PKCS #11: *[API zum Zugriff auf SmartCards; C]*

Dieser von der RSA Security Inc. definierte Standard vereinfacht den Zugriff auf kryptographische Tokens (z. B. SmartCards). PKCS #11 bietet eine einfache objektorientierte Sicht auf die Ressourcen des Tokens und erlaubt einen von der zugrundeliegenden Technik unabhängigen Zugriff darauf. Bei Verwendung mehrerer Anwendungen kann PKCS #11 den Zugriff auf das Token verwalten und koordinieren.

PKCS #11 ist bisher noch nicht als offener Standard (RFC) anerkannt, daher besteht bei vielen Herstellern noch Unsicherheit über Zustand und Umfang der Standarddefinition.

PC/SC: *[API zum Zugriff auf SmartCards; C++]*

Die PC/SC Workgroup [36] ist ein Zusammenschluß großer Software-, Hardware- und Smartcardproduzenten[2]. Sie definiert seit 1996 eine Reihe von Spezifikationen für den Anschluß von Smartcards an Personal Computer. Außer Kompatibilitätskriterien für den physikalischen Anschluß von Smartcards und Lesern werden Programmierschnittstellen auf verschiedenen Ebenen definiert. So sollen die Hersteller von Smartcards für ihre Produkte Treiber mit einer bestimmten API liefern, ebenso die Hersteller von Smartcard-Lesern. Zusammengehalten wird das System von einem Ressourcenmanager, mit dem Anwendungsprogramme kommunizieren und so Zugriff auf Smartcards erhalten. Sie haben dann die Möglichkeit, die Speicher- und Kryptographiefunktionen der Karten zu nutzen.

CDSA: *[API zum Zugriff auf Token, Kryptographiefunktionen und Verzeichnisse; C]*

Ursprünglich von Intel entwickelt, wurde CDSA/CSSM (Common Data Security Architecture/Common Security Services Manager [35]) von der Open Group zu einem offenen Standard erhoben. CDSA bietet selbst keine kryptographischen Dienste, sondern definiert eine Infrastruktur für Sicherheitstechnologie. Unterhalb dieses Systems können sogenannte *CSP* (Cryptographic Service Providers) eingehängt werden, die ihre Dienste dem System nach einer Registrierung zur Verfügung stellen.

Wegen des gut durchdachten Designs und der Modularität des Systems stellt CDSA eine mächtige Plattform für die Realisierung von sicherheitsrelevanten Anwendungen dar.

CDSA-Komponenten sollten wegen der sehr detaillierten Spezifikation untereinander interoperabel sein. Insbesondere die Hersteller von kryptographischen Toolkits oder von Kryptographie–Hardware könnten von der Verbreitung von CDSA profitieren, da diese Architektur die Zusammenarbeit unterschiedlichster Komponenten ermöglicht.

---

[2]Bull, Gemplus, Hewlett-Packard, IBM, Intel, Microsoft, Schlumberger, Siemens, Sun und Toshiba.

Unglücklicherweise ist der Umfang der Standardspezifikation erheblich, und trotz vielfältiger Ankündigungen seitens der Industrie existieren bisher erst wenige Produkte am Markt, die CDSA unterstützen oder anbieten.

Microsoft CryptoAPI: *[API zum Zugriff auf Token und Kryptographiefunktionen; C]*

Bei der Microsoft CryptoAPI (kurz MS CAPI) handelt es sich um eine proprietäre Entwicklung der Firma Microsoft, die im Umfeld von Win32 Software verwendet wird.

Die oberste Schicht der CryptoAPI besteht aus einer API, die Programmierern die Verwendung der zugrundeliegenden Sicherheitsfunktionen ermöglicht. Die angebotenen Funktionen sind in die Kategorien *Message Functions* und *Certificate Functions* aufgeteilt. Unterhalb des CryptoAPI Interface befinden sich Softwarekomponenten für die *Speicherung von Zertifikaten, Kodierung und Dekodierung von Zertifikaten,* sowie für *kryptographische Basisfunktionen* und *vereinfachte kryptographische Funktionen.*

Für die Implementation der kryptographischen Funktionen unterstützt die CryptoAPI – ähnlich wie CDSA – das Konzept der Cryptographic Service Provider (CSP), durch die die Implementation der kryptographischen Basisfunktionen austauschbar wird.

JCA: *[API für Kryptographie und Schlüsselspeicherung; Java]*

Die Java Cryptography Architecture (JCA, [58]) umfaßt kryptographische Basisfunktionen wie Signatur, Verschlüsselung, Hash etc. und dafür benötigte Datenstrukturen wie Zertifikate und Schlüssel. Die Funktionen sind generischer Natur: ihre Schnittstelle ist unabhängig vom konkreten Algorithmus und Datenformat. Diese können frei gewählt werden, sofern sich zur Laufzeit ein passender *Service Provider* für den gewünschten Algorithmus findet. Die Architektur ermöglicht es, solche Service Provider dynamisch einzuklinken. Außer den genannten Datenstrukturen bietet die JCA noch das Konzept des Keystores, eines Aufbewahrungsorts für private Schlüssel. Leider können keine Smart-Cards als Keystore verwendet werden, sondern nur Dateien.

Die von der JCA angebotenen Dienste sind auf relativ niedriger Ebene angesiedelt und so nicht direkt für Anwendungen interessant, sondern eher für die Implementierung von anwendungsnahen Protokollen und Datenformaten wie SSL und PKCS #7/CMS. Beispielsweise unterstützt die Verschlüsselungsfunktion nur einen Empfänger, und die Funktion zum Verifizieren von Zertifikaten prüft nur ein isoliertes Zertifikat und führt keine komplette Zertifikatskettenprüfung durch.

Ein Teil der JCA ist im JDK 1.2 enthalten, der Rest wurde in die Java Cryptography Extension (JCE, [60]) ausgelagert. Diese Trennung ist nicht technischer Natur, sondern durch die US-amerikanische Exportregulierung von Kryptographieprodukten zu erklären.

Java Smart Card API: *[API für die Kommunikation mit SmartCards; Java]*

Mit der Java Smart Card API [61] steht für die Java Plattform eine Schnittstelle zum Zugriff auf SmartCards zur Verfügung. Die API abstrahiert von der Leserhardware und erlaubt es, Karten zu identifizieren, ihre Präsenz im Leser zu verfolgen und mit ihnen APDUs (Application Protocol Data Units) gemäß ISO-Normen auszutauschen. Die Schnittstelle enthält keinerlei kryptographische Funktionalität. Sie arbeitet auf so niedriger Ebene, daß sie für Anwendungen nicht geeignet ist. Derzeit wird sie im Rahmen der Java Wallet [62] eingesetzt.

Java Smart Card API setzt wahlweise auf PC/SC (s. 2.4.3, *PC/SC*) auf, oder auf speziellen Treibern, nativ oder in Java programmiert.

3   Standards in der Anwendungsentwicklung

3.1   Auswahl geeigneter Standards

Unter der verhältnismäßig großen Zahl kryptographischer Standards gibt es eine überschaubare Untermenge von Standards, die für die konkrete Realisierung von IT–Projekten relevant sind. Für konkrete Aufgabenstellungen müssen die relevanten Standards identifiziert werden, die eine technisch saubere Lösung erlauben.

3.1.1   Verteilte Anwendungen und Online–Kommunikation

Protokoll[3]	API[4]	Kommentar
Verbindungsoriente Kommunikation über die Socket-API		
SSL/TLS	proprietär	z. B. OpenSSL [39], Java SSE [59], SECUDE [66]
SSL/TLS	GSS–API	ID in Vorbereitung; Implementierungen existieren
SPKM	GSS–API	z. B. SECUDE SDK
Kerberos	GSS–API	
Kerberos	proprietär	Kerberos V5 API
Sesame	GSS–API	kein IETF-Standard
IPSEC	transparent	
Verbindungslose Kommunikation (Datagramme) über die Socket-API		
WTLS	proprietär	s. [52]
bel. GSS-Mech.	GSS–API	bei geeignetem Framing
IPSEC	transparent	
ONC RPC		
bel. GSS-Mech.	transparent	intern GSS-API; s. [54]
Kerberos	transparent	intern proprietär; s. [55]
DCE		
Kerberos	transparent	intern proprietär; s. RFC2695
CORBA		
SSL	transparent	
SPKM	transparent	intern GSS–API; basiert auf SECIO
Kerberos	transparent	intern GSS–API; basiert auf SECIO
Sesame	transparent	intern GSS–API; basiert auf SECIO
DCE-Kerberos	transparent	falls DCE-CIOP verwendet wird

Tab. 1: Protokolle und APIs für Online–Kommunikation

---

[3]Kryptographieprotokoll, nicht Kommunikationsprotokoll.

[4]Programmierschnittstelle zwischen Anwendung und Kryptographieprotokoll; „transparent" bedeutet, daß die Anwendung nicht direkt mit dem Kryptographiemodul kommuniziert.

Tabelle 1 gibt einen Überblick der kryptographischen Protokolle für Online-Kommunikation. Wir betrachten zunächst Anwendungen, die auf der *Socket-API* aufsetzen.

Geht es darum, eine Web-Anwendung zu sichern, so steht damit auch schon das Protokoll fest: *SSL/TLS*. Plattform- und produktübergreifende Standard-APIs für dieses Protokoll gibt es derzeit nicht. Wie in 2.4.1, *GSS Mechanismus SSL/TLS*, beschrieben, ist es in Zukunft eventuell möglich, SSL über die GSS–API zu benutzen. Da die GSS–API keinen Transportmechanismus einschließt, wird dies immer etwas unbequemer sein als eine direkte Schnittstelle zu SSL. In der Java-Welt ist die Sicherheits-API im einfachsten Fall sogar transparent[5]. In allen anderen Fällen kann die JSSE (Java Secure Socket Extension) Verwendung finden, eine auf JCE (Java Cryptographic Extension, s. 2.4.3, *JCA*) basierende Schnittstelle, die es erlaubt, über einen Provider-Mechanismus Implementierungen verschiedener Hersteller anzusprechen.

Ist man nicht auf SSL/TLS als Protokoll festgelegt, so empfiehlt sich die *GSS–API* als Schnittstelle. Sie erlaubt es, Anwendungsprogramme weitgehend unabhängig von der zugrundeliegenden Sicherheitstechnologie auf recht hoher Ebene zu codieren. Insbesondere muß keine Festlegung auf ein bestimmtes Produkt erfolgen. An Sicherheitsmechanismen für die GSS–API stehen derzeit *Kerberos* und *SPKM* zur Auswahl, somit sollte es problemlos möglich sein, GSS–API–Anwendungen in ein bestehendes Sicherheitskonzept zu integrieren.

Für Anwendungen, die *Datagramm-Kommunikation über Socket-API* verwenden, ist SSL/ TLS nicht geeignet, da dieses Protokoll stromorientiert arbeitet und keine Möglichkeit zur Resynchronisierung bei verlorengegangenen Datagrammen bietet. Um dieses Manko zu beheben, hat das WAP Forum [51] *WTLS* [52] definiert. Dieses Protokoll basiert auf TLS und soll Datagramm-Transport zulassen. WTLS 1.0 hatte einige Sicherheitslücken [53], die in der aktuellen Fassung 1.1 teilweise behoben wurden. Die *GSS-API* mit entsprechenden Mechanismen eignet sich ebenfalls für die Sicherung von datagrammorientierter Kommunikation, sofern ein geeignetes Framing definiert wird. Dieses muß z. B. sicherstellen, daß der Empfänger die Absendereihenfolge der Datenpakete rekonstruieren kann.

Ebenfalls zur Sicherung von Online–Kommunikation (datagramm- und stromorientiert) geeignet ist *IPSEC* [56]. Dieses Protokoll greift auf Netzwerkebene und hat dort seine Berechtigung. IPSEC ist für Anwendungsprogramme völlig transparent und benötigt so keine API. Man kann mit diesem Protokoll jedoch keine Ende-zu-Ende Absicherung auf Anwendungsebene erreichen wie mit den anderen hier diskutierten Verfahren.

Die Auswahl des Sicherungsprotokolls spielt für Anwendungen, die höheren Mechanismen wie *RPC* oder *CORBA* nutzen, eine geringere Rolle als für Anwendungen, die direkt auf der Socket-API aufsetzen. Die Sicherungsprotokolle sind in diesem Fall schon in das Kommunikationsprotokoll eingebaut und sind dadurch für Anwendungsprogramme weniger sichtbar.

Die genannten Protokolle sind bezüglich ihrer *Reife* unterschiedlich zu beurteilen. Nach

---

[5]Dies ist der Fall, wenn der Client einen HTTP-Request über SSL ausführt, wobei der Server ein beliebiges Zertifikat vorweisen kann und keine Authentifikation des Client stattfindet. Dann ist der Programmcode für einen HTTP-Request über SSL identisch mit einem ohne SSL.

Ansicht der Autoren haben SSL/TLS und Kerberos inzwischen einen hohen Reifegrad erreicht. Beide hatten in früheren Versionen ihre Probleme (s. z. B. [40, 12, 11]), die aber inzwischen behoben wurden, und können als sehr gut untersucht gelten. Der Kerberos-Standard bedarf dringend einer Aktualisierung in Bezug auf die unterstützten Kryptographie-Algorithmen. Diese ist bereits in Arbeit [10]. Auch bei etablierten Standards besteht die Gefahr, daß Firmen mit inkompatiblen Erweiterungen auf den Markt kommen. So wird beispielsweise Windows 2000 eine Kerberos-Implementierung mit inkompatiblem Tokenformat enthalten.

SPKM nimmt eine Mittelstellung ein: das Protokoll existiert zwar bereits einige Jahre, ohne daß fatale Sicherheitsmängel gefunden wurden, jedoch war es nicht so exponiert wie SSL und Kerberos und ist wahrscheinlich nicht ganz so gut untersucht worden. WTLS ist noch sehr frisch und muß mit Vorsicht behandelt werden.

3.1.2　Offline–Kommunikation und Mail–Verschlüsselung

Tabelle 2 gibt einen Überblick der Datenformate für Offline–Kommunikation und Mail–Verschlüsselung. Betrachtet man die Spalte **API**, so fällt auf, daß in dieser Kategorie keinerlei Standard-APIs verfügbar sind. Die GSS–IDUP–API war ein Ansatz in diese Richtung, der keine Früchte getragen hat (s. 2.4.2, *IDUP–GSS–API*).

Format	API	Kommentar
Datei-/Datenstomverschlüsselung/-signatur, Codesigning		
PKCS #7/CMS	proprietär	benutzt X.509-Zertifikate
PGP	proprietär	proprietäres Zertifikatsformat
XML Signatur		benutzt X.509-Zertifikate
Sichere E-Mail		
S/MIME	proprietär	basiert auf PKCS #7/CMS
PGP/MIME	proprietär	

Tab. 2: Datenformate und APIs für Offline–Kommunikation und Mail–Verschlüsselung

Von dem Problem der proprietären APIs abgesehen, besteht für Dateiverschlüsselung/-signatur und verwandte Anwendungen die Wahl zwischen den Formaten PKCS #7/CMS (s. 2.4.2, *PKCS #7/CMS*) und PGP (s. 2.4.2, *PGP*). Das Auswahlkriterium dürfte hier sein, ob man über eine Public Key Infrastruktur verfügt oder nicht. Im letzteren Fall wird man PGP wählen, ansonsten PKCS #7/CMS.

Für Anwendungen, bei welchen nur digitale Signatur benötigt wird, taucht XML Signature als neues Format am Horizont auf und bietet einige interessante Eigenschaften, wie in 2.4.2, *XML Signature* beschrieben.

Im Bereich sichere E-Mail kommen die Formate S/MIME und PGP/MIME (s. 2.4.2, *S/MIME*, u. 2.4.2, *PGP*) in Frage. Hier entscheidet wieder die zur Verfügung stehende Infrastruktur. In Deutschland spielt im PKI–Umfeld zusätzlich zu S/MIME noch Mail-TrusT (s. 2.4.2, emphMailTrusT, eine Rolle, wobei die aktuelle Version außer PEM auch S/MIME unterstützt (optional).

API	Sprachen	SPI	Token-typen	Kryptographie-operationen	Kommunika-tionsebene
PKCS #11	C	–	HW+SW	•	Objekte
PC/SC	C++[6]	•	HW	•	Dateien
OCF	Java	•	HW	•	Dateien
CDSA	C[7]	•	HW+SW	•	Objekte
MS CAPI	C[8]	•	HW+SW	•	Objekte
JCA	Java	•	SW	•	Objekte
Java Smart Card	Java	•	HW	–	APDU

Tab. 3: Infrastruktur APIs – Token-Zugriff und Basis-Kryptographie

3.1.3 Infrastruktur, Sicherheitsarchitekturen und Hardwareanbindung

Die Eigenschaften der verschiedenen Standards in diesem Bereich sind in Tabelle 3 zusammengefaßt. Die Spalte *Sprachen* listet die von den Standards unterstützten Sprachen auf. *SPI* steht für service provider interface. Ein „•" in dieser Spalte bedeutet, daß der entsprechende Standard eine Schnittstelle nach „unten" definiert, über die z. B. Module zur Unterstützung verschiedener Kartenleser und Karten integriert werden können. Die Spalte *Tokentypen* macht eine Aussage darüber, ob der Standard nur SmartCards (HW), Schlüsselspeicher in Dateien (SW), oder beides unterstützt. Ein „–" unter *Kryptographieoperationen* bedeutet, daß die Schnittstelle keine Kryptographieoperationen enthält. Unter *Kommunikationsebene* ist aufgeführt, auf welchem Level über die Schnittstelle mit der SmartCard kommuniziert werden kann. Mögliche Einträge sind (in der Reihenfolge abnehmenden Abstraktionsgrads): Objekte (Daten auf der SmartCard werden durch Datenobjekte der Schnittstelle repräsentiert, die ihre Semantik wiedergeben), Dateien (es gibt eine Schnittstelle zum ISO-Dateisystem der Karte) und APDU (Die Schnittstelle erlaubt nur den Austausch von APDUs, d. h. von application data units gemäß ISO-Standard).

Man kann an der Tabelle erkennen, daß es eine Reihe von Standards gibt, die einen ähnlichen Funktionsumfang bieten. Leider deckt keiner den vollen Umfang ab.

Z. B. unterstützt jede der Schnittstellen im wesentlichen nur eine Programmiersprache. Microsoft CryptoAPI (MS CAPI) ist zudem auf die Win32-Plattform beschränkt. Die Spezifikation von PC/SC wurde zwar allgemeiner gehalten, die Verbreitung auf anderen Plattformen ist jedoch noch gering[9]. Die für C spezifizierten Schnittstellen (PKCS #11 und CDSA) sind zwar etwas unbequemer als die in objektorientierten Sprachen formulierten, aber immerhin kann man sie auch in C++ benutzen. Im Bereich Java bietet OCF (Open Card Framework, [63]) einen mit PC/SC vergleichbaren Funktionsumfang, ist aber noch wenig verbreitet. In Zukunft könnte die Java-Version von CDSA interessant werden. Der Java Cryptography Architecture (JCA) fehlt noch geeignete Unterstützung

---

[6]auf Win32 über COM auch andere Sprachen.
[7]der Entwurf für eine Java-Version existiert.
[8]nur auf Win32.
[9]Den Autoren ist nur eine Implementation für Linux [37] bekannt.

für SmartCards, dagegen mangelt es der Java Smart Card API an Kryptographieoperationen.

Die größte *Verbreitung* in Applikationen (z. B. Netscape Navigator) und bei Anbietern von Kryptographieprodukten dürfte PKCS #11 gefunden haben. Leider hat diese Schnittstelle kein Service Provider Interface, so daß es nicht möglich ist, eine bestehende Implementierung um Unterstützung für weitere Leser und SmartCards zu erweitern[10]. Die anderen APIs sind neuer als PKCS #11 und haben eine ausgereiftere Architektur.

Fazit: Die optimale API in diesem Bereich muß noch erfunden werden.

3.2 Interoperabilität unterschiedlicher Implementationen

Obwohl die Standarddefinitionen zumeist wenig Spielraum für Interpretation lassen, unterscheiden sich die Implementationen der Hersteller. Durch implementationsabhängige Unterschiede bedingt, ergeben sich oft Inkompatibilitäten zwischen den einzelnen Realisierungen, so daß ein Austausch der zugrundeliegenden Bibliotheken zumeist eine Anpassung des Anwendungscodes bedingt. Teilweise werden Standards sogar nur unvollständig umgesetzt[11], so daß eine genaue Untersuchung der betreffenden Produkte und gegebenenfalls Kompatibilitätstest mit bestehenden Architekturkomponenten *vor* dem konkreten Einsatz erfolgen muß. Die durch die Verwendung von Standards angestrebte Unabhängigkeit und Flexibilität wird daher von den bestehenden Realisierungen nur eingeschränkt gewährleistet.

3.3 Defizite existierender Standards

Obwohl die heute etablierten Standards zusammengenommen einen ausreichend großen Bereich der kryptographischen Systeme abdecken, ist die momentane Gesamtsituation leider weder besonders übersichtlich noch technisch zufriedenstellend. Neben unterschiedlichen Philosophien verwenden die Standards *inkompatible Datentypen und Funktionsaufrufe*. Die grundlegenden Voraussetzungen werden dabei von nahezu jedem einzelnen Standard selbst definiert.

Diese fehlende Einheitlichkeit führt dazu, daß bei Verwendung mehrerer Standards teilweise erhebliche Klimmzüge notwendig werden, um eine saubere Integration zu erreichen. Gleichzeitig ist es aber in zunehmendem Maße erforderlich, die Eigenschaften der verschiedenen verfügbaren Standards zu nutzen. In absehbarer Zeit werden vermutlich Security Tokens (SmartCards), digitale Zertifikate und e–commerce Architekturen großen Einfluß in der Wirtschaft gewinnen. In diesem Zusammenhang ist mit steigendem Bedarf an allgemein akzeptierten Sicherheits–Standards zu rechnen.

3.3.1 Sicherheitsarchitekturen

CDSA: Einen vielversprechenden Ausweg aus diesem Dilemma weist die CDSA–Definition (siehe 2.4.3, *CDSA*), die ein umfangreiches Framework für Sicherheitsfunktionen zur

---

[10]Netscape weicht darauf aus, mehrere PKCS #11 Implementierungen gleichzeitig zu verwenden, was keine befriedigende Lösung ist.

[11]Etwa indem nur die Teile von PKCS #11 implementiert werden, die von Netscape Browsern verwendet werden.

Verfügung stellt. Das Konzept der Crypto Service Provider (CSP) erlaubt eine einfache Modularisierung und Herstellerunabhängigkeit; durch die Trennung von Verwaltungsdiensten und den eigentlichen Systemdiensten können Anwendungen für die konkreten Anforderungen maßgeschneidert werden.

CDSA integriert weiterhin als einziger Standard die für den Entwurf moderner Systeme erforderlichen Hilfstechnologien – so deckt CDSA z. B. neben den üblichen Kryptofunktionen das SmartCard– und Zertifikatshandling, die Verarbeitung von CRLs (Certificate Revocation Lists), Verzeichniszugriffe und die Verwaltung von Prüfpolicies ab.

Obwohl CDSA den Anwendungen eine wohldefinierte API bietet, fehlen diesem Standard „höhere" Funktionen, wie z. B. Online– und Offlinekommunikation oder Dateiverschlüsselung. Diese müssen durch andere Mechanismen nachgebildet werden. Dies schränkt den praktischen Nutzen für die Anwendungsentwicklung ein, weil hier diese höheren Funktionen zur Modellierung komplexer Systeme benötigt werden.

Die Beschränkung auf Low–Level–Funktionen legt nahe, daß CDSA hauptsächlich für den Einsatz in kommerziellen Massenprodukten, z. B. in Webbrowsern oder Mailsystemen entworfen wurde.

Obwohl CDSA bisher nur geringe Verbreitung gefunden hat, gibt es einige Firmen, darunter Netscape und Lotus, die die Integration von CDSA in ihre Produkte angekündigt haben. IBM bietet eine CDSA–Implementation in seinem Produkt „SecureWay" [67] an.

Microsoft CryptoAPI: Die Microsoft CryptoAPI verfolgt ein ähnliches Konzept wie CDSA, allerdings ist CryptoAPI wesentlich schlanker und auf Microsoft–Systeme beschränkt. Ein Teil der API für vereinfachte Krypto–Funktionen erleichtert den Umgang mit kryptographischen Systemen, und obwohl CryptoAPI die Verwendung von X.509–Zertifikaten unterstützt, bleibt die API insgesamt auf einer proprietären Ebene.

Cryptographic Service Provider müssen eine gültige Signatur von Microsoft besitzen, um ihre Dienste der CryptoAPI zur Verfügung stellen zu können[12].

Microsoft CryptoAPI wird mit den aktuellen Microsoft Betriebssystemen mitgeliefert; ein SDK (Software Development Kit) steht Entwicklern zur Verfügung (unter den amerikanischen Exportrestriktionen).

3.3.2   Künstliche Probleme

Exportrestriktionen: Viele Sicherheitsstandards (wie z. B. der vielversprechende Ansatz CDSA, aber auch die MS CAPI) unterliegen den Exportrestriktionen der USA. Diese Beschränkungen behindern künstlich die Entwicklung sicherer Infrastrukturen, ohne die die Zukunft der Wirtschaft in einer zunehmend vernetzten Welt kaum denkbar scheint.

Symptomatisch ist die Situation bei CDSA: Obwohl die Standarddefinition an sich auch außerhalb der USA verfügbar ist, verbieten die Exportrestriktionen den Export der am

---

[12]Offensichtlich existiert in der CryptoAPI eine Hintertür, die die Verwendung von CSPs ermöglicht, die mit einem weiteren, von Microsoft bis zur Entdeckung geheimgehaltenen Schlüssel namens NSAKEY signiert sind. Dadurch ist die Verwendung von CSPs möglich, die nicht von Microsoft selbst signiert wurden [68].

MIT verfügbaren Referenzimplementation „Jonah". Diese Referenzimplementation ist zudem unvollständig; der wichtigste Teil (CSSM) ist den uns vorliegenden Informationen zufolge nur als Win32 DLL verfügbar, so daß sich auf dieser Implementation ausschließlich Systeme für Windows–Plattformen aufbauen lassen.

Wegen des großen Umfangs der CDSA–Standarddefinition wäre eine vollständige, im Source–Code verfügbare Referenzimplementation für Hersteller außerhalb der USA für Testzwecke und zur Verifikation der eigenen Implementation von großem Vorteil.

Obwohl die Exportrestriktionen in letzter Zeit gelockert wurden, werden die Auswirkungen dieser Beschränkungen auch in Zukunft noch deutlich spürbar sein. Auch nach einer Freigabe des Exports starker Kryptographie durch die USA ist vermutlich ein gewisses Mißtrauen gegenüber der Sicherheit amerikanischer Kryptographieprodukte durchaus angebracht.

Kommerzielle Interessen und proprietäre Systeme: Die IT–Welt von morgen wird in zunehmendem Maße auf sichere Kommunikation angewiesen sein, und wer Teile der dazu notwendigen Infrastruktur kontrolliert, kann sich große wirtschaftliche Vorteile sichern. Die Patentierung von Algorithmen (RSA, IDEA) und die Entwicklung proprietärer Systeme und Standards (MS CAPI) dient in erster Linie dazu, solche Vorteile zu schaffen.

3.3.3 High–Level–APIs

Die korrekte Verwendung der existierenden Standards stellt erhebliche Anforderungen an die Entwickler. Ohne ein fundiertes Fachwissen über die kryptographischen Zusammenhänge, ausführliche Einarbeitung in die Verwendung der betreffenden Standards und das Studium von Beispielcode ist es nur schwer möglich, funktionierende und sichere Systeme zu entwickeln.

Da ein Großteil der benötigten Funktionen relativ einfacher Natur ist, liegt es nahe, diese Funktionen zu identifizieren und selbst einfache Schnittstellen für High–Level–Funktionen zu schaffen, die von Entwicklern ohne viel Einarbeitungszeit schnell verwendet werden können. Diese Funktionen können dann sehr spezifische Aufgaben (wie z. B. Authentifikation, Abfrage und Verifikation von Zertifikaten oder Zertifikatsketten oder die Erzeugung von S/MIME–kodierten Nachrichten) durchführen, die sonst mit großem Aufwand und viel Code direkt mit der Hilfe der zugrundeliegenden Standards realisiert werden müssen.

Die Verwendung einer solchen eigenen Abstraktionsebene hat neben der reduzierten Komplexität der Programme den wesentlichen Vorteil, daß sicherheitskritische Fehler unwahrscheinlicher werden (falls der Code der Abstraktionsebene gründlich überprüft ist). Zudem sinkt der Aufwand bei eventuellen Sicherheitsreviews des Anwendungscode und bei der Programmwartung.

Von der Microsoft CryptoAPI abgesehen, die eine vereinfachte Schnittstelle für Verschlüsselung und Entschlüsselung einfacher Datenobjekte anbietet, existieren zur Zeit keine weiteren Ansätze für eine standardisierte High–Level–API. Der Ansatz von Microsoft bietet leider einen so eingeschränkten Funktionsumfang, daß er für komplexere Aufgaben nicht brauchbar erscheint.

Daher muß zum gegenwärtigen Zeitpunkt eine Abstraktionsebene im Einzelfall für die Zielumgebung selbst entworfen werden. Abhängig von den Dimensionen des Systemum-

felds kann solch ein Ansatz durchaus sinnvoll sein. Da diese Abstraktionsebene wieder
auf offenen Standards (wie GSS–API oder PKCS #11) basieren kann, wäre so eine Austauschbarkeit der zugrundeliegenden Bibliotheken weiterhin gegeben. Für den konkreten
Anwendungsfall muß untersucht werden, ob die Vorteile (leichte Wartbarkeit, einfache
Programmentwicklung, einfacher Code–Review) die Nachteile (proprietäre Schnittstelle,
zusätzlicher Code) überwiegen.

High–Level–APIs in der Industrie: Der Bedarf an solchen High–Level–APIs wurde vor
allem in der Industrie erkannt. So arbeitet die Deutsche Bank AG momentan an der
Definition einer solchen API für die Abbildung von Sicherheitsdiensten, und die SAP AG
hat im R/3 System bereits seit einiger Zeit die Schnittstellen SNC und SSF im Einsatz.
Die SNC-Schicht (Secure Network Communication) integriert die GSS–API v2 in R/3
und sorgt so für sichere Online–Kommunikation, während SSF (Secure Store & Forward)
zur kryptographischen Absicherung von Daten im store–and–forward Betrieb dient.

3.4   Brauchen wir noch mehr Standards?

Standards für kryptographische Systeme und Sicherheitsarchitekturen gibt es mittlerweile
in großer Zahl, so daß es immer schwerer fällt, die Übersicht zu behalten. Die obige
Untersuchung hat gezeigt, daß es für Verfahren, Datenformate und Protokolle aus Sicht
des Applikationsprogrammierers die nötigen Standards gibt. Bei den zugehörigen APIs
klaffen jedoch noch größere Lücken.

In Zukunft wird die Verwendung von kryptographischen Systemen weiter an Bedeutung
gewinnen, daher könnte es von großem Nutzen sein, wenn allgemein akzeptierte und umfassende Kryptographie–Standards verfügbar wären.

Insofern kann die provokante Frage „Brauchen wir noch mehr Standards?" vorerst mit
einem Ja beantwortet werden. Wir brauchen für jegliche kryptographische Funktionalität,
die für Anwendungsprogramme von Interesse ist, APIs, und zwar auf allen gängigen Plattformen. Die Entwickler von Kryptographie APIs sollten sich in dieser Hinsicht vielleicht
ein Beispiel an dem umfassenden Ansatz von CORBA [64] nehmen.[13]

Ein weiteres wichtiges Ziel bei der Definition neuer Standards ist die Benutzbarkeit. Wir
müssen es den Anwendungsprogrammierern durch integrierende und vereinfachende Funktionen so leicht wie möglich machen. Nur so können wir erreichen, daß sich kryptographische Methoden möglichst schnell durchsetzen.

Literatur

[1] IETF (Internet Engineering Task Force). http://www.ietf.org/

[2] Internet RFCs. http://www.ietf.org/rfc.html

[3] Privacy Enhanced Mail (PEM), RFC 1421, RFC 1422, RFC 1423, RFC 1424, pro-
    posed standard, 1993.

[4] Generic Security Service Application Programming Interface (GSS–API v1),
    RFC 1508, proposed standard, 1993.

---

[13]Eventuell kann man sogar auf die Sprachabbildung von CORBA zurückgreifen, wie bei DOM [65].

[5] Generic Security Service API: C-bindings, RFC 1509, proposed standard, 1993.

[6] Generic Security Service Application Programming Interface, Version 2 (GSS–API v2), RFC 2078, proposed standard, 1997.

[7] SPKM (Simple Public-Key GSS-API Mechanism), RFC 2025, proposed standard, 1996.

[8] Kerberos Version 5 GSS-API Mechanism, RFC 1964, proposed standard, 1996.

[9] Kerberos Network Authentication Service (V5), RFC 1510, 1993.

[10] Kerberos Network Authentication Service (V5) update.
http://www.ietf.org/internet-drafts/draft-ietf-cat-kerberos-revisions-04.txt

[11] Bellovin, S. M.; Merritt, M.: Limitations of the Kerberos Authentication System. In Proceedings of the Winter 1991 Usenix Conference. Januar 1991.
ftp://research.att.com/dist/internet_security/kerblimit.usenix.ps

[12] Kohl, John T.; Neuman, B. Clifford; T'so, Theodore Y.: The Evolution of the Kerberos Authentication System. In Distributed Open Systems, IEEE Computer Society Press, 1994, S. 78-94. ftp://athena-dist.mit.edu/pub/kerberos/doc/krb_evol.PS

[13] PKINIT (Public Key Cryptography for Initial Authentication in Kerberos).
http://www.ietf.org/internet-drafts/draft-ietf-cat-kerberos-pk-init-10.txt

[14] SASL (Simple Authentication and Security Layer), RFC 2222.
http://www.ietf.org/internet-drafts/draft-ietf-cat-sasl-gssapi-00.txt

[15] SPNEGO (The Simple and Protected GSS-API Negotiation Mechanism), RFC 2478, proposed standard, 1998.

[16] PKCS (Public Key Cryptography Standards); RSA Security Inc.
http://www.rsasecurity.com/rsalabs/pkcs

[17] PKCS #7 (s. auch [19]). http://www.rsasecurity.com/rsalabs/pkcs/pkcs-7/

[18] PKCS #1, RFC 2437. http://www.rsasecurity.com/rsalabs/pkcs/pkcs-1/

[19] CMS (Cryptographic Message Syntax), RFC 2630, proposed standard, 1999.

[20] S/MIME Version 2, RFC 2311, RFC 2312, informational, 1998.
http://www.rsasecurity.com/standards/smime/index.html

[21] S/MIME Version 3, RFC 2632, RFC 2633, RFC 2634, proposed standard, 1999.

[22] S/MIME Interoperability Master Matrix.
http://www.securitydynamics.com/standards/smime/interop_center.html

[23] Worldtalk (Hersteller der S/MIME–Referenzimplementation).
http://www.worldtalk.com/

[24] TeleTrusT Deutschland e. V., http://www.teletrust.de/

[25] MailTrusT – Pilotprojekt Digitale Signatur für den Dokumentenaustausch des TeleTrusT Deutschland e. V. http://www.mailtrust.de/ http://www.teletrust.de/
http://www.darmstadt.gmd.de/mailtrust/

[26] PGP (Pretty Good Privacy). http://www.pgp.com/   http://www.pgpi.org/

[27] Sicherheit im Internet – Initiative der Bundesministerien für Sicherheit in der Informationstechnik, für Wirtschaft und Technologie und des Innern.
http://www.sicherheit-im-internet.de/

[28] The GNU Privacy Guard. http://www.gnupg.org/

[29] Message Exchange Formats PGP (Pretty Good Privacy), RFC 1991, informational, 1996.

[30] OpenPGP Message Format, RFC 2440, proposed standard, 1998.

[31] MIME Security with PGP, RFC 2015, proposed standard, 1996.

[32] Independent Data Unit Protection Generic Security Service Application Program Interface (IDUP–GSS–API) v2, RFC 2479, informational, 1998.

[33] XML (Extensible Markup Language). http://www.w3.org/XML/

[34] XML Digital Signatures. http://www.ietf.org/html.charters/xmldsig-charter.html
http://www.w3.org/Signature/

[35] Common Data Security Architecture (CDSA); Open Group.
http://www.opengroup.org/security/cdsa
http://developer.intel.com/ial/security/specifications.htm

[36] PC/SC Workgroup. http://www.pcscworkgroup.com/

[37] PC/SC Implementation für Linux.
http://www.linuxnet.com/middleware/middleware.html

[38] Secure Socket Layer 3.0 (SSL) specification. http://www.netscape.com/eng/ssl3

[39] Freie SSL/TLS–Implementierung (Open–Source Projekt). http://www.openssl.org

[40] Wagner, D.; Schneier, B.: Analysis of the SSL 3.0 protocol. Proceedings of the Second USENIX Workshop on Electronic Commerce, USENIX Press, 1996, S. 29–40.
http://www.counterpane.com/ssl.html

[41] TLS (Transport Layer Security), RFC 2246, proposed standard, 1999.

[42] IETF-TLS Working Group; Transport Layer Security.
http://www.consensus.com/ietf-tls/ietf-tls-home.html
http://www.ietf.org/html.charters/tls-charter.html

[43] RSA Laboratories' Frequently Asked Questions About Today's Cryptography.
http://www.rsasecurity.com/rsalabs/faq

[44] MIME (Multipurpose Internet Mail Extensions), RFC 2045, RFC 2046, RFC 2047, RFC 2048, RFC 2049, draft standard, 1996.

[45] MOSS (MIME Object Security Services), RFC 1848, proposed standard, 1995.

[46] Fumy, W.; Meister, G.; Reitenspieß, M.; Schäfer, W. (Ed.): Sicherheitsschnittstellen – Konzepte, Anwendungen und Einsatzbeispiele. Proceedings des VIS-Workshops Security APIs '94, Deutscher Universitäts-Verlag, Wiesbaden 1994.

[47] W3C (Word Wide Web Consortium). http://www.w3.org/

[48] FIPS PUB 186-1: Digital Signature Standard (DSS). U.S. Department of Commerce/National Institute of Standards and Technology. RFC 2104.

[49] FIPS PUB 180-1: Secure Hash Standard. U.S. Department of Commerce/National Institute of Standards and Technology. http://csrc.nist.gov/fips/fip180-1.pdf

[50] ECDSA ANSI X9.62.

[51] WAP (Wireless Application Protocol) Forum. http://www.wapforum.com/

[52] WTLS (Wireless Transport Layer Security).
http://www.wapforum.org/what/technical/SPEC-WTLS-19990211.pdf

[53] Saarinen, M-J.: Attacks against the WAP WTLS Protocol. Proceedings CMS '99 Communications and Multimedia Security, Kluwer Academic Publishers, Boston 1999.

[54] RPCSEC_GSS Protocol Specification, RFC 2203, proposed standard, 1997.

[55] Authentication Mechanisms for ONC RPC, RFC 2695, informational, 1999.

[56] IPsec – Security Architecture for the Internet Protocol, RFC 2401, proposed standard, 1998.

[57] The Globus Project – Gemeinsames Projekt folgender Partner: Information Sciences Institute of the University of Southern California, Mathematics and Computer Science Division of Argonne National Laboratory, Aerospace Corporation.
http://www.globus.org/

[58] JCA (Java Cryptography Architecture).
http://www.javasoft.com/products/jdk/1.2/docs/guide/security/CryptoSpec.html

[59] JSSE (Java Secure Socket Extension). http://java.sun.com/products/jsse/

[60] JCE (Java Cryptography Extension). http://www.javasoft.com/products/jce/

[61] Java Smart Card API. http://java.sun.com/products/commerce/javax.smartcard/

[62] Java Wallet. http://java.sun.com/products/commerce/

[63] Open Card Framework. http://www.opencard.org/

[64] CORBA (Common Object Request Broker Architecture). http://www.corba.org/

[65] DOM (Document Object Model). http://www.w3.org/DOM/

[66] SECUDE Sicherheitstechnologie Informationssysteme GmbH.
http://www.secude.com/

[67] IBM SecureWay. http://www.ibm.com/software/secureway/

[68] Schneider, B.: Comments on the "NSAKEY" in Microsoft's Crypto API. Crypto-Gram newsletter, September 1999. http://www.counterpane.com/nsakey.html

[69] SET (Security Electronic Transaction LLC) Specifications.
http://www.setco.org/set_specifications.html

[70] MailProtect (S/MIME–Plugin für Lotus Notes). http://www.mailprotect.de/

Persistente digitale Identitäten ohne globale Namen

Michael Herfert · Andreas Berger

GMD Darmstadt
{andreas.berger, michael.herfert}@gmd.de

Zusammenfassung

Zertifikate werden in der virtuellen Welt als vertrauenswürdige Ausweise verwendet. Die öffentlichen Schlüssel zur Verifikation digitaler Signaturen oder zur Verschlüsselung von Nachrichten werden mit Hilfe von Zertifikaten an die Identität einer Person gebunden. Diese Bindung an die Identität erfolgt über eine Menge von Attributen, wie Namen, Adresse, Telefonnummern oder auch E-Mailadressen. Der Empfänger einer Nachricht kann damit die Person identifizieren, die eine Nachricht signiert hat, beim Senden einer verschlüsselten Nachricht kann mit Hilfe der Attribute der Empfänger festgelegt werden.

Auch wenn ein einzelnes Zertifikat einer Person zugeordndet werden kann, ergibt sich ein grundsätzliches Problem, sobald eine Person verschiedene Zertifikate verwendet: Die in verschiedenen Zertifikaten zur Identifikation der Person angegebenen Attribute können höchst unterschiedlich sein, ein Zertifikat zur Verwendung im rechtsverbindlichen Geschäftsverkehr kann beispielsweise Namen und Adresse der Person enthalten wohingegen ein Zertifikat zur Authentizitätssicherung von E-Mail vielleicht nur den Namen und die E-Mail Adresse enthält. Solche Änderungen von Attributen können aber auch auftreten, wenn der Zertifikatsbesitzer seinen Wohnort ändert oder seinen Namen durch Heirat.

In diesem Papier wird beschrieben, wie trotz des Wechsels der Attribute in einem Zertifikat die digitale Identität einer Person erhalten werden kann. Global eindeutige Namen sollten aus Gründen des Datenschutzes und der Handhabbarkeit vermieden werden. Wir schlagen in diesem Papier deshalb eine neue Herangehensweise an das Problem der Identifizierung und Wiedererkennung von digitalen Identitäten vor. Wir gehen davon aus, dass eine digitale Identität in Form mindestens eines Zertifikates bekannt ist und dass im Falle der Ausstellung eines neuen Zertifikates eine Verknüpfung zwischen dem alten und dem neuen Zertifikat hergestellt werden muss. Zur technischen Umsetzung dieses Konzeptes werden zwei Verfahren vorgeschlagen. Zum einen wird ein *Verknüpfungsdienst* beschrieben, dessen Aufgabe die Verwaltung von Zertifikaten ist, die derselben Person zugeordnet sind. Zum anderen beschreiben wir eine Möglichkeit, zusammengehörende Zertifikate direkt über *Attribute* in den Zertifikaten zu verknüpfen. Ziel beider Varianten ist es, eine Person mit einer oder mehreren persistenten digitalen Identität zu versorgen, die über den Wechsel des Zertifikates hinaus erhalten bleibt.

1 Einführung

Als einführendes Beispiel betrachten wir einen elektronischen Versandhandel, dessen Stammkunden durch ihre lang andauernde Geschäftsbeziehung Rechte erhalten, die nicht

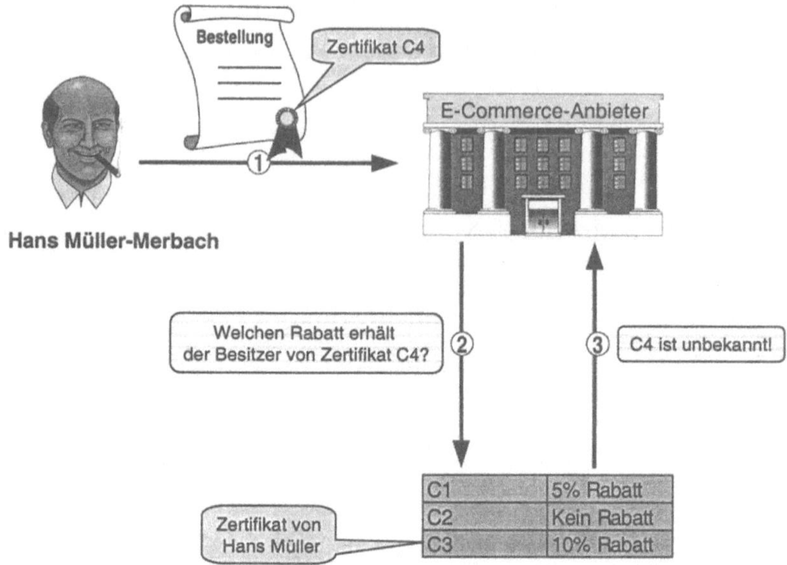

Abb. 1: Das Identitätsproblem: Hans Müller, der das Zertifikat C_3 besitzt, hat geheiratet. Er heißt nun Hans Müller-Merbach und hat ein neues Zertifikat C_4 erhalten. Als Stammkunde genießt er einen Rabatt von 10%. Der E-Commerce-Anbieter erkennt ihn aber nicht, weil er nicht weiß, dass Hans Müller-Merbach ein neues Zertifkat erhalten hat.

allen Kunden gewährt werden. Beispielsweise dürfen sie per Rechnung statt per Nachnahme bezahlen oder sie erhalten im Falle einer Ratenzahlung einen besonders günstigen Zinssatz.

Jede Kommunikation zwischen Kunde und Händler ist durch eine digitale Signatur gesichert. Der Händler erkennt den Kunden nun nicht mehr an seiner Kundennummer, die manipuliert sein könnte, sondern an seinem Zertifikat. Solange der Kunde sein Zertifikat nicht wechselt, kann er ohne Probleme identifiziert werden und so seine Sonderrechte wahrnehmen. Problematisch wird es jedoch, wenn der Kunde sein Zertifikat wechselt, weil er beispielsweise die Dienste einer anderen Zertifizierungsstelle in Anspruch nehmen wollte. Mit dem neuen Zertifikat erhält er auch einen neuen Distinguished Name und ein neues Schlüsselpaar. In seiner nächsten Bestellung benutzt der Kunde nun das neue Zertifikat. Wie kann der Händler erkennen, dass er es mit einem bekannten Stammkunden zu tun hat? Das neue Zertifikat wird er in seiner Datenbank nicht finden. Wir nehmen an, dass das Zertifikat des Kunden nicht vom Versandhändler ausgestellt wurde und somit auch nicht die Kundennummer enthalten kann.

Ziel dieses Papiers ist es, Möglichkeiten aufzuzeigen, die mit kryptographischer Sicherheit deutlich machen, dass beide Zertifikate derselben Person gehören. Eine naheliegende Lösung besteht darin, einen global eindeutigen Bezeichner einzuführen, der auf Lebenszeit fest mit einer Person verbunden ist. Dieser könnte beispielsweise aus der Nummer des Personalausweises und einem Ländercode gebildet werden. Weil die Einführung globaler Regelungen aber immer mit einem großen administrativen Aufwand und mit datenschutzrechtlichen Bedenken verbunden ist, wollen wir von dieser Möglichkeit absehen. Unser Vorschlag besteht darin, einen Verknüpfungsdienst oder eine Zertifikatserweiterung einzuführen, um Zertifikate, die zu einer Person gehören, zu verknüpfen.

Dieses Papier ist wie folgt gegliedert: In Kapitel 2 beschreiben wir, wie Benutzer in verschiedenen Konzeptionen für Public Key Infrastrukturen (PKIs) identifiziert werden. Wir starten dabei mit der Grundidee nach X.509, die sich auch in der Internet-PKI PKIX wiederfinden wird. Die Simple Public Key Infrastructure SPKI verwendet einen gänzlich anderen Mechanismus. Schließlich gehen wir auch noch kurz auf die gesetzlichen Anforderungen aus dem deutschen Signaturgesetzt ein. Im dritten Kapitel wird besprochen, welche Gründe zum Wechsel eines Zertifikates führen können und welche Auswirkungen dies auf die Erkennbarkeit der Identität des Kunden hat. Kapitel 4 stellt die Grundidee der Verknüpfung von digitalen Identitäten dar und technische Lösungsmechanismen vor. In Kapitel 5 fassen wir die Ergebnisse zusammen und geben einen Ausblick, wie sich die vorgeschlagene Technik störungsfrei in Public Key Infrastrukturen einbinden lässt.

2 Teilnehmeridentifikation in Public Key Infrastrukturen

Im Rahmen dieses Papiers gehen wir davon aus, dass Public Key Infrastrukturen in offenen Netzen dazu dienen, öffentliche Schlüssel den Teilnehmern zuzuordnen. Diese Zuordnung geschieht über Zertifikate, die von vertrauenswürdigen Dritten, den Zertifizierungsstellen, ausgestellt werden. Durch die Anordnung von Zertifizierungsstellen in einer Hierarchie ist es jedem Teilnehmer möglich, das Zertifikat eines anderen Teilnehmers zu prüfen. Dies ist auch dann möglich, wenn das Zertifikat des anderen Teilnehmers durch eine andere Zertifizierungsstelle ausgestellt wurde. In diesem Papier gehen wir davon aus, dass Mechanismen für diese Verifikation vorhanden sind und erfolgreich angewendet werden können.

Durch ein Zertifikat soll ein öffentlicher Schlüssel mit einer Person verbunden werden. Die Identifikation der Person erfolgt über ein oder mehrere Attribute, die üblicherweise mit der Person in Verbindung gebracht werden. Klassischerweise ist dies der Name der Person, möglicherweise der Arbeitgeber und dessen Anschrift (für Zertifikate im beruflichen Kontext) oder die Privatadresse (im privaten Kontext) sowie das Land. Prinzipiell sind auch andere Attribute denkbar, wie etwa Körpergröße oder Augenfarbe. Die Analogie zu einem herkömmlichen Firmen- oder auch Personalausweis ist offensichtlich.

Mit der Zahl der beschreibenden Attribute erhöht sich die Spezifizität der Beschreibung der Person. Wird beispielsweise nur der Name einer Person in einem Zertifikat verwendet, so sind Verwechslungen von Personen gleichen Namens leicht möglich. Mit der Angabe einer großen Zahl von Attributen sind aber auch mindestens zwei Risiken verbunden: Zum einen wird durch die Angabe vieler personenbezogener Daten ein Datenschutzproblem erzeugt, zum zweiten ist es bei einer großen Anzahl von Attributen sehr wahrscheinlich,

dass sich eines dieser Attribute ändert und damit das Zertifikat ungültig wird und neu
ausgestellt werden muss. Dieses Ungültigwerden des Zertifikates ließe sich nur damit verhindern, dass ein künstliches Attribut eingeführt würde, das sich nicht ändert. Dies ist
beispielsweise in Dänemark oder Schweden mit der eindeutigen Bürgernummer der Fall.
Da ein solches Attribut aber auch keinerlei inhaltlichen Bezug zur Person hat, ist es als
alleinige Identifikation der Person – zumindest bei der Verarbeitung durch Menschen –
denkbar ungeeignet. Zusätzlich muss ein solches Attribut von einer zentralen Instanz vergeben werden, um dessen Eindeutigkeit zu garantieren. Weiterhin ist ein solches Attribut
ein eindeutiges Merkmal, welches sich hervorragend zur Zusammenführung von Datenbeständen über Personen eignet.

Wie in der Einleitung schon angesprochen, glauben die Autoren, dass sich das Problem
der Identitäten und deren Persistenz auch ohne eindeutige oder global eindeutige Namen
oder Merkmale für die Mehrzahl der Anwendungen lösen lässt.

2.1   X.509

Der ISO Standard X.509 definiert die Datenstruktur eines Zertifikates [6, 1]. Ursprünglich waren diese Zertifikate zur Verwendung mit dem X.500 Verzeichnisdienst gedacht.
Dieser Dienst sollte global auf eine große Anzahl von Systemen verteilt werden. Da sich
die Betreiber der Server weltweit nicht völlig vertrauen können, schieden klassische Au-
thentisierungsmethoden aus der Welt der geschlossenen Benutzergruppen aus. Es wurde
eine Möglichkeit geschaffen, mit der sich Benutzer bei beliebigen Dienstanbietern authen-
tisieren können, ohne dass dem Dienstanbieter dazu ein Geheimnis – etwa ein Paßwort –
bekannt sein muss.

Die Lösung war eine Authentisierung über asymmetrische kryptographische Verfahren.
Um die Identität eines Benutzers und damit seine Berechtigungen festzustellen, muss
dieser über ein Challenge-Response Verfahren beweisen, dass er im Besitz des privaten Schlüssels ist, der zu dem im Zertifikat angegebenen öffentlichen Schlüssel paßt. Der
Diensteanbieter kann zur Prüfung ausschließlich auf öffentliche Informationen zugreifen.

Im X.500 Verzeichnis ist die Beschreibung der Identität eines Benutzers durch einen Namen sehr einfach. X.500 hat einen hierarchischen Namensraum in dem jedem Blatt ein
dann global eindeutiger Name zugewiesen werden kann. Aus der Sicht des Dienstes ist es
also sehr einfach, den Namen aus dem Zertifikat zu entnehmen und bei der Rechtevergabe sich ausschließlich auf diesen Namen zu beziehen. Dieser Name als rein technische
Bezeichnung kann nur genau einer Identität zugeordnet werden und ändert sich nicht.
Eine Zuordnung von Namen lässt sich nur über eine Verknüpfung der Einträge im Verzeichnisdienst erreichen.

Das Problem der Zuordnung der Namen zu einer Identität bleibt aber bestehen. So wurde
beispielsweise vorgeschlagen, Zertifikate für Mitarbeiter einer Organisation in folgender
Form zu konstruieren:

`CN=Hans Müller, L=Bonn, O=Deutscher Bundestag, C=DE`

Dies soll bedeuten, dass die Person mit Namen "Hans Müller" in der Organisation "Deutscher Bundestag" in Deutschland arbeitet. Sobald aber eine interne Umstrukturierung

vorgenommen wird, muss dieser Name geändert werden. Er könnte dann

`CN=Hans Müller, L=Berlin, O=Deutscher Bundestag, C=DE`

lauten. Für Anwendungsprogramme ist dieser Name völlig unterschiedlich zu dem vorher angegebenen. Automatisch können diese Systeme keine Verbindung zwischen dem neuen und dem alten Namen herstellen. Zwar wäre es möglich, im globalen Directory im Eintrag des alten Namens einen Verweis auf den neuen zu hinterlegen, allerdings ist die Auskunft üblicherweise nicht kryptographisch abgesichert. Zusätzlich ergibt sich auch ein Problem bei der Wiederverwendung von Namen, etwa wenn nach dem Ausscheiden einer Person aus einem Unternehmen eine andere mit gleichem Namen eingestellt wird.

Diese Probleme wurde zwar in der Version 2 des X.509 Standards adressiert, dessen Änderungen aber in der Industrie und in den Implementationen nicht gewürdigt. Auch in der Version 3 des Standards wurde diese Erweiterungen aus der Version 2 integriert. Wegen ihrer geringen Verbreitung wird die Verwendung der Erweiterungen aus Version 2 oft sogar verboten, wie etwa in der Spezifikation SigI.

In den neueren Entwicklungen werden die Distinguished Names in Zertifikaten auch nicht mehr in ihrer eigentlichen Funktion als Referenzen auf Verzeichniseinträge verwendet. Sie werden gewissermaßen als Attributspeicher mißbraucht. In der Version 3 des Standards sind sogar eigene Datenfelder vorgesehen, die dann explizit den Namen eines Verzeichnisdiensteintrages enthalten sollen. Dazu kommt, dass die Namensvergabe über Distinguished Names sich nicht durchsetzt. Andere Systeme, wie etwa die Verwendung von Internet Domain Namen oder E-Mail Adressen, greifen auf leicht verständliche und etablierte Dienste zurück. Zur Integration dieser Namen in X.509 Zertifikate sei auf den nächsten Abschnitt verwiesen.

2.2 PKIX

In der IETF Workinggroup für X.509 basierte Public Key Infrastrukturen im Internet werden die Wahlfreiheiten des ISO Standards in einem sogenannten Profil [10] eingeschränkt.

Im Bereich der Namensgebung werden die erlaubten Komponenten von Distinguished Names eingeschränkt, um die Interoperabilität zu gewährleisten. Komponenten für *country, organization, organizational-unit, distinguished name qualifier, state or province name* und *common name* müssen von jeder Implementation verarbeitet werden können. Weiterhin sollten *locality, title, surname, given name, initials* und *generation qualifier* (also "Jr.", "3rd" oder "IV") ebenfalls verstanden werden. Weiterhin soll der Attributtyp *domainComponent* [11] verarbeitet werden können, der ursprünglich für eine Integration des Internet DNS Namenssystems in X.500 Distinguished Names vorgesehen war.

Als Erweiterung zu der X.500 basierten Angabe von Namen in Zertifikaten werden für Aussteller und Inhaber von Zertifikaten auch neue Namensformen, der GeneralName, verwendet. Im *rfc822Name* können E-Mail Adressen im Internetformat [7] – allerdings ohne die Möglichkeit der Angabe eines normalen Namens – angegeben werden. Als *dNSName* kann eine Internet Domain Name in der preferred name syntax (die übliche Syntax, beispielsweise `XX.LCS.MIT.EDU`) nach RFC1034 [13] angegeben werden. Für die Angabe von URLs und URIs [3] ist *uniformResourceIdentifier* vorgesehen. Schliesslich ist mit iPAdres-

se auch eine Angabe von Adressen im Internet Protokoll (IP [14]) möglich. Weitere Typen
für X.400 Adressen, X.500 Directory Namen und EDI Teilnehmernamen sind vorgesehen.

Eine Erweiterung der Erweiterung ist über den Typ des *otherName* leicht möglich. Diese
Erweiterungsmöglichkeit wird in dem Qualified Certificate Draft und in den Spezifikationen zum deutschen Signaturgesetzt zur Angabe personenbezogener Attribute genutzt.

Der Qualified Certificates Draft

Der Internet Draft "Qualified Certificate Profile" [16] ist als Ergänzung zu den PKIX
Drafts gedacht. Der Begriff "Qualified Certificate" ist aus der EU Richtline zu elektronischen Signaturen entnommen und wird derzeit in zwei Kontexten diskutiert. Innerhalb
der europäischen Richtlinie zu elektronischen Signaturen bezeichnet er eine Klasse von
Zertifikaten, deren Benutzung auf die Ersetzung einer handschriftlichen Signatur abzielt.
Der zweite Kontext ist der PKIX Draft, der im weiteren Sinne Zertifikate harmonisie-
ren soll, die zur Unterstützung verbindlicher Signaturen (technische Nichtabstreitbarkeit)
verwendet werden. Diese Zertifikate werden an natürliche Personen ausgegeben, die Namensgebung beschäftigt sich also mit Attributen, die natürliche Personen beschreiben.

Für diesen Zweck werden die verwendbaren Attribute bei den Distinguished Names des
Zertifikatserstellers und des Zertifikatsbesitzers ebenfalls eingeschränkt. Der Name des
Zertifikatsbesitzers muss zumindest in Kombination mit dem Namen des Zertfifikatser-
stellers eindeutig sein und soll einen Nachnamen, einen ganzen Namen oder ein Pseudonym
enthalten.

Um genauere Informationen über den Zertifikatsbesitzer angeben zu können, wird für den
Eintrag des *otherName* ein Typ der *personalData* (personenbezogene Daten) definiert.
Dieser besteht aus einer Folge von Einträgen mit jeweils einer Registrierungsinstanz und
einer Folge von Attributen, die diese Registrierungsinstanz festgestellt hat. Typische Ein-
träge für diese Attribute sind Land, Nachname, Geburtsdatum und Ort, Postadresse und
Nationalität, wobei diese Liste erweiterbar ist.

Wichtig an diesem Dokument ist die Trennung von technischer Namensgebung in Form der
Distinguished Names von den inhaltlichen Attributen wie der Adresse oder des Namens
sowie die Einschränkung der Zertifikatsvergabe an natürliche Personen.

2.3 Signaturgesetz-Interoperabilitätsspezifikation

In ählicher Form wie beim Qualified Certificate Draft wurden in der Interoperabilitätsspezifikation für das deutsche Signaturgesetz (SigI [5]) eine Trennung von technischer und
rechtlicher Namensgebung vorgesehen [1].

Die in der SigI definierte Datenstruktur für personenbezogene Daten wird ebenfalls als
otherName des Zertifikatsinhabers in das Zertifikat integriert. Die die personenbezogenen
Daten enthaltende Struktur erlaubt aber nur eine beschränkte Menge von Attributen und
ist daher nicht so flexibel wie die Struktur der Qualified Certificates.

Der Name (oder das Pseudonym) muss mindestens innerhalb einer Zertifizierungsstelle

---

[1]Die Entwicklungen sind aufgrund der unterschiedlichen Anforderungen und Vorgehensweisen divergiert,
in der ursprünglichen Version waren die Spezifikationen gleich.

eindeutig sein. Es ist allerdings nicht verboten, einer Person mehrere eindeutige Namen in verschiedenen Zertifikaten zu geben. So ist also die Abbildung von der Namensangabe im Zertifikate zu einer Person eindeutig. Von einer unterschiedlichen Namensangabe in Zertifikaten kann aber nicht auf unterschiedliche Personen geschlossen werden. Qualifizierte Zertifikate sind ihrem Aufbau nach X.509-Zertifikate.

2.4 SPKI

Die Simple Public Key Infrastructure [8, 9] wird von einer IETF-Arbeitsgruppe mit dem Ziel entwickelt, eine Public Key Infrastruktur zu beschreiben, die einfach zu verstehen, einfach zu implementieren und einfach zu benutzen ist. Aus diesen Gründen heraus wird ASN.1 als Format explizit abgelehnt. Die Grundidee der SPKI beruht auf der Annahme, dass Authentizität für den Verifizierer einer digitalen Signatur nicht das Wesentliche ist, sondern Autorisierung. Beispielsweise ist der Betreiber eines Rechenzentrums in der Regel nicht daran interessiert, *wer* die Systemressourcen benutzt, sondern nur daran, dass es ein *berechtigter* Benutzer ist, der diese Berechtigung, etwa durch die Zahlung einer Gebühr, erworben hat.

SPKI setzt keine hierarchische Zertifizierungsstruktur voraus, sondern geht von einem Web of Trust aus, daher verwendet das SPKI-Modell keine global verwalteten Namen. Trotzdem ist jeder Teilnehmer weltweit eindeutig referenzierbar. Zu diesem Zweck wird der Public Key bzw. dessen Hashwert benutzt.

SPKI-Zertifikate kommen in drei Varianten vor:

ID-Zertifikate bescheinigen die Bindung *(Name, Schlüssel)*.

Attributzertifikate bescheinigen die Bindung *(Autorisierung, Name)*.

Autorisierungszertifikate bescheinigen die Bindung *(Autorisierung, Schlüssel)*.

Gemäß der SPKI-Philosophie sind Autorisierungszertifikate am wichtigsten. Sollte nach der Benutzung eines Autorisierungszertifikates trotzdem einmal die Identität des Inhabers wichtig werden, kann diese über ein zusätzliches ID-Zertifikat bereitgestellt werden. Der dort vorkommende Name unterscheidet sich in seiner Struktur von einem Distinguished Name. Wenn Alice den Namen Bob benutzen möchte, kann sie dies durch die S-Expression[2] (name Bob) tun. Wenn Charlie auf den von Alice definierten Namen zugreifen will, tut er dies durch (name Alice Bob). Darin bezeichnet Alice den Namensraum. Innerhalb eines Namens kann eine Zertifizierungsstelle durch den Hashwert ihres Public Keys referenziert werden: (name (hash sha1 |ab3492380123cdef82|) Bob) ist also Bobs Name bezogen auf den Namensraum seiner Zertifizierungsstelle.

Da in unserem Szenario nicht Autorisierung, sondern Identität am wichtigsten ist, erwähnen wir SPKI nur aus Gründen der Vollständigkeit.

---

[2]Eine S-Expression (symbolic expression), intensiv in der Sprache LISP verwendet, ist ein geklammerter Ausdruck, dessen erstes Element in der Regel als Kennzeichner benutzt wird, um die Bedeutung der übrigen Listenelemente festzulegen.

3   Zertifikatswechsel

Der Wechsel eines Zertifikates ist innerhalb einer Public Key Infrastruktur ein üblicher
Vorgang. Im Normalfall tritt er auf, wenn die Gültigkeit eines Zertifikates abgelaufen
ist. Es ist auch möglich, dass die im Zertifikat enthaltenen Attribute einer Person sich
geändert haben und nicht mehr gültig sind. Im einfachsten Fall könnte eine Person um-
ziehen oder heiraten und so ihre Adresse oder den Namen verändern. Möglich ist auch,
dass die Chipkarte mit dem Zertifikat und dem geheimen Schlüssel gestohlen wurde oder
verloren gegangen ist und das Zertifikat gesperrt werden muss. In allen diesen Fällen
würde aber ein neues Zertifikat mit den korrigierten Attributen oder dem neuen öffentlichen Schlüssel ausgestellt. Dies kann von derselben Zertifizierungsstelle oder auch von
einer neuen Zertifizierungsstelle durchgeführt werden.

Wie wir sehen werden, verursacht der Wechsel eines Zertifikates erhebliche Probleme,
sofern der Verwender eines Zertifikates ein solches neues Zertifikat in Relation zu einer
bekannten Person bringen möchte.

Im folgenden Abschnitt wird nocheinmal verdeutlicht, wie Zertifikate bei Signier- und
Verschlüsselungsvorgängen verwendet werden und wie diese verfügbar gemacht werden.
Danach folgt eine detaillierte Darstellung der verschiedenen Fälle, die bei einem Zertifi-
katswechsel auftreten.

3.1   Verifikation und Verschlüsselung

Im Falle der Verschlüsselung von Daten wäre ein Szenario, dass im Adressbuch eines E-
Mail Systems die Zertifikate von E-Mail Empfängern gespeichert sind. Beim Versenden
einer E-Mail wird das entsprechende Zertifikat des Empfängers aus dem Adressbuch des
Senders geholt und die Mail mit dem im Zertifikat angegebenen öffentlichen Schlüssel
verschlüsselt. Sofern ein Zertifikat abläuft, würde das System dies vor dem Versand ei-
ner Mail feststellen und versuchen, ein neues Zertifikat für den Empfänger zu erhalten.
Da der Abruf von Zertifikaten üblicherweise ungesichert erfolgt, kann ein so abgerufenes
Zertifikat eigentlich nicht verwendet werden. Dazu wäre mindestens eine Bestätigung des
Zusammenhanges des neuen Zertifikates mit der Person im Adressbuch notwendig.

Prinzipiell wäre eine solche Verknüpfung über der E-Mail Adresse möglich. Hier ergeben
sich aber wiederum Probleme: Einerseits haben viele Personen mehrere E-Mail Adressen,
andererseits werden E-Mail Adressen auch wiederverwendet. Es erscheint also günstig,
die Verknüpfung nicht ausschließlich an dem technischen Datum der E-Mail Adressen
festzumachen.

3.2   Vergleich von Zertifikaten einer Person

Wir gehen nun davon aus, dass eine Person ein neues Zertifikat erhalten hat. Die folgenden
Abschnitte sind nach dem Unterscheidungsgrad der beiden Zertifikate gegliedert. Sie geben
Beispiele für mögliche Ursachen des Wechsels und beschreiben die Auswirkungen, die sich
auf die Verifikation ergeben. Die Reihenfolge der verschiedenen Fälle entspricht den von
links nach rechts gelesenen Blättern in Abb. 2. In jedem Fall hat das neue Zertifikat eine

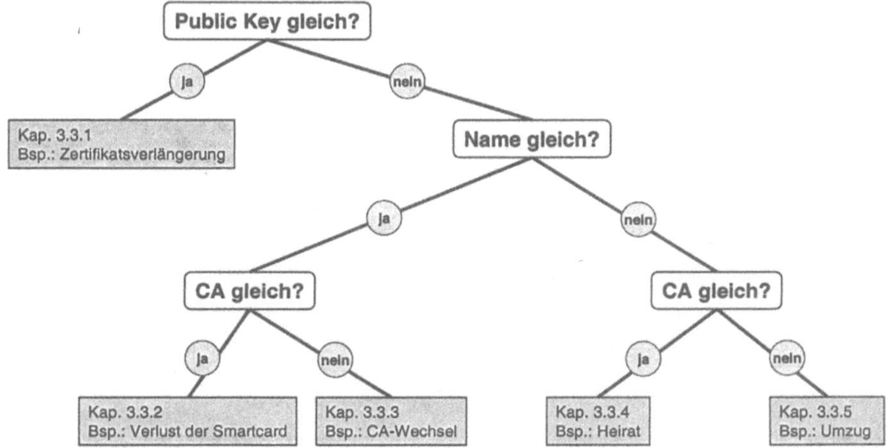

Abb. 2: Vergleich zweier Zertifikate, die derselben Person gehören: Wenn der Public Key sich ändert, wie in den vier rechten Blättern dargestellt, benötigt der Verifizierer zusätzliche Informationen, um die Signatur eindeutig zuordnen zu können.

neue Seriennummer und einen neuen Gültigkeitszeitraum. Es liefert somit immer auch einen neuen Hashwert.

3.2.1 Public Key gleich

Beispiel: Das alte Zertifikat hat sein Ablaufdatum erreicht. Weil die Schlüssellänge und die Algorithmen weiterhin als zuverlässig eingestuft werden, stellt die Zertifizierungsstelle stellt ein neues Zertifikat für den gleichen Schlüssel aus.

Auswirkung auf den Verifizierer: Wenn der Verifizierer seine Datenbank über die Seriennummer des Zertifikates oder dessen Hashwert indiziert, wird er keinen Eintrag finden. Wenn er jedoch den Public Key als Index benutzt, wird er auf das alte Zertifikat stoßen. Entsprechende Software vorausgesetzt, kann der Verifizierer dieses Problem also selbständig lösen.

3.2.2 Public Key neu, Name gleich, CA gleich

Beispiel: Der Schlüsselinhaber hat seine Smartcard verloren.

Auswirkung auf den Verifizierer: Der Verifizierer kann den Unterzeichner in seiner Datenbank finden, wenn er über den Distinguished Name sucht. Die CA muss dazu garantieren, dass sie niemals einen Distinguished Name für zwei verschiedene Personen benutzt. Wenn Hans Müller ausscheidet und einige Zeit später ein anderer Hans Müller der PKI beitritt, muss der neue Hans Müller einen anderen Distinguished Name erhalten. Dies kann beispielsweise durch die Angabe einer Zählnummer (CN=Hans Müller (2)) geschehen. Der Nachteil dieser Nummer ist, dass ein Verifizierer zwar einen Unterschied sieht, die Nummer aber keine nähere Information zur Person des Signierers liefert. Als Alternative wäre denkbar, dass die CA den Distinguished Name nur für ein Jahr (oder einen anderen angemessenen Zeitraum) nach Ausscheiden des ersten Hans Müllers reserviert und ihn danach erneut vergibt. Sie muss ihre diesbezügliche Praxis in ihrer Policy dokumentieren. D-Names, die nur für eine begrentze Zeit an eine Person gebunden sind, erschweren die ohnehin oftmals unübersichtliche Verifikation um einen weiteren Grad.

3.2.3 Public Key neu, Name gleich, CA neu

Beispiel: Der Teilnehmer wechselt zu einer anderen CA, weil diese preisgünstiger ist.

Auswirkung auf den Verifizierer: Der Teilnehmer ist in einen neuen Namensraum eingetreten. Auch wenn der Common Name gleich ist, kann der Verifizierer nicht wissen, ob es sich um dieselbe Person handelt. Um mit kryptographischer Sicherheit zu schließen, dass der Signierer eine bekannte Person ist, sind weitere Maßnahmen notwendig. Wenn der Signierer noch über seinen alten Schlüssel verfügt, könnte er eine Nachricht des Typs "Dies ist mein neuer Schlüssel" senden, die er zweifach unterschreiben müsste: Einmal mit dem alten Schlüssel, um Authentizität zu gewährleisten und zum anderen auch mit dem neuen Schlüssel, um zu beweisen, dass er wirklich im Besitz des privaten Schlüssels ist. Diesen Aufwand müsste der Signierer aber mit jedem Kommunikationspartner betreiben. Wir schlagen in Kap. 4 einige Alternativen vor.

3.2.4 Public Key neu, Name neu, CA gleich

Beispiel: Der Signierer hat geheiratet. Wegen des geänderten Namens hat er ein neues Zertifikat beantragt.

Auswirkung auf den Verifizierer: Der Verifizierer hat ohne zusätzliche Informationen keine Möglichkeit das alte mit dem neuen Zertifikat in Verbindung zu bringen. Die Ausführungen von Kap. 3.2.3 gelten entsprechend.

3.2.5 Public Key neu, Name neu, CA neu

Beispiel: Der Signierer ist umgezogen. Durch das geänderte Location-Attribut in seinem D-Name hat er ein neues Zertifikat beantragt. Durch den Ortswechsel, ist er zu einer anderen CA gewechselt.

Auswirkung auf den Verifizierer: Hier gilt das unter Kap. 3.2.4 gesagte.

4 Verknüpfung digitaler Identitäten

Die Ausführungen des letzten Kapitels haben gezeigt, dass der Wechsel des Zertifikats ein Vorgang ist, der in jeder PKI routinemäßig auftritt. Wir suchen nun nach einer Möglichkeit, das Vertrauen, welches das alte Zertifikat erworben hat, auf das neue Zertifikat zu übertragen. Wir werden in diesem Kapitel zeigen, wie Vertrauen bidirektional zwischen den Zertifikaten übertragen werden kann. Wir untersuchen ferner, inwieweit dafür ein neuer Dienst notwendig ist oder ob es Alternativen zur doch recht aufwendigen Etablierung eines neuen Dienstes gibt.

4.1 Rückwärtsverknüpfung

Als Ausgangspunkt betrachten wir eine signierte Nachricht, die einem Verifizierer vorliegt. Die gängigen Nachrichtenformate [15, 12, 4, 2] fügen einer signierten Nachricht entweder das Zertifikat bei, oder sie benutzen einen Verweis der Form *(issuer, serialnumber)* um es eindeutig zu referenzieren. Im zweiten Fall kann der Verifizierer über einen Verzeichnisdienst auf das Zertifikat zugreifen[3]. Wenn der Verifizierer nun feststellt, dass er dieses Zertifikat nicht kennt, möchte er nun wissen, ob er wirklich das erste Mal mit dem Besitzer des Zertifikates in Kontakt tritt oder ob er ihn unter einer anderen digitalen Identität bereits kennt. Wir nennen die Möglichkeiten, mit denen ihn das System dabei unterstützt, *Rückwärtsverknüpfungen*, denn es wird vom neuen Zertifikat auf das alte geschlossen. Bevor wir auf die Lösungsmöglichkeiten eingehen, definieren wir noch den Begriff der *Vorwärtsverknüpfung*.

4.2 Vorwärtsverknüpfung

Als Ausgangspunkt betrachten wir nun einen Sender, der eine verschlüsselte Nachricht senden möchte, dabei aber feststellt, dass das Zertifikat, welches er bis jetzt dazu benutzt hat, nicht mehr anwendbar ist. Er wird nun versuchen, ausgehend von dem ihm bekannten Zertifikat, das neue Zertifikat des Empfängers zu suchen. Wir nennen dies eine *Vorwärtsverknüpfung*, denn sie verbindet die Vergangenheit mit der Zukunft.

4.3 Verknüpfungsdienst

4.3.1 Funktionsweise

Der Verknüpfungsdienst (Abb. 3) behandelt sowohl Rückwärts- als auch Vorwärtsverknüpfungen. Man kann ihn sich als eine Datenbank vorstellen, die den Hashwert eines Zertifikates als Eingabe erwartet und mit einer signierten Sequenz von Hashwerten antwortet. Jeder Hashwert wurde aus einem Zertifikat errechnet. Der Verknüpfungsdienst garantiert durch seine digitale Signatur, dass alle Zertifikate der selben Person gehören. Die Sequenz ist niemals leer, da sie mindestens den Hashwert enthält, der als Eingabe gedient hat. Um korrekt arbeiten zu können, arbeitet er mit allen Zertifizierungsstellen, deren Zertifikate in seiner Datenbank vorkommen, zusammen.

Alternativ könnte der Dienst auch auf der Basis von Distinguished Names (D-Names) arbeiten. In diesem Fall würde er einen D-Name als Eingabe erwarten und mit einer signierten Sequenz von D-Names antworten. Diese Variante würde auch funktionieren, setzt jedoch voraus, das niemals zwei PKIs existieren, welche den selben Namensraum beanspruchen. Wenn PKIs nicht zentral registriert werden, ist das letztere aber durchaus möglich. Die hashende Variante entspricht daher mehr der Struktur eines (weitgehend) unkontrollierten Netzes.

Gleichzeitig wird durch hashen auch das Problem der Wiederverwendung von Namen gelöst: Darf eine Zertifizierungsstelle den Namen Meyer erneut vergeben, nachdem alle ehemaligen Zertifikatsbesitzer mit diesem Namen ausgeschieden sind? Wenn sie dies darf, dann würde es einen D-Name geben, der mit einem zeitlichen Versatz an zwei verschiedene Personen gebunden ist. Im anderen Fall würden die häufigen Namen stets mit neuen

---

[3]Das deutsche Signaturgesetz sieht vor, dass der Inhaber eines Zertifikates dessen Abrufbarkeit über den Verzeichnisdienst untersagen kann. Eine Referenz auf solch ein Zertifikat kann daher nicht über den allgemein zugänglichen Verzeichnisdienst aufgelöst werden. Im Extremfall ist die signierte Nachricht nicht verifizierbar.

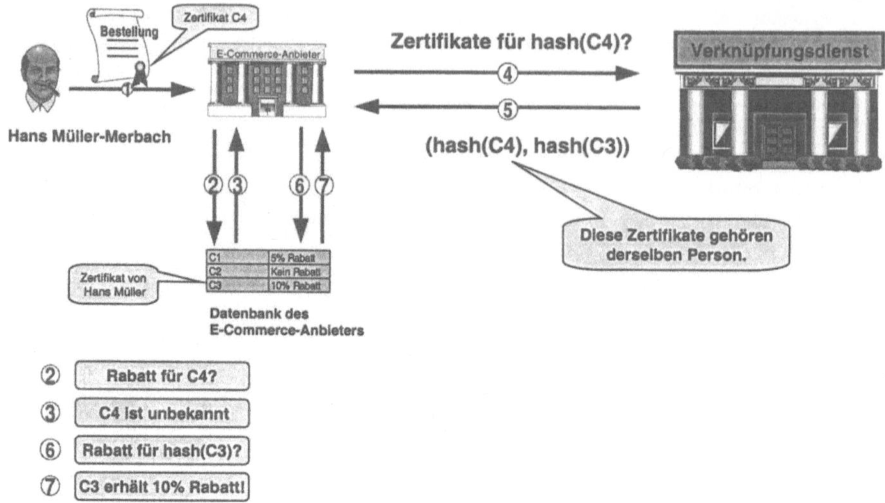

Abb. 3: Der Verknüpfungsdienst am Beispiel eines Verifizierers: Der verifizierende E-Commerceanbieter hasht das ihm unbekannte Zertifikat C_4 und schickt es an den Verknüpfungsdienst. Der Verknüpfungsdienst antwortet mit dem signierten Tupel $(hash(C_3), hash(C_4))$, welches besagt, dass C_3 und C_4 derselben Person gehören. Der E-Commerceanbieter findet nun über C_3 heraus, dass Hans Müller-Merbach Stammkunde ist.

identifizierenden Zusätzen, die für Außenstehende keinen Bezug zur Person haben, versehen werden müssen. Unserer Kenntnis nach ist dieses Problem noch ungelöst. In Bezug auf E-Mailadressen ist es gängige Praxis, dass eine E-Mailadresse nach Ausscheiden eines Mitarbeiters an eine andere Person vergeben wird. Es ist jedoch nicht selbstverständlich, dass sich dies auch auf D-Names übertragen lässt. Mit D-Names und den Zertifikaten, in denen sie benutzt werden, werden Geschäfte getätigt. Das heißt, es entstehen Verpflichtungen, nicht zuletzt auch finanzieller Art. Die Verwendung des Zertifikates als digitale Identität umgeht diese gesamte Problematik der Wiederverwendung von Namen. Hashwerte, denen das gesamte Zertifikat zugrunde liegt, werden praktisch immer verschieden sein, auch wenn in ihnen identische D-Names verwendet werden.

Der hashende Dienst verwaltet nur Hashwerte von Zertifikaten. Es ist also nicht erforderlich, dass er die Inhalte der Zertifikate wirklich kennt. Er hat somit den Vorteil, dass er durch Datensparsamkeit dem Datenschutz dient. Grundlage für den Verknüpfungsdienst ist das Vertrauen, welches seine Benutzer in ihn setzen. Um die Anzahl der Vertrauen erfordernden Parteien klein zu halten, könnte er auch von einer Zertifizierungsstelle betrieben werden.

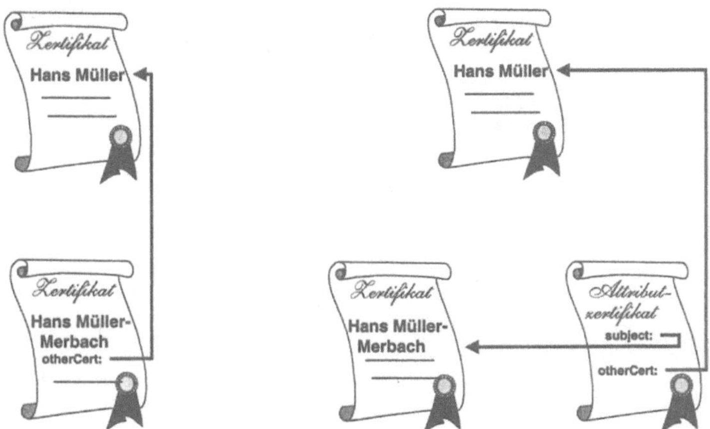

Abb. 4: Zwei Möglichkeiten ein altes (oben) und ein neues (unten) Zertifikat zu verknüpfen: Das neue Zertifikat kann über die Erweiterung `otherCert` einen Verweis auf das alte Zertifikat erhalten (links). Alternativ kann ein Attributzertifikat ausgestellt werden, welches über den Eintrag `subject` auf das Basiszertifikat und durch den Eintrag `otherCert` auf das Vorgängerzertifikat verweist (rechts).

4.3.2 Aufbau des Verknüpfungsdienstes

Damit der Verknüpfungsdienst Informationen über die Verbindung von alten und neuen Zertifikaten führen kann, müssen diese mit diesen Informationen aktiv in diesen Dienst eingebracht werden.

Da diese Verbindung der Zertifikatsinformationen unter der Kontrolle des Endbenutzers stattfinden sollte, wäre eine Möglichkeit, dass der Benutzer eine Liste der äquivalenten Zertifikate seiner Zertifizierungsstelle mitteilt. Es muss natürlich eine Kontrolle eingeführt werden, ob diese Zertifikate wirklich alle zu diesem Teilnehmer gehören oder gehört haben. Dieser Nachweis könnte beispielsweise durch den Vergleich der Zertifikatsanträge geschehen, die üblicherweise mehr Daten als das Zertifikat selbst enthalten. Über die Personalausweisnummer oder Meldebestätigungen und Adressvergleich könnte die Zuordnung der Zertifikate zu einer Person sichergestellt werden. Wenn man davon ausgeht, dass ein Teilnehmer häufig ein neues Zertifikat beantragt, ließe sich zu diesem Zeitpunkt auch das neue Zertifikat zur Liste der alten Zertifikate hinzufügen.

Der Betrieb des Verknüpfungsdienstes kann entweder von verschiedenen Zertifizierungsstellen in Kooperation oder als eigenständige Dienstleistung erbracht werden. Weiterhin ist zu beachten, das die vom Verknüpfungsdienst übermittelten Daten unter Umständen auch zu sperren sein müssen.

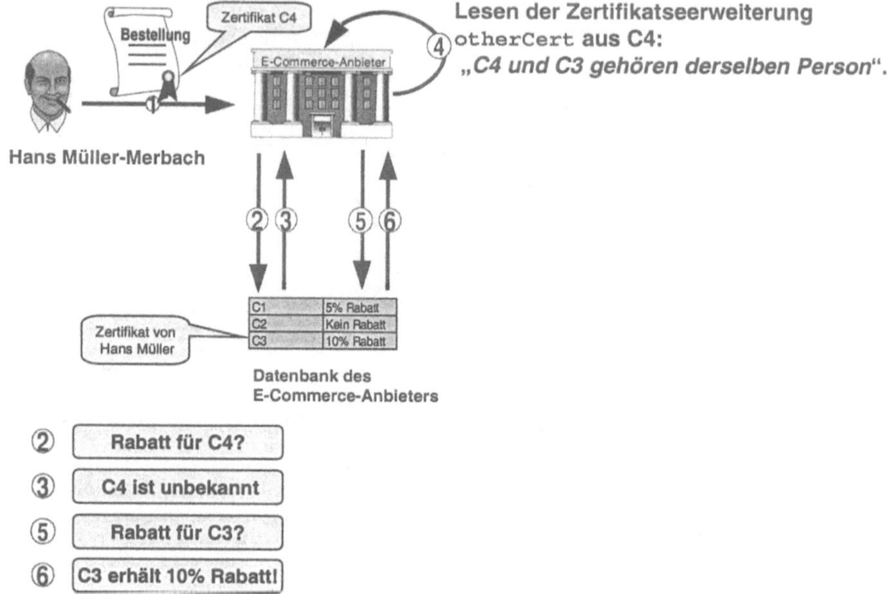

Abb. 5: Arbeiten mit verknüpften Zertifikaten: Das neue Zertifikat C_4 enthält einen Verweis auf das alte Zertifikat C_3, der besagt, dass beide Zertifikate derselben Person gehören. Der E-Commerceanbieter findet über C_3 heraus, dass Hans Müller-Merbach Stammkunde ist.

4.4 Verknüpfung mit Hilfe von Zertifikatserweiterungen

Das Format nach X.509v3 ist sehr flexibel in Bezug auf Zertifikatserweiterungen. Wir definieren nun im neuen Zertifikat eine private Erweiterung otherCert, die eine Referenz auf ein anderes Zertifikat derselben Person enthält (Abb. 4, links). Wie oben beschrieben, eignet sich für solch eine Referenz der Hashwert des Zertifikates. Mit dieser Information kann ein Verifizierer sehr leicht eine Verbindung zu einem ihm bekannten Zertifikat herstellen (Abb. 5): Er sieht das neue Zertifikat, stellt fest, dass es ihm unbekannt ist und entnimmt die Referenz auf das alte. Er durchsucht nun seine lokale Datenbank, um zu sehen, ob ihm ein Zertifikat mit dieser Referenz bekannt ist.

Einem Verschlüsseler nützt dieser Verweis nichts, denn seine Ausgangsbasis ist das alte Zertifikat. Ihm können aber Attributzertifikate weiterhelfen, die im nächsten Abschnitt beschrieben werden.

4.5 Verknüpfung mit Hilfe von Attributzertifikaten

Ein Attributzertifikat verbindet eine Menge von Schlüssel-Wert-Paaren mit einem bereits existierenden Basiszertifikat, das durch seinen Hashwert oder durch die Angabe des Ausstellers und der Seriennummer referenziert wird. Die Bindung dieser Parameter wird durch die Unterschrift einer Zertifizierungsstelle beglaubigt. Der Herausgeber des Attributzertifikates kann sich vom Herausgeber des Basiszertifikates unterscheiden. Beispielsweise könnte ein Arzt ein Attributzertifikat besitzen, das ihn als Arzt ausweist und welches von der Ärztekammer ausgestellt ist.

Diesen Mechanismus verwenden wir nun, um Basiszertifikate zu verknüpfen (Abb. 4, rechts). Das Attributzertifikat verweist immer auf das neue Zertifikat (*Hans Müller-Merbach*). Wir verwenden die oben definierte Erweiterung `otherCert`, um in das Attributzertifikat einen Verweis auf das alte Zertifikat (*Hans Müller*) einzubetten.

Die Erweiterung `otherCert` kann somit sowohl in einem Basiszertifikat als auch in einem Attributzertifikat benutzt werden. Ein Attributzertifikat hat den Vorteil, dass es von einer anderen Instanz ausgestellt werden kann.

Bei beiden Lösungen ist noch offen, wie die neuen Zertifikate von einem Sender zum Verschlüsseln benutzt werden können. Der Sender kennt nur das alte Zertifikat, welches keinen Verweis auf das später erstellte neue Zertifikat enthalten kann. Wir schlagen dazu vor, unter dem alten Namen ein Attributzertifikat im Verzeichnisdienst abzulegen, welches die beiden Zertifikate verknüpft.

5 Zusammenfassung

Wir haben gezeigt, dass die Persistenz der digitalen Identität wünschenswert ist. Sowohl Anbieter als auch Kunden im elektronischen Handel können sich so gegenseitig über den Wechsel von Zertifikaten hinaus erkennen. Damit können sie auf der Basis von bereits aufgebautem Vertrauen handeln.

Global eindeutige Bezeichner könnten das Problem der Persistenz lösen, allerdings müsste dieser Bezeichner künstlich erzeugt und aufwendig verwaltet werden. Die üblichen, häufig mit Personen in Verbindung gebrachten Attribute wie etwa Namen, Firmenbezeichnungen oder Adressen sind alle prinzipiell veränderlich und daher nicht als Elemente eines global eindeutigen und über die Zeit stabilen Bezeichners geeignet. Zusätzlich wirft die Verwendung von global eindeutigen Bezeichnern erhebliche datenschutzrechtliche Bedenken auf, da über diesen Bezeichner die Zusammenführung von personenbezogenen Datenbeständen leicht möglich ist.

In diesem Papier wurde beschrieben, wie das Problem der Persistenz auch ohne global eindeutigen Bezeichner gelöst werden kann. Wir verwenden Zertifikate als digitale Identität, die einer Person zugeordnet ist. Beim Wechsel eines Zertifikates ändert sich diese digitale Identität, allerdings wird die neue Identität mit der alten verknüpft. Dadurch ist es anderen Teilnehmern möglich, die neue Identität mit der alten zu verbinden und so auch die neue Identität mit der Person in Beziehung zu bringen.

Die Implementierung der vorgestellten Mechanismen ist sehr einfach und sollte die Anbieter von PKI Komponenten nicht vor Probleme stellen. Die Realisierung dieser Verknüpfungen durch Zertifikatserweiterungen oder Attributzertifikate bietet ein zusätzliches Geschäftsfeld für Zertifizierungsstellen. Es wäre wünschenswert, wenn dieser Mechanismus Gegenstand von Standardisierungsbemühungen werden würde, um seine Auswertbarkeit in möglichst vielen Softwareprodukten zu fördern.

Literatur

[1] ISO/IEC JTC1/SC 21. Draft Amendments DAM 4 to ISO/IEC 9594-2, DAM 2 to ISO/IEC 9594-6, DAM 1 to ISO/IEC 9594-7, DAM 1 to ISO/IEC 9594-8 on certificate extensions. International Telecommunications Union, Geneva, Dezember 1996.

[2] F. Bauspieß, K. Becker, M. Glaus: Schnittstellenspezifikation für die Entwicklung interoperabler Verfahren und Komponenten nach SigG/SigV. Abschnitt A2: Signatur, Version 6.1. Bundesamt für Sicherheit in der Informationstechnik, Juni 1999.

[3] T. Berners-Lee, L. Masinter, M. McCahill: Uniform Resource Locators. Request for Comments 1738, Dezember 1994.

[4] J. Biester, F. Bauspieß, D. Fox: MailTrusT Spezifikation Version 2 – Austauschformat. http://www.darmstadt.gmd.de/mailtrust/, März 1999.

[5] Bundesamt für Sicherheit in der Informationtechnik: Schnittstellenspezifikation zur Entwicklung interoperabler Verfahren und Komponenten nach SigG/SigV – Abschnitt A1 Zertifikate. http://www.bsi.bund.de/aufgaben/projekte/pbdigsig/main/spezi.htm, April 1999.

[6] CCITT: The directory – authentication framework. Consultation Committee, International Telephone and Telegraph, International Telecommunications Union, Geneva, 1991.

[7] D. Crocker: Standard for the Format of ARPA Internet Text Messages. Request for Comments 822, August 1982.

[8] C. Ellison: SPKI Requirements, RFC 2692. September 1999. http://www.ietf.org/rfc/rfc2692.txt

[9] C. Ellison, B. Frantz, B. Lampson, R. Rivest, B. Thomas, T. Ylonen: SPKI Certificate Theory, RFC 2693. September 1999. http://www.ietf.org/rfc/rfc2693.txt

[10] R. Housley, W. Ford, W. Polk, D. Solo: Internet X.509 Public Key Infrastructure, Certificate and CRL Profile. Request For Comments 2459, Januar 1999.

[11] S. Kille, M. Wahl, A. Grimstad, R. Huber, S. Sataluri: Using Domains in LDAP/X.500 Distinguished Names. Request for Comments 2247, Januar 1998.

[12] RSA Laboratories: Public Key Cryptography Standard #7 (PKCS7): Cryptographic Message Syntax Standard, Mai 1997. Version 1.5.

[13] P. Mockapetris: Domain Names – Concepts and Facilities. Request for Comments 1034, November 1987.

[14] J. Postel: Darpa Internet Program Protocol Specification. Request for Comments 791, September 1981.

[15] B. Ramsdell: S/MIME Version 3 Message Specification. Request For Comments 2633, Juni 1999.

[16] S. Santesson, W. Polk, P. Barzin, M. Nystrom: Internet X.509 Public Key Infrastructure Qualified Certificates Profile. Oktober 1999. ⟨draft-ietf-pkix-qc-02.txt⟩

Ein sicherer, robuster Zeitstempeldienst auf der Basis verteilter RSA-Signaturen

Helo Appel[1] · Ingrid Biehl[1] · Arnulph Fuhrmann[1] · Markus Ruppert[1]
Tsuyoshi Takagi[2] · Akira Takura[3] · Christian Valentin[1]

[1]Technische Universtät Darmstadt
{appel, ingi, afuhr, mruppert, cval}@cdc.informatik.tu-darmstadt.de

[2]NTT Information Sharing Platform Laboratories Düsseldorf
ttakagi@ntt.de

[3]NTT Information Sharing Platform Laboratories Japan
takura@slab.ntt.co.jp

Zusammenfassung

In diesem Beitrag wird ein äußerst zuverlässiger und robuster Zeitstempeldienst vorgestellt. Die verwendeten Kerntechnologien bilden die von Boneh-Franklin [BoFr97] und Frankel-MacKenzie-Yung [FMY98] vorgeschlagenen Protokolle für eine verteilte RSA-Schlüsselerzeugung und ein von Nippon Telegraph and Telephone (NTT) entwickeltes System zur Zeitsynchronisation auf der Basis von ISDN. Dieser Zeitstempeldienst hat besondere Eigenschaften. Er kann durch einen erfolgreichen Angriff auf eine Komponente nicht kompromittiert werden, er arbeitet während der Signierung auch nach dem Versagen einzelner Komponenten korrekt und er besitzt eine sehr zuverlässige Zeitbasis. Im Rahmen eines Gemeinschaftsprojektes zwischen NTT und der Technischen Universität Darmstadt (TUD) wird dieser Zeitstempeldienst derzeit implementiert.

1 Motivation

Zentrale Komponenten von Public Key Infrastrukturen sind Zeitstempeldienste. Ein Zeitstempeldienst versieht ein elektronisches Dokument, das ihm vorgelegt wird, mit dem aktuellen Datum und der aktuellen Uhrzeit und signiert diese Daten. Daher werden Zeitstempeldienste insbesondere von Zertifizierungsstellen (CA) eingesetzt, um den Zeitpunkt der Vorlage von Dokumenten oder öffentlichen Schlüsseln bei der CA sowie den Gültigkeitszeitraum von Zertifikaten festzulegen. Zeitstempeldienste lassen sich aber auch für die Nichtabstreitbarkeit von elektronisch geschlossenen Verträgen und Notariatsdiensten sowie für den Nachweis der zeitlichen Korrektheit und damit der Urheberschaft von digitalen Dokumenten wie Patentschriften verwenden. Oft werden Zeitstempeldienste von Betreibern von Zertifizierungsstellen angeboten. Ein wichtiges Problem bei der Realisierung eines Zeitstempeldienstes ist die Bereitstellung einer präzisen Zeitquelle, denn der Zeitstempeldienst ist nur dann vertrauenswürdig, wenn die von ihm verwendete Zeit exakt ist. Eine mögliche Lösung für dieses Problem ist die Synchronisation der lokalen Zeit im Computer des Zeitstempeldienstes mit einer Quelle, die die Koordinierte Weltzeit (UTC) [PTB] liefert. Ein solches Synchronisationssystem muß preiswert und dennoch zuverlässig gestaltet sein.

Die Authentizität eines Zeitstempels unter einem elektronischen Dokument muß durch eine Unterschrift des Zeitstempeldienstes oder der veranlassenden Zertifizierungsstelle nachgewiesen werden. Somit hängt die Vertrauenswürdigkeit des ganzen Systems davon ab, daß die dazu verwendeten geheimen Schlüssel vor Zugriffen Unbefugter gesichert sind. Allerdings erfordern das Speichern und die Verwendung solcher privater Schlüssel extreme Sorgfalt und Sicherheitsmaßnahmen. So ist beispielsweise das Trust Center der Deutsche Telekom AG (Telesec) in einem durch bauliche und technische Maßnahmen besonders gesicherten Gebäude untergebracht und die Räume, in welchen Verarbeitungsvorgänge stattfinden, die die privaten Schlüssel der Zertifizierungsstelle benötigen, sind zusätzlich durch dicke Bleiwände gegen Abstrahlung geschützt. Zugangskontrollen, Sicherheitsüberprüfungen des Personals und Evaluierung der verwendeten Komponenten genügen dem nach ITSEC (Information Technology Security Evaluation Criteria) verabschiedeten, hohen Standard für Sicherheit und Zuverlässigkeit E4 [Telesec]. Aus diesen Sicherheitsmaßnahmen resultieren hohe Kosten für den Bau und den Betrieb einer Zertifizierungsstelle.

Eine Lösung dieses Problems kann darin bestehen, daß geheime Schlüssel in mehrere Teile zerlegt werden und räumlich und organisatorisch getrennt aufbewahrt werden. (Tatsächlich benutzen die Wurzel-Instanzen der Zertifizierungsstellen von SET oder Telesec ein fehlertolerantes Secret Sharing Verfahren für die privaten Schlüssel der Zertifizierungsstellen [CertCo, Telesec].) Praktische Erfahrungen zeigen, daß die meisten erfolgreichen Angriffe von Insidern (Mitarbeitern) durchgeführt werden. Secret Sharing Verfahren erschweren solche Angriffe erheblich. Allerdings bringt dieser Ansatz keinen Vorteil, wenn zur Durchführung der Verarbeitungsprozesse, die einen geheimen Schlüssel verwenden, dieser zuerst rekonstruiert und damit in diesem Zeitraum wieder streng gesichert werden muß. Für unsere Anwendung bietet sich daher als Lösung der Einsatz eines verteilten Signatursystems an, in dem alle Instanzen, die in Besitz eines Schlüsselbruchstücks sind (Partial Signing Server) mit Hilfe ihres jeweiligen Bruchstücks partielle Signaturen erzeugen. Diese werden nun zentral zu einer Gesamtsignatur zusammengefügt.

In dieser Arbeit wird ein System für einen kostengünstigen, sehr zuverlässigen Zeitstempeldienst vorgestellt, in dem Zeitsynchronisation mittels ISDN und Signaturen durch ein verteiltes RSA-Signatursystem realisiert werden.

2 Verteilte Erzeugung von RSA-Schlüsseln

Ein verteiltes Signaturverfahren auf dem RSA-Signaturverfahrens aufzubauen, ist vergleichsweise einfach: Ist n ein RSA-Modul, e ein passender öffentlicher Schlüssel, d der dazu gehörende geheime Schlüssel und $d=d_1 + d_2 + d_3$, so genügt es, daß (hier beispielsweise) drei Partial Signing Server jeweils als geheimen Teilschlüssel ein d_i kennen. Eine Nachricht m wird dann signiert, indem jeder Partial Signing Server einen Wert $s_i = m^{d_i} \bmod n$ berechnet und diese Werte zu $s=s_1*s_2*s_3 \bmod n$ zusammengefügt werden. Die Korrektheit der Signatur s kann, wie bei dem RSA-Signaturverfahren gewohnt, dadurch überprüft werden, ob $s^e=m \bmod n$ gilt.

Allerdings stellt sich die Frage, wie der Modul n und die Bruchstücke d_i berechnet werden. Erfolgt dieser Vorgang zentral, ist man wieder mit dem Problem konfrontiert, daß entsprechende, kostspielige organisatorische und bauliche Maßnahmen zum Schutz der geheimen Informationen während dieses Schlüsselerzeugungsschritts getroffen werden müssen. Um dieses Problem zu lösen, haben Boneh und Franklin ein neues Verfahren zur verteilten

Schlüsselgenerierung vorgeschlagen [BoFr97]. Die von ihnen angegebene Methode benötigt keine Vertrauenswürdige Instanz, die die Teilschlüssel produziert und an die Besitzer verteilt.

Die Partial Signing Server, können mit diesem Verfahren gemeinsam Teilschlüssel erzeugen, die zusammengesetzt einen RSA-Schlüssel ergeben. Es ist aber weder für die Verwendung noch für die Erzeugung notwendig, diesen RSA-Schlüssel zusammenzusetzen. Der verteilte RSA-Schlüssel und damit das System werden erst dann unsicher, wenn eine Mehrheit der Partial Signing Server korrumpiert wird.

Das Verfahren von Boneh und Franklin geht allerdings von der Annahme aus, daß die beteiligten Parteien zwar versuchen könnten, Informationen über den geheimen Gesamtschlüssel im Verlauf der Schlüsselerzeugung zu erfahren, aber grundsätzlich nicht versuchen, die Schlüsselerzeugung zu behindern (curious-but-honest). Aufbauend darauf haben Frankel, MacKenzie und Yung [FMY98] den Algorithmus von Boneh-Franklin so modifiziert, daß dieser robust gegenüber einer Minderheit von Saboteuren unter den Partial Signing Servern ist, d.h. es ist möglich, die Instanzen bei der Schlüsselerzeugung zu erkennen, die zu betrügen versuchen. Mit diesem Protokoll lassen sich daher auch verteilte Schlüssel erzeugen, wenn weniger zuverlässige Instanzen beteiligt sind. Leider scheint dieses neue Protokoll mit erheblichem Aufwand verbunden zu sein. Die Erfinder des Verfahrens vermuten, daß eine Schlüsselerzeugung mehrere Tage in Anspruch nehmen wird. Praktische Erfahrungen stehen noch aus.

3 Quellen für Koordinierte Weltzeit

Zur Synchronisation der lokalen Rechnerzeit mit der offiziellen Standardzeit bieten sich verschiedene Quellen an. Die wohl einfachste Lösung bietet das Network Time Protocol (NTP) [Mill92]. NTP kann via Internet benutzt werden, die Güte der Synchronisation hängt jedoch von der Netzauslastung ab. Eine weitere Möglichkeit bietet die Synchronisation über den Langwellensender DCF77 der Physikalisch-Technischen Bundesanstalt [PTB]. Dieser Dienst kann leider nicht weltweit empfangen werden. Eine Alternative dazu ist das Global Positioning System (GPS) des Department of Defence [DoD84]. Die Qualität der Synchronisation über GPS ist abhängig vom Empfang, außerdem kann die Authentizität der Signale nicht überprüft werden. In diesem Projekt wird ein hochverfügbares Zeitstempelsystem entwickelt, das, wie in [TO99] vorgestellt, die RSA-Signatur zusammen mit dem von NTT entworfenen Synchronisationssystem mittels ISDN verwendet. Die Genauigkeit dieser Methode liegt im Bereich von 300 μs und verursacht vergleichsweise geringe Kosten.

4 Architektur eines Verteilten Zeitstempelsystems

Im folgenden wird eine Beschreibung des Verteilten Zeitstempelsystems gegeben. Das System setzt sich zusammen aus den Komponenten Reception Server (RS), mehreren Partial Signing Servern (PSS) und einer Quelle für die Koordinierte Weltzeit (siehe Abb. 1).

Die Uhren des Reception Servers und der Partial Signing Server werden mit Hilfe der von NTT vorgeschlagene Technik über ISDN synchronisiert. Daher ist die maximal zu erwartende Zeitdifferenz zwischen den einzelnen Komponenten bekannt und nachprüfbar.

Alle eingetragenen Klienten des Systems sind beim Reception Server registriert und müssen sich authentifizieren, wenn sie einen Zeitstempel für ein Dokument beantragen. Jeder Antrag besteht aus dem Hashwert des Dokuments und einem Element, das die Gültigkeit des Antrags bestätigt. Wenn der Klient sich authentifizieren konnte, dann wird der Antrag M zu jedem der Partial Signing Server i (hier beispielsweise i = 1,2,3) gesendet.

Jeder der Partial Signing Server besitzt einen Teilschlüssel d_i der verteilten RSA-Signatur, der zuvor mit dem Protokol von Boneh-Franklin (oder Frankel-MacKenzie-Yung) gemeinsam mit den anderen Partial Signing Servern generiert wurde. Der Original-Schlüssel d ist gegeben durch $d=d_1+d_2+d_3$. Für ein ausfallsicheres System kann der RSA-Schlüssel so zerlegt werden, daß die Unterschrift von zwei der drei Partial Signing Server bereits eine gültige Signatur erzeugt. Dieses redundante System ermöglicht es zwar, daß zwei der drei Server den Schlüssel zusammensetzen können, aber keiner der Server allein aus den ihm vorliegenden Informationen den Schlüssel d rekonstruieren kann. Daher kann das System durch einen Angriff auf nur eine Komponente nicht kompromittiert werden.

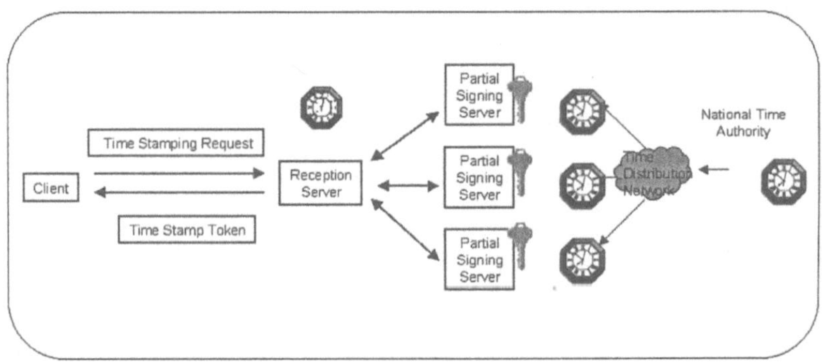

Abb. 1: Struktur des Verteilten Zeitstempelsystems

Wenn der Partial Signing Server i den Antrag M empfängt, dann überprüft er, ob das Datum, das dem Antrag vom Reception Server beigefügt wurde, verglichen mit dem Datum der synchronisierten Server i, innerhalb der vorgegebenen Toleranz liegt. Nur dann wird der Antrag signiert und an den Reception Server zurückgesendet. Falls der Reception Server mindestens zwei teilsignierte Anträge zurück erhält, dann generiert er daraus die Gesamtsignatur des Antrages. Da der Zeiteintrag des Reception Servers von jedem Partial Signing Server überprüft wird, gibt es auch keinen einzelnen Angriffspunkt in dem System, der die Korrektheit des Signierdatums beeinträchtigen könnte.

5 Implementierung

Der vorgeschlagene verteilte Zeitstempeldienst wird zur Zeit an der TUD entwickelt. Eine noch nicht optimierte Implementierung des Protokolls zur Berechnung eines verteilten RSA-Schlüssels im curious-but-honest-Modell nach Boneh und Franklin ist weitestgehend abgeschlossen. Eine Implementierung eines robusten Protokolls wird zur Zeit vorbereitet. Dazu werden Details des in [FMY98] skizzierten Verfahrens ausgearbeitet und Effizienzsteigerungsmöglichkeiten untersucht (siehe Abschnitt 6).

Als Programmiersprache wurde JAVA gewählt, da JAVA verschlüsselte TCP/IP Kommunikation und Multithreading direkt unterstützt. JAVA bietet derzeit als einzige Programmiersprache eine einheitliche Schnittstelle für kryptographische Algorithmen, die Java Cryptographic Architecture (JCA) [Knud, Oaks98]. Verteilte Schlüsselgenerierung, verteiltes Signieren, etc. sollen im Rahmen des Projekts JCA-konform implementiert werden. Dies ermöglicht eine einfache, transparente Verwendung dieser Algorithmen in anderen Applikationen.

Wesentlich für die Effizienz des Protokolls ist die verwendete Ganzzahlarithmetik für große Zahlen. Daher haben wir die in JAVA implementierte Ganzzahlarithmetik für große Zahlen mit der der Bibliothek LiDIA [LiDIA], einer an der TUD weiterentwickelten C++ Bibliothek für Zahlentheorie, verglichen, wobei die Anbindung von LiDIA in JAVA mittels Java Native Interface (JNI) [Gord98] erfolgte. Die Verwendung von LiDIA brachte in einem synthetischen Geschwindigkeitstest eine Laufzeitverbesserung um den Faktor zwei. Erfahrungen innerhalb der Implementierung stehen noch aus, da LiDIA derzeit nicht reentrant ist und deshalb nicht in einer Multithread-Anwendung verwendet werden kann.

5.1 Kommunikation

In der Implementierung wurde eine Trennung der Kommunikationsaufgaben in eine Transportkontrollschicht und eine Protokollsynchronisationsschicht vorgenommen. Die Transportkontrollschicht handhabt hierbei den Verbindungsaufbau und das Versenden von verschlüsselten Datenpaketen zwischen den einzelnen Servern auf Socketebene. Während der Initialisierungsphase baut diese Schicht eine vollvermaschte Kommunikationsstruktur zwischen den beteiligten Serven auf. Somit können sowohl Broadcasts als auch zielgerichteter Datenaustausch zwischen zwei Servern realisiert werden.

Auf der Ebene der Protokollsynchronisationsschicht wird von den zugrundliegenden Kommunikationsstrukturen abstrahiert und es werden einfache Funktionen und eine einheitliche Kommandostruktur zum Datenaustausch und zur Nachrichtensynchronisation zur Verfügung gestellt. Kryptographische Protokolle lassen sich nun leicht mittels der Protokollsynchronisationsschicht implementieren. Diese Einteilung in zwei Ebenen eignet sich demnach sowohl für das Protokoll des Zeitstempeldienstes als auch für die verteilte Schlüsselgenerierung.

5.2 Verteilte Schlüsselgenerierung

Das verwendete kryptographische Protokoll zur verteilten Generierung von RSA-Schlüsseln entspricht dem in [BoFr97] vorgestellten Verfahren. In der Implementierung wurden die in [MaWuBo] beschriebenen Laufzeitoptimierungen des ursprünglichen Protokolls verwendet (z.B. Distributed Sieving , Multithreading).

Die grundlegende Idee bei der verteilten RSA-Schlüssel-Erzeugung besteht darin, daß die Partial Signing Server zwei Primzahlen p und q verteilt bestimmen und deren Produkt n als RSA-Modul öffentlich machen. Dabei sind p und q aber weder öffentlich noch irgendeinem Partial Signing Server bekannt. Dazu werden zwei zufällige Zahlen verteilt gewählt und getestet, ob ihr Produkt ein RSA-Modul ist, d.h. ob beide Primzahlen sind. Die Wahrscheinlichkeit dafür ist allerdings vergleichsweise gering, so daß die Auswahl- und Testverfahren sehr häufig wiederholt werden müssen, bis ein RSA-Modul gefunden wird.

Da bei der verteilten Schlüsselgenerierung eine Synchronisation der einzelnen Protokollabschnitte unumgänglich ist, d.h. jeder Partial Signing Server häufig mit weiteren Berechnungen auf eingehende Nachrichten anderer Partial Signing Server warten muß, bleibt eine erhebliche Menge an Rechenzeit ungenutzt. Um diesen Effekt zu minimieren, werden mehrere, voneinander unabhängige, das RSA-Schlüsselerzeugungs-Protokoll ausführende Threads gestartet.

Dies beschleunigt das Auffinden eines korrekten RSA-Schlüssel erheblich. Dabei ist das inherente Threadkonzept von JAVA von großem Vorteil.

Die Erzeugung des RSA-Schlüssels erfolgt ausschließlich durch die Partial Signing Server. Die einzelnen Berechnungsschritte sind dabei in separaten Modulen implementiert. Dies ermöglicht das leichte Auswechseln oder Einfügen von zusätzlichen oder modifizierten Protokollteilen (z.B. nach einer Optimierung).

5.3 Zeit- und Netzlastmessungen

Um die Parameter der Schlüsselerzeugung variabel zu halten und somit einen breiter gefächerten Überblick über Laufzeitverhalten und Netzlast zu erhalten, wurde ein zentrales, grafisches Benutzerinterface zur Verfügung gestellt, in welchem dem Benutzer die Möglichkeit gegeben wird, die für die Schlüsselerzeugung notwendigen Daten fallspezifisch zu setzen (z.B. Anzahl der an der Schlüsselgenerierung beteiligten Partial Signing Server, Modul-Bitlänge des RSA-Moduls). Vom Manager-Server kann während der Implementierungs- und Testphase sowohl der Start der Schlüsselgenerierung als auch deren vorzeitige Beendigung und ein Abschalten der Partial Signing Server erfolgen. Des weiteren ist die Auswahl einer Teilmenge der Partial Signing Server für die Schlüsselgenerierung aus einer Menge aller verfügbaren Server möglich.

Schlüssellänge	Iterationen	Dauer (sec)	Netzverkehr (Mb)	Anzahl der Threads
768	542	67	1,02	9
1024	1266	207	3,58	9
1536	2277	790	9,94	9
2048	2639	4090	23,69	6

Tab. 1: Messergebnisse aus der verteilten Schlüsselgenerierung mit drei Servern

Zur Performancemessung der noch nicht vollständig optimierten Version wurden drei 500 Mhz Pentium III's, ein 10-Mbit Ethernet-Netzwerk, MS-NT 4.0 mit Service Pack 6 und JDK1.2.2 von SUN benutzt. Die einzelnen Meßwerte aus den Spalten zwei bis vier der Tabelle 1 sind über jeweils 20 Schlüsselgenerierungen gemittelt. In der ersten Spalte stehen die unterschiedlichen Schlüssellängen des Moduls N, für die Messungen durchgeführt worden sind. Die zweite Spalte enthält die Anzahl der Iterationen, welche bis zum Auffinden eines passenden Paares p und q benötigt wurden. In der dritten Spalte ist die Rechenzeit für die Erzeugung des Moduls N eingetragen. Da die Zeit zur Bestimmung der Exponenten e und d vernachlässigbar gering ist, wurde sie hier nicht angegeben. Die Spalte Netzverkehr enthält die Anzahl der empfangenen Bytes pro Server. In der letzten Spalte steht die Anzahl der verwendeten Threads pro Server, deren optimale Werte empirisch bestimmt wurden. So erwies es sich, daß bei einer Schlüssellänge von 2048 Bit die Geschwindigkeit der Berechnungen mit 9 Threads niedriger war als mit 6 Threads.

6 Robuste verteilte RSA-Schlüsselerzeugung

Im Modell von Frankel et al. [FMY98] wird davon ausgegangen, daß möglicherweise einige der Partial Signing Server fehlerhaft arbeiten oder das Protokoll systematisch sabotieren oder gar versuchen, durch geeignete vom Protokoll abweichende Berechnungen und Nachrichtenwahl, Informationen über die Primteiler des RSA-Moduls zu erhalten. Es wird ein Verfahren vorgestellt, das robust ist, d.h. das die Berechnung eines korrekten RSA-Moduls garantiert, über dessen Primteiler auch betrügerische Partial Signing Server im Protokollverlauf keine Information erhalten haben, vorausgesetzt mehr als die Hälfte der Partial Signing Server arbeitet korrekt. Das robuste Protokoll widersteht demnach auch dem Angriff eines Gegners, dem es gelingt, eine Minderheit aller Partial Signing Server unter seine Kontrolle zu bringen.

Aufbauend auf die oben beschriebene, bisherige Implementierung des für das curious-but-honest-Modell geeigneten Verfahrens soll ein robustes RSA-Schlüsselerzeugungsverfahren in den kommenden Monaten implementiert werden. Als ersten Schritt hierzu müssen Detailprobleme des auf einem verhältnismäßig hohen Abstraktionsniveau beschriebenen Protokolls nach [FMY98] geklärt werden. Wir beschreiben einige davon im folgenden:

Das [FMY98] zugrunde gelegte, theoretische Modell der verteilten Berechnung geht von m Partial Signing Server aus, die jeweils paarweise über einen nicht abhörbaren, authentisierten Kanal verbunden sind. Zusätzlich sind die Server an einen gemeinsamen, authentisierten Verteilkanal (broadcast channel) angeschlossen. Diese Forderungen können z.B. mittels geeigneter Verschlüsselungs- und Signaturkomponenten über nicht weiter gesicherte Kommunikationsverbindungen realisiert werden.

Die synchronisierte Abarbeitung des Gesamtprotokolls erfordert, daß jeder Server in jeder Runde sein Protokoll für diese Runde in einem begrenzten Zeitintervall abarbeitet und die vom Protokoll geforderten Botschaften sendet. Bleibt eine Botschaft eines Servers innerhalb eines vorgeschriebenen Zeitraums aus, so wird angenommen, es handelt sich um einen fehlerhaften oder sabotierenden Teilnehmer und er wird von der weiteren Teilnahme am Protokoll ausgeschlossen. Um zu verhindern, daß ein korrekt arbeitender Server fälschlicherweise über diesen Mechanismus von der weiteren Teilnahme ausgeschlossen werden, muß auf die Einteilung des Protokolls in Runden, die Größe des Zeitintervalls und die zeitliche Synchronisation der Server besonderes Augenmerk gelegt werden.

Um ein Protokoll einer verteilten Berechnung robust zu machen, ist es notwendig Kontrollmechanismen in das Protokoll einzuarbeiten, die es erlauben, vom Protokoll abweichendes Verhalten von Servern bzw. den fehlerhaften Server selbst zu identifizieren. Die im Protokoll von Frankel et al. verwendeten Kontrollmechanismen basieren unter anderem auf verifizierbarer Geheimnisaufteilung (Verifiable Secret Sharing) und auf Zero-Knowledge-Beweistechniken. Man kann die Kontrollmechanismen so einsetzen, daß nur abweichendes Verhalten entdeckt wird, der fehlerhafte Server aber anonym bleibt. Alternativ sind Kontrollmechanismen möglich, die zusätzlich erlauben, den fehlerhaften Server zu identifizieren. Je nach Einsatz der Kontrollmechanismen kann die Entdeckung von Fehlern sofort oder später im Laufe des Protokolls erfolgen. Im Vorfeld der Implementierung müssen die Auswirkungen dieser Kontrollmechanismen auf die Effizienz des Protokolls untersucht werden und eine geeignete Auswahl getroffen werden, die den Effizienzbedürfnissen Rechnung trägt.

Erhebliche Teile des in [FMY98] skizzierten Verfahrens müssen in vielen Fällen neu gestartet werden, sobald ein fehlerhaftes oder gar böswilliges Abweichen eines Partial Signing Servers vom Protokoll entdeckt wird. Dies verursacht natürlich erhebliche Effizienzeinbußen. Techniken, die in diesen Fällen den Aufwand verringern, werden derzeit entwickelt.

Mit weiteren Effizienzverbesserungen kann man rechnen, wenn man nur mit weniger als einem Drittel an fehlerhaften oder böswilligen Partial Signing Server rechnen muß. Auch geeignete Verwendung von nicht-robusten Teilprotokollen kann zu Laufzeitgewinnen führen. Die Details solcher effizienteren Protokollvarianten sind allerdings in der Literatur nicht ausgearbeitet und werden derzeit untersucht, um sie anschließend zu implementieren.

Literatur

[BoFr97]   D. Boneh, M. Franklin: Efficient generation of shared RSA keys, Konferenzband Advances in Cryptology – CRYPTO '97, LNCS 1294, 1997, S. 425-439.

[CertCo]   CertCo: Root CertAuthority. http://www.certco.com/

[DoD84]   Department of Defence: World Geodetic System, 1984.

[FMY98]   Y. Frankel, P.D. MacKenzie, M. Yung: Robust Efficient Distributed RSA-Key Generation, Konferenzband STOC 1998, ACM Press, 1998, S. 663-672.

[Gord98]   R. Gordon: Essential Jni: Java Native Interface (Essential Java), Prentice Hall, 1998.

[Knud]   J. Knudsen: Java Cryptography, O'Reilly & Associates Inc, 1998.

[LiDIA]   LiDIA – A Library for Computational Number Theory. http://www.informatik.tu-darmstadt.de/TI/LiDIA/

[MaWuBo]   M. Malkin, Th. Wu, D. Boneh: Experimenting with Shared Generation of RSA keys, Konferenzband Internet Society's 1999 Symposium on Network and Distributed System Security (SNDSS), S. 43-56.

[Mill92]   D.L. Mills: Network Time Protocol (Version 3) specification, implementation and analysis, DARPA Network Working Group Report RFC-1305, University of Delaware, March 1992.

[Oaks98]   S. Oaks: Java Security, O'Reilly & Associates Inc, 1998.

[PTB]   Physikalisch-Technische Bundesanstalt: Darstellung der gesetzlichen Zeit. http://www.ptb.de/deutsch/org/4/43/432/hp.htm

[SET]   MasterCard International Inc. und Visa International: Secure Electronic Transaction (SET), 1997. http://www.setco.org/

[TO99]   A. Takura, S. Ono: A Time Stamping Method with No Single Point of Compromise, Proc. International Conference on Computer Communication 1999, Sep. 1999, I-02-18.

[Telesec]   Telesec, Trust Center der Deutsche Telekom AG. http://www.telesec.de/

Klassifizierung von digitalen Wasserzeichen

Jana Dittmann · Martin Steinebach · Ralf Steinmetz

GMD-IPSI Darmstadt
{jana.dittmann, martin.steinebach, ralf.steinmetz}@gmd.de

Zusammenfassung

Seit Anfang der 90-er Jahre beschäftigt man sich in Industrie und Wissenschaft mit digitalen Wasserzeichen zur Prüfung von Authentizität und Integrität für Mediendaten. Eine Vielzahl von Publikationen und Lösungen sind bereits entstanden. Die existierenden Verfahren sind allerdings anwendungsspezifisch, haben sehr uneinheitliche Verfahrensparameter und teilweise sehr geringe Sicherheitsniveaus.

Um die Verfahren vergleichbar zu machen, werden wir in diesem Beitrag auf der Basis der in der Praxis und Literatur vorgefundenen Verfahren, Konzepte und Ideen ein Klassifikationsschema für Wasserzeichen aufstellen. Zuerst werden wir eine Definition und Terminologie aufstellen sowie generelle Verfahrensgrundlagen erläutern. Aufbauend auf diesen Grundlagen stellen wir eine Klassifikation vor, auf deren Basis eine Unterteilung der Verfahren vorgenommen werden kann. In erster Ebene werden wir nach dem Anwendungsgebiet klassifizieren und in zweiter Ebene nach den Verfahrensmerkmalen. Diese dienen als Qualitätsparameter, um einen Vergleich der Verfahren zu ermöglichen. Weiterhin diskutieren wir Angriffsmöglichkeiten.

1 Grundlagen digitaler Wasserzeichen

1.1 Definition und Terminologie

Unter einem digitalen Wasserzeichen verstehen wir ein transparentes, nicht wahrnehmbares Muster, welches in das Datenmaterial (Bild, Video, Audio, 3D-Modelle) mit einem Einbettungsalgorithmus unter Verwendung eines geheimen Schlüssels eingebracht wird.

Jeder Wasserzeichenalgorithmus besteht in Analogie zur Steganographie aus:

- Einem Einbettungsprozeß E: Watermark Embedding,
- Einem Abfrageprozeß/Ausleseprozeß R: Watermark Retrieval.

Der *Einbettungsprozeß E* fügt die Wasserzeicheninformation W (Watermark Message) in das Datenmaterial C (Cover/Carrier oder auch Original) ein, zum Beispiel in ein Bild, und es entsteht das Datenmaterial mit einem Wasserzeichen C_W (Watermarked Cover/Carrier). Man spricht auch davon, daß eine Markierung aufgebracht wird. Da steganographische Verfahren und somit auch Wasserzeichenverfahren symmetrisch sind, muß ein Sicherheitsparameter K benutzt werden, damit das Wasserzeichen nicht von Angreifern manipuliert oder gelöscht werden kann. Das Verfahren selbst langfristig geheim zu halten, erweist sich als schwierig. Deshalb wird ein geheimer Schlüssel K benutzt, von dem das Wasserzeichen abhängt.

$$C_W = E(C, W, K) \tag{1}$$

In der Praxis benötigen die Verfahren meist weitere zusätzliche Parameter wie Wasserzeichenstärke oder Initialisierungswerte. Da bisherige Verfahren auf steganographischen Verfahren aufbauen, die symmetrisch arbeiten, kann nur unter Nutzung des gleichen Verfahrens und des passenden Schlüssels der *Abfrageprozeß R* die Informationen aus dem Datenmaterial wieder auslesen:

$$W=R(C_W, K) \tag{2}$$

Der Abfrageprozeß bekommt das Watermarked Cover sowie den geheimen Schlüssel übergeben und gibt die Wasserzeicheninformation aus. Da Wasserzeichen aus dem Datenmaterial nicht entfernbar sein sollen, kann mit dem Abfrageprozeß R auch bei Kenntnis des Schlüssels das Original nicht wieder hergestellt werden. Die Wasserzeicheninformation kann lediglich ausgelesen, auf das Original kann jedoch nicht geschlossen werden. Abhängig vom konkreten Wasserzeichenverfahren werden meist statistische Analysen wie Korrelations- oder Hypothesentests im Abfrageprozeß *R* durchgeführt, die feststellen, ob die Information, die durch *E* eingebracht wurde, im Datenmaterial C vorhanden ist. *R* nutzt dabei die Regeln von *E*, wo und wie das Wasserzeichen eingebracht wurde. Manche Verfahren benötigen neben dem Prüfmaterial das Original, so daß ein dritter Parameter *C* hinzukommen kann

Wir schlagen folgende Definition und Terminologie vor:

Ein nicht wahrnehmbares Wasserzeichen stellt ein transparentes, nicht-wahrnehmbares, Muster dar, welches in das Datenmaterial eingebracht wird. Dieses Muster wird dazu benutzt, entweder das Vorhandensein einer Kennzeichnung anzuzeigen oder Informationen zu codieren. Das Wasserzeichenverfahren nutzt geheime Informationen, wie zum Beispiel Schlüssel, und besteht aus einem Einbettungsprozeß und einem Abfrageprozeß. Das Wasserzeichenmuster ist meist ein Pseudorauschmuster und codiert die Wasserzeicheninformation.

Das eingebrachte Muster repräsentiert die eingebrachte Information. Typischerweise kann das Muster folgende Informationen darstellen:

- Identifizierung des Urhebers über ein Schlüssel abhängiges Muster, d.h. der Nachweis der Urheberschaft wird über das Vorhandensein und die Existenz des Wasserzeichenmusters angezeigt und somit der Urheber identifiziert.
- Codierung von Informationen, meist binär codiert, im Allgemeinen von:
  - Urheberdaten, zur Kennzeichnung der Urheberrechte,
  - Kundendaten, zur Kennzeichnung legaler und zur Verfolgung illegaler Kopien, oder
  - jeder Art von beschreibenden Daten (Metadaten).

Da es sich um öffentlich bekannte Wasserzeichenverfahren handelt, wird bei textuellen Wasserzeichen der einzubringende Bitstrom vor dem Einbetten in das Cover mit dem geheimen Schlüssel kodiert, um Angriffe zu erschweren.

1.2 Verfahrensgrundlagen

Prinzipiell basieren Wasserzeichenverfahren auf den beiden steganographischen Vorgehensweisen:

- **substitutionale Steganographie**: Ersetzen einer verrauschten oder für das Auge bzw. Gehör nicht wahrzunehmenden Komponente des digitalen Materials durch eine meist verschlüsselte geheime Nachricht.

- **konstruktive Steganographie**: nicht durch Ersatz von Rauschkomponenten eingefügt, sondern durch Nachbildung von Signalen, basierend auf dem Modell des Originalgeräuschs.

Verfahren auf Basis von konstruktiver Steganographie sind geeigneter, um Robustheit und Sicherheit zu erreichen, da das Wasserzeichen die Originaldaten lediglich leicht abändert und modelliert, ohne komplette Ersetzungen zu erzwingen. Für beide Anwendungsfälle existieren bisher Verfahren, die auf zwei generellen Techniken beruhen, um die Wasserzeicheninformation einzubringen:

- man modifiziert direkt im Datenmaterial, beispielsweise im Bildbereich (spatial domain) auf den Farb- und Helligkeitskomponenten, wodurch man auch von Bildraumverfahren spricht, oder

- man führt Transformationscodierungen durch, wie beispielsweise eine DCT (Discrete Cosine Transform, Diskrete Cosinus Transformation), FFT (Fast Fourier Transform) oder DWT (Discret Wavelet Transform), und bringt die Information in die transformierten Komponenten des Datenmaterials ein, wobei danach wieder zurücktransformiert wird. Diese Verfahren werden als Frequenzraumverfahren bezeichnet.

Die Wasserzeicheninformation wird meist in ein Zufalls-Rauschsignal (pseudo-noise signal) transformiert, welches signal-adaptiv oder nicht-signal-adaptiv ist, je nachdem, wie der Wahrnehmungsaspekt berücksichtigt wird. Das Zufalls-Rauschsignal ist meist entweder binär, Gauss oder uniform verteilt. Um das Wasserzeichen transparent einbetten zu können, wird meist auf wahrnehmungspsychologische Modelle zurückgegriffen.

Im Falle substitutionaler Steganographie wird analysiert, welche Komponenten im Datenmaterial vorhanden sind. Anschließend werden in geeignet ausgewählten Positionen die Ursprungsdaten mit der transformierten Wasserzeicheninformation ersetzt. Die Markierungspositionen werden meist pseudozufällig über den benutzten Schlüssel bestimmt. Da Rauschkomponenten bei der Kompression abgeschnitten werden können, muß man, um Robustheit gegenüber Kompression zu erlangen, das Wasserzeichen in solchen Rauschkomponenten einfügen, die gerade nicht mehr von der Kompression eliminiert werden, aber gleichzeitig auch nicht wahrgenommen werden können. Eine Annäherung an den wahrnehmbaren Bereich unter Beachtung von Sichtbarkeits- bzw. Hörbarkeitseigenschaften erfolgt hierbei zur Optimierung der Robustheit gegenüber Kompression.

Konstruktive Steganographie dagegen modifiziert das Original. Es treten im Allgemeinen weniger Probleme bei Kompression auf. An bestimmten Teilbereichen des Datenmaterials, den Markierungspunkten, werden Modifikationen vorgenommen, die die Semantik des Originals nicht zerstören dürfen. Eingebracht wird die mit dem Schlüssel verschlüsselte Wasserzeicheninformation. Um das Wasserzeichen auszulesen, muß die erzeugte Veränderung gemessen werden.

Um bei beiden steganographischen Vorgehensweisen Robustheit, z.B. gegen Ausschnittbildung, zu erreichen, wird die einzubringende Information redundant eingebracht, so daß in Teilbereichen immer noch die komplette Information vorliegt. Zur Toleranz gegen auftretende Fehler können fehlerkorrigierende Codes eingesetzt werden.

Heutige Wasserzeichenverfahren bieten im Allgemeinen zwei Alternativen: wird das Original im Abfrageprozeß verwendet, erfolgt zuerst eine Subtraktion des Originals vom zu überprüfenden Datenmaterial, und anschließend wird der Abfrageprozeß gestartet. Wird das Original nicht verwendet, erfolgt sofort der Abfrageprozeß. Wurde ein spezifisches Rauschmuster eingebracht und stimmt das ausgelesene Muster mit dem eingebrachten überein, kann der Urheber nachgewiesen werden. Wurde statt dessen ein binärer Text eingebracht, wird, falls ein fehlerkorrigierender Code verwendet wurde, zuerst die Fehlerkorrektur vorgenommen. Anschließend erfolgt die Entschlüsselung mit dem geheimen Schlüssel und die Wasserzeicheninformation wird ausgegeben. Identifikationsproblem des Urhebers und Copyrightinfrastukturen sind nicht Schwerpunkt unserer Diskussion, bilden aber neben der technischen Sicherheit der Wasserzeichenverfahren wesentliche Voraussetzung für die Anwendbarkeit.

1.3 Verfahrensparameter

Jede Wasserzeichentechnik hat bestimmte Eigenschaften, welche von der Applikation abhängig sind. Als wichtigste Eigenschaften eines Wasserzeichenverfahrens betrachten wir:

- **Robustheit:**
  Die eingebrachte Wasserzeicheninformation W (Watermark Message) ist robust, wenn die Information zuverlässig aus dem Datenmaterial ausgelesen werden kann, auch wenn das Datenmaterial modifiziert (aber nicht vollständig zerstört) wurde. Robustheit bezeichnet somit die Widerstandsfähigkeit der in ein Datenmaterial eingebrachten Wasserzeicheninformation gegenüber zufälligen Veränderungen des Datenmaterials oder Medienverarbeitungen. Robustheit beinhaltet keine Angriffe, die auf der Kenntnis des Einbettungs- und Abfrageprozesses basieren (siehe Parameter Security), sondern steht für die Resistenz gegen blinde, d.h. nicht gezielte Modifikationen, allgemeine Operationen auf dem Datenmaterial oder gegenüber Fehlern bei der Datenübertragung.

- **Nicht-Detektierbarkeit:**
  Die einzubringende Information ist nicht detektierbar, wenn das Datenmaterial mit der eingebrachten Wasserzeicheninformation konsistent zu dem Ursprungsdatenmaterial ist. Wenn z.B. ein Wasserzeichenverfahren die Rauschkomponenten des Bildes benutzt, um die Wasserzeicheninformation einzubringen, dürfen keine statistisch signifikanten Änderungen im Cover entstehen. Falls ein Angreifer ungefähr auf das Original schließen kann, ist er in der Lage, die Präsenz eines Wasserzeichens zu bestimmen.

- **Nicht-Wahrnehmbarkeit:**
  Diese Eigenschaft bezieht sich auf die Eigenschaften des menschlichen Wahrnehmungssystems. Die eingebrachte Information W ist nicht wahrnehmbar und somit transparent, wenn ein durchschnittliches Seh- bzw. Hörvermögen nicht zwischen markiertem Datenmaterial und Original unterscheiden kann. Zur Prüfung der Nicht-Wahrnehmbarkeit sind genormte Subjektive Wahrnehmungstests verfügbar.

- **Security:**
  Der Wasserzeichenalgorithmus wird als sicher (secure) eingestuft, wenn die eingebrachte Information nicht zerstört, aufgespürt oder gefälscht werden kann, wobei der Angreifer volle Kenntnis des Wasserzeichenverfahrens hat, ihm mindestens ein markiertes Datenmaterial vorliegt, ihm jedoch der geheime Schlüssel unbekannt ist. Die Eigenschaft Security beschreibt im Gegensatz zur Robustheit die Sicherheit gegen gezielte (nicht-blinde) Angriffe auf das Wasserzeichen selbst. Beispielsweise darf es nicht möglich werden, Fälschungen anzufertigen. Kann bei bei Doppelt- oder Mehrfach-Markierung nicht auf den

rechtmäßigen Urheber geschlossen werden, so ist das Verfahren nicht sicher gegen Invertierungs- oder IBM Angriffe. Konstruiert man ein Wasserzeichen, das vom Original abhängt, kann dieses Problem gelöst werden. Unter den Securityaspekt fällt auch die Möglichkeit von Koalitionsangriffen, wenn mehrere Kopien eines Originals mit unterschiedlichen Wasserzeicheninformationen vorliegen. Relevant ist das vor allem bei kundenspezifischen Kopien, den digitalen Fingerabdrücken als Spezialfall der Wasserzeichen. Innerhalb des Securityaspektes spielt auch die Frage nach der Fehlerkennung eine Rolle, ob ein Wasserzeichen ausgelesen werden kann, obwohl keine Wasserzeicheninformation eingefügt wurde.

- **Komplexität:**
  Beschreibt den Aufwand, der erbracht werden muß, die Wasserzeicheninformation einzubringen und wieder auszulesen. Bedeutend ist dieser Parameter bei Echtzeitansprüchen. Der Parameter beschreibt außerdem, ob zum Auslesen der Markierung im Abfrageprozeß das Originalbild verwendet werden muß oder nicht.

- **Kapazität:**
  Dieser Parameter mißt, wieviel Informationen in das Original eingebracht werden können und wieviel Wasserzeichen parallel im Datenmaterial zugelassen bzw. möglich sind.

- **Geheime/öffentliche Verifikation:**
  Dieser Parameter sagt aus, ob nur der Urheber oder eine dedizierte Personengruppe das Wasserzeichen aufdecken können (geheim) oder ob die Verifikation öffentlich erfolgen kann bzw. soll. Da digitale Wasserzeichen auf steganographischen Verfahren beruhen und diese symmetrisch arbeiten, ist es sehr schwer, ein sicheres öffentliches Wasserzeichen zu konstruieren. Der verwendete Schlüssel muß bei der Abfrage als Eingabeparameter verwendet werden. Wird er öffentlich bekannt, kann das Wasserzeichen zerstört oder manipuliert werden. Damit er geheim bleibt, werden sichere öffentliche Blackbox-Wasserzeichendetektoren verwendet.

Die aufgeführten Parameter an Wasserzeichenverfahren konkurrieren miteinander und können meist nicht zur selben Zeit optimiert werden.

2 Klassifizierung der Wasserzeichen

In der Literatur finden wir sehr unterschiedliche Wasserzeichenansätze. Um sie vergleichen zu können, schlagen wir als erstes Klassifikationsmerkmal das Anwendungsgebiet, d.h. eine Unterscheidung nach der Art der eingebrachten Information, vor. Innerhalb dieses Klassifikationsmerkmals werden wir die Verfahren in zweiter Ebene nach den optimierten Verfahrensparametern unterteilen.

2.1 Klassifikation erste Ebene: Anwendungsgebiet

Für die Vielzahl existierender Wasserzeichenverfahren identifizieren wir folgende Anwendungsgebiete:

- **Verfahren zur Urheberidentifizierung (Authentifizierung):**
  Robust Authentication Watermark
  Autoren, Urheber, Produzenten etc. fügen in das Datenmaterial eine eindeutige Markierung ein, um die Urheberschaft oder das Copyright zu sichern. Der Urheber verwahrt das

Original und verbreitet das markierte Datenmaterial mit dem Urheber- oder Copyrightvermerk.

- **Verfahren zur Kundenidentifizierung (Authentifizierung):**
  Fingerprint Watermark
  Wird das Datenmaterial an unterschiedliche Personen ausgeliefert, will man häufig ein kundenspezifisches Merkmal in das Datenmaterial integrieren, um einerseits legale Kunden zu identifizieren und andererseits illegale Kopien zum Verursacher zurückverfolgen zu können (traitor tracing). Es werden sogenannten Fingerabdrücke, eindeutige Kundenidentifizierungen, in das Datenmaterial eingefügt.

- **Verfahren zur Annotation des Datenmaterials:**
  Caption Watermark, Annotation Watermark
  Mit dieser Markierung können Beschreibungen zum Datenmaterial, wie Szenen- und Verwendungsbeschreibungen, aber auch Lizenzhinweise usw. in das Datenmaterial selbst eingebracht werden.

- **Verfahren zur Durchsetzung des Kopierschutzes oder Übertragungskontrolle:**
  Copy Control Watermark, Broadcast Watermark
  Diese Markierung dient dazu, daß eine Applikation entscheiden kann, ob das Datenmaterial angeschaut und/oder kopiert werden darf.

- **Verfahren zum Nachweis der Unversehrtheit (Integritätsnachweis):**
  Integrity Watermark oder Verification Watermark
  Als Wasserzeichen können Informationen in das Bild eingebracht werden, die erlauben festzustellen, ob das Datenmaterial manipuliert worden ist oder ob bestimmte Zusatzinformationen zum Datenmaterial korrekt sind. Wichtig ist, daß die Wasserzeicheninformation die Semantik des Datenmaterials widerspiegelt. Diese Art von Wasserzeichen werden auch als unsichtbar-zerbrechliche Wasserzeichen bezeichnet. Bei einem Verification Watermark können auch Umstände oder weitere Eigenschaften des Datenmaterials als Wasserzeichen integriert werden, die später verifiziert werden sollen.

2.2 Klassifikation zweite Ebene: Verfahrensparameter

Die Klassifikation in erster Ebene unterteilen wir in einer zweiten Ebene nach den Verfahrensparametern. Aus den in der Literatur vorgefundenen Verfahrensparameter definieren wir die für uns wichtigsten:

(1) Nach dem Wahrnehmungsaspekt (Sichtbarkeit/Hörbarkeit bzw. Transparenz):

- wahrnehmbare Wasserzeichen,
- nicht-wahrnehmbare Wasserzeichen, adaptive Wasserzeichen, die sich an der Wahrnehmung des Menschen orientieren und entsprechend an das Datenmaterial angepaßte Wasserzeichen aufbringen.

(2) Nach der Robustheit:

- Robust Watermarking,
- Fragile Watermark.

(3) Nach der Verifizierbarkeit der Markierung:

- Geheim, nur vom Markierer oder einer bestimmten Gruppe von Personen (Private Watermarking, manchmal auch als symmetrisches Wasserzeichen bezeichnet).

- Öffentlich (Public Watermarking, manchmal auch als asymmetrisches Wasserzeichen bezeichnet).

(4) Nach der Verwendung des Originals beim Abfrageprozeß:

- Blinde Verfahren (Oblivious Watermarking) benötigen im Abfrageprozeß kein Original: $W=R(C_W, K)$.

- Nicht-blinde Verfahren (Non-oblivious Watermarking) benötigen das Original, sie werden in der Literatur teilweise auch als private Verfahren bezeichnet, da bei Verwendung des Originals Geheimhaltung gefordert ist. Um die Verwechslung mit der Art und Weise der Verifizierbarkeit zu vermeiden, wird von dieser Terminologie Abstand genommen und der Begriff nicht-blind benutzt: $W=R(C, C_W, K)$.

(5) Nach der Kapazität

- Einbringen von Mustern.

- Einbringen von Text.

(6) Nach der Abhängigkeit vom Original (Invertierbarkeit)

- Einbringen von Wasserzeichen, die vom Original abhängen, so daß Nicht-Invertierbarkeit entsteht .

- Einbringen von Wasserzeichen, die nicht vom Original abhängen, diese Schemen sind meist invertierbar, wenn zum Beispiel keine Zeitstempel benutzt werden.

2.3 Attacken

In der Literatur werden eine Reihe von Angriffen auf Wasserzeichenverfahren beschrieben, folgende Klassifizierung der Angriffe nehmen wir vor:

- Angriffe auf die Robustheit,

- Angriffe auf die Eindeutigkeit des Urhebers,

- Angriffe auf das Wasserzeichen selbst,

- Angriffe auf die Übertragbarkeit des Wasserzeichens auf andere Dokumente,

- Angriffe auf unterschiedliche Kopien.

Gleichzeitig besteht eine starke Wechselwirkung zwischen Robustheit zur Urheberidentifizierung und Manipulationserkennung, so daß es schwierig wird, neben Authentizität gleichzeitig Integrität nachzuweisen.

a) Robustheit

Wie wir im vorherigen Kapitel deutlich gemacht haben, bestimmen heute vor allem drei Parameter die Wasserzeichenverfahren:

- Wahrnehmbarkeit: verursachter visueller oder akustischer Qualitätsverlust durch das Wasserzeichen.

- Kapazität: Einzubringende Datenrate/Informationsgehalt des Wasserzeichens.

- Robustheit des Wasserzeichens.

Die Verfahren für digitale Wasserzeichen für Bild- und Tonmaterial gewinnen stetig an Robustheit. Ein Robustheitstest für Bilddatenverfahren sowie in ähnlicher Weise auch für Audioverfahren kann mit dem StirMark Angriff von Petitcolas, Anderson und Kuhn [PAK98, PeAn98] durchgeführt werden. Sie führen eine Kombination von geometrischen Transformationen in Verbindung mit Kompression durch, die einer Digital-Analog-Wandlung und Analog-Digital-Wandlung gleichkommt.

Die schwerwiegendsten Angriffe sind nicht-lineare Transformationen, leichte Verzerrungen und Dehnungen, wodurch die korrekten Aufsetzpunkte der Abfragealgorithmen der Wasserzeichenverfahren verloren gehen oder nur sehr schwer wieder gefunden werden können. Gerade bei Verfahren, die auf Basis von Transformationscodierungen arbeiten, bedeuten diese kleinen Änderungen sehr starke Abweichungen in der Transformation, wie DCT-Koeffizienten bei der DCT (Discrete Cosine Transform).

Wie wir aus den Testfällen in [DSS98] und [PeAn99] wissen, sind alle bekannten Wasserzeichenverfahren der ersten Generation anfällig für diesen Angriff. Die Wasserzeicheninformation läßt sich meist nicht korrekt auslesen. Besonders betroffen sind die blinden Wasserzeichenverfahren. Im Gegensatz zu den nicht-blinden Verfahren bieten sie keine Möglichkeit, auf der Grundlage des Originalbildes auf die vorgenommenen geometrischen Transformationen zu schließen und automatisch Gegenmaßnahmen einzuleiten, um eine korrekte Synchronisation im Abfrageprozeß zu erhalten.

Problematisch erweist sich auch der von [PeAn98] vorgestellte Mosaikangriff für Bildmaterial: Die Wasserzeicheninformation wird zwar redundant verstreut über das Datenmaterial eingebracht. Bei sehr kleinen Bildausschnitten kann aber die Synchronisation beim Wiederfinden der Informationen im Teilausschnitt des Bildes verloren gehen.

b) Invertierbarkeit: IBM Attacke oder Rightfull Ownership Problem

Digitale Wasserzeichenverfahren verhindern nicht die mehrmalige Markierung des Datenmaterials. Die Verfahren sind sogar je nach Anwendungsfall darauf entwickelt, mehrere Wasserzeichen aufzunehmen, zum Beispiel für Urheber-, Produzent-, Verleger- und Kundeninformationen. Problematisch erweist sich diese Eigenschaft bei der Urheberprüfung, wenn ein Angreifer das bereits markierte Datenmaterial mit seiner eigenen Urheberinformation versehen hat. Es gibt keinen Hinweis darauf, wer das Datenmaterial als erster markiert hat, was als Invertierbarkeitsproblem bezeichnet wird. Urheber und Angreifer können die Wasserzeicheninformation extrahieren. Selbst bei Vorlage des Originals tritt die Invertierbarkeitsproblematik auf.

c) Histogrammattacke

Einige Wasserzeichenverfahren arbeiten mit fest vorgegebenen Änderungen auf dem Datenmaterial. In Maes [Mae98] wird ein Angriff auf diese Art von Wasserzeichen beschrieben. In Histogrammen sind nach einigen ausgewählten Transformationen auf das Datenmaterial in den zur Markierung benutzen Bereichen deutliche Maxima zu finden. Bei einer Analyse des Datenmaterials auf diesen Änderungen kann das Wasserzeichen direkt angegriffen und zerstört werden. Auf Wasserzeichen können also statistische Angriffe erfolgen, die versuchen, die Wasserzeicheninformation direkt zu zerstören und somit auf den Securityaspekt abzielen.

d) Angriffe bei Kenntnis eines Teils des Wasserzeichens

Aus der Kenntnis eines Teils des Wasserzeichens darf nicht auf das komplette Wasserzeichen oder auf weitere Teile des Wasserzeichens geschlossen werden können. Stößt ein Angreifer beispielsweise bei Bildmaterial auf Pixel, die in uniformen Bereichen herausstechen, kann er eventuell daraus schließen, daß ein Wasserzeichen vorhanden ist. Wenn das der Fall ist, kann das Wissen von Nutzen sein, auf das gesamte Wasserzeichen zu schließen und es zu zerstören. Ist das Wasserzeichenverfahren dazu noch bekannt, kann der Angriff sehr leicht durchgeführt werden, wie in Fridrich [Fri98] auf DCT basierten Verfahren beschrieben.

e) Kopieren des Wasserzeichens: Erstellung von Fälschungen

Dieser Angriff beschreibt die Möglichkeit, das Wasserzeichen eines Datenmaterials mit Kenntnis über das prinzipielle Verfahren, aber ohne den Wasserzeichenschlüssel und der genauen Markierungsinformation, auf nicht markiertes Datenmaterial zu übertragen, um in den Genuß von bestimmten Leistungen zu kommen. Das ist zum Beispiel bei Copy Control Watermarks:

- das Übertragen eines gültigen Wasserzeichens eines Videos auf ein illegal kopiertes Video, um es in der DVD Umgebung abspielen zu können. Alle Videos werden auf eine gültige Wasserzeichenmarkierung überprüft.

- das Übertragen eines gültigen Wasserzeichens eines Bildes auf ein illegal kopiertes Bildes um Reglementierungen von Druckdiensten, die auf gültige Wasserzeichen im Bildmaterial prüfen, zu umgehen.

Verfahren, die das Wasserzeichen linear in das Datenmaterial einbringen, fallen unter diesen Angriff, wie zum Beispiel das von Zhao/Koch [ZaKo95] beschriebene Verfahren. Detaillierte Analysen lassen sich unter [HoMe98] finden.

f) Fingerprinting Problem: Kollisionsangriff mehrerer Kunden (Koalitionsattacke/Vergleichsangriff)

Digitale Fingerabdrücke fügen nicht nur den Namen des Copyrightinhabers unsichtbar in das Dokument ein, sondern auch den Namen des Kunden, der eine digitale Kopie des Dokuments erwirbt. Verteilt dieser Kunde seine Kopie illegal weiter, so kann er anhand des in allen illegalen Kopien enthaltenen Fingerabdrucks eindeutig identifiziert und zur Verantwortung gezogen werden. Durch bitweisen Vergleich von zwei (oder mehr) Dokumenten mit digitalen Fingerabdrücken bisheriger Verfahren kann man allerdings Fingerabdrücke aufspüren und beseitigen, da sich die Dokumente genau an den Stellen unterscheiden, an denen die Fingerabdrücke eingebettet sind. Verfahren sind deshalb notwendig, bei denen in den Kopien eines Dokuments mit unterschiedlichen digitalen Fingerabdrücken zwar immer noch Unterschiede im bitweisen Vergleich feststellbar sind, aber die Möglichkeit besteht, trotz bewußt von Angreifern zerstörten Markierungsstellen auf die Tätergruppe zu schließen und die illegalen Kopierer einzukreisen.

3 Wichtige Qualitätsparameter für Wasserzeichen

Basierend auf den aufgestellten Verfahrensattributen, schlagen wir Qualitätsparameter für die unterschiedlichen Wasserzeichenarten der ersten Ebenenklassifizierung nach dem Anwendungsgebiet vor.

Wasserzeichenart	Qualitätsparameter
Verfahren zur Urheberidentifizierung	- Wahrnehmbarkeit: an die Wahrnehmung des Menschen angepaßtes Wasserzeichen - Robustheit: hohe Robustheit gegen Kompression und geometrische Transformationen sowie erweiterter Medienverarbeitungen (Mosaikattacke, StirMark ist Referenztest), - Kapazität: an die Robustheit angepaßt - Komplexität: je nach Anforderung - Security: Problem Invertierbarkeit und Zeitstempel, Fälschungssicherheit, Fehlerkennungen müssen gering sein
Verfahren zur Kundenidentifizierung	- Wie (1), - Security: zusätzlich Sicherheit gegen Koalitionsangriffe
Verfahren zur Annotation des Datenmaterials	- Wahrnehmbarkeit: an die Wahrnehmung des Menschen angepaßtes Wasserzeichen, - Robustheit: gegen Kompression und leichte geometrische Transformationen - Kapazität: hohe Kapazität gefordert - Komplexität: geringe Komplexität nötig - Security: Security kann geringer sein
Verfahren zur Durchsetzung des Kopierschutzes	- Wie (1), - Security: zusätzlich Blackbox-Sicherheit, öffentlich über Blackboxlösung verifizierbar - Komplexität: geringe Komplexität nötig
Verfahren zum Nachweis der Unversehrtheit	- Wahrnehmbarkeit: an die Wahrnehmung des Menschen angepaßtes Wasserzeichen - Robustheit: Robustheit solange semantische Integrität nicht verletzt wird - Kapazität: meist hohe Kapazität gewünscht - Komplexität: je nach Anforderung - Security: hohe Security zur Manipulationserkennung bei Mehrfachmarkierung

Tab. 1: Wasserzeichenverfahren und ihre Qualitätsparameter

Die Qualitätsparameter können zur Bewertung der unterschiedlichen Verfahren verwendet werden und schaffen somit eine einheitliche Bewertungsgrundlage. Die Tests von [PeAn99] zeigen, daß folgende Qualitätsanforderungen bisher nicht optimal erfüllt werden können:

- Robustheit gegen kombinierte lineare und nicht-lineare Transformationen,

- Anpassungen an die Wahrnehmung des Menschen bei gleichzeitiger Robustheitsgarantie,

- Hohe Kapazität, um eine größere Folge von Bits einzubringen,

- Berücksichtigung der Koalitionsattacke bei digitalen Fingerabdrücken zur kundenspezifischen Kennzeichnung des Datenmaterials,

- Entwurf von zerbrechlichen Wasserzeichen, die bei Inhaltsänderungen eine Integritätsverletzung anzeigen und bei zugelassenen Modifikationen Unversehrtheit ausweisen,

- Komplexitätsreduktion, Optimierung der Laufzeiteffizienz und Robustheit, ohne im Abfrageprozeß das Original zu verwenden, besonders wichtig bei Video und Audio.

4 Zusammenfassung und Ausblick

Die Bedeutung und Beachtung digitaler Wasserzeichen hat in den letzten Jahren stark zugenommen. Zahlreiche Veröffentlichungen, teilweise mit Verbesserungen bestehender Algorithmen, teilweise mit völlig neuen Ansätzen und auch das Erscheinen mehrerer entsprechender Produkte im kommerziellen Bereich belegen dies. Die große Schwierigkeit liegt derzeit darin, die verschiedenen Verfahren zu beurteilen. Ohne eine Beurteilungsgrundlage lassen sich die Verfahren weder vergleichen noch eingrenzen. Dem Kunden oder Anwender muß eine Möglichkeit gegeben werden, zu entscheiden, ob ein Produkt oder Verfahren für ihn geeignet ist oder nicht. Gerade im Bereich der Sicherheit, unter den Wasserzeichen klar fallen, sollte dies besonders beachtet werden.

Diese Arbeit zeigt deutlich, daß es eine Vielzahl von wichtigen Parametern gibt, so daß es schwierig ist, ein universelles Verfahren, welches für jede Anwendung zu empfehlen ist, zu entwerfen. Die meisten der heutigen Wasserzeichen werden beispielsweise von mindestens einem der von uns aufgezeigten Angriffe zerstört. Kein Algorithmus bietet befriedigende Eigenschaften hinsichtlich aller von uns aufgeführten wünschenswerten Parameter. Im Umfang dieses Beitrag ist es uns nicht möglich, bestehende Verfahren in das vorgestellte Schema konkret einzuordnen.

Das Klassifizierungsschema soll vielmehr einen Katalog von Eigenschaften vorlegen, die als Leitfaden oder eine Sammlung von Anforderungen dienen, die an zukünftige Algorithmen gestellt werden sollten. Dazu ist die zweistufige Einteilung hilfreich: Der Entwickler muß sich zuerst bewußt sein, für welches Anwendungsumfeld er ein Wasserzeichen entwickeln will, und sich dann an den entsprechenden Parametern orientieren. Die Anwender können über das Schema existierende Verfahren einordnen und auf ihre Qualität überprüfen.

Da sich gezeigt hat, daß verschiedene Eigenschaften von Wasserzeichen miteinander konkurrieren, beispielsweise Robustheit und Transparenz, sollten Algorithmen parametrisierbar gehalten werden, um unterschiedlichen Anforderungen gerecht zu werden.

Zum Schluß wollen wir noch auf einen Nachteil von robusten Wasserzeichen, der immer aktueller wird, hinweisen: Durch die ständig steigende Robustheit besitzen markierte Daten, die manipuliert wurden und deren inhaltlicher Eindruck verändert worden ist, immer noch das

Wasserzeichen. Auf der einen Seite sind Urheber dadurch nicht in der Lage, das Datenmaterial als manipuliert zu erkennen. Auf der anderen Seite kann es den Betrachter zu falschen Annahmen verleiten, wenn es sich um einen öffentlich zugänglichen Wasserzeichenvermerk, wie bei DigiMark (www.digimark.com), für Bildwasserzeichen handelt.

Der Benutzer lädt das manipulierte Bild und bekommt den Copyrightvermerk angezeigt. Der Betrachter erhält den trügerischen Eindruck, daß das Bildmaterial unverfälscht ist. Die Kombination von robusten und zerbrechlichen Wasserzeichen ist deshalb notwendig, um einerseits das Bildmaterial mit der robusten Markierung verfolgen zu können, andererseits mit einer zusätzlichen zerbrechlichen Markierung zu zeigen, daß das Datenmaterial verändert worden ist. Problematisch erweist sich das Design von zerbrechlichen Wasserzeichen. Sie müssen gegen sogenannte inhaltsverändernde Manipulationen zerbrechlich und gegen nicht den Inhalt verändernde Transformationen, wie Kompression oder Skalierung, resistent sein. Dieses Themengebiet wird einer der Schwerpunkte unserer zukünftigen Forschungsarbeit darstellen.

Literatur

[DSS98]   J. Dittmann, M. Stabenau, R. Steinmetz: Robust MPEG Video Watermarking Technologies, in: Proc. of ACM Multimedia'98, The 6th ACM International Multimedia Conference, Bristol, England, 1998, S. 71-80.

[Fri98]   J. Fridrich: Robust digital watermarking based on key-dependent basis functions, in: The 2nd Information Hiding Workshop in Portland, Oregon, 15.-17. April 1998.

[HoMe98]   M. Holliman, N. Memon: Counterfeiting attack on linear watermarking schemes, in: Workshop Security Issues in Multimedia Systems, IEEE Multimedia Systems Conference'98, Austin, Texas, 1998.

[Mae98]   M.J.J. Maes: Twin peaks: The histogram attack to fixed depth image watermarks, in: Proc. of the Workshop on Information Hiding, Portland, April 1998. Submitted.

[PAK98]   F. Petitcolas, R. Anderson, M. Kuhn: Attacks on copyright marking systems, in: Proc of Second International Workshop on Information Hiding'98, 14.-17. April 1998, Portland, Oregon, USA, Springer LNCS 1525, 1998, S. 219-239.

[PeAn99]   F. Petitcolas, R. Anderson: Evaluation of copyright marking systems, in: Proc. of IEEE Multimedia Systems, Multimedia Computing and Systems, 7.-11. Juni 1999, Florenz, Italien, Vol. 1, 1999, S. 574-579.

[PeAn98]   F. Petitcolas, R. Anderson: Weaknesses of copyright marking systems, in: Multimedia and Security Workshop at the Sixth ACM International Multimedia Conference, 12.-16. September 1998, Bristol, England; GMD – Forschungszentrum Informationstechnik GmbH, GMD Report 41, 1998, S. 55-61.

[ZaKo95]   J. Zhao, E. Koch: Embedding robust labels into images for copyright protection, in: Proc. of the KnowRight'95 Conference, Intellectual Property Rights and New Technologies, 1995, S. 242-251.

Betrachtung von Pseudozufallszahlengeneratoren in der praktischen Anwendung

Michael Friedrich · Maik Müller

SAP AG Security Development
{michael.friedrich, maik.mueller}@sap.com

Zusammenfassung

Für kryptographische Algorithmen, die Sicherheit im Internetzeitalter versprechen, sind „gute" Zufallszahlen von entscheidender Bedeutung. Die Autoren geben einen kurzen Überblick über die Verwendung von Zufallszahlen und ihre Bedeutung für die Sicherheit in der Informationstechnik und konzentrieren sich dann auf die Zufallsgewinnung und Generierung von Pseudozufallszahlen. Hierbei wird besonders auf technische Gesichtspunkte wie Entropiegewinnung, Performance und Wiederverwendbarkeit von Zufallsseed in heutigen EDV-Systemen ohne spezielle Sicherheitsinfrastruktur eingegangen. Basierend auf diesen Überlegungen schlagen die Autoren eine Implementierung eines Pseudozufallszahlengenerators vor, die vor allem heutigen praktischen Anforderungen gerecht werden soll.

1 Motivation

Zufallszahlen sind von entscheidender Bedeutung für die heute gängigen Kryptoverfahren. Kennt man beispielsweise die Zufallszahlen, die für die Schlüsselgenerierung eines RSA-Schlüsselsystems verwendet wurden, so ist es ein Leichtes, den privaten Schlüssel zu finden, indem man die Schlüsselgenerierung mit genau diesen Zufallswerten startet. Ist ein Angreifer nicht in der Lage, den privaten RSA-Schlüssel zu kompromittieren, so kann er versuchen, die verwendeten Message-Keys zu kompromittieren. Weiß man beispielsweise, dass die Message-Keys mit einem sehr schwachen Pseudozufallszahlengenerator erzeugt wurden (z. B. linear rückgekoppeltes Schieberegister) und ist man in der Lage, sich beliebig viele Zufallszahlen für den eigenen Bedarf generieren zu lassen, so ist es ein Leichtes, die aktuelle Stelle im Zyklus des Schieberegisters zu finden und den nächsten Message-Key richtig zu erraten.

Ist dies noch ein Angriff, bei dem man den Wert der Nachricht gegen den Aufwand für die Zufallszahlengenerierung abwägen kann, so gibt es Fälle, in denen eine schwache Zufallszahl für eine völlig belanglose Nachricht einen existentiellen Schaden anrichten kann.

Beispielhaft wird im Folgenden die Kompromittierung des privaten DSA-Schlüssels durch die Verwendung einer dem Angreifer bekannten Zufallszahl für eine digitale Signatur betrachtet.

Wenn man weiterhin bedenkt, dass auch eine Systemkomponente beispielsweise Logeinträge oder ähnliches in schneller Folge signieren können muss, so wird schnell die praktische Bedeutung von Pseudozufallszahlengeneratoren und deren konkreten Implementierung klar.

Der *Digital Signature Algorithm* (DSA) auf dem der vom *National Institute of Standards and Technology* (NIST) vorgeschlagene *Digital Signature Standard* (DSS) basiert [FIPS186], ist ein allgemein als sicher anerkanntes digitales Signaturverfahren.[1]

Im Folgenden wird ein effizienter Angriff auf den privaten DSA-Signaturschlüssel vorgestellt, der nicht auf einer Schwäche des Algorithmus basiert, sondern der das Augenmerk auf eine in der praktischen Anwendung oft kritische Randbedingung des DSA-Verfahrens lenken soll: Die für jede DSA-Signatur benötigte Zufallszahl k. Die Bedeutung der Randbedingungen für k kann man in der Literatur nachlesen (z. B. [Schn_96, MeOV_97]). Trotzdem ist es ungewiss, ob alle Implementierungen dem Rechnung tragen. Daher wurde der DSA-Algorithmus von uns als Beispiel für die Bedeutung von sicheren Zufallszahlen ausgesucht.

Das DSA-Schlüsselsystem bestehe aus:

1. Den öffentlich bekannten Parametern p, q, g:

    p = Primzahl, $2^{L-1} < p < 2^L$ mit $512 \le L \le 1024$ und L Vielfaches von 64,

    q = Primteiler von (p – 1), $2^{159} < q < 2^{160}$,

    $g = h^{(p-1)/q}$ mod p mit h, $1 < h < p - 1$, so dass $h^{(p-1)/q}$ mod p > 1.

2. Dem privaten Schlüssel x:

    x = Zufalls- oder Pseudozufallszahl, $0 < x < q$.

3. Dem öffentlichen Schlüssel y:

    $y = g^x$ mod q.

Die DSA-Signatur wird wie folgt geleistet:

1. Wählen einer Zufallszahl k, $0 < k < q$.

2. Bilden von r = (g^k mod p) mod q.

3. Bilden von s = k^{-1} (h(M) + xr) mod q.

4. Das Wertepaar (r, s) bildet die Signatur zur Nachricht M mit dem SHA-1 Hashwert h(M).

Geht man nun davon aus, dass k bekannt, bzw. leicht zu erraten ist, so kann der Angreifer ebenfalls r bilden.

Die einzige Unbekannte in Schritt 3 ist somit der private Signaturschlüssel x. Umformen der Gleichung in mod q führt zu:

$$s \equiv k^{-1} h(M) + k^{-1} xr$$

$$k^{-1} xr \equiv s - k^{-1} h(M)$$

$$x \equiv (sk - h(M)) r^{-1}$$

---

[1] Die vom NIST 1991 vorgeschlagene Schlüssellänge von 512 Bit wurde in dem 1994 veröffentlichten Standard, nicht zuletzt aufgrund des öffentlichen Drucks, auf 1024 Bit erhöht. Dies sollte auch noch heutigen Sicherheitsanforderungen genügen.

Das Beispiel verdeutlicht, dass eine einzige zu einem beliebigen Zeitpunkt geleistete DSA-Signatur, zu der der Zufallswert k bekannt ist, den privaten Schlüssel des Signierers kompromittiert. Des weiteren lässt sich zeigen, dass für zwei DSA-Signaturen mit der gleichen Zufallszahl k sich diese ermitteln lässt [MeOV_97]. Das Kennen zweier DSA-Signaturen mit gleicher Zufallszahl k ist daher äquivalent zum hier vorgestellten Angriff.

Im Folgenden wenden wir uns dem Design eines Pseudozufallszahlengenerators zu, der einen akzeptablen Kompromiss zwischen Sicherheit und Performance auch für DSA-Signaturen bieten soll.[2]

2 Design für einen Pseudozufallszahlengenerator

Die Betrachtung veröffentlichter Pseudozufallszahlengeneratoren hat ergeben, dass es zwar Verfahren gibt, die eine belegbare Sicherheit bieten, diese aber nicht unseren Anforderungen entsprachen. Im Folgenden fassen wir daher die Anforderungen an unseren Pseudozufallszahlengenerator zusammen und gehen dann genauer auf unseren daraus resultierenden Designvorschlag ein.

2.1 Anforderungen

Wie eingangs dargestellt, ist die Güte der verwendeten Zufallszahlen von entscheidender Bedeutung für die Sicherheit der angewandten Kryptographie. Andererseits wird die kryptographische Sicherung speziell im E-Commerce Umfeld immer wichtiger. Auch ohne die Verwendung von teuren speziellen Hochsicherheitskomponenten muss vielfach ein hinreichendes Sicherheitsniveau erreicht werden.

Hieraus ergeben sich die folgenden Anforderungen an das Design unseres Pseudozufallszahlengenerators:

- Der generierte bzw. gesammelte Zufall darf die auf ihm basierenden Kryptoalgorithmen nicht schwächen.

- Es muss ausreichend Zufall zur Verfügung stehen, um alle kryptographischen Operationen ohne Zeitverzögerung ausführen zu können.

- Insbesondere auch im Serverbetrieb muss es möglich sein, eine große Anzahl an digitalen Signaturen pro Zeiteinheit zu leisten.

Zusätzlich sollen die folgenden Randbedingungen erfüllt werden:

- Gewinnung von Zufall auf deterministischen Computerarchitekturen ohne Zusatzhardware,

- uneingeschränkte Servertauglichkeit (D. h. es können keine Benutzerinteraktionen zur Zufallsgewinnung herangezogen werden.).

Die beiden sich grundsätzlich widersprechenden Anforderungen von höchster Sicherheit und maximaler Geschwindigkeit führen zu einer Kompromisslösung, bei der versucht wird, soviel

---

[2] Für zeitkritische DSA-Signaturen bietet es sich an, mehrere r im voraus zu berechnen. Auch wenn die Zwischenspeicherung von r unproblematisch ist, darf es keinem Angreifer gelingen, in Besitz eines zwischengespeicherten k^{-1} sowie der zugehörigen Signatur zu kommen.

Zufall wie möglich im System zu sammeln. Der darüber hinaus benötigte Anteil muss durch einen gut gewählten Pseudozufallszahlengenerator abgedeckt werden.

Auf dieser Basis konstruieren wir im Folgenden einen Pseudozufallszahlengenerator, der im wesentlichen aus einem Zufallspool und einem Mechanismus zur Zufallsgewinnung besteht.

2.2 Zufallspool

Um eine Anforderung von Zufallsbits unmittelbar erfüllen zu können, ist es notwendig, dass der Zufall zu diesem Zeitpunkt bereits zur Verfügung steht. Die Zufallsgewinnung in diesem Moment zu starten, wäre zu spät.

Dies führt uns auf den Zufallspool, in dem kontinuierlich gesammelte Entropie gespeichert und zu einem späteren Zeitpunkt wieder entnommen werden kann.

Unser Zufallspool $ZP = \{I, f, g\}$ bestehe aus:

- einem internen Zustand I,
- einer Funktion $f: I \times E \rightarrow I'$ zum Hinzufügen von Entropie $E \in 2n$,
- und einer Funktion $g: I \rightarrow I' \times Z$ zur Entnahme von Zufallsbits Z.

Der interne Zustand $I = \{Z, e, Z', e'\}$ besteht aus:

- einem 160 Bit Speicher Z mit den aktuellen internen Zufallsbits,
- einem 160 Bit Zwischenspeicher Z' für neugesammelte Zufallsbits,
- den zugehörigen Entropieabschätzungen e und e' für die „Güte" von Z und Z'.

Wie wir sehen werden, bietet es sich für die Implementierung an, die beiden Funktionen zu einer Funktion $h: I \times E \rightarrow I' \times Z$ zusammenzufassen, in der die neue Entropie direkt bei der Entnahme von Zufallsbits hinzugefügt wird. Durch eine geeignete Wahl des internen Zustands I lässt sich diese Tatsache jedoch nach außen verbergen.

2.2.1 Hinzufügen von Zufall

Die Funktion zum Hinzufügen von Entropie zum Zufallspool muss folgendes gewährleisten:

- Die Entropie des Zufallspools darf auch bei schlechter Wahl der neuen Zufallsbits nicht abnehmen. Ansonsten besteht die Möglichkeit, durch gezielte kurzfristige Manipulation der Zufallsgewinnung, den Zufallsgenerator über einen großen Zeitraum zu schwächen.

- Unter Umständen muss auch das Hinzufügen von Bits mit einer Entropie kleiner als 1 möglich sein.

- Im Zusammenspiel mit der Entnahmefunktion muss die Entropie möglichst „wirksam" eingemischt werden. Was dies genau bedeutet, sehen wir später.

- Die korrekte Abschätzung der Zufallspool-Güte muss möglich sein.

Können zwischen zwei schnell aufeinanderfolgenden Entnahmen von Zufall nur wenige Bit Entropie gesammelt werden, wie dies beim asynchronen Sammeln der Fall ist, so muss man abwägen, ob die einzelnen Zufallsbits direkt hinzugefügt und somit bei der nächsten Zufallsentnahme schon berücksichtigt werden oder ob die einzelnen Bits erst gesammelt und dann in einem größeren Block eingemischt werden.

Die erste Variante bietet den Vorteil, dass aufeinanderfolgende Zufallszahlen nicht auf dem gleichen internen Zustand basieren, sondern dieser um einige Bit Entropie angereichert wurde. Dies erschwert die Analyse und Bestimmung des internen Zustandes aus den entnommenen Zufallsfolgen.

Da sich der interne Zustand jedoch andererseits immer nur um einige Bits ändert, kann bei einmaliger Kenntnis des internen Zustands leichter auf beliebige andere Zustandswerte geschlossen werden.

Es bietet sich also an, einen Teil der neuen Entropie direkt in den internen Zustand einfließen zu lassen und den Rest separat zu sammeln, um dann den kompletten internen Zustand auszutauschen bzw. mit hinreichend viel neuer Entropie anzureichern.

Wurden zwischen zwei Entnahmen genügend neue Zufallsbits gesammelt, so kann man den kompletten internen Zustand austauschen. Zu bevorzugen ist jedoch, den alten Zustand und die neuen Zufallsbits mit Exklusiv-Oder ($Z = Z \oplus Z'$) zu verknüpfen.

Durch die Exklusiv-Oder-Verknüpfung erreichen wir, dass einerseits selbst bei schlechter Wahl des neuen Zufalls Z' (etwa durch Manipulation von Z') die noch vorhandene Entropie des alten Zustandes Z erhalten bleibt. Andererseits resultiert aus der Kenntnis des alten Zustandes Z keine Schwächung der neu hinzugefügten Zufallsbits Z'.

Lediglich falls Z' in Abhängigkeit von Z gewählt würde (etwa $Z' = Z$), so könnte die Güte des Zufallspools manipuliert werden. Diese würde jedoch voraussetzen, dass der interne Zustand des Zufallsgenerators bekannt wäre und die neuen Zufallsbits manipuliert werden könnten.

Sollen jedoch nur einige Bits dem internen Zustand hinzugefügt werden, so ist dies nicht so einfach möglich. Hier greifen wir auf die Funktion zum Weiterschalten des internen Zustandes beim Entnehmen des Zufalls zurück:

Wann immer Zufallsbits hinzugefügt werden, schreiben wir diese zunächst in den erwähnten Zwischenspeicher Z'. Der Entropiezähler e' dient dabei als Positionszähler und wird beim Hinzufügen inkrementiert und bei der Entnahme entsprechend dekrementiert. Der Zwischenspeicher Z' wird dann wie im folgenden Kapitel beschrieben beim Entnehmen von Zufallswerten benutzt, um den Speicher Z zu aktualisieren.

2.2.2 Entnehmen von Zufall

Die Entnahme von Zufall aus dem Zufallspool kann auf zwei Arten erfolgen:

1. Die aus dem Zufallspool entnommenen Zufallsbits werden „entfernt". Hierbei dient der Zufallspool nur als Zwischenlager, um die Entropie asynchron sammeln zu können.

2. Es werden Zufallsbits entnommen, ohne diese direkt aus dem Zufallspool zu entfernen. Vielmehr wird der interne Zustand, ggf. unter Hinzufügen von neuer Entropie, in einen anderen Zustand transformiert. Dies entspricht einem Pseudozufallszahlengenerator und ermöglicht es, mehr Zufall zu entnehmen, als hinzugefügt wurde.

Aufgrund der zuvor geschilderten Problematik wollen wir im Folgenden nur den zweiten Ansatz betrachten.

Werden Zufallsbits aus dem Pool entnommen, so muss sichergestellt werden, dass hieraus keine Rückschlüsse auf den internen Zustand des Zufallspools gezogen werden können. Ansonsten könnten ausgehend davon die folgenden Zufallswerte berechnet oder aber zumindest der mögliche Wertebereich eingeschränkt werden.

Dies kann durch Anwendung einer kryptographischen Einwegfunktion geschehen: Aus dem entnommenen Zufallswert x wird mit Hilfe der Hashfunktion h der Wert h(x) berechnet und als Zufallswert zurückgegeben. Um von diesem Wert auf den internen Zustand des Pools schließen zu können, müsste die Hashfunktion invertiert werden.

Gleichzeitig muss der Zufallspool so modifiziert werden, dass nachfolgend entnommene Zufallswerte unabhängig und unvorhersehbar sind. Dies stellt die eigentliche Gewinnung des Pseudozufalls dar.

Auch hierfür bietet sich eine kryptographischen Einwegfunktion an. Aus verständlichen Gründen muss jedoch eine andere Einwegfunktion verwandt werden.[3]

Aus diesen Überlegungen resultiert das folgende Design für einen Pseudozufallszahlengenerator, dass sich an den X9.17 Generator [X9.17] anlehnt:

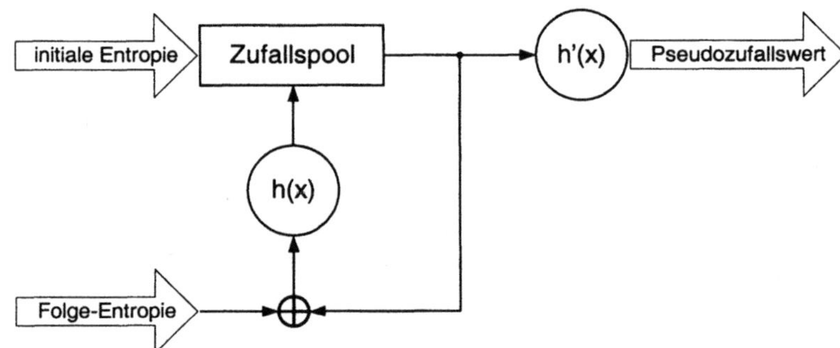

Abb. 1: Pseudozufallszahlengenerator

- Der Zufallsgenerator verfügt über einen internen Speicher Z, der initial mit vollständiger Entropie gefüllt ist.

- Der Zwischenspeicher Z' wird benutzt, um Entropie zwischenzuspeichern, die etwa in einem Hintergrund-Thread (siehe Zufallsgewinnung) gesammelt wird.

- Es werden zwei Hashalgorithmen verwandt: h(x): SHA-1, h'(x): MD5.

Die Entnahme des Zufalls und die Fortschaltung von Z geschieht wie folgt:

1. Der Zufallswert berechnet sich zu h'(Z).

2. Aktuelle Entropie (etwa aus der Zeitdifferenz zum letzten Aufruf) wird dem Zwischenspeicher Z' hinzugefügt.

3. Aktualisierung von Z:

a)   Falls Z' ausreichend Entropie enthält (d.h. e' = 160): $Z = h(Z \oplus Z')$.

b)   Ansonsten wird nur ein Teil z dieser Entropie aus Z' entnommen und $Z = h(Z \oplus z)$.

---

[3] Falls die gleiche Einwegfunktion benutzt werden soll, muss anderweitig sichergestellt werden, dass die Ergebnisse unterschiedlich sind, z. B. indem der zu hashende Parameter modifiziert wird.

2.2.3 Der initiale Zufallspool

Bevor der Zufallspool benutzt und die ersten Zufallsbits entnommen werden können, muss er mit ausreichend Entropie gefüllt sein.

Durch die Speicherung der abgeschätzten Güte der im Zufallspool enthaltenen Entropie, kann diese Forderung implizit bei der Entnahme des Zufalls überprüft werden. Sollte jedoch nicht ausreichend Entropie vorhanden sein, so kann die dann notwendige synchrone Zufallsgewinnung zu einer unerwünschten Zwangspause führen.

Daher bietet es sich an, die Initialisierung des Zufallspools kontinuierlich im Hintergrund durchzuführen und nur den noch fehlenden Teil direkt vor dem ersten Gebrauch zu ermitteln.

Zusätzlich kann teilweise Entropie aus dem letzten Zufallspool gebildet werden, der dazu beim Beenden des Systems zwischengespeichert wird.

Dies ist jedoch nicht ganz unproblematisch, es können sich folgende Sicherheitsprobleme ergeben:

1. Der gespeicherte Zufallspool kann von Angreifern gelesen werden und ermöglicht es, Aussagen über bereits verwendete Zufallsbits zu treffen.

2. Der gespeicherte Zufallspool kann von Angreifern gelesen werden und ermöglicht es, Aussagen über zukünftige Zufallsbits zu treffen.

3. Der Zufallspool kann gezielt manipuliert werden, um zukünftige Zufallsbits zu schwächen.

Um sich vor Angriff 1 zu schützen schlagen wir vor, den Zufallspool nicht direkt zu speichern, sondern ihn zuvor mittels einer kryptographischen Einwegfunktion zu schützen. Dies entspricht dem Vorgehen, dass auch bei der Entnahme von Zufallswerten angewandt wird.

Ein Schutz vor Angriff 2 und 3 ist schwieriger. Ohne zusätzliche Sicherheitshardware muss bei heutigen EDV-Systemen davon ausgegangen werden, dass sich der Zufallspool nicht gegen den Zugriff durch einen Systemadministrator schützen lässt.

Daher empfehlen wir den Zufallspool nie direkt, sondern nur nach Hinzufügen von weiterer Entropie zu verwenden. Dies schützt vor einer gezielten Manipulation der Zufallsbits, bei der danach der komplette interne Zustand bekannt ist. Die Gesamtentropie beschränkt sich dann jedoch auf den neu hinzugefügten Zufall. Die zusätzliche Anwendung einer Hashfunktion auf die eingelesenen Daten schützt vor einem Chosen-Input Angriff.

Falls möglich, bietet es sich an, den Zufallspool mit dem korrespondierenden Private Key oder dessen Schutzmechanismus zu verschlüsseln. Dies bietet einerseits einen hinreichenden Schutz im verschlüsselten Zustand, andererseits ist der Private Key bei fehlendem Sicherheitsmodul den gleichen Gefahren ausgesetzt wie der Zufallspool, so dass es unnötig wäre, den Zufallspool besser zu schützen als den Private Key.

2.3 Zufallsgewinnung

Unser bisher vorgestelltes Modell ermöglicht es, den Zufall auf Vorrat zu ermitteln und unter Zuhilfenahme des Pseudozufallsgenerators, aus der gesammelten Entropie mehrere Zufallswerte zu ermitteln. Basis bleibt jedoch weiterhin direkt ermittelter Zufall bzw. Pseudozufall.

Dies ist auf deterministisch arbeitenden Computern nur begrenzt möglich, insbesondere ist nach dem Starten des Rechners ist die Abarbeitung abhängig von:

- Rechnerkonfiguration, zum Beispiel Speichergröße, Festplattengröße, installierter Software oder auch Festplattenpartitionierung.
- Externen Ereignissen, wie z. B. Benutzerinteraktionen oder Netzwerkszugriffen.

Eigenschaften der ersten Kategorie haben durchaus einen für einen Angreifer schwer voraussagbaren Charakter, sind jedoch aufgrund der Tatsache, dass diese sich während des Betriebs nicht bzw. nur unwesentlich ändern, höchstens zur einmaligen Ermittlung von Zufall geeignet. Einschränkend kommt hinzu, dass unter Umständen ein Ausspähen oder Erraten dieser Eigenschaften möglich ist. Solche Informationen könnten etwa dazu genutzt werden, um den initialen Zustand des Pseudozufallgenerators mit Entropie anzureichern. Insbesondere mit dem optional zwischengespeicherten Zustand kann dies sinnvoll als Teil des neuen internen Zustands aufgebaut werden. Weitere Ausführungen zu dieser Art der Zufallsgewinnung finden sich beispielsweise in [Gutm_98].

Im Folgenden fokussieren wir unsere Zufallsgewinnung jedoch auf die Berücksichtigung externer Ereignisse. Weiterhin sollen nur Methoden aufgeführt werden, die auch im Serverbereich eingesetzt werden können. Es entfallen also die Varianten mit Benutzerinteraktion, sei es durch direkte Aufforderung (Maus bewegen bzw. Tasten drücken) oder aber, indem diese Aktionen im Hintergrund „vermessen" werden.

Auf Plattformen, auf denen eine Uhr bzw. ein Zähler mit hinreichend guter Auflösung existiert, bietet es sich an, diese zu verwenden. Dabei lassen sich zwei Arten unterscheiden:

- Die (minimale) Auflösung des Zählers wird als Abbruchbedingung für eine einfache Schleife verwandt, in der ein Zähler inkrementiert wird. Von diesem Zähler wird dann das niederwertigste Bit betrachtet.
- Es wird die Zeitdifferenz zwischen (zwei oder mehreren) auseinander liegenden Ereignissen betrachtet.

```
int counter=0;
clock_t last=clock();
do {
        counter++;
} while (last == clock());
entropy = counter & 1;
```

Die erste Variante führt zu einem „Blockieren" des Systems und sollte daher nur in Ausnahmefällen verwandt werden, etwa falls keine Zeit mit hoher Auflösung zur Verfügung steht. Zudem eignet sich die Ausbeute von 1 Bit Entropie pro Zeiteinheit nicht dazu, viel Entropie zu sammeln.

Vielversprechender ist hier der zweite Ansatz, bei dem kein aktives Warten notwendig ist. Jedoch kann diese Methode nicht dazu benutzt werden, um zu einem bestimmten Zeitpunkt Zufall zu ermitteln. Vielmehr eignet sie sich ausgezeichnet, um im Hintergrund Zufall zu sammeln.

In unserer Implementierung verwenden wir die Variante an zwei Stellen:

Erstens starten wir zu Beginn (d.h. beim Laden der DLL oder Shared Library) einen Kollektor-Thread mit niedriger Priorität. Dieser nutzt die Tatsache, dass vor allem Threads niedriger Priorität nur in unregelmäßigen Abständen Rechenzeit zugeteilt bekommen.

```c
void rndcollector()
{
        int n=0;
        while (1) {
                Sleep(n);
                RND_ENTERCRITICALSECTION
                get_and_add_randomness();
                RND_LEAVECRITICALSECTION
                if (n) n=0;
                else n=10;
        }
}
static LARGE_INTEGER lastcounter;
void getrandom_init()
{
        // assure that frequency of high-resolution counter is at least 1000
        // otherwise set lastcounter =0 which will deactivate
        // QueryPerformanceCounter (necessary for Windows 95)
        QueryPerformanceFrequency(&lastcounter);
        if (lastfreq.QuadPart<1000)
            lastfreq.QuadPart=0;
        else
            QueryPerformanceCounter(&lastcounter);
}
unsigned long getrandom_do ()
{
        LARGE_INTEGER counter;
        unsigned long rnd;

        QueryPerformanceCounter(&counter);
        if (counter.QuadPart==0 || lastcounter.QuadPart == 0)
                ; // ... use alternative method

        rnd = (counter.QuadPart - lastcounter.QuadPart);
        lastcounter = counter;
        return rnd;
}
```

Zweitens verwenden wir die Zeit zwischen zwei Aufrufen des Pseudozufallzahlengenerators dazu, weitere Entropie zu ermitteln. Zu dicht aufeinanderfolgende Aufrufe, wie sie etwa innerhalb einer Schleife auftreten, werden automatisch erkannt und ausgefiltert.

All diesen Ansätzen ist gemeinsam, dass die Entropie in den unteren Bits der Werte enthalten ist. In einem konservativen Ansatz kann man sich auf das unterste Bit beschränken. (In unseren Untersuchungen haben wir festgestellt, dass etwa der Wert der ersten Variante ca. 2 Bit Entropie aufweist).

Verfügt man jedoch über eine Möglichkeit, Bits mit einer Entropie kleiner als 1 hinzuzufügen, ohne das Gesamtergebnis des Zufallsgenerators zu verschlechtern, so lassen sich die erhaltenen Werte besser ausnutzen. Bei der Abschätzung der im Zufallsgenerator enthaltenen Entropie sollte man sich jedoch eher an der konservativen Größe orientieren.

2.4 Integration des Pseudozufallsgenerators

Durch Integration der vorgestellten Methoden zur Entropiegewinnung für den Zufallspool erhalten wir dann unseren kompletten Pseudozufallsgenerator:

Den initialen Zustand des Zufallspools gewinnen wir aus dem zwischengespeicherten Zustand und der Entropie, die aus der Betrachtung einiger Systemspezifika ermittelt wird (auf dies haben wir in unserer aktuellen Implementierung bis jetzt verzichtet). Die Entropieabschätzung dazu wählen wir eher konservativ.

Gleichzeitig wird beim Laden der DLL der zuvor beschriebene Kollektor-Thread gestartet, der im Hintergrund kontinuierlich Entropie sammelt und hinzufügt.

Sollen dem Zufallspool nun Zufallswerte entnommen werden, so wird zunächst geprüft, ob der interne Zustand über genug Entropie verfügt. Lediglich beim ersten Zugriff, unmittelbar nach dem Starten des Kollektor-Threads, kann diese Forderung verletzt sein. In diesem Fall verwenden wir die Busy-Loop-Methode, um die fehlende Entropie hinzuzufügen. Sollte es erforderlich sein, dass alle Aufrufe des Pseudozufallszahlengenerators über eine bestimmte Maximallaufzeit verfügen, so kann dieser Schritt in die Initialisierung aufgenommen werden.

Zusammen mit der Entnahme eines Zufallwertes bestimmen wir neue Entropie, indem wir die Zeitdifferenz zum letzten Aufruf der Entnahmefunktion betrachten und fügen diese und die im Kollektor-Thread gesammelte Entropie hinzu.

3 Statistische Tests

Wir haben die statistischen Tests für Zufallszahlengeneratoren nach FIPS 140-2 erfolgreich angewandt [FIPS140]. Hier ein kurzer Überblick über die Ergebnisse, die Tests basieren auf einer fortlaufenden Folge von 20000 Bits.

3.1 Monobit-Test

Der Monobit-Test prüft die bitweise Gleichverteilung. Dazu wird die Anzahl der Nullen und der Einsen in der Pseudozufallsfolge gezählt. Als Forderung soll $9725 < X < 10275$ gelten.

Anzahl 0: 10060, Anzahl 1: 9940. Mehrmaliges Ausführen lieferte immer Werte im Bereich 9900 bis 11000.

3.2 Poker-Test

Beim Poker-Test wird die Pseudozufallsfolge in 5000 4-Bit-Blöcke aufgeteilt und der Wert $X = -5000 + 16/5000 \sum f_i^2$ betrachtet, wobei f_i die Häufigkeit des Auftretens des Wertes i bezeichnet. Dieser Wert muss im Bereich zwischen 2.16 und 46.17 liegen. Bei einer ungefähren Gleichverteilung der 4-Bit Werte lieferte unser Zufallszahlengenerator den Wert 19.1488 sowie weitere Werte im Bereich 10 bis 30.

3.3 Run-Tests

Beim Run-Test wird die Länge von Runs (d.h. aufeinanderfolgende Bits mit dem gleichen Wert) betrachtet. Eine exemplarische Testauswertung zeigt, dass die Werte immer deutlich innerhalb der Vorgaben liegen.

Runlänge	0-Runs	1-Runs	Sollbereich
1	2459	2406	2343-2657
2	1243	1257	1135-1365
3	634	636	542-708
4	323	347	251-373
5	145	149	111-201
6+	149	157	111-201
6	74	76	
7	30	37	
8	19	24	
9	11	7	
10	8	6	
11	3	5	
12	4	2	

3.4 Longrun-Tests

Der Longrun-Test fordert, dass keine Runs der Länge 26 oder größer existieren. Da nach obiger Tabelle der längste Run die Länge 12 hat und dies auch bei mehrmaliger Ausführung immer im Bereich 11 bis 17 war, ist auch dieser Test erfüllt.

4 Fazit

Das vorgestellte Design des Pseudozufallszahlengenerators erfüllt die aufgestellten Anforderungen. Bezüglich der Performance ist die Verwendung von einem SHA-1 und einem MD5-Aufruf gunstiger, als die drei DES-Aufrufe im X9.17-Generator.

Angriffe auf die im Pseudozufallszahlengenerator verwendeten Hashfunktionen sollten genauso für die Verwendung der Hashfunktionen in Signaturverfahren gelten. D. h., solange die Hashfunktionen für digitale Signaturen als sicher gelten, sollte auch die Verwendung in unserem Pseudozufallszahlengenerator unbedenklich sein.

Die abschließenden Gütetests nach FIPS140 bescheinigen unserem Pseudozufallszahlengenerator, dass er die vom NIST gestellten Mindestanforderungen erfüllt. Als abschließender Gütebeweis darf dies aber wohl nicht interpretiert werden.

Wir denken daher, dass das Publizieren und die Möglichkeit der öffentlichen Evaluierung die beste Voraussetzung für das Finden etwaiger Verbesserungsmöglichkeiten oder Schwächen bietet.

Literatur

[Gutm_98]   P. Gutmann: Software Generation of Practically Strong Random Numbers. Usenix Security Symposium, 1998.

[Lang_98]   M. Langberg: An Implementation of Efficient Pseudo-Random Functions. http://www.wisdom.weizmann.ac.il/~mikel/p_r_func/pr/pr.html, März 1998.

[Morr_97]   T. Morreau: Pseudo-Random Generators, a High-Level Survey-in-Progress. http://www.connotech.com/RNG.HTM, März 1997.

[FIPS140]   National Institute of Standards and Technology (NIST). FIPS Publication 140: Security Requirements for Cryptographic Modules, Januar 1994.

[FIPS180]   National Institute of Standards and Technology (NIST). FIPS Publication 180: Secure Hash Standard (SHS), Mai 1993.

[FIPS186]   National Institute of Standards and Technology (NIST). FIPS Publication 186: Digital Signature Standard (DSS), Mai 1994.

[NIST_94]   National Institute of Standards and Technology (NIST). Announcement of Weakness in the Secure Hash Standard, Mai 1994.

[MeOV_97]   A.J. Menezes, P.C. van Oorschot, S.A. Vanstone: Handbook of Applied Cryptography, CRC Press LLC, 1997.

[RFC1321]   R.L. Rivest: RFC 1321: The MD5 Message-Digest Algorithm. Internet Activities Board, April 1992.

[ScLe_76]   N. Schmitz, F. Lehmann: Monte-Carlo-Methoden. Erzeugen und Testen von Zufallszahlen.Verlag Anton Hain Meisenheim GmbH, 1976.

[Schn_96]   B. Schneier: Applied Cryptography, 2nd edition. John Wiley & Sons, 1996.

[X9.17]   American National Standards Institute (ANSI). American National Standard X9.17: Financial Institution Key Management (Wholesale), 1985.

Sicheres Schlüsselmanagement für verteilte Intrusion-Detection-Systeme

Michael Meier · Thomas Holz

Brandenburgische Technische Universität Cottbus
{mm, thh}@informatik.tu-cottbus.de

Zusammenfassung

Verteilte Intrusion-Detection-Systeme (IDS) stellen ein zunehmend an Bedeutung gewinnendes Instrument für den Schutz informationstechnischer Ressourcen dar. Durch die permanente Verarbeitung von Audit-Datensätzen mit (partiell) benutzeridentifizierenden Informationen entsteht allerdings ein datenschutzrechtliches Problem. Eine prinzipielle Lösung dieses Problems ist möglich, indem Audit-Daten in pseudonymer Repräsentation ausgewertet werden. Dabei erfordert der Einsatz der für die Pseudonymisierung und ggf. Depseudonymisierung notwendigen kryptographischen Verfahren ein leistungsfähiges Schlüsselmanagement. Dieses muß nicht nur den konventionellen Anforderungen an ein Schlüsselmanagement genügen, sondern auch der speziellen Arbeitsweise eines verteilten, pseudonymisierte Audit-Datensätze verarbeitenden IDS gerecht werden. Es besteht in erster Linie die Notwendigkeit, den in der Regel hohen Datendurchsatz nicht wesentlich zu beeinflussen. Außerdem ist ein besonders guter Schutz archivierter Schlüssel erforderlich. Das im vorliegenden Beitrag beschriebene Konzept ist auf die Erfüllung der genannten Anforderungen ausgerichtet. Es sieht die Verwendung allgemeiner Prinzipien, wie z.B. mehrere Schlüsselhierarchien, konsequente Schlüsselseparierung und die Nutzung von Kryptoperioden, vor. Ausgehend vom Ziel des Konzepts, der Verwaltung der Pseudonymisierungs- und Depseudonymisierungsschlüssel, sind außerdem eine Reihe von speziellen Maßnahmen notwendig, um den spezifischen Gegebenheiten der für die prototypische Realisierung genutzten Systemumgebung zu entsprechen. Diese Umgebung besteht aus den Betriebssystemen Sun Solaris und Microsoft Windows NT sowie dem an der BTU Cottbus entwickelten Intrusion-Detection-System AID, das unter den genannten Betriebssystemen läuft und in das die Komponenten des Schlüsselmanagements integriert wurden. Der Beitrag schließt mit einer Bewertung der erzielten Testresultate.

1 Einleitung

Mit der wachsenden Bedeutung informationstechnischer Systeme in vielen Bereichen des gesellschaftlichen Lebens geht ein stetig zunehmendes Bedrohungspotential für diese Systeme einher [CSI+99]. Ein wirksamer Schutz der damit verbundenen Werte erfordert leistungsfähige, rechnerunterstützte Schutzmechanismen. In diesem Zusammenhang spielen Verfahren und Systeme der automatischen Erkennung von IT-Sicherheitsverletzungen eine wichtige Rolle. Derartige Systeme werden als *Intrusion-Detection-Systeme* (IDS) bezeichnet [Sund96].

Die meisten IDS führen eine automatische Analyse der *Audit-Daten* durch, die von den zu überwachenden IT-Systemen generiert werden. Audit-Daten sind möglichst detaillierte Aufzeichnungen aller sicherheitsrelevanten Aktivitäten. Die Auswertung derartiger Daten stellt häufig die einzige Möglichkeit dar, IT-Sicherheitsverletzungen zu erkennen, deren Ausmaß abzuschätzen, potentielle Angreifer zurückzuverfolgen sowie geeignete Gegenmaßnahmen einzuleiten [MuHL94].

Aufgrund des verteilten Charakters und der hohen zeitlichen Dynamik ernstzunehmender Sicherheitsverletzungen stehen Intrusion-Detection-Systeme vor großen Herausforderungen. In vielen Einsatzfällen müssen die Audit-Datensätze eines gesamten lokalen Netzwerkes ohne signifikante Zeitverzögerung zentral gesammelt und analysiert werden. IDS, die diesen Anforderungen gerecht werden sollen, müssen somit über eine verteilte Architektur leistungsstarker Systemkomponenten verfügen. Häufig ist ein zentralistisch-verteilter Ansatz anzutreffen, der aus einer zentralen Auswertungseinheit und Monitoring-Agenten auf jedem überwachten Rechner besteht [MuHL94]. Während die Monitoring-Agenten für die Erfassung, die Vorverarbeitung und den Transfer der anfallenden Audit-Daten zuständig sind, besteht die Aufgabe der Auswertungseinheit in der schnellstmöglichen Analyse des eintreffenden Datenstroms. Dies kann beispielsweise mit Hilfe eines Echtzeit-Expertensystems erfolgen.

Neben ihrer Bedeutung für den Schutz informationstechnischer Ressourcen weist die Verarbeitung von Audit-Daten jedoch auch einen eher negativ zu bewertenden Aspekt auf: Zur Gewährleistung der Zurechenbarkeit enthalten die entsprechenden Datensätze benutzeridentifizierende Informationen, wodurch ein datenschutzrechtliches Problem entsteht. Eine sozial und rechtlich akzeptable Lösung dieses Problems bietet *Pseudonymes Audit* [SoFR97]. Hierbei werden benutzeridentifizierende Informationen durch Pseudonyme ersetzt, deren Generierung mit Hilfe kryptographischer Verfahren erfolgt. Eine Depseudonymisierung der Daten findet nur bei Vorliegen berechtigter Verdachtsmomente statt, d.h., wenn die Ergebnisse der Audit-Analyse auf IT-Sicherheitsverletzungen hindeuten. Die Bereitstellung sicherer Mechanismen für die Verwaltung der im Verlauf der Pseudonymisierung und Depseudonymisierung verwendeten Schlüssel ist Aufgabe eines geeigneten *Schlüsselmanagements*.

Verteilte Intrusion-Detection-Systeme stellen aufgrund ihrer Arbeitsweise einen besonderen Anwendungsfall für Mechanismen und Verfahren des Schlüsselmanagements dar. Bisher sind keine Arbeiten bekannt, die sich diesem Anwendungsfall widmen. Wesentliche Schwerpunkte der eigenen Untersuchungen waren daher:
- die Analyse der Anforderungen an ein Schlüsselmanagement für verteilte IDS,
- die Herausarbeitung notwendiger Aufgaben des Schlüsselmanagements,
- die Auswahl geeigneter Mechanismen zur Umsetzung der Aufgaben sowie
- die Erstellung eines Gesamtkonzepts, das den Anforderungen des hier vorliegenden Anwendungsfalls entspricht.

Das entwickelte Konzept wurde in eine prototypische Implementation überführt. Als Entwicklungs- und Testplattform diente das an der BTU Cottbus entwickelte Intrusion-Detection-System AID (Adaptive Intrusion Detection system [SoRK96]). Als besonders bedeutsam erwies sich dabei eine Analyse der Realisierungsmöglichkeiten von Teillösungen des Schlüsselmanagements auf Basis der Betriebssysteme Sun Solaris und Microsoft Windows NT. Diese beiden Betriebssysteme werden gegenwärtig von AID unterstützt.

In den folgenden Abschnitten werden die Ergebnisse der genannten Arbeitsschwerpunkte ausführlicher dargestellt.

2 Verteilte IDS und Pseudonymes Audit

In diesem Abschnitt wird zunächst die grundlegende Architektur eines verteilten IDS erläutert. Diese Beschreibung erfolgt exemplarisch für das der prototypischen Realisierung des Schlüsselmanagements zugrundeliegende Intrusion-Detection-System AID. Außerdem wird die Funktionsweise der zur Realisierung des Pseudonymen Audit in AID integrierten kryptographischen Funktionseinheiten skizziert.

2.1 Architektur und Funktionsweise von AID

AID ist ein zentralistisch verteiltes IDS. Es weist eine Client-Server-Architektur auf, die im wesentlichen aus einer zentralen Auswertungseinheit (Client) und Agenten (Server) auf den zu überwachenden Rechnern besteht (vgl. Abb. 1). Die Agenten erfassen die auf den Rechnern anfallenden Audit-Daten, führen eine Vorverarbeitung durch und transferieren die Daten zur zentralen Auswertungseinheit. Der Datentransfer erfolgt über ein RPC-Interface (Remote Procedure Call).

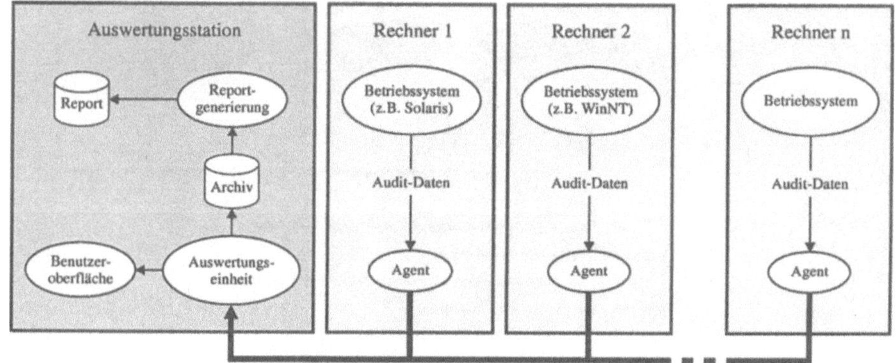

Abb. 1: Architektur von AID

Die Analyse der Audit-Daten erfolgt mit Hilfe eines echtzeitfähigen Expertensystems, das auf der Basis von RTworks entwickelt wurde. Es verwendet eine Wissensbasis mit zustandsorientiert modellierten Signaturen, die als Regeln implementiert sind.

Durch das System erkannte Sicherheitsverletzungen werden neben anderen sicherheitsrelevanten Informationen sowohl auf einer graphischen Benutzeroberfläche dargestellt als auch protokollarisch archiviert. Mit diesen Archiven stehen wertvolle Informationen für weitergehende Untersuchungen zur Verfügung. Unter Verwendung eines speziell für diesen Zweck entwickelten Programms besteht die Möglichkeit, aus den archivierten Daten Sicherheitsreports zu generieren.

2.2 Pseudonymes Audit mit AID

Das Konzept des Pseudonymen Audit sieht vor, Audit-Daten direkt nach ihrer Generierung zu pseudonymisieren und in dieser Form zu analysieren. Eine Depseudonymisierung der Daten erfolgt nur bei Vorliegen berechtigter Verdachtsmomente, d.h., wenn die Ergebnisse der Analyse der Audit-Daten auf Sicherheitsverletzungen hindeuten. Abb. 2 veranschaulicht, in welchen Repräsentationen Audit- und Ergebnisdaten in den einzelnen Modulen von AID vorliegen und durch welche kryptographischen Funktionseinheiten die Daten verarbeitet werden.

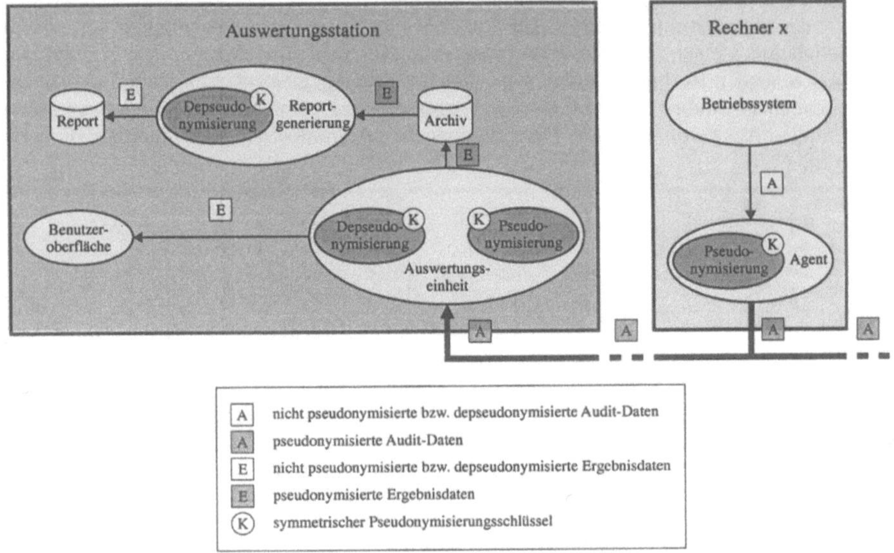

Abb. 2: Kryptographische Funktionseinheiten in AID

Die Pseudonymisierung der Audit-Daten in AID erfolgt durch die Monitoring-Agenten auf den überwachten Rechnern. Diese ersetzen in Audit-Daten enthaltene, benutzeridentifizierende Informationen durch Pseudonyme, die unter Verwendung symmetrischer Verschlüsselungsverfahren generiert werden.

Audit-Daten werden in pseudonymer Repräsentation analysiert. Deuten die Ergebnisse der Analyse auf Sicherheitsverletzungen hin, werden entsprechende Meldungen auf der graphischen Oberfläche ausgegeben. Darin enthaltene benutzeridentifizierende Informationen werden automatisch depseudonymisiert.

Die Mehrzahl der Signaturen, die der Analyse des Expertensystems zugrunde liegen, kann unabhängig von den als Initiator infrage kommenden Benutzern modelliert werden. Einzelne Angriffssignaturen nehmen jedoch Bezug auf die Identität eines Benutzers, um bspw. Zugriffe des Systemadministrators zu modellieren. Um diese Zugriffe erkennen zu können, muß Bezug auf das aktuelle Pseudonym des Systemadministrators genommen werden. Zu diesem Zweck verfügt das Expertensystem neben den Funktionen zur Depseudonymisierung auch über

Pseudonymisierungsfunktionalität, mit der es in der Lage ist, das aktuelle Pseudonym eines Benutzers zu ermitteln.

In den von der Auswertungseinheit erstellten Archiven werden die Ergebnisdaten in pseudonymer Repräsentation abgespeichert. Autorisierte Benutzer haben die Möglichkeit, unter Verwendung des Reportgenerators Sicherheitsreports aus den archivierten Daten zu erstellen. Hierbei werden die Ergebnisdaten einer Depseudonymisierung unterzogen.

3 Anforderungen an das Schlüsselmanagement

Für ein Schlüsselmanagement, das als Bestandteil des Konzepts des Pseudonymen Audit innerhalb eines verteilten IDS eingesetzt werden soll, bestehen zunächst einmal Anforderungen, die auch in den meisten anderen Anwendungsgebieten von Schlüsselmanagement-Technologien anzutreffen sind. Hierzu zählen neben dem Schutz der Vertraulichkeit geheimer und der Gewährleistung der Integrität geheimer und öffentlicher Schlüssel in allen Phasen der Verarbeitung insbesondere die notwendigen Eigenschaften der Protokolle zur Schlüsselvereinbarung und -verteilung. Derartige Eigenschaften sind u.a. die Gewährleistung von Perfect Forward Secrecy und die Resistenz gegenüber „Known Key"-Attacken. Ein Protokoll garantiert Perfect Forward Secrecy, wenn durch die Kompromittierung von Langzeitschlüsseln ehemalige Sitzungsschlüssel nicht kompromittiert werden (vgl. [Günt90, MeOV97]). Resistenz hinsichtlich „Known Key"-Attacken bedeutet, daß die Kompromittierung ehemaliger Sitzungsschüssel die Vertraulichkeit gegenwärtiger oder zukünftiger Sitzungsschlüssel nicht gefährdet (vgl. [YaSh90, MeOV97]).

Die hier vorliegenden anwendungsspezifischen Anforderungen an das Schlüsselmanagement sind ursächlich im Charakter der Datenverarbeitung innerhalb eines verteilten IDS begründet. Da derartige Systeme auf eine kontinuierliche Verarbeitung eines hohen Datenaufkommens ausgelegt sein müssen, unterliegt die Umsetzung der Aufgaben des Schlüsselmanagements hohen zeitlichen Restriktionen. Der Einsatz von für die Realisierung des Schlüsselmanagements notwendigen Hard- oder Softwarekomponenten darf keinesfalls zu einer signifikanten zeitlichen Verzögerung der eigentlichen Tätigkeit eines IDS, d.h., der automatischen Einbruchserkennung und ggf. Initiierung von Gegenmaßnahmen, führen.

Ein weiteres spezifisches Problem besteht in der Notwendigkeit des besonders wirksamen Schutzes der Integrität archivierter Schlüssel. Damit Intrusion-Detection-Systeme unwiderlegbare Nachweise zielgerichteter IT-Sicherheitsverletzungen liefern können, müssen sie in der Lage sein, zeitlich weit auseinanderliegende Einzelereignisse komplexeren Sicherheitsverletzungen zuzuordnen. Dies kann z.B. auch im Verlauf nachträglicher Auswertungen unter Berücksichtigung neuer Angriffsmuster notwendig sein. Da benutzeridentifizierende Informationen in den entsprechenden Audit-Datensätzen in pseudonymer Form vorliegen, genügt es zur Aufrechterhaltung der Zurechenbarkeit nicht, Manipulationen an den verwendeten Schlüsseln lediglich zu erkennen. Derartige Manipulationen müssen vielmehr so wirksam wie möglich verhindert werden, da andernfalls in der Regel keine Depseudonymisierungen mehr möglich sind. Die Veränderung der Pseudonymisierungs- und Depseudonymisierungsschlüssel stellt für einen Angreifer einen effektiven Weg dar, seine Identität zu verbergen. Die konkrete Realisierung der Archivierung dieser Schlüssel erweist sich somit als eine äußerst wichtige und anspruchsvolle Aufgabe im Kontext der Verarbeitung pseudonymisierter Audit-Daten.

4 Übersicht des erstellten Konzepts

Um den genannten Anforderungen im Kontext eines verteilten, partiell pseudonymisierte Audit-Datensätze verarbeitenden Intrusion-Detection-Systems gerecht werden zu können, sind für das gewünschte Schlüsselmanagement eine Reihe von Aufgaben zu erfüllen, die sich zu einem Gesamtkonzept zusammenfügen.

Bevor nun eine Darstellung der wichtigsten Bestandteile der vorgesehenen Schlüsselhierarchien erfolgt, sollen zwei allgemeine Prinzipien genannt werden, die für jeden der verwendeten Schlüssel wirksam sind. Das sind einerseits das Prinzip der Schlüsselseparierung und andererseits die Nutzung von Kryptoperioden. Schlüsselseparierung bedeutet, daß jeder Schlüssel nur für einen Zweck verwendet wird. Kryptoperioden beschreiben Zeitintervalle, in denen Schlüssel als gültig angesehen werden und nach deren Ablauf eine Schlüsselaktualisierung notwendig ist. Beide Mechanismen sollen die Auswirkungen möglicher Schlüsselkompromittierungen minimieren.

Im folgenden werden zunächst im Kontext des Pseudonymen Audit notwendige Schlüsselmanagementaufgaben aufgezeigt, bevor Mechanismen zu ihrer Umsetzung diskutiert werden.

4.1 Notwendige Schlüsselmanagementaufgaben

Aus der Architektur eines verteilten IDS, den verwendeten Konzepten und dem Lebenszyklus der verwendeten Schlüssel ergeben sich folgende Schlüsselmanagementaufgaben:

- Schlüsselgenerierung,
- Schlüsselverteilung,
- Schlüsselverifikation,
- Überwachung von Kryptoperioden,
- Schlüsselaktualisierung,
- Schlüsselarchivierung,
- sichere Schlüsselspeicherung in Dateien,
- sichere Aufbewahrung der Schlüssel im Speicher und
- sicheres Löschen von Schlüsseln.

4.2 Mechanismen zur Umsetzung der Aufgaben

Die Generierung der zur Pseudonymisierung und Depseudonymisierung eingesetzten Schlüssel erfolgt durch die zentrale Auswertungseinheit des IDS. Sie werden an die einzelnen Agenten verteilt und ebenso wie die Audit-Daten in Dateien archiviert, um für nachträglich erfolgende Analysen zur Verfügung zu stehen. Zur Schlüsselgenerierung finden die Funktionen der jeweils verwendeten Kryptobibliotheken Anwendung.

Die Verteilung der Schlüssel erfolgt unter Verwendung eines Sitzungsschlüssels, dessen Etablierung mit Hilfe des Protokolls SKEME (Secure Key Exchange Mechanism) im Basic Mode (vgl. [Kraw96]) vorgenommen wird. SKEME im Basic Mode gewährleistet Perfect Forward Secrecy und ist resistent gegen „Known Key"-Attacken. Eine kurze Beschreibung des Protokolls erfolgt im Anhang. Es wurde hier gewählt, da es aufgrund seines modularen Aufbaus vielseitig einsetzbar ist und verschiedene Kryptoverfahren leicht ausgetauscht werden können.

Zur Verteilung der Pseudonymisierungsschlüssel führt die Auswertungseinheit des IDS nacheinander mit jedem Agenten das Schlüsseletablierungsprotokoll durch, um den jeweils benötigten Sitzungsschlüssel zu etablieren.

Voraussetzung für die Verwendung von SKEME ist, daß jede kommunizierende Systemkomponente (Auswertungseinheit und Agenten) ein asymmetrisches Schlüsselpaar besitzt und über authentische Kopien der öffentlichen Schlüssel der Kommunikationspartner verfügt. Dieser Sachverhalt wird hier realisiert. Der initiale Austausch bzw. die Verifikation öffentlicher Schlüssel erfolgen dabei manuell. Asymmetrische Schlüssel werden, ebenso wie jene für die Pseudonymisierung und Depseudonymisierung, in Dateien gespeichert.

Alle öffentlichen und geheimen Schlüssel müssen während ihrer Verweildauer im Intrusion-Detection-System möglichst zuverlässig vor Manipulationen, geheime Schlüssel zusätzlich vor unbefugter Einsichtnahme geschützt werden. Dies betrifft sowohl den Aufenthalt der Schlüssel im Hauptspeicher als auch den Aufenthalt in den dafür vorgesehenen Dateien. Im Hauptspeicher, d.h. während der Verwendung durch die Systemkomponenten, sind Integrität und Vertraulichkeit der Schlüssel relativ stark gefährdet. Daher ist die Dauer des Aufenthalts im Hauptspeicher zu minimieren. Nach der Verwendung erfolgt ein Überschreiben der zuvor von den Schlüsseln belegten Speicherbereiche. Einzelne Schlüssel, z.B. Pseudonymisierungsschlüssel, werden jedoch kontinuierlich verwendet und liegen daher zur Laufzeit des IDS permanent unverschlüsselt im Speicher. Dieser Umstand stellt einen prinzipiellen Schwachpunkt in der praktischen Realisierung des Schlüsselmanagements dar, denn ein permanentes Aus- und Einlagern der Schlüssel würde das verteilte IDS massiv verlangsamen.

Die Vertraulichkeit von Hauptspeicherseiten ist in modernen Betriebssystemen zwei weiteren Gefährdungen ausgesetzt. Dabei handelt es sich um die Erzeugung von Speicherabbildern (Core bzw. Memory Dumps) in Ausnahmesituationen sowie die Auslagerung von Seiten in eine Swap-Partition bzw. Auslagerungsdatei. Beide Situationen müssen nach Möglichkeit unterbunden werden, indem durch eine entsprechende Konfigurierung des Betriebssystems die Erzeugung von Speicherabbildern nach Laufzeitfehlern und die Auslagerung vertraulicher Speicherseiten verhindert werden. Dies wird im realisierten Konzept umgesetzt, wobei die Systemkomponenten für Solaris die für Core-Dumps mögliche Größe auf 0 setzen und für spezielle Speicherbereiche die Systemfunktionen `mlock()` verwenden [Stev95]. Die Windows-NT-Komponenten verwenden entsprechend die Funktion `VirtualLock()` [Micr99].

Die Speicherung der beschriebenen Schlüsselarten in Dateien erfolgt teilweise verschlüsselt. Zur Verschlüsselung geheimer Schlüssel wird eine Paßphrase verwendet. Des weiteren wird für jede Schlüsseldatei ein MAC (Message Authentication Code) berechnet und gespeichert. Der hierfür verwendete geheime Schlüssel wird ebenfalls in der Datei abgelegt. Die Festlegung von Paßphrasen sowie die Generierung von MAC-Schlüsseln erfolgt bei der Initialisierung des Systems.

Inhalte von Schlüsseldateien werden zweifach vor unautorisierten Zugriffen gesichert. Einerseits erfolgt die Nutzung der Zugriffskontrollmechanismen des jeweiligen Betriebssystems, andererseits werden geeignete Synchronisationskonzepte angewandt. Diese Synchronisationskonzepte sorgen auch im Fall der Überwindung der Zugriffskontrolle, z.B. durch einen erfolgreichen Angreifer, für den Schutz der Dateiinhalte. Beispiele sind obligatorische Datensatzsperren in UNIX (vgl. [Stev95]) oder die Verwendung eines geeigneten File-Sharing-Mechanismus' in Windows NT (vgl. [Micr99]). Beide Maßnahmen sorgen dafür, daß lediglich der sperrende Prozeß (einer der Prozesse der Auswertungseinheit oder der Agenten) den gewünschten Zugriff auf die entsprechende Datei hat. Die Verwendung dieser Mechanismen erfolgt in Solaris über die Funktion `fcntl()` [Stev95] und in Windows NT mit der Funktion `LockFile()` [Micr99].

Sollte doch einmal der Fall eintreten, daß eine Manipulation gespeicherter Schlüssel festgestellt wird, greift der Mechanismus der verteilten Kopien des Schlüsselarchivs. Das verteilte IDS wird dahingehend erweitert, daß neben der Auswertungseinheit jeder Agent Schlüsselarchive verwalten kann.

Das Löschen von Schlüsseldateien erfolgt, indem die Dateien mehrfach mit den in [Gutm96] für diesen Zweck vorgeschlagenen Mustern überschrieben werden.

5 Prototypische Realisierung

Das hier in seiner wesentlichen Struktur beschriebene Schlüsselmanagementkonzept kann sowohl in eine alleinstehende verteilte Testapplikation als auch in eine Erweiterung bereits existierender Intrusion-Detection-Systeme überführt werden. Da an der BTU Cottbus in Form von AID bereits ein lauffähiges, für heterogene lokale Netze konzipiertes IDS zur Verfügung steht, wurde dieses als Integrationsplattform der prototypischen Bausteine des Schlüsselmanagements verwendet.

Für eine Implementierung von Teilkomponenten des Konzepts kommen verschiedene Verfahren in Betracht. Hier wurde auf die beiden, zum Zeitpunkt der Implementierung verfügbaren Kryptobibliotheken LiSA (Library for Secure Applications, vgl. [BKM+96]) und crypto++ (vgl. [Wei98]) zurückgegriffen. Im Rahmen des Prototyps kommen dann u.a. die folgenden Kryptoprimitive zum Einsatz:

- RSA mit 2048 Bit Schlüssellänge (zum Schlüsseltransport bei der Schlüsseletablierung),
- das Diffie-Hellman-Verfahren mit 2048 Bit Schlüssellänge (innerhalb des Schlüsseletablierungsprotokolls)
- MD5 (für die Durchführung des Schlüsseletablierungsprotokolls),
- ein CBC-MAC auf der Basis von IDEA im CBC-Mode (zur Durchführung der Schlüsseletablierung und zur Überprüfung der Integrität von Schlüsseldateien) und
- IDEA mit 128 Bit Schlüssellänge (zur Verschlüsselung von Schlüsseln).

Zum Zeitpunkt der Implementierung war AID in der Lage, Rechner zu überwachen, die entweder unter dem Betriebssystem Solaris oder dem Betriebssystem Windows NT laufen. Dementsprechend wurden die genannten Mechanismen auf diese beiden Systeme angepaßt, um eine Integration in AID zu ermöglichen. Eine zuvor durchgeführte, detaillierte Untersuchung der Sicherheitsarchitekturen dieser Betriebssysteme verdeutlichte, daß diverse Schwachstellen den Schutz der verwalteten Schlüssel erheblich beeinträchtigen. So ist z.B. die Vertraulichkeit geheimer Schlüssel in Hauptspeicherbereichen in der Regel nur durch die Zugriffskontrolle der Betriebssysteme geschützt. Diese Zugriffskontrolle ist jedoch, wie zahlreiche Untersuchungen sowie nahezu täglich im Internet veröffentlichte Nachrichten belegen, teilweise überwindbar (z.B. durch Ausnutzen von Debugging-Features).

Allgemein kann festgehalten werden, daß schon aufgrund der Existenz eines Superusers (UNIX) bzw. Administrators (Windows NT) sowie der fast immer eingesetzten, paßwortbasierten Authentifikation durch die Betriebssysteme der ausschließlich durch die Zugriffskontrolle erfolgende Schutz von Systemressourcen als unzureichend zu bewerten ist. Daher sind die für Verschlüsselungen definierten Schlüssellängen streng genommen uninteressant, da es für einen Angreifer fast immer relativ einfach ist, das Superuser- bzw. Administrator-Paßwort zu brechen. In Solaris ist z.B. ein Angreifer nach Erlangen der Zugriffsrechte des Superusers in der Lage, unter Verwendung des Systemprogramms `gcore` explizit Speicherabbilder von Prozessen zu erstellen und aus diesen die verwendeten Schlüssel zu extrahieren.

6 Ergebnisse und Bewertung

Wird die auch für etliche andere Operationen notwendige Anlaufphase eines verteilten IDS vernachlässigt, so ist im Zusammenhang mit der nach Möglichkeit in Echtzeit vorzunehmenden Erkennung von IT-Sicherheitsverletzungen insbesondere der durch automatische Schlüsselaktualisierungen verursachte Mehraufwand von Bedeutung. Die hierzu erforderliche Rechenzeit wird einerseits bei der Generierung neuer Schlüssel und andererseits für die Verteilung dieser Schlüssel verbraucht. Zur Abschätzung der damit einhergehenden Leistungsbeeinträchtigung wurden mit Hilfe des um die prototypischen Komponenten des Schlüsselmanagements erweiterten Intrusion-Detection-Systems AID Messungen vorgenommen. Diese Messungen erfolgten sowohl unter Solaris als auch unter Windows NT.

Es zeigte sich, daß die zur Schlüsselgenerierung notwendigen Prozessorzeiten im Vergleich zu den Prozessorzeiten, die für die Schlüsselverteilung erforderlich sind, vernachlässigt werden können. Die durchschnittliche Zeit, die die Auswertungseinheit oder ein Agent in der genutzten Systemplattform zur Schlüsselverteilung benötigt, beträgt ca. zehn Sekunden. In einer überwachten Umgebung mit einer Auswertungseinheit und einem Agenten bedeutet dies, daß die Audit-Analyse durch eine Aktualisierung der Pseudonymisierungsschlüssel um ca. 20 Sekunden unterbrochen wird. In einer Umgebung mit einer Auswertungseinheit und zehn Agenten wird dieser Vorgang zehnmal wiederholt, die entstehende Verzögerung beträgt dann ca. 200 Sekunden.

Im Kontext der automatischen Erkennung von IT-Sicherheitsverletzungen stellen Systembeeinträchtigungen dieser Größenordnung ein signifikantes Problem dar, da sich die Zeitspanne zwischen dem Auftreten einer Sicherheitsverletzung und deren Erkennung erheblich vergrößert. Besonders problematisch ist diese Situation in Umgebungen mit vielen Agenten oder bei der Definition relativ kurzer Kryptoperioden.

Das Ergebnis ist jedoch wenig überraschend, wenn berücksichtigt wird, daß die Funktionen des implementierten Schlüsselmanagements nicht innerhalb separater Threads ausgeführt werden, keine Kryptohardware zum Einsatz kam, und auch keine hinreichend effizient (z.B. in optimiertem Assembler) programmierten Kryptobibliotheken zur Verfügung standen. Die notwendige Verringerung der Beeinträchtigung des laufenden IDS muß daher durch die nach Möglichkeit kombinierte Realisierung der folgenden Ansätze erzielt werden:

- Die verwendeten kryptographischen Algorithmen müssen durch effiziente Implementierungen umgesetzt werden. Noch besser wäre der Einsatz von Spezialhardware.
- In der Auswertungseinheit und den Agenten sollte eine Verteilung der Verarbeitung der Audit-Daten und der Schlüsselverteilung auf verschiedene Prozesse oder Threads erfolgen, so daß mit der Audit-Datenverarbeitung fortgefahren werden kann, während auf die Berechnung der Protokollnachrichten durch den jeweiligen Kommunikationspartner gewartet wird.

- Es sind nach Möglichkeit Mehrprozessorsysteme zu verwenden, damit Audit-Analyse und Schlüsselverteilung parallel erfolgen können.
- Die Initiierung der Schlüsselverteilung kann auch auf einen separaten Rechner ausgelagert werden. In diesem Fall besteht die Aufgabe sowohl der Auswertungseinheit als auch der Agenten lediglich in der Verarbeitung der Protokollnachrichten zum Empfang der Schlüssel.

Nach der Umsetzung dieser Maßnahmen kann mit einer drastischen Verbesserung der Effizienz des laufenden Intrusion-Detection-Systems gerechnet werden.

Die Ergebnisse der durchgeführten Arbeiten haben verdeutlicht, daß die Konzipierung und Realisierung eines Schlüsselmanagements für verteilte Intrusion-Detection-Systeme eine sehr anspruchsvolle Aufgabe darstellt. Es wurde gezeigt, daß der Entwurf der erforderlichen Komponenten prinzipiell möglich ist, die konkrete technische Umsetzung jedoch diffizile Probleme aufwirft. Der Schutz der Schlüssel erweist sich aufgrund bestimmter, aus Sicht des Schlüsselmanagements ungeeigneter Konzepte der betrachteten Betriebssysteme als schwierig. Eine besondere Herausforderung ist außerdem das Finden eines praktikablen Kompromisses zwischen der möglichst schnellen, häufig Echtzeitanforderungen unterliegenden Analyse der Audit-Daten einerseits und dem Rechenaufwand, der zur Gewährleistung einer hinreichend sicheren Schlüsselverteilung erforderlich ist, andererseits.

7 Schlüsseletablierung SKEME im Basic Mode

Im folgenden wird das Schlüsseletablierungsprotokoll SKEME im Basic Mode kurz vorgestellt (ausführlich siehe [Kraw96]). Zunächst werden im Protokoll verwendeten kryptographischen Primitive und die zur Beschreibung benutzte Notation vorgestellt.

SKEME verwendet ein asymmetrisches Verschlüsselungsverfahren. Mit $E_{A_{pub}}(X)$ wird die Verschlüsselung der Nachricht X unter Verwendung des öffentlichen Schlüssels der Partei A bezeichnet. Das Protokoll basiert auf dem Schlüsselvereinbarungsprotokoll von Diffie und Hellman. Der öffentliche Diffie-Hellman-Schlüssel (DH-Schlüssel) einer Partei wird mit $g^x \bmod m$ dargestellt. Außerdem kommt ein MAC zum Einsatz. $MAC_K(X)$ bezeichnet den unter Verwendung von Schlüssel K über die Nachricht X erstellten MAC. Mit $Hash(X,Y)$ wird der Hash-Wert über die Konkatenation der Nachrichten X und Y ausgedrückt.

Das Protokoll besteht aus den drei Phasen SHARE, EXCH und AUTH. Voraussetzung für die Verwendung des Protokolls ist, daß die Kommunikationspartner A und B jeweils über ein asymm. Schlüsselpaar verfügen, und jede Partei eine authentische Kopie des öffentlichen Schlüssels der anderen Partei besitzt.

Die SHARE-Phase dient der Etablierung eines gemeinsamen geheimen Schlüssels für die Parteien A und B. Partei A erzeugt einen symmetrischen Schlüssel (K_A) und sendet ihn verschlüsselt mit dem öffentlichen Schlüssel B_{pub} an B (siehe Tab. 1). Nach Empfang der Nachricht erzeugt B einen symmetrischen Schlüssel K_B und sendet ihn verschlüsselt mit A_{pub} an A. Nach Empfang der Nachrichten berechnen beide Parteien den gemeinsamen geheimen Schlüssel K_0.

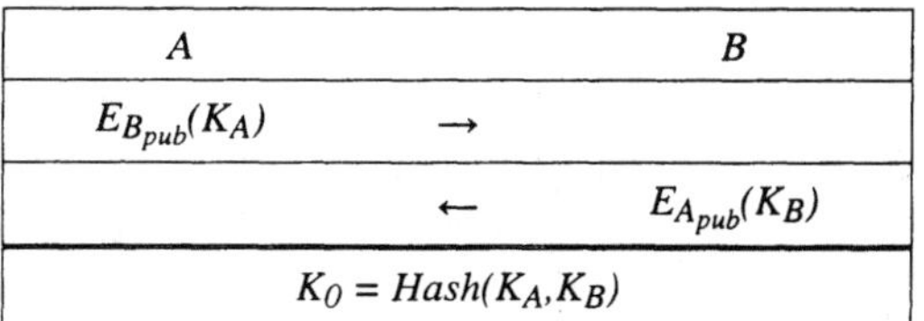

Tab. 1: SHARE-Phase

In der EXCH-Phase erfolgt der Austausch der öffentlichen DH-Schlüssel. Dazu erzeugt jede Partei ein DH-Schlüsselpaar und sendet den öffentlichen Schlüssel an den Kommunikationspartner (siehe Tab. 2).

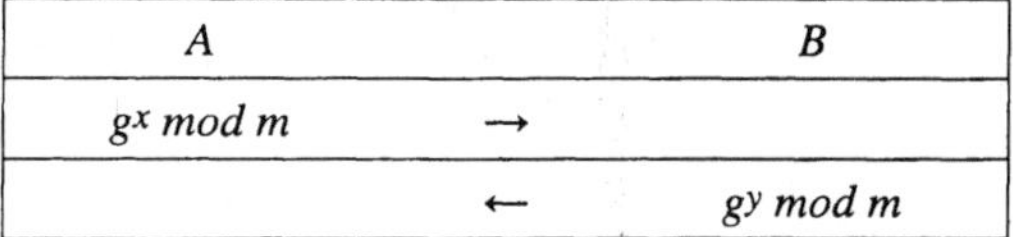

Tab. 2: EXCH-Phase

Der etablierte Schlüssel K_0 wird in der AUTH-Phase zur Authentifikation der öffentlichen DH-Schlüssel verwendet. Jede Partei erzeugt einen MAC über ihren eigenen öffentlichen DH-Schlüssel, den des Kommunikationspartners sowie über den eigenen Identifikator und den des Kommunikationspartners (siehe Tab. 3). Zur Berechnung des MAC wird der Schlüssel K_0 verwendet. Nach Empfang des MAC wird er durch erneute Berechnung überprüft. Durch dieses Vorgehen werden beide Parteien und die ausgetauschten DH-Schlüssel authentifiziert.

A		B
$MAC_{K_0}(g^y, g^x, id_A, id_B)$	$\rightarrow$	
	$\leftarrow$	$MAC_{K_0}(g^x, g^y, id_B, id_A)$

Tab. 3: AUTH-Phase

Die einzelnen Protokollphasen können kombiniert werden, so daß für das Protokoll nur drei Nachrichten benötigt werden (siehe Tab. 4). Der symmetrische Sitzungsschlüssel S_K wird im Anschluß an das Protokoll als Hash-Wert des gemeinsamen DH-Schlüssels berechnet.

A		B
$E_{B_{pub}}(id_A, K_A), g^x$	$\rightarrow$	
	$\leftarrow$	$E_{B_{pub}}(K_B), g^y, MAC_{K_0}(g^x, g^y, id_B, id_A)$
$MAC_{K_0}(g^y, g^x, id_A, id_B)$	$\rightarrow$	
	$SK = Hash(g^{xy} \bmod m)$	

Tab. 4: Protokollnachrichten

Literatur

[BKM+96]   Biehl, I.; Kenn, H.; Meyer, B.; Müller, B.; Schwarz, J.; Thiel, Ch.: LiSA – Eine C++-Bibliothek für kryptographische Verfahren. In: Digitale Signaturen, Vieweg, 1996, S. 237-248.

[CSI+99]   Computer Security Institute; Federal Bureau of Investigation: Computer Crime and Security Survey. 1999. http://www.gocsi.com/prelea990301.htm

[Günt90]   Günther, C.G.: An identity-based key-exchange protocol. In: Advances in Cryptology – EUROCRYPT'89 (LNCS 434), 1990, S. 29-37.

[Gutm96]   Gutmann, P.: Secure Deletion of Data from Magnetic and Solid-State Memory. In: Proc. of the sixth USENIX Security Symposium, 1996.

[Kraw96]   Krawczyk, H.: SKEME: A Versatile Secure Key Exchange Mechanism for Internet. In: Proc. of the 1996 Symposium on Network and Distributed System Security, San Diego, 1996.

[MeOV97]   Menezes, A.J.; van Oorschot, P.C.; Vanstone, S.A.: Handbook of applied cryptography. CRC Press, Boca Raton, 1997.

[Micr99]   Microsoft Corporation: MSDN Library – July 1999, 3 CDs.

[MuHL94]   Mukherjee, B.; Heberlein, L.T.; Levitt, K.N.: Network Intrusion Detection. In: IEEE Network 8 (1994), Nr. 3, S. 26-41.

[SoRK96]   Sobirey, M.; Richter, B.; König, H.: The Intrusion Detection System AID – Architecture, and experiences in automated audit analysis. In: Horster P. (ed.): Communications and Multimedia Security II, Proc. of the IFIP TC6 / TC11 International Conference on Communications and Multimedia Security (CMS'96), Essen, Germany, 1996, Chapman & Hall, London, S. 278-290.

[SoFR97]   Sobirey, M.; Fischer-Hübner, S.; Rannenberg, K.: Pseudonymous Audit for Privacy Enhanced Intrusion Detection. In: Yngström, L.; Carlsen, J. (Ed.): Information Security in Research and Business, Proc. of the 13th International Information Security Conference (SEC'97), Copenhagen, Denmark, Mai 1997, Chapman & Hall, London, S. 151-163.

[Stev95]   Stevens, W.R.: Programmierung in der Unix-Umgebung: Die Referenz für Fortgeschrittene. Addison-Wesley, Bonn, 1995.

[Sund96]   Sundaram, A.: An Introduction to Intrusion Detection. In: ACM Crossroads Issue 2.4, 1996. http:www.acm.org/crossroads/xrds2-4/

[Wei98]   Wei Dai: crypto++ – A C++ Class Library of Cryptographic Primitives, 1998. http://www.eskimo.com/~weidai/cryptlib.html

[YaSh90]   Yakobi, Y.; Shmuely, Z.: On key distribution systems. In: Advances of Cryptology – CRYPTO'89 (LNCS 435), 1990, S. 344-355.

Key Recovery unter Kontrolle des Nutzers

Jörg Schwenk

T-Nova Technologiezentrum Darmstadt
joerg.schwenk@telekom.de

Zusammenfassung

Durch Anwendung der diskreten Exponentialfunktion kann Key Recovery in Public-Key-Kryptosystemen so implementiert werden, daß die Wiederherstellung des Schlüssels nur auf Initiative des Nutzers erfolgen kann. Die Sicherheit des vorgeschlagenen Systems gegen Angriffe von außen ist äquivalent zur Sicherheit der Diffie-Hellman-Schlüsselvereinbarung [DiHe76]. Mehrere Recovery-Zentren mit unterschiedlichen Vertrauenseigenschaften können problemlos eingebunden werden.

1 Einleitung

Der zunehmende Einsatz von Verschlüsselung in der elektronischen Kommunikation und bei der Speicherung von Daten stellt den einzelnen Nutzer vor ein ernst zu nehmendes Problem: Der Verlust seines privaten Schlüssels bedeutet für ihn den Verlust des Zugriffs auf die eigenen Daten und Emails.

In der Praxis tritt ein Verlust des Schlüssels meist dadurch auf, daß das Paßwort oder die PIN, mit der dieser gesichert ist, vergessen wurde. Als Konsequenz werden häufig leicht zu merkende Paßwörter gewählt, deren Sicherheit in keiner Relation zu der Sicherheit der verwendeten kryptographischen Mechanismen (z.B. 2048 Bit RSA) steht. Hier sei an den Caligula-Virus erinnert, der Dateien mit privaten PGP-Schlüsseln an einen FTP-Server übermittelt. Bei schlecht gewählter Passphrase sind diese Schlüssel leicht über eine Wörterbuch-Attacke zu ermitteln.

Hätte ein Nutzer also die Möglichkeit eines von ihm kontrollierten Key Recovery, so könnte er guten Gewissens längere Paßwörter verwenden und so das Sicherheitsniveau des Gesamtsystems erhöhen.

Leider wurde die Key Recovery-Debatte bislang nur unter dem Aspekt geführt, wie der Zugriff auf verschlüsselte Informationen durch staatliche Stellen ermöglicht werden könnte. Dabei wurden von staatlicher Seite Forderungen wie z.B. die Möglichkeit zu einer Online-Entschlüsselung gestellt, die nicht im Interesse des Nutzers liegen und ihrerseits eine mögliche Schwachstelle darstellen können. Außerdem kann die Infrastruktur zur Realisierung staatlicher Anforderungen beliebig teuer werden, wie das Beispiel des Royal-Holloway-Schemas [Fox98] zeigt. Eine interessante Diskussion der Anforderungen an Key Recovery von staatlicher und privater Seite findet man in [AAB+97], und eine Übersicht der bisher vorgeschlagenen Verfahren bei [Denn97].

Die Anforderungen eines Nutzers an eine Key Recovery-Lösung können wie folgt zusammengefaßt werden:

1. **Kontrolle über Key Recovery**: Ein Key Recovery darf nur mit ausdrücklicher Zustimmung des Nutzers erfolgen. Die Initiative muß vom Nutzer ausgehen.

2. **Sicherheit**: Das Key Recovery-Verfahren muß beweisbar sicher sein, es darf die Sicherheit des Gesamtsystems nicht untergraben.

Das hier vorgestellte Verfahren erfüllt beide Forderungen:

1. Der Nutzer speichert den Recovery-Datensatz lokal bei sich ab, oder druckt ihn sogar aus. Nur im Recovery-Fall wird dieser Datensatz an das Recovery Center übertragen.

2. Die Sicherheit des Verfahrens gegen Angriffe von außen ist äquivalent zur Sicherheit der Diffie-Hellman-Schlüsselvereinbarung. Das Sicherheitsniveau kann daher an die Sicherheit des Gesamtsystems angepaßt werden.

Daneben besitzt das vorgeschlagene Verfahren die Eigenschaft, daß ein Nutzer die Recovery-Funktionalität problemlos auf verschiedene Recovery-Zentren mit unterschiedlichen Vertrauenseigenschaften (z.B. BSI, BAPT, DFN, CCC,...) aufteilen kann, ohne daß dadurch ein Datenoverhead entsteht. Dies unterscheidet die hier vorgeschlagene Lösung auch von dem direkten Ansatz, den eigenen privaten Schlüssel mit dem öffentlichen Schlüssel eines Recovery-Zentrums zu verschlüsseln und in dieser Form zu speichern.

Eine Lösung für Message Recovery, die auf den gleichen Mechanismen aufbaut wie das hier vorgestellte Key Recovery-Verfahren, wurde bereits in [Schw99] vorgestellt. Während dort aber direkt der Sitzungsschlüssel mit Hilfe des Diffie-Hellman-Verfahrens berechnet wurde, ist es hier der (pseudo-) zufällige Seed, der zur Generierung eines Public-Key-Schlüsselpaares benötigt wird.

2 Key Recovery durch diskrete Exponentialfunktion

Zur Generierung eines kryptographischen Schlüssels verwenden die meisten Programme eine Zufallsfolge s („Seed"), die mit Hilfe eines Zufallsprozesses generiert wird. Bei PGP sind dies z.B. zufällige Bewegungen der Maus oder zufällige Anschläge auf der Tastatur. Aus diesem Seed wird dann nach einem deterministischen Algorithmus der Schlüssel abgeleitet.

Die Idee, die hinter dem hier vorgeschlagenen Verfahren steht, ist, nicht mehr den Seed s selbst zur Ableitung des Schlüssels zu verwenden, sondern eine aus diesem Seed mit Hilfe der diskreten Exponentialfunktion (hier Exponentiation zur Basis g modulo einer großen Primzahl p) berechneten Wert.

Das Verfahren läuft wie folgt ab:

1. Das Key Recovery-Zentrum publiziert einen öffentlichen Recovery-Schlüssel K, der mit Hilfe des geheimen Schlüssels k und den öffentlich bekannten Parametern p und g wie folgt gebildet wird:

$$K := g^k \bmod p.$$

2. Die Software des Nutzers leitet nun den kryptographischen Schlüssel nicht mehr direkt aus dem Seed s ab, sondern aus

$$S := K^s \bmod p.$$

3. Danach wird ein Recovery-Datensatz R gespeichert oder ausgedruckt, der aus dem Seed gebildet wird:

$$R := g^s \bmod p.$$

Ist nun der Recovery-Fall eingetreten, d.h. hat der Nutzer keinen Zugriff mehr auf seinen privaten Schlüssel, so läuft die Recovery wie folgt ab:

1. Der Nutzer sendet seinen Recovery-Datensatz R als File oder schriftlich an das Recovery-Zentrum.

2. Das Zentrum berechnet

$$S' := R^k \bmod p$$

und sendet diesen Wert an den Nutzer zurück.

3. Um einem Mißbrauch vorzubeugen, kann das Zentrum vor Auslieferung des privaten Schlüssels diesen noch mit dem bekannten öffentlichen Schlüssel des Nutzers prüfen, und auch die im öffentlichen Zertifikat vorhandenen gegen die im Recovery-Antrag gemachten Daten abgleichen.

Dieses Verfahren kann in allen mathematischen Strukturen implementiert werden, in denen der diskrete Logarithmus schwer zu berechnen ist.

Bei Erweiterung des Verfahrens auf mehrere Recovery-Zentren $Z_1, ..., Z_n$ werden die oben beschriebenen Verfahren für jedes Zentrum separat durchgeführt. Der Modulus p ist dabei für alle Zentren identisch. Daraus resultieren Recovery-Informationen $R_1, ..., R_n$ und Datensätze $S_1, .., S_n$, wobei das Public-Key-Schlüsselpaar aus dem Wert $S := f(S_1, ..., S_n)$ abgeleitet wird (f eine beliebige Funktion).

Eine MAPLE-Implemetierung des vorgeschlagenen Verfahrens ist in der Anlage wiedergegeben.

Das Ausdrucken des Recovery-Datensatzes bietet die Möglichkeit, das Verfahren in erprobte und vorhandene Büroabläufe einzubetten und gibt den Nutzern ein zusätzliches Gefühl der Sicherheit.

Satz: *Das Recovery-Verfahren liefert den korrekten Schlüssel.*

Beweis: Da der Algorithmus zum Ableiten des Schlüssels aus einer vorhandenen Zufallsfolge deterministisch ist, genügt es zu zeigen, daß S' = S gilt. Dies folgt aus

$$S' \equiv R^k \equiv (g^s)^k \equiv (g^k)^s \equiv K^s \equiv S \pmod{p}.$$

Satz: *Die Sicherheit des Key Recovery-Verfahrens gegen Angriffe, die die Dienste des Recovery-Zentrums nicht nutzen, ist äquivalent zur Sicherheit der Diffie-Hellman Schlüsselvereinbarung.*

Beweis: Ein Angreifer kennt zunächst einmal nur $K = g^k \bmod p$. Durch Ausspähen des Rechners bzw. der schriftlichen Unterlagen des Nutzers kann er auch in den Besitz von $R = g^s \bmod p$ gelangen. Das Problem, aus $g^k \bmod p$ und $g^s \bmod p$ die Zahl $g^{ks} \bmod p$ zu berechnen, ist genau das Problem, den Diffie-Hellman-Schlüsselaustausch zu brechen.

3 Insider-Angriffe und Authentikation

Es ist klar, daß ein Recovery-Zentrum selbst den privaten Schlüssel eines Nutzers berechnen kann, wenn dieser nur dieses eine Zentrum in Anspruch nimmt. Diese Angriffsmöglichkeit kann daher auch leicht durch Einbindung mehrerer Zentren verbaut werden.

Insider-Angriffe

Anders sieht es aus, wenn ein Angreifer A die gleichen Recovery-Zentren nutzt. Da man ein Recovery-Zentrum auch als „Black Box" betrachten kann, die bei jeder Recovery-Anfrage eine diskrete Exponentiation mit dem jeweiligen privaten Schlüssel k durchführt, ist es nicht verwunderlich, daß die folgenden Angriffe möglich sind.

Der erste Schritt ist bei beiden Angriffen gleich:

1. A bringt den Recovery-Datensatz R in seinen Besitz. Dies kann z.B. durch einen geeignet konstruierten Computervirus, durch ein Trojanisches Pferd oder einfach durch Einbruch ins Büro geschehen.

Angriff 1 verschleiert die Anfrage durch Exponentiation mit einer Zufallszahl:

2. A wählt eine Zufallszahl x und berechnet mit Hilfe des erweiterten Euklidischen Algorithmus die multiplikative Inverse x^{-1} mod p−1.

3. A sendet R^x mod p als Recovery-Anfrage an das Zentrum.

4. Dieses berechnet $(R^x)^k \equiv (R^k)^x \equiv S^x$ mod p und sendet den Wert an A.

5. A berechnet $(S^x)^{x^{-1}} \equiv S$ mod p und leitet daraus den privaten Schlüssel des Nutzers ab.

Bei **Angriff 2** wird R mit einer Zufallszahl multipliziert:

2. A wählt eine Zufallszahl X .

3. A sendet X mod p als Recovery-Anfrage an das Zentrum und erhält X^k mod p.

4. A sendet RX mod p als Recovery-Anfrage an das Zentrum und erhält $(RX)^k$ mod p.

5. A berechnet $(RX)^k / X^k \equiv R^k \equiv S$ mod p und leitet daraus den privaten Schlüssel des Nutzers ab.

Bemerkung: Beide Angriffe können so abgewandelt werden, daß sie auch für bestimmte „naive" Lösungen des Recovery-Problems funktionieren, z.B. für die Verschlüsselung des Seeds s mit dem öffentlichen RSA-Schlüssel des Recovery-Zentrums.

Diesen Insiderangriffen kann man auf mehrere Arten begegnen, wobei man zwischen der Benutzung eines oder mehrerer Recovery-Zentren unterscheiden muß.

Ein Recovery-Zentrum

Authentikation des Nutzers durch Verifikation des öffentlichen Schlüssels: Bevor das Recovery-Zentrum den Wert S ausliefert, leitet es daraus das Public-Key-Schlüsselpaar des Nutzers ab und vergleicht den abgeleiteten öffentlichen Schlüssel mit dem öffentlichen Schlüssel im Zertifikat des Nutzers.

Um Angriff 1 trotzdem durchführen zu können, müßte der Angreifer zunächst einen aus S^x mod p abgeleiteten öffentlichen Schlüssel registrieren und ein Zertifikat dazu erstellen lassen. Dies kann er jedoch nicht, da er S^x mod p nur mit Hilfe des Recovery-Zentrums berechnen kann.

Angriff 2 kann man erschweren, wenn die Recovery-Zentren jeweils nur eine Anfrage pro Person zulassen. Zwei Angreifer können diesen Angriff hingegen weiterhin durchführen, indem sie jeweils kurzfristig in einer PKI Zertifikate zu den aus X bzw. RX abgeleiteten öffentlichen Schlüsseln beantragen. Um Angriff 2 mehrmals durchzuführen, müßten die Angreifer jedoch oft neue Zertifikate beantragen und revokieren. Dies könnte, zusammen mit einem

Mindestalter (d.h. der Zeit, die seit der Ausstellung des Zertifikats verstrichen ist) des wiederherzustellenden Schlüssels, Angriff 2 praktisch unmöglich machen.

Mehrere Recovery-Zentren

Bei mehreren Recovery-Zentren erschweren sich die Angriffe 1 und 2 automatisch, da die Angreifer nicht wissen können, welche Zentren der Nutzer gewählt hat. Diese Information sollte daher nicht zusammen mit R aufbewahrt werden.

Dagegen ist in diesem Fall eine Verifikation des öffentlichen Schlüssels nicht möglich, da jedes Zentrum für sich nur einen Teil des Seeds sieht. Durch Einsatz von Multiparty-Computation-Techniken [BeSW99] könnte man theoretisch sicher den öffentlichen Schlüssel aus diesen Teilen ermitteln, diese Lösung ist jedoch praktisch nicht umsetzbar.

Berechnung der diskreten Exponentialfunktion modulo eines Produkts zweier großer Primzahlen: Ersetzt man in der modulo-Operation die Primzahl p durch das Produkt zweier großer Primzahlen n [McCu88], so ist es einem Angreifer nicht mehr möglich, die multiplikative Inverse x^{-1} zu berechnen, da er $\varphi(n)$ nicht kennt. (Die Berechnung von x^{-1} mod $\varphi(n)$ aus x entspricht der Berechnung von d aus e im RSA-Verfahren. Dieses Problem ist äquivalent zur Faktorisierung von n [RiSA78].) Angriff 1 wird damit unmöglich.

Signieren des Recovery-Datensatzes R. Wird R vor dem Abspeichern/Ausdrucken signiert, so kann die Identität eines Nutzers mit Hilfe einer PKI leichter nachgeprüft werden. Sicherheit gegen Angriff 2 bietet aber auch diese Methode nicht.

Authentikation von S

Wir haben an den obigen Beispielen gesehen, daß eine Authentikation des Nutzers eines Recovery-Zentrums die Sicherheit des Gesamtsystems nur unwesentlich erhöht. Letztendlich hängt hier die Sicherheit des Systems von der Zuverlässigkeit der Identifizierung der Mitglieder einer PKI ab. Dies ist als nicht-technische Lösung in diesem Kontext letztlich unbefriedigend.

Ein anderer Ansatz ist hier erfolgreicher: Die Authentikation des wiederherzustellenden Datensatzes S. Dies kann dadurch geschehen, daß dem Recovery-Datensatz R hinreichend viele Bits von S hinzugefügt werden. Um z.B. ein RSA-Schlüsselpaar der Länge 1024 Bit zu erzeugen, werden alle in Abschnitt 2 beschriebenen Berechnungen mit Zahlen der Länge 1064 Bit durchgeführt. 1024 Bit von S werden dann zur Berechnung des Schlüsselpaares herangezogen, die restlichen 40 Bit werden zusammen mit R abgespeichert/ausgedruckt.

Die Angriffe 1 und 2 können hier nicht durchgeführt werden, da ein Angreifer die 40 Prüfbits für R^x bzw. RX nicht berechnen kann.(Für X ist dies möglich, sofern X wie in Abschnitt 2 beschrieben gebildet wurde.) Bei einem exhaustive Search-Angriff wären im Schnitt 2^{39} Recovery-Anfragen nötig.

Bei Verwendung mehrerer Recovery-Zentren muß für jedes Zentrum eine entsprechende Anzahl Bits beigefügt werden.

4 Key Recovery in Firmen

Beim Einsatz von Verschlüsselungsverfahren innerhalb von Firmen kann es Situationen geben, die ein Key Recovery auch ohne Zustimmung des Nutzers notwendig machen. Dies ist z.B. der Fall, wenn ein Mitarbeiter die Firma verlassen und seine Unterlagen in verschlüsselter Form zurückgelassen hat. Der Schutz gegen ungerechtfertigtes Key Recovery, etwa zur Kontrolle der gesendeten Emails, muß hier in anderer Form erfolgen, etwa durch eine Zustimmungspflicht des Betriebsrats zu jeder einzelnen Key Recovery-Aktion. Die Vorteile des vorgeschlagenen Verfahrens können in einer solchen Situation zum Tragen kommen, indem man z.B. Geschäftsführung und Betriebsrat technisch als unabhängige Recovery-Zentren abbildet.

Man kann ein solches Verfahren leicht durch Modifikation des im vorigen Abschnitt beschriebenen Verfahrens erhalten, indem man den Nutzer U zwingt, den Recovery-Datensatz R_U zu hinterlegen, bevor ihm der „öffentlichen Schlüssel" K_U ausgehändigt wird. Der Begriff „öffentlicher Schlüssel" ist in diesem Fall allerdings fehl am Platz, da K_U in diesem Zusammenhang ein für jeden Nutzer neu zu generierender Wert ist, z.B.

$$K_U := g^{k+u} \bmod p.$$

Das Verfahren läuft wie folgt ab

- Der Nutzer sendet $R = g^s \bmod p$ an die Recovery-Stelle.

- Anschließend erhält er K_U, berechnet $S_U := K_U{}^s \bmod p$ und leitet daraus sein Public-Key-Schlüsselpaar ab.

- Die Recovery-Stelle berechnet ebenfalls $S_U := R^{k+u} \bmod p$, leitet das Public-Key-Schlüsselpaar ab, generiert ein Zertifikat für den öffentlichen Schlüssel und nimmt dieses in die Unternehmens-PKI auf.

Durch den letzten Schritt wird sichergestellt, daß in der unternehmensinternen Kommunikation tatsächlich nur der Schlüssel benutzt wird, für den eine Recovery-Information vorhanden ist. Um dies auch auf die verschlüsselte Speicherung von Dokumenten auszudehnen müßte die eingesetzte Client-Software so konfiguriert sein, daß sie nur zusammen mit einem Zertifikat aus der unternehmenseigenen PKI funktioniert.

Bei dem hier beschriebenen Verfahren hat das Recovery-Zentrum natürlich die Möglichkeit, jederzeit den privaten Schlüssel des Nutzers abzuleiten. Der Vorteil dieses Verfahrens liegt aber darin, daß das Recovery-Zentrum keine geheimen Daten wie z.B. private Schlüssel speichern muß, sondern nur den öffentlichen Datensatz (R_U, u).

Anmerkung: Das Bekanntwerden von u und K_U stellt keine Bedrohung der Sicherheit dar, da sich jeder Angreifer selbst leicht Datensätze (x, K_X) erzeugen kann, indem er $K_X := K \cdot g^x \bmod p$ berechnet, mit $K := g^k \bmod p$.

5 Zusammenfassung

Durch Verwendung der diskreten Exponentialfunktion zur Ableitung eines kryptographischen Schlüssels ist es möglich, ein Key-Recovery-Verfahren zu implementieren, das die Anforderungen an ein solches Verfahren aus Sicht des Nutzers voll erfüllt.

Eine kleine Modifikation erlaubt, dieses Verfahren auch innerhalb eines Unternehmens einzusetzen, wobei jedoch der Nutzer keine direkte Kontrolle über den Key Recovery Prozeß mehr hat. Die Aufteilbarkeit der Recovery-Funktionalität auf mehrere unabhängige Zentren hilft jedoch, betrieblich Vorgaben zum Schutz der Mitarbeiter auch technisch umzusetzen.

Für Angriffe von außerhalb des Systems ist die Sicherheit äquivalent zur Sicherheit der Diffie-Hellman-Schlüsselvereinbarung. Ein formaler Beweis der Sicherheit des Systems gegen Insider-Angriffe, etwa durch Authentisierung von S, steht noch aus.

Literatur

[AAB+97]   H. Abelson, R. Anderson, S.M. Bellovin, J. Benaloh, M. Blaze, W. Diffie, J. Gilmore, P.G. Neumann, R.L. Rivest, J.I. Schiller, B. Schneier: The Risks of Key Recovery, Key Escrow, and Trusted Third-Party Encryption. http://www.counterpane.com/key-escrow.html. Deutsche Übersetzung (H. Heimann, D. Fox) in Datenschutz und Datensicherheit, Heft 1/98.

[BeSW99]   A. Beutelspacher, J. Schwenk, K.-D. Wolfenstetter: Moderne Verfahren der Kryptographie. 3. Auflage, Vieweg-Verlag Wiesbaden, 1999.

[Denn97]   D.E. Denning: Descriptions of Key Escrow Systems. http://www.cosc.georgetown.edu/~denning/crypto/Appendix.html

[DiHe76]   W. Diffie, M.E. Hellman, New Directions in Cryptography. IEEE Transactions on Information Theory, 6, November 1976, S. 644-654.

[Fox98]   D. Fox: Das Royal Holloway-System. Ein Key Recovery-Protokoll für Europa? Datenschutz und Datensicherheit, Heft 1/98.

[McCu88]   K.S. McCurley: A Key Distribution System Equivalent to Factoring. J. Cryptology, Vol. 1, No. 2, 1988, S. 95-106.

[RiSA78]   R. Rivest, A. Shamir, L. Adleman: A Method for Obtaining Digital Signatures and Public-Key Cryptosystems. Comm. ACM, 21 (1978), S. 120-126.

[Schw99]   J. Schwenk: Message Recovery durch verteiltes Vertrauen. In: R. Baumgart, K. Rannenberg, D. Wähner, G. Weck (Ed.): Verläßliche Informationssysteme – IT-Sicherheit an der Schwelle eines neuen Jahrtausends, Proceedings der GI-Fachtagung VIS'99, DuD-Fachbeiträge, Vieweg, Braunschweig/Wiesbaden, 1999.

Anlage: Implemetierungsbeispiel in MAPLE

Key Recovery Setup

Hier wird der Setup durchgeführt und dann die öffentlichen Parameter in der Datei "public.txt" gespeichert. Der private Schlüssel wird in „secret.txt" gespeichert. Der Wert für p wurde dabei mit Hilfe von "random()" so gewählt, daß eine 100-Bit Primzahl mit großem Primfaktor dabei herauskam.

Der private Schlüssel k wurde ebenfalls mit random() erzeugt. Anschließend wurde verifiziert, daß das Element 2 maximale Ordnung hat. (Die Funktion random() wird weiter unten nochmals explizit zur Erzeugung des Seed verwendet. Sie ist leicht so zu modifizieren, daß sie 512- oder 1024-Bit-Zahlen liefert.)

```
> with(numtheory):Warning, new definition for order
> p:=354359869418113572343350045149;
```
$$p := 354359869418113572343350045149$$
```
> isprime(p);
```
$$\text{true}$$
```
> ifactor(p-1);
```
$$(2)^2 \, (260023385249569689127788 41) \, (3407)$$
```
> g := 2;
```
$$g := 2$$
```
> order(g,p);
```
$$354359869418113572343350045148$$
```
> k := 238635538403457473957804527855;
```
$$k := 238635538403457473957804527855$$
```
> K := (g &^ k mod p);
```
$$K := 304883849884142445213044868885$$
```
> save p,g,K, "public.txt" ;
> save k, "secret.txt";
```

Erzeugung des Seed und der Recovery-Information

Hier wird der Seed zur Berechnung des Public-Key-Schlüsselpaares zusammen mit der Recovery-Information erzeugt.

```
> read "public.txt";
```
$$p := 354359869418113572343350045149$$
$$g := 2$$

```
                    K := 304883849884142445213044868885
> random:=rand(2^100);
          random := proc()
                local t;
                global _seed;
                _seed := irem(427419669081*_seed, 999999999989);
                t := _seed;
                to 2 do
                      _seed := irem(427419669081*_seed, 999999999989);
                      t := 1000000000000*t + _seed
                od;
                irem(t, 1267650600228229401496703205376)
          end
> s:=random();
                    s := 260754791447908060591877804881
> S:=(K &^ s mod p);
                    S := 149198365559647054571058859654
> R:=(g &^ s mod p);
                    R := 515136475184724088553358149723
> save R, "recovery.txt";
```

Seed Recovery

Hier wird der Seed S mit Hilfe der Recovery-Information und des geheimen Schlüssels der Recovery-Stelle rekonstruiert.

```
> read "public.txt";
                    p := 354359869418113572343350045149
                    g := 2
                    K := 304883849884142445213044868885
> read "secret.txt";
                    k := 238635538403457473957804527855
> read "recovery.txt";
                    R := 515136475184724088553358149723
> S':=(R &^ k mod p);
                    S':= 149198365559647054571058859654
```

Die Public-Key-Infrastruktur des deutschen Demonstrators für TrustHealth-2
Ein Erfahrungsbericht

Peter Pharow · Bernd Blobel

Otto-von-Guericke-Universität Magdeburg
peter.pharow@medizin.uni-magdeburg.de
bernd.blobel@mrz.uni-magdeburg.de

Zusammenfassung

Die heutigen Anforderungen an das Gesundheits- und Sozialwesen Europas an der Schwelle zum neuen Jahrtausend sind sehr vielschichtig und teilweise konträr. Mehr und mehr erwarten gut informierte und aufgeklärte Patienten eine qualitativ hochwertige Versorgung auf dem neusten Stand des medizinischen Wissens und der Medizintechnik. Gleichzeitig müssen die Leistungserbringer durch sozialpolitische Forderungen, aber auch durch die aktuelle Lage des Arbeitsmarktes bedingt, mit sinkenden Budgets auskommen.

In diesem Spannungsfeld der Spezialisierung auf der einen Seite und der deshalb notwendigen Kooperation auf der anderen Seite. kommen dem Datenschutz und der Datensicherheit im Gesundheits- und Sozialwesen eine immer größere Bedeutung zu. Mehr denn je steht bei den IT-Systemen auch die Verfügbarkeit der medizinischen und administrativen Daten am richtigen Ort zur richtigen Zeit für die richtige (die berechtigte) Person im Mittelpunkt, ohne die anderen Aspekte wie Authentifizierung des medizinischen Personals und Verwaltung der Zugriffsrechte auf Daten sowie Vertraulichkeit und Integrität dieser Daten zu vernachlässigen.

Das von der europäischen Kommission geförderte Projekt „Trustworthy Health Telematics 2" befasst sich mit der Schaffung einer Public-Key-Infrastruktur (PKI) für das Gesundheitswesen in Europa unter Nutzung von Health Professional Cards (HPC). Sechs europäische Länder installieren zur Zeit entsprechende Lösungen.

In der Form eines Erfahrungsberichts soll am Beispiel des deutschen Demonstrators für TH-2 der Prozess der Entscheidungsfindung, der Auswahl der Produkte für die Sicherheit des Systems, der anschließenden Implementierung der PKI-Lösungen sowie der beginnenden Evaluierung der Struktur einschließlich HPC unter Einbeziehung der medizinischen Nutzer skizziert werden.

1 Einleitung

Die allseitig geforderte Steigerung von Qualität und Effizienz im modernen Gesundheits- und Sozialwesen mit seiner wachsenden Spezialisierung der Beteiligten (Krankenhäuser, Kliniken, niedergelassener Bereich, private und gesetzliche Kassen und Versicherungen) erfordert eine umfassende Kommunikation und Kooperation zwischen den Leistungserbringern im Gesundheitswesen, aber auch außerhalb (z.B. im Bereich der gesamten Materialversorgung). Die rechtzeitige und exakte Bereitstellung von medizinischen und administrativen Daten am richtigen Ort kann in Zukunft nur noch über vernetzte Strukturen unter Einbeziehung von sicheren Authentifizierungsmechanismen erfolgen. Das aber bedingt eine sichere Kommunikation über unsichere und ungesicherte Netzwerke. Diese kann auf der Basis einer entsprechenden Sicherheitspolicy auf verschiedene Weise realisiert werden. Prinzipiell sind hierbei die systembezogenen und nutzerbezogenen Sicherheitsdienste zu unterscheiden. Grundlage aller dieser Dienste ist aber eine sichere Identifikation und Authentifikation der beteiligten *Principals* (Nutzer, Systeme, Rechner, Geräte, Anwendungen, Services, usw.). In den meisten Fällen werden starke asymmetrische kryptografische Verfahren für die Gewährleistung eines adäquaten Sicherheitsniveaus herangezogen.

2 Datenschutz und Datensicherheit

Unter Berücksichtigung der vielschichtigen sozialen, ethischen, rechtlichen, technischen, organisatorischen und politischen Aspekte einer sicheren Übertragung von Daten aller Art (Kommunikationssicherheit) sowie des verantwortungsvollen Umgangs mit diesen Daten in der Anwendung (Anwendungssicherheit) erwachsen neue Forderungen hinsichtlich Vertraulichkeit, Integrität, Verantwortlichkeit und Verfügbarkeit der Daten sowie zur Wahrung der Privatsphäre von Arzt und Patient [PhBS99]. Sammlung, Speicherung und Übertragung solcher sensitiven Daten wie patientenbezogene medizinische Informationen, in deren Prozeß oftmals Rechtsverhältnisse begründet werden, erfordern einen ausgebauten Datenschutz (die Maßnahmen der Anwendungssicherheit), optimale Datensicherheit (die technische Sicherstellung der Kommunikationssicherheit) und eine diesbezügliche Rechtsprechung, die die elektronischen Medien berücksichtigt. Das Informations- und Kommunikationsdienstegesetz (IuKDG) und insbesondere das Signaturgesetz (SigG) sind in Deutschland als erster Ansatz hierzu zu sehen [SigG97].

3 Das europäische Projekt „TrustHealth-2"

Das im Juni 1998 mit Förderung der europäischen Kommission innerhalb des vierten Rahmenprogramm gestartete Forschungsprojekt „Trustworthy Health Telematics 2 (TH-2)" hat die Schaffung von nationalen Infrastrukturen für die praktische Realisierung von Kommunikations- und Anwendungssicherheit in Europa zum Ziel. Dabei wird u.a. auch auf die Ergebnisse des Vorgängerprojektes TH-1 aufgebaut [TH1WWW]. TH-1 hatte bereits 1996 eine Health Professional Card (HPC) spezifiziert, die in einigen wenigen Exemplaren hergestellt und als Machbarkeitsstudie evaluiert werden konnte. Der Hauptinhalt von TH-2 ist die Implementierung einer realen Public-Key-Infrastruktur (PKI) in den sechs beteiligten Ländern Europas [TH2WWW].

Neben den geplanten und teilweise bereits begonnenen regionalen und nationalen Lösungen in Belgien, Frankreich, Deutschland, Norwegen, Schweden und Großbritannien steht bei TH-2 vor allem der Aspekt der Interoperabilität im Mittelpunkt. Im Kontext des Projektes bedeutet das vor allem die Interoperabilität von Zertifikaten sowie die Möglichkeit der Cross-Zertifizierung der beteiligten Zertifizierungsinstanzen. Die Planungen sehen je nach rechtlicher Basis in den Ländern entweder die Übertragung medizinischer Daten im Rahmen gemeinsamer Vorhaben (Großbritannien und Schweden) oder die Übertragung von allgemeinen Informationen vor (Deutschland und Schweden).

Zwei weitere wichtige Aspekte und Zielrichtungen des Projektes betreffen die Nutzerakzeptanz für Sicherheitslösungen sowie die bestehenden rechtlichen Grundlagen in den einzelnen Nationen und in Europa. Ersteres betrifft hauptsächlich die Einbeziehung der Nutzer und die

Evaluierung ihrer Interessen bzw. ihrer Erfahrungen bei der Nutzung von HPC und PKI, während für die rechtlichen Betrachtungen vor allem der Übergang von einer Papierakte zu einer elektronischen Verarbeitung der Daten von Interesse war. In Deutschland haben charakterisierend das Signaturgesetz und die Signaturverordnung eine technische Grundlage für die sichere elektronische Übertragung von Daten auf der Basis von PKI geschaffen.

4 Das Umfeld des deutschen Demonstrators

Für die Umsetzung der geplanten Aktivitäten von TH-2 in Deutschland wurde im Vorfeld das Regionale Klinische Krebsregister Magdeburg / Sachsen-Anhalt mit etwa 59 internen und externen Strukturen (Fachkrankenhäuser, onkologische Spezialkliniken) ausgewählt. Viele dieser Einrichtungen übertragen seit langem patientenbezogene medizinische Daten im Zusammenhang mit Krebserkrankungen in das System. Die Struktur und die Funktionen des Tumorregisters sowie die Einbeziehung von HPC und TTP im Kontext von Kommunikation und Anwendung sind in [BlPh97a, PhBW98] ausführlicher dokumentiert. Ebenso werden Resultate im Rahmen weiterer europäischer Forschungsaktivitäten kurz beschrieben [BlPh97b].

Am Magdeburger Institut für Biometrie und Medizinische Informatik wurden System- und Anwendersicherheit bereits in reale medizinische Anwendungen integriert. In diesem Kontext nahm 1993 ein sicheres regionales klinisches Tumorregister für den Regierungsbezirk Magdeburg mit etwa 1,2 Millionen Einwohnern seinen Routinebetrieb auf (Abbildung 1). Es bezieht viele Einrichtungen der Umgebung bis hin zu den angrenzenden Bundesländern in die Erfassung der Daten ein.

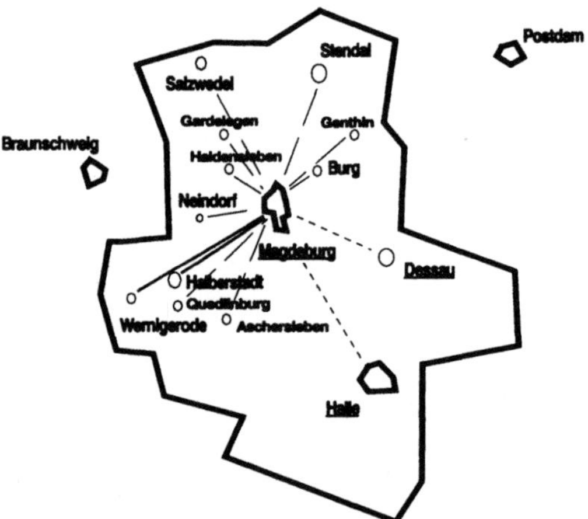

Abb. 1: Die beteiligten medizinischen Einrichtungen am deutschen TH-2 Demonstrator

Neben der im deutschen Gesundheitswesen erstmaligen Verwendung strenger Authentifizierung, digitaler Signatur und Verschlüsselung auf öffentlichen analogen (1993) bzw. ISDN Fernsprechverbindungen (1995) wurde 1997 auch erstmals die im Kontext von TH-1 angesprochene HPC getestet. Gegenwärtig wird diese Struktur im Rahmen von TH-2 als sicheres onkologisches Netzwerk unter Einbeziehung aller auf diesem Fachgebiet tätigen Institutionen des Landes ausgebaut. Das Registersystem unterstützt verschiedene medizinische Partner und Strukturen, die in die Versorgung von Tumorpatienten involviert sind und die zu völlig unterschiedlichen Organisationen innerhalb des regionalen onkologischen *Shared Care* Systems in Sachsen-Anhalt gehören. Neben der erwähnten Client-Server-Architektur bzw. verallgemeinert der lokalen Netzwerk-Architektur gewinnen vor allem Internet-basierte Dienste und Lösungen immer mehr an Bedeutung.

Für die Implementierung im Rahmen des Projektes TH-2 existieren zwei Szenarien. Einmal wird ein traditioneller Arztbrief mit allen für das Register relevanten Informationen von einem internen oder externen Partner zum Register übertragen. Dieser Brief muss dabei vertraulich (Verschlüsselung) und integer (digitale Signatur) behandelt werden. Außerdem wird mittels eines Attributes geprüft, ob der Absender wirklich ein Arzt war. Das zweite Hauptszenario befasst sich mit der Abfrage von Daten aus dem Register. Hier spielen neben der erforderlichen Identifikation und Authentifikation die Autorisierung und die Zugriffssteuerung eine wichtige Rolle. Auf Einzelheiten der medizinischen Szenarien soll an dieser Stelle verzichtet werden (siehe [TH2WWW]).

Die bei den Clients eingesetzte und mit der HPC interagierende Software wurde durch Mitarbeiter des Institutes selbst erstellt. Es handelt sich einmal um ein Programm für eine gesicherte Dateiübertragung (*Secure File Transfer Protocol*, sFTP). Mit Hilfe dieses Programms ist die Übermittlung beliebiger Dateiformate wie Text, Dokument oder Bild möglich [SpPB99]. Zum anderen wurde ein mit *Visual Basic für Applications* (VBA) erstelltes Makro für Signatur und Verschlüsselung in Microsoft Word als dem am häufigsten verwendeten Textverarbeitungssystem bei den medizinischen Partnern eingebunden.

5 Die Health Professional Card

In Bezug auf den Einsatz einer Smartcard als Authentifizierungstoken sowohl im Hinblick auf die Authentifizierung der Identität seines Besitzers als auch seines Berufes bzw. seiner Position verlief die bisherige Entwicklung mehrgleisig. Sowohl regionale und nationale Initiativen als auch europäische Projekte haben sich diesem Thema gewidmet, und letztendlich initiierte die europäische Standardisierungsorganisation CEN ein Projektteam zur Schaffung eines Standards für Mikroprozessorkarten für die Authentifizierung.

Zum einen definierte im Jahre 1996 bereits das erwähnte Projekt TH-1 einen Prototypen für eine europäische HPC und setzte ihn in mehreren Ländern versuchsweise in kleinen Pilotversuchen ein [TH1WWW]. Die dabei gewonnenen Erfahrungen sind in die weitere Arbeit in den beteiligten Ländern und in Europa eingeflossen.

Zum anderen konnte im Juni 1999 in Deutschland die Spezifikation eines elektronischen Arztausweises abgeschlossen werden, der zumindest für die Ärzte eine HPC darstellt. Für andere Berufe im deutschen Gesundheits- und Sozialwesen steht dieser Schritt aus mehreren Gründen (Einigung über Attribute bei anderen Kammerberufen, weitere nicht verkammerte Berufe, keine einheitliche Berufsordnung, usw.) noch aus [HPC99].

Abb. 2: Die im TH-2 Demonstrator verwendete HPC

Schließlich befasst sich wie erwähnt das europäische Standardisierungsgremium CEN / TC 251 Health Informatics seit 1998 im Projektteam PT 037 mit dem Thema der Standardisierung der sicheren und strengen Authentifizierung des Nutzers im Gesundheitswesen mittels einer Mikroprozessorkarte. Die Draft-Version ist bereits fertiggestellt und wird nach einer üblichen Kommentierungsphase Anfang 2000 zum europäischen Standard erhoben werden [CEN99].

6 Die Public-Key-Infrastruktur

Die nachfolgende Beschreibung der Public-Key-Infrastruktur vom Gesichtspunkt der Sicherheit ihrer internen und externen Prozeduren als ein Praxisbericht kann zum jetzigen Zeitpunkt noch nicht vollständig sein, insbesondere was Erfahrungen über einen längeren Zeitraum anbetrifft. Insofern können im Moment also die Wege der Entscheidungsfindung und die entsprechenden Definitionen, Spezifikationen und Implementierungen angegeben werden. Die komplette PKI für den deutschen TH-2 Demonstrator war Ende November 1999 einsatzbereit. Dieser Bericht enthält eine Gesamtübersicht des Systems, weitere Schemata sowie auch erste Erfahrungen mit dem Betrieb der PKI und der medizinischen Anwendung.

6.1 Die Rolle der Trusted Third Party

Für die genutzten asymmetrischen Kryptosysteme ist eine vertrauenswürdige dritte Instanz (*Trusted Third Party*, TTP) notwendig, die sowohl die Schlüssel generiert und die Karten ausstellt als auch die öffentlichen Schlüssel zertifiziert und sie mit gültigen Zeitstempeln versieht. Die in einem Verzeichnisdienst ständig aktuell gehaltenen Zertifikate müssen permanent verfügbar sein, um einerseits die Prüfung von Signaturen (Integrität) zu erlauben und andererseits die Versendung verschlüsselter Daten (Vertraulichkeit) zu ermöglichen [Hors95, Hors99].

Alle dem Benutzer der HPC zugeordneten Informationen, wie persönliche Identität und berufliche Qualifikation bzw. Spezialisierung, werden in Zertifikaten abgelegt und durch die TTP gesichert und verwaltet. Damit alle zu übertragenden Daten erforderlichenfalls verschlüsselt und alle digitalen Signaturen überprüft werden können, ist ein zentrales und allgemein zugängliches Verzeichnis der erforderlichen Informationen über die Inhaber der Chipkarten einschließlich seiner öffentlichen Schlüssel erforderlich.

Für die gesicherte Umsetzung des beschriebenen Protokolls sind verschiedene externe Dienste erforderlich. Das beginnt bei den zentralen oder dezentralen Services für die Generierung von Schlüsselpaaren für die asymmetrischen Kryptosysteme sowie deren Speicherung auf dem sicheren Token HPC (geheimer Schlüssel) bzw. in Verzeichnissen (öffentlicher Schlüssel) und reicht über Namens- und Registrierungsinstanzen bis zu Zertifizierungsinstanzen einschließlich der angeschlossenen Verzeichnisdienste. Leistungen wie die zeitnahe Erstellung und Verwaltung von Sperrlisten für Zertifikate (*Certificate Revocation List*, CRL) sowie Notariatsdienste wie Zeitstempelung gehören ebenfalls zum Spektrum einer TTP. Aus verschiedenen Gründen (Trennung der Dienste, Lebensdauer von Schlüsseln und Zertifikaten, rechtliche Verantwortlichkeiten) wird für die wichtigsten Dienste der Authentifizierung, der digitalen Signatur sowie der Verschlüsselung jeweils ein separates Schlüsselpaar generiert und zertifiziert.

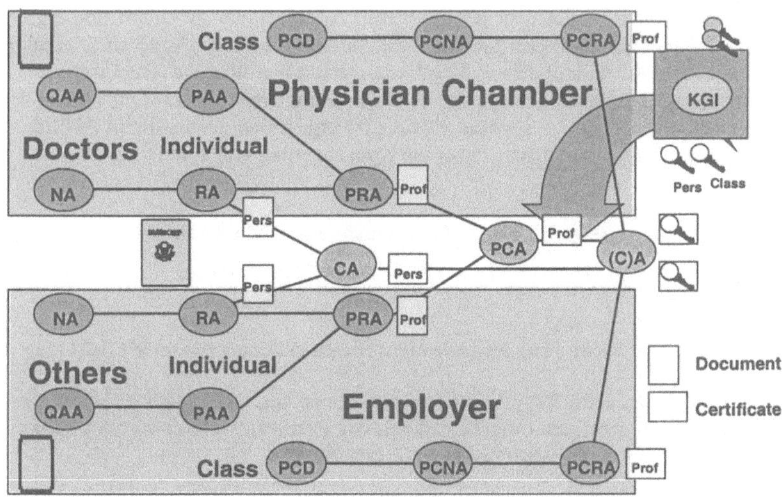

Abb. 3: Aufbau und Struktur der TTP für den deutschen TH-2-Demonstrator

Unter Berücksichtigung dieser rechtlichen und technischen Situation stellt sich die TTP-Struktur für den Demonstrator im Augenblick wie in Abbildung 3 gezeigt dar. Nachfolgend werden sowohl die einzelnen Funktionen der TTP als auch deren Umsetzung (Realisierung durch die beteiligten Partner) beschrieben. Der auf Gruppenschlüssel (*Class Key*) basierende Teil der Struktur wurde zwar spezifiziert und vorbereitet, aber noch nicht implementiert.

Das Projekt betreibt selbst kein Trustcenter. Vielmehr konnten einige der Funktionen bereits auf genau die Institutionen übertragen werden, die sie im Hinblick auf die Umsetzung der Spezifikation des elektronischen Arztausweises in Deutschland und dessen Organisationsstruktur auch ausführen sollen – wie die Ärztekammern als Instanz zur Namensvergabe und Registrierung. Somit werden einige Leistungen einer TTP durch das Projekt selbst erbracht, andere wie die Zertifizierung (CA) werden am Markt eingekauft.

6.2 Die Vergabe eindeutiger Namen

Die Namensinstanz (*Naming Authority*, NA) vergibt an jeden Nutzer (Personen, Anwendungen, aber auch Systeme und Maschinen) einen Namen, der ihn oder es in der elektronischen Welt eindeutig identifiziert. Die Strukturierung dieses Namens (*Distinguished Name*, DN kann nach verschiedenen Gesichtspunkten erfolgen.

Für die Umsetzung des deutschen Demonstrators wurde zwischen den beteiligten Projektpartnern ein Namensformat vereinbart, welches der im Projekt TH-2 empfohlenen Struktur nahekommt und auf der Einbeziehung vorhandener Nummerierungsschemata beruht. Dabei wird die Identifikationsnummer des Arztes genutzt, die in der Form seiner Mitgliedschaft bei der für ihn zuständigen Landesärztekammer (PCSA) vorliegt. Diese bundeslandesweit eindeutige Nummer wird mit dem Bezeichner der jeweiligen Ärztekammer verknüpft und ergibt somit einen in Deutschland eindeutigen Namen. Alle Nutzer, die keine Ärzte sind, erhalten eine nach den gleichem Muster aufgebaute Identifikationsnummer über das Tumorregister (TRM). Für die weltweite Erkennbarkeit wird die Landeskennung angefügt. Zusammen mit dem Namen der betreffenden Person (*Common Name*, CN) ergibt sich daraus die in Abbildung 4 zu findenden Struktur (x‖y symbolisiert dabei die Konkatenation von x und y).

DE ‖ PCSA ‖ 12345 ‖ MustermannMartinDr

DE ‖ TRM ‖ 67890 ‖ MusterfrauMartina

Abb. 4: Die Struktur der eindeutigen Namen in Demonstrator für TH-2

Das verwendete Schema der Vergabe eindeutiger Namen beschränkt sich strikt auf Merkmale, die sich nur selten ändern, und umgeht dadurch das Problem, welches mit der Einbeziehung von Organisationen (*O*) oder Abteilungen (*OU*) behaftet ist.

Die hier dargestellte Namensvergabe für alle am Demonstrator beteiligten Einrichtungen und Personen ist zum heutigen Zeitpunkt bereits vollständig abgeschlossen (siehe auch Abschnitt 6.6).

6.3 Die Registrierungsinstanzen

Innerhalb der Struktur einer TTP bestätigen die Registrierungsinstanzen (*Registration Authority*, RA) authentisch die Identität einer Person bzw. ihren Beruf und ihre Qualifizierung. Hierbei wird auf authentische Informationen zurückgegriffen, die durch Instanzen zur Bestätigung von Qualifikationen (*Qualification Authentication Authority*, QAA) bzw. von beruflichen Zulassungen (*Profession Authentication Authority*, PAA) zur Verfügung gestellt werden. Erstere sind z.B. Universitäten und Fachschulen, letztere die Ärztekammern und die Kassenärztlichen Vereinigungen [HPC99].

Für die Registrierung der Nutzer des deutschen TH-2 Demonstrators war es möglich, mehrere Aufgaben durch eine einzige Institution ausführen zu lassen - die Ärztekammer Sachsen-Anhalt. Auf Grund der dezentralen (föderalen) Strukturen im deutschen Gesundheitswesen ergibt sich die Pflicht jedes Arztes auf Mitgliedschaft in der Ärztekammer seines Bundeslandes (Funktion der PAA). Zum Umfang der Aufgaben einer Landesärztekammer gehört auch die Registrierung der beruflichen Qualifikation ihrer Mitglieder, ihrer Schwerpunktfächer, der Aus- und Weiterbildung sowie der abgelegten Prüfungen (Funktion der QAA). In Bezug auf den nationalen TH-2 Demonstrator übernahm die Ärztekammer Sachsen-Anhalt (*Physicians' Chamber Saxony-Anhalt*, PCSA) auch die Registrierung der nichtärztlichen Nutzer, wie medizinische Dokumentarinnen, Schwestern und Forscher.

Die erforderlichen Informationen wurden auf Anforderung der Nutzer (siehe Abschnitt 6.6) von der PCSA geprüft und mit dem DN verknüpft. Für die gesicherte Speicherung dieser Daten in der PCSA wurde ein separates System eingesetzt. Anschließend konnten die notwendigen Informationen auch der Zertifizierungsinstanz zur Verfügung gestellt werden. Das erfolgt gesichert auf elektronischen Wege. Die bereitgestellten Daten gelangen dabei über die Eingangsschnittstelle in die Zertifizierungssoftware. Darüber wurde ein Log geführt.

6.4 Die Zertifizierungsinstanzen

In der PKI werden zwei verschiedene Zertifizierungsinstanzen eingesetzt: die CA und die PCA. Die Zertifizierungsinstanzen erstellen auf Grund der Anforderungen und der Informationen der RA die Zertifikate, die den eindeutigen Namen des Nutzers und Informationen zu seiner Identität authentisch verbinden. Dabei kann der Name des Nutzers entweder mit einem öffentlichen Schlüssel zu einem Public-Key-Zertifikat (Funktion der CA) oder ohne einen solchen öffentlichen Schlüssel mit Angaben zu seinem Beruf zu einem Attribut-Zertifikat (Funktion der PCA) verbunden werden. Wie bereits erläutert, wurden für die Demonstration der Anwendungen für TH-2 drei separate Schlüsselpaare erzeugt und eingesetzt. Leider gab es seitens der Software noch keine Möglichkeit Attribut-Zertifikate nach der Spezifikation der deutschen HPC zu erzeugen, weswegen vorläufig Einträge im Verzeichnis für die Autorisierung und die Zugriffssteuerung genutzt wurden.

Aus verschiedenen Gründen entschied sich die Projektleitung nach einer intensiven Suche bzgl. der einzusetzenden TTP-Software für das CA Management Tool der GMD Darmstadt. Das hatte allerdings vorerst zur Folge, dass die angestrebte Konformität zu SigG und SigV für diese Phase des Projektes nicht zu Stande kam - das CA Management Tool ist eine Software, aber keine Organisation. Durch die enge Zusammenarbeit der beteiligten Partner Magdeburg und Darmstadt wurde aber auch dieses Problem zufriedenstellend gelöst, so dass die Zertifikate nach X.509 v3 beim Start der Implementierungen zur Verfügung standen.

6.5 Der Verzeichnisdienst

Wie bei allen bereits angesprochenen Aufgabenstellungen einer TTP ist auch die vertrauenswürdige Verwaltung der Zertifikate sowie das Management von Änderungen und Sperrungen innerhalb dieser öffentlichen Verzeichnisdienste eine Aufgabe für Organisationen, die das Vertrauen der Beteiligten besitzen. Die Funktion innerhalb des hier beschriebenen Demonstrators für TH-2 wird durch das Tumorregister Magdeburg erbracht. Dort wurde ein Verzeichnisdienst auf der Basis des X.500-Standards implementiert, in den auf sichere Weise alle erstellten Public-Key- und die vorläufigen Attribut-Zertifikate aus dem CA Management sowie weitere, für die Suche sowie für die Autorisierung erforderliche Attribute gespeichert werden.

Aus verschiedenen Gründen wurde in der aktuellen Stufe der Implementierung (das Projekt wird ständig weiterentwickelt) noch keine vollkommen X.500-basierte Lösung verwendet, sondern auf die innerhalb der Sicherheitssoftware SECUDE implementierte Schnittstelle für Zertifikate (AFDB) orientiert. Die Ausgabe der Zertifikate über LDAP ist dort aber bereits möglich, so dass auch komplexere Suchmechanismen angesprochen werden können. Die komplette Verzeichnisbaumstruktur (*Directory Information Tree*, DIT) wird im Moment abschließend spezifiziert, um im Rahmen des internationalen Projektes auch Datenübertragungen über die Grenzen von Deutschland hinaus realisieren zu können und hieraus entstehende Interoperabilitätsanforderungen zu erfüllen.

6.6 Beantragung und Ausgabe der HPC

Alle bisher dargestellten Prozeduren innerhalb einer TTP werden letztendlich erst wirksam, nachdem eine Person im Gesundheits- und Sozialwesen explizit den Antrag auf Ausfertigung einer HPC stellt. Hierbei ist im Zusammenhang mit den Anwendungen die TTP verantwortlich dafür zu entscheiden, wer eine entsprechende Berechtigung dafür besitzt. Für das Szenario des Demonstrators sind die Ärztekammer Sachsen-Anhalt bzw. das Tumorregister verantwortlich für die Auswahl, da nur bestimmte Personen und Institutionen für die Mitarbeit an der Anwendung in Betracht kommen konnten.

Für die ordnungsgemäße Beantragung der Karten war die Entwicklung von speziellen Formularen erforderlich, die die Verantwortlichkeiten (Antrag, Identität, Beruf, Registrierung, Zertifizierung, Aushändigung, usw.) klar erkennen lassen. Auf der Basis von bereits in TH-1 erstellten Formularen sowohl für die Registrierung der Identität als auch der zahlreichen möglichen Rollen und beruflichen Angaben beantragt somit die im Gesundheits- und Sozialwesen tätige Person (*Health Professional*, HP) in Abstimmung mit der für sie zuständigen Ärztekammer bzw. dem Register eine HPC.

Anschließend werden zwischen den einzelnen Instanzen Anforderungen (*Requests*) zur Erstellung eines DN, zur Überprüfung von Registrierungsinformationen usw. generiert und ausgeführt. Dabei können einige der Schritte als direkte Abfolge oder als Sammelprozedur bearbeitet werden (Herstellung der Karten, Aufbringen der erforderlichen Dateistruktur, Generieren von Schlüsselpaaren, usw.). Die Details werden im Allgemeinen im Rahmen der Sicherheitspolicy (*Security Policy*)einer Zertifizierungsinstanz beschrieben, auf die hier aber nicht näher eingegangen werden soll.

Die Ausgabe der Karten ist wiederum eine Aufgabe für Organisationen, die das Vertrauen aller Beteiligten besitzen. Diese treuhänderischen Aufgaben innerhalb der hier beschriebenen Lösung des Regionalen Klinischen Tumorregisters Magdeburg/Sachsen-Anhalt werden für die Angehörigen der Kammerberufe von den Ärztekammer des Landes Sachsen-Anhalt erbracht und für die übrigen Beschäftigten (Dokumentare, Forscher) vom Tumorregister.

Nach Ablauf aller in Abbildung 5 dargestellten externen und internen Prozeduren erhält die beantragende Person schließlich ihre persönliche HPC ausgehändigt, testet sie vor Ort an Hand einer kleinen Applikation und signiert sowohl manuell das Policy-Dokument zu Rechten und Pflichten als auch erstmals elektronisch. Dabei kann gleichzeitig die Ordnungsmäßigkeit der Funktion der Zertifikate sowie die Verfügbarkeit und Ordnungsmäßigkeit der Verzeichnisdienste geprüft werden.

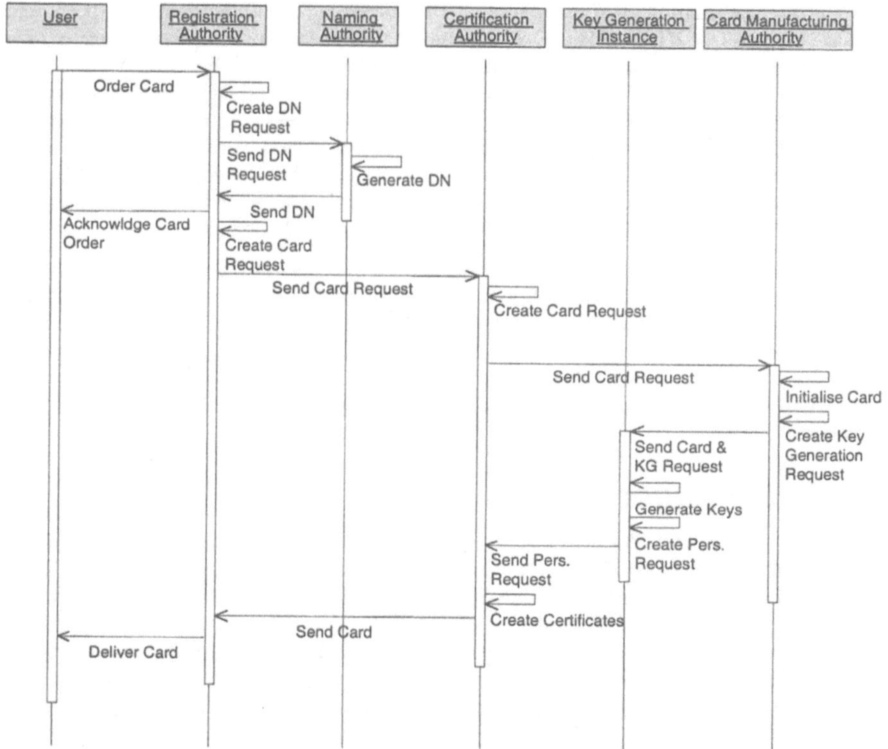

Abb. 5: Externe und interne Prozeduren von der Beantragung bis zur Ausgabe der HPC

Um die Wirksamkeit des Einsatzes der HPC zu überprüfen sowie die vorhandenen Potentiale besser zu nutzen, wird parallel zum Einsatz der Karte eine Befragung der Nutzer durchgeführt. Das erfolgt über Interviews sowohl vor Beginn des Einsatzes der HPC und der damit verbundenen Dienste wie Verschlüsselung und Signatur als auch nach einer gewissen Zeit der Nutzung dieser Dienste. Hierdurch können Veränderungen im Bewusstsein (*Awareness*) der Nutzer für die neuen elektronischen Medien, deren Vorteile und deren Bedrohungen und Risiken besser herausgearbeitet werden. Die Ergebnisse werden in naher Zukunft in Studien an anderer Stelle veröffentlicht.

7 Die technische Infrastruktur

Für die Implementierungen der beschriebenen PKI sowie für den Zugriff der Nutzer auf die Verzeichnisdienste werden vorrangig ISDN und LAN verwendet. Die technische Infrastruktur dafür (Netze, Anschlüsse) ist in den meisten beteiligten Einrichtungen im Gesundheits- und Sozialwesen Deutschlands bereits in hoher Qualität vorhanden. Darüber hinaus wurden im Rahmen anderer europäischer Forschungsprojekte die angesprochenen Überlegungen im Hinblick auf die Realisierung einer europäischen TTP-Hierarchie auf Internet-Basis erprobt und praktisch umgesetzt [ETSWWW]. Das angestrebte Hauptziel dieser Initiative war es, die wichtigsten technischen und organisatorischen Grundlagen für die Errichtung eines paneuropäischen Netzwerkes für das Gesundheitswesen zu schaffen und dabei stets moderne Architektur- und Dienstansätze des Internet bzw. WWW zu berücksichtigen. Zwischen den damaligen Projektpartnern in Griechenland, Italien und Deutschland wurden beispielhaft medizinische Daten sowie adäquate administrative Daten ausgetauscht, die virtuell einen Patienten komplett beschreiben können. Dabei erfolgte die Kommunikation und der Datenaustausch standardkonform ausschließlich Internet-basiert über SSL (Secure Channel).

Die Internet-basierte Richtung der Entwicklung und Etablierung von Diensten erscheint insbesondere unter dem Gesichtspunkt der Einbeziehung von niedergelassenen Ärzten und kleinen Praxen sinnvoll und wichtig. Diese Strukturen werden sich auf einen einzigen Zugang zur Netzwelt orientieren, über den dann alle Anwendungen laufen müssen. Anderenfalls entsteht ein Akzeptanzproblem, welches die Umsetzung vieler interessanter und innovativer Ideen und Anwendungen im und für das Gesundheits- und Sozialwesen Deutschlands erschwert oder verhindert.

8 Schlussfolgerungen

Die ständig wachsenden Anforderungen an die heutigen Systeme der Informations- und Kommunikationstechnik bezüglich der Einhaltung der gesetzlichen Grundlagen zu Datenschutz und Datensicherheit sowie an ihre Systemsicherheit werden mehr und mehr über verschiedene kryptografische Mechanismen realisiert. Dabei spielt vor allem bei den asymmetrischen Verfahren die Sicherheitsinfrastruktur eine eminent wichtige Rolle. Das sehr komplexe Framework aus Authentifizierungstoken, Registrierungs- und Zertifizierungsinstanz und Verzeichnisdienst muss in einem immer stärker werdenden Maße sicher und vertrauenswürdig gestaltet werden.

In diesem Zusammenhang spielt die Auswahl der Anbieter und deren Produkte sowie der Realisierung der Public-Key-Infrastruktur eine immer größere Rolle. Neben den internen Prozeduren und den Interaktionen zwischen den Organisationen innerhalb einer TTP kommt vor allem auch den Schnittstellen zwischen der TTP und den Nutzern (*Human User Interface*, HUI) eine große Bedeutung zu. Die Akzeptanz der Nutzer für bereichsspezifische Lösungen und Prozeduren sowie das Wissen der Nutzer um das Gefährdungspotential und die Risiken des Einsatzes von IT, die Vertrauenswürdigkeit und die Transparenz der angebotenen Strukturen und Lösungen sind Aspekte, die in Zukunft über den Erfolg des Einsatzes von PKI mitentscheiden werden. Dabei ist eine vorbereitende und einsatzbegleitende Schulung und Weiterbildung der Nutzer unerlässlich.

Das europäische Projekt Trustworthy Health Telematics 2 versucht in diesem Sinne Mittel und Wege zu finden und zu implementieren, die in den einzelnen Ländern und auch international (grenzüberschreitend) sowohl die Systemsicherheit der PKI-Lösung selbst garantieren als auch die Akzeptanz der medizinischen Nutzer in den beteiligten Ländern finden helfen. Dabei liegt die Orientierung strikt auf der Verwendung und Verbesserung von Standards sowie – wo erforderlich – auf der Schaffung neuer Standards [CEN99].

Das Projekt wird seine Arbeit im Mai 2000 vorerst beenden. Eine weitere Evaluierung der bisherigen und zukünftigen Ergebnisse zu diesem Zeitpunkt wird dann zeigen, wie gut die angestrebte Synthese aus ethischen, sozialen, rechtlichen, administrativen und technischen Aspekten gelungen ist.

9 Beteiligte Partner

Für die Umsetzung der sehr vielseitigen Anforderungen in technischer, rechtlicher und administrativer Hinsicht konnten neben der Europäischen Kommission als Förderer des Projektes weitere nationale Partner gewonnen werden, die mit ihren Erfahrungen auf den verschiedensten Gebieten zum Erfolg beigetragen haben. Im Einzelnen handelt es sich um die GMD Darmstadt, Giesecke & Devrient München, die Ärztekammern der Länder Sachsen-Anhalt und Niedersachsen sowie das Tumorregister Magdeburg.

Literatur

[BlPh97a]   Blobel, Bernd; Pharow, Peter: Security Infrastructure of an Oncological Network Using Health Professional Cards. In: L. van den Broek, A.J. Sikkel (Ed.): Health Cards '97, S. 323-334. Series in Health Technology and Informatics Vol. 49. IOS Press, Amsterdam 1997.

[BlPh97b]   Blobel, Bernd; Pharow, Peter: Europäische Health-Telematics-Projekte. In: DuD – Datenschutz und Datensicherheit, 21 (1997) 10, S. 598-599.

[CEN99]   CEN TC 251 PT37: Health Informatics – Secure User Identification – Strong Authentication using Microprocessor Cards (SEC-ID / CARDS)

[ETSWWW]   The EUROMED-ETS Consortium. EUROMED – European Trust Structure. Information Society Standardisation Programme. http://euromed.iccs.ntua.gr/

[GMDWWW]GMD: Das CA Management Tool. Informationsmaterial und Handbuch. http://www.secude.com/german/products/ca_management.pdf

[HPC99]   Der elektronische Arztausweis (1999) Spezifikation für einen elektronischen Arztausweis in Deutschland, Final Version 1.0. http://www.hcp-protocol.de

[PBSE99]   Pharow, Peter; Blobel, Bernd; Spiegel, Volker; Engel, Kjeld: Die Health Professional Card: Ein Basis-Token für sichere Anwendungen im Gesundheitswesen. In: Baumgart et al.: Verläßliche Informationssysteme, S. 313-333. DuD-Fachbeiträge, Vieweg, Braunschweig / Wiesbaden, 1999.

[PhBW98]   Pharow, Peter; Blobel, Bernd; Wohlmacher, Petra: Chipkarten als Sicherheitswerkzeug in einer regionalen onkologischen elektronischen Krankenakte. In:

Horster, Patrick (Ed.): Chipkarten, DuD-Fachbeiträge, Vieweg, Braunschweig, Wiesbaden 1998, S. 45-58.

[PhBS99] Pharow, Peter; Blobel, Bernd; Spiegel, Volker: Verbesserung von Datenschutz und Datensicherheit in medizinischen Anwendungen – Der Einsatz von HPC und TTP-Diensten. In: H. Handels / S.J. Pöppl (Ed.): Telemedizin – 1. Lübekker Telemedizinsymposium, Shaker Verlag 1999, S. 127-134.

[SigG97] Gesetz zur Regelung der Rahmenbedingungen für Informations- und Kommunikationsdienste (Informations- und Kommunikationsdienstegesetz – IuKDG), Gesetz zur digitalen Signatur (Signaturgesetz – SigG), Juli 1997.

[SpPB99] Spiegel, Volker; Pharow, Peter; Blobel, Bernd: Datensicherheit für die Kommunikation von EDI-Nachrichten in medizinischen Netzen mittels standardisierter Übertragungsformate und Protokolle. In: H. Handels / S.J. Pöppl (Ed.): Telemedizin – 1. Lübecker Telemedizinsymposium, Shaker Verlag 1999, S. 109-116.

[TH1WWW] The TrustHealth-1 Consortium: Das europäische Projekt Trustworthy Health Telematics 1. http://www.ramit.be/trusthealth

[TH2WWW] The TrustHealth-2 Consortium: Das europäische Projekt Trustworthy Health Telematics 2. http://www.spri.se/th2/default.htm

FlexiPKI – Realisierung einer flexiblen Public-Key-Infrastuktur

Johannes Buchmann · Markus Ruppert · Markus Tak

Technische Universität Darmstadt
{buchmann, mruppert, tak}@cdc.informatik.tu-darmstadt.de

Zusammenfassung

Wir beschreiben unser Projekt FlexiPKI, in dem eine Public Key Infrastruktur entwickelt wird, in der die kryptographischen Basistechniken schnell und mit minimaler Beeinträchtigung des laufenden Betriebs ausgetauscht werden können.

1 Einleitung

Mit der wachsenden Bedeutung der elektronischen Kommunikation im privaten und öffentlichen Bereich entsteht zunehmend die Notwendigkeit, Daten sicher, d.h. geheim, authentisch und vertraulich zu speichern und zu übertragen. Für die Lösung dieser Aufgabe werden Public-Key Kryptosysteme verwendet. Die Verwendung solcher Systeme erfordert die Implementierung einer Public-Key Infrastruktur (PKI) [PKIX][SPKI]. In der PKI werden z.B. private Schlüssel sicher abgelegt, öffentliche Schlüssel in allgemein zugänglichen Verzeichnissen organisiert und Soft- und Hardwaremodule bereitgestellt, mit denen man verschlüsseln und signieren kann [PKCS].

In dieser Arbeit beschreiben wir unser Projekt FlexiPKI, in dem wir eine flexible PKI entwerfen und prototypisch implementieren. Flexibel bedeutet, daß die verwendeten kryptographischen Basistechniken und Module leicht ersetzt werden können, wenn sie sich als unsicher herausstellen. Wir glauben, daß eine solche Flexibilität zentrale Voraussetzung für eine längerfristige sichere Verwendung von PKIs ist.

2 Warum Flexibilität?

Eine wichtige (aber nicht hinreichende) Voraussetzung für die Sicherheit einer PKI ist die Sicherheit der verwendeten kryptographischen Techniken [BuMa00]. Die meisten PKIs verwenden als Public-Key-Mechanismus ausschließlich das RSA-Verfahren. Manche verwenden auch ElGamal-Varianten in endlichen Körpern. Wenige benutzen ElGamal-Verfahren auf elliptischen Kurven. Die genannten Public-Key-Techniken beziehen ihre Sicherheit aus der Schwierigkeit gewisser mathematischer Probleme. Die Sicherheit des RSA-Verfahrens beruht auf der Schwierigkeit, große Primfaktoren einer zusammengesetzten natürlichen Zahl zu finden. Die Sicherheit des ElGamal-Verfahrens beruht auf dem Problem, diskrete Logarithmen in endlichen Körpern oder auf elliptischen Kurven zu berechnen. Es ist aber nicht bekannt, ob eines dieser Probleme wirklich schwierig ist. Im Gegenteil, es ist bekannt, daß die Probleme leicht sind, wenn man sogenannte Quantencomputer verwendet [Shor94]. Aber noch weiß niemand, ob man Quantencomputer wirklich bauen kann. Es könnte aber schon morgen ein schneller Algorithmus gefunden werden, der auf einem herkömmlichen Computer läuft und natürliche Zahlen faktorisiert oder diskrete Logarithmen berechnet. Dann wären die entsprechenden PKIs unsicher.

Was macht man, wenn eine kryptographische Basistechnik einer PKI unsicher geworden ist? Man ersetzt sie durch eine andere, wenn das geht. Meist geht das aber nicht so einfach. Die Abhängigkeit der PKI von der Basistechnik ist zu komplex. Zum Beispiel: Die meisten Chipkarten können nur RSA-Algorithmen ausführen. Würde RSA unsicher, müßte man zuerst neue Karten entwickeln, die Software entsprechend anpassen und alle vorhandenen Chipkarten austauschen. Das dauert sehr lange und ist sehr teuer.

Man hätte ähnliche Abhängigkeiten, wenn Türschlösser Teil der Tür wären und alle Türen dasselbe Schloß hätten. Man könnte dann nicht einfach ein Schloß austauschen, dessen Schlüssel verloren gegangen wäre, sondern man müßte alle Türen komplett austauschen. Das Beispiel läßt sich noch weiterdenken: die Türen hängen nicht in Scharnieren, sondern sind fest mit der Wand verbunden. Um sie zu entfernen, müßten die Mauern aufgestemmt werden. Bei der Absicherung von Gebäuden geht man sehr viel modularer vor.

Bei der augenblicklichen Konstruktion der meisten PKIs wäre es ein Supergau, wenn sich die zugrundeliegende Basistechnik als unsicher erweisen würde. Darum meinen wir, daß man folgendes tun muß:

a) Neue Basistechniken müssen erfunden werden.

b) Die neuen Basistechniken müssen bis zur praktischen Verwendbarkeit entwickelt werden.

c) PKIs müssen so entwickelt werden, daß Basistechniken schnell und ohne große Störung des laufenden Betriebs ausgetauscht werden können.

3 Eigenschaften einer PKI

Die wichtigste Eigenschaft unserer FlexiPKI ist die Austauschbarkeit der kryptographischen Basistechniken. Weitere Eigenschaften, die eine PKI aus unserer Sicht haben soll, werden in diesem Abschnitt dargestellt.

Eine Public Key Infrastruktur sollte flexibel sein, d.h. sie sollte Schnittstellen zu allen wichtigen Komponenten bieten. Die Flexibilität soll sich nicht nur auf die verwendeten Basistechniken sondern auch auf die verwendeten Standards für Zertifikate und Schlüsselinformationen beziehen. Außerdem wäre es wünschenswert, die anzuwendenden Sicherheitsrichtlinien ("Policies") bei Bedarf ersetzen zu können. Durch diese Abstraktionen reduziert sich die PKI auf ein Skelett von Schnittstellen, das die Zusammenarbeit der einzelnen Komponenten sicherstellt.

Benutzerfreundlichkeit ist ein weiterer wesentlicher Faktor. Der Benutzer soll ein Werkzeug in die Hand bekommen, das die gewohnte Benutzungsoberfläche seiner Anwendungen kaum verändert. Er möchte sich nicht um Details von Verschlüsselungsalgorithmen oder um inkompatible Zertifikatsstandards kümmern. Solche Abläufe müssen im Hintergrund transparent durchgeführt werden. Dabei soll die kryptographische Funktionalität aber nicht vollständig verborgen werden, denn natürlich muß sich der Benutzer beispielsweise über die möglichen Folgen einer ausgestellten Signatur im klaren sein.

Die eingesetzte Software sollte leicht zu evaluieren sein. Die Semantik der verwendeten Programme muß in ihrem Wirkungszusammenhang überschaubar und verständlich sein. So fördern einheitliche Schnittstellen die Durchschaubarkeit und Wiederverwendbarkeit vorhandener Applikationen im kryptographischen Umfeld. Es sollte für einen geschulten Betrachter möglich sein, sich von der Sicherheit des gesamten Systems überzeugen zu können.

Integration in vorhandene Soft- und Hardwaresysteme sowie die Erweiterbarkeit während des laufenden Betriebs erfordern objektorientierte und portable Strukturen. Diese müssen jedoch so gestaltet sein, daß damit auch Anwendungen realisiert werden können, die wenig zusätzliche Ressourcen benötigen (Thin Clients).

Da eine einmal eingerichtete Public Key Infrastruktur über einen längeren Zeitraum in Betrieb bleiben soll, ist es wichtig, auf ausreichende Skalierbarkeit zu achten. Gerade im industriellen Umfeld ist ein langfristiger Ausblick auf die Bedürfnisse oft schwierig, zumal die Kosten einer PKI erheblich von deren Größe abhängen können (Kartenleser müssen ausgegeben werden, Lizensierung pro Zertifikat usw.)

Public Key Infrastrukturen bilden nur in den seltensten Fällen geschlossene Systeme. Meist müssen sie mit anderen Systemen kommunizieren, z.B. mit anderen PKI oder Anwendungskomponenten. Daher muß auf ausreichende Interoperabilität geachtet werden. Dabei ist der Einsatz von internationalen Standards unabdingbar.

Der Administrationsaufwand einer laufenden PKI ist auch ein nicht zu unterschätzender Kostenfaktor. Ausfallzeiten können hohe Folgekosten nach sich ziehen. Bei der Umsetzung sollen Anforderungen berücksichtigt werden, die im Unternehmens- oder Konzernumfeld an PKIs gestellt werden.

4 Grundlegende Designentscheidungen

Bei der Entscheidung über die Programmierplattform für das Projekt fiel die Wahl auf JAVA. JAVA ist eine objektorientierte und plattformunabhängige Programmiersprache. Sie besitzt alle Attribute einer modernen Plattform wie Wiederverwendbarkeit, Modularität, automatische Speicherverwaltung, Robustheit durch ausgefeilte Fehlerbehandlung, ein einheitliches Ein-/Ausgabekonzept und eine einfache Anbindung an Datenbanken über standardisierte Schnittstellen.

Mit der Java Cryptographic Architecture (JCA) [Knud98],[Oaks98] besitzt JAVA bereits ein Konzept für den transparenten Einsatz beliebiger Kryptoalgorithmen. Es stehen Signaturen, Verschlüsselung, Schlüsselerzeugung, Zertifikatsmanagement und Message Digests zur Verfügung. Teil des JCA-Konzeptes ist die Zusammenfassung von Implementierungen zu Bibliotheken, den sogenannten Providern. Es können mehrere dieser Provider unabhängig voneinander gleichzeitig verwendet werden. Dies ermöglicht die Verwendung von Algorithmen eines Herstellers des eigenen Vertrauens. Die JCA berücksichtigt gängige Standards wie X.509v3. Dadurch stellt JAVA ein Höchstmaß an Flexibilität zur Verfügung.

Die Integration von JAVA in moderne Betriebssysteme ist noch nicht abgeschlossen. Daher fügt JAVA sich noch nicht transparent in jede Oberfläche ein. Unterschiedliche Ansätze im Komponentenmodell tragen dazu bei, daß bestehende Applikationen nicht ohne weitere Hilfsmittel auf die JAVA-Plattform zugreifen können. Darunter leidet natürlich die Benutzerfreundlichkeit. Hier besteht noch ein deutlicher Entwicklungsbedarf.

Der Quelltext eines JAVA-Programmes ist aufgrund der guten Strukturierung der Sprache leicht zu lesen. In Verbindung mit strikter objektorientierter Programmierung und einer hervorragenden Dokumentationsschnittstelle (javadoc) ist es einfach, übersichtliche und durchschaubare Software zu schreiben, die leicht evaluierbar ist.

Um den Sprachkern von JAVA herum entstehen ständig neue Erweiterungen, wie zum Beispiel "java spaces", die verteiltes Rechnen unterstützen soll. Außerdem wird die JAVA- Produktpalette in mehrere Basispakete unterteilt, so daß die JAVA-fähige SmartCard genauso wie der große Unternehmens-Server eine sinnvoll ausgestattete Infrastruktur vorfindet. Derartige Vorstöße garantieren gute Skalierbarkeit auf längere Sicht.

Einige wichtige Standards, wie z.B. X.509 Zertifikate, werden bereits direkt vom JAVA Basissprachumfang implementiert. Andere Standards können über Erweiterungen hinzugefügt werden, wobei Sun meist eine Programmierschnittstelle bereitgestellt, die von diversen Anbietern ausgefüllt wird - ähnlich wie bei der JCA. Auf diese Weise läßt sich JAVA leicht um diejenigen Standards erweitern, die Interoperabilität mit anderen Systemen gewährleisten.

Die bislang einzige Programmiersprache, die im Hinblick auf Sicherheit konzipiert wurde, ist JAVA. Der Policymanager von JAVA ermöglicht eine fein granulierte Vergabe von Rechten an Applikationen und bedingtes Ausführen von Klassen abhängig von ihrer Herkunft und ihrer Signatur. Durch diese Maßnahmen wird ein hohes Maß an Administrierbarkeit und Sicherheit gewährleistet.

5 Flexible PKI – Projektstatus

Wir beschreiben die Komponenten von FlexiPKI.

5.1 Zertifizierungsinstanz LiDIA-CA

Mit LiDIA-CA wurde eine vollständig in JAVA realisierte Zertifizierungsinstanz geschaffen [Tak99]. Die Software wurde bereits auf drei Plattformen erfolgreich eingesetzt (SUN Solaris, Linux, Windows NT 4.0). Zur Zeit wird LiDIA-CA im Rahmen des Nordrheinwestfälischen Projektes "Digitale Bibliothek" an der Universität Bielefeld verwendet.

Bei der Entwicklung dieses Prototyps war das Hauptziel die Flexibilität. So sind durch das konsequent modulare Konzept Zufallszahlen- und Schlüsselgeneratoren ebenso wie die Personalisierungsmodule beliebig austauschbar. Dadurch können zur Laufzeit neue Algorithmen und Geheimnisträger eingebracht werden. LiDIA-CA besteht aus den Basiskomponenten

- Registrierung (RA) zur Annahme von Zertifikatsanträgen,
- Zertifizierung (CA) zum Ausstellen von Zertifikaten,
- Revokation (RS) zum Widerrufen von Zertifikaten,
- Personalisierung (PS) zum Ausstellen von Soft- und Hardware-PSE.

Durch Schnittstellen zu Verzeichnisdiensten und SQL-fähigen Datenbanken wird Zertifikats- und Schlüsselmanagement ermöglicht.

5.2 PSE

Ein Personal Security Environment (PSE) bewahrt die geheimen Schlüssel der Benutzer sicher auf.

Eine flexible PKI erfordert eine transparente Integration von Hardware-PSE- Komponenten (i.d.R. Chipkarten). Grundlegende PKI-Funktionen wie das Signieren werden normalerweise auf Chipkarten ausgeführt. Die PKI muß sich daher der Verwendung neuer Chipkarten anpassen können. Da die JCA bisher als reine Softwareschnittstelle für Kryptomodule ausgelegt war, mußte zunächst ein Konzept für die Abbildung von Chipkartenfunktionalitäten und –Bedürfnissen auf die Primitive der JCA erfolgen. Eine Referenz-Implementierung auf Basis von TCOS 1.2 und GemPlus GPK4000-Chipkarten folgte. Derzeit wird an einem PKCS#11-Provider gearbeitet, der vorhandene Chipkartensoftware für die JCA direkt verfügbar macht [PKCS].Geplant ist der Einsatz von JAVA-Karten, wodurch ein entscheidender weiterer Schritt in Richtung Flexibilität möglich wird. Erst Java-Karten erlauben es, die verwendeten kryptographischen Techniken auch innerhalb der PSE auszutauschen. Im Falle einer Umschaltung der Basistechnologien kann der Benutzer seine Chipkarte behalten; der Programmcode wird durch einen Absicherungs- und Rückfallmechanismus aktualisiert.

5.3 Anwendungen (Clientsoftware)

Im Rahmen des Projekts FlexiPKI werden Anwendungen typischerweise als Erweiterungen (PlugIns) zu bestehenden Applikationen konzipiert. In dem momentan entstehenden Realisierungskonzept wird versucht, diese Erweiterungen als JAVA-PlugIns zu verwirklichen. Die Vorteile sind offensichtlich. Es können alle bei der Entwicklung von LiDIA-CA entstandenen Module wiederverwendet werden. Die Anwendungen erhalten dadurch die Basis für die angestrebte Flexibilität. Dazu wäre es wünschenswert, eine JAVA-Instanz quasi als Systemprozeß jederzeit laufen zu haben.

Derzeit wird an einer ersten prototypischen Realisierung in Form einer S/MIME[1]-Erweiterung für das EMail-Programm "pine" gearbeitet. Sie soll zugleich Ausgangspunkt für eine entsprechende Erweiterung von Outlook, Netscape und Eudora dienen. Eine zentrale Toolbox, die oberhalb der JCA angesiedelt ist, verfügt über die notwendigen Funktionen für Secure-Mail-Management und Rückfallschnittstellen.

Die Clients sind nun dafür verantwortlich, sich im Falle der Umschaltung oder Erweiterung der Basistechnologien den passenden Programmcode zu beschaffen. Daher wird an einem Verzeichnisdienst gearbeitet, der Informationen über vertrauenswürdige Implementierungen von Algorithmen vorhält.

5.4 Zeitstempeldienst

In enger Zusammenarbeit mit Nippon Telegraph and Telephone (NTT) wird derzeit ein verteilter Zeitstempeldienst entwickelt, der vollständig in JAVA programmiert ist [ABFR00]. Dabei entstehenden Algorithmen zur verteilten Schlüsselgenerierung und zum verteilten Signieren. Die Implementierung erfolgt JCA-konform und ist die Basis für eine verteilt arbeitende Zertifizierungsinstanz, die auch ohne besondere bauliche Maßnahmen eine hohes Maß an Sicherheit für den privaten Schlüssel der CA bietet.

---

[1] S/MIME ist ein Standardformat für signierte und verschlüsselte EMail.

5.5 Verfügbarkeit alternativer Kryptoalgorithmen

Eine flexible PKI soll mehr Sicherheit in der Anwendung durch die Verwendung alternativer Kryptoalgorithmen bieten. Da derzeit, mit Ausnahme von RSA, nur wenige Verfahren als JAVA-Implementierung verfügbar sind, werden parallel zur Weiterentwicklung von FlexiPKI JCA-konforme JAVA-Provider für alternative Kryptoalgorithmen geschrieben.

Folgende Verfahren sind bereits realisiert:
- symmetrische Verschlüsselung mit den AES Kandidaten RC6, MARS und den früheren Kandidaten E2 und Safer+ ,
- ElGamal und DSA für quadratische Formen.

An weiteren Verfahren wird momentan gearbeitet:
- NICE und Rabin mit quadratischen Formen,
- Verschlüsselung mit elliptischen Kurven über GF(p), p > 2,
- Signaturen mit elliptischen Kurven über GF(p), p > 2,
- Signaturen mit elliptischen Kurven über GF(2^n),
- Verteilte Erzeugung von RSA-Schlüsselpaaren [ABFR00],
- Verteiltes Signieren mit RSA [ABFR00].

Literatur

[ABFR00] H. Appel, I. Biehl, A. Fuhrmann, M. Ruppert, T. Takagi, A. Takura, C. Valentin: Ein sicherer, robuster Zeitstempeldienst auf der Basis verteilter RSA-Signaturen, Arbeitskonferenz Systemsicherheit, März 2000.

[BuMa00] J. Buchmann, M. Maurer: Wie sicher ist die Public-Key Kryptographie, Arbeitskonferenz Systemsicherheit, März 2000.

[Knud98] J. Knudsen: Java Cryptography, O'Reilly & Associates Inc, 1998.

[Oaks98] S. Oaks: Java Security, O'Reilly & Associates Inc, 1998.

[PKCS] Public-Key Cryptography Standards. http://www.rsasecurity.com

[PKIX] IETF Working Group: IETF-WorkingPublic Key Infrastructure (X.509) (pkix). http://www.ietf.cnri.reston.va.us/html.charters/pkix-charter.html.

[Shor94] P.W. Shor: Algorithms for quantum computation: discrete logarithms and factoring, Proceedings of the IEEE 35th Annual Symposium on Foundations of Computer Science, 124-134, 1994.

[SPKI] IETF working group: Simple Public Key Infrastructure (SPKI). http://www.clark.net/pub/cme/html/spki.html

[Tak99] M. Tak: LiDIA-CA – ein JAVA-basiertes Trustcenter, Diplomarbeit am Lehrstuhl Buchmann, Juli 1999. ftp://ftp.informatik.tu-darmstadt.de/pub/TI/reports/tak.diplom.ps.gz

Strategien zu Aufbau und Betrieb von Public-Key-Infrastrukturen

Patrick Horster[1] · Stephan Teiwes[2]

[1]Universität Klagenfurt
patrick.horster@uni-klu.ac.at

[2]iT_Security AG, Zürich
stephan.teiwes@{it-sec.com, computer.org}

Zusammenfassung

Die Nutzung des Internet, für geschäftliche und behördliche Prozesse, erfordert eine Sicherheitsinfrastruktur, welche die Vertrauenswürdigkeit in elektronische Dienstleistungen ermöglicht. Public-Key-Infrastrukturen können diese Anforderung erfüllen. In diesem Beitrag betrachten wir wesentliche Aspekte zu Aufbau und Betrieb von Public-Key-Infrastrukturen in Unternehmen, wobei insbesondere Standardisierungen gemäß PKIX-Standards Berücksichtigung finden. Zudem wird anhand eines Fallbeispiels erläutert, wie man einen PKI-Migrationsprozess durchführen kann, ohne dadurch laufende Geschäftsprozesse zu stören. Es folgt eine Diskussion relevanter Aspekte der PKI-Sicherheit sowie der PKI-Sicherheitsorganisation.

1 Einleitung

Das Internet entwickelt sich als „Globale Informations-Infrastruktur" (GII) zu einem bedeutenden Medium für die elektronische Abwicklung geschäftlicher und behördlicher Prozesse. Public-Key-Infrastrukturen (PKIs – Public Key Infrastructures) nehmen dabei eine zentrale Rolle ein. Sie sollen die Vertrauenswürdigkeit in elektronische Prozesse schaffen.

Getrieben durch Marktanforderungen durchlaufen PKIs aktuell eine rapide Entwicklung. Waren PKI-Systeme lange Zeit als Insellösungen konzipiert, so gerät heute das Bedürfnis nach einer globalen Vernetzung zunehmend in den Vordergrund. Damit verbunden sind Forderungen nach Interoperabilität und Skalierbarkeit. Als Infrastruktur, die in der GII Sicherheit und Vertrauen ermöglichen soll, muss die PKI selbst sehr hohen Sicherheitsanforderungen genügen. Aufgrund der Globalisierung besteht das Bedürfnis nach vereinheitlichten und geprüften Sicherheitsstrategien (synonym werden auch die Begriffe Sicherheitspolitik und Security Policy verwendet) und Sicherheitspraktiken.

Dem gegenüber steht das Bedürfnis von Unternehmen, PKIs an ihre Geschäftsprozesse individuell anzupassen, was mit zusätzlicher spezifischer Funktionalität verbunden sein kann. Unternehmen, die eine PKI aufbauen wollen oder bereits betreiben, müssen mit kontinuierlichen Veränderungen dieser Technologie rechnen. Aufbau und funktionale Erweiterungen von PKIs in Unternehmen werden daher auf lange Sicht zentrale Themen im Umfeld aktueller IT-Anwendungen sein.

Motiviert durch diese Sachverhalte, konzentrieren wir uns in diesem Beitrag auf Aspekte zu Aufbau, Betrieb und Migration von PKIs. Ausgehend von dem aktuellen Status beim Einsatz der PKI-Technologie im industriellen und behördlichen Umfeld zeigen wir relevante Aufgaben auf, die sich mit dem Aufbau oder der Umrüstung einer PKI ergeben. So vielfältig die Beweggründe für die Umrüstung oder Erweiterung einer PKI sein können, so vielfältig sind die entsprechenden Migrationsszenarien. Wir zeigen anhand eines Fallbeispiels, wie man einen Migrationsprozess strategisch durchführen kann, ohne laufende Geschäftsprozesse zu stören. Anschliessend diskutieren wir Aspekte der PKI-Sicherheit, die zum Betreiben einer PKI von hoher Bedeutung sind. Der Sicherheitsorganisation kommt hierbei eine herausragende Rolle zu. Sie ist nicht nur maßgeblich für die Wirksamkeit einer PKI, sondern auch für deren Kosten. Wir behandeln die Kopplung von Directory Services und PKIs, um Sicherheitsstrategien in Unternehmen im großen Maßstab zu realisieren. Der Beitrag endet mit einer Zusammenfassung und Schlussfolgerung.

2 Aufbau und Betrieb einer PKI

Der Aufbau einer PKI in einem Unternehmen oder einer Behörde ist ein komplexer Vorgang, der mit relativ viel Aufwand verbunden ist. Damit die Investition in eine PKI Sinn macht, sollten Fragen zur Einbindung der PKI in die vorhandene IT-Infrastruktur, zum Betrieb der PKI und zum Einsatz für elektronische Prozesse geklärt werden, bevor man mit dem Aufbau beginnt. In diesem Kapitel werden wesentliche Aspekte hierzu zusammengefasst.

2.1 Sensibilisierung

Es gibt gute Gründe, mit dem Aufbau einer PKI im Unternehmen bereits heute zu beginnen. Die PKI-Technologie ist genügend ausgereift und kann effizient eingesetzt werden. Sie ist ein wesentlicher konzeptioneller Bestandteil der GII, und Unternehmen werden sie nutzen, um sich Vorteile im geschäftlichen Wettbewerb zu verschaffen. Hinzu kommt, dass eine professionell organisierte PKI einem Unternehmen auch einen umfassenden Schutz gegen Industriespionage oder Sabotage bietet. Dass diese Art der Bedrohung heute äußerst ernst zu nehmen ist, belegt die Studie "Interception Capabilities 2000" des Europäischen Parlaments [1]. Aufgrund ihrer zentralen Bedeutung im Electronic Business wird der Einsatz der PKI-Technologie aller Voraussicht nach „explosionsartig" anwachsen. Um davon rechtzeitig profitieren zu können, ist es sinnvoll, bereits heute mit der PKI-Technologie im eigenen Unternehmen Erfahrungen zu sammeln und diese so bald wie möglich zur Unterstützung elektronischer Prozesse einzusetzen.

2.2 Pilotsysteme

Bislang werden PKIs noch von wenigen Unternehmen voll eingesetzt. Banken, Versicherungen und einige Großunternehmen nehmen hier die Rolle der Vorreiter ein. Oft betreiben sie bereits erfolgreich proprietäre PKI-Systeme und planen die Umrüstung ihrer PKI nach modernen Gesichtspunkten für einen Roll-out im großen Rahmen. Auch Behörden befassen sich mit der Einführung von PKIs zur Vereinfachung ihrer Prozesse. Es ist anzunehmen, dass zahlreiche Unternehmen diesem Beispiel bald folgen werden.

Für kleine und mittelständige Unternehmen (KMUs) sind Einrichtung und Unterhalt einer eigenen vollständigen PKI oft zu kostspielig. Dennoch müssen sie auf diese Technologie nicht verzichten. Für sie besteht die Möglichkeit, ihre PKI-Dienste auszulagern, indem sie Dienstleistungen sogenannter Trust-Center annehmen. Dabei handelt es sich um Zertifizierungsautoritäten, die nach einer definierten (und gegebenenfalls geprüften) Sicherheitsstrategie (Security Policy) notwendige Dienstleistungen im PKI-Umfeld zur Erstellung und Verwaltung von Zertifikaten anbieten.

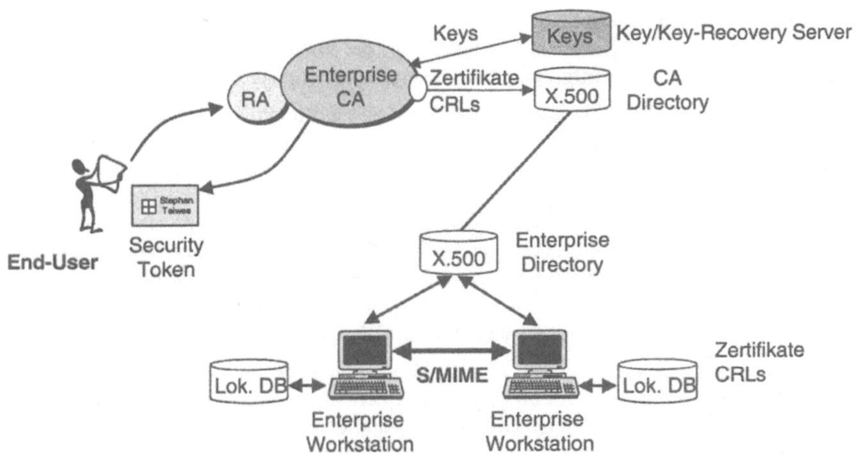

Abb. 1: Einfache Enterprise-PKI

PKIs werden in Unternehmen oft zunächst als Pilotsysteme mit einigen hundert bis etwa tausend Teilnehmern eingerichtet. Simultan plant man ein Roll-out der PKI auf breiter Ebene, so dass der Zustand der Pilot-PKI nur vorübergehend und zum Sammeln von Erfahrungen vorgesehen ist. Ein PKI-Pilotsystem ist in der Regel einfach aufgebaut und soll den reibungslosen Betrieb einer PKI in der IT-Infrastruktur eines Unternehmens demonstrieren. Der technische Teil einer einfachen Enterprise-PKI ist in Abb. 1 skizziert und besteht typischerweise aus den folgenden Basiskomponenten:

- *Certification Authority (CA)*: Eine CA ist eine vertrauensbildende Instanz zur Ausstellung und Verwaltung von digitalen Zertifikaten, Revokationslisten und zur Ausstellung von Security-Token nach einer definierten Sicherheitspolitik.

- *Registration Authority (RA)*: Eine RA ist eine vertrauensbildende Instanz zur Registrierung von Endbenutzern, für die Zertifikate und Security-Token ausgestellt werden sollen.

- *Zertifikate*: Zertifikate bilden die beglaubigte Zuordnung eines digitalen Schlüsselpaares (und ggf. weiterer Daten) zu einem Endbenutzer.

- *Zertifikat-Revokationslisten (CRLs)*: CRLs können beispielsweise durch eine Liste zurückgezogener (ungültig gewordener) Zertifikate repräsentiert werden.

- *Security-Token*: Diese „Sicherheitswerkzeuge" dienen als Trägermedium für vertrauliche Schlüsselinformationen; Crypto-Smartcards werden als geeignet angesehen.

- *Key/Key-Recovery Server*: Ein solcher Server kann als Instanz der CA zur Ablage und Rückgewinnung von Schlüsselinformation angesehen werden.

- *CA Directory*: Diese Instanz der CA kann zur Publikation von Zertifikat- und CRL-Informationen dienen.

- *X.500 Enterprise Directory*: Dies ist eine Instanz bzw. ein Dienst zur (globalen) Publikation von Zertifikaten und CRL-Informationen.

- *Enterprise Workstations*: Solche Arbeitsplätze stellen Instanzen mit Endbenutzer-Applikationen und Zertifikat-Managern dar, die von der PKI Gebrauch machen und Zertifikat- bzw. CRL-Information lokal verarbeiten und speichern können.

Zu einer PKI gehören allerdings auch Personal und Betriebspraktiken, um PKI-Dienstleistungen für Endanwender zu realisieren. Die Kernkomponente einer PKI ist die Certification Authority (CA). Sie ist eine vertrauensbildende Instanz, die Zertifikate für Endbenutzer ausstellt und verwaltet. Im wesentlichen verbindet jedes Zertifikat spezifische Daten seines Endbenutzers mit dessen Public Key durch die digitale Unterschrift der CA. In einer zentralistisch organisierten PKI erstellt die CA auch Security-Token für die Endbenutzer, welche jeweils die Private-Key-Information des Endbenutzers und das Public-Key-Zertifikat der Aussteller-CA enthalten. Es ist die Aufgabe der CA-Administration, ausgestellte Zertifikate bzw. die Liste revozierter (zurückgezogener) Zertifikate auf einem Directory-Server zu veröffentlichen.

Eine Applikation kann nur dann von einer PKI profitieren, wenn sie über einen Zertifikat-Manager verfügt, der entweder im off-line-Modus Zertifikate prüft oder on-line mit dem Directory-Server der CA verbunden ist. Dieser stellt dann Revokationslisten zur Validierung der relevanten Schlüsselkomponenten zur Verfügung. Sobald die Applikation eine digital signierte Nachricht erhält, wird die Gültigkeit der Signatur mit dem korrespondierenden Endbenutzer-Zertifikat und auch anhand der aktuellen Revokationsliste validiert.

Wenn eine PKI in einer IT-Umgebung integriert ist, können damit prinzipiell alle elektronischen Prozesse gesichert werden – geschäftliche Transaktionen ebenso wie der Zugriff auf Ressourcen. Dazu werden bereits heute X.509-Zertifikate in unterschiedlichen Applikationen verwendet. Exemplarische Beispiele sind E-mail (S/MIME), File-Verschlüsselung, digitale Dokument-Signatur, sichere digitale Authentisierung, sichere Web-Verbindung (SSL, TLS) und Virtual Private Networks (VPNs).

2.3 Der PKIX-Standard

Aufgrund der Marktbedürfnisse nach Interoperabilität und Skalierbarkeit durchläuft die Entwicklung von PKIs heute eine Phase der Standardisierung. Zwar hatte es zuvor bereits Standards gegeben, doch hatten diese keinen großen Einfluss auf die Entwicklung von PKI-Systemen. Für Insellösungen im LAN-Umfeld gab es lange Zeit keine Kompatibilitätsanforderungen, und so sind noch heute diverse proprietäre PKI-Systeme im Einsatz. Diese Systeme werden jedoch durch neue ersetzt werden müssen, welche Interoperationen mit anderen PKI-Systemen ermöglichen.

Der führende Kandidat vorgeschlagener PKI-Standards ist der Standard Public Key Infrastructure X.509 (PKIX) [2], welcher auf dem Schema für digitale Zertifikate nach der ITU-T Empfehlung X.509 [3] basiert. Im Vergleich zu X.509 wurden durch PKIX eine Vielzahl neuer Mechanismen und Funktionen eingeführt, um den modernen Anforderungen nach Interoperabilität im Internet-Umfeld gerecht zu werden. Die PKIX-Standardisierung wird durch die PKIX-Working Group der Internet Engineering Task Force (IETF) [4] diskutiert und durchgeführt. Der Status der Diskussionen zu einzelnen PKIX-Themen wird in Internet-Drafts festgehalten. Diese werden regelmäßig aktualisiert und nach Abschluß der Diskussionen als RFC-Dokumente (Request for Comments) publiziert.

Die PKIX-Theorie geht über die einfache Architektur der oben dargestellten PKI hinaus. Eine stark erweiterte Funktionalität erfordert neue PKI-Komponenten. So ist beispielsweise eine separierte RA erforderlich, welche die Identitäten der Endbenutzer prüft, bevor sie ein Zertifikat von der CA ausgestellt bekommen. PKIX definiert Sicherheitspolitiken und -praktiken und setzt einen Rahmen zum Festlegung von Vertrauensbeziehungen zwischen fremden PKI-Systemen. PKIX gibt weitreichende Richtlinien zur Einhaltung der Kompatibilität von PKI-Systemen.

Definiert sind im einzelnen (vgl. [2, 5, 6]):

- die Datenstrukturen der Public-Key-Zertifikate im X.509v3-Format und CRLs im X.509v2-Format (RFC 2459),

- die Datenstruktur von Attribut-Zertifikaten zur Autorisierung (draft-ietf-pkix-ac509),

- operationelle Protokolle zur Übergabe von Zertifikat- und CRL-Information an andere PKI-Komponenten basierend auf LDAP, HTTP, FTP und X.500 (RFC 2585, RFC 2559),

- die operationelle Online-Validierung von Zertifikaten via HTTP (RFC 2560),

- Management-Protokolle für Online-Interaktionen zwischen PKI-Management und PKI-Applikationen (RFC 2510, RFC 2511),

- Politiken zur Ausstellung von Zertifikaten und Sicherheitspraktiken bei der Zertifizierung (RFC 2527),

- Zeitstempel-Services (draft-ietf-pkix-time-stamp),

- neue kryptographische Funktionalität basierend auf elliptischen Kurven (draft-ietf-pkix-ipki-ecdsa).

Abgesehen von Schnittstellendefinitionen macht die PKIX-Standardisierung wenig Aussagen über die Implementierung einer PKI. Es gibt auch keine grundsätzlichen Einschränkungen bzgl. der PKI-Funktionalität solange die PKIX-Empfehlungen nicht verletzt werden. Der PKIX-Standard ist im industriellen Umfeld weitgehend akzeptiert, so dass PKI-Produkte diesem Standard angepasst, und weitere Entwicklungen auf ihm aufbauen werden.

2.4 PKI-Betriebspraktiken

Die Vertrauenswürdigkeit einer CA basiert im wesentlichen auf ihrer Sicherheitpolitik bzw. ihren Betriebspraktiken. Die Spezifikation der Sicherheitspolitik einer CA umfasst eine Menge von Regeln, welche im weitesten Sinn die Anwendung von Zertifikaten für eine bestimmte Anwendergemeinde oder Applikationen festlegt [3]. Eine Betriebspraktik ist dagegen die Art und Weise wie eine Sicherheitspolitik implementiert wird.

Sicherheitspolitik und Betriebspraktik für eine PKI sind mindestens ebenso wichtig wie die technische Realisierung der PKI. Ein Unternehmen, das eine eigene PKI betreiben möchte, sollte bestrebt sein, seine Sicherheitspolitik und Betriebspraktik zu definieren und zu dokumentieren, bevor die PKI installiert und in Betrieb genommen wird. Erfahrungsgemäß wird dieser Vorgehensweise heute oft zu wenig Bedeutung beigemessen.

Im Rahmen des PKIX-Standards wird hingegen daran gearbeitet, Kriterien für die zukünftige Bewertung von PKI-Sicherheitspolitiken und Betriebspraktiken zu definieren. In einem sogenannten „Certification Practices Statement" (CPS) können die Praktiken einer CA zum Ausstellen von digitalen Zertifikaten dokumentiert werden [7]. Ein solches Dokument enthält notwendige Informationen, um einerseits die Vertrauensbeziehung zwischen CAs beurteilen zu können und andererseits nationale gesetzliche Rahmenbedingungen, denen eine CA in dem jeweiligen Land unterliegt. Eine CA kann in den von ihr ausgestellten Benutzer-Zertifikaten das angewandte CPS in den Zertifikat-Extensions eintragen und signieren. Eine CA kann ebenso in ihrem eigenen CA-Zertifikat eintragen, zu welchen fremden CAs und deren CPSs sie ein Vertrauensverhältnis besitzt. Dieser Mechanismus kann zum Beispiel verwendet werden, um eine Vertrauensbeziehung zwischen zwei Unternehmen technisch zu definieren und überprüfbar zu machen.

Die Einführung von Certification Practices Statements ist für die elektronische Abwicklung von Geschäften auf breiter, globaler Ebene sicherlich notwendig. Doch hier steht noch eine lange Phase der Entwicklung bevor. Es müssen Standards geschaffen und ggf. von vertrauenswürdigen dritten Instanzen überprüft und zertifiziert werden. Diese Prozesse sind kostspielig und deshalb auch nicht für alle elektronischen Dienstleistungen gerechtfertigt. Von daher wird es in Zukunft womöglich viele verschiedene CPSs mit unterschiedlichen Sicherheitsstufen geben, wobei die Feststellung der Äquivalenz unterschiedlicher CPSs sicherlich problematisch sein wird. Grundsätzlich wird man in Zukunft neben den Zertifizierungspraktiken durch CPSs auch die Ausstellungspraktiken von Security-Tokens klar definieren müssen.

3 Migrationsszenarien

Aufgrund des hohen Bedürfnisses nach einer PKI zur Sicherung elektronischer Prozesse, geht die technologische Entwicklung der PKI-Produkte schnell voran. Ein Ende dieser Entwicklung ist auf lange Zeit nicht in Sicht. Von daher können Unternehmen leicht in die Situation geraten, umfangreiche Modifikationen an der eigenen PKI vornehmen zu müssen ohne dabei laufende Prozesse zu stören. In diesem Kapitel geben wir wesentliche Anhaltspunkte zur Durchführung solcher Migrationsprozesse und diskutieren ein typisches Beispiel.

3.1 Gründe für eine Migration

Unternehmen, die bislang proprietäre PKI-Systeme einsetzen, werden früher oder später mit dem Problem konfrontiert, ihre PKI umrüsten zu müssen, um den Anforderungen für den Einsatz in der GII gerecht zu werden. Dabei können verschiedene Anforderungen von Interesse sein. Ein zentraler Punkt ist sicherlich die Anpassung an PKI-Standards, insbesondere den PKIX-Standard. Zudem könnte man eine höhere Verwaltungskapazität der PKI oder einen höheren Sicherheitsstandard anstreben. Letzteres ist oft mit der Sicherheitsorganisation verbunden. So könnte ein Unternehmen eine Anpassung seiner PKI-Sicherheitsorganisation an die Betriebsorganisation vornehmen und in dem Zusammenhang weitere PKI-Applikationen oder neue Security-Token einführen. Firmenfusionen führen ebenfalls schnell zu dem Bedürfnis, verschiedene PKI-Systeme und deren Datenbestände zu koppeln. So gibt es reichlich viele Beweggründe und Situationen, die die Migration von PKI-Systemen zu einer gefragten Thematik machen.

3.2 Typische Probleme im Migrationsprozess

In einem Migrationsprozess gilt es, eine vorhandene PKI neuen Anforderungen anzupassen. Grundsätzlich kann jede Komponente einer PKI von diesem Prozess betroffen sein, d.h.

Funktionsmodule der PKI-Systemsoftware und Systemhardware, Applikationssoftware, Sicherheitspolitiken, Datenbestände (Schlüssel, Zertifikate, CRLs, etc.) und Security-Token. Typische Teilprobleme in einem Migrationsprozess sind u.a. der Wechsel der PKI-Software, das Aktualisieren von Zertifikat-Formaten oder Inhalten, der Security-Token oder die Anpassung neuer PKI-Applikationen. Insbesondere die Konvertierung von Datenbeständen, beispielsweise im Fall eines Wechsels von Zertifikat-Formaten oder Zertifikat-Inhalten, kann effizient durch Batch-Prozesse unterstützt werden. Oft ist es wünschenswert oder gar Vorgabe, eine Migration so durchzuführen, dass bereits ausgestellte Schlüssel, Zertifikate oder Security-Token möglichst weiter verwendet werden können. Technisch ist dies in vielen Fällen sogar möglich. Doch ein solcher Vorgang kann zu Konflikten mit der PKI-Betriebspraktik führen, insbesondere wenn man sich an eine international standardisierte CPS halten möchte.

Es ist verständlich, dass die Migration einer PKI in einem Unternehmen laufende Geschäftsprozesse nicht stören oder gar lahmlegen soll. Doch eben dies macht eine Migration zu einem heiklen Unterfangen, das wohl durchdacht und organisiert durchgeführt werden muss. Um zu vermeiden, dass durch eine Migration Störungen auftreten, ist es hilfreich, die Migration schrittweise nach einem Phasenmodell vorzunehmen, wobei Ausgangssystem und modifiziertes System für einen genügend langen Zeitraum nebeneinander existieren. Das Ausgangssystem unterstützt dabei ausschliesslich die Geschäftsprozesse, bis die volle Funktionsfähigkeit des modifizierten Systems ausgiebig getestet wurde. Aus Sicherheitsgründen können dann beide Systeme für einige Zeit nebeneinander für Geschäftsprozesse verwendet werden, bis dann die endgültige Umschaltung auf das modifizierte System erfolgt.

3.3 Beispiel eines Migrationsprozesses

Wir beschreiben einen Migrationsprozess, den ein Unternehmen durchführen kann, um seine PKI von einem Ausgangssystem zu einem Zielsystem umzurüsten.

Hierzu betrachten wir ein Unternehmen, das eine im Einsatz befindliche proprietäre PKI mit proprietären Zertifikat-Formaten und zugehörige Security-Token verwendet. Ziel ist es, die bestehende Struktur auf eine standardisierte PKI zu übertragen. Dieser Wechsel soll möglichst ohne Störungen der Geschäftsprozesse erfolgen. Wie oben bereits angedeutet, kann man dies erzielen, indem man eine Koexistenz und Interoperabilität von Ausgangs- und Zielsystem anstrebt, welche über einen beliebig langen Zeitraum erhalten bleiben kann.

3.3.1 Migrationsproblem

Das fiktive Unternehmen TOPCOMMERCE verfügt in seiner IT-Infrastruktur über eine Legacy-PKI und setzt diese erfolgreich für elektronische Geschäftsprozesse ein. Die Legacy-PKI sei durch folgende Eigenschaften charakterisiert:

- CA/RA-System: monolithisch.

- Zertifikatformat: proprietär mit RSA-Schlüsseln.

- CRL-Format: proprietär.

- Security-Token: Floppy-Disk mit jeweils einem RSA-Private-Key zur Signatur und Entschlüsselung sowie dem CA-Zertifikat.

- Directory Server: nicht X.500-konform.

- Applikationen: ausgestattet mit Add-On-Software, deren Zertifikat-Manager proprietäre Zertifikat-Formate und Security-Token unterstützt.

- Daten: verschlüsselte Files, deren Entschlüsselung mit dem Private-Key des Besitzers geschieht.

TOPCOMMERCE plant, die vorhandene PKI durch eine „State-of-the-Art PKI" zu ersetzen. Die neue PKI soll folgende Anforderungen erfüllen:

- CA/RA-System: modular, verteilt und erweiterbar.

- Zertifikatformat: X.509 mit RSA-Schlüsseln.

- CA-Zertifikat: der RSA-Signaturschlüssel der Legacy-CA soll übernommen werden.

- CRL-Format: X.509.

- Security-Token: Crypto-Smartcard mit zwei RSA-Private-Keys zur Signatur und Verschlüsselung sowie bis zu zwei CA-Zertifikate.

- Directory Server: X.500-konform (LDAP – Lightweight Directory Access Protocol).

- Applikationen: ausgestattet mit Add-On-Software, deren Zertifikat-Manager X.509-Zertifikate und die neuen Security-Token unterstützt.

- Daten: verschlüsselte Files, deren Entschlüsselung mit dem Private-Key des Besitzers geschieht.

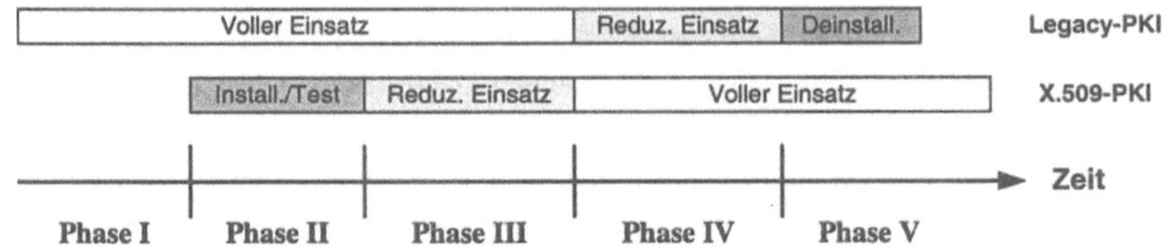

Abb. 2: Planung des Migrationsprozesses in einem Phasenmodell

3.3.2 Planung

Der Wechsel von der Legacy-PKI zur X.509-PKI soll erfolgen, ohne laufende Geschäftsprozesse zu gefährden. Dazu muss der Migrationsprozess gut geplant und organisiert werden. Die Planung beinhaltet

- den zeitlichen Ablauf der Migration gemäß eines Phasenmodells,

- Beschreibung der einzelnen Migrationsphasen und deren detaillierte Arbeitsinhalte,

- eine potentielle Modifikation der PKI-Sicherheitspolicy für den Migrationsprozess und die Zeit danach,

- Sicherheitsvorkehrungen während der Migrationsphasen und

- organisatorische Vorkehrungen für die Konvertierung von Sicherheitsinformationen der Endbenutzer, z.B. Zertifikate und Security-Token,

Die Migration kann etwa nach dem Schema in Abb. 2 in mehreren Phasen abgewickelt werden. In Phase I befindet sich ausschliesslich die Legacy-PKI im Betrieb. Die Migration selbst läuft in drei weiteren Phasen ab. In Phase II wird das neue PKI-System installiert und ausgiebig getestet. Nach erfolgreichen Tests wird in Phase III das neue PKI-System neben dem alten System erstmals für Geschäftsprozesse eingesetzt.

Wie Abb. 3 zeigt, existieren nun das alte und das neue PKI-System nebeneinander und können simultan benutzt werden. Eine Migration kann auch die vorübergehende Interoperabilität zwischen beiden Systemen erfordern, was dann insbesondere durch die Zertifikat-Manager der Client-Software unterstützt werden muss. In Abb. 3 ist dies durch die Zweifarbigkeit der Applikations-Clients angedeutet ist, was bedeuten soll, dass die Clients in dieser Phase Zertifikate beider PKI-Systeme verarbeiten und ihre Applikation damit bedienen können.

Wenn sich das neue System bewährt hat, kann der Auslauf der Legacy-PKI in Phase VI eingeleitet werden. Danach gilt es, ausschliesslich X.509-Zertifikate durch die neue CA auszustellen. In Abhängigkeit von den exakten Zielvorgaben der Migration können proprietäre Zertifikate entweder noch bis zu ihrem Ablaufdatum verwendet werden, um sie danach durch X.509-Zertifikate zu ersetzen, oder sie werden sofort ersetzt.

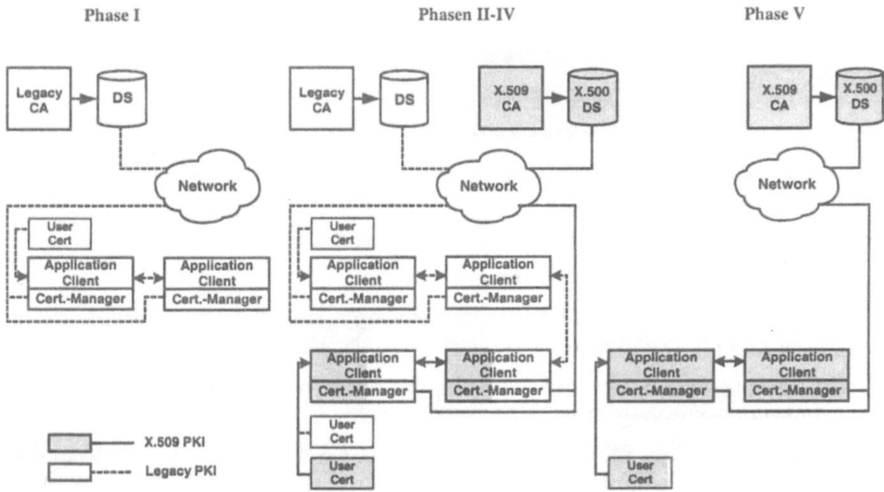

Abb. 3: Schematische Darstellung der Koexistenz von PKIs im Migrationsprozess

Nachdem keine proprietären Zertifikate mehr existieren, kann die Legacy-PKI in Phase V endgültig abgeschaltet werden.

3.3.3 Migrationsschritte im Detail

Der Migrationsprozess umfasst mehrere Teilschritte. Diese können in unserem Beispiel wie folgt definiert sein:

Phase I: 1. Betrieb der Legacy-CA.

Phase II: 2. Ausstellung des X.509-CA-Token bei Verwendung des Private-Key der Legacy-CA.

3. Installation der X.509-PKI, des LDAP-DS und der neuen Applikationssoftware.

4. Testen der X.509-PKI, unabhängig von der Legacy-PKI.

Phase III: 5. Portierung der Daten aller PKI-Endbenutzer auf den LDAP-Server.

6. Konvertierung der proprietären Zertifikate der PKI-Endbenutzer in X.509-Zertifikate.

7. Erstellung neuer Security-Token.

8. Konvertierung der proprietären CRLs in X.509-CRLs.

9. Export der X.509-Zertifikate und der X.509-CRLs auf dem LDAP-Server.

10. Schrittweise Einführung der neuen Applikationssoftware für alle PKI-Endbenutzer.

11. Testen der Interoperabilität zwischen der alten und neuen Applikationssoftware (z.B. wichtig bei Email-clients).

Phase IV: 12. Abschalten der Ausstellung neuer Zertifikate und Security-Token durch die Legacy-CA.

13. Ausstellung neuer Zertifikate und Security-Token durch die X.509-CA.

14. Schrittweise Deinstallation alter Applikationssoftware.

Phase V: 15. Deinstallation der Legacy-CA.

16. Archivierung wichtiger Information, z.B. Zertifikat- und Schlüsselinformation, Audits, etc.

Einige der obigen Prozeßschritte bedürfen einer weiteren Verfeinerung:

Schritt 1: Ausstellung des X.509-CA-Token.

Dieser Schritt muss unter hohen Sicherheitsvorkehrungen vorgenommen werden. Durch ein entsprechendes Softwaretool kann der folgende Ablauf durchführt werden:

- Erstellung eines X.509-Zertifikates, das den Public Key der Legacy-CA enthält und fortan zum Signaturschlüssel der neuen CA gehört.

- Generierung eines RSA-Schlüsselpaares für die CA zur Datenverschlüsselung; Ausstellung eines X.509-Zertifikates, das den Public Key der CA zur Datenverschlüsselung enthält.

- Erstellung einer CA-Crypto-Smartcard, welche die Private Keys der CA zur Signatur und Datenentschlüsselung und das CA-Zertifikat zum Signaturschlüssel im X.509-Format enthält.

Schritt 3: Testen der X.509-PKI.

Die Tests beinhalten

- die Ausstellung einiger X.509-Testzertifikate und zugehöriger Security-Tokens,

- die Revokation einiger Testzertifikate und die Erstellung von CRLs,

- die Publikation der Test-Zertifikate und CRLs auf den LDAP-Server,

- Applikationstests unter Verwendung der Security-Token mit Zertifikat-Verifikation und Validierung durch CRL-Überprüfung,

- Tests sämtlicher PKI-Funktionalitäten, insbesondere der Funktionalität, die für die Abwicklung elektronischer Geschäftsprozesse von hoher Bedeutung ist,

- Tests der PKI-Ankopplung an den LDAP-Server, und

- die Prüfung der Praktikabilität der neuen PKI-Policy.

Schritt 5: Konvertierung der proprietären Zertifikate.

Dieser Schritt kann organisatorisch recht unproblematisch durchgeführt werden. Er erfordert keine Geheiminformation (die etwa in Security-Token gespeichert sind), sondern lediglich die Daten der Endbenutzer und ihre proprietären Zertifikate. Folglich kann die Konvertierung von der neuen CA vorgenommen werden, ohne dass die PKI-Endbenutzer dabei involviert werden müssen. Es muss allerdings sichergestellt werden, dass die relevanten Daten authentisch in die neuen Zertifikate eingebettet werden.

Schritt 6: Erstellung neuer Security-Token.

Die Erstellung neuer Security-Token ist ein komplexer Prozess, der in der Regel sowohl Sicherheitsprobleme als auch organisatorische Probleme mit sich bringt. Im Rahmen der Migration ist es wünschenswert, dass jeder Endbenutzer seine Schlüssel weiter verwenden kann. Doch bei der Modifikation oder Umstellung des Security-Token bedeutet dies, dass Schlüsselinformationen sicher von einem Ausgangs-Token zu einem Ziel-Token portiert werden müssen. Schlimmstenfalls müssten dafür die Ausgangs-Token von der CA eingezogen werden, was gewisse Bedenken bezüglich der Sicherheit und zudem auch eine Störung der laufenden Prozesse mit sich brächte. Damit eine Lösung von allen beteiligten Instanzen akzeptiert wird, ist hier eine besondere Transparenz der zugrundeliegenden Sicherheitsstrategie erforderlich.

In dem betrachteten Beispiel kann man das diskutierten Problem lösen, indem man ausnutzt, dass die Security-Token der Legacy-PKI Floppy-Token sind, die sich einfacher modifizieren lassen. Man kann ein Software-Tool entwickeln, das vom Endbenutzer selbst gestartet werden kann und die notwendigen Modifikationen des Token vornimmt. So werden die Probleme der Sicherheit und Organisation in akzeptabler Weise gelöst. Entschliesst man sich für diese Vorgehensweise, so wird für die Erstellung neuer Token folgendes festgelegt:

1. Floppy-Token der Legacy-PKI werden durch die Endbenutzer mittels eines Softwaretools in Floppy-Token für die X.509-PKI konvertiert.

2. Wenn die Gültigkeit des Zertifikates zu einem Soft-Token ausläuft, muss der Zertifikat-Besitzer bei der RA der X.509-PKI eine Crypto-Smartcard mit neuen Schlüsseln beantragen.

3.3.4 Sicherheitsmaßnahmen

Eine umfangreiche PKI-Migration ist zumeist mit einer Modifikation der PKI-Sicherheitspolitik verbunden. Wenn, wie in unserem Beispiel, eine monolithische PKI durch eine verteilte PKI ersetzt wird, ergeben sich sogar gravierende Änderungen. So erfordert eine verteilte PKI zur Adminstration von CA und RA mehr Personal mit unterschiedlichen Anwenderrollen und entsprechend unterschiedlichen Rechten.

Eine neue PKI-Sicherheitspolitik und der Übergang dorthin müssen definiert sein, bevor man mit der Migration beginnt, also noch vor Phase II. Im Hinblick auf die PKI-Sicherheitspolitik ist eine Migration grundsätzlich ein sehr kritischer Prozess, insbesondere wenn damit die Konvertierung von Geheiminformationen verbunden ist. Wie in unserem Beispiel demonstriert, kann es in einem Migrationsverfahren erforderlich sein, dass Geheiminformationen kopiert werden und vorübergehend dupliziert vorliegen müssen. Es ist wichtig, dies mit der Sicherheitspolitik im Unternehmen abzustimmen und streng zu überwachen. Nachlässigkeiten können hier die Sicherheit des resultierenden Gesamtsystems gefährden.

4 Aspekte der PKI-Sicherheit

Der außerordentlich hohe Anspruch an PKI, die Vertrauenswürdigkeit in elektronische Prozesse sicherzustellen, hat Implikationen auf alle Komponenten, die eine PKI ausmachen. Grundsätzlich ist ein hohes Sicherheitsniveau anzustreben. Für globale Interaktionen sind hier zudem anerkannte Standards erforderlich. Im Rahmen staatlicher Initiativen zu digitalen Signaturgesetzen und ebenso der PKIX-Initiative werden solche Standards angestrebt. Eine korrekte und vertrauenswürdige Umsetzung kann in Zukunft aber letztendlich nur über unabhängige und anerkannte Kontrollinstanzen sichergestellt werden.

4.1 Sicherheitspolitik

Die Sicherheitspolitik ist ein elementar wichtiger und komplexer Bestandteil einer PKI. Sie beinhaltet typischerweise

- die Restriktionen bzgl. der Anwendung von PKI-Dienstleistungen,

- die Festlegung von PKI-Benutzerrollen (CA-/RA-Administratoren, RA-Benutzer, Auditoren, usw.),

- die Authentisierung von PKI-Benutzern und Endbenutzern,

- die kryptographische und physikalische Sicherheit der PKI-Systeme und der relevanten Geheiminformationen,

- die Eigenschaften von Schlüsseln, Zertifikaten und Security-Tokens,

- das Management von Schlüsseln, Zertifikaten, Revokationslisten und Security-Tokens,

- das Management von PKI-Benutzerrechten und Endbenutzerrechten, z.B. Zugriffsrechte, und

- die Interaktion mit fremden PKI-Systemen und eventuell eingesetzter Trust-Center.

In einem Unternehmen wird die Sicherheitspolitik bzw. der damit gekoppelte Sicherheitsgrad häufig nach dem Schaden beurteilt, der dem Unternehmen im Fall einer Verletzung entstehen könnte. Wenn ein Unternehmen Electronic Commerce (E-Commerce) betreiben möchte, so muss es sich möglicherweise auch nach den Belangen der potentiellen Kooperationspartner und Kunden richten. So müssen gegebenenfalls unterschiedlich starke Sicherheitspolitiken und damit korrespondierende Implementierungen unterstützt werden.

Das Management der Sicherheitspolitik bestimmt erfahrungsgemäß den höchsten finanziellen Aufwand für das Betreiben einer PKI. Umgekehrt kann ein effizientes PKI-Management neben der Geschäftssicherheit auch eine Steigerung der Geschäftsflexibilität und der zu erwartenden Gewinne erzielen.

4.2 Starke Kryptographie

PKI-basierte Anwendungen erfordern in der Regel starke kryptographische Mechanismen. Dazu gehören

- starke symmetrische Verfahren (etwa IDEA und 3DES) und starke asymmetrische Verfahren (etwa RSA, DSA und ElGamal),

- große Schlüssellängen: nach heutigem Stand der Technik erfordern symmetrische Verfahren mindestens 112 bit lange Schlüssel und asymmetrische Verfahren mindestens 768 bit lange Schlüssel,

- kollisionsresistente kryptographische Hashverfahren mit wenigstens 160 bit langen Hashwerten (SHA-1, RIPEMD-160),

- starke Zufallszahlengeneratoren und Schlüsselgeneratoren, die nicht vorhersagbare Zahlenfolgen bzw. Schlüssel liefern (definitiv keine reinen Pseudozufallsgeneratoren) und

- die Unterbindung von Schlüsseldubletten.

Es ist darauf zu achten, dass Implementierungen nach einer festgelegten Spezifikation und bekannten Standards, z.B. den Public Key Cryptography Standards (PKCS) [8], erfolgt sind. Der Zufallszahlengenerator sollte eine physikalische Zufallskomponente besitzen. Seine Qualität sollte in regelmäßigen Abständen geprüft werden.

4.3 Schlüsselmanagement

Als Teil ihrer Sicherheitspolitik muss die PKI ein sicheres Schlüsselmanagement gewährleisten. Geheiminformationen auf Security-Token, d.h. Schlüssel, Token-PINs und Passphrases, müssen in jeder Phase ihres Lebenszyklus in einem vertrauenswürdigen Zustand sein. So darf es grundsätzlich nicht möglich sein, Schlüssel zu kompromittieren.

Das Schlüsselmanagement umfasst typischerweise die folgenden Aufgaben:

- Erzeugen der Schlüssel.

- Rücknahme der Schlüssel.

- Überprüfen der Schlüssel.

- Zertifizieren der Schlüssel.

- Verteilen der Schlüssel.

- Aufteilen von Schlüsseln.

- Speichern der Schlüssel.

- Wechseln der Schlüssel.

- Archivierung und Vernichtung der Schlüssel.

4.4 Security-Token

Heute werden in PKI-Systemen sowohl Soft- als auch Hard-Token als Security-Token eingesetzt. Soft-Token sind im einfachsten Fall Floppy-Disks, die eine verschlüsselte Geheiminformation tragen. Typische Hard-Token sind dagegen Crypto-Smartcards, die eine verschlüsselte Geheiminformation tragen und diese zudem physikalisch schützen. Beide Token-Typen haben Vor- und Nachteile. Der Vorteil von Soft-Token besteht darin, dass sie recht einfach modifiziert werden können, was in Migrationsprozessen hilfreich sein kann. Doch ist damit verbunden, dass ihre Sicherheit nicht besonders hoch eingeschätzt werden darf. Relativ sicher sind dagegen moderne Crypto-Smartcards als Träger von geheimer Schlüsselinformation.

Soft-Token eignen sich durchaus, um eine PKI in Testphasen aufzubauen oder im eingeschränkten Rahmen zu betreiben. Sobald die PKI professionell für Applikationen mit höheren Sicherheitsanforderungen im E-Commerce eingesetzt werden sollen, sind Crypto-Smartcards unbedingt zu empfehlen. In sogenannten Single-Sign-on-Lösungen ermöglichen sie überdies einen transparenten und sicheren Zugang zu verschiedenen Applikation mit unterschiedlichen Schlüsselanforderungen, was die Sicherheit erhöht und den administrativen Aufwand senkt.

5 Kopplung von PKI und Directory Services

In Unternehmen werden Directory-Services eingesetzt, um das Benutzer- und Ressourcen-Management zu vereinfachen, directorygestützte Applikationen zu betreiben und digitale Zertifikate zu verwalten. Hinter einem Directory verbirgt sich ein hierarchisches, attributwertbasiertes Datenmodell, welches die effiziente Speicherung und Rückgewinnung von Daten erlaubt. Typische Daten sind Benutzerdaten, Eigenschaften, Konfigurationsdaten, Schlüsseldaten zur Authentisierung und zur Zugriffskontrolle.

Nach dem Aufbau einer Directory-Infrastruktur ist es naheliegend, diese im nächsten Schritt mit einer X.509-PKI zu koppeln. Man kann wiederum die PKI nutzen, um den Directory-Server und Kommunikationsverbindungen dorthin in geeigneter Weise abzusichern, damit er nicht kompromittiert werden kann. So ist absehbar, dass PKI und Directory Services die Basiskomponenten der GII sein werden, um auf breiter Ebene Service-Architekturen allgemein für den E-Commerce zu realisieren.

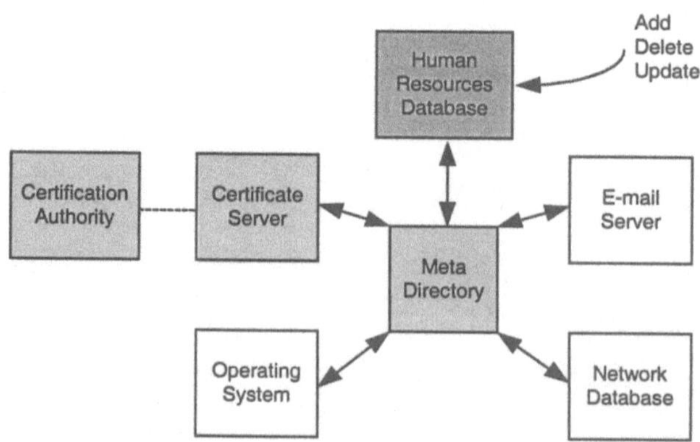

Abb. 4: Schema der Kopplung von PKI und Meta-Directory

Directory-Services spielen eine bedeutende Rolle für die Implementierung von PKI-basierten Sicherheitspolitiken in Unternehmen. Sie offerieren Möglichkeiten, eine große Anzahlen von Benutzern in IT-Systemen effizient zu verwalten sowie deren Zugriffs- und Benutzungsrechte von Ressourcen zu regeln und zu prüfen. Hierdurch ergeben sich für Applikationen im E-Commerce völlig neue Möglichkeiten. Dienstleistungen im E-Commerce sind oft eng mit Sicherheitsanforderungen gekoppelt. So lassen sich über Directory-Services definierte Zugriffspolitiken, etwa auf Internet-Services, leicht umsetzen.

Unternehmen, die eine PKI zur Sicherung ihrer elektronischen Geschäftsprozesse einführen, werden womöglich vor dem Problem stehen, die PKI mit vorhandenen directory-basierten Applikationen zu koppeln. Es gibt zwei Möglichkeiten, dieses Problem zu lösen. Man kann einerseits jede Applikation mit dem Directory-Server der PKI koppeln. Dieser Ansatz erfordert aber einen hohen administrativen Aufwand, der mit der Zahl der Applikationen wächst und leicht zur Unübersichtlichkeit führt. Abb. 4 skizziert dagegen einen aktuellen Ansatz, in dem man die verschiedenen Applikationen über ein Meta-Directory synchronisiert, wobei alleine das Meta-Directory mit dem Directory-Server der CA gekoppelt ist. So lassen sich Zugriffsrechte zentral und übersichtlich administrieren. Das Meta-Directory vereinheitlicht die Information eines Unternehmens, so dass sie sich leichter verwalten lässt. Diese Technologie orientiert sich an zukünftige Anforderungen, und erscheint sehr hilfreich für die effiziente Einbindung einer PKI in ein Unternehmen mit einer großen Anzahl von Endbenutzern.

6 Zusammenfassung und Schlussfolgerung

PKIs ermöglichen die Vertrauenswürdigkeit in elektronische Dienstleistungen aller Art. Doch Aufbau, Migration und Kopplung von PKI-Systemen im industriellen und behördlichen Umfeld sind jedoch komplexe Projekte, die sorgfältig geplant und ausgeführt werden müssen. In diesem Beitrag haben wir hervorgehoben, dass nicht nur die Integration technischer Komponenten einer PKI in ein IT-System, sondern insbesondere auch Betrieb und die Sicherheit einer PKI sorgfältig zu planen und durchzuführen sind. Strategien hierfür wurden diskutiert.

Um PKIs in globale Infrastrukturen zu integrieren, werden Standardisierungen bezüglich der PKI-Interoperabilität und der PKI-Betriebsverfahren vorgenommen. Bestrebungen der Internet Engineering Task Force durch die Spezifikation der PKIX-Standards wurden in ihren wesentlich Bestandteilen aufgeführt und damit verbundene zukünftige Problemstellungen erläutert. Viele noch offene Fragen zur Standardisierung sollten allerdings nicht daran hindern, mit der Einführung von PKIs für geschäftliche oder behördliche Prozesse bereits frühzeitig anzufangen. Es ist sogar zu empfehlen, denn der Aufbau einer PKI und ihr Roll-out im grossen Rahmen erfordern Zeiträume, die leicht viele Monate dauern können. In dieser Zeit können wichtige Erfahrungen gesammelt werden, um den Betrieb zu überprüfen und zu optimieren.

Es sind zudem organisatorische Anforderungen von Unternehmen, die technische Anpassungen oder Erweiterungen von PKIs erforderlich machen. Wir haben ein typisches Migrationsproblem und eine damit verbundene systematische Vorgehensweise erläutert, um zu demonstrieren, wie man grundsätzlich bei anliegenden Migrationen vorgehen kann, ohne dadurch laufende Prozesse zu stören. Es werden insbesondere zukünftige Anforderungen an standardisierte Technologien oder die Betriebsorganisation von PKI sein, die Migrationsszenarien im PKI-Umfeld zu einem langfristig aktuellen Thema machen werden. Ebenso wie in anderen IT-Bereichen ist hier zu empfehlen, nicht auf endgültige Lösungen zu warten, vielmehr ist es sinnvoll, eine schrittweise Anpassung im Rahmen der aktuellen Entwicklungen vorzusehen. Nur so können Fehlinvestitionen erfolgreich vermieden werden.

Literatur

[1] D. Campbell: Interception Capabilities 2000, European Parliament Directorate General for Research, Directorate A, The STOA Programm, Editor: Dick Holdsworth, Head of STOA Unit, PE Number: PE 168.184/Part4/4.

[2] Internet Engineering Task Force – IETF. http://www.ietf.org

[3] ISO/IEC 9594-8: Information Technology – Open Systems Interconnection – The Directory: Authentication Framework. Auch publiziert als ITU-T X.509 Empfehlung.

[4] IETF PKIX Working Group. http://www.ietf.org/html.charters/pkix-charter.html

[5] R. Housley, W. Ford, W. Polk, D. Solo: Internet X.509 Public Key Infrastructure, Certificate and CRL Profile, RFC 2459, January 1999.

[6] S. Chokhani, W. Ford: Internet X.509 Public Key Infrastructure, Certificate Policy and Certification Practices Framework, RFC 2427, March 1999.

[7] American Bar Association: Digital Signature Guidelines – Legal Infrastructure for Certification Authorities and Electronic Commerce, 1995.
http://www.abanet.org/scitech/home.html

[8] RSA Laboratories: http://www.rsalabs.com/rsalabs

Netzwerkstrukturierung unter Sicherheitsaspekten

Harald Weidner · Urs E. Zurfluh

Universität Zürich
{weidner, uzurfluh}@ifi.unizh.ch

Zusammenfassung

Im Zuge der weltweiten Verbreitung des Internet gehen immer mehr Unternehmen dazu über, das Internet–Protokoll (IP) auch in ihren internen Netzwerken einzusetzen. Dies macht es notwendig, das interne Netz unter Sicherheitsgesichtspunkten zu strukturieren und gefährdete Komponenten vor Bedrohungen abzuschotten. Dabei besteht eine Schwierigkeit darin, Sicherheitsgefahren in Netzwerkanwendungen überhaupt zu finden. In diesem Dokument wird ein Verfahren vorgestellt, mit dessen Hilfe Netzwerkkomponenten und -anwendungen formal spezifiziert und Gefahren in der Struktur aufgezeigt werden können. Es ermöglicht ein iteratives Vorgehen bei der Strukturierung des Netzwerkes.

1 Einleitung

Das Internet–Protokoll (IP) erlaubt eine Kommunikation zwischen Rechnern in globalen Netzen über grosse Entfernungen hinweg genauso wie im lokalen Netzwerk innerhalb einer Organisation. Die zunehmende Verbreitung von Internet–Diensten auch im kommerziellen Bereich führt bei immer mehr Firmen zum Einsatz der TCP/IP–Netzwerkprotokollfamilie. Daher liegt es nahe, TCP/IP auch in lokalen Netzen einzusetzen.

Aus dem Blickwinkel der Sicherheit bringt dies sowohl Vor- als auch Nachteile. Nach Lehrbuchmeinung über IP–vermittelte Netze ist jeder Rechner entweder Bestandteil des Internet, oder er ist es nicht [Hun92, S. 4 oben]. Ist ein Rechner sowohl über ein LAN mit anderen Rechnern innerhalb eines organisationsinternen Netzwerkes verbunden, als auch, etwa durch ein Modem, über einen Provider mit dem weltweiten Internet, so kann er Routing- oder Gateway–Funktionalität erbringen und somit alle Rechner des LAN mit dem Internet verbinden. Das heisst, dass auch alle Rechner des internen Netzwerkes potentielle Angriffsziele sind und geschützt werden müssen.

Eine Milderung des Sicherheitsproblems bieten Firewalls. Als Verbindungsglied zwischen Netzen unterschiedlicher Vertrauenswürdigkeit kontrollieren sie den Datenverkehr anhand festgelegter Kriterien, die in einem Regelwerk festgeschrieben sind [CZ96, CB94]. In realen Anwendungsszenarien kommen meist mehrere Firewalls unterschiedlicher Bauart zum Einsatz. Häufig wird nicht nur die Verbindung zwischen dem total unvertrauenswürdigem Internet und dem firmeninternen Netz über einen Firewall realisiert, sondern innerhalb des Hauses wird das Netzwerk ebenfalls nach Sicherheitsgesichtspunkten strukturiert [Zur98];

Anwendungen oder Komponenten mit konkurrierenden Sicherheitsanforderungen werden durch Firewalls getrennt.

Eine Schwierigkeit ist bereits das Auffinden der konkurrierenden Sicherheitsanforderungen. Netzwerksicherheit spielt sich auf vielen Ebenen im Netzwerkschichtenmodell ab, die gemeinsam betrachtet werden müssen, um die Sicherheitsaspekte erkennen zu können. Funktionierende und sichere Architekturen können durch kleine Veränderungen, etwa dem Aktivieren zusätzlicher nützlicher Funktionen, angreifbar werden, ohne dass dies offensichtlich erkennbar ist.

In diesem Beitrag wird ein Verfahren vorgestellt, das es ermöglicht, Gefahren in TCP/IP-basierten Netzwerken aufzufinden. Bei dem Verfahren modelliert der Benutzer den Aufbau seines Netzwerkes und die darin laufenden Anwendungen in einer prädikatenlogischen Sprache. Mittels a-priori bekannten Wissen über die Anwendungen und ihre Sicherheitsaspekte, wie z.B. in [DKS+99, Kap. 7] beschrieben, werden Gefahren des Netzwerkaufbaus erkannt und gemeldet. Das Verfahren kann bei der erstmaligen Konzeption, aber auch bei späteren Erweiterungen des Netzwerkes zur Gefahrenanalyse genutzt werden. Es ermöglicht ein inkrementelles Vorgehen bei der Sicherung des Netzwerkes: Mit dem Verfahren aufgefundene Sicherheitsmängel können beseitigt werden, indem der Netzwerkaufbau abgeändert wird. Auf diesen geänderten Aufbau wird das Verfahren erneut angewendet, solange bis alle relevanten Gefahren eliminiert wurden.

2 Begriffsdefinitionen und Übersicht über das Verfahren

2.1 Schwachstelle, Bedrohung, Gefahr, Schaden und Risiko

Das Internet wurde ursprünglich als rein akademisches Netzwerk zur Kommunikation zwischen Wissenschaftlern und als Forschungsgegenstand entwickelt. Sicherheitsaspekte spielten dabei nur eine untergeordnete Rolle. Dies betrifft sowohl die Protokolle auf Netzwerkebene (z.B. IP, TCP, UDP), als auch die verbreiteten Anwendungsdienste (z.B. Telnet, SMTP, HTTP). Viele Sicherheitsschwächen dieser Dienste und Protokolle haben ihre Ursachen in einem Entwurf, in dem auf Sicherheitsaspekte kein grosser Wert gelegt wurde.

Ein zweiter Grund für Sicherheitsprobleme sind Fehler bei der Programmierung der Dienste. Die Internet-Protokolle wurden im Wesentlichen unter dem Betriebssystem Unix in der Programmiersprache C entwickelt. Die Sprache C bietet viele gefährliche Konstrukte und Fallstricke, über die weniger sicherheitsbewusste Programmierer oft hinwegsehen. Als prominentestes Beispiel sind Pufferüberlaufsituationen (buffer overflow) [One96] die Ursache für zahlreiche Sicherheitsprobleme der Unix- und Internet-Welt. Einen ähnlichen Effekt haben bei Skriptsprachen die auf Metazeichen basierenden Angriffe [Kya98, S. 205f].

Wenn ein Internet-Dienst wegen eines Programmierfehlers oder einer Entwurfsschwäche anfällig für eine bestimmte Art von Angriffen ist, dann sprechen wir von einer **Schwachstelle** [Bor96, S.8] (in anderen Publikationen auch als „Verwundbarkeit" bezeichnet, vgl. [Wec84, S. 32 u. 36f]). Fast alle Internet-Dienste besitzen beispielsweise Schwachstellen im Bezug auf die Vertraulichkeit der übermittelten Daten. Schwachstellen alleine sind noch nicht gefährlich, solange sie nicht ausgenutzt werden können. Situationen, in denen Schwachstellen dazu ausgenutzt werden können, die grundlegeneden Sicherheitseigenschaften wie Vertraulichkeit, Integrität oder Verfügbarkeit von schützenswerten Objekten zu beeinträchtigen, bezeichnen wir als **Bedrohung** ([DKS+99, S. 24], [Wec84, S. 32f]).

Handlungsbedarf besteht also immer dann, wenn eine Bedrohung auf eine Schwachstelle trifft. Diese Situation bezeichnen wir als **Gefahr** [DKS+99, S. 23f] (bei Weck implizit als „Gefährdung" bezeichnet [Wec84, S. 41f]). Eine Gefahr beinhaltet ein gefährdendes Objekt, den **Angreifer**, sowie ein gefährdetes Objekt. Die Objekte können Immaterialgüter wie Daten, Prozesse oder Benutzeraccounts sein, aber auch materielle Güter wie Rechner, Netze oder nicht-digitale Infrastruktur. Sie werden im Folgenden zusammenfassend als **Güter** bezeichnet.

Ob es sinnvoll ist, zu einer Gefahr Gegenmassnahmen zu treffen, hängt vom **Risiko** ab. Das Risiko ergibt sich durch Abwägen des durch die Gefahr maximal entstehenden **Schadens** und der **Eintrittswahrscheinlichkeit** des Schadens (vgl. [DKS+99, S. 24], [Dev93, S. 54] und [SB92, S. 37]).

Es ergeben sich unmittelbar drei Strategien zum Vermeiden von Gefahren. Erstens können die Schwachstellen beseitigt werden, indem nicht oder wenig benötigte Dienste deaktiviert werden. Ist das nicht möglich, so müssen Dienste und Protokollen neu konzipiert und/oder implementiert werden, wobei stärkeres Gewicht auf die Sicherheitsaspekte gelegt wird. Zweitens können Bedrohungen vermieden werden, indem die Komponenten, von denen die Bedrohungen ausgehen oder unterstützt werden, entfernt werden. Dies ist jedoch meist mit einer Einschränkung der Funktionalität verbunden. Drittens können Gefahren vermieden werden, indem Schwachstellen und Bedrohungen physisch oder logisch gegeneinander abgeschottet werden. Dieser Beitrag handelt von der dritten Variante.

2.2 Domänen, Anwendungen und Daten

Wir bezeichnen im Folgenden Bereiche, innerhalb derer bestimmte Bedrohungen und Schwachstellen wirken, als **Domänen**. Das Trennen der Bedrohungen und Schwachstellen erfolgt durch Aufteilung der Komponten in verschiedene Domänen, die sich im Bezug auf die betrachtete Sicherheitseigenschaft nicht gegenseitig beeinflussen können. Als Domänen sollen gelten:

Netzwerksegment: Das zentrale Sicherheitsproblem auf Netzwerken, die als Bus-System arbeiten, ist die Abhörbarkeit von Daten. Bei dem in LANs am verbreitetesten Vertreter, dem (shared) Ethernet, kann prinzipiell jede Station den gesamten Datenverkehr auf dem Netz abhören. Auch wenn anstelle von Hubs Switches mit dedizierter Port-Zuordnung eingesetzt werden, lässt sich das Zuordnungsmerkmal (meist Ethernet-Adresse oder IP-Nummer) leicht fälschen. Die Auftrennung von Komponenten erfolgt durch Entkoppelung der Netzwerksegmente. Als Verbindungsglieder eignen sich z.B. Router, Switches oder Bridges [DKS+99, S. 131ff]. Aufgrund ihrer Sicherheitsaspekte konzentrieren wir uns auf Multiportrouter, die Paketfilterfunktionalität besitzen und IP-Spoofing erkennen können. Weiterhin kann eine logische Netzwerktrennung durch die Einführung von Subdomänen in Form kryptographischer Tunnels (virtual private network, VPN) erreicht werden.

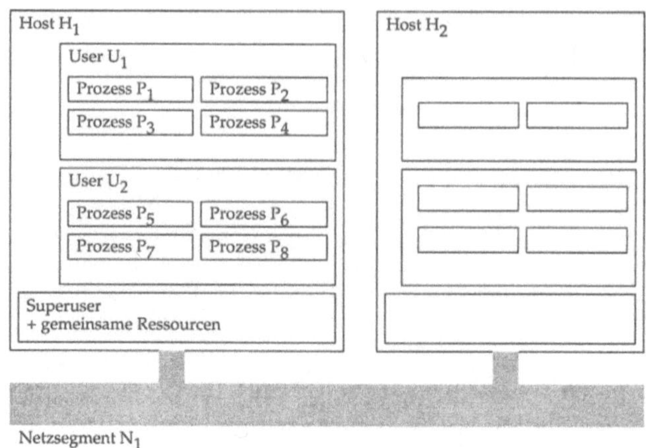

Abb. 1: Hierarchie der Domänen

Host: Unter einem Host verstehen wir alle Arten von Computern, die im Unternehmen genutzt werden und am Netzwerk angeschlossen sind. Unter Betriebssystemen wie Unix oder Windows NT können auf einem Rechner mehrere Benutzerkennungen eingerichtet sein und mehrere Prozesse gleichzeitig laufen. Die Prozesse konkurrieren jedoch um CPU–Zeit, Speicherplatz und andere Hardwareressourcen. Manche Prozesse können nur unter Administratorrechten und nur einmal pro System laufen. Auftrenung auf verschiedene Domänen bedeutet hier die Aufteilung der Benutzerkennungen auf verschiedene Hosts. Systeme wie OS/2 oder Windows 9x kennen kein Benutzerkonzept; diese Tatsache modellieren wir dadurch, dass hier nur ein Benutzer pro Host zugelassen wird. Analog dazu wird das Fehlen des Prozesskonzeptes z.B. unter MS–DOS durch eine Beschränkung auf einen Prozess pro Benutzer und Host modelliert.

Benutzerkennung: Jedem Benutzer auf einem Host gehören Dateien und Prozesse. Alle Prozesse desselben Benutzers haben die gleichen Rechte an allen Dateien. Durch Aufteilung von Prozessen auf verschiedene Benutzerkennungen kann diese Einschränkung überwunden werden. Dateien können dann mittels Dateizugriffsrechten in ihrer Vertraulichkeit oder Integrität geschützt werden. Unter Unix ist die Bildung von Sub–Domänen innerhalb einer Benutzerkennung möglich, nämlich durch die Einschränkung des sichtbaren Dateiraumes auf einen Unterbaum in der Verzeichnishierarchie (chroot–Funktion).

Prozess: Jeder Prozess besitzt einen (virtuellen) flachen Adressraum. Konkurrieren mehrere Softwarekomponenten innerhalb eines Prozesses, so ist es nicht möglich, Datenobjekte effektiv vor Lese- oder Schreibzugriffen anderer Komponenten zu schützen. Werden die Komponenten auf unterschiedliche Prozesse aufgeteilt, dann können Datenobjekte nur noch durch Interprozesskommunikation (IPC) ausgetauscht werden. Hier können Zugriffsrestriktionen eingeführt werden, beispielsweise in Form von Object Request Brokern (ORB). Forschungsbetriebssysteme wie Multics oder Plan 9 bieten ausgereiftere Möglichkeiten; aufgrund der geringen Praxisbedeutung werden sie hier nicht berücksichtigt.

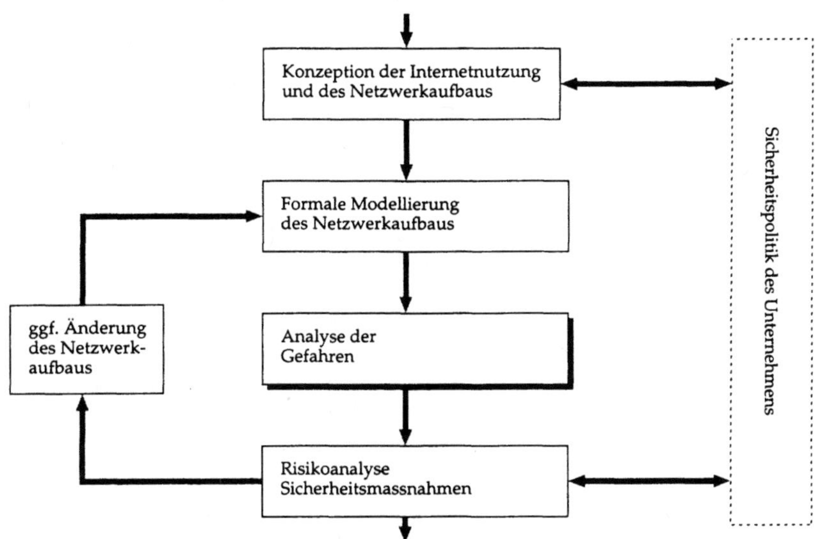

Abb. 2: Iteratives Vorgehen beim Einsatz des Systems

Zwischen einigen dieser Begriffe besteht eine hierarchische Beziehung (siehe Abbildung 1). So läuft jeder Prozess unter genau einer Benutzerkennung. Unter einer Benutzerkennung können jedoch mehrere Prozesse laufen. Jeder Host besitzt eine oder mehrere Benutzerkennungen. Allerdings können Hosts in einem oder in mehreren Netzsegmenten beheimatet sein (sog. Multi–Homed–Hosts).

Unser Ansatz ist die Untersuchung von **Anwendungen** auf ihre Sicherheitseigenschaften. Unter einer Anwendung verstehen wir das Zusammenspiel zwischen den Komponenten innerhalb der oben genannten Domänen, also der Prozesse, Benutzer, Hosts, Netzen etc., zur Erfüllung einer definierten Aufgabe. Die Anwendungen sind Instanzen der in [DKS[+]99, Kap. 5] eingeführten Internet–Nutzungsszenarien. Beispielsweise definiert die Möglichkeit, mit einem Mailreader seine E–Mail lesen zu können, eine Anwendung.

Bei der Realisierung der Anwendung fallen verschiedene **Daten** an, die unterschiedliche Sicherheitseigenschaften haben können. Im Falle der E–Mail–Nutzung unterliegen z.B. die E–Mails der Benutzer und die POP3–Passwörter Vertraulichkeitsbedingungen, während dies für die E–Mail–Adressen nicht gilt.

2.3 Beschreibung des Systems

Anhand der bisher eingeführten Begriffe und Konzepte können wir nun die Funktion und Anwendungsmöglichkeiten des Systems beschreiben. Unser formales System besteht aus **Fakten** und einer **Wissensbasis**. Die Fakten werden vom Benutzer des Systems angegeben. Sie beinhalten die im System vorhandenen Komponenten (Netze, Hosts, Benutzer-

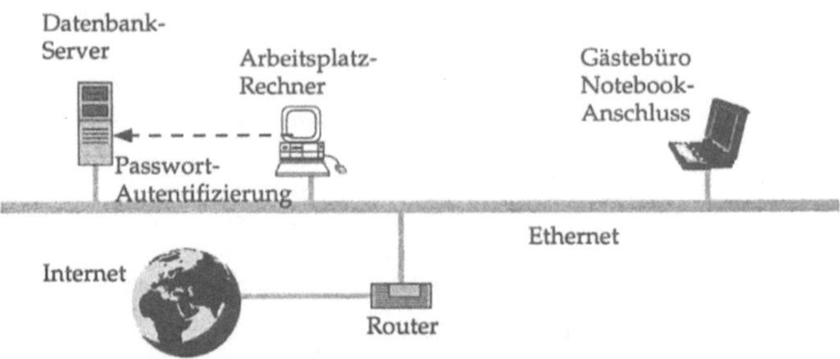

Abb. 3: Ein einfaches Beispiel

kennungen, Prozesse, Daten) sowie die Anwendungen. Der Benutzer modelliert also den Aufbau des Netzwerks und den geplanten Einsatzzweck. Eine initiale Wissensbasis ist im System fest eingebaut, kann aber von fortgeschrittenen Benutzern auch erweitert werden. Sie besteht aus Regeln, in denen Wissen über den Aufbau, Schwachstellen, Bedrohungen der Anwendungen und den daraus resultierenden Gefahren modelliert ist.

Sobald der Benutzer die Komponenten, Anwendungen und gegebenenfalls zusätzliches Wissen zur vorhandenen Wissensbasis modelliert hat, kann er das System starten. Die Implementierung des Systems wendet das vorhandene Wissen auf die Fakten an und leitet daraus eine Liste von Gefahren ab, die im System bestehen. Zu jeder Gefahr werden die Schwachstellen und Bedrohungen ausgegeben, durch deren Aufeinandertreffen die Gefahr entsteht.

Es ist nun Aufgabe des Benutzers, zu erkennen, inwiefern die erkannten Gefahren beseitigt werden sollen. Dazu dient die in Abschnitt 2.1 erwähnte Risikoanalyse. Die Beseitigung einer Gefahr geschieht, indem Schwachstellen und Bedrohungen voneinander getrennt werden. Dies bedingt eine Änderung des Netzwerkaufbaus, eventuell sogar einer Änderung der Anwendungen oder der erweiterten Wissensbasis. Anschliessend wird erneut das System benutzt, um die Gefahren des veränderten Aufbaus zu analysieren. Dies geschieht solange, bis keine oder nur noch solche Gefahren gefunden werden, bei denen aufgrund geringen Risikos kein Handlungsbdarf mehr besteht. Abbildung 2.2 zeigt das Vorgehen beim Einsatz des Systems. Die vom System durchgeführte Gefahrenanalyse ist schattiert dargestellt. Die übrigen Schritte sind vom Benutzer zu erledigen.

3 Ein begleitendes Beispiel

Wir betrachten die Netzwerkanordnung aus Abbildung 3. Ein einfaches Firmennetzwerk besteht aus einem einzelnen Ethernet–Segment, das mittels eines Routers mit dem Internet verbunden ist. Eine in diesem Netz definierte Anwendung besteht darin, dass ein Mitarbeiter des Unternehmens von einem Arbeitsplatzrechner aus mit Telnet auf einen Datenbankserver einloggt. Dazu muss er sich mit einem Passwort authentifizieren; dieses Passwort wird bei Telnet im Klartext übertragen. Die Firma bietet ausserdem ein Büro für Gäste mit Netzwerkanschluss. Dort können Gäste ihr Notebook anschliessen und damit auf das Internet zugreifen.

Innerhalb der Domäne „Netzsegment" finden wir eine Schwachstelle und eine Bedrohung vor. Die Schwachstelle besteht in der Übertragung des Passwortes im Klartext. Dies ist eine Protokollschwäche von Telnet. Um die Schwachstelle zu beseitigen, müsste man ein anderes Protokoll einsetzen, beispielsweise Telnet–SSL oder die Secure Shell (SSH). Dies ist jedoch nur dann möglich, wenn der Datenbankserver dies auch unterstützt. Die Bedrohung liegt in der Abhörbarkeit des Netzes durch Dritte. Um die Bedrohung zu beseitigen, müsste man entweder ganz auf den Gästeanschluss verzichten, oder eine andere Netzwerktechnologie einsetzen, was beides u.U. nicht praktikabel ist. Eine Auftrennung der Domäne „Netzsegment" ist dagegen mit geringem Aufwand möglich. Wird für die Datenbank–Anwendung und für den Gastzugriff je ein eigenes Netzsegment verwendet, dann sind Bedrohung und Schwachstelle getrennt und die Gefahr besteht nicht mehr.

4 Das formale Modell

Um Gefahren in unserem Netzwerk zu erkennen, müssen erstens vom Benutzer der Netzwerkwerkaufbau und die geplanten Anwendungen im Netzwerk formal im Form von Fakten spezifiziert werden; dies ist der Inhalt von Abschnitt 4.1. Zweitens muss eine Wissensbasis vorhanden sein, anhand derer das System letztlich die Gefahren des Setups erkennt. In der Wissensbasis sind die Schwachstellen und Bedrohungen der wichtigsten Internetdienste modelliert, wie sie in [DKS+99, Kap. 7] beschrieben sind. Es ist geplant, weiteres Wissen hinzuzunehmen, etwa aus [CB94, CZ96] sowie den CERT–Advisories. Abschnitt 4.2 beschreibt den Aufbau der Wissensbasis anhand des Beispiels aus dem vorangegangenen Kapitel. In Abschnitt 4.3 wird informal eine Erweiterung beschrieben, deren formale Spezifikation den Rahmen dieses Beitrages sprengen würde.

4.1 Die Fakten

Damit das System Sicherheitsprobleme erkennen kann, benötigt es Informationen über den Aufbau des Systems. Diese müssen vom Benutzer in Form von Fakten spezifiziert werden. Dies geschieht in der aktuellen Version des Prototypen durch explizite Benennung der Fakten in der hier vorgestellten, Prolog–ähnlichen Syntax. In fortgeschritteneren Versionen kann die Eingabe der Netzwerktopologie beispielsweise über einen graphischen Editor und die Definition der Anwendungen über Dialoge erfolgen.

Unser Netz besteht aus Komponenten. Im Wesentlichen sind dies Instanzen der in Kapitel 2 eingeführten Konzepte:

- Netzsegmente $N_1, N_2, N_3, \ldots$
- Hosts $H_1, H_2, H_3, \ldots$
- Router $R_1, R_2, R_3, \ldots$
- Benutzer $U_1, U_2, U_3, \ldots$
- Prozesse $P_1, P_2, P_3, \ldots$
- Daten $D_1, D_2, D_3, \ldots$

Für die Zuordnung in der Domänenhierarchie gibt es Prädikate:

- Proc_User(P_x, U_y) besagt, dass der Prozess P_x unter Benutzerkennung U_y abläuft.

- User_Host(U_x, H_y): Die Benutzerkennung U_x ist auf dem Rechner H_y eingerichtet.

- Host_Net(H_x, N_y): Der Rechner H_x befindet sich im Netzsegment N_y.

- Connect(R_x, N_y, N_z): Der Router R_x verbindet die Netze N_x und N_y miteinander.

Die Anwendungen werden durch Prädikate beschrieben. In unserem System gibt es eine (endliche) Aufzählung von Anwendungen $A_1, A_2, A_3, \dots$. Dabei wird angegeben, welche konkreten Personen oder Maschinen daran beteiligt sind. Im Beispiel sind dies „Mitarbeiter Müller loggt sich von seinem Arbeitsplatzrechner aus auf dem Datenbankserver ein" oder „Ein Benutzer am Gast–PC greift auf einen WWW–Server im Internet zu". Formal können sie so spezifiziert sein:

- Telnet(A_x, P_y, U_z): In Anwendung A_x loggt ein Benutzer sich unter Verwendung des Telnet–Clients P_y auf eine Benutzerkennung U_z ein.

- Guest_WWW_Access(A_x, N_y, H_z): Anwendung A_x besagt, dass ein Benutzer die Möglichkeit hat, an das Netzsegment N_y einen eigenen Rechner H_z anzuschliessen und von dort auf WWW–Server im Internet zuzugreifen.

Man beachte, dass durch die Domänenhierarchie implizit weiteres Wissen in die Spezifikation gelangt: Durch die Benennung des Telnet–Client-Prozesses P_y im ersten Beispiel sind automatisch die Benutzerkennung und der Rechner, auf dem der Prozess läuft, bekannt. Denn jeder Prozess läuft unter genau einer Benutzerkennung, und jeder Benutzeraccount ist auf genau einem Host eingerichtet.

4.2 Aufbau der Wissensbasis

Unser System verfügt über Wissen in Form von Ableitungsregeln. Im Folgenden werden einige Bestandteile dieses Wissens vorgestellt.

Die einfachste Form von Regeln spezifizieren die algebraischen Eigenschaften der verwendeten Prädikate. Beispielsweise ist das Prädikat Connect(R_x, N_y, N_z) symmetrisch bezüglich dem zweiten und dritten Argument, denn wenn ein Router zwei Netze N_y und N_z miteinander verbindet, dann verbindet er automatisch auch Netz N_z mit N_y. Die entsprechende Regel lautet also Connect(R_x, N_y, N_z) $\leftarrow$ Connect(R_x, N_z, N_y). Bildet man die reflexive und transitive Hülle, so erhält man ein Aussage über die Erreichbarkeit einzelner Netzsegmente:

$$\text{Reachable}(N_x, N_y) \leftarrow x = y.$$
$$\text{Reachable}(N_x, N_y) \leftarrow \text{Connect}(R_u, N_x, N_z) \wedge \text{Reachable}(N_z, N_y).$$

In ähnlicher Weise kann ein Prädikat OnRoute(N_x, N_y, N_z) definiert werden, das angibt, ob ein Netzsegment N_x auf der Route zwischen zwei Segmenten N_y und N_z liegt bzw. liegen kann.

Die Schwachstellen werden durch Prädikate modelliert, deren Parameter die betroffenen Komponenten sind. In unserem Beispiel besteht die Schwachstelle in der Klartextübertragung des Passwortes bei einer Telnet–Verbindung. Das Prädikat $\text{Telnet\_Passwd}(A_x, N_y, U_z)$ gibt an, dass in Anwendung A_x das Telnet–Passwort des Benutzeraccounts U_z im Klartext auf einem Netzsegment N_y transportiert wird.

$$
\begin{aligned}
\text{Telnet\_Passwd}(A_x, N_y, U_z) \ \leftarrow\ & \text{Telnet}(A_x, P_u, U_z) \wedge \text{Proc\_User}(P_u, U_c) \\
& \wedge \text{User\_Host}(U_c, H_d) \wedge \text{User\_Host}(U_z, H_e) \\
& \wedge \text{Host\_Net}(H_d, N_f) \wedge \text{Host\_Net}(H_e, N_g) \\
& \wedge \text{OnRoute}(N_y, N_f, N_g).
\end{aligned}
$$

Dies ist also genau dann der Fall, wenn eine Telnet–Anwendung A_x einen Telnet–Client–Prozess P_u, der auf Host H_d läuft, auf einen Benutzeraccount U_z auf Host H_e definiert ist, und das Netzsegment N_y auf der Route zwischen den beiden Hosts liegt.

Auf ähnliche Weise werden zahlreiche Schwachstellen modelliert, denen die gängigen Internet–Dienste unterliegen, z.B.

- die bei einer Telnet–Sitzung transportierten Benutzerdaten

- Passwörter bei der Authentifizierung über das WWW

- fälschbare IP–Nummern bei Diensten, die eine Zugriffskontrolle über IP–Nummern realisieren (z.B. die Berkeley r–Tools).

- Daemon–Prozesse wie Sendmail oder identd, die unter hohen Privilegien laufen und durch Pufferüberlauf–Probleme potentiell angreifbar sind.

Auch die Bedrohungen werden mit Prädikaten modelliert. Im Beispiel besteht die Bedrohung darin, dass der am Gastzugang angeschlossene Rechner die Daten auf dem Netzsegment abhören kann. Das Prädikat $\text{Snoop}(H_x, N_y)$ gibt an, dass von einem Host die Daten auf dem Segment abgehört werden können. Gemäss unserer Annahme in Abschnitt 2.2 ist dies genau dann der Fall, wenn der Host an das Segment angeschlossen ist:

$$
\text{Snoop}(A_x, N_y, H_z) \ \leftarrow\ \text{Guest\_WWW\_Access}(A_x, N_y, H_z).
$$

Eine Gefahr entsteht, wenn eine Bedrohung auf eine Schwachstelle innerhalb der selben Domäne trifft. Im Beispiel ist die Domäne das Netzsegment. Wenn das Prädikat $\text{Danger\_Net}(A_x, A_y, N_x)$ ableitbar ist, heisst das, die Anwendung A_x bedroht die Anwendung A_y im Netzsegment N_y. Im Beispiel ist das der Fall, wenn ein Host dasjenige Netz abhören kann, in dem das Telnet–Passwort übertragen wird.

$$
\text{Danger\_Net}(A_x, A_y, N_z) \ \leftarrow\ \text{Telnet\_Passwd}(A_y, N_z, U_b) \wedge \text{Snoop}(A_x, H_c, N_z).
$$

4.3 Vertrauensbereiche

Das bisher vorgestellte Regelwerk wird im realen Einsatz viele Gefahren erkennen, die eigentlich keine sind. Beispielsweise kann es ausgeben, dass der Telnet–Benutzer sein eigenes Passwort abhören kann. Dies ist trivial und keine wirklich sicherheitsrelevante Erkenntnis. Als einfache Massnahme könnte man im zuletzt definierten Prädikat zusätzlich

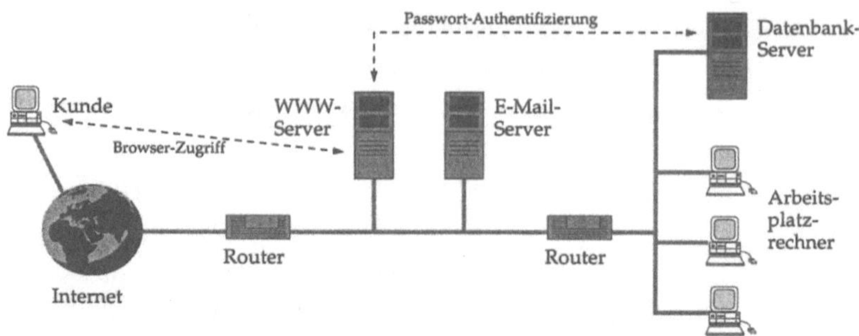

Abb. 4: Ein komplexeres Beispiel

fordern, dass es sich um zwei unterschiedliche Anwendungen handeln muss. Jedoch treten ähnliche Phänomene auch zwischen unterschiedlichen Anwendungen auf.

Wir wählen einen allgemeineren Ansatz und führen Vertrauensbereiche ein. Ein Vertrauensbereich ist eine Menge gleichartiger Domänen (z.B. eine Menge von Benutzerkennungen oder eine Menge von Hosts), die sich gegenseitig vertrauen. Diese Vertrauensbereiche sind bei der Spezifikation des Systems und der Anwendungen anzugeben. Typischerweise handelt es sich dabei um Fälle wie Benutzerkennungen der selben realen Person auf unterschiedlichen Rechnern, Personen, die sich gegenseitig bei ihren Aufgaben stellvertreten oder Hosts, die zentral vom selben Systemadministrator verwaltet werden.

Zwischen den Vertrauensbereichen können auch Hierarchiebeziehungen angegeben werden. Beispielsweise kann ein Vorgesetzter das Recht erhalten, auf alle Ressourcen seiner Mitarbeiter zugreifen zu dürfen, ohne dass dies als Sicherheitsrisiko angesehen werden kann. Jedoch mündet nicht automatisch jede Vorgesetzte–Untergebene–Beziehung in eine solche Hierarchie der Vertrauensbereiche. So wäre es extrem schädlich, wenn ein Computer–unerfahrener Vorgesetzter eines Systemadministrators automatisch alle Privilegien zur Systemadministration besässe.

5   Ein komplexeres Beispiel

In diesem Kapitel wird ein Beispiel für eine Sicherheitsgefahr vorgestellt, die das System erkennt. Das vorgestellte Szenario ist in realen Installationen nicht unüblich. Im Gegensatz zum Beispiel aus Kapitel 3 ist die Gefahr hier nicht so offensichtlich und wird nach unserer Erfahrung zum Teil sogar von erfahrenen Unternehmensberatern übersehen.

Ein Handelsunternehmen möchte seinen Kunden Bestandsinformationen über die Produkte über das WWW zugänglich machen. Zu diesem Zweck wird ein öffentlich zugänglicher WWW-Server eingerichtet, der mittels eines CGI–Programmes auf die Datenbank zugreift und die gewonnenen Informationen in HTML–Dokumenten aufbereitet. Ausserdem sollen Ansprechpartner des Unternehmens per E–Mail erreichbar sein. Ein Mail–Server ist von aussen per SMTP erreichbar und speichert die Mail bis zum Abholen über das POP3–Protokoll zwischen.

Der Aufbau des Netzwerkes für dieses Szenario ist in Abbildung 4 dargestellt. Das unternehmensinterne Netzwerk ist durch zwei Router mit Paketfilterfunktionen vom Internet abgeschirmt. In dem Zwischennetz befinden sich die beiden Server für WWW und E-Mail. Auf dem WWW-Server arbeitet ein CGI-Programm, das einen aus dem Internet kommenden Zugriff in eine Datenbankabfrage umsetzt. Das Ergebnis der Abfrage wird in HTML gesetzt und an den Benutzer zurückgeliefert. Zur Authentifikation bei der Datenbank benutzt das CGI-Skript ein Passwort, das im Klartext übertragen wird.

Auf dem E-Mail-Server läuft Berkeley Sendmail V8, das die Mails aus dem Internet entgegennimmt und auf dem Server abspeichert. Sendmail ist der am meisten verbreitete E-Mail-Server und läuft per Default unter Administratorrechten. Das macht das Programm verwundbar gegen Angriffe, die auf Implementierungsfehler basieren. Da Sendmail ein sehr umfangreiches Programm mit vielen Funktionen und etwa 40 000 Lines of Code ist, werden häufig sicherheitsrelevante Implementierungsfehler darin gefunden [CER96].

Die Gefahr besteht in diesem Beispiel darin, dass ein Angreifer aus dem Internet durch Ausnutzung eines Sendmail-Programmierfehlers eigene Kommandos unter Administratorrechten auf dem Serverrechner ausführt und damit die Kontrolle über die Maschine erlangt. Dadurch kann er die Daten auf dem Transportnetz abhören, auf dem auch das Datenbank-Passwort unverschlüsselt transportiert wird.

6 Zusammenfassung, Stand und Ausblick

In diesem Beitag wurde ein System vorgestellt, das es ermöglicht, Sicherheitsgefahren in Netzwerkanordnungen aufzuspüren. Dazu muss der Netzwerkaufbau und darin ablaufenden Anwendungen formal modelliert werden. Mittels einer Wissensbasis werden die Schwachstellen, Bedrohungen und Gefahren der einzelnen Anwendungen erkannt.

Das System ermöglicht ein iteratives Vorgehen bei der Planung des unternehmensinternen Netzwerkaufbaus. Ausgehend von einem ersten Entwurf des Aufbaus wird das System benutzt, um die Gefahren offenzulegen. Der Benutzer kann entscheiden, Gefahren mit zu hohem Risiko durch Änderung des Netzwerkaufbaus zu eliminieren. Der veränderte Aufbau wird erneut vom System analysiert, solange bis keine relevanten Gefahren mehr übrig bleiben.

Das System befindet sich momentan in der Konzeptionsphase. Ein in Prolog implementierter Prototyp existiert. Die Schwachstellen der wichtigsten Internet-Dienste wurden in der Wissensbasis wie gezeigt modelliert. Jedoch stösst ein reines Prolog-Programm bei der Modellierung realer Unternehmensnetze schnell an die Komplexitätsgrenze. Wir untersuchen derzeit unterschiedliche Beweissysteme, logische Programmiersprachen, Wissensrepräsentations- und Expertensysteme auf ihre Eignung.

Eine nützliches Nebenprodukt der formalen Modellierung sind Paketfilterregeln. Da das System die Anordnung der Router/Paketfilter im Netz und die Kommunikationswege der einzelnen Anwendungen kennt, könnte es Regeln generieren, so dass genau der für die Anwendungen benötigte Datenverkehr an den Routern durchgelassen wird. Wird das System mit dem am gleichen Institut entwickelten Firewall-Prototypen gekoppelt, so kann es eine initiale Firewall-Konfiguration errechnen, die mit dem graphischen Editor anschliessend fein an die speziellen Bedürfnisse im Netzwerk angepasst werden kann.

Eine andere nützliche Erweiterung besteht darin, nicht nur Sicherheitsgefahren zu erkennen, sondern gleich eine veränderte Netzwerkanordnung vorzuschlagen, bei der diese Gefahren nicht mehr gegeben sind. Diese Anforderung erscheint jedoch schwierig; erste Überlegungen führten zu Ergebnissen, die für jeden Prozess einen eigenen Rechner verwenden, die Kommunikationspfade sämtlicher Anwendungen durch kryptographische Tunnels leiten usw. Ein solches Netzwerk wäre jedoch sehr teuer und aufwendig zu realisieren und somit wenig praxistauglich.

Literatur

[CER96]　　CERT Advisory 96-20. Sendmail Vulnerabilities, 1996.
http://www.cert.org/advisories/

[Bor96]　　M. Borer: Potentielle Bedrohungen und Schwachstellen für Unternehmen am Internet. Diplomarbeit, Institut für Informatik der Universität Zürich, Juli 1996.

[CB94]　　W. Cheswick, S.M. Bellovin: Firewalls and Internet Security, Repelling the Wily Hacker, Addison Wesley, 1994.

[CZ96]　　D.B. Chapman, E.D. Zwicky: Einrichten von Internet Firewalls – Sicherheit im Internet gewährleisten, O'Reilly International Thomson, 1996.

[Dev93]　　M. Devargas: Network Security, NCC Blackwell Ltd, Oxford, UK, 1993.

[DKS+99]　D. Damm, Ph. Kirsch, Th. Schlienger, St. Teufel, H. Weidner, U.E. Zurfluh: Rapid Secure Development: Ein Verfahren zur Definition eines Internet–Sicherheitskonzeptes, Technischer Bericht Nr. 99.01, Institut für Informatik der Universität Zürich, 1999.

[Hun92]　　C. Hunt: TCP/IP Network Administration, O'Reilly International Thomson, 1992.

[Kya98]　　O. Kyas: Sicherheit im Internet, Datacomm, 2. Auflage, 1998.

[One96]　　A. One: Smashing the Stack for Fun and Profit Phrack Nr. 49, 1996.
http://www.prack.com/

[SB92]　　I. Schaumüller-Bichl: Sicherheits-Management – Risikobewältigung in informationstechnologischen Systemen, BI Wissenschaftsverlag, 1992.

[Wec84]　　G. Weck: Datensicherheit, B.G. Teubner, 1984.

[Zur98]　　U.E. Zurfluh: LAN–Strukturierung als Konsequenz der Internetkopplung. In Sicherheit in Vernetzten Systemen. DFN–CERT/DFN–PCA, 1998.

Aspekte eines verteilten Sicherheitsmanagements

Thomas Droste

Ruhr-Universität Bochum
droste@etdv.ruhr-uni-bochum.de

Zusammenfassung

Einfach strukturierte Sicherheitsmechansimen sind mittlerweile nicht mehr effektiv genug, um ein Netzwerk gegen unbefugten Zugriff bzw. Angriffe zu schützen. Neben einer klassischen Firewall ist es zunehmend wichtiger, zusätzliche interne Schutzmechanismen zu etablieren. Neben Intrusion-Detection- und Intrusion-Response-Systemen, welche den internen Datenfluß observieren, auswerten und entsprechend reagieren, ist die Betrachtung einer möglichen verteilten Sicherheitsinfrastruktur ein nächster Schritt für das weitere Sicherheitsmanagement. Durch rotierende Sicherheitsüberwachung und Auswertung kann eine verteilte Strategie gegen mögliche Bedrohung entwickelt werden. Dazu wird die Datenakquisition, die Analyse und die weiterführende Reaktion auf verschiedenen „Trust"-Rechnern im Netz verteilt. Ein potentieller Eindringling muß dadurch mehrere Systeme gleichzeitig kompromittieren, wobei diese Versuche durch verschiedene andere Systeme parallel erkannt und direkt die entsprechenden Schutzmaßnahmen eingeleitet werden können.

1 Einleitung

Mit der zunehmenden Vernetzung und der Möglichkeit direkt miteinander zu interagieren, ist gleichzeitig die Forderung nach Sicherheit verknüpft. Ohne Sicherung der eigenen Daten, Ressourcen und Reputation ist ein Verlust derselben durch kriminelle Aktivitäten nahezu zwangsläufig die Folge. Keine physikalische Barriere, gleich einem Safe, muß überwunden werden, um einen Schaden zu erzielen.

Etablierte Sicherheitsmechanismen bieten mittlerweile einen Basisschutz gegen diverse Angriffe. Dabei gilt jedoch die Schnellebigkeit der Informationsverarbeitung zu beachten, in der nicht nur Schutzmechanismen weltumspannend entwickelt werden, sondern ebenso Hilfsprogramme, die diese wiederum aushebeln und umgehen. Für die Gewährleistung der Sicherheit ist es daher unumgänglich ein verteiltes Sicherheitsmanagement zu entwickeln, welches den Schutz der Daten, Verfügbarkeit und Reputation sicherstellt.

Ein verteiltes Sicherheitsmanagement kann unterschiedlich aufgefaßt werden, da eine immer weiter fortschreitende Entwicklung im Bereich der Informationssicherheit stattfindet. Analog zu einer Firewall, die zunächst nur aus einem Paketfilter bestand und mittlerweile eine komplexe Funktionalität aufweist, entwickelt sich ein verteiltes Sicherheitsmanagement weiter und kann folglich noch nicht fest definiert werden.

Eine örtliche Verteilung beschreibt verschiedene einzelne Sicherheitsmechanismen, die einzeln agieren und keine Interoperabilität aufweisen. Das Sicherheitsmanagement umfaßt dabei jeweils die einzelnen Komponenten. Ein bzw. mehrere Firewall- und ID-Systeme (ID – Intrusion Detection) werden unabhängig voneinander konfiguriert und betrieben, ohne daß eine Kommunikation mit dem jeweils anderen System stattfindet. Ein Redundanzsystem kann die Folge sein, wenn alle Komponenten identische Funktionalität nach außen widerspiegeln.

Die Kopplung der einzelnen Subsysteme, z.B. mehrerer Firewalls untereinander bzw. mit ID- und IR-Systemen (IR – Intrusion Response), ist momentan aktueller Realisierungsstand und beschreibt ein verteiltes Sicherheitsmanagement sinnvoller. Das Sicherheitsmanagement wird immer noch auf die einzelnen Komponenten zugeschnitten, aber es findet eine Steuerung statt. Erkennt z.B. ein ID-System eine Sicherheitsverletzung, wird durch das IR-System nicht nur eine Alarmmeldung generiert, sondern, je nach Grad der Sicherheitsverletzung, eine vorange-stellte Firewall informiert und deren Regelsatz entsprechend angepaßt.

Die hier notwendige erweiterte Definition eines verteilten Sicherheitsmanagements schlüsselt die Funktionalität der Datenaufnahme, Analyse und Reaktion weiter auf. Die etablierten Sys-teme bleiben bestehen, zusätzlich wird die Nutzung der vorhandenen Rechner im lokalen Netz mit genutzt. Die Einbindung erfolgt redundant zu den übrigen Systemen, d.h. zumindest eine Firewall ist obligatorisch. Ein Rechner kann selbst Daten aufnehmen, durch Regeln analysie-ren und Reaktionen vorschlagen. Dabei sind Datenaufnahme, Analyse und Reaktion wieder-um entkoppelt. Durch die Verteilung und Teilung der Aufgaben werden z.B. Daten nicht nur aus der lokalen Datenaquisition, sondern von mehreren Rechnern zusammengetragen und an-schließend analysiert. Die Reaktion erfolgt nicht von dem aufnehmenden System, sondern, nach der Analyse, von einem beliebig anderen, eine Sicherheitsverletzung erkennenden Sys-tem. Das notwendige Sicherheitsmangement kann im ersten Schritt zentral von einem Rech-ner erfolgen, welcher gleichzeitig eine Schnittstelle zu den übrigen Sicherheitssystemen be-sitzt. Weiterhin erfolgt eine lokale kontinuierliche Anpassung durch die beteiligten Rechner-systeme.

2 Einordnung etablierter Sicherheitsmechanismen

Die Notwendigkeit weiterer Sicherheitsmechanismen schient zunächst gedeckt, da theore-tische alle Zugriffspunkte, sei es als Zugang zum WAN als auch innerhalb des lokalen Netzes, gesichert werden. Mögliche Schwachpunkte sind jedoch durch Entwicklungen seitens der Ag-gressoren nicht abdeckbar. Folglich ist es notwendig, die etablierten Systeme zumindest punktuell kritisch zu betrachten.

2.1 Firewall

Die Hauptaufgabe einer Firewall ist die Entkopplung kritischer Datenflüsse vom internen und externen Netzwerk. Die Grundfunktionalität wird durch einen Paketfilter bestimmt. Hinzu kommen die Analyse bekannter Angriffsmuster, etwa die Prüfung der Nutzdaten in Emails (Viren), HTTP-Verbindungen (Java, JavaScript) oder Verbindungsrestriktionen.

Sie stellt die erste Hürde für einen möglichen Aggressor dar. Wird diese überwunden, müssen die weiteren Sicherheitsmechanismen greifen. Durch die mögliche Rückkopplung von inter-nen Sicherheitssystemen nimmt die Firewall eine besondere Stellung ein. Da der Datenfluß beidseitig an einer Firewall zunächst terminiert, kann immer eine Verbindung abgeblockt bzw. unterbrochen werden. Nachträgliche Regeländerungen können einen passierenden Da-tenfluß stoppen und terminieren, um weiteren Schaden abzuwenden.

Als autarkes System an der Grenze zwischen internem und externem Netz ist die Firewall auf passierende Datenflüsse spezialisiert. Zusätzliche Untersuchungen des internen Datenflusses würden zu einem Leistungsengpaß des Systems führen, da gleichzeitig die Bandbreite für den passierenden Netzwerkverkehr maximal bleiben soll. Durch die zusätzliche Analyse ist dies jedoch nicht möglich.

2.2 ID- und IR-Systme

Der interne Netzwerkverkehr wird durch ID-Systeme aufgenommen und analysiert. Dabei werden die Daten parallel zum bestehendem Datenfluß aufgenommen. Es findet kein Eingriff in den Datenverkehr statt, sondern eine passive Analyse. Die einzelnen ID-Systeme können dabei physikalisch an jedes logische Netzsegment gekoppelt oder als Softwarekomponenten auf einem Rechner eingebunden werden. Letztere Möglichkeit gibt dem ID-System Aufschluß über weitere Parameter, wie Prozessorlast oder lokale Auditdaten.

Die Aufgabe eines ID-Systems ist die Mißbrauchs- und Anomalieerkennung. Ein Mißbrauch wird durch den Vergleich mit Angriffsmuster aufgedeckt, Anomalien durch statistische oder logische (zeitliche Abfolge) Ansätze erkannt. Die Reaktion eines ID-Systems auf eine obige Systemverletzung wird dem Administrator mitgeteilt. Dieser kann ggf. entsprechende Gegenmaßnahmen einleiten.

Automatisch reagierende Systeme, welche nach der Meldung eines ID-System anschlagen, sind IR-Systeme. Nach vordefinierten Abläufen werden Gegenmaßnahmen eingeleitet, um die betroffenen Ressourcen geeignet zu schützen. Sind die auslösenden Faktoren und Reaktion des ID- bzw. IR-Systems für einen potentiellen Angreifer bekannt, kann das System umgangen werden.

Als Ergänzung zu einer Firewall soll ein ID-System innerhalb eines lokalen Netzes agieren. Die Datenmenge, welche ein ID-System aufnimmt, ist im Gegensatz zum Datenverkehr gering. Es werden hauptsächlich die Protokollköpfe untersucht sowie ermittelbare Systemparameter. Eine Analyse des gesamten Datenflusses ist durch ID-Systeme aufgrund der fehlenden Interaktion mehrerer ID-Systeme nicht gegeben. Die hohe Datenmenge eines ID-Systems könnte z.B. bei Integration auf einem Rechner nicht verarbeitet werden, ohne den Rechner zu blockieren bzw. die Prozessorleistung und Netzwerkbandbreite einzuschränken.

2.3 Komponenten als verteiltes Sicherheitsmanagement

Nach der Begriffsdefinition in Abschnitt 1.1 ist sind die örtliche Verteilung und die Kopplung von Firewall, ID- und IR-System bekannte Mechanismen. Regeländerungen und Reaktionen werden dabei unidirektional ausgeführt. Eine Firewall, welche eine Sicherheitsverletzung registriert, kontrolliert und reagiert auf den passierenden Datenfluß. Ein ID-System kann einer Firewall zusätzlich Regeln für Verbindungen übertragen, welche sich auf passierende Datenflüsse beziehen. Das Hauptziel liegt dabei in der Sicherung des lokalen Netzes nach außen. Zusätzliche Gegenmaßnahmen durch das IR-System werden immer durch das ID-System gesteuert. Autarke IR-Systeme, welche auch von einer Firewall aktiviert werden können, sind zur Zeit nicht realisiert, da die Detektierung der Firewall den passierenden Datenfluß selbst beendet, kappt, eine Verbindung übernimmt oder einen Aggressor in eine gesicherte Umgebung („Gummizelle") leiten. Das IR-System agiert analog auf lokale Verbindungen und Ressourcenverletzungen.

3 Interaktionsfähigkeit

Eine logische Kopplung mehrerer physikalisch verteilter Sicherheitsmechanismen ist die Voraussetzung für eine Interaktion mehrerer Einzel- und Softwarekomponenten. Jede Komponente muß dabei die Grundfähigkeit zur Kommunikation besitzen und entsprechend Meldungen und Daten erzeugen, empfangen und bewerten können.

Etablierte Mechanismen (Firewall, ID- und IR-Systeme) besitzen diese Fähigkeit im geringen Umfang. Dabei bezieht sich die Kommunikation nur auf initiierende Vorgänge zur Änderung eines Regelsatzes, nicht auf Datenübermittlung und deren Weiterverarbeitung.

3.1 Verteilt arbeitendes Sicherheitsmanagement

Das Ziel ist eine zusätzliche Sicherung der Daten und Ressourcen nach außen und innen. Gleichzeitig müssen weitere Möglichkeiten der Datenaufnahme, Analyse und Reaktion kombiniert werden, um ein transparentes System zu erhalten. Kein Mechanismus darf, soweit die Sicherheit nicht gefährdet ist, die Ressourcen bzw. Prozessorleistung bei normaler Benutzung merkbar reduzieren oder komplett blockieren.

Alle über das lokale Netzwerk transferierten Daten sowie die lokalen Ressourcen werden aufgenommen und ausgewertet, wodurch der gesamte Netzwerkverkehr und evtl. Verletzungen der Sicherheitsrichtlinien aufgedeckt werden können und entsprechend reagiert werden kann. ID-Systemen fehlt dieser Mechanismus, wodurch nur auftretende Sicherheitsverletzungen in der selben „collision domain" erkannt werden können. Diese Bereichsanalyse wird durch die vorgenommene Kopplung aller Teilsegmente aufgehoben, wodurch die Analysegrenze auf das gesamte lokale Netz ausgedehnt wird.

Eine Gefahr liegt in der hohen Datenmenge, da jedes Paket aufgenommen, gesichert und ggf. zur netzwerkweiten Analyse übertragen wird. Die entstehenden Datenmengen summieren sich über alle Teilsegmente, wodurch das zu übertragende Datenvolumen geeignet durch Ausnutzung der Bandbreite des Netzwerkes verteilt werden muß.

3.2 Verteilter Angriff – ein Beispiel

Ausgangspunkt eines klassischen Angriffs ist ein einzelnes System, von dem das zu kompromittierende Zielsystem attackieren wird. Von dieser Quelle werden alle Angriffe etwa durch Ausnutzung von Fehlern in Protokollimplementierungen, Betriebssystem oder Anwendersoftware initiiert.

Bei einem verteilten Angriff werden von verschiedenen Quellsystemen, welche z.B. zuvor kompromittiert worden sind, gleichzeitig oder versetzt, Angriffe auf ein oder mehrere Zielsysteme ausgeführt. Für ein Sicherheitsmechanismus kann dieser Vorgang schwer zu erkennen sein, da ein zeitversetzter und quellenunabhängiger Angriff durchgeführt wird.

Ein Eindringling nutzt dabei ein Client-/Server-Modell (vgl. Abb. 1), um einen Angriff zu initiieren. Die notwendigen Aktionen werden daraufhin autark von mehreren Clients ausgeführt [CERT99].

Das Ziel kann bei einem durch einen Sicherheitsmechanismus geschützten Netz die Firewall oder ein beliebiger Rechner im lokalen Netzwerk sein. Je nach Reglement kann ein verteilter Angriff erfolgreich sein oder zumindest einen „denial of service" auslösen da unter Umständen viele Clients gleichzeitig versuchen, das Ziel zu kompromittieren.

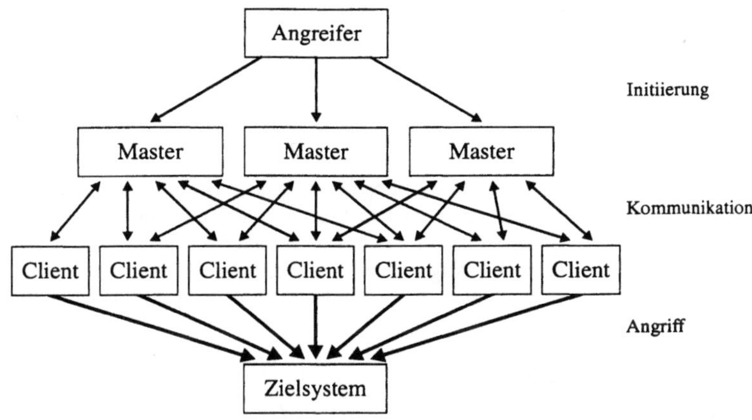

Abb. 1: Verteilter Angriff

Der Angreifer verteilt mehrere Master durch u.a. Ausnutzung von Sicherheitslöchern. Die Clients werden mittels z.B. „Trojanischer Pferde" verteilt und melden ihre erfolgreiche Installation auf einem kompromittierten System an einen oder mehrere Master. Ein Master steuert mehrere Clients und initiiert einen verteilten Angriff auf ein oder mehrere Zielsysteme. Der eigentliche Angreifer ist für das Zielsystem nicht erkennbar, da die Kommunikation nur zwischen Master und Client bidirektional aber von Angreifer und Master wiederum unidirektional stattfindet.

Nach einem erfolgreichen Angriff auf ein Zielsystem wird auf diesem ebenfalls ein Client installiert und für weitere verteilte Angriffe genutzt. Bei Bedarf kann ein Client in einen Master umfunktioniert werden, welcher weitere Clients steuert. Das verteilte Angriffssystem wird dadurch erweitert und ist durch seine wechselnden Quellen schwieriger zu identifizieren.

3.2.1 Mögliche Reaktionen einer Firewall

Da eine Firewall zentraler Verknüpfungspunkt von internem und externem Datenverkehr ist, muß jedes Datenpaket die Firewall passieren. Es können Angriffsmuster erkannt werden, wenn nur eine (verteilte) Quelle als Aggressor agiert. Wechseln die Quellen, wobei z.B. ICMP-Anfragen an verschiedene Rechner im Zielnetz quasi zufällig gefächert werden, kann eine Firewall diese unter Umständen nicht erkennen. Diese Zugriffe werden, solange sie nicht in einem netzweiten „scan" über mehrere Rechner oder Segmente stattfinden, als unkritisch eingestuft und folglich zumeist nicht durch das Reglement der Firewall abgedeckt.

Ein kritischer Punkt sind „denial of service"-Angriffe, da sich diese auf den gesamten Netzwerkverkehr auswirken können. Agieren mehrere Quellen gleichzeitig auf ein oder mehrere Zielsysteme im Aktionsbereich einer Firewall, so können nicht nur Systeme durch z.B. fehlerhafte Protokollimplementationen blockiert werden, sondern durch die hohe Anzahl gleichzeitig anfragender Quellen direkt die Firewall.

Ein jedes System kann nur einen bestimmten Datendurchsatz bewältigen, alle anderen Anfragen werden zurückgewiesen oder liefern eine Zeitüberschreitung zurück. Wenn ein koordinierter verteilter Angriff von mehreren Quellen auf ein Zielsystem stattfindet, kann dieser nur abgewehrt werden, wenn die Firewall die Verbindungen schnell abarbeiten oder diese nicht akzeptieren und verwerfen kann. Parallele Firewall-Systeme und Datenflußmanagement wirken dieser Kommunikationsflut entgegen, da sie für hohe Anfrage und Datenkommunikation ausgelegt sind und diese entsprechend managen können.

3.2.2 Probleme im lokalen Netz

Identische Probleme zu einer Firewall ergeben sich auch im lokalen Netz. Werden von einer Firewall Angriffe von mehreren verteilten Quellen nicht erkannt, so gilt dies auch für ID-Systeme. Schwerwiegender ist das Problem bei „denial of service"-Angriffen, da jedes betroffene Ziel im lokalen Netz den Angriff bzw. die große Anzahl Anfragen bewältigen muß. Im Vorhinein muß die Firewall diese Kommunikation abblocken, da sonst komplette Teilsegmente im internen Netz betroffen sind.

Ein verteilter Angriff kann auf zwei Arten weitere Wirkung im lokalen Netz auslösen: durch eine schwach konfigurierte Firewall nach außen oder durch einen intern gestarteten Teil eines verteilten Angriffs.

Ausgangspunkt sind „Trojanische Pferde", die im lokalen Netz durch andere „Wirt-Programme", wie z.B. ausführbare Emailanhänge, Programme von Diskette, CD-ROM etc. etabliert werden und nicht durch ein Sicherheitsmanagement erkannt worden sind. Stellen diese einen Teil eines verteilten Angriffs dar, so wird das eigene lokale Netz als Quelle für einen verteilten Angriff genutzt. Nach außen hin bedeutet dies bei einer schwach konfigurierten Firewall den möglichen Verlust der eigenen Reputation, da das eigene Netzwerk Quelle für Angriffe auf entfernte Ziele ist. Für das interne Netz gilt diese Bedrohung ebenfalls.

Erlaubt die Sicherheitspolitik z.B. normale ICMP-Anfragen, schlägt ein ID-System keinen Alarm. Wird im lokalen Netz von innen her ein Angriff durchgeführt und werden somit anfällige Systeme kompromittiert, kann sich das „Trojanische Pferd" ausbreiten und weitere Systeme angreifen. Dabei wird das Problem der Erkennung erneut aufgeworfen, da wiederum ein verteilter Angriff durchgeführt wird, der evtl. nicht von den etablierten Sicherheitsmechanismen (ID-Systeme bzw. Firewall) erkannt wird.

3.2.3 Lösungsansatz

Ein verteilt arbeitendes Sicherheitsmanagement kann zur Unterstützung von Firewall und ID-Systemen eingesetzt werden. Die Datensammlung erfolgt aus allen Bereichen des Netzwerkes, wodurch eine erweiterte Analysemöglichkeit zur Verfügung steht (vgl. Abb. 2).

Zeitversetzte Anfragen von mehreren Quellen können ermittelt werden, da eine größere Datenbasis vorgehalten werden kann. Durch eine Verteilung der Analyse auf „Trust"-Rechnern sinkt zudem die Gefahr einer Kompromittierung.

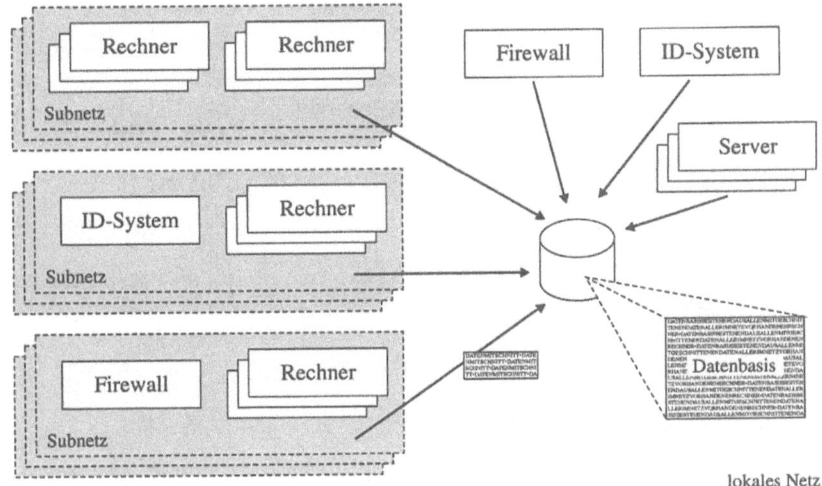

Abb. 2: Datenbasis

Der Datenverkehr erfolgt über gesicherte Verbindungen, wodurch z.B. „Trojanische Pferde" den Datenverkehr nicht auswerten können. Sämtlicher Datenverkehr, der nicht verschlüsselt und signiert durchgeführt wird, ist als kritischer Datenfluß einzuschätzen, ebenso nicht signierter Datenverkehr, der z.B. bei verteilt arbeitenden Angriffen zur Kommunikation genutzt wird.

4 Strukturierung

Der Aufbau einer Firewall oder eines ID-Systems ist trivial, da es sich um fest definierte Komponenten auf genau jeweils einem System handelt. Das erweiterte verteilte Sicherheitsmanagement, welches hier vorgestellt und bereits teilweise realisiert worden ist, agiert jedoch nicht auf genau einem System, sondern ist modular verteilt.

Die in das verteilte Sicherheitsmanagement eingebundenen Rechner besitzen mehrere anpaßbare Komponenten, die verschiedene Funktionen entkoppelt von anderen Komponenten übernehmen. Dadurch wird eine flexible Dienststruktur geschaffen, welche optimal an einen Rechner, z.B. in bezug auf Rechenleistung, Ressourcen und „Trust"-Grad, angepaßt ist. Identische Komponenten auf verschiedenen Rechnern weisen die gleiche Funktionalität auf, wodurch die Funktion mehrerer gekoppelter Rechner nach außen transparent ist.

Die Komponenten lassen sich in fünf Dienste einteilen: Erkennung, Datenakquisition, Datenanalyse, Kommunikation und Reaktion (vgl. Abb. 3).

Zwischen den einzelnen Komponenten bzw. Diensten kann ein Datenaustausch lokal bzw. über das Netzwerk stattfinden. Die Implementierung als Dienst ist notwendig, damit ein Rechner jederzeit als Teil des Sicherheitsmanagements transparent und unabhängig vom aktuellen Benutzer agieren kann.

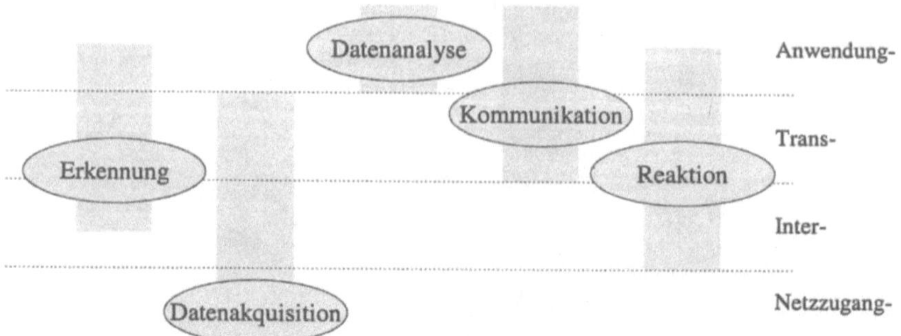

Abb. 3: Dienststruktur

4.1 Erkennung

Alle internen Rechner müssen für das Sicherheitsmanagement erkannt und identifiziert werden, um eine Datenbasis anzulegen bzw. eine bestehende abzugleichen.

Das gesamte Netzwerk bzw. das lokale Segment wird gescannt und alle aktiven und erreichbaren Rechner mit der entsprechenden MAC-Adresse (MAC – Medium Access Control), IP-Adresse sowie mit dem Rechnernamen aufgenommen.

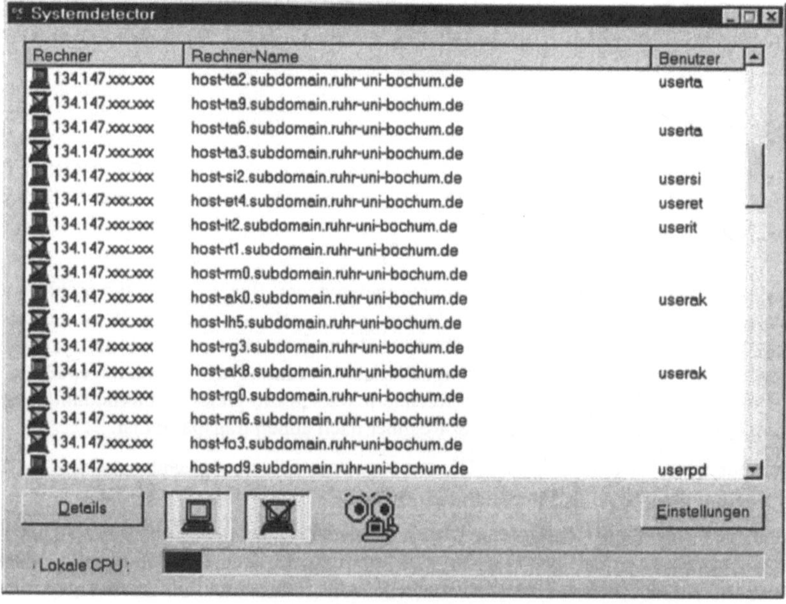

Abb. 4: Ergebnisliste (geänderte und informationsreduzierte Einträge)

Das Ergebnis ist eine Liste aller zur Zeit konnektierbaren Rechner (vgl. Abb. 4). Durchgestrichene Symbole zeigen einen momentan nicht eingeschalteten oder nicht erreichbaren Rechner an. Nimmt ein Rechner aktiv am Sicherheitsverbund teil, läuft dieser Suchdienst zur Erkennung ebenfalls auf diesem Rechner. Ist dies nicht der Fall, so kann ein Sicherheitsproblem vorliegen.

Wenn der Dienst bereit ist, können statische und dynamische Systemdaten bestimmt bzw. übermittelt werden. Als statische Systemdaten gelten z.B. Prozessortyp, Betriebssystem und verfügbare Ressourcen (Festplatte, Speicher) sowie neben MAC-, IP-Adresse und Rechnername identifizierende Daten wie z.B. die Subnetzmaske und die Domäne. Unter dynamische Systemdaten fallen die aktuelle Prozessorlast, freie Ressourcen (Festplatte, physikalischer und virtueller Speicher), angemeldete Benutzer, der Status des Bildschirmschoners und die aktuelle Verbindungsbandbreite. Hinzu kommt das letzte Lebenszeichen, d.h. der Zeitpunkt der letzten Konnektierung des jeweiligen Rechners.

Die bereits vorliegende Datenbasis kann durch Vergleich mit der erstellten Datenbasis direkt mögliche Sicherheitsverletzungen aufdecken. Weicht z.B. die MAC-Adresse in den Datenbasen ab, kann dies auf einen Rechnertausch hindeuten, ebenso fehlerhafte Zuordnungen zwischen MAC- und IP-Adressen.

4.2 Datenakquisition

Der Netzwerkmitschnitt erfolgt zunächst komplett. Erst mittels der Datenanalyse (vgl. Abschnitt 4.3) wird eine Filterung der interessierenden bzw. zu analysierenden Daten durchgeführt.

Dieser Dienst nimmt parallel zur normalen Kommunikation die Datenpakete auf. Neben der Kommunikation mit dem lokalen Rechner werden zusätzlich alle Datenpakete im gleichen physikalischen Netzstrang mitgeschnitten. Eine Trennung der einzelnen Segmente durch Router bzw. Switches wird überbrückt, da mit Hilfe der verteilten Datenakquisition alle Datenpakete aufgenommen werden können.

Die entstehende Datenmenge summiert sich über alle Segmente im Netz auf. Ein vollständiger Mitschnitt der Daten im gesamten lokalen Netz umfaßt somit alle Datenpakete. Bei der Übertragung dieser akquirierten Daten zur weiteren Analyse über das Netz ist eine erneute Aufnahme dieser Datenpakete zu vermeiden, ebenso Kommunikationsaufkommen für die Dienstinteraktion. Der Akquisitionsdienst nimmt generell auch diese Pakete auf. Erst die lokale Datenanalyse und der Kommunikationsdienst (vgl. Abschnitt 4.4) filtern diese Pakete entsprechend aus und verwerfen sie gegebenenfalls.

4.3 Datenanalyse

Die eigentliche Analyse der aufgenommenen Daten erfolgt auf unterschiedliche Weise. Man unterscheidet zwischen lokaler und verteilter Datenanalyse.

Eine lokale Analyse besteht aus einer Vorauswertung und Prüfung lokal definierter Regelsätze. Die Vorauswertung ist notwendig, um das Datenvolumen, welches zur Verteilung weitergeleitet wird, definiert gering zu halten. Es sollen Daten des lokalen Rechners aber auch z.B. physikalisch benachbarter Rechner mitgeschnitten werden, welche entsprechend aus dem Datenvolumen extrahiert werden. Andere Daten werden für die weitere Verteilung verworfen.

Lokal definierte Regelsätze arbeiten ebenso auf dem aufgenommenen Datenvolumen und prüfen entsprechend. Die Prüfung bezieht sich hierbei auf die Kommunikation des lokalen Rechners mit einem beliebigen Kommunikationspartner.

Für die verteilte Analyse agiert der Analysedienst zeitversetzt zur Datenaufnahme, da die Daten von mehreren Rechnern zusammengefügt werden. Die aufgenommenen Daten können beliebig an den Dienst gesendet werden, der diese mit Hilfe der Regelbindungen für die Sicherheit prüft. Neben paket- und rechnerorientierter Filterung führt dieser Dienst z.B. eine Analyse von Angiffsmustern durch oder prüft Ressourcenverletzungen.

Mögliche kritische Sicherheitsverletzungen werden an den Reaktionsdienst (vgl. Abschnitt 4.5) weitergegeben, der entsprechend handelt.

4.4 Kommunikation

Die Interaktion zwischen den einzelnen Komponenten bzw. Diensten wird zentral auf einem Rechner geregelt. Dabei agieren die einzelnen Dienste selbständig. Durch Schnittstellen findet der Austausch von Kommunikations- und Datenströmen statt.

Die Aufgabe dieses Kommunikationsdienstes gliedert sich in Vorverarbeitung der Datenmitschnitte, Sicherung des Datenverkehrs, Änderung der Sicherheitsregeln und Steuerung der einzelnen lokalen und verteilten Dienste auf den Rechnern des verteilten Sicherheitsmanagements.

Die aufgenommenen Daten (vgl. Abschnitt 4.2), welche zur weiteren Analyse über das Netz weiter übermittelt werden, sowie Kommunikationsdaten für den verteilten Verbund dürfen nicht mehrmals aufgenommen und analysiert werden. Die Lösung dieses Problems erfolgt in zwei Schritten: beim Senden und Empfangen der entsprechenden Datenpakete. Für die Übertragung wird ein zuvor definierter Port benutzt, der sowohl für die Kommunikation als auch für die Datenübermittlung innerhalb des verteilten Sicherheitsmanagements angegeben wird. Wird eine Übertragung initiiert nutzt der Kommunikationsdienst immer diesen Port, wodurch eine Filterung möglich wird. Nachdem der Akquisitionsdienst, wie jedes andere Datenpaket auch, das Paket aufgenommen hat, erfolgt die Filterung nach dieser Port-Nummer. Der mitgeschnittene und gefilterte Datenfluß kann dann ohne die zusätzliche Dienst-Kommunikation weiterverarbeitet werden. Zur Datenreduktion wird vor Sendung der aufgenommenen Daten eine weitere Filterung durchgeführt. Nur Datenpakete von Rechnern, welche in dem lokal eingestellten Regelsatz zur Datenaquisition angegeben sind, werden herausgefiltert und übertragen. Die Datenanalyse kann auf diese Rechner fokussiert und das Datenvolumen folglich gesenkt werden. Sind für bestimmte Protokolle nur die Protokollköpfe interessant, können diese ebenfalls vor dem Senden von den Daten getrennt und ein auf das Wesentliche minimiertes Datenpaket übermittelt werden.

Der Einsatz von kryptographischen Verfahren und Mechanismen zur Ausfallsicherheit dient zur Sicherung des Datenverkehrs. Durch rechnerspezifische Zertifikate wird der Datenverkehr authentifiziert und verschlüsselt. Dies erlaubt eine eindeutige Bestimmung des Kommunikationspartners und erschwert es potentiellen Aggressoren, gefälschte Informationen einzubringen. Eine Verschlüsselung stellt zusätzlich eine Abhörsicherheit dar, wobei kein anderer Rechner den Inhalt des Paketes mitschneiden und auswerten kann. Letzteres ist besonders wichtig, da verschiedene Rechner in bezug auf die Sicherheit unterschiedlich eingestuft werden müssen und demnach aufgenommene Datenpakete aus z.B. anderen Segmenten nicht lesbar übertragen werden dürfen (vgl. Abschnitt 5.1). Die Ausfallsicherheit bezieht sich auf die Datenvorhaltung bei z.B. (physikalischem) Netzwerk- oder Serverausfall. Die zu übertragenden Daten aller lokal arbeitenden Dienste müssen lokal zwischengespeichert werden. Ist die Störung behoben und der Kommunikationspartner wieder erreichbar, muß der Datenbestand automatisch abgeglichen werden. Alle lokalen Dienste arbeiten dabei autark weiter.

Eine Änderung der Sicherheitsregeln wird ebenfalls durch den Kommunikationsdienst eingeleitet. Ein zentraler Server sendet den Regelsatz an den betroffenen Rechner, der dessen Dienste entsprechend konfiguriert. Die eingeleiteten Regeländerungen können dabei durch einen rotierenden Sicherheitsmechanismus vorgenommen oder indirekt nach Meldung durch den Reaktionsdienst (vgl. Abschnitt 4.5) durchgeführt werden.

Der Kommunikationsdienst fungiert folglich als Schnittstelle zwischen allen lokalen Diensten, den verteilten Kommunikationsdiensten sowie dem System selbst. Sämtliche Kommunikation und Datenübermittlung wird über diesen Dienst abgewickelt, ebenso die Sicherung der Verbindungen zu den verteilten Komponenten.

4.5 Reaktion

Als ausführende Instanz agiert der Reaktionsdienst, dessen Aufgaben in der Meldung von Sicherheitsverletzungen und Eingriff in die Netzwerkverbindung liegen. Eine erkannte Sicherheitsverletzung durch den Analysedienst (vgl. Abschnitt 4.3) löst in Abhängigkeit des Bedrohungsgrades eine Alarm- bzw. Warnmeldung aus. Alle weiteren Aktionen hängen vom Typ der Bedrohung ab.

Der Dienst generiert Meldungen, welche lokal auf einem Rechner oder im verteilten Sicherheitsverbund angezeigt werden. Beide Arten können in Form von Einträgen in das Ereignisprotokoll eines Rechners (warnen), Emailbenachrichtigungen (informieren) oder PopUp-Fenstern (alarmieren) an eine zu informierende Instanz oder Person weitergeleitet werden. Eine Benachrichtigung auf ein Mobiltelefon via SMS-Kurzmitteilung (SMS – Short Message Service) ist ebenso üblich, um unabhängig von einem Arbeitsplatz oder Rechner informiert zu werden.

Ein aktiver und/oder passiver Eingriff in die Netzwerkverbindung kann durch den Reaktionsdienst selbständig durchgeführt werden. Die entsprechenden Vorgehensweisen sind dabei von der auftretenden Sicherheitsverletzung abhängig. Schwerwiegende Sicherheitsverletzungen können die Forderung nach Unterbrechung einer bestehenden Netzwerkverbindung nach sich ziehen. Die Übernahme einer Verbindung zur weiteren Analyse ermöglicht es, das System zu schützen und gleichzeitig weiter zu beobachten. Als letzte Möglichkeit kann z.B. ein Rechner heruntergefahren werden. Dies ist auch sinnvoll, wenn das verteilte Sicherheitsmanagement nicht mehr ablaufen kann. Passiv wird durch den Reaktionsdienst z.B. eine Änderung der Sicherheitsregeln durchgeführt, d.h. die Rückstufung des Systems. Lokal sind keine Änderungen feststellbar, aber intern wird die Sicherheitseinstufung für den „Trust"-Grad heruntergesetzt und damit das System im Sicherheitsverbund als unsicherer eingestuft.

5 Verteilung

Durch die einzelnen Dienste werden die ausführenden Instanzen beschrieben. Der Austausch zwischen den Rechnern erfolgt durch den Kommunikationsdienst, d.h. mindestens ein als zentrales Sicherheitsmanagement fungierender Rechner muß alle anderen verteilten Komponenten steuern. Die Aufgabe besteht in der Annahme von aufgenommenen Datenmitschnitten und deren Weiterverteilung zur Analyse im Verbund, der Reaktionsweitergabe sowie dem Management der einzelnen Komponenten und Sicherheitseinstellungen.

Eine verschlüsselte Kommunikation ist dabei unumgänglich, da ein zentrales System besonders gefährdet ist. Um nicht nur statisch zu agieren und Regeln fest vorzugeben, ist es notwendig eine rotierende Sicherheitsstrategie zu nutzen.

5.1 Rotation

Die Sicherheitsregeln bleiben immer konform zur Sicherheitspolitik. Ein Rotieren der Sicherheitsüberwachung ist dennoch sinnvoll, um potentiellen Angreifern ein dynamisches Angriffsziel zu bieten, welches nicht trivial durch Datensammlung kompromittiert werden kann. Die Idee ist es, einen angepaßten Regelsatz für einzelne Rechner zu erstellen, um die Datenaufnahme und deren lokale Analyse optimieren zu können. Diese Anpassung ist abhängig von der Prozessorleistung, den vorhandenen Ressourcen und der Verfügbarkeit.

Die Änderung der Sicherheitsregeln erfolgt sowohl zeitlich als auch rechnerspezifisch quasi zufällig, damit eine Vorhersagbarkeit ausgeschlossen werden kann. Weiterhin hängt die Regelbindung für einen Rechner vom „Trust"-Grad ab. Dieser kann als öffentlich (public), geschlossen (closed) oder besonders gesichert (secure) eingestuft werden. In Tabelle 1 sind daraus resultierende mögliche Aktionen der einzelnen Rechner in Abhängigkeit des „Trust"-Grades aufgezeigt. Ein als öffentlich eingestufter Rechner darf z.B. nur den öffentlichen Datenfluß analysieren, aber nicht den aus den beiden anderen Bereichen.

Dienst	„Trust"-Grad		
	public (p)	closed (c)	secure (s)
Erkennung	voll (p), bedingt (c,s)	**voll (p,c)**	voll (p,c,s)
Datenakquisition	beliebig (p)	beliebig (p), lokal (c)	beliebig (p,c), voll (s)
Datenanalyse	voll (p)	voll (p), bedingt (c)	voll (p,c,s)
Kommunikation	notwendig (p,c,s)	notwendig (p,c,s)	notwendig (p,c,s)
Reaktion	voll (p)	voll (p,c)	voll (p,c,s)

Tab. 1: Mögliche Aktionen in Abhängigkeit des „Trust"-Grades

Der Datenfluß eines Rechners kann von mehreren Rechnern gleichzeitig aufgenommen werden, analog zum "Vier-Augen-Prinzip". Dabei überwacht nicht nur ein Rechner genau einen anderen (1 zu 1 Beziehung) sondern mehrere Rechner denselben Rechner (n zu 1 Beziehung, $n \leq$ max. Rechneranzahl). Die Überwachung ist beliebig skalierbar, d.h. n Rechner können m Rechner überwachen bzw. werden von diesen überwacht (n zu m Beziehung, $m \leq n$). Die Regeln, welche Rechner welchen Datenfluß mitschneiden, werden zeitlich wechselnd verteilt.

Dabei ist eine redundante Datenaufnahme und Analyse der rechnerbezogenen Datenflüsse zwingend notwendig. Bei einer Kompromittierung eines Rechners kann durch diese Redundanz die weitere Datenaufnahme und Analyse durch andere Rechner sichergestellt werden.

Als Nachteil ist die komplexe Struktur dieses Mechanismus zu sehen, der jedoch dadurch auch eine Komplexität für den potentiellen Aggressor darstellt und somit gerechtfertigt ist.

5.2 Erweiterbarkeit

Durch zunehmenden Umfang des zu schützenden Netzes ist ein einzelner zentraler Server nicht sinnvoll, da alle Kommunikation über diesen Rechner stattfindet und Datenmitschnitte durch diesen gesammelt und zur weiteren Analyse verteilt werden müssen. Durch Splitting in mehrere zentrale Rechner kann eine bessere Lastverteilung erreicht werden. Für z.B. alle Rechner bzw. Rechnerverbände eines „Trust"-Grades übernehmen weitere Rechner partiell das verteilte Sicherheitsmanagement. Eine lastabhängige Anpassung ist ebenso möglich, indem die Anzahl der temporär zentral genutzten Rechner zur Steuerung des verteilten Sicherheitsmanagements automatisch angepaßt wird.

Eine Entkopplung des normalen Datenaufkommens und, dem durch das verteilte Sicherheitsmanagement erzeugte, kann durch physikalische Trennung in zwei Netze erreicht werden. Dazu ist es notwendig jeden nach außen konnektierten Rechner mit zwei Netzwerkkarten zu versehen. Die erste Netzwerkkarte dient zur normalen Kommunikation innerhalb des lokalen Netzes und zu externen Kommunikationspartnern. Die zur Verfügung stehende Bandbreite wird nicht mehr durch den verteilten Sicherungsmechanismus reduziert. Losgelöst vom eigentlichen Nutzdatenverkehr findet dieser über die zweite Netzwerkkarte statt. Das verteilte Sicherheitsmanagement ist damit komplett gekapselt und nach außen nicht erkennbar.

Nachteilig sind der erhöhte Aufwand und die erhöhten Kosten für die Realisierung, da das Netzwerk doppelt ausgelegt, administriert und gewartet werden muß.

6 Ausblick

Die einzelnen Komponenten bzw. Dienste, die Kommunikation zur Kopplung, Verfahren zur Verteilung und das zentrale Sicherheitsmanagement sind für das erweiterte verteilte Sicherheitsmanagement besonders in Hinblick auf die genauen Abläufe detaillierter aufzuschlüsseln. Ebenso ist es notwendig, die Auslastung der Bandbreite durch den Sicherheitsmechanismus zu betrachten und die entsprechenden Verfahren zur Optimierung, z.B. zeitversetzter Übertragung niederpriorer Datenmitschnitte, vorzustellen.

Für die erfolgreiche Sicherung der eigenen Daten, Ressourcen und Reputation sind verteilte Sicherheitsmechanismen eine zusätzliche Möglichkeit die immer komplexer und enger verknüpften Systeme gegen Angreifer zu schützen.

Literatur

[Baum99]   Baumann, Heiko: Entwicklung eines Softwaretools zur Protokollierung und Analyse des Datenstroms in Netzwerken. Diplomarbeit D344, Lehrstuhl für Datenverarbeitung, Ruhr-Universität Bochum, Bochum, 1999.

[CERT99]   Results of the Distributed-Systems Intruder Tools Workshop. Software Engineering Institute, Carnegie Mellon University, CERT Coordination Center, 1999. http://www.cert.org/incident_notes/IN-99-07.html

[ChZw95]   Chapman, D. Brend; Zwicky, Elizabeth: Building Internet Firewalls. O'Reilly & Associates Inc., Sebastopol, 1995.

[Dros99]   Droste, Thomas: Rechnerorientierte Datenaufnahme und dessen Verteilung zur Analyse, Facta Universitatis, Series: Electronic and Energetics vol.12, No.3 (1999), University of Niš, Niš, 1999.

[DrWe98]   Droste, Thomas; Weber, Wolfgang: Modern Firewalls – Security Management in Local Networks, International Conference on Informational Networks and Systems, ICINAS-98, LONIIS, St.Petersburg, 1998, S. 40-45.

[Hunt94]   Hunt, Craig: TCP/IP Network Administration. O'Reilly & Associates Inc., Sebastopol, 1994.

[Pawe99]   Paweletz, André: Analyse verschiedener Verschlüsselungsverfahren geeigneter Umsetzung in einer Client-/Server-Applikation zum automatisierten Datentausch. Diplomarbeit D339, Lehrstuhl für Datenverarbeitung, Ruhr-Universität Bochum, Bochum, 1999.

[Schü99]   Schüppel, Volker: Entwicklung einer Client-/Server-Applikation zum Informationsaustausch von Systemdaten zwischen entfernten Systemen. Diplomarbeit D341, Lehrstuhl für Datenverarbeitung, Ruhr-Universität Bochum, Bochum 1999.

[Stev94]   Stevens, W. Richard: TCP/IP Illustrated, the protocols, Addison-Wesley Publishing Company, Reading, 1994.

Konzepte zur multiplen Kryptographie

Petra Wohlmacher

Universität Klagenfurt
petra.wohlmacher@uni-klu.ac.at

Zusammenfassung

Moderne kryptographische Mechanismen werden verwendet, um die Sicherheit von IT-Systemen und ihren Anwendungen zu erhöhen. Bei den verbreitetsten Mechanismen sind jedoch meist nur zwei Parteien eingebunden, wobei eine Partei den Agierenden repräsentiert und die andere Partei den Reagierenden. Darüber hinaus gibt es viele Anwendungen, die Sicherheitsmechanismen erfordern, die mehr als nur zwei Parteien involvieren. Hierfür kann die multiple Kryptographie eingesetzt werden. Der Beitrag gibt einen Überblick über die multiple Kryptographie, beispielsweise Multiple-Key-Verschlüsselungsverfahren, Multiple-Key-Parameter-Verschlüsselungsverfahren, multiples Verschlüsseln, Multiple-Key-Signaturverfahren, Multiple-Key-Parameter-Signaturverfahren und multiples Signieren. Mit diesen Verfahren ist es möglich, mehr als nur zwei Parteien einzubinden. Abschließend werden Probleme diskutiert, die in der multiplen Kryptographie entstehen, wenn die Authentizität von Schlüsseln und Schlüsselparametern gewährleistet werden soll.

1 Motivation

Moderne kryptographische Mechanismen sind heutzutage unvermeidlich, um die Sicherheit von IT-Systemen und ihren Anwendungen zu erhöhen. Umfangreiche Sicherheitsinfrastrukturen wie Public-Key-Infrastrukturen wurden entwickelt und werden zur Zeit aufgebaut, um den Sicherheitsanforderungen nachzukommen [PKIX99]. Dabei werden an heutige IT-Systeme im wesentlichen die folgenden Sicherheitsanforderungen gestellt, die mit den angegebenen Sicherheitsmechanismen erfüllt werden können:

- Vertraulichkeit: Um Informationen gegenüber Unbefugten geheimzuhalten, können Verschlüsselungsverfahren verwendet werden.

- Integrität: Veränderungen an Daten können mittels One-Way-Hash-Funktionen, Message Authentication Codes und digitaler Signaturen erkannt werden.

- Authentizität: Um die Echtheit von Daten sicherzustellen, können Message Authentication Codes und digitale Signaturen eingesetzt werden. Um nachzuweisen, ob miteinander kommunizierende Parteien die sind, für die sie sich ausgeben, können Authentifizierungsverfahren verwendet werden.

Bei konventionellen Verschlüsselungsverfahren wird der Klartext üblicherweise von einer einzigen Partei mittels eines einzigen Schlüssels verschlüsselt. Das Ergebnis, das Chiffrat, wird gewöhnlich ebenfalls von nur einer Partei unter Verwendung eines Schlüssels entschlüsselt. Ebenso wird eine digitale Signatur meist von einer einzelnen Partei mittels eines einzigen Schlüssels erzeugt und die erstellte Signatur dann von einer Partei unter Verwendung von nur einem Schlüssel geprüft.

Um Sicherheitsanforderungen zu erfüllen, sind jedoch meist kryptographische Mechanismen erforderlich, die mehr als nur zwei Parteien berücksichtigen. Hierfür kann die multiple Kryptographie Verfahren bereitstellen.

Der Beitrag gliedert sich wie folgt. In Abschnitt 2 wird eine Einführung in die multiple Kryptographie gegeben. Zunächst wird die Familie der multiplen Chiffren und anschließend die Familie der multiplen digitalen Signaturen beschrieben. In Abschnitt 3 werden ein Überblick über die Probleme der Authentizität von Schlüsseln und Schlüsselparametern, die in der multiplen Kryptographie verwendet werden, gegeben.

2 Einführung in die multiple Kryptographie

Die multiple Kryptographie definiert eine Familie von unterschiedlichen Arten kryptographischer Funktionen, die in einer atomaren Operation im allgemeinen mehr als einen Schlüssel einsetzen. Eine atomare Operation kann dabei beispielsweise sein: Verschlüsseln, Entschlüsseln, Signieren oder Verifizieren. Die Familie der multiplen Kryptographie beinhaltet multiple Verschlüsselungsverfahren sowie multiple digitale Signaturverfahren.

2.1 Multiple Verschlüsselungsverfahren

Unter dem Begriff „multiple Verschlüsselungsverfahren" werden drei Arten von Techniken zusammengefaßt, die mehr als einen Schlüssel oder ein Schlüsselpaar verwenden. Hierzu zählen: Multiple-Key-Verschlüsselungsverfahren, Multiple-Key-Parameter-Verschlüsselungsverfahren und multiple Verschlüsselung.

Im folgenden werden Definitionen für die drei verschiedenen Arten gegeben. Dabei wird unterschieden, ob diese Techniken in symmetrischen Kryptosystemen, insbesondere für Blockchiffren, oder in asymmetrischen Kryptosystemen eingesetzt werden. Bei einem symmetrischen Kryptosystem muß jeder Schlüssel k bzw. jeder Schlüsselparameter k_i, geheimgehalten werden. Aus diesem Grund werden die Schlüssel geheime Schlüssel genannt. Bei einem asymmetrischen Kryptosystem sind einige Schlüssel bzw. Schlüsselparameter geheim (sk bzw. sk_i). Diese Schlüssel werden als private Schlüssel bezeichnet. Die anderen Schlüssel können veröffentlicht werden und werden aus diesem Grund öffentliche Schlüssel pk bzw. öffentliche Schlüsselparameter pk_i genannt. Die Schlüssel besitzen darüber hinaus die Eigenschaft, daß es schwer ist, aus einem gegebenen öffentlichen Schlüssel pk den zugehörigen privaten Schlüssel sk zu berechnen. Im Falle von Schlüsselparametern besitzen die Parameter die Eigenschaft, daß aus den öffentlichen Schlüsselparametern pk_i nur schwer auf die privaten Schlüsselparameter sk_j geschlossen werden kann. „Schwere Berechenbarkeit" bedeutet hier, daß es selbst mit den zur Zeit schnellsten Rechnern nicht möglich ist, sk oder sk_j aus pk oder pk_i zu erhalten. Multiple Verschlüsselungsverfahren besitzen die zusätzliche Eigenschaft, daß die anderen Schlüsselparameter oder auch die eigentlichen Schlüssel nicht durch das Bekanntsein eines einzelnen Schlüsselparameters oder Schlüssels berechnet werden können.

2.1.1 Multiple-Key-Verschlüsselungsverfahren

Der Begriff und die Definition von Multiple-Key-Verschlüsselungsverfahren wurden von John M. Carroll eingeführt [Carr84]. Die Verfahren werden im folgenden verallgemeinert und detaillierter dargestellt als sie von Carroll und auch Boyd [Boyd89] beschrieben wurden.

Bei einem Multiple-Key-Verschlüsselungsverfahren basierend auf einem symmetrischen Kryptosystem ist die Verschlüsselungsfunktion E definiert durch $E : K_1 \times \dots \times K_r \times M \to C$, wobei $K_1 \times \dots \times K_r$ den Schlüsselraum definiert, M den Nachrichten- oder Klartextraum und C den Chiffretextraum. Der Klartext m wird durch $c = E(k_1, \dots, k_r, m)$ auf den Chiffretext c abgebildet. Die Verschlüsselung $D : K_1^* \times \dots \times K_t^* \times C \to M$ wird durch $m = D(k_1^*, \dots, k_t^*, c)$ ausgeführt, wobei $D(k_1, \dots, k_t, \cdot) = E^{-1}(k_1^*, \dots, k_t^*, \cdot)$ mit r, $t \in \mathbb{N}+1$ und beide Werte nicht gleich Null sind. (Notation: $\mathbb{N}$ definiert die Menge $\{0,1,2,\dots\}$ und $\mathbb{N}+i$ die Menge $\{i, i+1, i+2, \dots\}$.)

Die Verschlüsselungsfunktion E eines Multiple-Key-Verschlüsselungsverfahrens basierend auf einem asymmetrischen Kryptosystem ist definiert durch $E : PK_1 \times \dots \times PK_r \times M \to C$, wobei $c := E(pk_1, \dots, pk_r, m)$ und $PK := PK_1 \times \dots \times PK_r$ die Menge der öffentlichen Schlüssel bezeichnet. Die Entschlüsselung wird berechnet durch $m = D(sk_1, \dots, sk_t, c)$, wobei $D(pk_1, \dots, pk_r, \cdot) = E^{-1}(sk_1, \dots, sk_t, \cdot)$ und $SK := SK_1 \times \dots \times SK_t$ die Menge der privaten Schlüssel definiert, mit r, $t \in \mathbb{N}+1$ und beide Werte sind nicht gleich 1.

Bemerkung: Die Single-Key-Chiffre, die durch $r = 1$ (und entsprechend $t = 1$) definiert wird, repräsentiert das konventionelle Verschlüsselungsverfahren.

Zwei Beispiele für ein Multiple-Key-Verschlüsselungsverfahren basierend auf einem symmetrischen Kryptosystem sind die Henry multiple-rotor Electric Coding Machine (ECM) aus dem 2. Weltkrieg (für Einzelheiten sei auf [Carr84] verwiesen) und die Chiffriermaschine Enigma [Kahn67].

Ein Beispiel für ein Multiple-Key-Verschlüsselungsverfahren basierend auf einem asymmetrischen Kryptosystem wird durch Colin Boyd in [Boyd88] gegeben, wo er das RSA-Verfahren [RiSA78] verallgemeinert. Die öffentlichen und privaten Schlüssel werden dabei so gewählt, daß die folgende Kongruenz gilt:

$$pk_1 \cdot pk_2 \cdot \dots \cdot pk_r \cdot sk_1 \cdot sk_2 \cdot \dots \cdot sk_t \equiv 1 \mod \varphi(n),$$

wobei n das Produkt zweier großer Primzahlen ist. Demnach wird die Multiple-Key-Verschlüsselung mittels des RSA-Verfahrens definiert durch $E(pk_1, \dots, pk_r, m) = m^{pk_1 \cdots pk_r} = c \bmod n$. Die Multiple-Key-Entschlüsselung wird durch $D(sk_1, \dots, sk_t, c) = c^{sk_1 \cdots sk_t} = m \bmod n$ ausgeführt.

2.1.2 Multiple-Key-Parameter-Verschlüsselungsverfahren

Bei einem Multiple-Key-Parameter-Verschlüsselungsverfahren basierend auf einem symmetrischen Kryptosystem wird die Verschlüsselungsfunktion E definiert durch $E : K \times M \to C$ und einer Funktion $f : K_1 \times \dots \times K_r \to K$, wobei K_i die Menge der Schlüsselparameter k_i ($i=1,\dots,r$ mit $r \in \mathbb{N}+2$) ist. Demnach wird der Klartext m durch $c := E(k, m) = E(f(k_1, \dots, k_r), m)$ auf den Chiffretext c abgebildet. Der eigentliche geheime Schlüssel k wird durch $k := f(k_1, \dots, k_r)$ erzeugt. Die Verschlüsselung wird durch $D(k, c) = D(f^*(k_1^*, \dots, k_t^*), c)$ definiert, wobei $D(k, \cdot) = E^{-1}(k, \cdot)$ und $f^* : K_1^* \times \dots \times K_t^* \to K$.

Wird ein asymmetrisches Kryptosystem verwendet, dann definiert sich die Multiple-Key-Parameter-Verschlüsselung durch $c := E(pk, m) = E(f_E(k_1, \dots, k_r), m)$, wobei $f_E : K_1 \times \dots \times K_r \to PK$ und die Entschlüsselung durch $D(sk, c) = D(f_D(k_1^*, \dots, k_t^*), c)$, wobei $f_D : K_1^* \times \dots \times K_t^* \to SK$ mit $r, t \in \mathbb{N}+1$ und beide Werte nicht gleich 1 sind. Der öffentliche Schlüssel $pk \in PK$ und der private Schlüssel $sk \in SK$ sind dabei die eigentlichen Schlüssel des Verschlüsselungsverfahrens.

Bemerkungen:

- Das Bild von f (f^*) kann vorausberechnet werden, da f (f^*) nicht direkter Teil des Verschlüsselungsverfahrens ist.

- Das Single-Key-Verschlüsselungsverfahren, bei dem $r = 1$ (bzw. auch $t = 1$), $f = f^* = id$, und $K = K_1 = K_1^*$ (bzw. $PK = K_1$ und $SK = K_1^*$), definiert ein konventionelles Verschlüsselungsverfahren.

Die Funktion f (f^*) wird oft auch als Secret Sharing Scheme bezeichnet. Beispiele für Secret Sharing Schemes, die für Multiple-Key-Parameter-Verschlüsselungsverfahren eingesetzt werden, sind Split Knowledge Schemes oder Secret Splitting Schemes [Feis70, MeOV97], Threshold Scheme (eingeführt durch Adi Shamir in 1979 [Sham79], siehe auch [Simm92]), generalisierte Secret Sharing Schemes [MeOV97] und Key Agreement Schemes [Blom83, DiHe76]. Der Prozeß, der einen Schlüssel für zwei oder mehrere Parteien verfügbar macht, wird auch Key-Establishment-Protokoll genannt.

Durch seine multiplikative Eigenschaft kann das RSA-Verfahren sowohl als Multiple-Key-Verschlüsselungsverfahren als auch als Multiple-Key-Parameter-Verschlüsselungsverfahren eingesetzt werden, wobei der Modulus n fest sein muß. Demnach ist eine Multiple-Key-Parameter-Verschlüsselung mittels RSA-Verfahren definiert durch:

$$E(pk,m) = E(f_E(pk_1,\dots,pk_r),m) = E(pk_1 \cdots pk_r,m) = m^{pk_1 \cdots pk_r} = m^{pk} = c \;\; \mathrm{MOD}\; n,$$

wobei f_E die Multiplikation spezifiziert. Die Multiple-Key-Parameter-Verschlüsselung wird durchgeführt mittels

$$D(sk,c) = D(f_D(sk_1,\dots,sk_t),c) = D(sk_1 \cdots sk_t,c) = c^{sk_1 \cdots sk_t} = c^{sk} = m \;\; \mathrm{MOD}\; n,$$

wobei f_D ebenfalls die Multiplikation definiert. In der Praxis wird das RSA-Verfahren gewöhnlich als Multiple-Key-Verschlüsselungsverfahren eingesetzt.

2.1.3 Multiple Verschlüsselung

Bei der multiplen Verschlüsselung basierend auf einem symmetrischen Kryptosystem wird der Klartext m mehr als einmal verschlüsselt, indem r Verschlüsselungsoperationen mehrmals hintereinander ausgeführt werden:

$$c := E(k_r, E(k_{r-1}, \dots, E(k_1,m)\dots)).$$

E ist dabei definiert durch $E : (K \times M)^r \to C$ mit $r \in \mathbb{N}+2$. Die Schlüssel $k_1,\dots,k_r$ werden sequentiell eingegeben. Die entsprechende multiple Entschlüsselung berechnet sich durch

$$m = D(k_1, D(k_2, \dots D(k_r,c)\dots)),$$

wobei bei der Entschlüsselung alle Schlüssel in umgekehrter Reihenfolge wie zur Verschlüsselung eingesetzt werden.

Die multiple Verschlüsselung bei asymmetrischen Kryptosystemen definiert sich in gleicher Weise mittels der Verschlüsselungsfunktion:

$$c := E(pk_r, E(pk_{r-1}, \ldots E(pk_1, m)\ldots)),$$

wobei $E : (PK \times M)^r \to C$, ebenso die Entschlüsselungsfunktion:

$$m = D(sk_1, D(sk_2, \ldots D(sk_r, c)\ldots)),$$

wobei $D : (SK \times C)^r \to M$ und $r \in \mathbb{N}+2$. Zu jedem öffentlichen Schlüssel pk_i gehört ein privater Schlüssel sk_i.

Anmerkungen:

- Bei der multiplen Verschlüsselung ergeben sich Probleme, wenn der Schlüsselraum mit der Operation Verschlüsselung eine Gruppe bildet. In diesem Fall existiert immer ein Schlüssel k_{r+1}, so daß gilt: $E(k_r, E(k_{r-1}, \ldots E(k_1, m)\ldots)) = E(k_{r+1}, m)$. Aus Sicherheitsgründen, falls diese Eigenschaft beispielsweise die Sicherheit des Verfahrens reduziert, muß dann entschieden werden, ob die multiple Verschlüsselung in der Praxis eingesetzt werden sollte oder nicht.

- Die Single-Verschlüsselung, bei der $r = 1$ gilt, repräsentiert die konventionelle Chiffre.

Ein Beispiel für die multiple Verschlüsselung ist die Zweifachverschlüsselung basierend auf einem symmetrischen Kryptosystem, die definiert ist durch $c := E(k_2, E(k_1, m))$, wobei E eine Blockchiffre beispielsweise DES [NBS_77] bezeichnet. Ein anderes Beispiel ist auch eine Variante des Blockchiffre-Modes CBC [DaPr89].

Das RSA-Verfahren kann auch für multiple Verschlüsselung verwendet werden. Im allgemeinen kann jede Chiffre, die kommutativ ist (multiplikativ oder additiv), für multiple Verschlüsselung eingesetzt werden. Allerdings sind einige Einschränkungen zu beachten, wenn der zugrundeliegende Klartextraum und Chiffretextraum endliche Körper sind. Diese Einschränkungen führen zum sogenannten Reblocking-Problem [MeOV97]. Multiple Verschlüsselungsverfahren können uneingeschränkt verwendet werden, wenn beispielsweise der Modulus n fix ist.

2.1.4 Kombination multipler Ver- und Entschlüsselung

Zur Berechnung von Chiffretexten können multiple Verschlüsselungsfunktionen auch mit ihrer entsprechenden Entschlüsselungsfunktion kombiniert werden. Werden symmetrische Kryptosysteme eingesetzt, so ergibt sich die resultierende Verschlüsselungsfunktion durch:

$$c := G_r(k_r, G_{r-1}(k_{r-1}, \ldots G_1(k_1, m)\ldots)).$$

Die entsprechende Entschlüsselungsfunktion definiert sich durch:

$$m = F_1(k_1, F_2(k_2, \ldots F_r(k_r, c)\ldots)) \text{ mit } i = 1, \ldots, r \text{ und } r \in \mathbb{N}+2.$$

Der wichtigste Grund zur Kombination von multipler Verschlüsselung und Entschlüsselung liegt darin, daß die Sicherheit durch eine Vergrößerung der Schlüssellänge eines bekannten Algorithmus erhöht wird, ohne das dazu ein neuer Algorithmus entwickelt werden muß.

Um multiple Ver- und Entschlüsselung miteinander zu kombinieren, gibt es viele Techniken. Ein hierzu bekannter Algorithmus, der symmetrische Kryptosysteme verwendet, ist der Triple-DES [Tuch79, ANSI85, ISO_87]. Bezeichnet man die Funktion, die zur Verschlüsselung verwendet wird, mit DES, dann kann der Triple-DES wie folgt definiert werden:

$$DES(m) = DES(k_3, DES^{-1}(k_2, DES(k_1, m))).$$

Der Spezialfall $k_1 = k_3$ wird häufig als Two-Key-Triple-DES bezeichnet (i.a.: Two-Key-Triple-Verschlüsselung). Da der DES keine Gruppe ist [Camp93], kann er für die Kombination von Verschlüsselung und Entschlüsselung verwendet werden und somit die Sicherheit der Chiffre durch eine Vergrößerung der Schlüssellänge erhöhen.

Bemerkung: In der Literatur wird diese kombinierte Methode häufig zur multiplen Verschlüsselung gezählt [MeOV97]. In diesem Beitrag jedoch wird zwischen diesen beiden Techniken unterschieden und die gegebenen Definitionen im entsprechenden Zusammenhang verwendet.

Die Kombination von Ver- und Entschlüsselungsfunktionen basierend auf asymmetrischen Kryptosystemen läßt sich entsprechend definieren, weshalb auf sie im folgenden nicht näher eingegangen wird.

2.1.5 Zusammenhänge in der Familie der multiplen Chiffren

Sowohl bei Multiple-Key-Chiffren als auch bei multipler Verschlüsselung werden in jede Operation Schlüssel eingegeben. Dies unterscheidet sich von den Multiple-Key-Parameter-Chiffren wie den Secret Sharing Schemes, Secret Splitting Schemes oder Key Agreement Schemes. Bei Multiple-Key-Parameter-Chiffren sind die Eingabewerte Schlüsselparameter, die i.a. nicht Elemente des Schlüsselraumes des eigentlichen Verfahrens sind. Nur der aus den Schlüsselparametern berechnete Wert gehört dem Schlüsselraum an.

Sind mehrere Parteien in eine Multiple-Key-Chiffre oder ein multiples Verschlüsselungsverfahren eingebunden, dann kann das folgende Problem auftreten: mit Ausnahme der ersten Partei ist jede nachfolgende Partei, die die Verschlüsselung ausführt, nicht in der Lage, den Klartext zu erhalten, da der Klartext durch die erste Partei bereits transformiert wurde. Eine Möglichkeit dieses Problem zu lösen besteht darin, bestehende Vertrauensverhältnis der eingebundenen Parteien zu nutzen.

2.2 Multiple digitale Signaturverfahren

Digitale Signaturen werden gewöhnlich mittels asymmetrischer Kryptosysteme realisiert. Es gibt andere Techniken, die symmetrische Kryptosysteme verwenden. Diese sind jedoch nicht sonderlich praktikabel. Aus diesem Grund werden diese Techniken im folgenden nicht weiter betrachtet und nur solche, die auf asymmetrischen Kryptosystemen basieren.

Da digitale Signaturverfahren mehr mathematische Beschreibung als Verschlüsselungsverfahren benötigen, werden sie zunächst allgemein definiert. Die Komponenten eines digitalen Signaturverfahrens werden wie folgt bezeichnet (für ein besseres Verständnis sind die Definitionen, die teilweise und in Anlehnung aus [MeVO97] entnommen sind, vereinfacht und verallgemeinert – beispielsweise werden zufällig gewählte Elemente nicht betrachtet).

Die wichtigsten Mengen sind definiert durch:

- M bezeichnet die Menge der Nachrichten – die Nachrichtenmenge,
- M^* beschreibt eine Menge an Elementen, die signiert werden – der Signierraum,
- SIG ist die Menge der Elemente, die Signaturen beinhaltet – der Signaturraum,
- PK definiert die Menge der öffentlichen Schlüssel (Verifizierschlüssel) – der öffentliche Schlüsselraum,

- SK beschreibt die Menge der privaten Schlüssel (Signierschlüssel), zu der öffentliche Schlüssel aus PK gehören – der private Schlüsselraum,

- H ist die Menge an One-Way-Funktionen,

- R ist die Menge an Redundanzfunktionen.

Die wichtigsten Funktionen sind definiert durch:

- $h \in H$ ist eine kontrahierende Funktion, die ein Element aus M auf ein Element in M^* abbildet. Sie wird verwendet, um sowohl die Sicherheit als auch die Performance von digitalen Signaturverfahren zu erhöhen – die Hash-Funktion,

- $r \in R$ ist eine bijektive Funktion, die $m \in M$ nach M^* abbildet, beispielsweise indem zusätzliche Informationen wie spezielle Bits in m eingefügt werden – die Redundanzfunktion,

- S ist eine Funktion, die $(sk, m^*) \in (SK, M^*)$ zu $s \in SIG$ transformiert – die Signiertransformation,

- V ist ein Prädikat, wobei $(pk, m^*, s) \rightarrow \{true, false\}$ – die Verifiziertransformation. Die Signatur s einer Nachricht m ist genau dann gültig, wenn $V(pk, m^*, s) = true$, ansonsten ist $V(pk, m^*, s) = false$ und die Signatur muß abgewiesen werden.

Alle Mengen, mit Ausnahme der Menge SK, und alle Funktionen sind i.a. öffentlich bekannt.

Digitale Signaturverfahren können in zwei Klassen unterschieden werden [ISO_91, ISO_98]:

- Digitale Signaturverfahren mit Appendix: Die Hash-Funktion h kontrahiert m zu m^*, welches zur Signatur s transformiert wird. Die Signatur repräsentiert zusätzliche Daten (Appendix) zur Originalnachricht m, wobei m (sowie sk und h) als Eingabe in die Verifikationstransformation V benötigt werden. Diese Klasse wird in der Praxis am häufigsten verwendet.

- Digitale Signaturverfahren mit Nachrichtenwiedergewinnung (Message Recovery): Zur Originalnachricht m wird Redundanz hinzugefügt. Das Resultat, m^*, wird zur Signatur s transformiert. Durch Anwenden der Verifikationstransformation V (und pk) auf s wird der Wert m^* wiedergewonnen, weshalb keine weitere Daten notwendig ist. Da m^* einem Redundanzschema angehört, kann festgestellt werden, ob das wiedergewonnene m^* korrekt ist. Die Nachricht m erhält man, indem die Redundanzinformation aus m^* entfernt wird.

Im folgenden Abschnitt wird eine Einführung in die "Multisignaturen" gegeben. Multisignaturen verwenden mehr als ein Schlüsselpaar bzw. Paar an Schlüsselparametern, wodurch auch mehr als zwei Parteien eingebunden werden können.

"Digitale Multisignaturen" wurden zum ersten Mal von Colin Boyd vorgestellt [Boyd86]. Er unterschied zwischen Threshold Schemes (die in Secret Sharing Schemes verallgemeinert werden können) und sogenannten adaptiven Methoden. Mittels Threshold Schemes berechnen die Signierer den Signaturschlüssel, indem sie ihre Geheimnisse als Eingabewerte in das Schema verwenden. Diese Technik wird im folgenden Abschnitt mit dem Begriff "Multiple-Key-Parameter-Signatur" bezeichnet. Boyd gab auch ein Beispiel für eine adaptive Methode mittels eines erweiterten RSA-Verfahrens. In diesem Beispiel betrachtete er digitale Signaturen mit Nachrichtenwiedergewinnung. Diese Methode wird im folgenden im Zusammenhang mit Multiple-Key-Signaturen beschrieben.

Unter dem Begriff "Multiple digitale Signaturen" werden drei verschiedene Techniken zusammengefaßt, die mehr als einen privaten Schlüssel oder privaten Schlüsselparameter für den Signierprozeß und mehr als einen öffentlichen Schlüssel oder öffentlichen Schlüsselparameter für den entsprechenden Verifizierprozeß verwenden (Bemerkung: innerhalb einer atomaren Operation ist es erlaubt, genau dann einen einzigen Schlüssel zu verwenden, wenn in der anderen atomaren Operation mehr als ein Schlüssel oder Schlüsselparameter eingesetzt wird). Analog zu den Multiple-Key-Chiffren werden multiple Signaturen in Multiple-Key-Signaturverfahren, Multiple-Key-Parameter-Signaturverfahren und multiples Signieren unterschieden.

Im folgenden werden digitale Signaturverfahren mit Nachrichtenwiedergewinnung betrachtet.

2.2.1 Multiple-Key-Signaturverfahren

In einem Multiple-Key-Signaturverfahren ist die Signierfunktion S definiert durch

$$S : SK_1 \times \ldots \times SK_t \times M^* \to SIG,$$

wobei t private Schlüssel für den Signierprozeß verwendet werden. Die Verifizierfunktion V wird bestimmt durch

$$V : PK_1 \times \ldots \times PK_r \times M^* \times SIG \to \{true, false\},$$

wobei $r, t \in \mathbb{N}+1$ und beide Werte nicht gleich 1 sind.

Bemerkung: Die Single-Key-Signatur, bei der $r = 1$ (bzw. $t = 1$) ist, repräsentiert ein konventionelles Signaturverfahren.

Ein Beispiel für Multiple-Key-Signaturen mit Nachrichtenwiedergewinnung kann durch das RSA-Verfahren beschrieben werden, wobei ein öffentlicher Schlüssel pk und zwei private Schlüssel sk_1, sk_2 verwendet werden. Das sich ergebende Schema wird auch Double Signature Scheme genannt [Boyd86]. Die zwei privaten Schlüssel werden zufällig gewählt und der öffentliche Schlüssel wird dann derart bestimmt, daß die folgende Kongruenz erfüllt ist: $pk \cdot sk_1 \cdot sk_2 \equiv 1 \bmod \varphi(n)$. Die erste Signatur zur redundanten Nachricht m^* wird erzeugt durch $s_1 := m^{*\,sk_1} \bmod n$. Der nachfolgende Signierer kann die Signatur verifizieren, indem er prüft, ob $s_1^{\,sk_2 \cdot pk} = m_1^{*\,sk_1 \cdot sk_2 \cdot pk} \bmod n$ einem Redundanzschema des Nachrichtenraums angehört. Verläuft diese Prüfung erfolgreich, dann kann die Nachricht m aus m^* wiedergewonnen werden und der Prüfer kann zur Kenntnis nehmen, was er in einem nächsten Schritt signieren wird. Nach erfolgreicher Prüfung erzeugt er mittels $s := s_1^{\,sk_2} \bmod n$ seine Signatur. Anschließend kann die Signatur beider Parteien geprüft werden, indem der öffentliche Schlüssel pk verwendet wird: $\tilde{m} := s^{pk} \bmod n$ und dann geprüft wird, ob $\tilde{m}$ einem entsprechenden Redundanzschema angehört. Falls der Verifizierprozeß das Ergebnis $true$ liefert, wurde die Signatur von beiden Parteien erzeugt.

Wie bereits erwähnt, besitzt das RSA-Verfahren die multiplikative Eigenschaft. Wegen $m_1^{*\,x} \cdot m_2^{*\,x} = (m_1^* \cdot m_2^*)^x$ kann die Signatur zu $m_1^* \cdot m_2^*$ aus den Signaturen zu m_1^* und m_2^* gewonnen werden. Um diesen Angriff zu verhindern, können digitale Signaturen mit Appendix verwendet werden, beispielsweise indem Hash-Funktionen auf die Nachrichten angewandt und die Hash-Werte anschließend signiert werden.

Ein weiteres Problem ergibt sich beim RSA-Verfahren, wenn es auf die Verwendung von mehr als drei Schlüssel erweitert wird. Dieses Problem wurde bereits im Abschnitt 2.1.5 erwähnt und betrifft sowohl digitale Signaturen mit Nachrichtenwiedergewinnung als auch digitale Signaturen mit Appendix. Keiner der nachfolgenden Signierer kann die Signatur seiner Vorgänger prüfen – mit Ausnahme des letzten Signierers. Dieses Problem kann gelöst werden, indem entweder vertrauenswürdige Instanzen eingebunden werden oder die Parteien selbst in einem Vertrauensverhältnis zueinander stehen, so daß eine Prüfung der einzelnen Signaturen durch die nachfolgenden Signierer entfallen kann.

2.2.2 Multiple-Key-Parameter-Signaturverfahren

Bei Multiple-Key-Parameter-Signaturverfahren wird eine Signatur erzeugt, indem der Signierschlüssel mittels mehrerer privater Schlüsselparameter gebildet wird, und verifiziert, indem der Verifizierschlüssel mittels mehrerer öffentlicher Schlüsselparameter erzeugt wird. Demnach ist die Signierfunktion S definiert durch

$$s := S(sk,m^*) = S(f_S(k_1^*,\ldots,k_t^*),m^*),$$

wobei $f_S : K_1^* \times \ldots \times K_t^* \to SK$. Die Verifizierfunktion V ist definiert durch

$$V(pk,m^*,s) = V(f_V(k_1,\ldots,k_r),m^*,s)$$

und wird auf die Menge $\{true, false\}$ abgebildet, wobei $f_V : K_1 \times \ldots \times K_r \to PK$ und $r, t \in \mathbb{N}+1$, beide Werte nicht gleich 1. Der öffentliche Schlüssel $pk \in PK$ und der private Schlüssel $sk \in SK$ repräsentieren den eigentlichen Verifizierschlüssel bzw. Signierschlüssel im Multiple-Key-Parameter-Signaturverfahren.

Der Nachteil dieser Verfahren liegt darin, daß alle Parteien, die in den Verifizierprozeß eingebunden sind, zur Prüfung der Korrektheit der Signatur zusammenkommen müssen.

Bemerkung:

- f wird oft auch als Secret Sharing Scheme bezeichnet. Das Bild von f kann auch im voraus berechnet werden, da f kein direkter Bestandteil des Signaturverfahrens ist.

- Ein Multiple-Key-Signaturverfahren ist ein spezielles Multiple-Key-Parameter-Signaturverfahren.

- Durch $r=1$, $t=1$, $f=id$, $PK=K_1$ und $SK=K_1^*$ wird ein konventionelles digitales Signaturverfahren repräsentiert.

Aufgrund der multiplikativen Eigenschaft kann das RSA-Verfahren sowohl für Multiple-Key Signaturen als auch für Multiple-Key-Parameter-Signaturen verwendet werden, unter der Voraussetzung, daß der Modulus n fix ist. Betrachtet man digitale Signaturen mit Nachrichtenwiedergewinnung, dann ist die Multiple-Key-Parameter-Signatur wie folgt definiert:

Die Signierfunktion mittels

$$S(sk,m^*) = S(f_S(sk_1,\ldots,sk_t),m^*) = S(sk_1 \cdots sk_t,m^*) = m^{* \, sk_1 \cdots sk_t} = m^{* \, sk} = s \text{ MOD } n,$$

die Verifizierfunktion durch

$$V(pk,m^*,s) = V(f_V(pk_1,\ldots,pk_r),m^*,s) = V(pk_1 \cdots pk_r,m^*,s) = V(m^* = s^{pk_1 \cdots pk_r} \text{ MOD } n),$$

wobei f_S und f_V die Multiplikation darstellen.

2.2.3 Multiples Signieren

Beim multiplen Signieren wird die Nachricht m mehr als einmal signiert, indem t Signier-funktionen, parametrisiert durch private Schlüssel, hintereinander ausgeführt werden. Zu jedem öffentlichen Schlüssel pk_i gehört ein privater Schlüssel sk_i.

Betrachtet man die Signatur mit Nachrichtenwiedergewinnung, dann wird jede erzeugte Signatur durch die Signierfunktion des nachfolgenden Signierers i zu einer weiteren Signatur transformiert. Unter der Annahme $SIG_i \subseteq M_{i+1}^*$ (ansonsten muß eine entsprechende Abbildung definiert werden) ist der Signierprozeß S und die resultierende Signatur s definiert durch

$$s := S(sk_t, S(sk_{t-1}, \ldots S(sk_1, m^*) \ldots)),$$

wobei $s_1 := S(sk_1, m^*)$, $s_i := S(sk_i, s_{i-1})$ und $t \in I\!N + 2$. Der dazugehörende multiple Verifizier-prozeß wird mittels t Verifikation durchgeführt:

$$V(pk_t, s_{t-1}, s_t) \in \{true, false\},$$
$$V(pk_{t-1}, s_{t-2}, s_{t-1}) \in \{true, false\},$$
$$\ldots,$$
$$V(pk_2, s_1, s_2) \in \{true, false\},$$
$$V(pk_1, m^*, s_1) \in \{true, false\},$$

wobei alle Verifizierschlüssel in umgekehrter Reihenfolge als ihre zugehörigen Signatur-schlüssel eingesetzt werden. Die Verifikation ist erfolgreich, wenn alle t Verifizierprozesse in *true* resultieren. Hier kann nur der letzte Verifizierer die Signatur von m^* prüfen.

Bemerkung: Single-Signing, wobei $t = 1$, repräsentiert ein konventionelles Signaturschema.

Die einfachste Art, beim multiplem Signieren mit dem RSA-Verfahren das Reblocking-Problem zu vermeiden, ist, den Modulus n zu fixieren.

Verwendet man Signaturen mit Appendix, dann wird jede erzeugte Signatur an die Original-nachricht m angefügt und das Konkatenat wird vom nächsten Signierer signiert. Damit berechnet der rekursiv definierte Signierprozeß die Signatur s mittels

$$s_1 := S(sk_1, m^*),$$
$$s_i := S(sk_i, (m \parallel s_1 \parallel \ldots \parallel s_{i-1})^*), \text{ wobei } i > 2,$$
$$s := S(sk_t, (m \parallel s_1 \parallel \ldots \parallel s_{t-1})^*)$$

wobei $\parallel$ die Konkatenation definiert und $t \in \text{N+2}$. Die entsprechende Verifikation wird in t Verifikationsschritten rekursiv ausgeführt:

$$V(pk_t, (m \parallel s_1 \parallel \ldots \parallel s_{t-1})^*, s) \in \{true, false\},$$
$$V(pk_{t-1}, (m \parallel s_1 \parallel \ldots \parallel s_{t-2})^*, s_{t-1}) \in \{true, false\},$$
$$\ldots,$$
$$V(pk_2, (m \parallel s_1)^*, s_2) \in \{true, false\},$$
$$V(pk_1, m^*, s_1) \in \{true, false\}.$$

Hier kann das RSA-Verfahren uneingeschränkt genutzt werden.

3 Authentizität

Es gibt viele offene Probleme, die die Authentizität der Schlüssel und Schlüsselparameter betreffen. Das Hauptproblem bei beispielsweise einem asymmetrischen Kryptosystem besteht darin, eine authentische Kopie des öffentlichen Schlüssels zu erhalten. Betrachtet man Verschlüsselungsverfahren, dann bedeutet dies, einen authentischen öffentlichen Schlüssel des beabsichtigten Empfängers (oder der Empfänger) zu erhalten, oder betrachtet man digitale Signaturverfahren, dann muß der Verifizierschlüssel des Signierers (oder der Signierer) authentisch sein. Im folgenden werden einige dieser Aspekte näher betrachtet.

3.1 Geheime/private Schlüssel und Schlüsselparameter

Aus Sicherheitsgründen müssen die geheimen/privaten Schlüssel bzw. geheimen/privaten Schlüsselparameter authentisch sein. Um dies zu erreichen, können diese Geheimnisse in fälschungssicheren Geräten wie Smart Cards [ZoOt94] gespeichert und der Zugriff auf die Geheimnisse durch die Prüfung der Authentizität des Kartenbenutzers geprüft werden.

Dabei darf nicht vergessen werden, daß viele verschiedene und geniale Angriffe auf diese Geräte existieren – in der Vergangenheit [AnKu96a, AnKu96b, Koch96] und natürlich auch in der Zukunft. Das Problem ist allgemein bekannt und stellt ein Rennen zwischen Entwicklern und Angreifern dar. Aus kryptographischer und organisatorischer Sicht kann dieses Problem auf technische Probleme wie auf die Aspekte der Implementierung von Algorithmen und der Hardware reduziert werden. Aus diesem Grund wird dieser Aspekt im folgenden nicht diskutiert, aber er sollte die Community nicht dazu veranlassen, mit der Entwicklung von starken und praktikablen kryptographischen Algorithmen aufzuhören.

3.2 Öffentliche Schlüssel und Schlüsselparameter

Multiple-Key-Parameter-Kryptographie kann leicht in kleinen Benutzergruppen verwendet werden, in denen bekannt ist, in welcher Art und Weise und in welcher Reihenfolge die notwendigen Schlüssel aus den verschiedenen Schlüsselparametern berechnet werden müssen, und in denen jede Partei der anderen vertraut. Aber es erscheint schwierig, Multiple-Key-Parameter- und auch Multiple-Key-Kryptographie in größeren Netzen zu verwenden, in denen keine Partei der anderen vertraut. Aus diesem Grund ist es notwendig, die Authentizität der Schlüssel bzw. Schlüsselparameter und ihren Verwendungszweck zu gewährleisten.

Die zur Zeit existierenden Lösungen weisen hier noch Erweiterungsbedarf auf. Beispielsweise beschreibt die neueste Version von X.509 v3-Zertifikaten [ITU_97] nicht, wie mit öffentlichen Schlüsselparametern, die zu verschiedenen Parteien gehören, verfahren werden soll. Außerdem gibt es keine Hinweise, in welcher Art und Weise die Zusammengehörigkeit von verschiedenen Parteien und ihrer Schlüsselparameter bestätigt werden kann. Es ist offensichtlich, daß eine große Notwendigkeit besteht zu definieren, wie dies erreicht werden kann.

Eine Lösung dieses Problems ist die Verwendung von Extension Fields, die bereits in [ITU_97] definiert sind. Aber mit hoher Wahrscheinlichkeit wird die Community selbstdefinierte Extensions einführen, um ihren eigenen Bedarf optimal abzudecken. Die Nachteile, die sich durch die Verwendung von privaten Extensions ergeben, sind bereits aus dem Umfeld der Attribut-Zertifikate [Lain99] bekannt. Eine alternative Lösung ist die Verwendung von Attribut-Zertifikaten, in denen die notwendigen Angaben definiert werden.

Eine weitere Lösung ist die Verwendung von Security Token wie Smart Cards, auf denen unverfälschbar Daten gespeichert werden können, beispielsweise die Integrated Circuit Chip Serial Number (ICCSN) [RaEf99]. Da die ICCSN für jeden Chip einzigartig ist, eignet sie sich außerordentlich für die multiple Kryptographie.

3.3 Alternative Konzepte

Aufgrund der beschriebenen Probleme, die die Authentizität von Schlüsseln und Schlüsselparametern betreffen, werden in der Praxis auch andere Konzepte wie Protokolle zur Schlüsselvereinbarung eingesetzt. Damit können existierende Mechanismen wie X.509-Zertifikate verwendet werden, um die Authentizität der Schlüssel zu gewährleisten, auf denen dann durch das Protokoll die Schlüssel für die multiple Kryptographie vereinbart werden. Häufig wird dieses Problem auch an die Anwendung selbst übergeben, beispielsweise werden Signaturen, die von mehr als einer einzigen unterzeichnenden Partei erzeugt wurden, durch spezielle Tags oder Pointer gekennzeichnet [Brow99].

Literatur

[AnKu96a]   Anderson, Ross; Kuhn, Markus: Improved differential fault analysis, 1996. http://www.cl.cam.uk/users/rja14/

[AnKu96b]   Anderson, Ross; Kuhn, Markus: Tamper resistance – a cautionary note. Proceedings of the 2nd Workshop on Electronic Commerce, USENIX Association, Oakland, California, 18.-20. November 1996.

[ANSI85]   ANSI X9.17 (Revised): American National Standard for Financial Institution Key Management (Wholesale). American Bankers Association 1985.

[Blom83]   Blom, Rolf: Non-public key distribution. Advances in Cryptology – Crypto´82. Plenum Press 1983, S. 231-236.

[Boyd86]   Boyd, Collin: Digital multisignatures. IMA Conference on Cryptography and Coding, Dezember 1986, S. 241-246.

[Boyd88]   Boyd, Colin: Some applications of multiple key ciphers. In: Advances in Cryptology – Eurocrypt´88. Springer 1988, S. 455-467.

[Boyd90]   Boyd, Colin: A new multiple key cipher and an improved voting scheme. In: Advances in Cryptology – Eurocrypt´89. Springer 1990, S. 617-625.

[Brow99]   Brown, Richard: Digital Signatures for XML. Proposed Internet Standard RFC, draft-brown-xml-dsig-00.txt, Januar 1999, 42 Seiten.

[Carr84]   Carroll, John M.: The resurrection of multiple-key ciphers. Cryptologia, 8 (1984) 3, S. 262-265.

[CaWi93]   Campbell, Keith W.; Wiener, Michael J.: DES is not a group. In: Advances in Cryptology – Crypto´92. Springer 1993, S. 512-520.

[DaPr89]   Davies, Donald W.; Price, Wyn L.: Security for computer networks. John Wiley & Sons 1989.

[DiHe76]   Diffie, Whitfield; Hellman, Martin E.: New directions in cryptography. IEEE Transactions on Information Theory, 22 (1976) 6, S. 644-654.

[Feis70]   Feistel, Horst: Cryptographic coding for data-bank privacy. RC 2827, Yorktown Heights, NY: IBM Research, März 1970.

[ISO_87]   ISO 8732: Banking-key management (Wholesale). Association for Payment clearing Services, London, Dezember 1987.

[ISO_91]   ISO/IEC 9796:1991 Information technology – Security techniques – Digital signature scheme giving message recovery.

[ISO_98]   ISO/IEC 14888:1998 Information technology – Security techniques – Digital signatures with appendix.

[ITU_97]   International Telecommunication Union: ITU-T Recommendation X.509: 1997(E). Information technology – Open Systems Interconnection – The Directory: Authentication Framework, 6-1997.

[Kahn67]   Kahn, David: The Codebreakers. New York: Macmillan Publishing Company 1967.

[Koch96]   Kocher, Paul C.: Timing attacks on implementations of Diffie-Hellman, RSA, DSS, and other Systems. In: Advances in Cryptology – Crypto'96. Hrsg.: N. Koblitz. Berlin: Springer 1996, S. 104-113.

[Lain99]   Laing, Simon G.: Attribute certificates – a new initiative in PKI technology. Baltimore – Library – Whitepapers 1999.
            http://www.baltimoreinc.com/library/ whitepapers/acswp-hm.htm

[MeOV97]   Menezes, Alfred J.; van Oorschot, Paul C.; Vanstone, Scott A.: Handbook of applied cryptography. CRC Press 1997.

[NBS_77]   National Bureau of Standards: Data Encryption Standard. FIPS PUB 46, Washington D.C. 15.1.1977.

[PKIX99]   Public-Key Infrastructure (X.509) (pkix).
            http://www.ietf.org/html.charters/pkix-charter.html

[RaEf99]   Rankl, Wolfgang; Effing, Wolfgang: Handbuch der Chipkarten. Aufbau – Funktionsweise – Einsatz von Smart Cards. München, Wien: Carl Hanser 1999.

[RiSA78]   Rivest, Ronald L.; Shamir, Adi; Adleman, Leonard A.: A method for obtaining digital signatures and public-key cryptosystems. CACM, 21 (1978) 2, S. 120-126.

[Sham79]   Shamir, Adi: How to share a secret. CACM, 22 (1979), S. 612-613.

[Simm92]   Simmons, Gustavus J.: An introduction to shared secret and / or shared control schemes and their application. In: Contemporary Cryptology: G. J. Simmons (Ed.): The science of information integrity. IEEE Press 1992, S. 441-497.

[Tuch79]   Tuchman, Walter L.: Hellman presents no shortcut solutions to DES. Spectrum, 16 (1979) 7, S. 40-41.

[ZoOt94]   Zoreda, José L.; Otón, José M.: Smart Cards. Artech House 1994.

A Survey of Cryptosystems Based on Imaginary Quadratic Orders

Detlef Hühnlein

Secunet Security Networks AG, Eschborn
huehnlein@secunet.de

Abstract

Since nobody can *guarantee* that popular public key cryptosystems based on factoring or the computation of discrete logarithms in some group will stay secure forever, it is important to study different primitives and groups which may be utilized if a popular class of cryptosystems gets broken.

A promising candidate for a group in which the DL-problem seems to be hard is the class group $Cl(\Delta)$ of an imaginary quadratic order, as proposed by Buchmann and Williams [BuWi88]. Recently this type of group has obtained much attention, because there was proposed a very efficient cryptosystem based on non-maximal imaginary quadratic orders [PaTa98a], later on called NICE (for **New Ideal Coset Encryption**) with *quadratic decryption time*. To our knowledge this is the only scheme having this property. First implementations show that the time for *decryption* is comparable to RSA *encryption* with $e = 2^{16} + 1$. Very recently there was proposed an efficient NICE-Schnorr type signature scheme [HuMe99] for which the signature generation is *more than twice as fast* as in the original scheme based on $\mathbb{F}_p^*$.

Due to these results there has been increasing interest in cryptosystems based on imaginary quadratic orders. Therefore it seems necessary to provide an up to date survey to facilitate further work in this direction. Our survey will discuss the history, the state of the art and future directions of cryptosystems based on imaginary quadratic orders.

1   Introduction

Public key cryptography is unquestionable a core technology which is widely applied to secure IT-systems and electronic commerce. However all popular public key schemes have a common problem: Their security is based on *unproven assumptions*, like the conjectured intractability of factoring or the computation of discrete logarithms in some group, like $\mathbb{F}_p^*$ or the group of points on (hyper-) elliptic curves over finite fields.

Thus as long as nobody can *guarantee* that such problems remain intractible for the future it is important to study public key cryptosystems based on different primitives and alternative groups in which the discrete logarithm problem seems to be hard.

A promising candidate for such a group, which was proposed by Buchmann and Williams [BuWi88], is the class group $Cl(\Delta)$ of an imaginary quadratic order $\mathcal{O}_\Delta$. See Section 2 for background and notations. These groups are not only interesting from a theoretical point of view but also served as basis for cryptosystems with very practical properties.

Unlike factoring or the DL problem in $\mathbb{F}_p^*$, there is no $L_\Delta[\frac{1}{3}, c]$ algorithm known for the computation of logarithms in arbitrary $Cl(\Delta)$ and it is known that this DL problem is *at least* as hard as factoring the discriminant Δ. Thus if an $L_\Delta[\frac{1}{3}, c]$ algorithm for the computation of discrete logarithms in $Cl(\Delta)$ would be found this would imply a possibly second asymptotically fast algorithm for factoring, besides the number field sieve. Furthermore these imaginary quadratic orders are closely related to non-supersingular elliptic curves. They happen to be isomorphic to their endomorphism rings. Thus a good understanding of imaginary quadratic orders may shed some light on the real difficulty of the discrete logarithm problem of elliptic curves, which is very important because elliptic curve cryptosystem are increasingly used in practice. See Section 6 for further discussion of this line of thought.

But studying imaginary quadratic orders is not only interesting from a theoretical point of view. Recently there were proposed cryptosystems based on non-maximal imaginary quadratic orders with *very practical properties*. For example in [PaTa98a] there was proposed a public key cryptosystem (later on called NICE) with *quadratic decryption time*, which makes the decryption as efficient as RSA-encryption with $e = 2^{16} + 1$. To our knowledge this is the only public key cryptosystem with this property. More recently there was proposed an efficient NICE-Schnorr-type signature scheme [HuMe99], where the signature generation is more than twice as fast as in the original Schnorr-scheme in $\mathbb{F}_p^*$. It is clear that fast decryption and signature generation are very important features as these operations often take place in a device with limited computational power, like a smartcard.

Due to these results there has been increasing interest in cryptosystems based on imaginary quadratic orders. However there seems to be no comprehensive reference for this topic and therefore it seems necessary to provide an up to date survey of these cryptosystem to facilitate further work in this direction. This work will show the history, the state of the art and future directions of cryptosystems based on imaginary quadratic orders. As the underlying mathematical structures seem to be less well known in the cryptographic community than elliptic curves for example, we will provide a tutorial on the mathematical background in the full paper.

This paper is organized as follows: In Section 2 we will give the necessary background concerning imaginary quadratic orders. The full paper will comprise a more comprehensive tutorial on this subject. In Section 3 we briefly talk about the being of imaginary quadratic orders prior to cryptographic utilization in 1988. In Section 4 we discuss cryptosystems which are based on class groups of maximal orders. The recently proposed cryptosystems based on non-maximal orders are discussed in Section 5. In Section 6 we will point out some future directions.

2 Some background and notation

We first recall the function $L_n[e, c]$ which is used to describe the asymptotic running time of subexponential algorithms. Let $n, e, c \in \mathbb{R}$ with $0 \le e \le 1$ and $c > 0$. Then we define

$$L_n[e, c] = \exp\left(c \cdot (\log |n|)^e \cdot (\log \log |n|)^{1-e}\right).$$

Thus the running time for subexponential algorithms is between polynomial time ($L_n[0, c]$) and exponential time ($L_n[1, c]$).

Now we will give some basics concerning quadratic orders. The basic notions of imaginary quadratic number fields may be found in [BoSh66, Cohe93]. For a more comprehensive treatment of the relationship between maximal and non-maximal orders we refer to [Cox89, HJPT98].

Let $\Delta \equiv 0, 1 \bmod 4$ be a negative integer, which is not a square. The quadratic order of discriminant Δ is defined to be

$$\mathcal{O}_\Delta = \mathbb{Z} + \omega\mathbb{Z},$$

where

$$\omega = \begin{cases} \sqrt{\frac{\Delta}{4}}, & \text{if} \quad \Delta \equiv 0 \pmod 4, \\ \frac{1+\sqrt{\Delta}}{2}, & \text{if} \quad \Delta \equiv 1 \pmod 4. \end{cases} \tag{1}$$

The standard representation of some $\alpha \in \mathcal{O}_\Delta$ is $\alpha = x + y\omega$, where $x, y \in \mathbb{Z}$.

If Δ_1 is squarefree, then $\mathcal{O}_{\Delta_1}$ is the *maximal order* of the quadratic number field $\mathbb{Q}(\sqrt{\Delta_1})$ and Δ_1 is called a fundamental discriminant. The *non-maximal order* of conductor $f > 1$ with (non-fundamental) discriminant $\Delta_f = \Delta_1 f^2$ is denoted by $\mathcal{O}_{\Delta_f}$. We will omit the subscripts to reference arbitrary (fundamental or non-fundamental) discriminants. Because $\mathbb{Q}(\sqrt{\Delta_1}) = \mathbb{Q}(\sqrt{\Delta_f})$ we also omit the subscripts to reference the number field $\mathbb{Q}(\sqrt{\Delta})$. The standard representation of an $\mathcal{O}_\Delta$-ideal is

$$\mathfrak{a} = q\left(a\mathbb{Z} + \frac{b + \sqrt{\Delta}}{2}\mathbb{Z}\right) = q(a, b), \tag{2}$$

where $q \in \mathbb{Q}_{>0}, a \in \mathbb{Z}_{>0}, c = (b^2 - \Delta)/(4a) \in \mathbb{Z}, gcd(a, b, c) = 1$ and $-a < b \leq a$. The norm of this ideal is $\mathcal{N}(\mathfrak{a}) = aq^2$. An ideal is called primitive if $q = 1$. A primitive ideal is called *reduced* if $|b| \leq a \leq c$ and $b \geq 0$, if $a = c$ or $|b| = a$. It can be shown, that the norm of a reduced ideal $\mathfrak{a}$ satisfies $\mathcal{N}(\mathfrak{a}) \leq \sqrt{|\Delta|/3}$ and conversely that if $\mathcal{N}(\mathfrak{a}) \leq \sqrt{|\Delta|/4}$ then the ideal $\mathfrak{a}$ is reduced. We denote the reduction operator in the maximal order by $\rho_1()$ and write $\rho_f()$ for the reduction operator in the non-maximal order of conductor f.

The group of invertible $\mathcal{O}_\Delta$-ideals is denoted by $\mathcal{I}_\Delta$. Two ideals $\mathfrak{a}, \mathfrak{b}$ are equivalent, if there is a $\gamma \in \mathbb{Q}(\sqrt{\Delta})$, such that $\mathfrak{a} = \gamma\mathfrak{b}$. This equivalence relation is denoted by $\mathfrak{a} \sim \mathfrak{b}$. The set of principal $\mathcal{O}_\Delta$-ideals, i.e. which are equivalent to $\mathcal{O}_\Delta$, is denoted by $\mathcal{P}_\Delta$. The factor group $\mathcal{I}_\Delta/\mathcal{P}_\Delta$ is called the *class group* of $\mathcal{O}_\Delta$ denoted by $Cl(\Delta)$. $Cl(\Delta)$ is a finite abelian group with neutral element $\mathcal{O}_\Delta$. In every equivalence class there is one and only one reduced ideal, which represents its class. Algorithms for the group operation (multiplication and reduction of ideals) can be found in [Cohe93]. The order of the class group is called the *class number* of $\mathcal{O}_\Delta$ and is denoted by $h(\Delta)$.

All cryptosystems from Section 5 make use of the relation between the maximal and some non-maximal order. Any non-maximal order of conductor f may be represented as $\mathcal{O}_{\Delta_f} = \mathbb{Z} + f\mathcal{O}_{\Delta_1}$. A special type of non-maximal order is given if $h(\Delta_1) = 1$. In this case $\mathcal{O}_{\Delta_f}$ is called a *totally non-maximal* imaginary quadratic order. An $\mathcal{O}_\Delta$-ideal $\mathfrak{a}$ is called prime to f, if $gcd(\mathcal{N}(\mathfrak{a}), f) = 1$. It is well known, that all $\mathcal{O}_{\Delta_f}$-ideals prime to the conductor are invertible.

Let $\mathcal{I}_{\Delta_f}(f)$ be the group of invertible ideals, which are prime to f, and $\mathcal{P}_{\Delta_f}(f)$ be the invertible principal ideals, which are prime to f then there is an isomorphism

$$\mathcal{I}_{\Delta_f}(f)\Big/\mathcal{P}_{\Delta_f}(f) \simeq \mathcal{I}_{\Delta_f}\Big/\mathcal{P}_{\Delta_f} = Cl(\Delta_f). \tag{3}$$

Thus we may 'neglect' the ideals which are not prime to the conductor, if we are only interested in the class group $Cl(\Delta_f)$. There is an isomorphism between the group of $\mathcal{O}_{\Delta_f}$-ideals which are prime to f and the group of $\mathcal{O}_{\Delta_1}$-ideals, which are prime to f, denoted by $\mathcal{I}_{\Delta_1}(f)$ respectively:

1 Proposition *Let $\mathcal{O}_{\Delta_f}$ be an order of conductor f in an imaginary quadratic field $\mathbb{Q}(\sqrt{\Delta})$ with maximal order $\mathcal{O}_{\Delta_1}$.*

(i.)   *If $\mathfrak{A} \in \mathcal{I}_{\Delta_1}(f)$, then $\mathfrak{a} = \mathfrak{A} \cap \mathcal{O}_{\Delta_f} \in \mathcal{I}_{\Delta_f}(f)$ and $\mathcal{N}(\mathfrak{A}) = \mathcal{N}(\mathfrak{a})$.*
(ii.) *If $\mathfrak{a} \in \mathcal{I}_{\Delta_f}(f)$, then $\mathfrak{A} = \mathfrak{a}\mathcal{O}_{\Delta_1} \in \mathcal{I}_{\Delta_1}(f)$ and $\mathcal{N}(\mathfrak{a}) = \mathcal{N}(\mathfrak{A})$.*
(iii.) *The map $\varphi : \mathfrak{A} \mapsto \mathfrak{A} \cap \mathcal{O}_{\Delta_f}$ induces an isomorphism $\mathcal{I}_{\Delta_1}(f) \tilde{\to} \mathcal{I}_{\Delta_f}(f)$.*
       The inverse of this map is $\varphi^{-1} : \mathfrak{a} \mapsto \mathfrak{a}\mathcal{O}_{\Delta_1}$.

Proof: See [Cox89, Proposition 7.20, page 144] .   □

Thus we are able to switch to and from the maximal order. This mapping is of central importance for all cryptosystems in Section 5. The algorithms $\mathsf{GoToMaxOrder}(\mathfrak{a}, f)$ to compute φ^{-1} and $\mathsf{GoToNonMaxOrder}(\mathfrak{A}, f)$ to compute φ respectively may be found in [HJPT98]. Note that for the most important case, where f is prime, one knows that all reduced ideals in $Cl(\Delta_f)$ (and then of course also $Cl(\Delta_1)$) are prime to f if one chooses $f > \sqrt{|\Delta_1|}$.

Note that the above map is defined on ideals itself, rather than equivalence classes. For $\mathfrak{A}, \mathfrak{B} \in \mathcal{I}_{\Delta_1}(f)$ such that $\mathfrak{A} \sim \mathfrak{B}$, it is not necessarily true that $\varphi(\mathfrak{A}) \sim \varphi(\mathfrak{B})$. On the other hand, equivalence *does* hold under φ^{-1} and we have (by [Neuk92, Theorem 12.9, p. 82]) the following short exact sequence:

$$Cl(\Delta_f) \xrightarrow{\phi_{Cl}^{-1}} Cl(\Delta_1) \longrightarrow 1, \tag{4}$$

where the (surjective) homomorphism ϕ_{Cl}^{-1} is explicitly given by $\mathfrak{a} \mapsto \rho_1(\varphi^{-1}(\mathfrak{a}))$.

The kernel $\mathrm{Ker}(\phi_{Cl}^{-1})$ of the map ϕ_{Cl}^{-1} plays an important role in the construction of the NICE-type cryptosystems [PaTa98a, HuMe99], as it replaces the group $\mathbb{F}_p^*$ in classical DL-based cryptosystems.

Moreover by [Cox89, Theorem 7.24, page 146] one knows that the map

$$(\mathcal{O}_{\Delta_1}/f\mathcal{O}_{\Delta_1})^* \to \mathrm{Ker}(\phi_{Cl}^{-1}), \tag{5}$$

where $\alpha \mapsto \alpha\mathcal{O}_{\Delta_1}$ is a surjective homomorphism and the exact relation between the class numbers $h(\Delta_1)$ and $h(\Delta_f)$ is given as

$$h(\Delta_f) = \frac{h(\Delta_1)f}{[\mathcal{O}_{\Delta_1}^* : \mathcal{O}_{\Delta_f}^*]} \prod_{p \mid f} \left(1 - \frac{\left(\frac{\Delta_1}{p} \right)}{p} \right) = nh(\Delta_1), \qquad (6)$$

where $n \in \mathbb{N}$ and $\left(\frac{\Delta_1}{p} \right)$ is the Kronecker-symbol.

3   Imaginary quadratic orders prior to cryptosystems

The history of what we call imaginary quadratic orders today actually started with the study of diophantine equations by the ancient greeks. While famous mathematicians like Fermat, Euler, Lagrange and Legendre had important contributions to the development it seems that Carl Friedrich Gauss were the first who provided a systematically treatment of this subject in the language of positive definite binary quadratic forms [Gaus01] about 200 years ago. See [Buel89] for a modern treatment of binary quadratic forms. Note that it is well known that the class group of binary quadratic forms is isomorphic to the class group $Cl(\Delta)$ of a quadratic order and hence we do not distinguish here. Before using imaginary quadratic orders to construct cryptosystems they were used for *factoring the discriminant* by searching for ambigue classes in $Cl(\Delta)$, i.e. classes of order 2. Algorithms for factoring with this strategy with exponential running time may be found in [Shan71b, Lens82, Scho83] for example. What seems to be well less known today is that the idea to use other groups in Pollards $p - 1$-factoring method, which lead to the Elliptic Curve Method [Lens87], actually is due to Schnorr and Lenstra [ScLe84] who used imaginary quadratic class groups, because the probabiltiy for the group order $h(\Delta)$ to be smooth is significantly higher than for random integers of comparable size. The concept of factor bases for factoring with imaginary quadratic orders, which leads to a subexponential algorithm, was first used by Seysen in [Seys87].

4   Cryptographic utilization – maximal orders

As mentioned in the introduction it is a general problem that the security of popular cryptosystems is based on *unproven assumptions*. Nobody can guarantee that DL-type cryptosystems based on finite fields or elliptic curves over finite fields will stay secure forever. Thus it is important to study alternative groups which can be used if an efficient algorithm for the computation of discrete logarithms in one particular type of group is discovered.

With this motivation Buchmann and Williams [BuWi88] proposed to use imaginary quadratic class groups $Cl(\Delta)$ for the construction of cryptosystems. A nice property of this approach is that breaking this scheme is at least as difficult as factoring the fundamental discriminant Δ of the *maximal order*. This is done via finding the ambigous classes, as mentioned above. Furthermore note that imaginary quadratic orders are closely related to non-supersingular elliptic curves over finite fields. They happen to be isomorphic to their endomorphism ring. Thus a sound understanding of imaginary quadratic orders may lead to a better understanding of the real security of elliptic curve cryptosystems. We will return to this issue in Section 6. In 1988, when they proposed these groups for cryptographic purposes, the best algorithms to compute the class number $h(\Delta)$ and discrete logarithms in $Cl(\Delta)$ were *exponential time algorithms* with $L_\Delta[1, \frac{1}{5}]$ [Lens82, Scho83] assuming the truth of the Generalized Riemann Hypothesis (GRH) or $L_\Delta[1, \frac{1}{4}]$ without this assumption. In [Duel88, BuDW90] there were reported the first implementations and a complexity analysis of this key agreement scheme. While it was shown fairly recently [BiBu98] that these cryptosystems are *asymptotically* as efficient as classical cryptosystems, i.e. encryption and decryption needs $O(\log^3 |\Delta|)$ bit operations, they are still far less efficient in practice.

Another problem of cryptosystems based on class group $Cl(\Delta)$ of the maximal order, was that the computation of the class number $h(\Delta)$ is almost as difficult as the computation of discrete logarithms. Thus it seemed impossible to set up signature schemes analogous to DSA [NIST94] or RSA [RiSA78].

Therefore in [Meye97] there was proposed a Fiat-Shamir-like signature- and identification scheme based on $Cl(\Delta)$, where one clearly does not need to know $h(\Delta)$. While an algorithm for the computation of square roots in $Cl(\Delta)$ obviously can be used to find ambigue classes and hence to factor Δ, it was initially doubted that the knowledge of the factorization of Δ can be used to compute square roots in $Cl(\Delta)$. Finally however there was found an algorithm to compute square roots in $Cl(\Delta)$ due to Gauss [Gaus01, Art. 286, p. 328] which uses ternary quadratic forms and computes square roots in $Cl(\Delta)$ on input of the factorization of Δ. Hence this scheme is 'only equivalent' to factoring Δ and thus there is no advantage in using this scheme compared to the original one [FiSh86].

Even worse for cryptosystems based on imaginary quadratic orders was the discovery of a subexponential time algorithm [HaMC89, McCu89] by Hafner and McCurley in 1989. This algorithm has running time $L_\Delta[\frac{1}{2}, \sqrt{2}]$ and can be used to compute the class number $h(\Delta)$ and with some modifications to the computation of discrete logarithms in $Cl(\Delta)$ as shown in [BuDu91]. Note that at this time the asymptotically best algorithm for factoring integers was the quadratic sieve [Silv87] with running time $L_n[\frac{1}{2}, 1]$ if one makes certain plausible assumptions. The situation for discrete logarithms in $\mathbb{F}_p^*$ was similar these days. The algorithm due to Coppersmith, Odlyzko and Schroeppel (COS) [CoOS86] to compute discrete logarithms in prime fields also has running time $L_p[\frac{1}{2}, 1]$.

Thus one was inclined to consider cryptosystems based on imaginary quadratic class groups $Cl(\Delta)$ to be unsuitable for practical application.

5 The recent revival – non-maximal orders

In the meantime however an idea of Pollard lead to todays asymptotically best algorithm for factoring integers – the number field sieve (see [LeLe93]). This algorithm has (expected) running time $L_n[\frac{1}{3}, (\frac{64}{9})^{1/3}]$ and was used in 1996 for the factorization of RSA-130 [CDE+96] and recently for the factorization of RSA-140 [CDL+99] and RSA-155 [TeR+99] for example. The number field sieve can also be used to compute discrete logarithms in finite fields (see e.g. [Gord93, Webe98]), where the (expected) running time is $L_p[\frac{1}{3}, (\frac{64}{9})^{1/3}]$ as well. In contrast to this development there is still no $L_\Delta[\frac{1}{3}, c]$ algorithm known for the computation of discrete logarithms in arbitrary $Cl(\Delta)$. The asymptotically

bitlength p, q	200		300		400		500	
mult / inv	13.9		15.4		16.2		15.6	
	ms	%	ms	%	ms	%	ms	%
NICE Enc. (binary)	1861.7	100	4065.2	100	7368.9	100	12182.1	100
NICE Enc. (BGMW)	669.7	35.97	1786.6	43.95	3556.5	48.26	6461.9	53.04
NICE Enc. ($\pm$-BGMW)	640.9	34.43	1732.6	42.62	3493.6	47.41	6315.5	51.84
NICE Dec. (1 mess.)	9.50	100	16.75	100	26.30	100	35.66	100
NICE Dec. (5 mess.)	8.20	86.32	13.16	78.57	20.00	76.05	26.93	75.52
NICE Dec. (10 mess.)	7.45	78.42	12.34	73.67	19.11	72.66	25.61	71.82
NICE Dec. (100 mess.)	6.70	70.53	11.64	69.49	18.30	69.58	24.61	69.01

Tab. 1: Timings for NICE with sequential and batch decryption

best algorithm for this task still is an analogue of the multiple polynomial quadratic sieve [Jaco99] with $L_\Delta[\frac{1}{2}, 1]$.

It is clear that this development alone would not justify the term 'revival' in the heading. In 1998 it was shown in [HJPT98] that by using class groups $Cl(\Delta_p)$, $\Delta_p = \Delta_1 p^2$, of *non-maximal* orders one solves the problem that the class number $h(\Delta_p)$ can not be determined and that one is able to implement an ElGamal-type cryptosystem with comparably fast decryption. The central idea is to use a non-fundamental discriminant $\Delta_p = -qp^2$, p, q prime. Thus, because p is part of the secret key one can apply the isomorphic map φ^{-1} from Proposition 1, to switch to the secret maximal order, with much smaller coefficients, and perform the ElGamal-decryption there. While the overall performance of this scheme still was too bad to be used in practice this result stimulated much research in this direction.

Recently, a very efficient successor [PaTa98a] with *quadratic decryption time* was proposed. This scheme was later on called NICE (for **N**ew **I**deal **C**oset **E**ncryption) [HaPT99]. First software implementations show that the time for decryption is comparable to RSA - encryption with $e = 2^{16} + 1$. The central idea of NICE is to use an element $\mathfrak{g} \in \mathrm{Ker}(\phi_{Cl}^{-1})$, to mask the message in the ElGamal-type encryption scheme by multiplication the message ideal $\mathfrak{m}$ with $\mathfrak{g}^k$ for random k. Thus during the decryption step, which consists of the computation of φ^{-1} and reducing the resulting ideal in the maximal order, the mask $\mathfrak{g}^k$ simply disappears and the message $\mathfrak{m}$ is recovered. Note that the computation of φ^{-1} is essentially one modular inversion with the Extended Euclidean Algorithm which takes quadratic time. A first smartcard implementation on a Siemens SLE66CX80S [HaPT99] however shows that standard chips, which are highly optimized for RSA, do not allow such an efficient implementation. Thus to obtain the same big advantage as in software one needs to consider the underlying architecture more carefully.

On the other hand it is clear that this cryptosystem is very well suited for applications in which a central server has to decrypt a large number of ciphertext in a short time. For this scenario one may use the recently developed NICE-batch-decryption method [Hueh99], which even speeds up the already very efficient decryption process by another 30% for a batch size of 100 messages.

The implementation was done using the LiDIA-package [LiDI99] on a Pentium 133 MHz choosing random primes p, q of the respective bit-length. The timings are given in microseconds, averaged over a number of 100 randomly chosen messages. The first row shows how many modular multiplications are as costly as one inversion in LiDIA. The next rows give the time for a NICE-encryption using 80 bit exponents and the binary, usual BGMW-, and the signed BGMW-method [BGMW93] for exponentiation. Note that unlike the classical ElGamal cryptosystem, where one can apply generic methods to compute discrete logarithms, it is sufficient to have 80 bit exponents here, as the only way to attack NICE apart from factoring Δ_p seems to be brute force. Note that the timings here include the time for the message-embedding. The last four rows give the decryption time (per message) for batch sizes of 1, 5, 10 and 100 messages respectively.

There was also proposed an efficient undeniable signature scheme [BiPT99] based on the NICE-structure. The central idea is to use a zero-knowledge-proof for the knowledge of the ideal with the smallest norm among all 'kernel-equivalent' classes for a given class in the non-maximal order $Cl(\Delta_p)$. Kernel-equivalence here means that classes in $Cl(\Delta_p)$ only differ by a class in the kernel of ϕ_{Cl}^{-1}. Given a reduced ideal $\mathfrak{m}$ in the non-maximal order and the conductor p, the class with the smallest norm among all kernel-equivalence classes can easily be computed as $\varphi(\rho_1(\varphi^{-1}(\mathfrak{m})))$. Thus one simply steps down to the maximal order, reduces the ideal and lifts the result up again. Note that it was shown in [PaTa98a, Theorem 1] that $\varphi^{-1}(\mathfrak{m})$ can be computed if and only if the conductor p, i.e. the factorization of Δ_p, is known.

Note that the central idea of NICE, i.e. computing in the *secret* kernel of a surjective map, can be used in other groups as well [PaTa98b]. However non-maximal imaginary quadratic orders seem to be the only known instance where this coset problem is intractable.

In 1998 there were also proposed first conventional signature schemes based non-maximal imaginary quadratic orders. In [HuMT98] there were proposed RSA- and Rabin analogues. To set up an RSA analogue it is sufficient to know the group order $h(\Delta_f)$. Thus by (6) one can easily perform this if $h(\Delta_1)$ is known. Thus one possibility to set up an RSA analogue is to choose some prime $q \equiv 3 \pmod 4$ and another large prime p, set $\Delta_1 = -q$, compute $h(\Delta_1)$ using the subexponential algorithm from [Jaco99] and finally computing $h(\Delta_p) = h(\Delta_1) \left(p - \left(\frac{\Delta_1}{p} \right) \right)$. Then one chooses some public exponent e which is prime to $h(\Delta_p)$ and computes the secret exponent d such that $ed \equiv 1 \pmod{h(\Delta_p)}$. The corresponding encryption schemes have the major advantage that they are immune against low-exponent- and chosen-ciphertext attacks. That such an attack is not only of academic interest is demonstrated by the recent attack on the Rabin cryptosystem due to Joye and Quisquater [JoQu99]. This attack makes the revision of the ISO-9796-1 standard (with padding) necessary, as the signature of *only one* suitably chosen message will reveal the factorization of the modulus n. Note that the Rabin analogue in non-maximal imaginary quadratic orders, is inherently immune against this kind of attack, as no analogue of the gcd algorithm is know to exist. As in the original scheme it can be shown that breaking the Rabin scheme is equivalent to factoring. Moreover there was proposed a novel algorithm to compute square roots in $Cl(\Delta_p)$, which replaces the fairly inefficient Gaussian algorithm using ternary quadratic forms. To avoid the computation of $h(\Delta_1)$, where $|\Delta_1| = q$ should have at least 200 bit to prevent the factorization of Δ_p using

ECM[1], it was proposed to use *totally* non-maximal imaginary quadratic orders, where $h(\Delta_1) = 1$ and a *composite* conductor pq. Thus one may set up an RSA-analogue in $Cl(\Delta_{pq})$, where $\Delta_{pq} = -8p^2q^2$ for example and knows $h(\Delta_{pq}) = (p - (-8/p))(q - (-8/q))$ immediately after computing the Kronecker symbols $(-8/\cdot)$. While the utilization of totally non-maximal orders for RSA-analogues is only interesting from a theoretical point of view it is clear that this structure may well be used to set up DSA analogues. In this case one can choose $p \approx 2^{400}$ and set up DSA analogues in $Cl(\Delta_p)$, where $\Delta_p = -8p^2$. By a conservative estimate this cryptosystem *was* considered to be as hard to break as DSA in $\mathbb{F}_p^*$ with $p \approx 2^{1024}$. In fact it was heuristically shown in [Hamd99] that the computation of discrete logarithms in $Cl(\Delta)$ for $\Delta \approx -2^{700}$, using the subexponential algorithm from [Jaco99], should be comparable with factoring a 1024 bit number with the number field sieve. Nevertheless this DSA analogue *seemed* to be too inefficient to be used in practice.

Very recently in [Hueh99] however there was proposed an entirely new arithmetic for these totally non-maximal orders and more generally for elements in $\text{Ker}(\phi_{Cl}^{-1})$, which happens to coincide with the entire class group in the case of totally non-maximal orders. The central idea is to replace the fairly inefficient conventional *ideal*-arithmetic, i.e. multiplication and reduction of ideals, by simple manipulations on the corresponding generator in the maximal order. One uses the (trivially computable) surjective homomorphism $(\mathcal{O}_{\Delta_1}/f\mathcal{O}_{\Delta_1})^* \to \text{Ker}(\phi_{Cl}^{-1})$ to replace the inefficient arithmetic in $\text{Ker}(\phi_{Cl}^{-1}) \subseteq Cl(\Delta_p)$ by the more efficient arithmetic in $(\mathcal{O}_{\Delta_1}/f\mathcal{O}_{\Delta_1})^*$. This means that instead of (multiple) applications of the comparably costly Extended Euclidean Algorithm one only has a few modular multiplications. For totally non-maximal orders (i.e. $\Delta_p \approx -p^2$) this strategy turns out to be *thirteen* times as fast and one ends up with a DSA analogue, which is almost as efficient as conventional DSA in $\mathbb{F}_p^*$.

Without the even more recent result in [HuTa99] the DSA analogue based on totally non-maximal imaginary quadratic orders *would have been* a very interesting alternative.

As it often happens in cryptology there is a sharp edge between good and bad news.

In [HuTa99] it was shown that using similar ideas like in [Hueh99] (for speeding up the system) one can reduce the discrete logarithm problem in these totally non-maximal imaginary quadratic orders in (expected) $O(\log^3 p)$ bit operations to the discrete logarithm problem in finite fields. One uses the surjective homomorphism ψ and constructs an additional isomorphism between (a subgroup of) $(\mathcal{O}_{\Delta_1}/p\mathcal{O}_{\Delta_1})^*$ and the multiplicative group of a finite field. This clearly implies that that this scheme is only as hard to break as the original scheme and hence there seems to be no reason for using it in practice.

But these bad news also initiated the development of a new, more efficient and (under standard assumptions) provable secure signature scheme. In [HuMe99] it was shown how one can construct an efficient NICE-Schnorr-signature scheme, which operates in the *secret* kernel of ϕ_{Cl}^{-1} instead of $\mathbb{F}_p^*$. This is a similar situation as in NICE. First implementations showed that the signature generation using the arithmetic from [Hueh99] is even a little bit faster than the original scheme in $\mathbb{F}_p^*$. And using the isomorphism from [HuTa99], which was used to 'break' the DSA-analogue in *totally* non-maximal orders to *speed up* the signing process in the NICE-Schnorr-scheme by a factor of two using the Chinese

---

[1]See [Bren99] for a recent finding of a 53 digit factor using ECM.

| arithmetic | mod. | ideal | Schnorr / DSA | | | RSA | | |
| | | | Gen-exp | Gen-exp | Gen-CRT | mod. | ideal | Gen-exp |
bitlength of	p	Δ_p	$\Delta_p = -163p^2$	$\Delta_p = -qp^2$	$\Delta_p = -qp^2$	$n = pq$	$n = pq$	$n = pq$
600	188	3182	240	159	83	258	10490	994
800	302	4978	368	234	123	583	22381	2053
1000	447	7349	542	340	183	886	35231	3110
1200	644	9984	724	465	249	1771	68150	6087
1600	1063	15751	1156	748	409	3146	125330	10864
2000	1454	22868	1694	1018	563	5284	224799	18067

Tab. 2: Timings for exponentiation with different arithmetics

Remainder Theorem in $(\mathcal{O}_{\Delta_1}/p\mathcal{O}_{\Delta_1})^*$. Thus the entire signature generation is *more than twice as fast* as in the original scheme in $\mathbb{F}_p^*$. The timings in the following table are given in microseconds on a Pentium 133 using LiDIA [LiDI99].

In [HuMe99] it was also shown that an existential forgery for this scheme under an adaptively chosen message attack can be proven to be equivalent to factoring Δ_p in the random oracle model if one furthermore assumes that the computation of discrete logarithms in a subgroup of $\mathrm{Ker}(\phi_{Cl}^{-1})$ is equivalent to the DL-problem in $\mathrm{Ker}(\phi_{Cl}^{-1})$ itself.

6 Future path

Finally we will point out a few areas of further work. Since there are already very promising schemes based on imaginary quadratic orders, it will become increasingly important to study implementation and standardization issues of these schemes. As the recent result [HuTa99] however indicates we need to study the security of such schemes with even more scrutiny. One point is to further research special purpose factoring algorithms for numbers of the form qp^2, as was done in [PeOk96] for example. Since nobody knows whether factoring itself will stay intractable forever it is also important to study cryptosystems based on *maximal* orders, like in [BBHM99] for example.

Since imaginary quadratic orders appear as endomorphism rings of elliptic curves one should also investigate possible implications of recent results, concerning imaginary quadratic orders like [HuTa99], to the security of elliptic curve cryptosystems.

We will spend a few more words to clarify this issue. Let $p > 3$ be prime and $E(\mathbb{F}_p)$ be an elliptic curve over the prime field $\mathbb{F}_p$ with group order $n = |E(\mathbb{F}_p)|$.

Furthermore assume that:

- n and its prime factorization is known.
  This is reasonable, as n can be computed using the (improved) Schoof Algorithm in polynomial time. In practice one uses curves such that n is ('almost') prime.

- $E(\mathbb{F}_p)$ is non-supersingular.
  To prevent the MOV / Frey-Rück - attack.

- $n \neq p$
  To prevent the anomalous attack by Smart.

- $n \neq r^2$ for some $r \in \mathbb{Z}$.

  This is ensured in practice as n is chosen to be 'almost prime'.

Note that such curves are believed to provide most security. As $E(\mathbb{F}_p)$ is assumed to be non-supersingular we know, by the theory of complex multiplication, that the ring of endomorphisms $\mathrm{End}(E(\mathbb{F}_p))$ of our curve is isomorphic to an imaginary quadratic order $\mathcal{O}_\Delta$. Let $\pi \in \mathcal{O}_\Delta$ be the Frobenius endomorphism. Note that Δ and π can be efficiently determined given n.

H.W. Lenstra has shown in [Lens96] that there is an isomorphism

$$E(\mathbb{F}_p) \simeq \mathcal{O}_\Delta \big/ (\pi - 1)\mathcal{O}_\Delta, \tag{7}$$

taken additively. It should be mentioned that for this isomorphism to hold one needs to assume that $\pi \notin \mathbb{Z}$, which follows directly from the assumption that n is no square. The discrete logarithm problem in $(\mathcal{O}_\Delta/(\pi - 1)\mathcal{O}_\Delta)^+$ can be reduced, using the results from [HuTa99], to discrete logarithms in *additive* groups of a small number of finite fields, which can be solved in polynomial time. Thus the remaining – presumably very hard – task would be to find a *constructive map* for the isomorphism (7).

References

[BiBu98]   I. Biehl, J. Buchmann: An analysis of the reduction algorithms for binary quadratic forms, in P. Engel, H. Syta (Ed.): Voronoi's Impact on Modern Science, Vol. 1, Institute of Mathematics of National Academy of Sciences, Kyiv, Ukraine, 1998.

[BBHM99]   I. Biehl, J. Buchmann, S. Hamdy, A. Meyer: Cryptographic Protocols Based on the Intractibility of Extracting Roots and Computing Discrete Logarithms, Technical Report, University of Technology, Darmstadt, 1999.   http://www.informatik.tu-darmstadt.de/TI/Veroeffentlichung/TR/Welcome.html

[BiPT99]   I. Biehl, S. Paulus, T. Takagi: An efficient undeniable signature scheme based on non-maximal imaginary quadratic orders, Technical Report, University of Technology, Darmstadt, 1999. http://www.informatik.tu-darmstadt.de/TI/Veroeffentlichung/TR/Welcome.html

[BoSh66]   Z.I. Borevich, I.R. Shafarevich: Number Theory Academic Press: New York, 1966.

[Bren99]   R. Brent: ECM champs. ftp://ftp.comlab.ox.ac.uk/pub/Documents/techpapers/Richard.Brent/champs.ecm

[BGMW93]   E. Brickell, D. Gordon, K. McCurley, D. Wilson: Fast Exponentiation with Precomputation, Proceedings of Eurocrypt '92, Springer LNCS 658, 1993, S. 200-207.

[BuDu91]   J. Buchmann, S. Düllmann: On the computation of discrete logarithms in class groups, Advances in Cryptology – CRYPTO '90, Springer LNCS 773, 1991, S. 134-139.

[BuDW90]   J. Buchmann, S. Düllmann, H.C. Williams: On the complexity and efficiency of a new key exchange system, Advances in Cryptology – EUROCRYPT '89, Springer LNCS 434, 1990, S. 597-616.

[BuWi88]   J. Buchmann, H.C. Williams: A key-exchange system based on imaginary quadratic fields. Journal of Cryptology Vol. 1, 1988, S. 107-118.

[Buel89]   D.A. Buell: Binary Quadratic Forms – Classical Theory and Modern Computations, Springer, 1989.

[CDE+96]   J. Cowie, B. Dodson, M. Elkenbracht-Huizing, A.K. Lenstra, P.L. Montgomery, J. Zayer: A worldwide number field sieve factoring record: on to 512 bits, proceedings of ASIACRYPT'96, Springer LNCS 1163, 1996, S. 382-394.

[Cohe93]   H. Cohen: A Course in Computational Algebraic Number Theory. Graduate Texts in Mathematics 138, Springer, 1993.

[CoOS86]   D. Coppersmith, A.M. Odlyzko, R. Schroeppel: Discrete logarithms in $GF(p)$, Algorithmica, Vol. 1, 1986, S. 1-15.

[Cox89]   D.A. Cox: Primes of the form $x^2 + ny^2$, John Wiley & Sons, 1989.

[DiHe76]   W. Diffie, M. Hellman: New directions in cryptography, IEEE Transactions on Information Theory Vol. 22, 1976, S. 472-492.

[Duel88]   S. Düllmann: Ein neues Verfahren zum öffentlichen Schlüsselaustausch, Diplomarbeit, Universit"at Düsseldorf, 1988.

[Duel91]   S. Düllmann: Ein Algorithmus zur Bestimmung der Klassenzahl positiv definiter binärer quadratischer Formen, Dissertation, Universit"at Saarbrücken, 1991.

[FiSh86]   A. Fiat, A. Shamir: How to prove yourself: Practical solutions to identification and signature problems, Advances in Cryptology, Proceedings of CRYPTO '86, Springer LNCS 263, 1987, S. 186-194.

[Gaus01]   C.F. Gau"s: Disquisitiones Arithmeticae, 1801, reprinted 1986 by Springer, ISBN 0-387-96254-9.

[Gord93]   D.M. Gordon: Discrete logarithms in $GF(p)$ using the number field sieve, SIAM Journal on Discrete Mathematics Vol. 6, 1993, S. 124-138.

[Hamd99]   S. Hamdy: The key-length of DL-based cryptosystems in class groups, 1999.

[HaMC89]   J.L. Hafner, K.S. McCurley: A rigorous subexponential algorithm for computation of class groups, Journal of the American Mathematical Society, Vol. 2, 1989, S. 837-850.

[HaPT99]   M. Hartmann, S. Paulus, T. Takagi: NICE – New Ideal Coset Encryption, CHES, erscheint in Springer LNCS, 1999. http://www.informatik.tu-darmstadt.de/TI/Veroeffentlichung/TR/Welcome.html

[Hua82]   L.K. Hua: Introduction to Number Theory. Springer, 1982.

[HJPT98] D. Hühnlein, M.J. Jacobson, S. Paulus, T. Takagi: A cryptosystem based on non-maximal imaginary quadratic orders with fast decryption, Advances in Cryptology – EUROCRYPT '98, Springer LNCS 1403, 1998, S. 294-307.

[HuMT98] D. Hühnlein, A. Meyer, T. Takagi: Rabin and RSA analogues based on non-maximal imaginary quadratic orders, Proceedings of ICICS '98, 1998, S. 221-240.

[Hueh99] D. Hühnlein: Efficient implementation of cryptosystems based on non-maximal imaginary quadratic orders, erscheint in Proceedings of SAC'99, Springer LNCS 1758, 2000, S. 150-167, http://www.informatik.tu-darmstadt.de/TI/Veroeffentlichung/TR/Welcome.html

[HuMe99] D. Hühnlein, J. Merkle: An efficient NICE-Schnorr-type cryptosystem, erscheint in PKC2000, Melbourne, Januar 2000, Springer LNCS. http://www.informatik.tu-darmstadt.de/TI/Veroeffentlichung/TR/Welcome.html

[HuTa99] D. Hühnlein, T. Takagi: Reducing logarithms in totally non-maximal imaginary quadratic orders to logarithms in finite fields, Advances in Cryptology – Asiacrypt'99, Springer LNCS 1716, 1999, S. 219.

[Jaco99] M.J. Jacobson Jr.: Subexponential Class Group Computation in Quadratic Orders, Berichte aus der Informatik, Shaker, ISBN 3-8265-6374-3, 1999.

[JoQu99] M. Joye, J.J. Quisquater: On Rabin-type signatures, Research contribution to IEEE-P1363, 1999. http://grouper.ieee.org/groups/1363/contrib.html

[Lens82] H.W. Lenstra: On the computation of regulators and class numbers of quadratic fields, London Math. Soc. Lecture Notes, Vol. 56, 1982, S. 123-150.

[Lens87] H.W. Lenstra: Factoring integers with elliptic curves, Annals of Mathematics, Vol. 126, 1987, S. 649-673.

[LeLe93] A.K. Lenstra, H.W. Lenstra Jr. (Ed.): The development of the number field sieve, Lecture Notes in Mathematics, Springer, 1993.

[Lens96] H.W. Lenstra: Complex Multiplication Structure of Elliptic Curves, Journal of Number Theory, Vol. 56, No. 2, 1996, S. 227-241.

[LiDI99] LiDIA: A c++ library for algorithmic number theory, http://www.informatik.tu-darmstadt.de/TI/LiDIA

[MaYa96] U. Maurer, Y. Yacobi: A non-interactive public-key distribution system, Design Codes and Cryptography, No. 9, 1996, S. 305-316.

[McCu89] K.S. McCurley: Cryptographic key distribution and computation in class groups, Number Theory and applications, NATO ASI series, Series C, Vol. 265, Dordrecht, 1989, S. 459-479.

[Meye97] A. Meyer: Ein neues Identifikations- und Signaturverfahren über imaginär-quadratischen Zahlkörpern, Diplomarbeit, Universit"at Saarbrücken, 1997. ftp://ftp.informatik.tu-darmstadt.de/pub/TI/reports/amy.diplom.ps.gz

[NIST94]   National Institute of Standards and Technology (NIST): Digital Signature Standard (DSS). Federal Information Processing Standards Publication 186, FIPS-186, 19. Mai 1994.

[Neuk92]   J. Neukirch, Algebraische Zahlentheorie, Springer, 1992.

[PaTa98a]   S. Paulus, T. Takagi: A new public key cryptosystem with quadratic decryption time, erscheint in Journal of Cryptology, 1998. http://www.informatik. tu-darmstadt.de/TI/Mitarbeiter/sachar.html

[PaTa98b]   S. Paulus, T. Takagi: A generalization of the Diffie-Hellman problem based on the coset problem allowing fast decryption, Proceedings of ICICS '98, 1998.

[PeOk96]   R. Peralta, E. Okamoto: Faster factoring of integers of a special form, IEICE Trans. Fundamentals, Vol. E-79-A, No. 4, 1996, S. 489-493.

[CDL+99]   S. Cavallar, B. Dodson, A. Lenstra, P. Leyland, W. Lioen, P.L. Montgomery, B. Murphy, H. te Riele, P. Zimmerman: Factorization of RSA-140 Using the Number Field Sieve, Proceedings of ASIACRYPT'99, Springer LNCS 1716, 1999, S. 195-207.

[TeR+99]   H. te Riele & al.: Factorization of RSA-155 with the Number Field Sieve, posting in sci.crypt.research, August 1999.

[RiSA78]   R. Rivest, A. Shamir, L. Adleman: A method for obtaining digital signatures and public key-cryptosystems, Communications of the ACM, Vol. 21, 1978, S. 120-126.

[Seys87]   M. Seysen: A probabilistic factoring algorithm with quadratic forms of negative discriminant, Math. Comp. 48, 1987, S. 737-780.

[Silv87]   R.D. Silverman: The multiple polynomial quadratic sieve, Math. Comp. 48, 1987, S. 329-229.

[Scho83]   R.J. Schoof: Quadratic Fields and Factorization. In: H.W. Lenstra, R. Tijdeman (Ed.): Computational Methods in Number Theory. Math. Centrum Tracts 155, Part II, Amsterdam, 1983, S. 235-286.

[ScLe84]   C.P. Schnorr, H.W. Lenstra: A Monte Carlo factoring algorithm with linear storage, Mathematics of Computation, Vol. 43, 1984, S. 289-312.

[Shan71a]   D. Shanks: Gauss' ternary form reduction and the 2-Sylow subgroup, Math. Comp. 25, 1971, S. 837-853.

[Shan71b]   D. Shanks: Class number, a theory of factorization and genera, Proc. Symposium Pure Mathematics, American Mathematical Society 20, 1971, S. 415-440.

[Webe98]   D. Weber: Computing discrete logarithms with quadratic number rings, Advances in Cryptology – EUROCRYPT '98, Springer LNCS 1403, 1998, S. 171-183.

Sichere Telearbeit

Hermann Abels-Bruns

IT-Secure GmbH
hermann.abels-bruns@it-secure.de

Zusammenfassung

In der Arbeit „Sichere Telearbeit" werden die Formen und Aspekte der Telearbeit und deren Risiken dargestellt. Daraus resultieren entsprechende Sicherheitsplanungen und Sicherheitsmaßnahmen, um Telearbeiter gesichert in ein Unternehmens-LAN mit einzubinden, denn zukünftig wird vor allem dieser Bereich verstärkt zum Einsatz kommen. Um eine sichere Einbindung von Telearbeitsplätzen zu gewährleisten, wird in diesem Arbeit außerdem eine exemplarische Lösung vorgestellt.

1 Telekommunikation verändert Arbeitsverfahren

Wir stehen an der Schwelle zu einem neuen Zeitalter. Die Kommunikation über immer schnellere und qualitativ bessere Datennetze wird vom geographischen Standort und von den offiziellen Arbeitszeiten unabhängig. Die Welt arbeitet 24 Stunden.

Ein großer Anteil der Tätigkeiten in Unternehmen besteht aus Kommunikation. Mehr und mehr werden die Betriebsabläufe auf allen Entscheidungsebenen in komplexe, elektronische Prozesse integriert.

Deshalb gewinnt die Telearbeit mehr und mehr an Bedeutung und wandelt sich auch zunehmend bezüglich ihrer möglichen Einsatzgebiete. So zeigen neueste Veröffentlichungen verschiedenste Facetten der Telearbeit, die sich nicht mehr nur einfach auf Mitarbeiter bezieht, die ihren Schreibtisch vom Unternehmenssitz in ihre eigenen vier Wände verlegt haben. Es geht heute auch darum, kostspielige Arbeitsprozesse zu optimieren, indem sie auf weltumspannende Ressourcen zurückgreifen. Entscheidungsträger oder Außendienstmitarbeiter sollen von jedem Punkt der Welt auf Unternehmensdatenbanken zugreifen können, und Mitarbeiter von Zulieferunternehmen auf den Entwicklungssystemen ihrer Kunden zusammen mit deren Entwicklern arbeiten. Angesichts dieser Möglichkeiten erlebt die Telearbeit einen Aufschwung, nachdem sie sich insbesondere in Deutschland aus den Pilotprojekten der frühen und mittleren 90er Jahre nicht so recht weiterentwickelt hat.

2 Formen der Telearbeit

Telearbeit findet in räumlicher Entfernung vom Standort des Arbeit- bzw. Auftraggebers statt. Entsprechend ihrer Organisationsform lassen sich Telearbeitsplätze in folgende Kategorien einstufen:

Tele-Heimarbeit beschreibt die Form der Telearbeit, die in der Wohnung des Mitarbeiters abgewickelt wird. Dabei kann sie entweder ausschließlich in der Wohnung oder als alternierende Telearbeit sowohl in der Wohnung als auch am Arbeitsplatz am Unternehmensstandort verrichtet werden.

Mobile Telearbeit stellt eine computergestützte Arbeit an wechselnden Orten dar. Diese Gruppe der, zum Beispiel mit Laptops ausgestatteten, Mitarbeiter ist überwiegend im Vertrieb oder Technischen Support tätig und kann mittels moderner Kommunikationseinrichtungen auf das Unternehmensnetz zugreifen. Diese Form der Telearbeit ist in Deutschland die wohl zahlenmäßig umfangreichste. Selbstverständlich kommt auch hier eine alternierende Form, wie bei der Tele-Heimarbeit vor.

Satelliten- und Nachbarschaftsbüros sind Ideen, die aus den USA stammen, um das Pendelaufkommen beim Berufsverkehr zu reduzieren und wohnortnahe Arbeitsplätze zu schaffen. Das Satellitenbüro ist eine Außenstelle eines Unternehmens, zu vergleichen mit einer Zweigstelle, während sich im Nachbarschaftsbüro mehrere Firmen die Kosten für Büroraum und Infrastruktur teilen.

Telearbeit kann auch erbracht werden, wenn ein Mitarbeiter aus dem unternehmenseigenen LAN einen Zugang auf Rechner und Anwendungen seines Kunden erhält, um seine Dienstleistungen online zu erbringen. Beispiele hierfür sind Dienstleistungen von Zulieferern für Produktionsunternehmen, Supportleistungen für Netzwerkpflege, u.ä.. Spätestens an dieser Stelle wird der Übergang von Telearbeit und Telekooperation fließend.

Auch wenn noch – bis in die aktuellen Veröffentlichungen hinein – an dem Unterschied zwischen Telearbeit und Telekooperation festgehalten wird, so bin ich der Ansicht, dass dieser Unterschied immer mehr eine Marginalie wird. Es gibt bis jetzt eine große Anzahl unterschiedlichster Ausprägungen von Telearbeit / Telekooperation, die sich in den verschiedenen Verträgen widerspiegeln, deren Zahl weiterhin zunehmen wird und schließlich auch ein virtuelles Unternehmen darstellen kann, in dem Mitarbeiter aus unterschiedlichster wirtschaftlicher Motivation heraus, ausschließlich standortunabhängig, zur Erzielung eines Geschäftszweckes auf Zeit, miteinander kommunizieren und kooperieren. Diese verschiedenen Formen lassen sich alle unter dem Gesamtbegriff der Telearbeit zusammenfassen, die sich durch die folgende Merkmale differenzieren.

- Arbeitsort
- Arbeitszeit
- Vertragsform
- Technische Infrastruktur

Unter der Adresse http://www.telewisa.de/teleakt.html findet man aktuelle Hinweise zu Literatur, Seminaren und Projekten zum Thema Telearbeit.

3 Aspekte der Telearbeit

Entscheidend für den Erfolg und die Weiterentwicklung von Telearbeit ist der wirtschaftliche Vorteil, der für die beteiligten Wirtschaftsfaktoren mit der Einführung dieser Arbeitsform erzielt wird. Und diese Sichtweise ist nicht nur auf Unternehmer beschränkt, da auch Arbeitnehmer durchaus zu wirtschaftlichen Kompromissen bereit sind, haben sie z.B. nicht mehr die langen Anfahrten zum Arbeitsplatz. Jedoch darf man nicht übersehen, dass es bei der Umwandlung von traditionellen Arbeitsplätzen zu Telearbeitsplätzen erheblicher technischer Investitionen bedarf, sich starke strukturelle Änderungen ergeben und sich neue Risiken und Sicherheitsgefahren einstellen. Dieses lässt insbesondere den Mittelstand und die öffentlichen Verwaltungen trotz Förderprogramme noch sehr zurückhaltend auf solche Vorhaben reagieren. Nicht bestreitbar ist, dass es nicht nur rationale Argumente sind, die sich als Probleme in der Diskussion um die Telearbeit auftun, sondern dass Hindernisse auch in der fehlenden Beweglichkeit unseres Managements gegenüber Neuerungen liegen.

Folgende Aspekte lassen sich in der Diskussion um die Telearbeit anführen:

- Organisatorische Aspekte

- Soziale Aspekte

- Juristische Aspekte

- Betriebswirtschaftliche Aspekte

- Technische Aspekte inklusive der Sicherheit, Zuverlässigkeit und Verfügbarkeit

4 Risiken der Telearbeit

Die Vorteile der Telearbeit lassen sich nur erreichen, wenn man diese neue Form der Beschäftigung durchdacht und in angemessenen Schritten umsetzt. Von heute auf morgen lassen
sich solche gravierenden Änderungen nicht realisieren. Vernachlässigt man die Planung, so
kann das mit vielfältigen Gefahren verbunden sein. So ist die Einführung von Telearbeit immer mit erheblichen administrativen-, sozialen- und Sicherheitsrisiken verbunden und kann zu
negativen Begleitumständen führen, wie schlechtes Arbeitsklima, Leistungsabfall, steigende
Fluktuationsraten, u.s.w.. Mangelnde technische Planungen können Inkompatibilitäten der
eingesetzten Technik oder Sicherheitsmängel verursachen.

Der Arbeitgeber kann vielfach die Effektivität der Arbeit schlechter kontrollieren, wenn der
Arbeiter nicht mehr physisch auf seinem Arbeitsplatz anwesend ist. Den Mitarbeitern muß
mehr Vertrauen entgegengebracht werden, und die Kontrolle richtet sich auf Ergebnisse und
nicht auf die Ausführungsart der Arbeit.

Auch für die Mitarbeiter kann die Telearbeit problematisch werden. Ist die Telearbeit ein
Recht oder ist sie eine Pflicht? Ist die Telearbeit ein notwendiges Übel oder ein Privileg oder
gar Luxus zur Befriedigung bestimmter Mitarbeiterinteressen? Das Arbeiten außerhalb der
traditionellen Arbeitsgemeinschaften kann aber auch soziale Gefahren mit sich bringen. Die
Telearbeiter bleiben zu Hause und die bislang normalen Kontakte zu Mitarbeitern werden
seltener.

Mit der Telearbeit sind auch die IT-Sicherheitsrisiken verbunden, weil Informationen des
Unternehmens außerhalb der Unternehmensräumlichkeiten verwendet werden. Der Remote-
Access zum Unternehmens-LAN birgt immer auch Gefahren. Ein Zugang zum Unternehmensnetz ist immer ein Angriffspunkt und eine Schwachstelle für ungebetene Gäste. Dabei
müssen diese Eindringlinge nicht unbedingt sichtbare Schäden verursachen. Vielmehr ist es
das Ziel professioneller Hacker, ihren eigenen Zugang zu „sichern", um so unbemerkt durch
Kopieren in den Besitz vertraulicher oder gar sensibler Daten zu gelangen.

Das bedeutet, dass vor Einrichtung der Telearbeitsplätze Arbeitsprinzipien geschaffen werden
sollten, die auf die in den folgenden Beispielen aufgeworfenen Fragen Antworten geben.

a) Zur Anbindung des Telearbeitsplatzes an die IT-Infrastruktur des Unternehmens-LAN:

- Wie werden die durch Datenkommunikationsverbindungen mit dem Unternehmens-
  LAN verbundenen Remote-Anwender identifiziert und kontrolliert?

- Sind die entstehenden, neuen Strukturen mit der etablierten Sicherheitsstrategie verträglich?

b) Zur Telekommunikationsverbindung:

- Welche Informationen dürfen über Fernverbindungen verarbeitet werden?
- Wie wird die Sicherheit des Datenverkehrs garantiert?

c) Zum Telearbeitsplatz:

- Wie wird die Zugriffskontrolle durchgeführt?
- Wie werden die Daten in der Workstation am Telearbeitsplatz geschützt?
- Was wird getan, um den Schaden beim Diebstahl eines Computers zu reduzieren?
- Ist die Zugangssicherung des Telearbeitsplatzes und der Schutz vertraulicher Daten und Informationen ausreichend?
- Was wird getan, wenn der Computer oder das für die Zugriffskontrolle benutzte Authentifizierungsmittel gestohlen wird?
- Wie kann die Nichtbenutzung oder die Unterlassung der zu komplizierten IT-Sicherheitsmethoden vermieden werden?

5 Sicherheitsplanung

Zur Erreichung der gewünschten IT-Sicherheit bei der Errichtung von Telearbeitsplätzen empfiehlt es sich, diese Unternehmensbereiche in den Gesamt- IT-Sicherheitsprozess des Unternehmens zu integrieren, d.h., dass die IT-Sicherheit der Telearbeitsplätze dem Schutzniveau zu entsprechen hat, das in der IT-Sicherheitspolitik vorgegeben ist. Zum weiteren bedeutet diese Feststellung, dass die Telearbeitsplätze in Bezug auf ihre IT-Sicherheit kontinuierlich in diesen Prozeß einbezogen sind, sei es in Form von Nachbesserungen, der Verwaltung von Restrisiken oder der Durchführung von Audits.

Während der Planungsphase bei der Einführung von Telearbeitsplätzen sollte eine Bedrohungsanalyse durchgeführt werden. Durch sie können Informationen über erforderliche Schutzmethoden und –maßnahmen ermittelt werden. Ein effektiver Schutz erfordert die Analyse der jeweils spezifischen Situation (bei Gleichheit der Bedingungen kann die Analyse exemplarisch für einen Telearbeitsplatz durchgeführt werden), die Identifizierung und Klassifizierung der schützenswerten Güter, sowie die systematische Auswahl von Schutzmaßnahmen. Ändern sich in diesem Prozeß Voraussetzungen oder Anforderungen, so werden die notwendigen Stadien wiederholt. Die Sicherheitsanforderungen verteilen sich auf die folgenden fünf Bereiche:

- Zugangskontrolle
- Verfügbarkeit
- Vertraulichkeit
- Integrität und
- Sende- und Empfangsnachweise

Die schützenswerten Güter, nämlich Systeme, Daten und die von ihnen anhängigen Geschäftsprozesse und Personen werden entsprechend den Sicherheitsanforderungen klassifiziert. Eine Gefahren- und Schwachstellenanalyse ergibt dann eine Prioritätenliste der Risiken auf Grund des Grades ihrer Auswirkung und Eintrittswahrscheinlichkeit.

Eine solche Risikoanalyse erleichtert die Realisierung der Schutzmaßnahmen unter Berücksichtigung wirtschaftlicher Aspekte. Neben der Wirtschaftlichkeit sind bei der Planung der IT-Sicherheit folgende Anforderungen an die Sicherheitsmaßnahmen zu berücksichtigen, damit die Vorteile der Telearbeit nicht unnötig eingeschränkt oder beeinträchtigt werden:

- Angemessene Sicherheit bezüglich des angestrebten Schutzniveaus
- Unterstützung des Flexibilitätsanspruches an Telearbeitsplätze
- Zeitnähe
- Prozessstärke

Desweiteren sind bei der Planung der IT-Sicherheitsmaßnahmen unterschiedliche Anforderungen entsprechend den im Kapitel „Aspekte der Telearbeit „ aufgeführten Kriterien zu berücksichtigen.

Betriebswirtschaftliche Kriterien

- Wirtschaftlichkeit der Sicherheitsmaßnahmen
- Kalkulierbarkeit der Risiken bei Sicherheitsverletzungen
- Skalierbarkeit der IT-Sicherheitssysteme
- Investitionsschutz

Organisatorische Kriterien

- Einbindung der Telearbeit in die Sicherheitspolitik des Unternehmens
- Errichtung von Zugangskontrollsystemen
- Errichtung einer angemessenen Public-Key-Infrastruktur
- Positive Integration der Telearbeit in betriebliche Prozesse
- Reglementierung der unterschiedlichen Zugriffsrechte
- Ausbildungsniveau der Telearbeiter
- Ablaufpläne bei Schadensereignissen
- Erstellung von Benutzerprofilen zur Regelung der Zugriffsrechte

Technische Kriterien

- Hoher Grad an Standardisierung und Austauschbarkeit
- Auswahl der geeigneten technischen Komponenten
- Auswahl der Übertragungswege
- Datenintegrität
- Vertraulichkeit
- Authentisierung
- Zugangssystem
- Hohe Verfügbarkeit von Systemen und Daten
- Schutz der Telearbeitssysteme und ihrer gespeicherten Daten vor Dritten

Juristische Kriterien

- Digitale Signatur
- Einbindung von IT-Sicherheitsanforderungen in Verträgen
- Verantwortlichkeitsregelung bei Schadensfällen
- Datenschutz

Soziale Kriterien

- Motivation der Telearbeiter
- Soziale Einbindung in das Unternehmen / soziale Isolation
- Ausbildung und persönliche Eignungsvoraussetzungen der Telearbeiter
- Selbstausbeutung
- Akzeptanz

6 IT-Sicherheitsmaßnahmen für die Telearbeit

Sichere Verbindung der Telearbeitsplätze

IT-Sicherheitsmaßnahmen entsprechend der Anforderungsliste des vorigen Kapitels zu erstellen, würde den Rahmen dieser Arbeit sprengen. Ich möchte jedoch im folgenden eine exemplarische Maßnahme vorstellen, mit der eine sichere Verbindung von Telearbeitsplätzen zum Unternehmens-LAN möglich ist. Dieses ist eine VPN-Lösung SecGo Crypto IP des finnischen Herstellers SecGo Solutions:

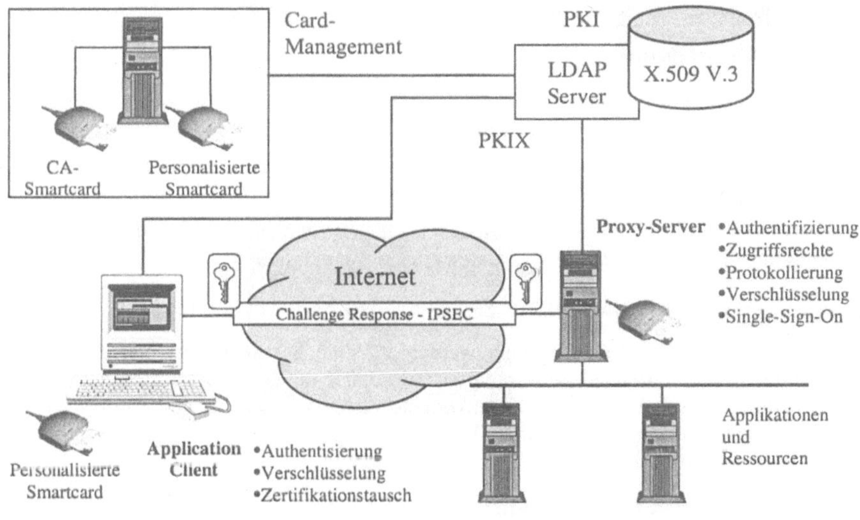

Abb. 1: Schematische Darstellung eine Telearbeitsplatzes

Sicherheitsbedarf	Sicherheitsmechanismen
Außenstehende können nicht auf das innere System über die Telearbeitsplatzverbindung zugreifen.	Durch Kryptographie realisierte, hinreichende Zugriffskontrolle.
Die Tele-Anwender haben nur auf diejenigen Daten und Dienste Zugriffsrecht, auf die sie auch über das innere Netz zugreifen dürfen.	Erstellung von Profilen für Tele-Anwender.
Die Daten werden Außenstehenden nicht bekannt.	Verschlüsselung des Datenverkehrs.
Die Daten können während der Übertragung nicht manipuliert werden.	Sicherung der Integrität mit auf Kryptographie basierenden Hashfunktionen.

Hinreichende Zugriffskontrolle

Wenn im inneren Netz äußere Datenverkehrsverbindungen ermöglicht werden, muß gesichert sein, dass nur autorisierte Personen auf das Informationssystem durch die Verbindung zugreifen können.

Die Zugriffskontrolle basiert auf der Anwendung der asymmetrischen Verschlüsselung (RSA-1024 bit)

Jeder Benutzer hat eine Smart Card, (E4 hoch zertifiziert) die der gesicherten Speicherung von geheimen Informationen dient und den Berechnungsprozessor des Verschlüsselungsalgorithmus enthält. Dazu wird entweder eine eigene Schlüsselverwaltung durch das Unternehmen oder eine öffentliche Verzeichnisinfrastruktur (LDAP, PKI) benötigt.

Ablauf der Zugriffskontrolle

1. Der Anwender authentifiziert sich gegenüber der Smartcard durch die Eingabe seiner/ihrer persönlichen PIN, so wie bei einer Kreditkarte.

2. Die Smartcard und der Authentifizierungsserver führen eine Authentifizierung über Netz mit Hilfe des IKE / IPSEC-Protokolls durch.

3. Durch die Unterstützung von IPSEC/IKE ist auch eine Authentisierung und verschlüsselte Kommunikation mit anderen IPSEC Gateways/Proxys möglich.

Einrichtung der Anwenderprofile

Die Anwenderprofile der Telemitarbeiter werden auf dem Server eingerichtet und können zentral administriert werden. Sie gewähren die Zugriffsrechte auf die verschiedenen Dienste im Unternehmens-LAN. Wenn keine Zugriffsrechte vorhanden sind, ist kein Zugriff von außen auf das Unternehmens-LAN möglich. Die Zugriffe von außen werden durch ein Monitoring-Verfahren dokumentiert.

Verschlüsselung des Datenverkehrs

Alle Daten, die übertragen werden, werden mit einem symmetrischen Algorithmus (128 Bit, z.B. Blowfish) verschlüsselt, damit sie von Außenstehenden nicht gelesen werden können.

Sicherung der Integrität

Mit den auf den Verschlüsselungsmethoden basierenden Hashfunktionen (z.B. keyed MD5, SHA-2) wird abgesichert, dass während der Übertragung entstandene Veränderungen der Nachrichten erkannt werden. So werden auf Manipulation basierende Angriffsversuche abgewehrt.

Literatur:

[1]   Elektronischer Leitfaden zur Telearbeit, bmb+f, 1997.

[2]   Sichere Telearbeit, BSI, 1998.

[3]   Telearbeit- Ein Leitfaden für di Praxis, BMWI, bmb+f, 1999.

[4]   SecGo Tutor, 1998.

[5]   BMWI / BMA: Telearbeit – Chancen für neue Arbeitsformen, mehr Beschäftigung, flexible Arbeitszeiten.

[6]   TA-Telearbeit: Telearbeit, Telekooperation, Teletechnik; Studie NRW zu Akzeptanz, Bedarf, Nachfrage und Qualifizierung.

[7]   OnForTe (1997) Basisinformation Telearbeit.

[8]   KGST (Hrsg): Telearbeit, Köln 1995.

[9]   K. Van Haaren, D. Hensche: Arbeit im Multimedia-Zeitalter – Die Trends in der Informationsgesellschaft.

[10] N. Korday, W. Korte: Hinweis und Empfehlungen zur Realisierung der Telearbeit in empirica Telearbeit Deutschland 1996.

[11] Bundesanstalt für Arbeitsschutz und Arbeitsmedizin: Telearbeit – gesund gestaltet, Gesundheitsschutz 17.

Internet-Seiten:

[12] Initiative Telearbeit der Bundesregierung
      http://www.bmwi.info2000.de/gip/programme/telearbeit/index.html,

[13] Die Landesinitiative media NRW: http://www.media.nrw.de

[14] Telework Europa: http://www.tweuro.com

[15] Telearbeit für den Mittelstand: http://www.iid.de/telearbeit/mittelstand

Mit Key- und Policy-Management

Kai Martius

Sicherheitsmanagement in TCP/IP-Netzen

Aktuelle Protokolle,
praktischer Einsatz,
neue Entwicklungen

1999. X, 227 S. mit 64 Abb., 25 Tab.
(DuD-Fachbeiträge) Br. DM 98,00
ISBN 3-528-05725-4

Inhalt: Internet-Protokolle und
-Dienste unter Sicherheitsaspekten -
Neue Sicherheitsprotokolle (SSL,
S-HTTP, SSH etc.) - Ausführliche
Darstellung von IPSec und IKE -
Effizientes Key- und Policy-Manage-
ment in komplexen Netzstrukturen -
Praxisbeispiele für VPNs und Secure
Remote Access

Abraham-Lincoln-Straße 46
D-65189 Wiesbaden
Fax: 0611. 78 78-400
www.vieweg.de

Sicherheitsaspekte spielen bei der
Nutzung des Internet als Plattform
für E-Commerce eine entscheidende
Rolle. Welche Sicherheitsprobleme
sind heute mit welcher Technologie
lösbar? Das Buch hilft, die dafür relevanten Entwicklungen und Produkte
einordnen und bewerten zu können.
Es werden sowohl die aktuell eingesetzten Protokolle und Dienste wie
auch herkömmliche Firewallsysteme
untersucht und bewertet. Darüberhinaus werden neue Entwicklungen
der IETF, wie SSL, S-HTTP, Secure
Shell, besonders aber IPSec und das
zugehörige Key Management Protokoll IKE vorgestellt. Im letzten Teil
des Buches wird aufbauend auf den
vorhandenen Technologien ein universelles Key- und Policy-Manage-
ment für komplexe Netzstrukturen
entwickelt, mit dem z.B. erstmals
sichere Paketfilter realisierbar sind.
Alle Teile des Buches haben praxis-
nahe Beispielanwendungen, um dem
Leser konkrete Lösungsvorschläge
für häufig vorkommende Sicherheitsanforderungen aufzuzeigen.

Stand 1.3.2000
Änderungen vorbehalten.

If you have any concerns about our products,
you can contact us on
ProductSafety@springernature.com

In case Publisher is established outside the EU,
the EU authorized representative is:
Springer Nature Customer Service Center GmbH
Europaplatz 3, 69115 Heidelberg, Germany

Printed by Libri Plureos GmbH
in Hamburg, Germany